土木工程专业研究生系列教材

混凝土和土的本构方程

CONSTITUTIVE EQUATIONS FOR MATERIALS
OF CONCRETE AND SOIL

[美] 陈惠发　A.F. 萨里普　著

余天庆　王勋文
　　　　　　　编译
刘西拉　韩大建

中国建筑工业出版社

图书在版编目（CIP）数据

混凝土和土的本构方程 /［美］陈惠发等著，余天庆等编译 . —北京：中国建筑工业出版社，2004
（土木工程专业研究生系列教材）
ISBN 978-7-112-06331-4

Ⅰ.混…　Ⅱ.①陈…②余…　Ⅲ.①混凝土结构—本构方程—研究生—教材②土结构—本构方程—研究生—教材
Ⅳ.① TU370.1 ② TU361.01

中国版本图书馆 CIP 数据核字（2004）第 008270 号

土木工程专业研究生系列教材
混凝土和土的本构方程
CONSTITUTIVE EQUATIONS FOR MATERIALS OF CONCRETE AND SOIL

［美］陈惠发　A.F. 萨里普　著

余天庆　王勋文
刘西拉　韩大建　编译

*

中国建筑工业出版社出版、发行（北京海淀三里河路9号）
各地新华书店、建筑书店经销
北京嘉泰利德公司制版
廊坊市海涛印刷有限公司印刷

*

开本：787 × 1092 毫米　1/16　印张：$27\frac{1}{2}$　字数：663千字
2004 年 6 月第一版　2019 年 12 月第四次印刷
定价：**59.00**元
ISBN 978-7-112-06331-4
（34440）

版权所有　翻印必究
如有印装质量问题，可寄本社退换
（邮政编码 100037）

本书为土木工程专业研究生系列教材之一。全书共包括四大部分：混凝土的弹性和破坏准则，土的弹性和破坏准则；混凝土的塑性及应用和土的塑性及应用。其主要内容为：混凝土的线弹性和破坏准则，混凝土的非线性弹性和亚弹性模型，土的弹性应力—应变关系和破坏准则；混凝土的塑性理论，塑性断裂理论在混凝土中的应用，土的塑性理论和塑性理论在土体研究中的应用。书中内容翔实生动、深入浅出，可读性强。本书配有相应的英文版本，由中国建筑工业出版社出版。

本书可作为高等院校研究生或大学高年级教材，也可供工程技术人员参考使用。

*　　*　　*

责任编辑：郭　栋
责任设计：崔兰萍
责任校对：刘玉英

序　言

中国建筑工业出版社组织编写的《土木工程专业研究生系列教材》即将陆续出版，这套教材主要针对土木工程专业的硕士研究生，也可供同专业高年级本科生、博士生及有关领域科研人员、工程技术人员参考。首批推出 12 本：

（1）弹性与塑性力学

（2）混凝土和土的本构方程

（3）高等结构动力学

（4）高等基础工程学

（5）高等土力学

（6）岩土工程数值分析

（7）高等钢结构理论

（8）高等混凝土结构理论

（9）薄壁杆件结构力学

（10）现代预应力结构理论

（11）结构实验与检测技术

（12）建筑结构抗震理论与方法

这套教材集中我国土木工程专业的英才担纲，汇集各个名牌院校的整体优势，形成合力，共同打造出一套代表我国土木工程专业教学和科研水准的优秀教材。高品质，高水准，高质量是我们的主旨。反映土木工程专业国内外最新科技发展动态，代表国内研究生教学的客观水平，融指导性与实用性于一体；本着立足参编的 10 所院校，兼顾其他院校的受众原则，强强联手，各校优势互补，有分工，有合作；面向全国土木工程专业研究生；以二级学科划分，以各校研究生教学基础理论课程和专业课程为依据，首批率先推出平台课业的 12 本教材。为此我们专门成立了教材编委会，其成员不仅在学术界享有盛誉，而且在专业领域里有所建树。采取主编人统领下的联合编写制度，促进交流，促进合作；减少片面性和局限性。参加编写的主要院校有（以下院校排列以汉语拼音为序）：

重庆建筑大学

大连理工大学

东南大学

哈尔滨工业大学

华南理工大学

清华大学

上海交通大学

天津大学

同济大学

浙江大学

希望从事一线教学及科研工作的教师、学生、设计人员和科技同仁对我们的工作提出意见和批评，以改进完善教材的出版。

《土木工程专业研究生系列教材》编委会

前　　言

　　本书主要针对大学生、研究生、土木工程师；特别为结构、材料和岩土工程师在掌握了弹性和塑性理论的基本知识的基础上，通过阅读本书可以学习到金属、混凝土和土的本构模型发展中的最新成果、数值计算和计算机模拟以及在结构和岩土工程应用中一些典型问题的有限元求解方法。

　　这本书可用作土木工程学院结构、材料和岩土工程领域的大学生、研究生课程教材，也可作为自学的参考书土木工程师的工具书和研究工作者的参考书。虽然该书列出了许多现在已有的详细资料，但当新的理论发展和试验数据成为可能时，将来还可进一步进行修改和完善。

　　这本书可用作土木工程的结构、材料和岩土工程领域的大学生、研究生课程教材，也可作为自学者、土木工程师的工具书和研究工作者的参考书。

　　本书是为了适应大学进行"双语教学"的需要而编写的。《Constitutive Equations for Materials of Concrete and Soil》是本书的英文版。这两本书是另一套"双语教材"《弹性与塑性力学》和《Elasticity and Plasticity》的姐妹篇。

　　1996 年，我在普渡大学（Purdur University）和美国工程院院士、著名教授 W.F.Chen（陈惠发）博士相识，并成为很好的朋友。多年来，我们的合作为中国高等教育的发展、特别是促进土木工程高级技术人才培养方面起到了很好的作用。我和陈先生等编撰两套"双语教材"，目的是在提高学生的力学理论水平和专业水平的同时，进一步提高学生的英语水平，从而促进我国高等教育事业的发展。

　　衷心感谢陈先生的通力合作和支持，刘西拉教授、韩大建教授和刘再华教授给予了很多支持，王勋文博士校编了全书，在此表示诚挚的谢意，向为编撰和出版此书工作过的朋友以及我的研究生一并致谢。

余天庆

目　　录

第二篇 混凝土的塑性及应用

第三篇 土的塑性及应用

符　号　表

　　以下给出的是本书用到的主要符号。所有的符号在第一次出现时都给出了定义。具有多种意义的符号，在使用时我们将会给出明确的定义，并根据上下文通常能看出其正确的意义，以免混淆。

应力和应变

σ_1，σ_2，σ_3，	主应力
σ_{ij}	应力张量
s_{ij}	应力偏张量
σ	正应力
τ	剪应力
$\sigma_{\text{oct}} = \dfrac{1}{3} I_1$	八面正应力
$\tau_{\text{oct}} = \sqrt{\dfrac{2}{3} J_2}$	八面剪应力
$\sigma_{\text{m}} = \sigma_{\text{oct}}$	平均正应力（静水应力）
$\tau_{\text{m}} = \sqrt{\dfrac{2}{5} J_2}$	平均剪应力
s_1，s_2，s_3	主应力偏量
ε_1，ε_2，ε_3	主应变
ε_{ij}	应变张量
e_{ij}	应变偏张量
ε	正应变
γ	工程剪应变
$\varepsilon_v = I_1'$	体积应变
$\varepsilon_{\text{oct}} = \dfrac{1}{3} I_1'$	八面正应变
$\gamma_{\text{oct}} = 2\sqrt{\dfrac{2}{3} J_2'}$	八面工程剪应变
e_1，e_2，e_3	主应变偏量

不变量

$I_1 = \sigma_1 + \sigma_2 + \sigma_3$	应力张量的第一不变量
$J_2 = \dfrac{1}{2} s_{ij} s_{ij}$	

$$= \frac{1}{6}\left[(\sigma_x - \sigma_y)^2 + (\sigma_y - \sigma_z)^2 + (\sigma_z - \sigma_x)^2\right] + \tau_{xy}^2 + \tau_{yz}^2 + \tau_{zx}^2$$

应力偏张量的第二不变量

$J_3 = \dfrac{1}{3}s_{ij}s_{jk}s_{ki}$ 应力偏张量的第三不变量

$\cos 3\theta = \dfrac{3\sqrt{3}}{2}\dfrac{J_3}{J_2^{3/2}}$ 式中的 θ 是图 1.13 中类似定义的角度

$I_1' = \varepsilon_1 + \varepsilon_2 + \varepsilon_3 = \varepsilon_v$ 应变张量的第一不变量

$\rho = \sqrt{2J_2}$ 图 1.12 中定义的偏长度

$\xi = \dfrac{1}{\sqrt{3}}I_1$ 图 1.12 中定义的静水长度

$J_2' = \dfrac{1}{2}e_{ij}e_{ij}$

$$= \frac{1}{6}\left[(\varepsilon_x - \varepsilon_y)^2 + (\varepsilon_y - \varepsilon_z)^2 + (\varepsilon_z - \varepsilon_x)^2\right] + \varepsilon_{xy}^2 + \varepsilon_{yz}^2 + \varepsilon_{zx}^2$$

应变偏张量的第二不变量

材料参数

f_c'	单轴压缩圆柱体的强度（$f_c' > 0$）
f_t'	单轴拉伸强度
f_{bc}'	等双轴压缩强度（$f_{bc}' > 0$）
E	弹性模量（杨氏模量）
ν	泊松比
$K = \dfrac{E}{3(1-2\nu)}$	体积模量
$G = \dfrac{E}{2(1+\nu)}$	剪变模量
c，φ	Mohr-Coulomb 准则中的内聚力和摩擦角
α，k	Drucker-Prager 准则中的系数
k	纯剪切中的屈服（破坏）应力

其他

{ }	矢量
[ ]	矩阵
C_{ijkl}	材料刚度张量
D_{ijkl}	材料柔度张量
$f(\ )$	破坏准则或屈服函数
x，y，z 或 x_1，x_2，x_3	笛卡尔坐标
δ_{ij}	克朗内克（Kronecker）符号
$W(\varepsilon_{ij})$	应变能量密度
$\Omega(\sigma_{ij})$	余能密度

$l_{ij} = \cos\ (x_i',\ x_j)$ x_i' 和 x_j 轴之间夹角的余弦[1]

ε_{ijk} 置换张量[1]

---

[1] 余天庆等编译. 弹性与塑性力学. 北京：中国建筑工业出版社，2003

第一篇
混凝土和土的弹性和破坏准则

第1章　混凝土的线弹性和破坏准则

1.1　引　言

近年来，钢筋混凝土结构的非线性分析变得日益重要。结构实验是使结构逐步破坏直至整体坍塌，只有对实验的全部结果进行了分析，才可能估计结构的安全状况并得知其变形特征。对于诸如混凝土容器、核反应堆结构以及海上平台部件的结构，此类分析尤其需要。因为这些结构系统的实验研究是非常昂贵的，且单靠经验方法不足以对极限状态做出恰当的安全评估。

就基于有限元法的计算机程序发展现状而言，对钢筋混凝土材料的不恰当模拟常常是限制结构分析潜能的主要因素之一。这是因为钢筋混凝土具有非常复杂的性质，包括诸如非弹性、开裂、时间效应以及混凝土与钢筋之间的相互作用效应。在加载各阶段，未开裂和已开裂混凝土材料模型的发展在钢筋混凝土结构非线性分析中是一个特别具有挑战性的领域。

钢筋混凝土的非线性反应主要由四种材料的效应引起：（1）混凝土开裂；（2）钢筋和受压混凝土的塑性；（3）钢筋与混凝土之间的粘结滑移、骨料的联锁、钢筋的榫合作用等；（4）与时间有关的特性，如徐变、收缩、温度和荷载历史等，本章仅考虑混凝土开裂和混凝土与钢筋之间的相互作用效应。下一章将讨论受压混凝土的非线性响应。本书不考虑与时间有关的特性。

尽管存在明显的缺点，但在钢筋混凝土分析中，作为混凝土材料最常用的物质定律还是线弹性理论以及由此理论定义的混凝土"破坏"准则，这是本章的主题。使用非线性理论可对线弹性模型作重要改进。非线性弹性公式可能是 Cauchy 型或是超弹性型，这对于经受比例加载的混凝土是十分精确的。然而，这些公式不能鉴别非弹性变形，当材料经历卸载时这种缺点就变得明显起来。这一点在某种程度上可通过引入亚弹性的微分或增量形式加以改进。所有这方面的应力-应变公式将于下一章讨论。本书将介绍基于塑性流动理论更先进的钢筋混凝土材料的数学模型。

本章分为五个主要部分：（1）混凝土的典型特性（1.2节）；（2）破坏准则（1.3至1.5节）；（3）线弹性断裂模型（1.6和1.7节）；（4）混凝土与钢筋之间的相互作用（1.8节）；（5）有限元应用举例（1.9节）。

为了使本章与下一章成为相对独立且有较为完整的内容，为适合那些只对钢筋混凝土结构非线性分析感兴趣者，一些重要的概念，包括应力和应变不变量（1.3节）、线弹性（1.6.3节）和非线性弹性（2.2节）会在各分节中简要叙述。这些资料内容都可在前面各章中找到，但是我们还是把它们用一种方式集中在这里，即直接插入到有关段落中叙述。

1.2 混凝土的力学性质

1.2.1 概述

尽管混凝土作为结构材料已广泛使用，关于混凝土在各种应力组合下确切的物理特性和性质，我们的认识还是相当贫乏的。对于认识到混凝土的多相结构的人来说，这并不奇怪。在加载期间混凝土不仅经受弹性变形，而且经受由微结构变化引起的非弹性和与时间有关的变形，这些非弹性变形主要是由于微裂纹和内部摩擦滑移而形成的。因此，为了对试件的实验所观察的现象做出物理解释，需要有混凝土微结构知识作为基础理论，这一知识对宏观尺寸下的混凝土本构模型也是重要的。有关混凝土的微结构和特性已由 Newman（1996）、Brooks 和 Newman（1968）发表的论文作了评述。此外，论述混凝土性质的几本教科书早已出版了（例如 Neville，1970，1977）。Aoyama 和 Noguchi（1979）发表的论文对目前流行的理论作了最新评述。Shah（1979）发表的论文对高强混凝土作了广泛的评述，这里仅概括其要点。

混凝土是一种主要由嵌埋于水泥浆中不同粒径的骨料颗粒组成的复合材料。依据我们对混凝土微结构的认识，着重强调三种基本特性：（1）较粗骨料和砂浆间界面上存在大量界面微裂纹；（2）水泥浆具有高孔隙率（约 30%），且这些孔隙充满了水和（或）空气；（3）分子尺寸以上级别的各种尺寸内混凝土都存在有气孔和（或）水泡。这些特性中的每一个都严重地影响混凝土的力学性质，例如在单轴压应力状态下，加载期间微裂纹的扩展促成混凝土在低应力水平下的非线性性质以及引起接近破坏时体积增大（膨胀）；在高的静水压力下，气孔和水泥浆孔隙的存在对混凝土强度和力学性质的影响就变得愈加明显。

混凝土中多数微裂纹是由砂浆的离析、收缩或热膨胀引起的，因此在加载前就已存在。某些微裂纹可能是由于加载期间骨料和砂浆间刚度不同所致，所以，骨料–砂浆界面就成为这种复合系统中最薄弱的环节，这就是混凝土材料抗拉强度低的根本原因。

本节旨在概括素混凝土在单轴、双轴、三轴应力状态下实验现象的一些主要方面，这是在推广和拓展后续几节和下一章涉及的混凝土各种本构模型中必不可少的内容。特别是为下述两个主要目的提供试验数据：（1）引导了解材料的特有性质以便建立数学模型；（2）为确定在本章后面和下一章涉及的数学模型中出现的各种材料常数提供数据。

以下的论述只局限于短期准静态加载情况下普通（正常重量）混凝土的力学性质。绝大多数关于混凝土的实验研究都与这些情况有关，尽管动力加载条件在混凝土中对应力和应变的反应方面具有重要影响，但在目前的文献中却很少能找到关于混凝土动力特性的资料。最近，Nisson（1979）对混凝土结构的冲击加载进行了研究。

1.2.2 单轴受力性质

一、单轴压缩试验

在单轴压缩试验中，压应力与轴向应变、横向应变及体应变的典型关系曲线如图 1.1 所示。图 1.2 的曲线表示抗压强度 f_c' 各异的混凝土的不同单轴应力－应变曲线。主要的观察结果和这些曲线的特性可概括如下：

1. 轴向应力－应变曲线（图 1.1a），压应力大约在最大抗压强度 f_c' 的 30% 以下时具有接近线弹性的性质。应力在 $0.3f_c'$ 以上，混凝土开始软化，曲线显示出弯曲程度逐渐增

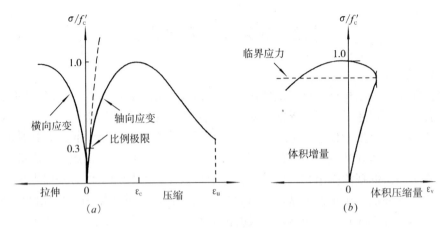

图 1.1　混凝土单轴压缩试验典型的应力－应变曲线

(a) 轴向和横向应变；(b) 体应变（$\varepsilon_v = \varepsilon_1 + \varepsilon_2 + \varepsilon_3$）

大，一直到约 $0.75f_c' \sim 0.9f_c'$。此后曲线的弯曲更加明显，一直到达峰值点 f_c'，过峰值点后曲线有一下降段，一直到某一极限应变 ε_u 下发生压碎破坏为止。

2. 如图 1.1（b）所示，体应变（$\varepsilon_v = \varepsilon_1 + \varepsilon_2 + \varepsilon_3$）从开始至应力为 $0.75f_c' \sim 0.9f_c'$ 处几乎为线性。在此处体应变的方向反了过来，并在接近或达到 f_c' 时发生体积膨胀。相应于体应变最小值的应力称为"临界应力"（Richart 等，1929）。

3. 如图 1.2 所示，低强度、中等强度和高强度混凝土应力－应变曲线的形状是相同的。高强度混凝土比低强度混凝土表现为线性形式的应变水平要高一些，但所有峰值点都

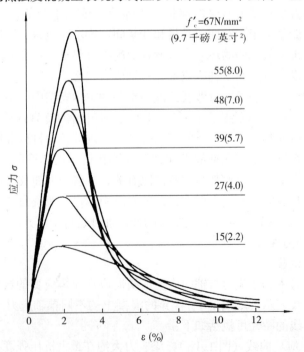

图 1.2　不同强度混凝土的单轴压缩应力－应变曲线（Wischers）

位于应变值 0.02 附近。在应力－应变曲线下降段，较高强度的混凝土显得更脆，其应力下降比低强度的混凝土更为急剧（Wischers，1978）。

图 1.1 中应力－应变曲线的形状是与内部逐渐萌生微裂纹的机理密切联系的。应力在小于 $30\%f'_c$ 的区域内，加载前存在于混凝土中的裂纹几乎保持不变。这说明可得到的内能小于产生新微裂面所需的能量。$30\%f'_c$ 左右的应力水平被称为"局部裂纹萌生"应力，可作为弹性极限（见 Kotsovos 和 Newman，1997）。

应力在 $30\%f'_c$ 和 $50\%f'_c$ 之间时，由于裂纹尖端应力集中，界面裂纹开始扩展，直至下一应力阶段前砂浆裂纹仍然是可以忽略的。这一应力范围可得到的内能几乎与开裂需要释放的能量平衡，在此阶段，裂纹扩展是稳定的，意思是说如果施加应力保持不变，裂纹迅速达到最终长度。

应力在 $50\%f'_c$ 和 $75\%f'_c$ 之间时，邻近骨料表面处的一些裂纹以砂浆裂纹的形式开始连接。同时，其他界面裂纹继续缓慢扩展。如果荷载保持为常量，裂纹将继续以减慢的速率扩展至其最终长度。

应力约在 $75\%f'_c$ 以上时，最大的裂纹达到其临界长度，此时可得到的内能大于开裂需要释放的能量，因此，裂纹扩展速率加大且系统变得不稳定，因为即使荷载保持不变，仍会发生彻底崩溃。约 $75\%f'_c$ 的应力水平被称为"裂纹开始失稳扩展"或"临界应力"，因其与体应变 ε_v 最小值相对应。对于这同一应力水平，Newman（1968）也曾使用过"非连续应力"的术语。

在 f'_c 附近，混凝土的逐渐破坏最初是由在施加应力方向上砂浆的微裂纹引起的。这些微裂纹与邻近骨料面的界面微裂纹共同桥接而形成微裂纹区或内部损伤。当承受不断增强的压应力时，混凝土材料的损伤（压碎）继续积累而进入应力－应变曲线下降（软化）段，这是一个以宏观裂纹出现为特征的区域。

混凝土的初始弹性模量通常取为抗压强度 f'_c 的函数，相应于较高的抗压强度有较高的弹性模量值（见图 1.2）。代替实际的试验数据，初始弹性模量 E_0 可由经验公式相当精确地算得：

$$E_0 = 33w^{1.5}\sqrt{f'_c} \qquad (1.1)$$

式中　w——混凝土单位重量，单位为 kN/m^3；

　　　f'_c——混凝土单轴抗压圆柱体强度，
　　　　　　单位为 MPa。

单轴压应力下混凝土的泊松比 ν 在大约 $0.15\sim0.22$ 范围内变化，以 0.19 或 0.20 为代表值。不同 f'_c 值的混凝土其泊松比 ν 随应力的变化示于图 1.3 中。正如所见，直至逼近 $0.8f'_c$ 时，泊松比 ν 仍保持为常数，在此应力处，表观泊松比开始增大。在某些情况下（Darwin 和 Pecknold，1974；Kupfer

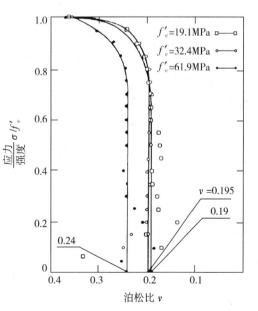

图 1.3　应力/强度(σ/f'_c)与泊松比 ν 的关系

等，1969），在不稳定压碎阶段已测得其至超过 1.0 的 ν 增量值。

二、单轴拉伸试验

混凝土在单轴拉伸荷载下的一般力学性质与在单轴压缩时观察到的性质有许多相似之处。混凝土单轴拉伸应力－应变的典型曲线示于图 1.4（Hughes 和 Chapman，1966）。曲线在相当高应力水平以下都近似为线性。然而同相应的抗压强度 f_c' 相比，其抗拉强度 f_t' 是低得多。混凝土单轴拉伸现象的主要特征和微裂纹在影响这个性质中所起的作用将讨论如下。

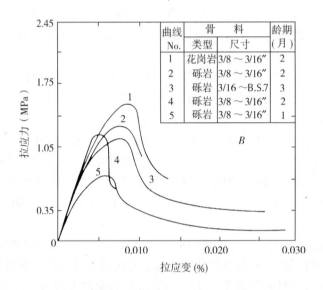

曲线 No.	骨　料		龄期（月）
	类型	尺寸	
1	花岗岩	3/8～3/16″	2
2	砾岩	3/8～3/16″	2
3	砾岩	3/16～B.S.7	3
4	砾岩	3/8～3/16″	2
5	砾岩	3/8～3/16″	1

图 1.4　混凝土典型的拉伸应力－应变曲线
（Hughes 和 Chapman，1966）

应力小于单轴抗拉强度 f_t' 的 60% 左右时，可以忽略新微裂纹的产生，因此这个应力水平相当于弹性极限，在此应力水平以上，界面微裂纹开始发展。由于单轴拉伸应力状态抑制开裂的趋势常常远小于压缩应力状态，一般认为拉伸状态下稳定裂纹扩展的间隔相对较短（Newman 和 Newman，1969），因而"开始出现不稳定裂纹扩展"的合理值约为 75% f_t'（Welch，1966，Evans 和 Marathe，1968）。

单轴拉伸裂纹扩展的方向垂直于施加应力的方向。由于裂纹止裂的频率减少，拉伸破坏是由几条桥接裂纹引起的，而不像压缩应力状态那样是由增多裂纹数引起的。应力－应变曲线的下降部分通常难以在实验中测到，这是由于应力高于 75% f_t' 时裂纹快速扩展所致。

单轴抗拉强度 f_t' 和抗压强度 f_c' 之比可能变化相当大，但通常在 0.05～0.1 范围内。单轴拉伸的弹性模量比单轴压缩稍高，而其泊松比稍低。

混凝土的真实抗拉强度难以测量，通常近似取为 $4\sqrt{f_c'}$。还常常使用破裂模量 f_r' 或将圆柱体的劈裂强度近似作为混凝土的抗拉强度。混凝土的破裂模量值变化甚大，常规取为 $7.5\sqrt{f_c'}$。劈裂圆柱体强度通常稍低，近似为 $(5～6)\sqrt{f_c'}$，单位为 MPa。

1.2.3　双轴力学性质

近年来，对于双轴荷载下混凝土的力学特性作了大量研究。在早期的研究中，我们将实验主要集中在混凝土强度上。关于混凝土在双轴应力状态下的强度、变形特征和微裂纹现象，目前有相当多的可用的实验数据。关于这一课题具有当前水平的论述在 Nelissen（1972）和 Tasuji 等（1978）的文章中可以找到。混凝土在双轴压缩、拉压组合和双轴拉伸下的性质，主要观察到的特征可概述如下：

1. 由图 1.5 所示的 Kupfer 等（1969）的结果可见，双轴压缩状态下最大抗压强度将提高，应力比 $\sigma_2/\sigma_1 = 0.5$ 时得到的最大强度提高约为 25%，而在双轴等值压缩状态（$\sigma_2/\sigma_1 = 1$）下提高约 16%。在双轴压－拉状态下，抗压强度随施加拉伸应力的增加几乎成线性地减小。在双轴拉伸下，其强度几乎与单轴抗拉强度一样。

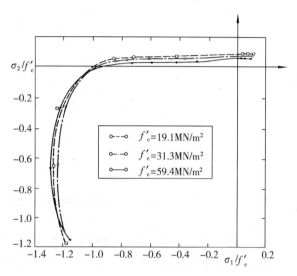

2. 根据应力状态的类型不同，压缩型或拉伸型，混凝土在双轴应力状态下的"延性"具有不同的值。对于单轴和双轴压缩型（见图 1.6），最大压应变的平均值约为 3000 微应变，而最大拉应变的平均值近似在 2000～4000 微应变之间变化。

图 1.5　混凝土双轴强度包络图（Kupfer 等，1969）

双轴压缩状态比单轴压缩状态下的拉伸延性要大（见图 1.6）。在双轴压－拉中，随应力增大，破坏时的主压应变和主拉应变之量值均减小。在单轴和双轴拉伸中，最大主拉应变的平均值均为 80 微应变。

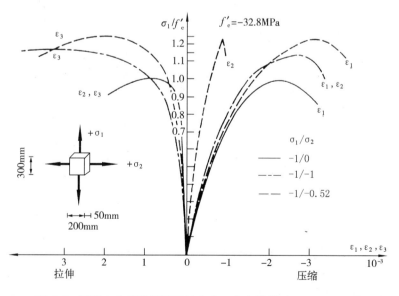

图 1.6　混凝土在双轴压缩下的应力－应变关系（Kupfer，1969）

3. 当接近破坏点时，继续增大压应力则出现体积增大（见图 1.7）。这种非弹性体积增大称为"膨胀"，通常认为是由混凝土中主要的微裂纹逐渐生长造成的。

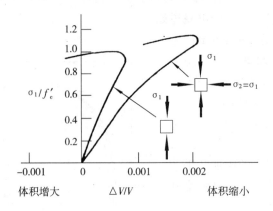

图 1.7　双轴压缩混凝土体积变化的典型应力－应变曲线

4. 混凝土的破坏是由拉伸劈裂造成的，破裂面与最大拉应力或拉应变方向正交。已经发现拉伸应变在混凝土的破坏准则和破坏机理中是至关重要的因素。在图 1.8 中阐明了不同的双轴加载组合下混凝土的各种破坏模型（Nelissen，1972）。

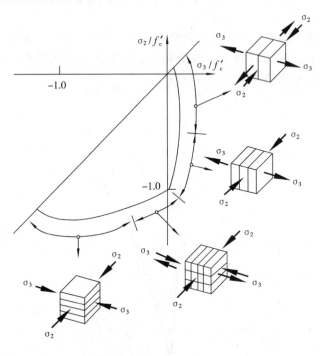

图 1.8　双轴加载混凝土的破坏模式（Nelissen，1972）

5. 尽管某些迹象表明，对于轻质混凝土，非比例加载比比例加载出现较低的强度（Taylor 等，1972），但最大强度包络图似乎与荷载路径基本上无关（Nelissen，1972）。对于比例加载，混凝土在双轴加载的几种组合下的破坏看上去是遵循最大拉应变准则的（Newman，1968，Tasuji 等，1978）。

1.2.4　三轴受力性质

素混凝土三轴应力－应变性质的实验测试数据已由 Richart 等（1928）对低的或中等体应力（静水的或侧限的）和 Balmer（1949）对高的侧限应力下获得。由 Balmer（1949）试验得出的典型应力－应变曲线示于图 1.9。这些曲线显示，依所加静水应力，混凝土会表现为准脆性、塑性软化或塑性硬化材料，这主要是因为在较高静水应力下发生界面开裂的可能性大大减小，以及破坏形式由劈裂变成了水泥浆压碎。同时发现极限轴压强度随侧限应力增大会显著增大（见图 1.9）。

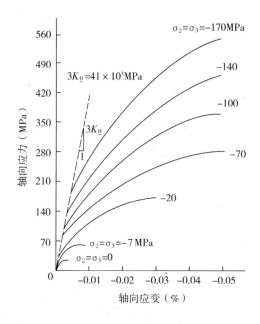

图 1.9　混凝土的三轴应力－应变关系
（Balmer，1949）

Green 和 Swanson（1973），Kotsovos 和 Newman（1978）以及 Palaniswamy（1973）对试验数据的分析表明，在静水压缩荷载下混凝土呈现非线性性质，如图 1.10 所示。图 1.10 的应力－应变曲线显示出加载时是反弯曲线；卸载时，曲线的斜率几乎为常数并且近似等于加载曲线的初始切线斜率。然而，当继续卸载时，材料的刚性降低并且在低应力范围曲线末端出现急剧转弯。Kotsovos 和 Newman（1978）的著作表明，当承受不变的静水应力（常量 σ_{oct}）和增大的剪应力或偏应力 τ_{oct} 时，混凝土不仅承受八面体剪应变 γ_{oct}，而且也承受压实（或压缩的体应变）作用。

在三轴加载下，实验表明混凝土具有的破坏面相当一致，它是三向主应力的函数（Gerstle 等，1978）。如果假定混凝土为各向同性，则弹性极限（裂纹开始稳定扩展）、裂纹开始失稳扩展以及破坏极限均可表示成三维主应力空间中的面。图 1.11 概略地显示了弹性极限面和破坏面的形状。

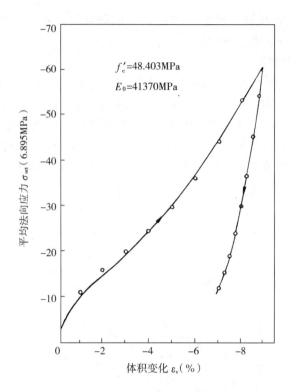

图 1.10 静水压缩试验混凝土的特性
（Green 和 Swanson，1973）

静水压力（沿 $\sigma_1 = \sigma_2 = \sigma_3$ 轴）增大时，破坏面的偏截面（垂直于 $\sigma_1 = \sigma_2 = \sigma_3$ 轴的面）为或大或小的圆，这表明在此区域里的破坏与第三应力不变量无关。对于低静水压力，这些偏截面为凸形和非圆形。通常，破坏面可由三个应力不变量描述（Cedolin 等，1977；Kotsovos 和 Newman，1978）。破坏面的所有特征和数学表达式将于下一节讨论（1.3 节）。从现已发表的著作得知，破坏面似乎与荷载路径无关（Gerstle 等，1978；Kotsovos，1979）。

基于以上的实验，可以断论，关于混凝土在一般类型的静载和动载条件下的性

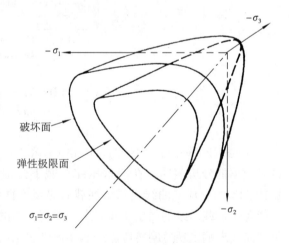

图 1.11 三维主应力空间中混凝土的弹性
极限面和破坏面的图解描绘

质仍有大量研究工作要做。这包括如下领域内的研究，诸如循环双轴和三轴加载下混凝土的性质、高强度和极高强度混凝土的性质、动态裂纹萌生和扩展的研究以及发生在混凝土及其组分中的微观损伤特性的研究。

1.3 破 坏 准 则

显而易见，根据前节中讨论的实验结果，多向应力状态下混凝土的强度是应力状态的函数，而不能由互不关联的纯拉、纯压、纯剪应力的极限值来预测。因此，混凝土强度的正确估计只能通过考虑应力状态各种分量的相互作用来得到。

把组合应力状态下混凝土材料破坏准则表达成公式，则首先必须在破坏的正确定义上取得一致意见。曾经采用过诸如屈服、裂纹萌生、承载能力和变形程度的判别准则来定义破坏。这里，用试件或混凝土材料构件的极限承载能力来定义破坏。

通常，混凝土破坏可分为两种类型：拉伸型和压缩型。拉伸型破坏和压缩型破坏一般分别以脆性和塑性为特征。当前，破坏定义中，拉伸型破坏被定义为主裂纹形成和与裂纹方向正交的抗拉强度丧失；而压缩型破坏则被定义为许多小裂纹扩展和混凝土构件完全丧失其强度。

为描述混凝土材料的强度特征，已发表了各种观点，目前可以得到许多破坏准则。本节主要目的是评述一些最常用的破坏模型。此外，在随后的章节中将对两个特殊的破坏模型作详细描述和讨论。第一个是与拉伸断开相关的著名 Mohr-Coulomb 准则（1.4 节）；第二个是由 Willam 和 Warnke（1974）提出的较复杂的五参数判别准则（1.5 节）。

在以下讨论中，假设混凝土初始为各向同性的均质材料，因此，假设骨料、空隙和预先存在的微裂纹在宏观（连续介质）水平上是均匀分布的。

1.3.1 应力不变量

基于应力状态的各向同性材料的破坏准则必定是应力状态的不变量函数，即与定义应力坐标系的选择无关。表示这一函数的一种方法是使用主应力 σ_1，σ_2 和 σ_3。因此，破坏条件的一般函数形式可写为

$$f(\sigma_1, \sigma_2, \sigma_3) = 0 \tag{1.2}$$

在多轴应力状态的一般情况下，用这种方法建立破坏条件被认为是难以实现的。况且，据此也难以提供破坏的几何和物理解释。

评述破坏准则的另一简便途径是使用应力不变量的不同组合[78]。例如，可使用应力张量 σ_{ij} 的三个主不变量 I_1，I_2 和 I_3，另外也可使用不同的不变量 I_1，J_2 和 J_3 组合（其中 J_2 和 J_3 分别为应力偏张量 S_{ij} 的第二和第三不变量），尤其是，已经发现了后三个不变量是破坏的几何和物理解释更为敏感的因素。本节和以下几节中，将要概括几种常用的应力和应变不变量形式并给出其几何和物理解释。这些不变量在本节和随后几节中会被频繁地采用。

以下仅为便于随后的讨论，概述涉及不同不变量形式的必要结果。

混凝土材料单元内部任一点的应力状态完全由应力张量 σ_{ij} 的分量确定。按定义，与主方向相关的剪应力为零。因此在主方向 n_j 上，得到[78]：

$$(\sigma_{ij} - \sigma\delta_{ij})n_j = 0 \tag{1.3}$$

其中，$\delta_{ij} = \delta_{ji}$ 为 Kronecker 符号。

式（1.3）是关于（n_1，n_2，n_3）的三个线性齐次方程的方程组，当且仅当系数行列式成为零时这一方程组才有解，即

$$|\sigma_{ij} - \sigma\delta_{ij}| = 0 \tag{1.4}$$

由此引出下列关于三个主应力的特征三次方程

$$\sigma^3 - I_1\sigma^2 + I_2\sigma - I_3 = 0 \tag{1.5}$$

其中不变量 I_1，I_2 和 I_3 由下式给出：

$$I_1 = \sigma_x + \sigma_y + \sigma_z = \sigma_{ii}$$

$$I_2 = (\sigma_x\sigma_y + \sigma_y\sigma_z + \sigma_z\sigma_x) - (\tau_{xy}^2 + \tau_{yz}^2 + \tau_{zx}^2)$$

$$= \frac{1}{2}(I_1^2 - \sigma_{ij}\sigma_{ij}) \tag{1.6}$$

$$I_3 = \begin{vmatrix} \sigma_x & \tau_{xy} & \tau_{xz} \\ \tau_{yx} & \sigma_y & \tau_{yz} \\ \tau_{zx} & \tau_{zy} & \sigma_z \end{vmatrix} = \frac{1}{3}\sigma_{ij}\sigma_{jk}\sigma_{ki} - \frac{1}{2}I_1\sigma_{ij}\sigma_{ji} + \frac{1}{6}I_1^3$$

或以主应力 σ_1，σ_2 和 σ_3 表达

$$I_1 = \sigma_1 + \sigma_2 + \sigma_3$$

$$I_2 = \sigma_1\sigma_2 + \sigma_2\sigma_3 + \sigma_3\sigma_1 \tag{1.7}$$

$$I_3 = \sigma_1\sigma_2\sigma_3$$

通常，应力张量 σ_{ij} 可分成两个分量，一个纯静水应力（球面应力）分量 σ_m 和一个偏应力分量 s_{ij}

$$\sigma_{ij} = s_{ij} + \sigma_m\delta_{ij} \tag{1.8}$$

其中

$$\sigma_m = \frac{1}{3}(\sigma_x + \sigma_y + \sigma_z) = \frac{1}{3}\sigma_{ii} = \frac{1}{3}I_1 \tag{1.9}$$

表示平均应力或纯静水应力，而

$$s_{ij} = \sigma_{ij} - \sigma_m\delta_{ij} \tag{1.10}$$

称为偏应力或应力偏张量，表示纯剪状态。

用应力张量 δ_{ij} 的同样方法可得到应力偏张量 s_{ij} 的不变量。因此，张量 s_{ij} 的不变量 J_1，J_2 和 J_3 表达为[78]：

$$J_1 = s_{ii} = s_x + s_y + s_z = 0$$

$$J_2 = \frac{1}{2}s_{ij}s_{ji}$$

$$= \frac{1}{6}[(\sigma_x - \sigma_y)^2 + (\sigma_y - \sigma_z)^2 + (\sigma_z - \sigma_x)^2]$$

$$+ \tau_{xy}^2 + \tau_{yz}^2 + \tau_{zx}^2 \tag{1.11}$$

$$J_3 = \frac{1}{3}s_{ij}s_{jk}s_{ki} = \begin{vmatrix} s_x & \tau_{xy} & \tau_{xz} \\ \tau_{yx} & s_y & \tau_{yz} \\ \tau_{zx} & \tau_{zy} & s_z \end{vmatrix}$$

作为式（1.10）分解的结果，σ_{ij} 和 s_{ij} 的主方向是相同的。以主值表达，则有：

$$J_1 = s_1 + s_2 + s_3 = 0$$

$$J_2 = \frac{1}{2}(s_1^2 + s_2^2 + s_3^2)$$

$$= \frac{1}{6} \left[(\sigma_1 - \sigma_2)^2 + (\sigma_2 - \sigma_3)^2 + (\sigma_3 - \sigma_1)^2 \right] \tag{1.12}$$

$$J_3 = \frac{1}{3} (s_1^3 + s_2^3 + s_3^3) = s_1 s_2 s_3$$

所有这些量 σ_1，σ_2，σ_3，I_1，I_2，I_3，J_2，J_3，$\frac{1}{2} \sigma_{ij} \sigma_{jj}$ 和 $\frac{1}{3} \sigma_{ij} \sigma_{jk} \sigma_{ki}$ 都是与参考轴的坐标系选择无关的标量不变量。为了使破坏准则的数学描述和几何表示方便，应特别注意三个独立不变量 I_1，J_2 和 J_3，它们分别为应力的一次量、二次量和三次量，值得在此重述的是 I_1 表示纯静水应力，而 J_2，J_3 表示纯剪状态的不变量。现在简要叙述这些应力不变量的两种不同物理解释。

应力不变量的物理解释

1. 八面体应力　八面体应力 σ_{oct} 和 τ_{oct} 分别定义为作用于与各自主应力方向成相等角度的平面（称为八面体平面）上的正应力分量和剪应力分量。这些八面体应力由下式给出[78]：

$$\sigma_{oct} = \frac{1}{3} I_1 = \sigma_m \quad \text{以及} \quad \tau_{oct} = \sqrt{\frac{2}{3} J_2} \tag{1.13}$$

八面体剪应力 τ_{oct} 的方向由相似角 θ 来确定，借助下列关系式，角 θ 与不变量 J_2 和 J_3 联系起来[78]

$$\cos 3\theta = \frac{3\sqrt{3}}{2} \frac{J_3}{J_2^{3/2}} \tag{1.14}$$

其中，θ 的变化范围为：

$$0 \leqslant \theta \leqslant \frac{\pi}{3} \tag{1.15}$$

因此，便于替换应力不变量 I_1、J_2 和 J_3 的是上述的 σ_{oct}、τ_{oct} 和 $\cos 3\theta$，这一替换选择的首要优点是使不变量的物理解释显而易见了。

替代 I_1、I_2 和 I_3 的不变量选用 I_1、J_2 和 θ（或同样采用 σ_{oct}，τ_{oct} 和 θ）替换组，在主应力 σ_1、σ_2 和 σ_3 的求值中具有另一重要优点。通常，直接求取三次式（1.5）的三个根不是一件容易的事。然而，使用式（1.8）并按[78]给出的以 J_2 和 θ 表示的主值 s_1，s_2 和 s_3，就能容易地得到主应力

$$\begin{Bmatrix} \sigma_1 \\ \sigma_2 \\ \sigma_3 \end{Bmatrix} = \begin{Bmatrix} \sigma_{oct} \\ \sigma_{oct} \\ \sigma_{oct} \end{Bmatrix} + \frac{2}{\sqrt{3}} \sqrt{J_2} \begin{Bmatrix} \cos\theta \\ \cos(\theta - \frac{2}{3}\pi) \\ \cos(\theta + \frac{2}{3}\pi) \end{Bmatrix} \tag{1.16}$$

其中，$\sigma_1 \geqslant \sigma_2 \geqslant \sigma_3$，$\theta$ 为由式（1.14）在 $0 \leqslant \theta \leqslant \frac{\pi}{3}$ 范围内求得的一次根。现在，问题简化为不变量 σ_{oct}，J_2 和 θ 的求值。

2. 平均应力　考虑一无限小的球面体元，在球面上的任一点，其切平面上的应力矢量具有一剪应力分量 τ_s 和一正应力分量 σ_s。球面上正应力 σ_s 的平均值可由下式确定：

$$\sigma_m = \lim_{S \to 0} \left[\frac{1}{S} \int_S \sigma_s \mathrm{d}S \right] \tag{1.17}$$

其中，S 代表球面。上式的求值为：

$$\sigma_m = \frac{1}{3}(\sigma_1 + \sigma_2 + \sigma_3) = \frac{1}{3}I_1 \tag{1.18}$$

至于球面上的剪应力 τ_s，根据通过一点所有可能的定向面上的应力，沿此球面上求平均值的方法得到剪应力的平均值。由于剪应力的符号对破坏的物理机理不重要，所以按照根均值的意义取平均值是合适的。因此

$$\tau_m = \lim_{S \to 0}\left[\frac{1}{S}\int_S \tau_s^2 dS\right]^{1/2} \tag{1.19}$$

进行指定的运算后导出：

$$\tau_m = \frac{1}{\sqrt{15}}\left[(\sigma_1 - \sigma_2)^2 + (\sigma_2 - \sigma_3)^2 + (\sigma_3 - \sigma_1)^2\right]^{1/2} \tag{1.20}$$

或以不变量 J_2 表示为

$$\tau_m^2 = \frac{2}{5}J_2 \tag{1.21}$$

因此现在可以把不变量 I_1 和 J_2 分别解释为与平均应力 σ_m 和 τ_m 有关的物理量。

根据式（1.12），可将 J_2 的第一表达式写成如下形式：

$$J_2 = \frac{3}{2}\frac{1}{3}\ (s_1^2 + s_2^2 + s_3^2) \tag{1.22a}$$

并且不变量 J_2 可被理解为 3/2 倍主应力偏量平方的平均值。另外，式（1.12）中 J_2 的第二表达式可写为：

$$J_2 = \frac{2}{3}\left[\left(\frac{\sigma_1 - \sigma_2}{2}\right)^2 + \left(\frac{\sigma_2 - \sigma_3}{2}\right)^2 + \left(\frac{\sigma_3 - \sigma_1}{2}\right)^2\right] \tag{1.22b}$$

其中括号内的量代表主剪应力[78]，因此不变量 J_2 可被进一步理解为主剪应力平方的平均值的二倍。

应力状态和不变量的几何解释

在点 $P(\sigma_1, \sigma_2, \sigma_3)$ 上应力状态的最简单的几何表示是通过在三维应力空间中把三个主应力 σ_1，σ_2，σ_3 作为该点的三个坐标而获得的，如图 1.12 所示[78]。可以把矢量 OP 而不是把点 P 本身看作是应力状态的表示，因此在点 P 上任意两个主轴位置不同而不是主应力值不同的应力状态会由同一点来表示，实际上这意味着在这种应力空间里主要关心的是关于材料单元的应力几何图形而不是应力状态的定向。对于各向同性材料，破坏准则必定是应力状态不变量的函数，继而得知，这一准则可容易地被解释为是在此应力空间中的一个面。

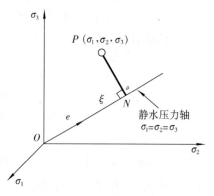

图 1.12 主应力空间中应力状态的几何表示

在图 1.12 中，与三个坐标轴成相等角度的直线 ON 称为静水轴（此轴每一点都对应一个静水应力状态，$\sigma_1 = \sigma_2 = \sigma_3$）。沿此轴的单位矢量 e，由 $e = (1/\sqrt{3})$ (1, 1, 1) 给定。垂直于静水压力轴的面称为偏平面，通过原点的偏平面 $\sigma_1 + \sigma_2 + \sigma_3 = 0$ 称为 π 平面，π 平面上任一应力点代表一个无静水应力分量的纯剪状态。

图 1.12 中由矢量 OP 表示的应力状态可分解为两个分矢量：第一个分量 ON，沿静水压力轴方向，而第二个分量 NP，在垂直于静水轴的偏平面中。矢量 ON 和 NP 的长度分别为 ξ 和 ρ，由下式给出[78]：

$$\xi = \frac{1}{\sqrt{3}} I_1 = \sqrt{3}\,\sigma_{\mathrm{oct}} = \sqrt{3}\,\sigma_{\mathrm{m}}$$

$$\rho = \sqrt{2J_2} = \sqrt{3}\,\tau_{\mathrm{oct}} = \sqrt{5}\,\tau_{\mathrm{m}} \tag{1.23}$$

正如所见，ξ 和 ρ 分别定义为矢量 $OP = (\sigma_1, \sigma_2, \sigma_3)$ 表示的应力状态的静水应力部分和偏应力部分。

图 1.13 中，坐标轴 σ_1、σ_2 和 σ_3 投影到偏平面上。在该图中，从 σ_1 轴投影的正向到矢量 NP 量得角 θ。按照推导[78]，可以表明相似角 θ 由下式给出：

$$\cos\theta = \frac{\sqrt{3}}{2}\frac{s_1}{\sqrt{J_2}} = \frac{2\sigma_1 - \sigma_2 - \sigma_3}{2\sqrt{3}\sqrt{J_2}} \tag{1.24}$$

其中，对于 $\sigma_1 \geqslant \sigma_2 \geqslant \sigma_3$，$\theta$ 变化范围为 $0 \leqslant \theta \leqslant \dfrac{\pi}{3}$。使用三角函数恒等式 $\cos3\theta = 4\cos^3\theta - 3\cos\theta$ 以及用式（1.24）替换 $\cos\theta$，将导出先前已推导的式（1.14）。

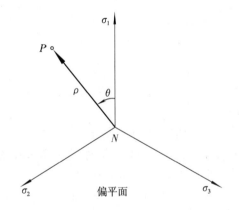
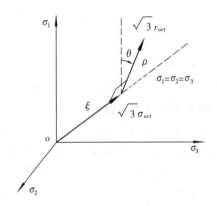

图 1.13　应力状态和坐标轴 σ_1, σ_2, σ_3 　　　　图 1.14　(ξ, ρ, θ) 和 $(\sigma_{\mathrm{oct}}, \tau_{\mathrm{oct}}, \theta)$ 的
　　　　在偏平面上的投影　　　　　　　　　　　　　　物理解释和几何解释

根据以上得到的不同关系式，现在可以容易地以 ξ，ρ 和 θ（图 1.12 和图 1.13）或 σ_{oct}，τ_{oct} 和 θ（图 1.14）来表达破坏面 $f(\sigma_1, \sigma_2, \sigma_3) = 0$，或 $f(I_1, J_2, J_3) = 0$，其中的变量已给出了几何和物理的解释。因此，每一个破坏准则都可用最便于其表示的方式来确定。

1.3.2　应变不变量

在本章及以后各章各种基于弹性的本构模型公式中，经常要使用应变不变量和应力不变量。应变分析的详细论述已给出[78]。现在简要地概述一些常用的应变不变量。

应力张量 σ_{ij} 和应变张量 ε_{ij} 两者均为二阶张量，因此，应变不变量完全是以与应力不变量极其相似的方式得到的。所以三个应变不变量 I_1'，I_2' 和 I_3' 由主应变 ε_1，ε_2 和 ε_3 表达为：

$$I_1' = \varepsilon_{kk} = \varepsilon_1 + \varepsilon_2 + \varepsilon_3$$

$$I_2' = \frac{1}{2}(I_1'^2 - \varepsilon_{ij}\varepsilon_{ij}) = \varepsilon_1\varepsilon_2 + \varepsilon_2\varepsilon_3 + \varepsilon_3\varepsilon_1 \tag{1.25}$$

$$I_3' = \frac{1}{3} \varepsilon_{ij}\varepsilon_{jk}\varepsilon_{ki} - \frac{1}{2} I_1'\varepsilon_{ij}\varepsilon_{ji} + \frac{1}{6} I_1'^3$$

$$= \varepsilon_1\varepsilon_2\varepsilon_3$$

应变偏张量 e_{ij} 由下式得到：

$$e_{ij} = \varepsilon_{ij} - \frac{1}{3} \varepsilon_\mathrm{v}\delta_{ij} \tag{1.26}$$

其中，$\varepsilon_\mathrm{v} = \varepsilon_{kk} = I_1'$ 为体应变，张量 e_{ij} 的不变量 J_1'、J_2' 和 J_3' 可按下列公式以主值 e_1、e_2 和 e_3 表达

$$J_1' = e_{kk} = e_1 + e_2 + e_3 = 0$$

$$J_2' = \frac{1}{2} e_{ij}e_{ij} = \frac{1}{2}(e_1^2 + e_2^2 + e_3^2)$$

$$= \frac{1}{6}\left[(\varepsilon_1 - \varepsilon_2)^2 + (\varepsilon_2 - \varepsilon_3)^2 + (\varepsilon_3 - \varepsilon_1)^2\right] \tag{1.27}$$

$$J_3' = \frac{1}{3} e_{ij}e_{jk}e_{ki} = e_1e_2e_3$$

对于八面体正应变 ε_oct 和剪应变 γ_oct，有：

$$\varepsilon_\mathrm{oct} = \frac{1}{3} \varepsilon_{kk} = \frac{1}{3} I_1', \quad \gamma_\mathrm{oct} = 2\sqrt{\frac{2}{3}J_2'} \tag{1.28}$$

其中，γ_oct 使用工程定义（$\gamma_\mathrm{xy} = 2\varepsilon_\mathrm{xy}$）。

1.3.3 破坏面的特征

本节简要概述由实验确定的混凝土破坏面的一般特征。这些实验结果是随后对混凝土材料各种简单或改进的破坏模型的论述所需要的。

在前节中，已阐明通过变量组 ξ，ρ 和 θ，可以方便地将破坏准则 $f(I_1, J_2, J_3) = 0$ 表示为 σ_1，σ_2，σ_3 坐标系中的一个面（破坏面）（见图 1.11）。在主应力空间中此面的一般形状可由其偏平面中的横截面形状和其子午平面中的子午线予以最佳描述。破坏面的横截面是破坏面和垂直于静水轴且 ξ = 常数的偏平面的相交曲线。破坏面的子午线是破坏面与包含静水轴，且 θ = 常数的平面（子午面）的相交曲线。

对于各向同性材料，坐标轴的编号 1，2，3 是任意的，从而破坏面的横截面形状必定具有三重对称形式，如图 1.15 所示。因此，在进行实验时，只需探究 $0° \leqslant \theta \leqslant 60°$ 的截面，因为其他截面可由对称性获知。

实验结果表明，偏平面中的破坏曲线（破坏面的形迹）具有下列一般特征：

1. 破坏曲线是平滑的。

2. 至少对于压应力来说，破坏曲线是外凸的。使用通常的微分几何，可以看出，在偏平面中的外凸条件要求如下式：

$$\frac{\partial^2 \rho}{\partial \theta^2} < \rho + \frac{2}{\rho}\left(\frac{\partial \rho}{\partial \theta}\right)^2 \tag{1.29}$$

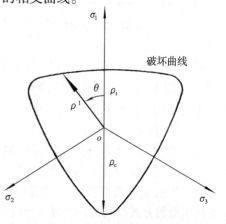

图 1.15　偏平面中破坏面
迹线的一般特征

3．通常，破坏曲线具有如图 1.15 所示的基本特征。

4．对于拉应力或小的压应力（相当于 π 平面附近小的 ξ 值），破坏曲线几乎是三角形，而对于较高压应力（相当于静水压力 ξ 值增大），破坏曲线变得越来越突起（更圆）。换句话说，在偏平面中破坏曲线是非圆的和非仿射的。

相应于 $\theta=0°$ 和 $\theta=60°$ 的两个极端子午面分别称为拉伸子午面和压缩子午面，这些在破坏面的实验确定中是必不可少的。作圆柱三轴压应力下的混凝土试验时，可用下述两者之一的方法对混凝土柱加载：

1．径向施加静水压力，轴向由活塞施加压力，这样

$$\sigma_r = \sigma_1 = \sigma_2 > \sigma_z = \sigma_3 \text{（拉为正）} \tag{1.30}$$

其中，σ_r 和 σ_z 分别代表径向和轴向应力。这个应力状态相当于静水应力状态叠加一个方向的压应力。将这一应力状态代入方程（1.24）得 $\theta=60°$，因此，这个子午线（$\theta=60°$）称为压缩子午线，沿此子午线有许多有用的数据，包括作为特殊情况的单轴抗压圆柱体强度 f_c'（$f_c'>0$）和等双轴抗拉强度 f_{bt}'。

2．轴向施加一力，由径向压力盒施加横向压力，使得

$$\sigma_r = \sigma_2 = \sigma_3 < \sigma_z = \sigma_1 \text{（拉为正）} \tag{1.31}$$

这种情况应力状态相当于静水应力状态叠加一个方向的拉应力。对于此情况，式（1.24）得出 $\theta=0$，因此这一子午线称为拉伸子午线。由于实验困难，所以沿此子午线的数据相当少。关于此子午线的数据包括作为特殊情况的单轴抗拉强度 f_t' 和等双轴抗压强度 f_{bc}'（$f_{bc}'>0$）。

除拉伸和压缩子午线外，有时还使用剪切子午线，相当于 $\theta=30°$。由式（1.24）可见条件 $\theta=30°$ 符合应力状态 $[\sigma_1,(\sigma_1+\sigma_3)/2,\sigma_3]$，这相当于纯剪状态 $\frac{1}{2}(\sigma_1-\sigma_3,0,\sigma_3-\sigma_1)$ 叠加一静水应力 $\sigma_m=\frac{1}{2}(\sigma_1+\sigma_3)$。

根据 Launay 等（1970~1972）进行的实验，在图 1.16 中阐明了破坏面的拉伸和压缩子午线的一般形状。对于 Balmer（1949）、Kupfer（1969，1973）等和 Richart（1928）等的实验资料，图 1.17 显示了其典型的试验结果，通常认为这些研究是可信的（例见 Newman 和 Newman，1971 和 Schimmelpfennig，1971，等）。

根据目前可得到的实验结果（例如，图 1.16 和图 1.17），可以得出以下关于子午面中破坏曲线一般特征的结论：

1．破坏曲线取决于静水应力分量 I_1 或 ξ（增大静水压力则 ρ 增大）。

2．子午线是弯曲、平滑和外凸的。

3．比率 ρ_t/ρ_c 小于 1，脚标 t 和 c 分别相当于拉伸和压缩子午线（图 1.15）。

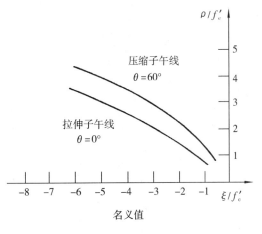

图 1.16　根据 Launay 等（1970~1972）实验确定的子午线的一般特征

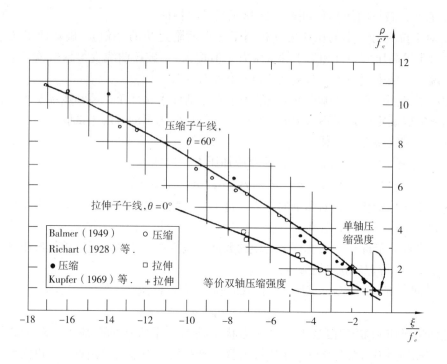

图 1.17　沿压缩和拉伸子午线的典型试验结果

4. 比率 ρ_t/ρ_c 随静水压力增加而增大，在接近 π 平面（相当于 ξ 值小）处其值约为 0.5，而静水压力接近 $\xi/f'_c = -7$ 时，达到约 0.8 的高值。

5. 单纯静水加载不可能引起破坏。$I_1 = -79f'_c$ 之前，沿压缩子午线的破坏曲线已由 Chinn 和 Zimmerman（1965）的实验测定，没有观察到这一子午线有向静水轴靠近的趋势。

以上所述破坏面的一般特征，为混凝土材料破坏模型的发展需要提供了必不可少的指导原则，在下节中，将简要评述几种混凝土破坏准则。

1.3.4　推荐的混凝土破坏模型

混凝土材料的真实性质和强度是十分复杂的，与诸多因素有关。这一现象取决于骨料和水泥浆的物理和力学性质，以及加载的类型。混凝土材料在经受不同条件时，其承载能力值显示出极大变化。正因为如此，为了实际应用，在混凝土材料强度特征的数学模型中极度理想化是必要的。显然，没有一个数学模型已经被认为是完整地描述了在所有条件下真实混凝土材料的强度特征，即使可能构成这样的模型，用其于实际问题的应力分析也将是过分复杂的。因此，必须采用较简单的模型或准则来表示所处理的问题中那些最基本的特征。

许多推荐的混凝土破坏准则可以在文献中找到。最常用的破坏准则是在应力空间中由 1～5 个独立控制的材料常数确定的。早期提出的是适用于手工计算的单参数和二参数型的简单破坏模型。随着计算机技术的发展，以及有较多的试验资料可用时，这些较简单的模型已通过增添附加参数而得以改进并推广，并且已建立各种三参数、四参数和五参数模型。有关混凝土破坏准则的最近论文已由 Argyris 等（1974），Eibl 和 Ivanyi（1976）和 Paul（1968）发表。关于这一课题的补充读物可在 Jaeger（1956）和 Nadai（1950）较早的教材中找到。不同的破坏模型及其优点和局限的详细论述已在 Chen（1981）最近的教材中编入。在书[78]中，基于理想流动理论和应变强化塑性的混凝土本构关系的最新进展，有一整章将专门讲述各种混凝土破坏准则的建立和论述。

下面会给出某些常用的混凝土破坏准则的简要评述。在随后的几节中，详细描述 Mohr-Coulomb 拉伸断裂模型和 Willam-Warnke 五参数模型两种破坏准则及其发展。

单参数模型

正如前节中所述，在偏平面中混凝土破坏面的横截面，对于较小应力为近似于三角形的横截面，而对于较高的平均压应力则变得更圆。然而，在这两个极端区内混凝土的破坏形式是不同的。在拉伸和较小压缩型的应力下，混凝土的破坏是脆性裂断的劈裂型；在高静水压力下，混凝土可能像延性材料那样在破坏面或屈服面上屈服和流动。过去曾提出过几种对于脆性材料裂断和对于延性材料屈服的简单且便于建立的单参数破坏准则。因此，作为第一次的近似，把这些破坏面组合起来形成遍及应力空间的完整破坏面似乎是合理的。

在拉伸和较小压应力下混凝土的脆断最好用 Rankine（1876）的最大拉应力准则来描述。这一准则假定，只要当此点上的最大主应力达到简单拉伸试验得出的材料抗拉强度 f'_t 时，不论通过材料内一点在其他平面上产生的正应力或剪应力如何，混凝土就会发生脆断。根据这一准则确定的破坏面方程为：

$$\sigma_1 = f'_t, \quad \sigma_2 = f'_t, \quad \sigma_3 = f'_t \tag{1.32}$$

这就得到分别垂直于 σ_1，σ_2，σ_3 轴的三个平面。这个破坏面称为"裂断面"或"拉伸破坏面"，或简言为"拉断"。使用变量 ξ，ρ，θ（或 I_1，J_2，θ），这个破坏面可用下列式子在 $0° \leqslant \theta \leqslant 60°$ 的范围内充分地描述为

$$f(\xi, \rho, \theta) = \sqrt{2}\rho\cos\theta + \xi - \sqrt{3}f'_t = 0 \tag{1.33a}$$

或

$$f(I_1, J_2, \theta) = 2\sqrt{3}\sqrt{J_2}\cos\theta + I_1 - 3f'_t = 0 \tag{1.33b}$$

在图 1.18（a）中概要地显示了此破坏面的偏截面以及拉伸（$\theta = 0°$）和压缩（$\theta = 60°$）子午线。

对于在高静水压力范围内的混凝土，采用剪应力准则，如 Tresca（1864）和 von Mises（1913）准则，来预测延性破坏。这两种与压力无关的准则最常使用于金属材料。

按照 Tresca 准则，材料的延性破坏（或屈服）发生在一点的最大剪应力达到临界值时。但是，von Mises 准则却假设破坏（屈服）发生在八面体剪应力 τ_{oct} 达到其临界值时。数学上，这些准则可以表达为下列形式。

Tresca

$$\max\left[\frac{1}{2}|\sigma_1 - \sigma_2|, \frac{1}{2}|\sigma_2 - \sigma_3|, \frac{1}{2}|\sigma_3 - \sigma_1|\right] = k \tag{1.34a}$$

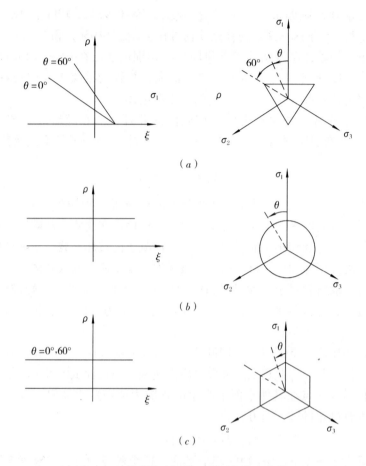

图 1.18　单参数破坏模型的子午线和偏截面

（*a*）最大拉应力准则（拉断）；（*b*）von Mises 准则；（*c*）Tresca 准则

或以 ρ 和 θ（$0° \leqslant \theta \leqslant 60°$）表示

$$f(\rho, \theta) = \rho \sin\left(\theta + \frac{\pi}{3}\right) - \sqrt{2}k = 0 \qquad (1.34b)$$

von Mises

$$f(J_2) = J_2 - k^2 = 0 \qquad (1.35a)$$

或

$$f(\rho) = \rho - \sqrt{2}k = 0 \qquad (1.35b)$$

其中，k 为纯剪破坏（屈服）应力。对于混凝土，k 由简单压缩试验确定（用 f'_c 作为屈服应力）。在如此情况中，对于 Tresca 和 von Mises 准则，k 分别等于 $\frac{1}{2}f'_c$ 或 $(1/\sqrt{3})\,f'_c$。相应 von Mises 和 Tresca 破坏面的偏截面和子午线面，分别于图 1.18（*b*）和（*c*）图解说明。

　　早期的有限元应用（例如 Suidan 和 Schnobrich，1973）中使用了 von Mises 屈服面（图 1.18*b*）来分析钢筋混凝土结构。为计算混凝土的极限的抗拉能力，把 von Mises 面与最大主应力面或拉伸裂断面（图 1.18a）组合应用；而为计算混凝土极限压缩延性，把 von Mises 面与最大主压应变准则结合应用。当最大主压应变达到临界值 ε_u（简单压缩中的压碎应变）时，认为混凝土发生压碎，材料单元完全丧失强度。

双参数模型

在中间的压应力值域内，混凝土的破坏准则对静水应力状态是敏感的。上述简单的单参数模型不能描述在这一中间程度压应力下断裂－延性状态破坏，因此必须使用与压力有关的破坏模型。

对于与压力有关的材料，沿静水轴破坏面的偏横截面大小不同，并且通常不一定几何相似。固然，对于混凝土（如先前所述），在静水压力值小时这些横截面近似于三角形，当静水压力增大时变得更接近圆形。然而，为了简便，大多数过去推荐的模型假设所有偏横截面几何相似，压力的作用只是调整横截面的大小。这种最简单和最常用的模型是 Mohr-Coulomb 和 Drucker-Prager 破坏准则。这些是子午线与静水应力分量 I_1 或 ξ（图 1.19a 和 b）线性相关的双参数模型。

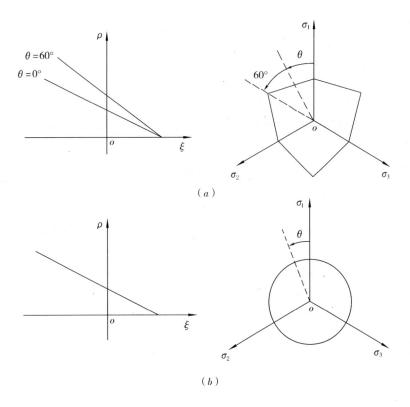

图 1.19　二参数破坏模型的子午线和偏截面

（a）Mohr-Coulomb 准则；（b）Drucker-Prager 准则

在 Mohr-Coulomb 准则中，假设破坏发生在混凝土材料中一点处任一平面上的剪应力达到与同一平面中正应力 σ 线性相关的值时，数学表达为：

$$|\tau| = c - \sigma \tan\varphi \qquad (1.36)$$

其中，c 和 φ 分别为内聚力和内摩擦角的材料常数。这一准则表示一个在 σ_1，σ_2，σ_3 应力空间中的不规则六角锥形。图 1.19（a）示出 Mohr-Coulomb 破坏面的偏截面和子午面。对于特殊情况 $\sigma = 0$，式（1.36）简化为 Tresca 准则 $\tau = c = k$。

为了在拉应力产生时得到较好的近似，有时必须把 Mohr-Coulomb 准则（图 1.19a）和最大抗拉断裂强度（图 1.18a）组合。这已由 Cowan（1953）和另外一些人提出。应当注意，这一联合准则是三参数准则（两个应力状态确定 c 和 φ 值；一个应力状态确定最大拉应力 f_t'）。这一联合破坏准则已得到了广泛的应用。下一节（1.4 节）将给出联合破坏准则的详细论述。

Mohr-Coulomb 破坏面在六边形上有几个拐角（图 1.19a）。因为这些拐角给数值解带来了许多困难，所以数学求解是不方便的。Drucker 和 Prager（1952）通过对 von Mises 准则的简单修正，提出了一个对 Mohr-Coulomb 面的光滑近似。Drucker-Prager 准则的数学表达式为：

$$f(I_1, J_2) = \alpha I_1 + \sqrt{J_2} - k = 0 \qquad (1.37a)$$

或以 ξ 和 ρ 表示为：

$$f(\xi, \rho) = \sqrt{6}\alpha\xi + \rho - \sqrt{2}k = 0 \qquad (1.37b)$$

其中，k 和 α 为（正的）材料常数。

式（1.37a 或 b）的破坏面是正圆锥面，其在偏平面中的子午面和横截面示于图 1.19（b）。这个破坏面可视作为圆滑的 Mohr-Coulomb 破坏面（图 1.19a）或 von Mises 破坏面（图 1.18b）的扩展。Drucker-Prager 准则最常用于土壤材料。在第 3 章中，将结合土的破坏模型给出这一准则的详细论述。

三参数模型

在混凝土的建模中，Drucker-Prager 准则有两个缺点：I_1 和 $\sqrt{J_2}$（或 ξ 和 ρ）之间的线性关系以及相似角 θ 的独立性。$\rho - \xi$（或 $\tau_{\text{oct}} - \sigma_{\text{oct}}$）关系已由实验显示为曲线，偏截面上破坏面的轨迹线不是圆形，而是取决于相似角 θ（图 1.15～1.17）。作为表述 Drucker-Prager 面的第一步，可采取两种途径：（1）假设 ξ 与 ρ（或 σ_{oct} 上的 τ_{oct}）有抛物线关系，但保持圆形横截面（与 θ 无关）；（2）保持 $\rho - \xi$（或 $\tau_{\text{oct}} - \sigma_{\text{oct}}$）的线性关系，但由偏截面展示 θ 相关性（即非圆横截面）。这样将导出三参数模型。

根据第一种途径，Bresler 和 Pister（1958）提出了一个 σ_{oct} 与 τ_{oct}（或 ξ 上的 ρ）抛物线相关和具有圆形偏截面（图 1.20a）的三参数破坏准则。这一模型中的 $\sigma_{\text{oct}} - \tau_{\text{oct}}$ 关系以下式表达：

$$\frac{\tau_{\text{oct}}}{f_c'} = a - b\left(\frac{\sigma_{\text{oct}}}{f_c'}\right) + c\left(\frac{\sigma_{\text{oct}}}{f_c'}\right)^2 \qquad (1.38)$$

其中，拉伸时 σ_{oct} 为取正值，f_c' 为混凝土的单轴抗压强度（总是正值）；常数 a、b 和 c 是由拟合有效实验数据曲线而确定的三个破坏参数。为了在小的应力范围（其偏截面近似为三角形）内的破坏有更好的近似，可将 Bresler-Pister 准则（图 1.20a）与拉伸破坏准则（图 1.18a）联合。

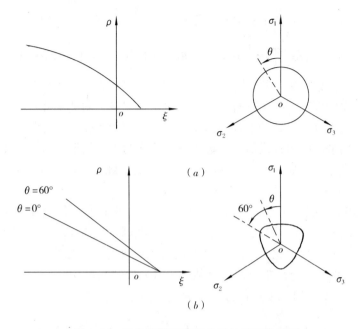

图 1.20　三参数破坏模型的子午线和偏截面

（a）Bresler-Pister 准则；（b）三参数 Willam-Warnke 准则

另外，第二种途径已由 Willam 和 Warnke 用来建立在拉伸和低压力区域内混凝土的三参数破坏面。这个面具有直的子午线和非圆形偏截面（图 1.20b）。用平均正应力 σ_m 和剪应力 τ_m（式 1.18 和式 1.20）以及相似角 θ 将这个破坏面以下式表达：

$$f(\sigma_m, \tau_m, \theta) = \frac{1}{A}\frac{\sigma_m}{f'_c} + \frac{\tau_m}{\rho(\theta)} - 1 = 0 \tag{1.39}$$

其中，A 为常数，在此式中，$\rho(\theta)$ 描绘一个表示在 $0 \leqslant \theta \leqslant 60°$ 的偏平面中破坏面迹线的椭圆曲线，此准则中满足实验观察到的对称、圆滑和外凸条件（1.3.3 节）。

Argyris 等（1974）提出了下列包含全部三个应力不变量 I_1，J_2 和 θ 的三参数模型：

$$f(I_1, J_2, \theta) = a\frac{I_1}{f'_c} + (b - c\cos 3\theta)\frac{\sqrt{J_2}}{f'_c} - 1 = 0 \tag{1.40}$$

这一准则具有直的子午线和非圆形偏截面。然而，这些偏截面只有在 $\rho_t/\rho_c > 0.78$ 时才具有外凸形，而在几乎所有的实际应用中，这一比率都小于 0.78。

四参数和五参数模型

近来，许多研究者已发展了若干更为细致的四参数和五参数破坏准则。这些模型展现出弯曲的子午线和非圆形偏截面（图 1.21）。以下简要概述这些破坏准则中的几个。

由 Ottosen（1977）提出的四参数模型用 I_1，J_2 和 θ 表达如下：

$$f(I_1, J_2, \cos 3\theta) = a\frac{J_2}{f'_c} + \lambda\frac{\sqrt{J_2}}{f'_c} + b\frac{I_1}{f'_c} - 1 = 0 \tag{1.41}$$

其中，a 和 b 为常数，λ 为 $\cos 3\theta$ 的函数。

$$\lambda = k_1 \cos\left[\frac{1}{3}\arccos(k_2\cos3\theta)\right] \qquad \text{对于 } \cos3\theta \geqslant 0$$

$$\lambda = k_1 \cos\left[\frac{\pi}{3} - \frac{1}{3}\arccos(-k_2\cos3\theta)\right] \qquad \text{对于 } \cos3\theta \leqslant 0$$

(1.42)

其中，k_1 和 k_2 为常数。四参数 a，b，k_1 和 k_2 是根据四项实验测试（单轴压缩 f_c'；单轴拉伸 f_t'；双轴压缩 f_{bc}' 和在压缩子午线上的三轴试验）的结果确定的。这一破坏准则对所有应力组合均为有效。其子午线为抛物线，偏截面为非圆形。此外对于小应力，随着静水压力增大，偏平面中的迹线形状由近乎三角形变为近乎圆形。这个模型作为特殊情况包含几种较早的模型（例如 $a = b = 0$ 和 $\lambda = $ 常数的 von Mises 模型，以及 $a = 0$ 和 $\lambda = $ 常数的 Drucker-Prager 模型）。

Reimann（1965）提出了一个四参数模型，它具有弯曲的子午线和一个由直线部分及微弯部分联合组成的非圆形偏截面。然而，在这一准则中比率 ρ_t/ρ_c 为常数，并且这个面具有沿压缩子午线的边缘。此外，这一模型仅对压应力有效。后来，Schimmelpfenning 对 Reimann 准则偏平面中的迹线加以改进，然而，其主要缺陷仍在。

Hsieh 等（1979）提出了下述包含不变量 I_1、J_2 和最大主应力 σ_1 的四参数准则：

$$f(I_1, J_2, \sigma_1) = a\frac{J_2}{f_c'^2} + b\frac{\sqrt{J_2}}{f_c'} + c\frac{\sigma_1}{f_c'} + d\frac{I_1}{f_c'} - 1 = 0$$

(1.43)

其中，a、b、c 和 d 为材料常数。这一准则的弯曲子午线和偏截面图解示于图 1.21（a）。这个模型对所有的应力条件均满足外凸形要求。然而它具有沿压缩子午线的边缘。此准则包含作为特殊情况的几个较早的准则（例如 von Mises，Drucker-Prager 和最大抗拉强度破坏）。

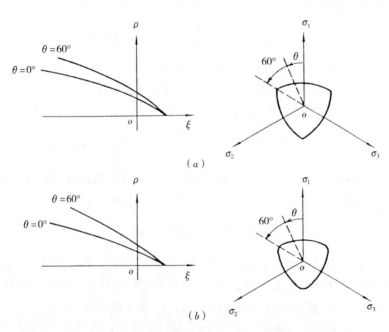

图 1.21 四参数和五参数破坏模型的子午线和偏截面
（a）四参数 Hsieh-Ting-Chen 准则；（b）五参数 Willam-Warnke 准则

Willam 和 Warnke（1974）五参数准则具有椭圆形偏截面和抛物线子午线（图 1.21b）。这个模型对于所有的应力组合符合关于圆滑、外凸和对称特征要求。不过，外凸子午线的要求导致对高静水压应力破坏的预示，这是与实验迹象相矛盾的。这一破坏准则的详细论述见 1.5 节。

大多数细致模型都与相应的实验资料一致。它们包含所有三个独立应力不变量，并且反映出几乎所有在先前章节中概括观察到的混凝土破坏面特征。不过，应该强调这些模型的改进需借计算机之力。

近来的发展

以上所述的所有破坏模型均采用了混凝土为各向同性的假设。然而，混凝土中的逐渐损伤最终必然导致破坏区附近的各向异性。为了解释破坏情况下这些定向的各向异性的影响，最近已提出了所谓的裂纹摩擦理论（Bazant 和 Tsubaki，1980；Bazant 等，1980）。此理论基于内摩擦，但不同于传统的 Mohr-Coulomb 摩擦理论式（1.36），这里的摩擦被认为发生在一个特定平面即裂纹面上，而不是像 Mohr-Coulomb 准则中那样呈各向同性的摩擦性质。进一步假设裂纹面可能具有任意方向，但与 Mohr-Coulomb 摩擦理论不同，此理论的摩擦滑移面只可能有一个由极限应力（即 1.4 节论述的 Mohr 圆破坏极限）确定的方向。现在裂纹摩擦理论仍在发展中，在其被采用于实际应用之前，还需要作进一步的探讨和研究。

对于混凝土之类的脆性材料，应力在超过峰值（破坏）状态后随应变的增大而下降。通常，应变软化现象引起变形的不稳定，表现为变形集中在一个狭窄带内并且在带的顶端存在高度应力集中。鉴于这个应变集中和扩展破坏带的前部产生的应力集中，用应力表示的破坏准则是不适用的，对于这样的情形，有限元分析的结果首先取决于单元大小，因此破坏变成单元网络改良的问题而不是应力强度和混凝土损伤的实际量度（例见 Bazant 和 Cedolin，1980）。作为这种情况中混凝土破坏预测的一个比较合理的途径，最近的努力是去形成混凝土破坏能量准则的断裂力学概念。然而，此类破坏模型在实际应用中普遍使用目前还是不适合的，其发展尚需进一步的实验和分析研究。这一领域是当前研究活跃的课题。

1.4 拉断的 Mohr-Coulomb 破坏准则

长期以来，一般应力状态下混凝土的破坏准则是建立在 Mohr-Coulomb 准则与拉断（最大拉伸应力或应变）准则组合的基础之上。在许多情况中，这一联合准则为失效后的混凝土断裂提供了相当好的一级近似。由于其非常简单，许多常规的应力分析仍然是根据拉断的 Mohr-Coulomb 准则。这一联合准则及其优点和局限性现在予以详述。

1.4.1 描述

式（1.36）中的双参数 Mohr-Coulomb 准则可写成以下替换形式（见图 1.22）

$$\sigma_1 \frac{(1+\sin\varphi)}{2c\cos\varphi} - \sigma_3 \frac{(1-\sin\varphi)}{2c\cos\varphi} = 1 \qquad (1.44)$$

使用式（1.16），当（$\sigma_{\text{oct}} = I_1/3$）时，可以用不变量 I_1、J_2 和 θ 来表示式（1.44）。

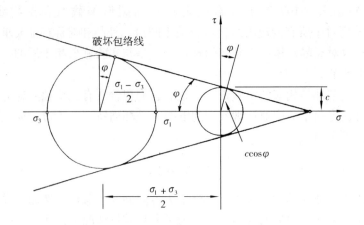

图 1.22　Mohr-Coulomb 准则的主应力之间的关系

$$f\left(I_1, J_2, \theta\right) = \frac{1}{3} I_1 \sin\varphi + \sqrt{J_2}\sin\left(\theta + \frac{1}{3}\pi\right)$$
$$+ \frac{\sqrt{J_2}}{\sqrt{3}}\cos\left(\theta + \frac{\pi}{3}\right)\sin\varphi - c\cos\varphi = 0 \tag{1.45}$$

或者同样地用变量 ρ，ξ 和 θ 表示

$$f\left(\xi, \rho, \theta\right) = \sqrt{2}\,\xi\sin\varphi + \sqrt{3}\rho\sin\left(\theta + \frac{1}{3}\pi\right)$$
$$+ \rho\cos\left(\theta + \frac{\pi}{3}\right)\sin\varphi - \sqrt{6}\,c\cos\varphi = 0 \tag{1.46}$$

其中，$0 \leqslant \theta \leqslant \frac{1}{3}\pi$。

在 σ_1，σ_2，σ_3 坐标系中，式（1.46）代表一个不规则六角锥体。其子午线为直线，它在 π 平面（$\sigma_1 + \sigma_2 + \sigma_3 = 0$）内的破坏横截面为不规则六边形，如图 1.23（$a$）所示。$\pi$ 平面上的两个特征长度 ρ_{t0} 和 ρ_{c0} 分别相当于 $\theta = 0°$ 和 $\theta = 60°$，这些可用（$\xi = 0$，$\rho = \rho_{t0}$，$\theta = 0°$）和（$\xi = 0$，$\rho = \rho_{c0}$，$\theta = 60°$）由式（1.46）直接得到。结果由下式给出：

$$\rho_{t0} = \frac{2\sqrt{6}\,c\cos\varphi}{3 + \sin\varphi}$$
$$\rho_{c0} = \frac{2\sqrt{6}\,c\cos\varphi}{3 - \sin\varphi} \tag{1.47}$$

单参数最大拉应力准则（拉断）由式（1.32）和式（1.33）给出，在 π 平面的横截面和子午线平面（$\theta = 0$），于图 1.18（a）中作了简略图解，而在图 1.23（b）中作了更加详细的图解。

与最大拉应力拉断结合的 Mohr-Coulomb 准则示于图 1.23 和图 1.24 中。这一联合模型由三参数确定：最大抗拉强度 f'_t、内摩擦角 φ 和内聚力 c。图 1.24 中最右边以 O 为圆心的 Mohr 圆把由拉伸断裂准则预示的破坏与由 Mohr-Coulomb 准则预示的破坏分开。

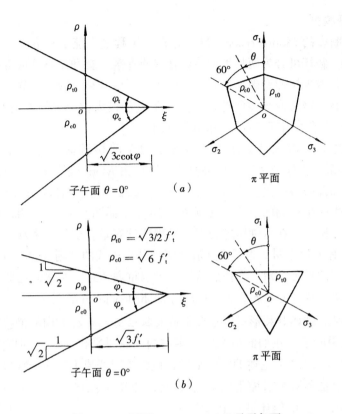

图 1.23　π 平面 $\sigma_1 + \sigma_2 + \sigma_3 = 0$ 及子午面

($\theta = 0$) 内的 Mohr-Coulomb 准则和最大主应力准则

（a）Mohr-Coulomb 准则；（b）最大拉应力准则（拉断）

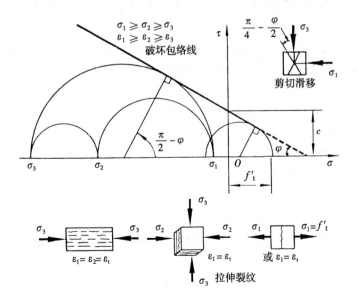

图 1.24　拉断的 Mohr-Coulomb 准则

1.4.2 破坏模型

最大拉应力断裂的 Mohr-Coulomb 准则，在一定程度上能解释混凝土破坏的模式。按照这个联合准则，破坏可分为两种类型：拉伸（或开裂）型和压缩（或剪切滑移）型。在拉伸断裂类型中，劈裂拉伸型破坏的发生是由于劈裂或开裂引起的，并且由一个不变最大拉应力的准则控制。劈裂或开裂面通常发生在垂直于最大拉应力的方向上（见图 1.24 右下插图）。这与实验结果相符（1.2.2 节和图 1.8）。

在压缩类型中，该准则认为压缩型破坏是由于剪切滑移（滑移线）所致，并且受 Mohr-Coulomb 型最大剪应力控制，滑移面的角度可由 Mohr 圆确定（图 1.24）。滑移面通过中间的主应力轴并与最小主应力轴成 ± $(\pi/4 - \varphi/2)$ 角，如果所有的主应力大小都不同，则有可能产生两个相同的滑移面（见图 1.24 右上插图）。应该指明，它尚未得到试验结果的普遍证实。例如，在双轴压应力下，发现试件有垂直于最大主应变方向的滑移（见图 1.8）。这就强有力地表明，为了建立适合多种破坏模式的准则（Wu，1974），需要一个用应力及应变表达的双重准则。为得到这样一个双重表达式，通常的近似方法是使用具有最大拉应力或应变断裂 $(\sigma_1 = f'_t, \varepsilon_1 = \varepsilon_t)$ 的 Mohr-Coulomb 准则。

按照双重准则，破坏开裂形式以垂直于最大拉应变 $\varepsilon_1 = \varepsilon_t$ 方向的滑移为特征，如在图 1.24 下部的插图中所示。在如此情况中，当前的问题是精确选定不同应力状态下最大拉应变 ε_t 的值。根据 1.2.3 节论述的实验结果，最大拉应变值不是一个常数，而是随压缩程度增大而增大。单轴和双轴压缩下的 ε_t 值显著高于单轴拉伸。虽然 ε_t 是变化的，可是，在大多数实际应用中 ε_t 的值还是假定为常数。

1.4.3 后破坏的性质

至于拉伸型破坏，裂纹在垂直于最大主应力（或应变）的方向扩展，裂纹处的过量拉应力和剪应力必须重新分配到周围的材料上。因此，裂纹扩展在一个方向上削弱了材料结构，如此在一个方向的削弱效应可以通过在连续介质水平上引入横向各向同性的材料模型模拟。在 1.6.5 节中将结合混凝土线弹性断裂模型的发展来描述这一类的模型。

另外，按照 Mohr-Coulomb 模型，剪切型破坏导致两个主要滑移面的发展，这些面在两个方向上削弱了材料结构。为了模拟在这两个方向上的削弱作用，通常使用四种不同途径：

1. 采用在连续介质水平上引入各向异性材料特征。然而，各向异性本构模型中合适的耦合项的建立有很多困难。

2. 采用假设脆性软化后破坏的性质并使用应力传递技术考虑局部材料的不稳定（软化效应），这已通过引入坍塌破坏面的概念（Argyris 等，1974）来达到目的。在这种情况下，假设内聚力和抗拉强度减小到零 $(c = f'_t = 0)$，而由内摩擦产生的强度在初裂后仍然保留。

3. 假设理想延性后破坏的性质，其在断裂时的应力峰值状态随应变增大时仍保持不变（Phillips 和 Zienkiewicz，1976）。

4. 假设理想脆性后破坏的性质，混凝土在裂开后完全丧失其强度（Chen 和 Suzuki，1980），正好在断裂前出现的应力则被完全释放并分布于周围材料。1.6 节的线弹性断裂模拟将采用这一途径。

1.4.4 优点和局限性

总之，根据以上论述，可以得出关于拉伸断裂 Mohr-Coulomb 破坏准则的优点和局限性的一些结论。这一联合准则的主要局限性概述如下：

1．无中间主应力的影响。这意味着混凝土的最大双轴抗压强度与单轴抗压圆柱体强度 f'_c 是一样的。这与实验结果矛盾，例如，在双轴压缩试验中，在应力比为 $\sigma_2/\sigma_1 = 0.5$ 时观察到最大强度增大约 25%（见 1.2.3 节）。

2．子午线为直线。正如图 1.16 和图 1.17 所示，当静水压力变大时其近似性变得更加糟。

3．偏平面中的破坏横截面是相似的（仿射的）曲线，具有恒定的 ρ_t/ρ_c 比值。这与前面的论述（1.3.3 节）是完全不同的。

4．破坏面不是光滑面。其有隅（或奇点）被认为难于用数值分析来处理。

拉断 Mohr-Coulomb 准则的优点如下：

1．由于该准则简易，在实用要求的范围内，该准则与试验结果的偏差并不是不允许的。

2．正如先前所说明的那样，联合准则对涉及拉伸（开裂）型和压缩（剪切滑移）型的混凝土破坏模型给予了一定程度上的解释。

总而言之，可以认为拉断的 Mohr-Coulomb 准则，考虑其简易性并在许多情况中有相当好的一级近似。

1.5　五参数破坏模型

下面详细论述 Willam 和 Warnke（1974）的五参数破坏准则。下一章中用这一破坏模型与三维增量模型一起来描述混凝土的非线性性质。

在五参数模型中弯曲的子午线由二次抛物线表达式描述，偏平面中的非圆迹线用椭圆曲线对 $0 \leqslant \theta \leqslant 60°$ 的每个部分予以近似。因此，完整破坏面的表示分为两个部分：第一，对于 $0 \leqslant \theta \leqslant 60°$，推导偏斜横截面的椭圆表达式；第二，按二次抛物线来近似拉伸和压缩子午线。然后将这两条子午线由偏曲线为基准面的椭球面连接起来。

1.5.1 偏截面的椭圆近似

考虑图 1.25 所示的典型破坏面偏迹线。由于偏迹线的三部分对称，所以只考虑 $0° \leqslant \theta \leqslant 60°$ 的部分。Willam 和 Warnke 为偏迹线的这一部分提出了一个椭圆近似。一般认为该椭圆形式是最合适的，因为它可以满足对称、光滑和外凸的特征要求。此外，若 $\rho_t = \rho_c$，则椭圆蜕变为圆，这意味着较简单的 von Mises 和 Drucker-Prager 模型可以作为这一破坏准则的特殊情况。该椭圆表达式的推导如下：

半轴为 a 和 b 的椭圆标准形式为：

$$f(x, y) = \frac{x^2}{a^2} + \frac{y^2}{b^2} - 1 = 0 \qquad (1.48)$$

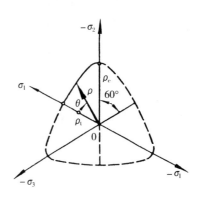

图 1.25　三部分对称破坏面的偏截面

图 1.26 中，用（ρ，θ）作为极坐标，采用（x，y）作为主轴（半轴 a，b）的椭圆 $P_1 - P - P_2 - P_3$ 的 1/4 来近似破坏曲线 $P_1 - P - P_2$。在 $\theta = 0°$ 和 $\theta = 60°$ 处的对称条件要求位置矢量 ρ_t 和 ρ_c 必须分别在点 P_1（0，b）和 P_2（m，n）处与椭圆正交。因此选择 y 轴与位置矢量 ρ_t 重合，以便使在 P_1 点的正交条件总得到满足。在 P_2（m，n）点与椭圆正交的外向单位矢量由式（1.48）的偏微分求得：

$$\boldsymbol{n} = \frac{(\partial f/\partial x, \partial f/\partial y)}{[(\partial f/\partial x)^2 + (\partial f/\partial y)^2]^{1/2}}$$
$$= \frac{(m/a^2, n/b^2)}{[(m^2/a^4) + (n^2/b^4)]^{1/2}} \tag{1.49}$$

显然这一矢量的分量可以从图 1.26 中容易地找到，即

$$\boldsymbol{n} = \left(\frac{\sqrt{3}}{2}, \frac{1}{2}\right) \tag{1.50}$$

现在，可以根据椭圆必须通过点 P_2（m，n）和该点上的正交矢量 $\boldsymbol{n}$ 必须满足式（1.50）的条件，半轴 a 和 b 用位置矢量 ρ_t 和 ρ_c 来确定。由椭圆必须通过点 P_2（m，n）的条件得到：

$$\frac{m^2}{a^2} + \frac{n^2}{b^2} = 1 \tag{1.51}$$

令（1.49）和（1.50）两式中正交矢量 $\boldsymbol{n}$ 的相应分量相等得到 a 和 b 之间如下的关系

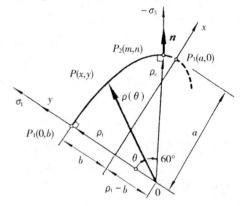

图 1.26　$0° \leqslant \theta \leqslant 60°$ 破坏面的椭圆迹线

$$a^2 = \frac{m}{\sqrt{3}\,n} b^2 \tag{1.52}$$

点 P_2（m，n）的坐标可用 ρ_c，ρ_t 和 b 表示如下（见图 1.26）：

$$m = \frac{\sqrt{3}}{2} \rho_c$$
$$n = b - \left(\rho_t - \frac{1}{2}\rho_c\right) \tag{1.53}$$

将式（1.52）和式（1.53）代入式（1.51）得到下列两个用 ρ_c 和 ρ_t 表示 a 和 b 的表达式：

$$a^2 = \frac{\rho_c (\rho_t - 2\rho_c)^2}{5\rho_c - 4\rho_t} \tag{1.54}$$
$$b = \frac{2\rho_t^2 - 5\rho_t\rho_c + 2\rho_c^2}{4\rho_t - 5\rho_c}$$

下面，将椭圆的笛卡尔描述变换成以 O 为原点的极坐标（ρ，θ）。这样，破坏曲线就易于用半径 ρ 作为 θ 的函数描述。为此目的，笛卡尔坐标（x，y）先用极坐标（ρ，θ）表示为：

$$x = \rho\sin\theta \tag{1.55}$$
$$y = \rho\cos\theta - (\rho_t - b)$$

这些关系用于式（1.48），则得：

$$\frac{\rho^2 \sin^2\theta}{a^2} + \frac{[\rho\cos\theta - (\rho_t - b)]^2}{b^2} = 1 \tag{1.56}$$

几次代数运算后，半径 ρ 可以用极坐标（ρ，θ）求解，其中 $0° \leqslant \theta \leqslant 60°$，结果为：

$$\rho(\theta) = \frac{a^2(\rho_t - b)\cos\theta + ab[2b\rho_t\sin^2\theta - \rho_t^2\sin^2\theta + a^2\cos^2\theta]^{1/2}}{a^2\cos^2\theta + b^2\sin^2\theta} \tag{1.57}$$

用式（1.54）的两个表达式替代半轴 a 和 b，最终将得到以 ρ_c 和 ρ_t 表示的 ρ（θ）。

$$\rho(\theta) = \frac{2\rho_c(\rho_c^2 - \rho_t^2)\cos\theta + \rho_c(2\rho_t - \rho_c)[4(\rho_c^2 - \rho_t^2)\cos^2\theta + 5\rho_t^2 - 4\rho_t\rho_c]^{1/2}}{4(\rho_c^2 - \rho_t^2)\cos^2\theta + (\rho_c - 2\rho_t)^2} \tag{1.58}$$

可以观察到式（1.58）中的两个极端情况：第一，对于 $\rho_t/\rho_c = 1$（或相当 $a = b$），椭圆蜕变为圆（类似于 von Mises 或 Drucker-Prager 模型的偏迹线）；第二，当比率 ρ_t/ρ_c 接近 1/2 值（或 a/b 趋于无穷大）时，偏斜迹线几乎变成为三角形（类似于最大拉应力准则图 1.18a 所示的形状）。相应于 $\rho_t/\rho_c = \frac{1}{2}$ 的三角形偏斜迹线在压缩子午线上有角隅。因此，对于比率 ρ_t/ρ_c 在下述范围内可确保破坏曲线的外凸性和光滑性。

$$\frac{1}{2} < \frac{\rho_t}{\rho_c} \leqslant 1 \tag{1.59}$$

1.5.2　沿拉伸和压缩子午线的平均应力

通过用平均正应力 σ_m 表示的二次抛物线，将分别沿拉伸子午线（$\theta = 0$）和压缩子午线（$\theta = 60°$）的平均剪应力变量 τ_{mt} 和 τ_{mc} 近似如下：

$$\frac{\tau_{mt}}{f'_c} = \frac{\rho_t}{\sqrt{5}f'_c} = a_0 + a_1\left(\frac{\sigma_m}{f'_c}\right) + a_2\left(\frac{\sigma_m}{f'_c}\right)^2 \quad \text{在 } \theta = 0° \text{ 处} \tag{1.60}$$

$$\frac{\tau_{mc}}{f'_c} = \frac{\rho_c}{\sqrt{5}f'_c} = b_0 + b_1\left(\frac{\sigma_m}{f'_c}\right) + b_2\left(\frac{\sigma_m}{f'_c}\right)^2 \quad \text{在 } \theta = 60° \text{ 处} \tag{1.61}$$

其中，τ_{mt} 和 τ_{mc} 分别代表 $\theta = 0°$ 和 $\theta = 60°$ 的平均剪应力 τ_m 值（式 1.20）；σ_m 是由式（1.18）得出的平均正应力。通过指定这两条子午线必须在同一点 $\sigma_{m0}/f'_c = \bar{\xi}_0$ 与静水轴相交（相当于静水拉伸），参数的个数就减少为五个。

一旦这五个参数由一系列实验数据确定，破坏面就可以很容易地由二次抛物线式（1.60）和式（1.61）首先得到 $\theta = 0°$ 和 $\theta = 60°$ 处的两条子午线来构成，然后将这两条子午线由椭球面连结起来，其迹线示于图 1.26（正如式 1.58 给出的那样）。现在，破坏面可以容易地表达为（$\tau_m = \rho/\sqrt{5}$）：

$$f(\sigma_m, \tau_m, \theta) = \sqrt{5}\frac{\tau_m}{\rho(\sigma_m, \theta)} - 1 = 0 \tag{1.62}$$

其中，ρ（σ_m，θ）由式（1.58）以 ρ_c，ρ_t 和 θ 给出，ρ_t 和 ρ_c 分别由式（1.60）和式（1.61）给定的关系式表达为 σ_m 的函数。因此在当前的破坏模型中，τ_m 是 σ_m 或 θ 两者的简单函数，这表明对于不同的 σ_m 值，偏斜曲线是非仿射的和非圆形的。

1.5.3　破坏面的一般特点

以上（式 1.62）所述的破坏模型的主要特征可概述如下：

1. 它具有五个参数，所以，为确定这些参数需要五个实验数据点（见 1.5.4 节）。

2. 它以 $f(I_1, J_2, \theta)$ 形式或等同以 $f(\sigma_\mathrm{m}, \tau_\mathrm{m}, \theta)$ 形式包含所有应力不变量。

3. 假如 $\rho_\mathrm{t}/\rho_\mathrm{c} > \dfrac{1}{2}$，它是一个处处具有惟一梯度或连续可导的光滑曲面。

4. 在偏平面中具有周期性，周期为 $120°$（即 $-60° \leqslant \theta \leqslant 60°$），并且拥有其应有的 $60°$ 对称性。

5. 它具有在偏平面中的非圆轨迹，随静水压力增大其形状由近乎三角形变为近乎圆形（即非仿射形偏截面）。

6. 子午线是二次抛物线。

7. 偏平面中的破坏曲线由 $0° \leqslant \theta \leqslant 60°$ 部分的椭圆曲线描述。

8. 如果模型参数满足下列条件，则破坏面在偏平面内和沿子午线均具有外凸性。

$$a_0 > 0, \quad a_1 \leqslant 0, \quad a_2 \leqslant 0$$
$$b_0 > 0, \quad b_1 \leqslant 0, \quad b_2 \leqslant 0 \tag{1.63}$$

还有

$$\frac{\rho_\mathrm{t}\,(\sigma_\mathrm{m})}{\rho_\mathrm{c}\,(\sigma_\mathrm{m})} > \frac{1}{2} \tag{1.64}$$

9. 在负的静水轴方向破坏面张开。可是，第 8 项的外凸性限制要求 $a_2 \leqslant 0$ 和 $b_2 \leqslant 0$，这意味着对于高的压应力，破坏面与静水轴相交，正如早先指出的那样，这违反了实验事实（Chinn 等，1965）。

10. 下文将指出，在大多数包括拉伸应力的实际应用范围中，对于所有应力组合它是有效的，并对实验做出可靠判断。

11. 这个破坏准则包含了几个作为特殊情况的早期准则，可以很容易地调整五个参数去拟合各种较简单的破坏准则。特别是当 $a_0 = b_0$ 和 $a_1 = b_1 = a_2 = b_2 = 0$ 时，当前的破坏模型就蜕变为 von Mises 准则；当 $a_0 = b_0$，$a_1 = b_1$ 和 $a_2 = b_2 = 0$ 时，蜕变为 Drucker-Prager 模型；当 $a_0/b_0 = a_1/b_1$ 和 $a_2 = b_2 = 0$ 时，蜕变为 Willam 和 Warnke（1974）的三参数模型。此外，如果满足仿射性条件 $a_0/b_0 = a_1/b_1 = a_2/b_2$ 就可以得到相应的四参数模型。

1.5.4 模型参数的确定

现在来确定当前破坏准则中的五个参数，以便在该准则中包括以下五种破坏应力状态。这里包括三种简单试验和在高的压力范围中两个任意的强度点。

1. 单轴抗压强度 f_c'（$\theta = 60°$，$f_\mathrm{c}' > 0$）；

2. 单轴抗拉强度 f_t'（$\theta = 0°$）和强度比 $\bar{f}_\mathrm{t}' = f_\mathrm{t}'/f_\mathrm{c}'$；

3. 等值双轴抗压强度 f_bc'（$\theta = 0°$，$f_\mathrm{bc}' > 0$）及强度比 $\bar{f}_\mathrm{bc}' = f_\mathrm{bc}'/f_\mathrm{c}'$；

4. 在拉伸子午线（$\theta = 0°$，$\bar{\xi}_1 > 0$）上高的压应力点 $(\sigma_\mathrm{m}/f_\mathrm{c}', \tau_\mathrm{m}/f_\mathrm{c}') = (-\bar{\xi}_1, \bar{\rho}_1)$；

5. 在压缩子午线（$\theta = 60°$，$\bar{\xi}_2 > 0$）上高的压应力点 $(\sigma_\mathrm{m}/f_\mathrm{c}', \tau_\mathrm{m}/f_\mathrm{c}') = (-\bar{\xi}_2, \bar{\rho}_2)$。

此外，两抛物线在静水轴上通过公共顶点 σ_m0，必须附加一个条件：

$$\rho_\mathrm{t}\,(\bar{\xi}_0) = \rho_\mathrm{c}\,(\bar{\xi}_0) = 0$$

对于

$$\bar{\xi}_0 = \frac{\sigma_\mathrm{m0}}{f_\mathrm{c}'} > 0 \tag{1.65}$$

相应于这五种试验的应力状态示于图 1.27，它们概括起来列于表 1.1，包括公共顶点的约束条件式（1.65）。

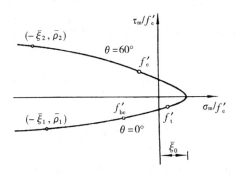

图 1.27　确定五参数模型中参数的实验破坏应力状态

式（1.60）和式（1.61）中六参数的确定　　　　　　　　　表 1.1

试　　验	$\sigma_\mathrm{m}/f_\mathrm{c}'$	$\tau_\mathrm{m}/f_\mathrm{c}'$	θ	$\rho(\sigma_\mathrm{m},\theta)$
1　$\sigma_1=f_\mathrm{t}'$	$\dfrac{1}{3}\bar{f}_\mathrm{t}'$	$\sqrt{\dfrac{2}{15}}\bar{f}_\mathrm{t}'$	$0°$	$\rho_\mathrm{t}=\sqrt{\dfrac{2}{3}}f_\mathrm{t}'$
2　$\sigma_2=\sigma_3=-f_\mathrm{bc}'$	$-\dfrac{2}{3}\bar{f}_\mathrm{bc}'$	$\sqrt{\dfrac{2}{15}}\bar{f}_\mathrm{bc}'$	$0°$	$\rho_\mathrm{t}=\sqrt{\dfrac{2}{3}}f_\mathrm{bc}'$
3　$(-\bar{\xi}_1,\bar{\rho}_1)$	$-\bar{\xi}_1$	$\bar{\rho}_1$	$0°$	$\rho_\mathrm{t}=\sqrt{5}\bar{\rho}_1 f_\mathrm{c}'$
4　$\sigma_3=-f_\mathrm{c}'$	$-\dfrac{1}{3}$	$\sqrt{\dfrac{2}{15}}$	$60°$	$\rho_\mathrm{c}=\sqrt{\dfrac{2}{3}}f_\mathrm{c}'$
5　$(-\bar{\xi}_2,\bar{\rho}_2)$	$-\bar{\xi}_2$	$\bar{\rho}_2$	$60°$	$\rho_\mathrm{c}=\sqrt{5}\bar{\rho}_2 f_\mathrm{c}'$
6　式(1.65)	$\bar{\xi}_0$	0	$0°,60°$	$\rho_\mathrm{t}=\rho_\mathrm{c}=0$

正如所见，对于 $\theta=0°$ 和 $\theta=60°$，超越函数表达式（1.58）简化成如式（1.60）和式（1.61）所给的 ρ_t（σ_m）和 ρ_c（σ_m）。因此，只是为了确定六参数 a_0，a_1，a_2，b_0，b_1，b_2，才使用沿这些子午线的试验结果，这包括两组三个线性联立方程的求解，叙述如下。

将表 1.1 中前三个强度值代入破坏条件式（1.60）得：

$$\sqrt{\frac{2}{15}}\bar{f}_\mathrm{t}'=a_0+a_1\left(\frac{1}{3}\bar{f}_\mathrm{t}'\right)+a_2\left(\frac{1}{3}\bar{f}_\mathrm{t}'\right)^2$$

$$\sqrt{\frac{2}{15}}\bar{f}_\mathrm{bc}'=a_0+a_1\left(-\frac{2}{3}\bar{f}_\mathrm{bc}'\right)+a_2\left(-\frac{2}{3}\bar{f}_\mathrm{bc}'\right)^2 \qquad (1.66)$$

$$\bar{\rho}_1=a_0+a_1\left(-\bar{\xi}_1\right)+a_2\left(-\bar{\xi}_1\right)^2$$

解这些方程得到拉伸子午线（$\theta=0°$）的三参数 a_0，a_1，a_2 如下：

$$a_0=\frac{2}{3}\bar{f}_\mathrm{bc}'a_1-\frac{4}{9}\bar{f}_\mathrm{bc}'^2 a_2+\sqrt{\frac{2}{15}}\bar{f}_\mathrm{bc}' \qquad (1.67)$$

$$a_1=\frac{1}{3}\left(2\bar{f}_\mathrm{bc}'-\bar{f}_\mathrm{t}'\right)a_2+\sqrt{\frac{6}{5}}\frac{\bar{f}_\mathrm{t}'-\bar{f}_\mathrm{bc}'}{2\bar{f}_\mathrm{bc}'+f_\mathrm{t}'}$$

$$a_2 = \frac{\sqrt{\frac{6}{5}}\,\bar{\xi}_1\,(\bar{f}_t' - \bar{f}_{bc}') - \sqrt{\frac{6}{5}}\,\bar{f}_t'\bar{f}_{bc}' + \bar{\rho}_1\,(2\bar{f}_{bc}' + \bar{f}_t')}{(2\bar{f}_{bc}' + \bar{f}_t')\left(\bar{\xi}_1^2 - \frac{2}{3}\bar{f}_{bc}'\bar{\xi}_1 + \frac{1}{3}\bar{f}_t'\bar{\xi}_1 - \frac{2}{9}\bar{f}_t'\bar{f}_{bc}'\right)}$$

破坏面的顶点 $\bar{\xi}_0$ 用表 1.1 中的条件 6，$\rho_t\,(\bar{\xi}_0) = 0$ 来确定。这样，式（1.60）成为：

$$a_0 + a_1\bar{\xi}_0 + a_2\bar{\xi}_0^2 = 0 \tag{1.68}$$

由此得 $\bar{\xi}_0$

$$\bar{\xi}_0 = \frac{-a_1 - \sqrt{a_1^2 - 4a_0 a_2}}{2a_2} \tag{1.69}$$

最后，把表 1.1 中第 2 组的三个强度值代入破坏条件式（1.61）得到压缩子午线（$\theta = 60°$）上的参数 b_0，b_1，b_2，结果为：

$$b_0 = -\bar{\xi}_0 b_1 - \bar{\xi}_0^2 b_2$$

$$b_1 = \left(\bar{\xi}_2 + \frac{1}{3}\right)b_2 + \frac{\sqrt{6/5} - 3\bar{\rho}_2}{3\bar{\xi}_2 - 1} \tag{1.70}$$

$$b_2 = \frac{\bar{\rho}_2\left(\bar{\xi}_0 + \frac{1}{3}\right) - \sqrt{2/15}\,(\bar{\xi}_0 + \bar{\xi}_2)}{(\bar{\xi}_2 + \bar{\xi}_0)\left(\bar{\xi}_2 - \frac{1}{3}\right)\left(\bar{\xi}_0 + \frac{1}{3}\right)}$$

1.5.5　实验验证

在图 1.28 中，William 和 Warnke（1974）用所提出的五参数模型得到的结果与 Launay 和 Gachon（1972）的试验数据做了比较。用来确定模型参数的实验强度值（见表 1.1）是：

$$\bar{f}_t' = 0.15, \quad \bar{f}_{bc}' = 1.8, \quad \bar{\xi}_1 = \bar{\xi}_2 = 3.67$$

$$\bar{\rho}_1 = 1.5, \quad \bar{\rho}_2 = 1.94。$$

可以看到静水（子午线）截面和偏截面两者都十分吻合。在低的压缩范围中，该曲面非常类似于四面体。增大静水压力时，扁曲线就变得越来越圆。

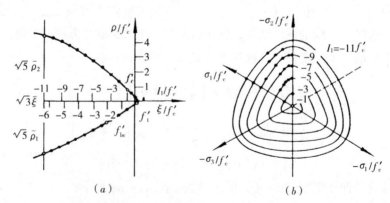

图 1.28　五参数模型结果和三轴试验数据的比较（William 和 Warnke，1974）。字母上带横线者代表实验数据（Launay 等，1972）

$$\bar{f}_{bc}' = 1.8, \quad \bar{f}_t' = 0.15, \quad \bar{\xi}_1 = \bar{\xi}_2 = 3.67, \quad \bar{\rho}_1 = 1.5, \quad \bar{\rho}_2 = 1.94$$

（a）静水截面（Launay 等，1972）；（b）偏截面

总之，William-Warnke 五参数模型重视了 1.3.3 节中描述的混凝土三轴破坏面的主要特点。它具有光滑、外凸和弯曲的子午线，以及在偏斜平面中具有非圆及非仿射形截面。由模型所得的结果与试验资料能很好地对应。由于试验结果的波动，所以对于这一模型的进一步改进几乎没有必要。进一步的研究开发应该朝着能解决在组合应力下真实断裂机理的更复杂理论的方向发展。

1.6 混凝土的线弹性断裂模型

1.6.1 概述

混凝土最重要的特征之一是它的低抗拉强度，这导致了在比压应力低得多的拉应力下发生拉伸开裂。拉伸开裂降低了混凝土的刚度并且通常大大促成诸如板和壳一类钢筋混凝土结构的非线性，在这些结构中最显著的应力状态属双轴拉–压型。对于这些结构，混凝土开裂性质的精确模拟无疑是最重要的工作，并且线弹性断裂模型已有发展，而且许多研究者将它用于研究钢筋混凝土梁、板和壳的非线性响应（例见，Ngo 和 Scordelis，1967；Nilson，1968；Phillips 和 Zienkiewicz，1976；Valliappan 和 Doolan，1972 等）。

在拉应力场中，混凝土脆性弹性断裂时的骤然应变软化特征，引起开裂并导致局部应力水平的突然变化，裂纹扩展和随后的应力重分布对混凝土结构的基本性质有重要影响。此外，这种因裂纹扩展导致的极端应变软化特性，给任何非线性解法上附加了严格的条件。

本节中，将采用线弹性脆断的本构模型来描述混凝土的性质。根据线弹性理论，揭示未开裂或已开裂混凝土的应力–应变关系，以及论述各种开裂模拟方法。在下一节中将提出一些关于开裂混凝土模拟的进一步改进。1.8 节中，将考虑钢筋混凝土和钢筋之间相互作用的不同观点。下一章中将论述各种基于非线性弹性的本构模型并用来更严密地描述多轴压力状态下混凝土的非线性响应。

1.6.2 混凝土开裂及开裂模拟

混凝土开裂

在进行未开裂和已开裂混凝土本构关系的详细描述之前，首先讨论各种关于混凝土开裂的观点和不同的开裂模拟方法。

混凝土拉伸破坏以裂纹逐渐连为一体及结构的最终较大部分断开为特征。通常假设，开裂形成是一脆断过程，拉伸荷载方向上的强度在这样的裂纹形成后骤然趋于零（图1.29b）。然而，正如以后将讨论的那样，在钢筋连接混凝土裂纹的情况下，强度机理变得更加复杂，裂纹间混凝土的承载强度将可安全利用（见 1.8 节）。

开裂的混凝土材料一般通过线弹性断裂关系来模拟。通常采用两种断裂准则，最大主应力准则和最大主应变准则（图 1.29a）。当主应力或主应变超过其极限值时，假设裂纹发生在与主应力或主应变方向正交的平面内，那么对所有后来的加载来说这一裂纹方向是固定的（见图 1.29）。

然而，引起裂纹扩展的最大拉应力或拉应变的大小不是一个精确限定的量，这些量在试验结果中相当地分散。通常使用的双轴拉伸开裂准则是基于 Kupfer 等（1969）实验结果的强度准则，如图 1.5 所示。由此图可见，双轴抗拉强度值几乎与应力比无关且等于单轴抗拉强度 f'_t。f'_t 的值在 $0.085 \sim 0.11$ 倍圆柱体抗压强度 f'_c 之间。按抗压强度的百分比计，圆柱体强度越高，则相对的拉应力就越低，必然引起开裂。

用来确定混凝土抗拉强度值的其他试验包括圆柱体劈裂试验以及确定破坏模量 f'_r（1.2.2 节）的梁弯曲试验。通常由直接拉伸试验所得的单轴值 f'_t 略小于由圆柱体劈裂试验所得的值，而圆柱体劈裂试验产生的结果是在破坏模量值的 $50\% \sim 75\%$ 范围内。

以上的观察资料基本上是对素混凝土而言的。对于钢筋混凝土材料，钢筋的出现使问题进一步复杂化。这样，引起开裂的应力水平预计特别是开裂方向的预测就

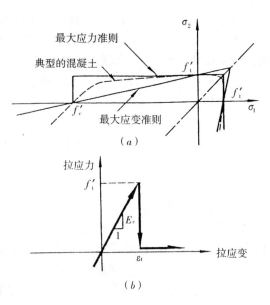

图 1.29　混凝土的开裂
（a）拉伸区内双轴断裂准则；
（b）拉应力－拉应变－断裂关系

变得更加不确定。不过，在大多数实际应用中，可将素混凝土的准则简单地推广到钢筋混凝土材料。

一旦裂纹形成，通常假设与裂纹垂直的方向不能承受拉伸应力，并且在此方向上材料的刚度降至可忽略的值（基本为零）。不过，平行于裂纹的材料仍然有平行于裂纹的单轴或该方向占优势的双轴承载力。当增加荷载，在原有裂纹方向上超过极限条件时，会进一步出现许多与原有裂纹垂直的裂纹。

尽管裂纹可能在垂直方向上张开，但当承受平行的差动运动时，裂纹的两对立面仍可能咬合。这就取决于裂纹面的构造以及能保持开裂面接触的约束力。对于普通强度混凝土，生成的裂纹面为粗糙面。此外，如果邻近的未开裂的混凝土材料（和钢筋混凝土中的钢筋）沿开裂面提供一些约束，阻止碎片分离的话，那么这个粗糙面有可能传递一些剪力。这一现象视为是"骨料咬合"，它在钢筋混凝土梁的剪力传递中起重要作用。已经发现，在斜向开裂之初，开裂混凝土仍能通过骨料的联锁作用传递梁内总剪力的 $40\% \sim 60\%$。

对于高强度混凝土，水泥浆的强度可能接近骨料强度，结果，因为裂纹不再围绕骨料产生而直接穿过骨料，开裂面变得更光滑。因此，对这些混凝土，开裂后的性质可能显著地改变。

开 裂 模 拟

三种不同的开裂模拟方法已用于有限元数值方法进行混凝土结构的分析研究中。这些是：（1）模糊开裂模拟；（2）离散开裂模拟；（3）断裂力学模拟。从这三种方法中选择哪一种特定开裂模型取决于分析研究的目的。通常，如果需要全部的荷载－挠度性质，那么模糊开裂模拟可能是最好的选择；如果对详细的局部性质感兴趣，那就使用离散开裂模

拟；对于断裂力学为合适工具的特殊问题，必须采用专门的裂断模型。

对于大多数结构工程的应用，通常使用模糊开裂模拟。本节中，主要对所谓的"模糊"裂纹的表示法进行讨论，在1.6.5节中将根据这一方法提出开裂混凝土的本构关系。在此，只给出其他两种方法简要的概述。对各种不同开裂模型的综述以及它们在钢筋混凝土结构有限元分析中的应用，已刊登在最新科技水平的论文中（ASCE，1981）。

1. 模糊开裂模拟：在这一方法中，假设开裂的混凝土仍保持连续，即裂纹是以连续的"模糊"方式出现的。这个方法不是把开裂表示成单条离散裂纹，而是用无限多条平行的裂隙穿过开裂的混凝土单元（见图1.30）的效应来表示。假设这些平行裂隙形成于垂直最大主应力（或应变）方向的平面（或轴对称问题的面）内，在初始裂纹产生后，假设开裂混凝土为正交各向异性或横向各向同性，并且材料的主轴之一指向开裂方向。

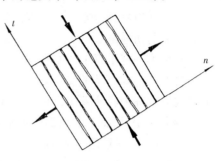

图1.30　模糊开裂模拟方法中
单条裂纹的理想化描绘

在开裂之前，假设未开裂混凝土为各向同性线弹性材料，相应的本构关系将在下节（1.6.3节）中给出。不过，开裂的发生就引入了正交各向异性的材料特性，而且必须推导出新的增量本构关系。这要通过修正切线材料刚度（或切向弹性矩阵）$[C_t]$ 来实现。例如，就平面应力问题而言，在开裂方向（图1.30中的 n-轴或 t-轴）上的增量应力-应变关系变成：

$$\begin{Bmatrix} d\sigma_n \\ d\sigma_t \\ d\tau_{nt} \end{Bmatrix} = [\overline{C_t}] \begin{Bmatrix} d\varepsilon_n \\ d\varepsilon_t \\ d\gamma_{nt} \end{Bmatrix} \tag{1.71}$$

其中切向刚度阵 $[\overline{C_t}]$ 由下式确定：

$$[\overline{C_t}] = \begin{bmatrix} 0 & 0 & 0 \\ 0 & E & 0 \\ 0 & 0 & \beta G \end{bmatrix} \tag{1.72}$$

横向应变增量 $d\varepsilon_z$（z 轴垂直于 n 轴和 t 轴）值如下：

$$d\varepsilon_z = -\frac{\nu}{E}d\sigma_t \tag{1.73}$$

其中，E 和 G 分别是弹性模量和剪变模量，ν 是泊松比[78]。在式（1.72）中，混凝土的弹性模量在垂直于裂纹的方向（n 轴）上降为零。此外，考虑到骨料的咬合作用，假设在开裂面上有一降低的剪变模量值 βG，β 是一个预选常数，$0 \leqslant \beta \leqslant 1$。如果有足够数据可得，那么就可以用一个更加实用的表达式来指定式（1.72）中的 β 值。

进一步加载时，裂纹可能闭合，压力能通过裂隙传递。可是，此时沿着受压混凝土的闭合裂纹成了一个脆弱面，其中剪切抗力的增长类似于取 $0 \leqslant \beta \leqslant 1$ 中较高值的骨料咬合作用。在大多数实际应用中，假定裂纹张开时 $\beta = 0$，裂纹闭合时 $\beta = 1$。这意味着张开的裂纹无骨料咬合而闭合的裂纹则完整无损地愈合。通常假设当穿过裂纹的正应变为压应变时裂纹闭合。

在1.6.5节中，对于平面应变和轴对称问题的情况，将推导出与式（1.71）~式

（1.73）类似的关系式。对于刚度计算，必须将切线刚度矩阵 $[\overline{C}_t]$ 变换到整体坐标系中。这是通过熟知的应力和应变张量变换公式实现的，即整体坐标系内的切线刚度矩阵 $[C_t]$ 由下式得到：

$$[C_t] = [T]^T [\overline{C}_t] [T] \tag{1.74}$$

其中，$[T]$ 是将裂纹方向与整体方向联系起来的变换矩阵，以下将详述此式。

总之，在模糊开裂方法中，因开裂混凝土之间骨料咬合的抗剪强度残余值可以通过保留一个正的剪切模量（式1.72中的 βG）来考虑。如此考虑抗剪能力还有一个作用，就是继发的开裂不一定垂直于初始裂纹方向时，可以给裂纹模型以更切实际的表述。此外，模糊开裂模型的公式更易考虑钢筋混凝土材料在裂纹方向内强度的突然降低或逐渐下降（这一强化效应常称为拉伸强化，将于1.8节论述）。

2. 离散开裂模拟： 对连续体模糊开裂模拟的一种替代方法是采用离散开裂模拟（Ngo 和 Scordelis）。在有限元网络（图1.31）中通常是用邻接单元在节点处的位移不连续来表示。在这样的方法中一个显而易见的难点是难以避免由预定的有限元网格强加的节点位置限定。这在某种程度上可以通过重新确定单元节点予以调整，遗憾的是这样的技术是极度复杂且耗费时间（Ngo，1975）。随着离散开裂模型中裂纹的形成产生的局部改变，节点的重新确定破坏了结构刚度矩阵中的窄带分布，而大大增加求解所需的计算工作量。

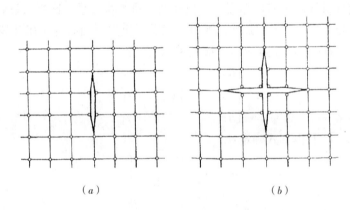

图1.31 离散开裂模拟方法中的开裂描述
(*a*) 单一方向开裂；(*b*) 两个方向开裂

正因为这些困难和局限，在一般结构应用中，离散开裂模拟使用很少有人赞同。但对于含有少数主导裂纹（诸如钢筋混凝土梁中的斜拉裂纹）的某些问题，使用离散开裂模拟可将这些裂纹更理想化地表示成应变不连续。此外，在离散开裂模拟中，骨料连锁可以使用穿透裂纹并控制裂纹滑移行为的特别连接单元来模拟。这些连接单元的刚度当裂纹张开时可能减少，因而在较大的裂纹中仅供给很小的联锁力。

3. 断裂力学模拟： 断裂力学理论在解决金属、陶瓷和岩石的各种类型开裂问题上已经取得了成功，并已应用于混凝土结构有限元分析中。如果承认混凝土为缺口敏感材料这一事实，那么基于抗拉强度的开裂准则可以被认为是不安全的，而断裂力学理论的使用对混凝土开裂提供了更合理的模拟方法。在断裂力学的文献中，更确切地表达了诸如裂纹尖端处应力集中、裂纹宽度、粘结以及钢筋混凝土中的榫合作用。然而，在现时的发展情形下，断裂力学对钢筋混凝土材料的实际适用性仍然是有问题的，而且有很多工作要做 (Kesler 等，1972)。目前，一些研究者正在对这一领域进行积极研究（例见，Hillemier 和 Hilsdorf，1977；Bazant 和 Cedolin，1979）。

1.6.3 未开裂混凝土的应力－应变关系

在本节中，根据各向同性材料的线弹性来论述断裂前未开裂混凝土的本构关系。对于确定开裂型和压碎型这两种类型的混凝土断裂准则，以及包含断裂应力突然释放的断裂混凝土增量应力－应变关系，分别在 2.5.4 和 1.6.5 节叙述。

对于未开裂的各向同性混凝土，由各向同性线弹性模型描述应力－应变关系。这一模型完全由两个材料常数描述，如弹性模量 E 和泊松比 ν，或分别代之以剪变模量 G 和体积模量 K[78]。各向同性线弹性模型应力－应变关系各种形式，见本章参考文献 [78]，下面来概述这些关系。

通常，作为弹性材料，应力状态的分量 σ_{ij} 只取决于应变分量 ε_{ij}，而不取决于应变（或应力）的历史，即应力是应变的函数。另外，对于线性应力－应变模型，如果假定初始无应变状态相应于初始无应力状态，那么得到下列应力－应变关系[78]：

$$\sigma_{ij} = C_{ijkl}\varepsilon_{kl} \tag{1.75}$$

其中，C_{ijkl} 为弹性材料常量的四阶张量，通常包含 $(3)^4 = 81$ 个常数。不过，因为 σ_{ij} 和 ε_{kl} 两者是对称张量，所以有以下对称条件：$C_{ijkl} = C_{jikl} = C_{ijlk} = C_{jilk}$。因此独立常数的最多个数减少为只有 36 个。而且已经表明[78]，对于弹性模型，C_{ijkl} 的四个下标可取为成对 (ij) (kl)，这些对子的次序可互换，即 $C_{ijkl} = C_{klij}$（这样的模型称为超弹性或 Green 弹性型）。这样，在一般的各向异性模型中独立常数的个数减少为只有 21 个。通过考虑材料的弹性对称特性，这些常数数目可进一步减少。例如，对于正交各向异性材料模型有九个常数，而对于横向各向同性模型有五个常数。正如以下表明，对于各向同性模型减少的数目最大，只要有二个材料常数就足够描述其性质。

对于各向同性材料，在各个方向上的弹性常量 C_{ijkl} 必定是一样的，那么，张量 C_{ijkl} 必定是一个各向同性的四阶张量，由下式给出：

$$C_{ijkl} = \lambda\delta_{ij}\delta_{kl} + \mu \ (\delta_{ik}\delta_{jl} + \delta_{il}\delta_{jk}) \tag{1.76}$$

于是式（1.75）变为

$$\sigma_{ij} = 2\mu\varepsilon_{ij} + \lambda\varepsilon_{kk}\delta_{ij} \tag{1.77}$$

其中，δ_{ij} 是 Kronecker 符号，λ 和 μ 是两个独立材料常数，称为 Lame 常数。相反，应变 ε_{ij} 可以用应力 σ_{ij} 表示为：

$$\varepsilon_{ij} = \frac{1}{2\mu}\sigma_{ij} - \frac{\lambda\delta_{ij}}{2\mu \ (3\lambda + 2\mu)}\sigma_{kk} \tag{1.78}$$

式（1.77）和式（1.78）是各向同性线弹性材料本构关系的一般形式（常称为广义虎克定律）。这些方程的一个重要结论是应力和应变张量的主方向一致。

上列方程可以通过使用表 4.1 所列各种弹性模量间的关系[78]由普遍使用的弹性常数 E 和 ν，或 G 和 K 更方便地表达出来。例如，式（1.77）和式（1.78）可用 E 和 ν 替换写为：

$$\sigma_{ij} = \frac{E}{1+\nu}\varepsilon_{ij} + \frac{\nu E}{(1+\nu) \ (1-2\nu)}\varepsilon_{kk}\delta_{ij} \tag{1.79}$$

$$\varepsilon_{ij} = \frac{1+\nu}{E}\sigma_{ij} - \frac{\nu}{E}\sigma_{kk}\delta_{ij} \tag{1.80}$$

在线弹性各向同性模型中平均响应和偏响应之间存在简洁和逻辑的区分，这可由上列方程中的下标符号清楚地看出。例如，用 $s_{ij} + \sigma_{kk}\delta_{ij}/3$ 替代式（1.80）的 σ_{ij} 并用 $e_{ij} + \varepsilon_{kk}\delta_{ij}/3$ 替代 ε_{ij}，可以得到：

$$s_{ij} = \frac{E}{1+\nu}e_{ij} = 2Ge_{ij} \tag{1.81}$$

$$\sigma_m = \frac{1}{3}\sigma_{kk} = K\varepsilon_{kk} = K\varepsilon_v \tag{1.82}$$

畸变 e_{ij} 是由应力偏量 s_{ij} 产生的，体变 ε_v 是由平均正应力 σ_m 产生的。每一个都是各自独立的。

通过加入式（1.81）和式（1.82），现在可以得到用 K 和 G 表达的应力 - 应变关系。结果如下：

$$\varepsilon_{ij} = \frac{\sigma_{kk}}{9K}\delta_{ij} + \frac{1}{2G}s_{ij} \tag{1.83}$$

$$\sigma_{ij} = K\varepsilon_{kk}\delta_{ij} + 2Ge_{ij} \tag{1.84}$$

未开裂混凝土的材料刚度矩阵

以上已用各向同性线弹性模型得出了未开裂混凝土应力 - 应变关系的不同形式。下面，这些关系式可写成在不同情况下的矩阵形式。

应力 - 应变关系可以用矩阵形式写为：

$$\{\sigma\} = [C]\{\varepsilon\} \tag{1.85}$$

其中，$\{\sigma\}$ 和 $\{\varepsilon\}$ 分别为下面给出的应力和应变矢量：

$$\{\sigma\} = \begin{Bmatrix} \sigma_x \\ \sigma_y \\ \sigma_z \\ \tau_{xy} \\ \tau_{yz} \\ \tau_{zx} \end{Bmatrix}, \quad \{\varepsilon\} = \begin{Bmatrix} \varepsilon_x \\ \varepsilon_y \\ \varepsilon_z \\ \gamma_{xy} \\ \gamma_{yz} \\ \gamma_{zx} \end{Bmatrix} \tag{1.86}$$

$[C]$ 是弹性材料刚度矩阵，用 ν 和 E 表示为：

$$[C] = \frac{E}{(1+\nu)(1-2\nu)}$$

$$\times \begin{bmatrix} (1-\nu) & \nu & \nu & 0 & 0 & 0 \\ \nu & (1-\nu) & \nu & 0 & 0 & 0 \\ \nu & \nu & (1-\nu) & 0 & 0 & 0 \\ 0 & 0 & 0 & \frac{(1-2\nu)}{2} & 0 & 0 \\ 0 & 0 & 0 & 0 & \frac{(1-2\nu)}{2} & 0 \\ 0 & 0 & 0 & 0 & 0 & \frac{(1-2\nu)}{2} \end{bmatrix} \tag{1.87}$$

或换之以 K 和 G 表达为

$$[C] = \begin{bmatrix} \left(K + \frac{4}{3}G\right) & \left(K - \frac{2}{3}G\right) & \left(K - \frac{2}{3}G\right) & 0 & 0 & 0 \\ \left(K - \frac{2}{3}G\right) & \left(K + \frac{4}{3}G\right) & \left(K - \frac{2}{3}G\right) & 0 & 0 & 0 \\ \left(K - \frac{2}{3}G\right) & \left(K - \frac{2}{3}G\right) & \left(K + \frac{4}{3}G\right) & 0 & 0 & 0 \\ 0 & 0 & 0 & G & 0 & 0 \\ 0 & 0 & 0 & 0 & G & 0 \\ 0 & 0 & 0 & 0 & 0 & G \end{bmatrix} \quad (1.88)$$

对于平面应力、平面应变和轴对称的特殊情况，式（1.85）的应力－应变关系可写成下列简单形式：

对于平面应力情况

$$(\sigma_z = \tau_{yz} = \tau_{zx} = 0)$$

$$\left\{ \begin{array}{c} \sigma_x \\ \sigma_y \\ \tau_{xy} \end{array} \right\} = \frac{E}{(1 - \nu^2)} \begin{bmatrix} 1 & \nu & 0 \\ \nu & 1 & 0 \\ 0 & 0 & \frac{(1-\nu)}{2} \end{bmatrix} \left\{ \begin{array}{c} \varepsilon_x \\ \varepsilon_y \\ \gamma_{xy} \end{array} \right\} \quad (1.89)$$

对于平面应变情况

$$(\varepsilon_z = \gamma_{yz} = \gamma_{zx} = 0)$$

$$\left\{ \begin{array}{c} \sigma_x \\ \sigma_y \\ \tau_{xy} \end{array} \right\} = \frac{E}{(1 + \nu)(1 - 2\nu)} \begin{bmatrix} (1-\nu) & \nu & 0 \\ \nu & (1-\nu) & 0 \\ 0 & 0 & \frac{(1-2\nu)}{2} \end{bmatrix} \left\{ \begin{array}{c} \varepsilon_x \\ \varepsilon_y \\ \gamma_{xy} \end{array} \right\} \quad (1.90)$$

对于轴对称情况

$$(\tau_{z\theta} = \tau_{\theta r} = \gamma_{z\theta} = \gamma_{\theta r} = 0^{78})$$

$$\left\{ \begin{array}{c} \sigma_x \\ \sigma_y \\ \sigma_\theta \\ \tau_{zr} \end{array} \right\} = \frac{E}{(1 + \nu)(1 - 2\nu)} \begin{bmatrix} (1-\nu) & \nu & \nu & 0 \\ \nu & (1-\nu) & \nu & 0 \\ \nu & \nu & (1-\nu) & 0 \\ 0 & 0 & 0 & \frac{(1-2\nu)}{2} \end{bmatrix} \left\{ \begin{array}{c} \varepsilon_r \\ \varepsilon_z \\ \varepsilon_\theta \\ \gamma_{zr} \end{array} \right\} \quad (1.91)$$

弹性模量 E 和 ν（或 G 和 K）的值根据相应的简单应力状态的实验测试确定，或者可以使用如式（1.1）那样关于 E 的经验公式以及泊松比 ν 的典型值（例如 0.2），这就得到了用于描述破坏前未开裂混凝土行为的各向同性线弹性模型的公式。对于拉伸和低压应力状态，线弹性模型是混凝土实际性质的合理近似。可是，在中等或高压应力下，混凝土的应力－应变关系表现出很强的非线性，这就不可能用线弹性模型来描述，非线性弹性模型为受压混凝土的非线性性质提供了更切合实际的描述。下一章论述各种非线性弹性模型，当然，这些模型必须要与定义破坏的准则（如1.3节所述各类准则）结合，这样就可以表达混凝土在受压范围中直至破坏的非线性变形响应。

1.6.4 断裂准则

在本节和下一节中，将使用考虑开裂型和压碎型（Chen，1979；Chen 和 Suzuki，1980）两种断裂类型的合适物理模型模拟混凝土断裂过程来讨论开裂混凝土的应力－应变关系。内容分两部分表述：本节论述包括的应力状态区分为拉伸型和压缩型的断裂准则；下一节将表述开裂或压碎混凝土的增量应力－应变关系。

当应力状态达到某一临界值时，混凝土因断裂而破坏。混凝土的断裂可能按两种不同形式发生：（1）当应力状态属于拉伸型（拉－拉和拉－压型）并且超过极限值时发生"开裂型"断裂；（2）当应力状态属于压缩型（压－压型）并超过极限值时发生"压碎型"断裂。混凝土开裂时，材料失去其垂直于裂纹方向的抗拉强度，而保持平行于此方向的强度。但是，当发生压碎时，材料单元完全失去强度。

为确定多轴应力或应变状态下混凝土的断裂形式，需要一个规定极限值的断裂准则，断裂准则的最简单形式是拉断 Mohr-Coulomb 准则（见1.4节）。对于压缩应力型，假设在应力状态达到 Mohr-Coulomb 破坏条件（式1.36）预示的临界剪应力值时发生压碎。对于拉伸应力型，假设开裂依据最大拉应力（或应变）准则而发生。对于压－压状态下的混凝土，可使用更加细致的断裂模型，这些已在1.3.4节中与 Willam 和 Warnke 五参数模型一起做了评述。而对于拉－拉和拉－压状态，通常采用最大应力（或应变）准则。

大多数现有的混凝土断裂（或破坏）准则是用应力表达的，在许多情况中这可能是不恰当的。如1.2.3节所述，实验结果已指明双轴应力组合下混凝土的破坏是根据应变准则呈现的。最近，已有人提议用应力和应变两者表达断裂准则的双重表达式（Wu，1974）。由于缺乏足够可靠的试验数据，压缩状态下混凝土断裂所需的应变准则通常简单地把破坏准则由应力的直接转换为应变的（例如，Chen 和 Suzuki，1980）。然而，混凝土通用断裂应变准则仍然是不完善的，亟须在这一领域作进一步的研究。

应力状态的分区

因为对应于应力的拉伸型和压缩型的断裂准则和断裂形式是不同的，所以必须确定压－压、拉－压和拉－拉三个应力状态区域的准则。

对应于双轴应力（σ_1 和 σ_2）的应力状态分区是显而易见的（见图1.32a），可是，在一般的三轴状态中，应力状态的分区可如下确定：

1. 用主应力 σ_1，σ_2，σ_3 如果所有三个主应力为压应力（或为零），那么应力状态属压缩型并假设发生压碎型断裂。否则，应力状态属拉伸型并假设发生开裂型断裂。

2. 用应力不变量 I_1 和 J_2 把一般双轴分区准则最简单地推广到一般的三轴状况是用简单的线性函数来分离应力状态

$$\sqrt{J_2} + \frac{1}{\sqrt{3}} I_1 = 0 \text{ 和 } \sqrt{J_2} - \frac{1}{\sqrt{3}} I_1 = 0 \tag{1.92}$$

其中，I_1 和 J_2 是式（1.6）和式（1.11）给定的应力不变量。如图1.32（b）所示，式（1.92）中的两个函数分别经过单轴压缩状态（f'_c）及单轴拉伸状态（f'_t）。于是，参照图1.32（b），当应力状态满足以下条件时，则其属于压缩型并假设发生压碎型断裂。

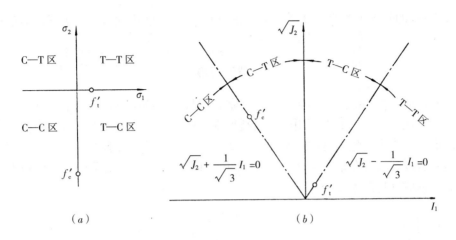

图 1.32　应力状态的分区

(a) 双轴应力空间 (σ_1、σ_2)；(b) (I_1, $\sqrt{J_2}$) 应力空间

$$\sqrt{J_2} \leqslant -\frac{1}{\sqrt{3}} I_1 \text{ 和 } I_1 \leqslant 0 \tag{1.93}$$

反之，则属于拉伸型并假设发生开裂型断裂。

1.6.5　开裂混凝土的应力－应变关系

下面，我们采用模糊开裂方法进一步讨论开裂型和压碎型开裂混凝土的应力－应变关系。此外，还将断裂应力的突然释放与现存裂纹进一步开裂或张开和闭合的条件一并讨论。

在此，将使用图 1.33 图解的断裂模型推导开裂混凝土所需的增量应力－应变关系。线段 0—1 和 2—3 的斜率分别表示开裂发生之前和之后的"材料刚度"。总释放的应力用应力矢量 $\{\sigma_0\}$（图中的线段 1—2）注明。被释放的应力重新分布到整个结构的邻接材料上。假定释放应力是在开裂瞬间间断地发生的由零至一个特定值，开裂后的增量应力－应变关系可用熟知的关系式表示为：

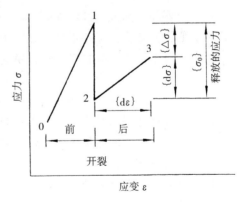

图 1.33　开裂混凝土的应力－应变模型

$$\{d\sigma\} = [C]_c \{d\varepsilon\} \tag{1.94}$$

在此过程中，开裂材料中总的应力变化可写为：

$$\{\Delta\sigma\} = \{d\sigma\} - \{\sigma_0\} = [C]_c \{d\varepsilon\} - \{\sigma_0\} \tag{1.95}$$

其中，$[C]_c$ 为开裂后的材料刚度矩阵（开裂型或压碎型）；$\{\sigma_0\}$ 为开裂期间释放的应力矢量。

压碎型断裂

假设在压碎瞬间，完全释放压碎之前的所有应力，并假设其后混凝土完全失去抵抗任何形式进一步变形的抗力（即材料完全破坏并崩溃），这意味着图 1.33 中应力点 2 下降至零，线段2—3的斜率也为零，式（1.95）的 $[C]_c = 0$，以及 $\{\sigma_0\}$ 等于压碎前的应力矢量。

开裂型断裂

如果采用应力断裂准则，则假设裂纹在垂直于最大主拉应力方向的平面（或轴对称问题的面）内形成。或者，如果应用应变断裂准则，则假设裂纹在垂直于最大主拉应变方向的平面内形成。为了避免问题的复杂性，在此引入了与形成裂纹有关的进一步约束。对于平面问题，假设裂纹只在垂直于 $x-y$ 平面的面内形成。对于轴对称问题，假设裂纹只在轴对称面内形成（见图 1.34a）。

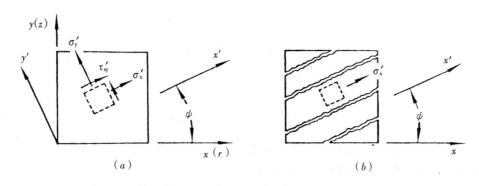

图 1.34　开裂混凝土内的裂纹式样和应力分布

进一步假设在形成裂纹的瞬间，只是释放垂直于开裂面的正应力和平行于开裂方向的剪应力；假设其他应力保持不变，如图 1.34（b）所示，即忽略骨料连锁的作用（式 1.72 中 $\beta = 0$）。因而开裂材料的应力状态蜕变为：（1）作为平面应力问题的平行于开裂方向的单轴应力状态；（2）作为平面应变问题的在开裂方向和 z 轴方向上的双轴应力状态；（3）作为轴对称问题的在开裂方向和周线（θ）方向上的双轴应力状态。

假设两邻接开裂面间的薄片材料的性质是线弹性的并且在 $x'-y'$ 平面中是横向各向同性的，则开裂材料的增量应力－应变关系就能推导出来。现在给出平面应力、平面应变和轴对称问题的例子。

1. 平面应力情况下的开裂混凝土　释放的应力（见图 1.34）可在 $x'-y'$ 坐标系中表示为：

$$
\begin{Bmatrix} \sigma'_x \\ \sigma'_y \\ \tau'_{xy} \end{Bmatrix} = \begin{Bmatrix} \sigma'_x \\ 0 \\ 0 \end{Bmatrix}
\tag{1.96}
$$

因为开裂形成后 σ'_y 和 τ'_{xy} 必定为零。使用 Mohr 圆构造或使用关于应力张量 σ'_{ij} 的分量的坐标变换法则[78]可以把式（1.96）变换到整体坐标系 $x-y$ 中。这将导出下列表达式：

$$
\begin{Bmatrix} \sigma_x \\ \sigma_y \\ \tau_{xy} \end{Bmatrix} - \begin{Bmatrix} \cos^2\psi \\ \sin^2\psi \\ \sin\psi\cos\psi \end{Bmatrix} \sigma'_x = \begin{Bmatrix} \sigma_x \\ \sigma_y \\ \tau_{xy} \end{Bmatrix} - \{b(\psi)\} \sigma'_x
\tag{1.97}
$$

通过使用关于应力的 Cauchy 公式[78]，得到整体坐标系中的 σ'_x

$$\sigma'_x = \{\cos^2\psi \quad \sin^2\psi \quad 2\sin\psi\cos\psi\} \begin{Bmatrix} \sigma_x \\ \sigma_y \\ \tau_{xy} \end{Bmatrix} = \{b'(\psi)\}^T \begin{Bmatrix} \sigma_x \\ \sigma_y \\ \tau_{xy} \end{Bmatrix} \tag{1.98}$$

由此得出 x-y 坐标系中的释放应力 $\{\sigma_0\}$

$$\{\sigma_0\} = \begin{Bmatrix} \sigma_{x0} \\ \sigma_{y0} \\ \tau_{xy0} \end{Bmatrix} = \left[[I] - \{b(\psi)\}\{b'(\psi)\}^T \right] \begin{Bmatrix} \sigma_x \\ \sigma_y \\ \tau_{xy} \end{Bmatrix} \tag{1.99}$$

其中，$[I] = \delta_{ik} = $ Kronecker 符号。

因为两相邻开裂面之间的材料承受沿 x' 轴（见 1.34 图）方向的单轴荷载，因而对于开裂混凝土的增量应力－应变关系具有下列形式：

$$d\sigma'_x = E d\varepsilon'_x = E \{b(\psi)\}^T \begin{Bmatrix} d\varepsilon_x \\ d\varepsilon_y \\ d\gamma_{xy} \end{Bmatrix} \tag{1.100}$$

或参照 x-y 坐标系，上式将成为：

$$\begin{Bmatrix} d\sigma_x \\ d\sigma_y \\ d\tau_{xy} \end{Bmatrix} = \{b(\psi)\} d\sigma'_x = E \{b(\psi)\}\{b(\psi)\}^T \begin{Bmatrix} d\varepsilon_x \\ d\varepsilon_y \\ d\gamma_{xy} \end{Bmatrix} \tag{1.101}$$

这样，对于平面应力问题，裂纹形成后的应力总变化由下式给出：

$$\begin{Bmatrix} \Delta\sigma_x \\ \Delta\sigma_y \\ \Delta\tau_{xy} \end{Bmatrix} = [E\{b(\psi)\}\{b(\psi)\}^T] \begin{Bmatrix} d\varepsilon_x \\ d\varepsilon_y \\ d\gamma_{xy} \end{Bmatrix} - [[I] - \{b(\psi)\}\{b'(\psi)\}^T] \begin{Bmatrix} \sigma_x \\ \sigma_y \\ \tau_{xy} \end{Bmatrix} \tag{1.102}$$

其中，σ_x，σ_y，τ_{xy} 为裂纹形成之前该点上的当前应力分量，以及

$$\{b(\psi)\} = \begin{Bmatrix} \cos^2\psi \\ \sin^2\psi \\ \sin\psi\cos\psi \end{Bmatrix}, \quad \{b'(\psi)\} = \begin{Bmatrix} \cos^2\psi \\ \sin^2\psi \\ 2\sin\psi\cos\psi \end{Bmatrix}, \quad [I] = \begin{bmatrix} 1 & 0 & 0 \\ 0 & 1 & 0 \\ 0 & 0 & 1 \end{bmatrix} \tag{1.103}$$

其中，ψ 为如图 1.34 所示的开裂方向与 x 轴之间的夹角。

2. 平面应变情况下的开裂混凝土 释放应力的表达式与平面应力问题的情况相同。在此情况下，裂纹形成后的应力状态蜕化为 x'-z 平面中的双轴状态（见图 1.34），那么开裂混凝土的增量应力－应变关系可写成：

$$d\varepsilon'_x = \frac{d\sigma'_x}{E} - \frac{\nu d\sigma_z}{E}$$

$$d\varepsilon_z = 0 = -\frac{\nu d\sigma'_x}{E} + \frac{d\sigma_z}{E} \tag{1.104}$$

消去以上式中的 $d\sigma_z$，得：

$$d\sigma'_x = \frac{E}{1-\nu^2} d\varepsilon'_x \tag{1.105}$$

对于平面应变问题，开裂形成后的应力总变化为：

$$\left\{\begin{matrix}\Delta\sigma_x\\\Delta\sigma_y\\\Delta\tau_{xy}\end{matrix}\right\}=\left[\frac{E}{(1-\nu^2)}\{b(\psi)\}\{b(\psi)\}^T\right]\left\{\begin{matrix}d\varepsilon_x\\d\varepsilon_y\\d\gamma_{xy}\end{matrix}\right\}$$

$$-[[I]-\{b(\psi)\}\{b'(\psi)\}^T]\left\{\begin{matrix}\sigma_x\\\sigma_y\\\tau_{xy}\end{matrix}\right\} \tag{1.106}$$

并且，$d\sigma_z=\nu(d\sigma_x+d\sigma_y)$。

除了 E 由 $E/(1-\nu^2)$ 替代外，式（1.106）与式（1.102）等同。

3. 轴对称情况下的开裂混凝土 由于假设裂纹以轴对称方式形成，所以关于释放应力的表达式具有与平面问题同样的形式。释放的应力可表达为：

$$\{\sigma_0\}=\left\{\begin{matrix}\sigma_{r_0}\\\sigma_{z_0}\\\tau_{rz_0}\\\cdots\\\sigma_{\theta_0}\end{matrix}\right\}=\left[\begin{array}{c:c}[I]-\{b(\psi)\}\{b'(\psi)\}^T & 0\\\hdashline 0 & 0\end{array}\right]\left\{\begin{matrix}\sigma_r\\\sigma_z\\\tau_{rz}\\\cdots\\\sigma_\theta\end{matrix}\right\} \tag{1.107}$$

裂纹形成后，应力状态简化为沿 x' 和 θ 方向的双轴状态（见图 1.34），因此得到：

$$\left\{\begin{matrix}d\sigma'_x\\d\sigma_\theta\end{matrix}\right\}=\frac{E}{(1-\nu^2)}\left[\begin{matrix}1 & \nu\\\nu & 1\end{matrix}\right]\left\{\begin{matrix}d\varepsilon'_x\\d\varepsilon_\theta\end{matrix}\right\} \tag{1.108}$$

现在参照整体坐标系，将得到以下关系式：

$$\left\{\begin{matrix}d\sigma_r\\d\sigma_z\\d\tau_{rz}\end{matrix}\right\}=\{b(\psi)\}d\sigma'_x=\frac{E}{(1-\nu^2)}\{b(\psi)\}(d\varepsilon'_x+\nu d\varepsilon_\theta)$$

$$=\frac{E}{(1-\nu^2)}\{b(\psi)\}\left[\{b(\psi)\}^T\left\{\begin{matrix}d\varepsilon_r\\d\varepsilon_z\\d\gamma_{rz}\end{matrix}\right\}+\nu d\varepsilon_\theta\right] \tag{1.109}$$

$$d\sigma_\theta=\frac{E}{(1-\nu^2)}[\nu d\varepsilon'_x+d\varepsilon_\theta]=\frac{E}{(1-\nu^2)}\left[\nu\{b(\psi)\}^T\left\{\begin{matrix}d\varepsilon_r\\d\varepsilon_z\\d\gamma_{rz}\end{matrix}\right\}+d\varepsilon_\theta\right] \tag{1.110}$$

对于轴对称问题，上列关系式导出裂纹形成后的应力总变化表达式为：

$$\left\{\begin{matrix}\Delta\sigma_r\\\Delta\sigma_z\\\Delta\tau_{rz}\\\cdots\\\Delta\sigma_\theta\end{matrix}\right\}=\frac{E}{(1-\nu^2)}\left[\begin{array}{c:c}\{b(\psi)\}\{b(\psi)\}^T & \nu\{b(\psi)\}\\\hdashline \nu\{b(\psi)\}^T & 1\end{array}\right]\left\{\begin{matrix}d\varepsilon_r\\d\varepsilon_z\\d\gamma_{rz}\\\cdots\\d\varepsilon_\theta\end{matrix}\right\}$$

$$-\left[\begin{array}{c:c}[I]-\{b(\psi)\}\{b'(\psi)\}^T & 0\\\hdashline 0 & 0\end{array}\right]\left\{\begin{matrix}\sigma_r\\\sigma_z\\\tau_{rz}\\\cdots\\\sigma_\theta\end{matrix}\right\} \tag{1.111}$$

开裂混凝土的进一步开裂或压碎

在初始裂纹形成后，结构往往会进一步变形而没有完全破坏，因此会引起裂纹闭合和张开以及更进一步形成裂纹的可能。图 1.35 中的图解说明了通过整个加载历程中混凝土经历的几种可能结果。以下的分析将考虑开裂材料中这些附加的转变特征。

1. 二次裂纹的形成　对于开裂混凝土，应力状态分别简化为平面应力问题的单轴状态（只有 σ'_x）或平面应变（σ'_x 和 σ_z）和轴对称（σ'_x 和 σ_θ）问题的双轴状态（见图 1.34），一旦简化的应力状态满足断裂准则，则假设更进一步的断裂（压碎或开裂）就会发生，并且允许产生新裂纹，其方向垂直于初始裂纹。初始裂纹和新裂纹分别称为初始裂纹和二次裂纹（见图 1.35）。

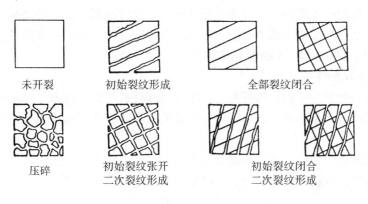

未开裂　　　　初始裂纹形成　　　　全部裂纹闭合

压碎　　初始裂纹张开　　初始裂纹闭合
　　　二次裂纹形成　　二次裂纹形成

图 1.35　在开裂混凝土中现存裂纹的张开和闭合以及新裂纹的形成

2. 裂纹的张开和闭合　如果穿过现存裂纹的正应变比裂纹形成时的应变大，则假设裂纹张开；否则，裂纹闭合。穿过裂纹的正应变由下式给出（使用应变 Mohr 圆或变换规则）：

$$\left\{ b\left(\psi + \frac{\pi}{2} \right) \right\}^T \begin{Bmatrix} \varepsilon_x \\ \varepsilon_y \\ \gamma_{xy} \end{Bmatrix} \tag{1.112}$$

3. 新裂纹的形成　如果开裂混凝土中所有裂纹都闭合，则假设此未开裂的混凝土是线弹性的。对于这样的材料，可直接应用关于断裂条件的判别准则。如图 1.35 的后面几个示意图所示，可能压碎或形成一组新裂纹；假设应力－应变关系与以前的一样。

关于断裂混凝土的增量应力－应变关系概述如下：

1. 对于压碎的混凝土或对于多组裂纹都张开的开裂混凝土，在进一步加载时，假设材料刚度为零并假设断裂之前该点的应力状态完全被释放；

2. 对于单一组裂纹张开的开裂混凝土，增量应力－应变关系由式（1.102）、式（1.106）或式（1.111）给出；

3. 对于各组有裂纹都闭合的开裂混凝土，假设混凝土完全弥合，并表现为线弹性材料。

1.7　开裂混凝土模拟的进一步改进

混凝土以极其复杂的方式破坏或断裂，除了许多其他因素以外，它主要取决于骨料类型、配合比和加载情况。做出断裂模式的精确定义或分类是困难的。双轴情况的试验结果已表明，这些情况中的断裂形式基本上是垂直于最大拉应变平面内的脆性劈裂（或开裂）（见1.2.3节和图1.8）。对于在近于最均匀静水应力（或体应力）下的三轴试验，通常观察到的压碎断裂可能是由于混凝土中的砂浆破裂；然而，在中等约束压力值下，可能是开裂或压碎中的一种也可能是混合型的断裂，这取决于约束压力的大小。

正如前面所述，把混凝土断裂划分为开裂型或压碎型的线弹性断裂模型为断裂模拟提供了一个相当好的一级近似。在许多实际应用中，已得到颇为良好的结果。在最近的发展中，已将混凝土断裂改进考虑为开裂－压碎混合型断裂，以下阐述表达了这种改进。更为详细的论述载于 Hiseh 等（1980）的著作中。

1.7.1　压碎系数

断裂模式一般分为三类，即开裂型、压碎型和开裂压碎混合型。为了鉴别相当于各个类型的破坏模式引入了压碎系数 α，这一系数用以估量混合型断裂中开裂和压碎效应的比例。

压碎系数的概念是根据破坏模式总系列中定义纯开裂区和纯压碎区的双重准则来考虑的。在纯开裂区，假设最大主应力必为拉应力（或为零），即条件

$$\sigma_1 \geqslant 0 \tag{1.113}$$

必须满足，以应力不变量表示，此条件具有如下形式（见式（1.16））：

$$\sqrt{J_2}\cos\theta + \frac{1}{2\sqrt{3}} I_1 \geqslant 0 \qquad (0° \leqslant \theta \leqslant 60°) \tag{1.114}$$

正如图1.36所示，纯开裂条件的上限相当于单轴压缩 $f_c'(\theta = 60°)$ 和等双轴压缩 $f_{bc}'(\theta = 0°)$ 的破坏试验数据。

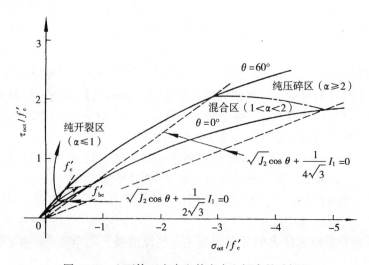

图1.36　八面体正应力和剪应力空间中的破坏区

对于纯压碎区，假设三个主应变分量都是压应变（或为零），似乎是合理的。这样，由于在任何方向都不会出现拉应变和可能的裂纹扩展，这意味着最大主应变必须是非正值，即

$$\varepsilon_1 \leqslant 0 \qquad\qquad (1.115)$$

假设该性质为线弹性，同样条件可用应力表示为：

$$\sigma_1 - \nu(\sigma_2 + \sigma_3) \leqslant 0 \qquad\qquad (1.116)$$

或者，用应力不变量表示为：

$$\sqrt{J_2}\cos\theta + \frac{(1-2\nu)}{2\sqrt{3}(1+\nu)}I_1 \leqslant 0 \qquad (0°\leqslant\theta\leqslant 60°) \qquad (1.117)$$

如果将式（1.114）和式（1.117）组合，压碎系数 α 就确定为（$0°\leqslant\theta\leqslant 60°$）

$$\alpha = -\frac{I_1}{2\sqrt{3}\sqrt{J_2}\cos\theta} \qquad\qquad (1.118)$$

那么，不同的破坏区鉴别如下：

纯开裂区 $\qquad\qquad\qquad\qquad \alpha \leqslant 1$

纯压碎区 $\qquad\qquad\qquad\qquad \alpha \geqslant \dfrac{(1+\nu)}{(1-2\nu)}$ $\qquad\qquad (1.119)$

混合型区 $\qquad\qquad\qquad\qquad 1 < \alpha < \dfrac{(1+\nu)}{(1-2\nu)}$

举例来说，如假设泊松比的典型值 $\nu = 0.2$，则 $\alpha = 1.0$ 和 $\alpha = 2.0$ 就成为划分三个不同破坏区的边界值，如图 1.36 所示。

要注意的是，在获得简单的压碎系数 α 中，对于压碎区，使用了一种线弹性模型（广义虎克定律），用应力来表示式（1.115）的最大主应变条件。这对于混凝土拉伸还是压缩的线弹性断裂模型，都是一个严格一致的步骤。不过，混凝土在压力范围内的性质更经常以非线性弹性模型或弹塑性模型来描述。在这样的情况下，压碎之前不能直接应用简单的线弹性定律，并且所用的方法只是一个近似。考虑到混凝土断裂的复杂性和压碎系数应用的相对简易性，在实际问题中这一假设可代表一个可接受的近似。为了有更精确的公式表示，可以使用以应力和应变表示的双重准则，即 $\sigma_1 \geqslant 0$ 和 $\varepsilon_1 \leqslant 0$。

1.7.2 开裂混凝土破坏后的性质

以下将论述三种不同断裂类型的开裂混凝土破坏后的性质和增量应力–应变关系。对于纯压碎区和纯开裂区，破坏后的性质与前节所述的简单线弹性断裂模型依然是同样的，即纯压碎成为混凝土材料完全破裂和崩溃的征兆。压碎之后，应力突然降至为零，并且可假定混凝土完全失去进一步变形的能力。

另一方面，纯开裂成为垂直开裂面方向的材料部分崩溃的征兆。假定会在垂直于主拉应力（或应变）方向的方位上有无数平行裂隙产生，一旦裂纹形成，垂直裂纹的拉应力突然降至零，并且垂直于裂纹面的材料抗力降为零。因此可假定在此情况下破坏后的性质是正交各向异性（或横向各向同性）弹性的（1.6.5 节）。

在混合断裂区中，举例来说，对于 $\nu = 0.2$ 时，压碎系数值则在 $1.0 \sim 2.0$ 之间。如果选定压碎系数作为这种部分开裂和部分压碎混凝土单元中压碎程度的测度，那么我们可以看到，破坏后的性质也是纯压碎中理想变形性质和纯开裂中各向异性弹性性质的线性内

插。因此，认为混凝土单元在开裂平面（垂直于主拉应力或应变方向）内丧失其刚性，并且断裂单元正交各向异性的刚度也依照 α 的大小成比例地减小。注意当 $\nu = 0.2$ 时，混合破坏处于 $\alpha = 1.0$ 和 $\alpha = 2.0$ 之间，因此 α 在 1 的小数点以后的值代表压碎的百分率，也代表刚度减小的百分率。

类似于式（1.102）、式（1.106）和式（1.111），考虑到混合型断裂，下面给出了平面应力、平面应变和轴对称问题的开裂混凝土增量应力－应变关系。根据前节中作出的同样假设，即假设对于平面问题只是在垂直于 x－y 平面的平面内形成裂纹，对于轴对称问题只是在轴对称表面内出现裂纹（图1.34a），而且不考虑骨料连锁。

开裂以后的增量应力－应变关系依然由类似于式（1.94）的方程来表示。不过，修正了式（1.94）中切线刚度矩阵 $[C]_c$ 以反映在不同压碎系数 α 值下的刚度减少，引入衰减因子 μ 就可由矩阵 $[C]_c$ 求得修正的正切刚度 $[C]_{cm}$ 为：

$$[C]_{cm} = (2 - \mu)[C]_c \tag{1.120}$$

这可以看做是用衰减的杨氏模量 $(2 - \mu)E$ 替代式（1.94）中的矩阵 $[C]_c$ 刚度项中的 E。衰减因子 μ 与压碎系数 α 的关系（$\nu = 0.2$）如下：

纯开裂 $\alpha \leqslant 1$ 和 $\mu = 1$

纯压碎 $\alpha \geqslant 2$ 和 $\mu = 2$ (1.121)

混合断裂 $1 < \alpha < 2$ 和 $\mu = \alpha$

因此式（1.120）表征纯压碎区零刚度，而对于纯开裂，它得出与式（1.94）同样的刚度。

在此情况中，全应力变化可写为：

$$\{\Delta\sigma\} = [C]_{cm}\{d\varepsilon\} - \{\sigma_{ck}\} - \{\sigma_{ch}\} \tag{1.122}$$

其中，$\{\sigma_{ck}\}$ 和 $\{\sigma_{ch}\}$ 分别为参照整体坐标轴 x，y 和 z（图1.34），因开裂和压碎而释放的应力矢量，这两个矢量的总和代表图1.33中全部释放的应力矢量 $\{\sigma_0\}$。举例来说，为说明这些矢量如何计算，可考虑一个平面应力或平面应变情况，引入衰减因子 μ，开裂方向 x' 和 y' 的释放应力矢量（图1.34）可写为：

$$\{\sigma'_{ck}\} = \begin{Bmatrix} 0 \\ \sigma'_y \\ \tau'_{xy} \end{Bmatrix} \text{和} \quad \{\sigma'_{ch}\} = (\mu - 1)\begin{Bmatrix} \sigma'_x \\ 0 \\ 0 \end{Bmatrix} \tag{1.123}$$

在此情况中，衰减因子 μ 具有纯压碎中所有应力皆释放的效应，而在纯开裂中只释放垂直于裂纹方向的拉应力和平行于此方向的剪应力。在混合型中，正拉应力和裂纹面上的剪应力以及叠加上平行于裂纹方向一定比例的正应力值都被释放。

对于 $\{\Delta\sigma\}$，各种表达式的推导步骤与前节所提供的一样，现在概述其结果。

平面应力情况

鉴于假设是针对平面问题中的裂纹平面作出的，因而对平面应力条件应予以特别的关注。对于拉－拉和拉－压状况，最大拉应力处于该平面之中，混凝土总是以开裂方式破坏（$\alpha < 1$）；然而，对于压－压状况，主应力 $\sigma_1 = 0$ 代表最大应力，这表明最大主应力（或应变）方向通常与平面垂直，并且对于所有压应力组合，其压碎系数都等于 1（即对于平面

应力情况，混合区和压碎区重叠于单一点 $\alpha = 1$）。因为裂纹只允许在垂直于 $x-y$ 平面的平面中形成（图 1.34），所以相应于压－压应力状态的断裂方式通常是属于压碎型的。物理上，这可根据平面应力单元零厚度的假设来解释，因为单元厚度简单地不允许裂纹形成，而由于平面内同时有压缩，就会发生纯压碎。因此，根据这些观察，平面应力情况的全应力变化为：

对于拉－拉和拉－压状况（纯开裂）

$$
\begin{Bmatrix} \Delta\sigma_x \\ \Delta\sigma_y \\ \Delta\tau_{xy} \end{Bmatrix} = \left[E\{b(\psi)\}\{b(\psi)\}^T \right] \begin{Bmatrix} d\varepsilon_x \\ d\varepsilon_y \\ d\gamma_{xy} \end{Bmatrix}
$$

$$
- \left[[I] - \{b(\psi)\}\{b'(\psi)\}^T \right] \begin{Bmatrix} \sigma_x \\ \sigma_y \\ \tau_{xy} \end{Bmatrix} \tag{1.124a}
$$

对于压－压状况（纯压碎）

$$
\begin{Bmatrix} \Delta\sigma_x \\ \Delta\sigma_y \\ \Delta\tau_{xy} \end{Bmatrix} = \begin{Bmatrix} \sigma_x \\ \sigma_y \\ \tau_{xy} \end{Bmatrix} \tag{1.124b}
$$

平面应变情况

$$
\begin{Bmatrix} \Delta\sigma_x \\ \Delta\sigma_y \\ \Delta\tau_{xy} \end{Bmatrix} = \left[\frac{(2-\mu)E}{(1-\nu^2)}\{b(\psi)\}\{b(\psi)\}^T \right] \begin{Bmatrix} d\varepsilon_x \\ d\varepsilon_y \\ d\gamma_{xy} \end{Bmatrix}
$$

$$
- \left[[I] - (2-\mu)\{b(\psi)\}\{b'(\psi)\}^T \right] \begin{Bmatrix} \sigma_x \\ \sigma_y \\ \tau_{xy} \end{Bmatrix} \tag{1.125}
$$

轴对称情况

$$
\begin{Bmatrix} \Delta\sigma_r \\ \Delta\sigma_z \\ \Delta\tau_{rz} \\ \cdots \\ \Delta\sigma_\theta \end{Bmatrix} = \frac{(2-\mu)E}{(1-\nu^2)} \left[\begin{array}{c:c} \{b(\psi)\}\{b(\psi)\}^T & \nu\{b(\psi)\} \\ \hdashline \nu\{b(\psi)\}^T & 1 \end{array} \right] \begin{Bmatrix} d\varepsilon_r \\ d\varepsilon_z \\ d\gamma_{rz} \\ \cdots \\ d\varepsilon_\theta \end{Bmatrix}
$$

$$
- \left[\begin{array}{c:c} [I] - (2-\mu)\{b(\psi)\}\{b'(\psi)\}^T & 0 \\ \hdashline 0 & (\mu-1) \end{array} \right] \begin{Bmatrix} \sigma_r \\ \sigma_z \\ \tau_{rz} \\ \cdots \\ \sigma_\theta \end{Bmatrix} \tag{1.126}
$$

其中，$\{b(\psi)\}$，$\{b'(\psi)\}$ 和 $[I]$ 与式（1.103）中的定义相同。

1.8　混凝土和钢筋之间的相互作用

本节简要论述钢筋混凝土材料中混凝土和钢筋之间相互作用的几个方面。

习惯上通常采用叠加原理考虑把混凝土和钢筋看做分别对总体刚度和强度做出贡献的两个组成部分。在大多数实际应用中，为了简化求解，通常假定混凝土和钢筋之间是运动连续的。然而，这两种材料的性质大不相同：钢的杨氏模量比混凝土的高一个数量级，并且钢在拉伸和压缩下的应力－应变关系是一样的，这与混凝土不同。材料的不相容导致发生钢筋粘着破坏和滑移、局部变形以及开裂（RILEM，1957）。

图 1.37 显示钢筋－混凝土相互作用的几个重要机理。在图（a）中，当混凝土固定在适当位置，拉拔钢筋时钢筋就会发生滑动。在承受巨大剪力（例如梁的支承处）的结构中，当高变形梯度出现时或在单根钢筋的锚固区，就会出现这种情形。在有限元分析中，可采用离散或分散的弹簧模拟沿钢筋面的接触力的方法比较容易地模拟拔出效应（Ngo 和 Scordelis，1967）。依据拔出试验结果，这样的弹簧必须具有非线性特征。

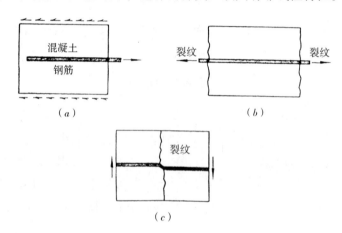

图 1.37　钢筋与混凝土之间相互作用效应
（a）拔出效应；（b）拉伸强化效应；（c）榫合效应

在图（b）中，混凝土和钢筋两者都受拉以致形成大裂纹。简图中示意画出了两条主裂纹之间的混凝土。裂纹张开同钢筋与混凝土之间的粘着破坏和相对运动同时发生。接触面上的剪力把拉应力传入裂纹之间的混凝土。混凝土紧紧握裹钢筋提升系统的总体刚度。通常称这个刚度效应为拉伸强化，它对于正常工作荷载下的混凝土梁是十分重要的。

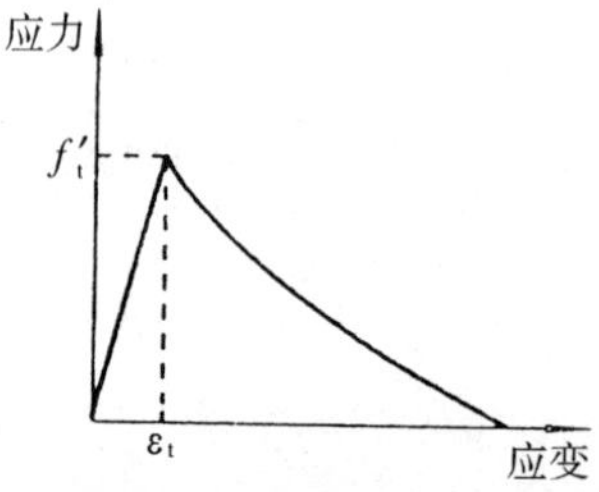

由于图（b）相当于均匀拉伸（或弯曲），没有拔出效果，因而为图（a）提出的模型在此不适用。不过，通过假设混凝土逐步出现抗拉强度的损失可以间接考虑强化效应。首先由 Scanlon（1971）引入的这一拉伸强化效应形式已于图 1.38 中以混凝土应力－应变曲线的下降部分表示。针对图（b）中的相互作用，Bergan 和 Holand（1979）论述了更多的可供选择

图 1.38　混凝土开裂后拉伸强化的逐步软化现象

的模型。

另一个表示强化效应的方法是增加钢的刚度和应力。对应于钢中同样应变的附加应力，代表由钢和裂纹间的混凝土两者传递的总拉力，为方便起见，这一附加应力集中在钢的同样位置上并朝向同一方向。

在图 1.37 的图（c）中，在拉伸开裂最初发生以后有一个较大的剪切变形。在此情况下，钢筋作为接榫承受集中剪力。正如先前为骨料连锁效应（例如式（1.72））提出的那样，对于开裂混凝土可以使用等效剪切刚度和剪切强度将这个榫合效应结合起来成为一个连续体模型。

1.9　有限元应用举例

在前节和下一章中论述的本构模型已应用于各种类型结构和结构单元，如梁、框架、平面应力或弯曲情况下的板、拱、壳、容器、拱坝和反应容器等的非线性分析中。这些分析大多采用有限元法来完成。

本节将依据两个所选的应用例子来概述所得的结果和经验：（1）使用离散开裂方法对具有预制裂纹的钢筋混凝土梁的线性分析；（2）在增高内压直至崩溃状态下的厚壁混凝土筒体的裂纹扩展分析，其极限承载能力根据实验得出的。第二例中应用了模糊开裂方法并用不同断裂法则作为应力转换。下一章中将应用混凝土材料的不同本构模型研究非线性有限元分析：（1）在不断增高内压下的筒形预应力混凝土压力容器（2.12.1 节）；（2）在单调和循环荷载下的钢筋混凝土剪切板（2.12.2 节）；（3）轴对称的拔出试验（2.12.3 节）。

1.9.1　钢筋混凝土梁的线弹性断裂分析

此例将说明离散开裂方法在钢筋混凝土浅梁有限元分析中的应用。在这样的分析中最主要的是研究当一组斜拉裂纹沿理想化的预定开裂路径扩展时如图 1.39（a）所示，发生在梁内的力和应力分布中的主要变化。下面将简要描述应用于钢筋混凝土线弹性断裂分析中的技术，以及论述有限元所得的典型结果，更进一步的详述和其他梁的例子发表于 Ngo 和 Scordelis（1967）的著作中。关于带有斜拉裂纹钢筋混凝土梁的线弹性断裂研究综述可在 Scordelis 等（1974）的著作中找到。许多研究者发表了用有限元法对钢筋混凝土梁进行非线性分析的文章和著作（例如，Cedolin 和 Dei Poli，1977；Colville 和 Abbasi，1974；Nam 和 Salmon，1974；Valliappan 和 Doolan，1972 等）。

图 1.39（a）画出了线弹性断裂分析的有限元网格设置。尺寸、荷载和钢筋的梗概示于图 1.40（a）。Ngo 和 Scordelis（1967）做过一组五根梁的分析；所有梁的尺寸、荷载情况、钢筋以及混凝土和钢的力学性质都是一样的，但具有不同的理想化裂纹形态。

在分析之中，将梁细分成混凝土、钢和粘结链单元，如图 1.39 所示。假定钢筋加固作用在横截面的宽度上均匀分布，修正钢的弹性模量由此将钢变换成与梁同宽度的一层（图 1.39b），于是单位宽度的梁就可通过平面应力有限元法加以分析。

混凝土和纵向钢筋由应变三角形单元表示。在最近的研究中，通常使用由两个约束线应变的三角形单元组成的四边形单元（Scordelis 等，1974）。在 h 和 ν 方向具有两个自由度的链接元（图 1.39c），通过假定弹簧刚度 K_h 和 K_ν 的适当值来模拟粘结应力滑移（图

1.39*b*）。此例未顾及骨料连锁和榫合作用。链接元没有实际尺寸，而只注重其力学性质，所以，它可以放在梁内任何地方而不扰乱梁的几何结构，而且可以用来连接两个占用同一物理位置的分离节点。

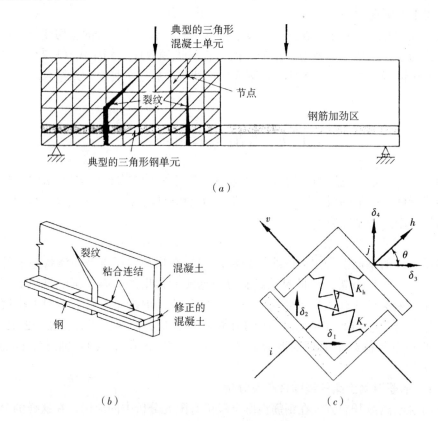

图 1.39　有预制裂纹的梁的线性分析
（*a*）有限元的理想化；（*b*）分析用的模型；（*c*）链接元

　　在这个问题的研究中，因为关于粘结滑移性质缺乏可用的实验数据，故假定粘结滑移和粘结应力之间为线性关系，这意味着沿梁跨的任一截面上的粘结滑移与粘结应力正好成比例。对于只在梁的纵向具有水平刚度的链接元来说，针对这一比例所取的值代表水平弹簧刚度 K_h（横切纵向钢筋，垂直方向刚度 K_v 假定为零）。根据嵌埋于钢筋混凝土筒体中的单根钢筋在承受轴向荷载下的荷载－滑移关系所量测得的实验结果来确定纵向刚度 K_h。

　　通过分开裂纹两边的混凝土单元来简单表示所考虑的各种预定开裂模式，这通过在裂纹两边编列不同的节点号来达到。实际上，裂纹处的两个结点仍然可占据空间中的同一点，即梁的局部性能可以作任何方式变化而没有改变其几何性质。在 Ngo 和 Scordelis（1967）发表的论文中可见到关于梁的分析模拟更详细的论述以及所用于有限元分析的线弹性常数。

　　图 1.40（*b*）和（*c*）说明具有两组预定裂纹（在最大弯矩区的两垂直裂纹以及最大剪力区中部的两斜裂纹）的梁的典型试验结果。正如所见，裂纹附近混凝土中应力分布呈现出高度的非线性（图 1.40*b*），在裂纹附近，钢的平均应力和粘结力显著增大（图 1.40*c*）。注意，两个裂纹两边粘结力的符号变化。

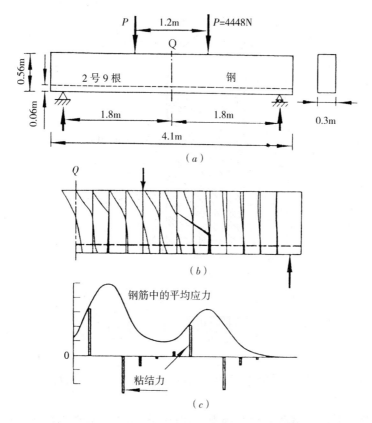

图 1.40 预制有裂纹的梁的线性分析的典型结果（Ngo 和 Scordelis，1967）

（a）尺寸、钢筋以及荷载；（b）混凝土中纵向应力分布；（c）钢的平均应力及粘结力

1.9.2 承受内压的厚壁筒体分析

在此例中，研究厚壁混凝土筒体在不断增大压力下的裂纹扩展，其极限承载能力根据实验是已知的。图 1.41 画出了厚壁混凝土筒体的几何数据、材料特性以及有限元网格设置（Argyris 等，1976）。

破坏准则和崩溃模型

在这个例子的分析中采用了拉伸断裂的三参数 Mohr-Coulomb 破坏准则，因为在这一问题中占优势的应力路径是图 1.42 所示的拉－压状态下的双轴模式，图中标明了特定的参数值。单轴抗压强度与单轴抗拉强度之比选定为与双轴 Griffith 准则类似的 $f_c'/f_t = 8/1$。为了考虑应力集中的影响，选定一个相当高的值 $f_t = 4.4\text{MPa}$ 作为抗拉强度（与单轴拉伸试验试件所得值相对应的弯曲抗拉强度）。

在应力路径交叉处，拉伸断裂的 Mohr-Coulomb 破坏面因硬化、软化或崩塌而改变其在破坏后区域的形态。一个极端是，作为理想塑性响应，初始破坏面不改变其位置和形状，称其为延性模型；另一极端就作为完全脆性性质，在初始破坏面部分崩塌期间突然发生局部失稳。对于拉伸断裂的三参数 Mohr-Coulomb 破坏面，在现时的分析中使用断裂混

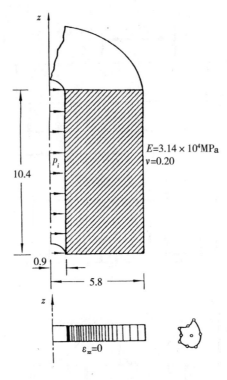

图 1.41 厚壁混凝土筒体（几何结构及网格设置 单位：cm）

凝土零抗拉条件，称其为脆性无拉伸模型。在这一模型中，后继破坏面一到初始包络线的拉伸区域就骤降为无拉伸状况。因而，抗拉强度减小为零，然而依照 Mohr-Coulomb 准则，内聚力和内摩擦角则提供进一步的强度来源，如图 1.42 中以 $f_t \rightarrow 0$ 表明的。

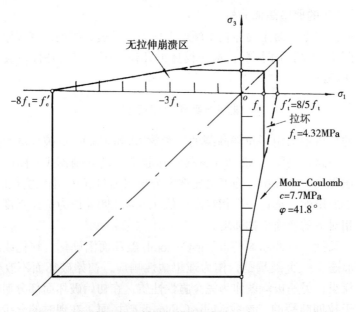

图 1.42 混凝土的双轴破坏模型（拉断 Mohr-Coulomb 条件）

与试验数据对比

非线性变形、脆性和延性的极限荷载特征以及中间塌陷模型与 $P_{ult} = 14.1$MPa 的实验值对比如图 1.43 所示。Argyris 等（1976）发表了关于这一问题的详细有限元分析的文章。

脆性无拉伸模型预测穿过筒壁的劈裂断裂扩展的最大压力为 $p_l = 8.9$MPa，这一数值已由独立的解析解确证，不过，与实验所得极限荷载相比这是相当低的。图 1.44 显示不同内压级别下的径向和周向应力分布。因为开裂区拉应力都降为零，所以无拉伸破坏机理导致很大的应力重新分布。$p_e = 4$MPa 时，径向裂纹开始从内向外产生，继续加载，裂纹加速扩展，当裂纹扩展到壁厚的一半时，就会引起突然破坏。在达到极限压力 $p_l = 8.73$MPa 之前的时刻，筒体外壁仍然是完好无损的，以减小厚度的弹性筒体形式转移压力。

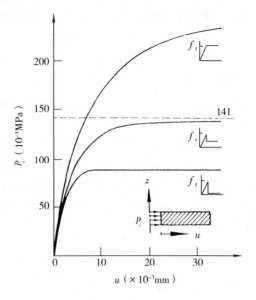

图 1.43 极限荷载预测（破坏假设的影响）
（Argyris 等，1976）

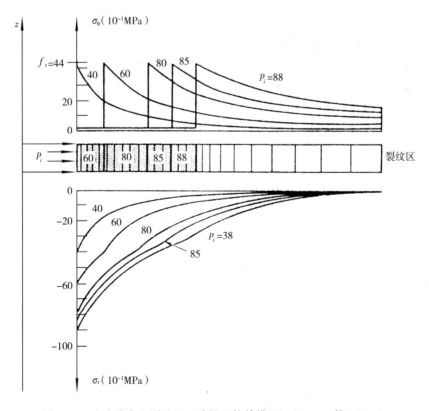

图 1.44 应力分布和裂纹区（脆性无拉伸模型）（Argyris 等，1976）

延性模型预测的最大压力为 $p_l = 22.6\text{MPa}$，此时整个筒壁上发生塑性流动。这一数值已由分析极限荷载计算确证，不过，与实验所得的极限荷载相比这个值显得过高。图1.45显示在不同级别内压下相应的径向和周向应力分布。塑性流动机理使拉应力集中重新分布，并在抗拉强度值 $f_t = 4.32\text{MPa}$ 时不再增加。$p_e = 3.92\text{MPa}$ 时的塑性区域从内边开始并且随着不断加载而十分缓慢地向外边扩展。注意到在内表面当 $p_i = 14.7\text{MPa}$ 时，出现周向应力急剧下降甚至低于 f_t，因为此时是 Mohr-Coulomb 条件控制应力路径而不由拉伸断裂准则控制。与上面所述的脆性断裂不同，如果塑性流动的前锋到达外表面则破坏临近。

极限荷载预测数值之间的大差异着重表明了在各种应力环境中考虑抗拉强度蜕化的重要性。理想脆性或理想延性破坏模型为真实的极限响应性质提供了很宽的界限，因为轴对称的理想化并未考虑沿圆周方向裂纹扩展的差异。图1.43中对于 $f_t = 2.16\text{MPa}$ 的中间塌陷模型试图计及因径向裂纹而保留的附加强度，因为径向裂纹是沿周向分布而不是以模糊形式分布的。

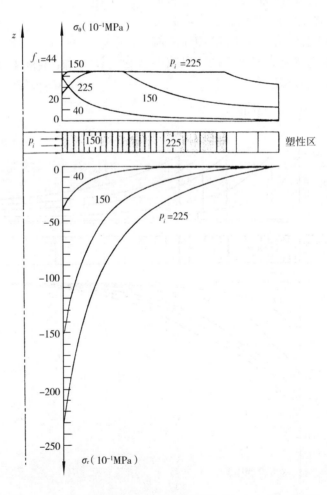

图1.45　应力分布和塑性区（延性模型）（Argyris 等，1976）

1.10 总　结

钢筋混凝土材料的非线性响应是由混凝土开裂、钢筋及受压混凝土塑性这两种主要原因引起的。本章只考虑由开裂引起的非线性，下一章将研究受压混凝土塑性引起的非线性。显而易见，开裂和塑性可能同时产生，在一般钢筋混凝土的本构关系中必须包含这一情况。这将在第 2 章中论述。

本章根据线弹性理论论述了未开裂和开裂混凝土的数学模拟。在单轴、双轴和三轴应力状态混凝土一些典型实验数据的简略总结首次得到检验（1.2 节）。那些已经是可靠的实验结果，适合作为建立从一参数到五参数模型（1.3 节）的混凝土破坏面精确数学模型的依据。在实际应用中，可以用拉伸断裂的 Mohr-Coulomb 和 Drucker-Prager 那样常用的三参数强度模型来确定破坏面（1.4 节）。不过，在 1.5 节中还提出并详述了与实验验证符合较好的五参数更高级的函数。所有实验结果皆归属于比例加载方式。在破坏准则方面，与高应力循环有关联的一般加载历史的影响知之甚少。本书中将给出使用这些破坏面作为混凝土屈服或塑性理论加载函数的例子。

尽管存在明显的缺点，但线弹性理论与确定材料破坏的准则联合仍然是未开裂和开裂混凝土最普通使用的材料准则。对于一些应力状态主要是双轴拉－压型，拉伸开裂为结构非线性现象首要原因的钢筋混凝土结构，诸如板和壳一类，1.6 节中论及的弹性断裂公式可能是很精确的，不过，这些公式不能鉴别非弹性变形，当材料经历卸载时，这个缺点就更明显。这可以通过引入超弹性或低弹性非线性理论，有一定程度的改进，将在第 2 章论述。

另一重要问题是判断混凝土在达到最大承载能力状况以后会发生什么。一个极端是理想的塑性响应，初始破坏面并没有改变其位置和形状，这种材料视为理想的塑性材料；另一个极端是理想的脆性响应，在初始破坏面部分崩溃期间突然发生局部失稳。实际上，没有脆性或塑性材料，只存在一定外界条件下表现脆性或塑性破坏响应的材料。1.7 节给出开裂混凝土材料简化的一个简单方法，其中提出了压碎系数来鉴别破坏模式是纯开裂、纯压碎还是两者混合。另一个由 Argyris 等（1976）提出的方法是拉伸断裂的 Mohr-Coulomb 破坏面的崩溃在极限强度限制已经达到之后发生。崩溃的破坏面可描述为（1）零伸长材料；（2）无内聚力的摩阻材料；（3）无摩阻的黏性材料。

习惯上常用叠加原理，把混凝土和钢筋这两种组成材料看做分别对总刚度和强度起作用。在有限元分析中通常假定在混凝土和钢筋之间，至少在节点或单元边界上运动是连续的。实际上，这两种材料在其刚度和强度方面的性质上是很不相同的，这种材料的不相容导致钢筋的粘结破坏和滑移、局部变形和开裂。在 1.8 中曾对混凝土和钢筋间的相互作用作了讨论并对榫合、拉伸强化及骨料联锁等效应作了物理解释和数学模拟。在数学模拟中，对开裂的混凝土模拟是采用等效剪切强度与等效剪切刚度的连续体模型或是采用弹簧模型。而弹簧模型的建立是基于混凝土拉伸强度是逐渐丧失的假定的。

在混凝土结构的有限元分析中，两种原理上不同的方法已应用于开裂模拟。最惯用的方法是假设开裂混凝土保持为连续统一体；即裂纹是以连续模式"模糊"地表现出来的。1.9.2 节使用开裂连续模型研究厚壁混凝土筒体在不断增大内压下的裂纹扩展。在这一例题中，工程断裂理论和断裂单元应力转移规则一起应用于脆性、延性和中间破坏模型。

另一个可供选择的连续模型是离散开裂模式的导入，通常这是通过连接单元间有不相连的位移来实现的。1.9.1节应用这一方法来研究钢筋混凝土梁的非线性特性，难点在于不知道下一步裂纹位置和方向，因此就不可避免地用预先给定的有限元网格来强加几何限制。

1.11 参 考 文 献

1 ACI 318-77. Building Code Requirements for Reinforced Concrete. ACI Committee 318, American Concrete Institute, Detroit, 1977.

2 Argyris J H, Faust G, Szimmat J, Warnke E P and Willam K J. Recent Developments in the Finite Element Analysis of Prestressed Concrete Reactor Vessels. Nuclear Engineering and Design, 1974, 28: 42~75

3 Argyris J H, Faust G, Willam K J. Limit Load Analysis of Thick-walled Concrete Structures—A Finite Element Approach to Fracture. Computer Methods in Applied Mechanics and Engineering, North-Holland Co, 1976, 8: 215~243

4 ASCE Committee on Concrete and Masonry Structures. A State-of-the-Art Report on Finite Element Analysis of Reinforced Concrete Structures. Task Committee on Finite Element Analysis of Reinforced Concrete Structures, ASCE Special Publication, 1981.

5 Aoyama H, Noguchi H. Mechanical Properties of Steel and Concrete Under Load Cycles Idealizing Seismic Actions. Proceedings of the 25th IABSE-CEB Symposium, Rome, May 25~28, 1979

6 Balmer G G. Shearing Strength of Concrete under High Triaxial Stress-Computationof Mohr's Envelope as a Curve. Structural Research Laboratory Report No. SP-23, Bureau of Reclamation, United States Department of the Interioy, 1949.

7 Bazant Z P, Cedolin L. Blunt Crack Band Propagation in Finite Element Analysis. Journal of the Engineering Mechanics Division, ASCE, April, 1979, 105 (EM2): 297~315

8 Bazant Z P, Cedolin L. Fracture Mechanics of Reinforced Concrete. Journal of the Engineering Mechanics Division, ASCE, December, 1980, 106 (EM6): 1287~1306

9 Bazant Z P, Tsubaki T. Slip-Dilatancy Model for Cracked Reinforced Concrete. Journal of the Structural Division, ASCE, September, 1980, 106 (ST9): 1947~1966

10 Bazant Z P, Tsubaki T, Belytschko T B. Concrete Reinforcing Net: Safe Design. Journal of the Structural Division, ASCE, September, 1980, 106 (ST9): 1899~1906

11 Bergan P G, Holand I. Nonlinear Finite Element Analysis of Concrete Structures. Computer Methods In Applied Mechanics and Engineering, 1979, 17/18: 443~467

12 Bresler B, Pister K S. Strength of Concrete Under Combined Stresses. Journal of American Concrete Institute, September, 1958, 321~345

13 Brooks A E, Newman K, Editors. Proceedings of the International Conference on the Structure of Con-

crete. Cement and Concrete Association, London, 1968.

14 Cedolin L, Dei Poli S. Finite Element Studies of Shear Critical Reinforced Concrete Beams. Journal of the Engineering Mechanics Division, ASCE, June, 1977, 103 (EM3): 395~410

15 Cedolin L, Crutzen Y R J, Dei Poli S. Triaxial Stress-Strain Relationship for Concrete. Journal of the Engineering Mechanics Division, ASCE, June, 1977, 103 (EM3): 423~439

16 Chen W F. Constitutive Equations for Concrete. IABSE Colloquium on Plasticity in Reinforced Concrete, Copenhagen, Denmark, May 21 ~ 23, 1979, Introductory Report, IABSE Publication, 1979 (28): 11~34

17 Chen W F. Plasticity in Reinforced Concrete. New York: McGraw-Hill Book Company, Inc, 1981.

18 Chen W F, Suzuki H. Constitutive Models for Concrete. Computers and Structures, 1980 (12): 23~32

19 Chinn J, Zimmerman R M. Behavior of Plain Concrete Under Various High Triaxial Compression Loading Conditions. Technical Report No. WL TR 64-163 (AD 468460), Air Force Weapons Laboratory, New Mexico, August, 1965.

20 Colville J, Abbasi J. Plane Stress Reinforced Concrete Finite Elements. Journal of the Structural Division, ASCE, May, 1974, 100 (ST5): 1067~1083

21 Cowan H J. The Strength of Plain, Reinforced and Prestressed Concrete Under Action of Combined Stresses, with Particular References to the Combined Bending and Torsion of Rectangular Sections. Magazine of Concrete Research, December, 1953, 5 (14): 75~86

22 Darwin D, Pecknold D A W. Inelastic Model for Cyclic Biaxial Loading of Reinforced Concrete. Civil Engineering Studies SRS 409, University of Illinois, Champaign-Urbana, July, 1974, 169

23 Drucker D C, Prager W. Soil Mechanics and Plastic Analysis or Limit Design. Quarterly of Applied Mathematics, 1952, X (2): 157~165

24 Eibl J, Ivanyi G. Studie zum Tragund Verformoungs-verhalten von Stahlbeton (in German with English summary). Deutscher, Ausschuss für Stahlbeton, Heft 260, Berlin, 1976.

25 Evans R H, Marathe M S. Microcracking and Stress-Strain Curves for Concrete in Tension. Materiaux et Constructions, 1968. (1): 61~64

26 Gerstle K H, Linse D H, et al. Strength of Concrete Under Multi-Axial Stress States. Proceedings of the McHenry symposium on Concrete and Concrete Structures, ACI Publication SP-55, 1978, 103~131

27 Green S J, Swanson S R. Static Constitutive Relations for Concrete. Air Force Weapons Laboratory, Technical Report No. AFWL-TR-72-2, Kirtland Air Force Base, 1973.

28 Hillemier B, Hilsdorf H K. Fracture Mechanics Studies of Concrete Compounds. Cement and Concrete Research, 1977 (7): 523~536

29 Hsieh S S, Ting E C, Chen W F. An Elastic-Fracture Model for Concrete. Proceedings of the Third Engineering Mechanics Division Speciality Conference, ASCE, The University of Texas At Austin, Texas, September 17~19, 1979, 437~440

30 Hsieh S S, Ting E C, Chen W F. A Plastic-Fracture Model for Concrete, Part I: Theory. Structural

Engineering Report No. CE-STR-80-14, Purdue University, W. Lafayette, IN, August, 1980, See also, International Journal of Solids and Structures, 1982, 18, To appear.

31 Hughes B P, Chapman G P. The Complete Stress-Strain Curve for Concrete in Direct Tension. Bulletin RILEM, EAI, 1966, (30): 95~97

32 Jaeger J C. Elasticity, Fracture and Flow. Methuen and Company, Limited, London, England, 1956.

33 Kesler C E, Naus D J, Lott J L. Fracture Mechanics-Its Applicability to Concrete. Proceedings of the 1971 International Conference on Mechanical Behavior of Materials, The Society of Materials Science, Japan, 1972, (Ⅳ): 113~124

34 Kotsovos M D. Effect of Stress Path on the Behavior of Concrete Under Triaxial Stress States. Journal of the American Concrete Institute, February, 1979, 76 (2): 213~223

35 Kotsovos M D, Newman J B. Behavior of Concrete Under Triaxial Stress. Journal of the American Concrete Institute, 1977, 74 (9): 443~446

36 Kotsovos M D, Newman J B. Generalized Stress-Strain Relations for Concrete. Journal of the Engineering Mechanics Division, ASCE, August, 1978, 104 (EM4): 845~856

37 Kupfer H. Das Verhalten des Betons unter Zweiachsigen Beanspruchung. Bericht Nr. 18, Lehrstuhl für Massivbau, Technische Hochschule, München, 1969.

38 Kupfer H. Das Verhalten des Betons unter Mehrachsigen Burzzeitbelastung unter besondered Berücksichtigung der zaeiachsigen Beanspruchung. Deutscher Ausschuss für Stahlbeton, Berlin, 1973, 229

39 Kupfer H, Gerstle K H. Behavior of Concrete Under Biaxial Stresses. Journal of the Engineering Mechanics Division, ASCE, August, 1973, 99 (EM4): 852~866

40 Kupfer H, Hilsdorf H K, Rusch H. Behavior of Concrete Under Biaxial Stresses. Journal of the American Concrete Institute, August, 1969, 66 (8): 656~666

41 Launay P, Gachon H. Strain and Ultimate Strength of Concrete under Triaxial Stress. Paper H 1/3, Proceedings of the First International Conference on Structural Mechanics in Reactor Technology, Berlin, September 20~24, 1971.

42 Launay P, Gachon H. Strain and Ultimate Strength of Concrete under Triaxial Stress. Paper 13, ACI special Publication 34, American Concrete Institute, 1972.

43 Launay P, Gachon H, Poitevin P. Déformation et résistance ultime du béton sous étreinte triaxiale. Annales de l'Institute technique du Batiment et du Travaux Publics, May, 1970 (269): 21~48

44 Mills L L, Zimmerman R M. Compressive Strength of Plain Concrete under Multiaxial Loading Conditions. Journal of the American Concrete Institute, October, 1970, 67 (10): 802~807

45 Nadai A. Theory of Flow and Fracture of Solids. New York: McGraw-Hill Book Company, Inc, 1950, 1

46 Nam C H, Salmon C G. Finite Element Analysis of Concrete Beams. Journal of the Structural Division, ASCE, December, 1974, 100 (ST 12): 2419~2432

47 Nelissen L J M. Biaxial Testing of Normal Concrete. HERON, Delft, 1972, 18 (1): 90

48 Neville A M. Creep of Concrete: Plain, Reinforced, and Prestressed. North-Holland, Amsterdam,

1970.

49   Neville A M. Properties of Concrete. Pitman, London, 1977.

50   Newman K. Concrete Systems. Chapter Ⅷ in Composite Materials, L Holliday, Editor, Elsevier, Amsterdam, 1966, 336~452

51   Newman K. Criteria for the Behavior of Plain Concrete Under Complex States of Stress. Proceedings of the International Conference on the Structure of Concrete, Cement and Concrete Association, London, 1968, 225~274

52   Newman K, Newman J B. Failure Theories and Design Criteria for Plain Concrete. Engineering Design and Civil Engineering Materials, Paper 83, Southampton, 1969.

53   Newman K, Newman J B. Failure Theories and Design Criteria for Plain Concrete. In Structure, Solid Mechanics, and Engineering Design, M Te'eni, Editor, Wiley-Interscience, London, 1971, 963~995

54   Nilson A H. Nonlinear Analysis of Reinforced Concrete by the Finite element Method. Journal of the American Concrete Institute, Sept, 1968 (65): 757~766

55   Nilsson L. Impact Loading on Concrete Structures. Publication 79-1, Department of Structural Mechanics, Chalmers University of Technology, Goteborg, Sweden, 1979.

56   Ngo D. A Network-Topological Approach to the Finite Element Analysis of Progressive Crack Growth in Concrete Members. Ph. D. Thesis, University of California, Berkeley, 1975.

57   Ngo D, Scordelis A C. Finite Element Analysis of Reinforced Concrete Beams. Journal of the American Concrete Institute, March, 1967, 64 (3): 152~163

58   Ottosen N S. A Failure Criterion for Concrete. Journal of the Engineering Mechanics Division, ASCE, August, 1977, 103 (EM4): 527~535

59   Palaniswamy R G. Fracture and Stress-Strain Law of Concrete Under Triaxial Compressive Stresses. Ph. D. Thesis, University of Illinois, at Chicago Circle, Chicago, 1973.

60   Paul B. Macroscopic Criteria for Plastic Flow and Brittle Fracture. in Fracture, an Advanced Treatise, H Liebowitz, Editor, New York: Academic Press, 1968.

61   Phillips D V, Zienkiewicz O C. Finite Element Nonlinear Analysis of Concrete Structures. Proceedings of the Institution of Civil Engineers, Part 2, March, 1976 (61): 59~88

62   Reimann H. Kritische Spannungszustände der Betons bei mehrachsiger. ruhender Kurzzeitbe-lastung. Deutscher Auschuss für Stahlbeton, 175, Berlin, 1965.

63   Richart F E, Brandtzaeg A, Brown R L. A Study of the Failure of Concrete Under Combined Compressive Stresses. Engineering Experiment Station, University of Illinois, Bulletin No. 185, 1928, 104

64   Richart F E, Brandzaeg A, Brown R L. The Failure of Plain and Spirally Reinforced Concrete in Compression. University of Illinois, Engineering Experimental Station, Bulletin No. 190, April, 1929.

65   RILEM. Symposium on Bond Crack Formation in Reinforced Concrete. Stockholm, 1957.

66   Scanlon A. Time Dependent Deflections of Reinforced Concrete Slabs. Ph. D. Thesis, University of Alberta, Edmonton, Alberta, Canada, 1971.

67 Schimmelpfennig K. Die Festigkeit des Betons bei Mehraxialer Belastung. Bericht Nr. 5, 2, ergänzte Auflage, Institute für Konstruktiven Ingenieurbau. Forschungsgruppe Reaktordruckbehälter, Ruhr-Universitat, Bochum, Oktober, 1971.

68 Scordelis A C, Ngo D, Franklin H A. Finite Element Study of Reinforced Concrete. Beams with Diagonal Tension Cracks. Proceedings of Symposium on Shear in Reinforced Concrete, ACI Publication SP-42, 1974.

69 Shah S P, Editor. High Strength Concrete. Proceedings of a Workshop held at the University of Illinois at Chicago Circle, December 2~4, 1979.

70 Suidan M and Schnobrich W C. Finite Element Analysis of Reinforced Concrete. Journal of the Structural Division, ASCE, October, 1973, 99 (ST10): 2109~2122

71 Tasuji M E, Slate F O, Nilson A H. Stress-Strain Response and Fracture of Concrete in Biaxial Loading. ACI Journal, Proceedings, July, 1978, 75 (7): 306~312

72 Taylor M A, Jain A K, Ramey M R. Path Dependent Biaxial Compressive Testing of an AII-Lightweight Aggregate Concrete. Journal of the American Concrete Institute, December, 1972, 69 (12): 758~764

73 Valliappan S, Doolan T F. Nonlinear Analysis of Reinforced Concrete. Journal of the Structural Division, ASCE, April, 1972, 98 (ST4): 885~897

74 Welch G B. Tensile Strains in Unreinforced Concrete Beams. Magazine of Concrete Research, 1966, 18 (54): 9~18

75 Willam K J, Warnke E P. Constitutive Models for the Triaxial Behavior of Concrete. International Association of Bridge and Structural Engineers Seminar on Concrete Structures Subjected to Triaxial Stresses, Paper Ⅲ-1, Bergamo, Italy, May 17~19, 1974, 1~30

76 Wischers G. Application of Effects of Compressive Loads on Concrete. Betontechnische Berichte, No. 2 and 3, Duesseldorf, Germany, 1978.

77 Wu H C. Dual Failure Criterion for Plain Concrete. Journal of the Engineering Mechanics Division, ASCE, December, 1974, 100 (EM6): 1167~1181

78 余天庆等编译. 弹性与塑性力学. 北京: 中国建筑工业出版社, 2004

第 2 章　混凝土的非线性弹性和亚弹性模型

2.1　引　　言

本章将介绍可用非线性弹性理论建立的不同本构模型，以便描述混凝土在压缩范围内及破坏前的非线性变形。这些非线性弹性理论能够在很多情况下作为建立混凝土精确数学模型的基础，这些弹性模型当然也必须与定义材料破坏的准则、定义压溃的断裂准则和"应变软化"混凝土在破坏后的应力转换结合起来。混凝土在破坏时和破坏后的性质已在前面的章节中作了详细的研究。

本章内容涉及的是非线性弹性模型的发展和应用。这里有两种基本方法：以割线形式表示的有限（或全部）材料特征和以切线应力 - 应变关系表示的增量（或微分）模型。第一类有限本构方程限于与路径无关的可逆过程，在非比例加载情况下将导致惟一性问题。这类问题中最重要的模型是超弹性公式和塑性变形理论。建立在以 Cauchy 和 Green（超弹性）型公式表示的非线弹性理论基础上的总应力 - 应变模型，将在本章的第一部分（2.3节到2.6节）中讨论，以研究混凝土在破坏前其刚度降低的特征。

相反，第二类有关微分或增量的材料描述没有可逆性和与路径无关方面的缺点。在这类问题中最重要的模型是亚弹性公式和塑性流动理论。后者将在本书中详细讨论，以亚弹性理论为基础建立的增量公式将在本章的第二部分（2.7节到2.11节）用来描述混凝土破坏前的性质。由于亚弹性公式包含了用有限本构模型作为极限情况而得到了更普遍的应用。这两类公式已作了详细的讨论[50]，仅在2.2节简要给出全量非线弹性的 Cauchy 型或Green 型（超弹性）公式与增量亚弹性公式之间的基本区别。在本章的末尾将给出几个计算例子，包括诸如压力容器和剪切平板的结构非线性压溃或循环特性以及拉拔试验（2.12节）。

2.2　非线性弹性应力 - 应变公式推导的一般方法

在前面的章节中，用简单的线弹性断裂模型描述了混凝土的强度和变形特征，在实际应用中已证明这些公式是非常有用的。它对于承受比例加载的钢筋混凝土结构中通常能得到十分精确的结果，如梁、板和壳，其中混凝土的拉伸断裂（开裂）在结构的非线性响应中起主导作用。

但是，对承受多轴压应力的混凝土，线弹性断裂公式就不能给出混凝土在这些条件下表现的非线性。在压缩范围内，若用非线性弹性本构模型描述混凝土的应力 - 应变关系，则将有很大的改观。在以下各节中，将推导各种非线性弹性模型，其相对的优点和局限性将在对不同混凝土结构进行数值分析时的应用中讨论。为此，本节中首先概括地讲述用于非线性应力－应变关系推导中的一般方法的基本概念，接着讨论一些最常用的基于弹性的模型在一般三轴应力状态的混凝土材料上的应用。

一般地，目前有三种不同形式的基于弹性的本构模型用在一般公式中，它们是：（1）Cauchy 型；（2）Green（超弹性）型；（3）增量（亚弹性）型。由于《弹性与塑性力学》第四章已给出了各类模型特征和理论发展的综述[50]，下面将给出三种类型的简单评述。

2.2.1 Cauchy 型的全应力－应变公式

在 Cauchy 弹性材料模型中，将当前的应力状态 σ_{ij} 惟一地表示成当前应变状态 ε_{kl} 的函数，即

$$\sigma_{ij} = F_{ij}\ (\varepsilon_{kl}) \tag{2.1}$$

式（2.1）描述的弹性性质是可逆的和路径无关的，从这种意义上讲，应力由应变的当前状态惟一确定，反之亦然，材料性质与达到当前应力或应变状态的应力或应变历史没有相关性。然而，一般地，应力由应变惟一确定或相反，而逆命题不一定正确。而且，应变能 $W\ (\varepsilon_{ij})$ 和余能密度函数 $\Omega\ (\sigma_{ij})$ 的可逆性和与路径无关的情况通常不能保证，这里，$W\ (\varepsilon_{ij})$ 和 $\Omega\ (\sigma_{ij})$ 表达式如下：

$$W(\varepsilon_{ij}) = \int_0^{\varepsilon_{ij}} \sigma_{ij} \mathrm{d}\varepsilon_{ij} \quad \text{和} \quad \Omega(\sigma_{ij}) = \int_0^{\sigma_{ij}} \varepsilon_{ij} \mathrm{d}\sigma_{ij} \tag{2.2}$$

已证明[50]，Cauchy 型弹性模型在加载－卸载循环中要产生能量。这就是说，这类模型违背了热力学原理（实际上是不能接受的），这自然就让人想到第二类公式，Green 超弹性型。

一般说来，Cauchy 型各向异性线弹性模型有 36 个材料弹性模量。对于最简单的各向同性线弹性材料，这个数目将减少到两个（E 和 ν，或 K 和 G），相应的应力－应变关系简化为熟悉的广义虎克定律。

2.2.2 Green（超弹性）型的全应力－应变公式

严格地说，弹性材料必须满足热力学平衡方程。由此附加要求表征的弹性模型就叫做 Green 超弹性型，此类模型的基础是假定有如下的应变密度函数 $W\ (\varepsilon_{ij})$ 或余能密度函数 $\Omega\ (\sigma_{ij})$[50]

$$\sigma_{ij} = \frac{\partial W}{\partial \varepsilon_{ij}} \quad \text{和} \quad \varepsilon_{ij} = \frac{\partial \Omega}{\partial \sigma_{ij}} \tag{2.3}$$

式中，W 和 Ω 分别是当前应变张量和应力张量分量的函数，这就保证了在加载循环过程中没有能量产生，热力学准则总能满足。

对初始各向同性弹性材料，W 或 Ω 分别用任意三个独立的应变或应力张量 ε_{ij} 或 σ_{ij} 的不变量表示。一般地，如果 Ω 用下面三个应力张量不变量表示

$$\bar{I}_1 = \sigma_{kk}$$

$$\bar{I}_2 = \frac{1}{2} \sigma_{km}\sigma_{km} \tag{2.4}$$

$$\bar{I}_3 = \frac{1}{3} \sigma_{km}\sigma_{kn}\sigma_{mn}$$

则式（2.3）的第二式将导得如下本构关系：

$$\varepsilon_{ij} = \frac{\partial \Omega}{\partial \bar{I}_1} \frac{\partial \bar{I}_1}{\partial \sigma_{ij}} + \frac{\partial \Omega}{\partial \bar{I}_2} \frac{\partial \bar{I}_2}{\partial \sigma_{ij}} + \frac{\partial \Omega}{\partial \bar{I}_3} \frac{\partial \bar{I}_3}{\partial \sigma_{ij}} = \phi_1 \delta_{ij} + \phi_2 \sigma_{ij} + \phi_3 \sigma_{im}\sigma_{jm} \tag{2.5}$$

这里，材料响应函数 ϕ_i 定义如下：

$$\phi_i = \phi_i \ (\bar{I}_j) \ = \frac{\partial \Omega}{\partial \bar{I}_i} \tag{2.6}$$

则它们通过三个方程建立如下关系[50]

$$\frac{\partial \phi_i}{\partial \bar{I}_j} = \frac{\partial \phi_j}{\partial \bar{I}_i} \tag{2.7}$$

在式（2.5）中，δ_{ij} 是 Kronecker 符号（$\delta_{11}=1$，$\delta_{12}=0$，等）。

假设对函数 Ω 用三个不变量进行多项式展开，可得出不同的本构模型。特别地，E-vans 和 Pister（1966）采用式（2.5）并保留 Ω 中的二阶至四阶应力项，提出了一个通用的三阶应力－应变关系，此三阶弹性模型的全部推导将在第 3 章给出，用以描述土壤材料的非线性关系。在后面的推导中通过引进加载准则，此三阶超弹性模型得到了进一步的改进，因而拓展了包括加载和卸载情况的应用范围，此类公式称为塑性变形理论。只要不发生卸载，这些公式将与超弹性公式相同。因此，与描述土材料相似的公式可很容易用来描述混凝土材料的非线性关系。

在各向同性线弹性材料情况下，Cauchy 弹性公式和 Green 超弹性公式都可简化为用两个独立材料常数表示的广义虎克定律。然而，在一般的各向异性线弹性材料中，Cauchy 型公式有 36 个材料常数，而在 Green 公式中，由于式（2.3）附加了对称性要求，仅需要 21 个材料常数[50]。

式（2.3）中应力和应变的当前状态满足——对应关系，通常可改写成如下形式：

$$\sigma_{ij} = C_{ijkl}\varepsilon_{kl} \quad 和 \quad \varepsilon_{ij} = D_{ijkl}\sigma_{kl} \tag{2.8}$$

其中，四阶张量 C_{ijkl} 和 D_{ijkl} 分别取决于当前的应变或应力状态，因此，这类公式归为割线公式，公式中的张量 C_{ijkl} 和 D_{ijkl} 分别代表材料割线刚度和柔度张量。

对式（2.3）求导得如下应力－应变增量关系[50]：

$$\dot{\sigma}_{ij} = \frac{\partial^2 W}{\partial \varepsilon_{ij}\partial \varepsilon_{kl}}\dot{\varepsilon}_{kl} = H_{ijkl}\dot{\varepsilon}_{kl} \tag{2.9}$$

$$\dot{\varepsilon}_{ij} = \frac{\partial^2 \Omega}{\partial \sigma_{ij}\partial \sigma_{kl}}\dot{\sigma}_{kl} = H'_{ijkl}\dot{\sigma}_{kl} \tag{2.10}$$

其中，$\dot{\sigma}_{ij}$ 和 $\dot{\varepsilon}_{ij}$ 分别代表应力和应变增量张量，以 H_{ijkl} 和 H'_{ijkl} 为元素的对称矩阵在数学上分别称作函数 W 和 Ω 的 Hessian 矩阵。在稳定材料 Drucker 假设的基础上已证明一般超弹性材料的惟一性和稳定性要求在施加某种约束下总能得到满足[50]，也就是说，这些分别是在应变或应力空间 W = 常数和 Ω = 常数曲面的外凸性，或者等价于 W 和 Ω Hessian 矩阵的正定性，在如下条件时材料稳定。

$$\det|H_{ijkl}| = 0 \quad 或 \quad \det|H'_{ijkl}| = 0 \tag{2.11}$$

由于函数 W 和 Ω 的 Hessian 矩形 ［H］ 和 ［H'］ 都是正定的，因而本构关系的逆关系总是惟一存在的。

概括起来说，上面描述的 Cauchy 和 Green 超弹性两种基于弹性的模型，可进一步归结为以割线（全量）公式描述的有限材料特征，而且这些模型的关系既有可逆性又与路径无关，它们的应用主要限制在单调或比例加载范围。尽管有这些缺点，但这些模型简单，所以，割线型公式已用于描述混凝土材料的非线性性质，并在此基础上发展了好几种本构模型。

一般说来，基本上已将混凝土的大多数各向同性割线本构模型简单扩展为各向同性线弹性应力－应变关系（见 1.6.3 节）。对于这些各向同性非线性弹性模型，在线弹性模型中将两个常弹性模量（E 和 ν，或 K 和 G）用割线模量（E_s，ν_s，K_s 和 G_s）代替，而假定这些割线模量为应力和应变不变量的函数[50]。此类具体模型在随后章节中描述。特别地，在 2.3 节中，将讨论由 K_s 和 G_s 描述的割线公式，并导出相应的增量应力－应变关系。一个类似但包括了静水压力分量和偏应力分量耦合效应的公式，将在 2.4 节中给出。以切线弹性模量 E_s 和泊松比 ν_s 表示的另一个公式在 2.5 节中讨论。此外，在 2.6 节中还要描述以一般 Cauchy 型公式表示的全应力－应变模型。

2.2.3 微分（亚弹性）型应力－应变增量关系

微分型应力－应变增量公式经常用来描述一类材料的力学性质，但这类材料的应力状态决定于应变状态和达到该状态的应力路径。

在最一般的形式中，与时间相关的材料的增量关系记为：

$$F\left(\sigma_{ij},\ \dot{\sigma}_{kl},\ \varepsilon_{mn},\ \dot{\varepsilon}_{pq}\right)=0 \tag{2.12}$$

其中 $\dot{\sigma}_{kl}$ 和 $\dot{\varepsilon}_{pq}$ 分别是应力增量和应变增量，F 是张量函数。假设式（2.12）对时间是齐次的，也就是式中所有项的时间是以同阶出现的，所以可以删除。

式（2.12）是非常通用的，但由于其复杂，它不能明示全量和增量应力应变是以哪种形式联系的。另一方面，由于其形式简单，经常用于一般规律的情况。例如，只要在式（2.12）中保留有全应力和全应变，就可得到一般形式为 $F\left(\sigma_{ij},\ \varepsilon_{mn}\right)=0$ 的全量弹性本构模型，它属于 Cauchy 弹性模型，其特殊形式为 $\sigma_{ij}=F\left(\varepsilon_{mn}\right)$ 或 $\varepsilon_{ij}=F\left(\sigma_{mn}\right)$。然而，如果用条件式（2.3）来约束这些函数关系，则得到 Green 模型。

另一方面，作为弹性材料的最低要求是在任何情况下应力应变增量张量之间存在一一对应的坐标关系，最简单的类型就是通过取决于单一状态变量的材料响应模量使得应变增量与应力增量线性相关，常用到以下四种特殊形式，它们为：

$$\dot{\sigma}_{ij}=C_{ijkl}\left(\sigma_{mn}\right)\dot{\varepsilon}_{kl};\qquad \dot{\sigma}_{ij}=C_{ijkl}\left(\varepsilon_{mn}\right)\dot{\varepsilon}_{kl}$$

或

$$\dot{\varepsilon}_{ij}=D_{ijkl}\left(\varepsilon_{mn}\right)\dot{\sigma}_{kl};\qquad \dot{\varepsilon}_{ij}=D_{ijkl}\left(\sigma_{mn}\right)\dot{\sigma}_{kl} \tag{2.13}$$

其中，材料响应函数 C_{ijkl} 和 D_{ijkl} 是指标自变量的一般函数（如，要么是应力张量的函数，要么是应变张量的函数），式（2.13）描述的是无穷小（或增量）可逆性。这一点证明了 Truesdell（1995）在"亚弹性"一词中用后缀"弹性"来描述式（2.13）中第一式的本构关系的用途，实际上可以得出这样的结论，在递增的测量中，词语亚弹性、Cauchy 弹性和 Green 超弹性具有弹性和可恢复的意思。

根据式（2.13）中张量函数 C_{ijkl} 或 D_{ijkl} 对 $\sigma_{mn}\varepsilon_{mn}$ 的依赖程度，可得到不同类型的本构模型，例如，在一次（或一阶）本构模型中，这些张量函数是自变量的线性函数，零次（或零阶）亚弹性材料等同于各向异性 Cauchy 线弹性材料（36 个材料常数）。对各向同性材料，在全部坐标轴变换下进一步要求式（2.13）中的张量响应函数为不变量的形式[50]。

亚弹性材料的响应一般是与路径有关的（与应力或应变历史有关）。例如：对式（2.13）中的微分（增量）方程在不同的路径和初始条件下积分明显导致不同的应力－应变关系。此外，亚弹性通常表现出应力或应变诱发的各向异性。

在亚弹性模型中，当切线刚度矩阵行列式为零时，材料是不稳定的，例如条件

$$\det|C_{ijkl}(\sigma_{mn})|=0 \tag{2.14}$$

表示式（2.13）中第一式描述的亚弹性材料的不稳定（或破坏）条件。式（2.14）构成在应力空间中一个面（破坏面）上特征矢量的特征值问题。

式（2.13）中的张量 C_{ijkl} 和 D_{ijkl} 通常称为切线材料刚度和柔度张量（或模量），增量（亚弹性）模型通常归结为切线应力-应变模型，这些切线规则提供了一个比用割线公式（Cauchy 或 Creen 类型）形式表示的有限（总的）材料特征更接近实际材料性质的模型，实际上，增量模型包含 Cauchy 亚弹性和超弹性模型，只不过 Cauchy 模型和超弹性模型是其极限情况罢了[50]。

已提出了各种亚弹性（增量）本构关系，并用来模拟混凝土材料的性质，绝大多数早期的混凝土结构增量有限元分析都采用了简单亚弹性形式处理，例如，几种以体积量、偏量应力和应变率（增量）耦合为基础推导的简单模型，并假设体积模量和剪切模量是非线性的。这些模型代表一类特殊的亚弹性材料，模型中的本构关系进一步限制为增量各向同性，这类模型的例子在 2.7 节给出。在另一种方法中，根据假设增量应力-应变关系是正交各向异性的，且主应力的方向与材料正交各向异性的方向一致，建立了特别适合双向加载条件的亚弹性模型，这将在 2.8 节中讨论，这些正交各向异性模型通过引用"等效单轴应变"后得到了进一步改进，并用来描述混凝土在循环或单调荷载条件下的性质。这类模型的特殊例子在 2.9 节和 2.10 节中给出。最后在 2.11 节中将给出一阶亚弹性模型。

最近，已得出了一类特殊亚弹性材料的增量应力-应变公式。其中，式（2.13）中假定响应张量与不变量有关，而与应力（或应变）张量本身无关。此外，在这些随后的模型中，不同形式的材料响应函数用在初始加载、随后卸载和再加载过程中，这就是说，这些模型是不可逆的，甚至对增量加载也是如此，这类模型称为变模量模型（Nelson 和 Baron，1971），并且它们广泛地用在地基上的振动研究上（Nelson 和 Baladi，1977）。[50] 详细讨论了变模量模型及其优点和局限性。当混凝土在双轴和三维循环荷载下有足够的实验数据时，这种方法能很容易地用在混凝土材料上。

2.3 建立在非耦合割线模量 K_s 和 G_s 基础上的全应力-应变模型

2.3.1 概述

本书提出的本构关系是作为各向同性线弹性应力-应变关系的一个简单扩展。这里，弹性体积模量和剪变模量被看做是应力和（或）应变张量不变量的标量函数。因而式（1.81）和式（1.82）中描述的状态偏斜分量和体积分量（静水）可写成如下形式（$\sigma_m = \sigma_{oct}$）：

$$s_{ij} = 2G_s e_{ij} \tag{2.15}$$

$$\sigma_{oct} = K_s \varepsilon_{kk} \tag{2.16}$$

其中，$\sigma_{oct} = \sigma_m = \sigma_{kk}/3$ 是八面体（或平均）正应力；K_s 和 G_s 分别称为割线体模量和割线剪变模量。E_s 和 v_s 可通过这些模量之间的标准关系得到[50]：

$$E_s = \frac{9K_s G_s}{(3K_s + G_s)}; \quad v_s = \frac{3K_s - 2G_s}{2(3K_s + G_s)} \tag{2.17}$$

将式（2.15）和式（2.16）中材料的响应叠加，就可得到如下形式的应力－应变关系：

$$\sigma_{ij} = 2G_s e_{ij} + K_s \varepsilon_{kk} \delta_{ij} \tag{2.18}$$

用式（1.26）中的 $e_{ij} = \varepsilon_{ij} - (\varepsilon_{kk}/3) \delta_{ij}$ 代入上式，可得：

$$\sigma_{ij} = 2G_s \varepsilon_{ij} + \left(K_s - \frac{2}{3}G_s\right) \varepsilon_{kk} \delta_{ij} \tag{2.19}$$

这些公式与在1.6.3节中针对未开裂混凝土材料提出的一般虎克应力－应变公式相一致，与应力－应变关系式（2.19）对应的割线刚度矩阵等同于式（1.88）中用 K_s 和 G_s 分别代替 K 和 G 的各向同性线弹性模型中的刚度矩阵。

一般地，应力和（或）应变不变量的任何标量函数可用在式（2.18）或式（2.19）中的割线模量 K_s 和 G_s 上。例如，用应力不变量表示的标量函数 K_s （I_1, J_2, J_3）和 G_s （I_1, J_2, J_3）或与应变不变量有关的 K_s （I_1', J_2', J_3'）和 G_s （I_1', J_2', J_3'）可以用来描述不同的非线性弹性模型。显然，在此基础上建立的本构模型一般是 Cauchy 弹性型，其应变状态由当前的应力状态惟一决定，而与加载路径无关，反之亦然。但这并不意味着由这个应力－应变关系得到的能量函数 W 和 G 也具有路径无关性。必须在模量函数形式的选取上加上某些限制以保证 W 和 Ω 的路径无关特征（Green 超弹性型），这些限制已详细讨论过[50]，特别是根据计算表明，要保证 W 和 Ω 的路径无关性，体积模量 K_s 只能与不变量 I_1 和（或）I_1'（换句话说，只能与 σ_{oct} 和 ε_{oct}）相关；而剪切模量 G_s 只能是不变量 J_2（或 τ_{oct}），或 J_2'（或 γ_{oct}）的函数，或者是两者的函数。在这种情况下，惟一性和稳定性的理论要求是能得到满足的，然而，对于比例加载情况，即绝大多数这些简单弹性本构模型应用的范围，上面的限制对此没有重要影响。但在另一方面，对一般的非比例加载情况，特别是循环加载情况，所得的结果是值得怀疑的。

显然，对各向同性线弹性材料，在式（2.15）和式（2.16）中仍然存在与上相同的体积（平均或静水）响应与偏量（剪切）响应分离的情况。然而，对割线模量常用的函数形式，如 G_s （I_1, J_2）和 K_s （I_1, J_2），通过标量函数值 G_s 和 K_s 随不变量 I_1 和 J_2 的变化而变化，此两个响应函数就存在着一定的相互作用，这就意味着体应变 ε_{kk} 不仅仅依赖八面体正应力 $\sigma_{oct} = I_1/3$，剪切（偏量）应变 e_{ij} 不仅仅依赖偏应力 S_{ij}。如果这些模量看做是 I_1 和 J_2 的函数，则它们相互依赖，并通过 K_s 和 G_s 的不变量而相互作用。

2.3.2 以八面体应力和应变表示的割线模量 K_s 和 G_s

最近，上述以割线公式建立的不同应力－应变模型已准备用来对混凝土和粒状材料进行非线性有限元分析，特别是对混凝土材料，许多研究者提出的八面体应力和应变量（σ_{oct}, τ_{oct}, ε_{oct}, γ_{oct}）为非线性各向异性弹性应力－应变关系的建立提供了一套方便的不变量（例如：Cedolin，等 1977；Kotsovos 和 Newman，1978；Kupfer 和 Gerstle，1973）。下面将描述 K_s 和 G_s 不同函数关系的两个例子，并在随后的小节中建立相应的增量关系，紧接着，将给出与此相似的但考虑了体积响应分量与偏量响应分量耦合的公式。

对不同双轴和三轴压应力下混凝土的各组实验数据（如：Andenaes 等，1977；Cedolin 等，1977；Kupfer 和 Gerstle，1973）的分析表明在极限情况和峰值应力发生之前，八面体正应力和应变之间，以及在偏应力和应变（方便地分别用 τ_{oct} 和 γ_{oct} 表示八面体剪应力和应变）之间存在惟一的近似关系．一旦实验结果确定了八面体正应力－应变及剪应力－应变之间的惟一关系，就可导出以应力和（或）应变不变量表示的体积模量函数 K_s 和剪切

模量函数 G_s[50]。

我们可以从式（2.15）和式（2.16）得出八面体正应力－应变关系（$\sigma_{oct} - \varepsilon_{oct}$）和剪应力－应变关系（$\tau_{oct} - \gamma_{oct}$），这些关系如下[50]：

$$\sigma_{oct} = 3K_s\varepsilon_{oct} \tag{2.20}$$

$$\tau_{oct} = G_s\gamma_{oct} \tag{2.21}$$

其中，八面体应力和八面体应变与应力和应变不变量 I_1，J_2，I_1' 和 J_2' 成比例关系（1.3.1节和1.3.2节）。若用主应力、应变值表示这些不变量，则得：

$$\sigma_{oct} = \frac{1}{3}I_1 = \frac{1}{3}(\sigma_1 + \sigma_2 + \sigma_3) = \sigma_m$$

$$\varepsilon_{oct} = \frac{1}{3}I_1' = \frac{1}{3}(\varepsilon_1 + \varepsilon_2 + \varepsilon_3) = \frac{1}{3}\varepsilon_{kk} \tag{2.22}$$

$$\tau_{oct} = \left(\frac{2}{3}J_2\right)^{1/2} = \frac{1}{3}[(\sigma_1 - \sigma_2)^2 + (\sigma_2 - \sigma_3)^2 + (\sigma_3 - \sigma_1)^2]^{1/2}$$

$$\gamma_{oct} = \left(\frac{8}{3}J_2'\right)^{1/2} = \frac{2}{3}[(\varepsilon_1 - \varepsilon_2)^2 + (\varepsilon_2 - \varepsilon_3)^2 + (\varepsilon_3 - \varepsilon_1)^2]^{1/2}$$

下面描述两种特殊模型，两种模型中的 K_s 和 G_s 是八面体分量两种不同形式的函数。

双 轴 模 型

根据在不同双轴组合应力下三组混凝土典型试样的结果，Kupfer 和 Gerstle 建议把 K_s 和 G_s 表示成八面体剪应变 γ_{oct} 的函数，即

$$K_s = K_s(\gamma_{oct}); \ G_s = G_s(\gamma_{oct}) \tag{2.23}$$

并且，通过对这三种混凝土实验数据的曲线拟合，给出了特殊的函数形式及相关的材料常数。可以注意到，当考虑到三轴性质时，在目前的公式中，K_s 仅为 γ_{oct}（或 τ_{oct}）的函数，这就暗示体积响应在纯静水应力下是线性变化的，这与实验形成鲜明对比（例子见图1.10）。

对平面应力情况，式（2.19）的应力－应变关系可写成如下矩阵形式：

$$\begin{Bmatrix} \sigma_x \\ \sigma_y \\ \tau_{xy} \end{Bmatrix} = \frac{4G_s(3K_s + G_s)}{(3K_s + 4G_s)} \begin{bmatrix} 1 & \dfrac{(3K_s - 2G_s)}{2(3K_s + G_s)} & 0 \\ \dfrac{(3K_s - 2G_s)}{2(3K_s + G_s)} & 1 & 0 \\ 0 & 0 & \dfrac{(3K_s + 4G_s)}{4(3K_s + G_s)} \end{bmatrix} \begin{Bmatrix} \varepsilon_x \\ \varepsilon_y \\ \gamma_{xy} \end{Bmatrix} \tag{2.24}$$

上式可用重复的非线性分析方式对混凝土破坏前的性质进行描述，破坏条件可方便地由破坏准则确定（如1.3.4节讨论的）。另外，双轴强度包络线可采用如下 Kupfer 和 Gerstle（1973）建议的形式。

双轴强度包络线：这里所述的近似表达式，用来定义双轴应力空间四个区域内的双轴强度包络线。在不同区域内，这些表达式可用主应力 σ_1 和 σ_2（$\sigma_1 \geqslant \sigma_2$）表示如下：

拉－拉区域 $\sigma_1 = f_t' \geqslant \sigma_2$

拉－压区域 $\sigma_1 = \left(1 + 0.8\dfrac{\sigma_2}{f_c'}\right)f_t'$ (2.25)

压 - 压区域
$$\left(\frac{\sigma_1}{f_c'} + \frac{\sigma_2}{f_c'}\right)^2 + \frac{\sigma_2}{f_c'} + 3.65\frac{\sigma_1}{f_c'} = 0$$

其中，拉应力为正而压应力为负，主应力 σ_1 和 σ_2 通常选 $\sigma_1 \geqslant \sigma_2$ （代数形式的）。

在破坏后的区域内，应该采用断裂模型（如 1.6.5 节所述）。因而，直到破坏时混凝土的非线性变形响应就可近似得出。

三 轴 模 型

Gedolin 等（1977）已建立了在三向压缩应力条件下混凝土的割线应力 - 应变关系。他们建议用如下形式将割线体模量和剪变模量分别表示为 ε_{oct} 和 γ_{oct} 的函数：

$$K_s = K_s(\varepsilon_{oct}); \quad G_s = G_s(\gamma_{oct}) \tag{2.26}$$

根据大量各种各样三轴实验结果的分析，可得出如下近似形式：

$$K_s(\varepsilon_{oct}) = K_0[a(b)^{\varepsilon_{oct/c}} + d]$$
$$G_s(\gamma_{oct}) = G_0[m(q)^{-\gamma_{oct/r}} - n\gamma_{oct} + t] \tag{2.27}$$

式中，a，b，c，d，m，q，r，n 和 t 均为材料常数；K_0 和 G_0 分别为初始体积模量和剪变模量（这些常数的代表值已给出[50]）。用这些表达式，应力 - 应变关系就可写成如式（1.85）的矩阵形式，并且割线刚度矩阵与式（1.85）中的一样，用 K_s 和 G_s 分别替换 K 和 G 即可。再者，可把压应力下混凝土的当前非线性模型与拉伸范围的线弹性模型、断裂准则及断裂模型结合起来描述混凝土在开裂前后的性质。

2.3.3 增量应力 - 应变关系

在分步增量有限元分析中，要求用到增量应力 - 应变关系。近来，根据上述由 Murray（1979）得出的八面体割线公式推出了不同的增量形式，下面将描述与式（2.23）或式（2.26）中的割线模量形式相对应的增量关系的推导。

情况（一）

$$K_s = K_s(\varepsilon_{oct}) \text{ 和 } G_s = G_s(\gamma_{oct})$$

在这种情况下，对式（2.20）和式（2.21）进行微分可得如下增量关系：

$$\dot{\tau}_{oct} = \left(G_s + \gamma_{oct}\frac{dG_s}{d\gamma_{oct}}\right)\dot{\gamma}_{oct} \tag{2.28}$$

$$\dot{\sigma}_{oct} = 3\left(K_s + \varepsilon_{oct}\frac{dK_s}{d\varepsilon_{oct}}\right)\dot{\varepsilon}_{oct} \tag{2.29}$$

上式可改写为：

$$\dot{\tau}_{oct} = G_t\dot{\gamma}_{oct} \tag{2.30}$$

$$\dot{\sigma}_{oct} = 3K_t\dot{\varepsilon}_{oct} \tag{2.31}$$

其中，切线体积模量 K_t 和剪变模量 G_t 可定义为[50]：

$$K_t = K_s + \varepsilon_{oct}\frac{dK_s}{d\varepsilon_{oct}} \tag{2.32}$$

$$G_t = G_s + \gamma_{oct}\frac{dG_s}{d\gamma_{oct}} \tag{2.33}$$

应力增量张量 $\dot{\sigma}_{ij}$ 可分解为偏量部分 $\dot{s}_{ij}$ 和静水压力部分 $\sigma_{\text{oct}}\delta_{ij}$。即为

$$\dot{\sigma}_{ij} = \dot{s}_{ij} + \dot{\sigma}_{\text{oct}}\delta_{ij} \tag{2.34}$$

将式 (2.31) 代入上式的 $\dot{\sigma}_{\text{oct}}$ 可得:

$$\dot{\sigma}_{ij} = \dot{s}_{ij} + 3K_{\text{t}}\dot{\varepsilon}_{oct}\delta_{ij} \tag{2.35}$$

如果采用 $\dot{\varepsilon}_{\text{oct}} = \dfrac{1}{3}\dot{\varepsilon}_{kk} = \dfrac{1}{3}\delta_{kl}\dot{\varepsilon}_{kl}$,由式 (2.35) 得出 $\dot{\sigma}_{\text{oct}}$ $(\dot{s}_{kk} = 0)$:

$$\dot{\sigma}_{\text{oct}} = \frac{\dot{\sigma}_{kk}}{3} = 3K_{\text{t}}\left(\frac{1}{3}\delta_{kl}\dot{\varepsilon}_{kl}\right) \tag{2.36}$$

或

$$\dot{\sigma}_{\text{oct}} = K_{\text{t}}\delta_{kl}\dot{\varepsilon}_{kl} \tag{2.37}$$

偏应力增量 $\dot{\varepsilon}_{ij}$ 可由对式 (2.15) 进行微分得:

$$\dot{s}_{ij} = 2\left(e_{ij}\frac{\text{d}G_{\text{s}}}{\text{d}\gamma_{\text{oct}}}\dot{\gamma}_{\text{oct}} + G_{\text{s}}\dot{e}_{ij}\right) \tag{2.38}$$

由式 (2.33) 可解得 $\text{d}G_{\text{s}}/\text{d}\gamma_{\text{oct}}$ 为:

$$\frac{\text{d}G_{\text{s}}}{\text{d}\gamma_{\text{oct}}} = \frac{G_{\text{t}} - G_{\text{s}}}{\gamma_{\text{oct}}} \tag{2.39}$$

对关系式 $\gamma_{\text{oct}}^2 = \dfrac{4}{3}\dfrac{e_{\text{rm}}}{\gamma_{\text{oct}}}e_{\text{rm}}$ 微分可得到 $\dot{\gamma}_{\text{oct}}$,

$$\dot{\gamma}_{\text{oct}} = \frac{4}{3}\frac{e_{\text{rm}}}{\gamma_{\text{oct}}}\dot{e}_{\text{rm}} \tag{2.40}$$

将式 (2.39) 和式 (2.38) 代入式 (2.40),提出因子 $\dot{e}_{\text{rm}}$,得:

$$\dot{s}_{ij} = 2\left[G_{\text{s}}\delta_{ir}\delta_{jm} + \frac{4}{3}\frac{(G_{\text{t}} - G_{\text{s}})}{\gamma_{\text{oct}}^2}e_{ij}e_{\text{rm}}\right]\dot{e}_{\text{rm}} \tag{2.41}$$

为了将式 (2.41) 写成全应变张量的形式,可把 $\dot{e}_{\text{rm}}$ 写成:

$$\dot{e}_{\text{rm}} = \dot{\varepsilon}_{\text{rm}} - \frac{1}{3}\dot{\varepsilon}_{kk}\delta_{\text{rm}} \tag{2.42}$$

上式可改写成如下形式:

$$\dot{e}_{\text{rm}} = \left(\delta_{rk}\delta_{ml} - \frac{1}{3}\delta_{\text{m}}\delta_{kl}\right)\dot{\varepsilon}_{kl} \tag{2.43}$$

将式 (2.43) 代入式 (2.41) 可得 $(e_{kk} = 0)$:

$$\dot{s}_{ij} = 2\left(G_{\text{s}}\delta_{ik}\delta_{jl} - \frac{G_{\text{s}}}{3}\delta_{ij}\delta_{kl} + \eta e_{ij}e_{kl}\right)\dot{\varepsilon}_{kl} \tag{2.44}$$

其中,

$$\eta = \frac{4}{3}\frac{(G_{\text{t}} - G_{\text{s}})}{\gamma_{\text{oct}}^2} \tag{2.45}$$

现在,将式 (2.37) 和式 (2.44) 一起代入式 (2.34),即可得出所要求的增量应力 – 应变关系 (Murray,1979) 如下:

$$\dot{\sigma}_{ij} = 2\left[\left(\frac{K_{\text{t}}}{2} - \frac{G_{\text{s}}}{3}\right)\delta_{ij}\delta_{kl} + G_{\text{s}}\delta_{ik}\delta_{jl} + \eta e_{ij}e_{kl}\right]\dot{\varepsilon}_{kl} \tag{2.46}$$

最后,将这些关系写成矩阵形式为:

$$\{\dot{\sigma}\} = [C_t]\{\dot{\varepsilon}\} \tag{2.47}$$

其中，应力增矢量 $\{\dot{\sigma}\}$ 和应变增矢量 $\{\dot{\varepsilon}\}$ 为

$$\{\dot{\sigma}\} = \begin{Bmatrix} \dot{\sigma}_x \\ \dot{\sigma}_y \\ \dot{\sigma}_z \\ \dot{\tau}_{xy} \\ \dot{\tau}_{yz} \\ \dot{\tau}_{zx} \end{Bmatrix}; \qquad \{\dot{\varepsilon}\} = \begin{Bmatrix} \dot{\varepsilon}_x \\ \dot{\varepsilon}_y \\ \dot{\varepsilon}_z \\ \dot{\gamma}_{xy} \\ \dot{\gamma}_{yz} \\ \dot{\gamma}_{zx} \end{Bmatrix} \tag{2.48}$$

$[C_t]$ 是材料切线刚度矩阵，可表示如下：

$$[C_t] = [A] + [B] \tag{2.49}$$

其中，$[A]$ 和 $[B]$ 分别为：

$$[A] = \begin{bmatrix} \alpha & \beta & \beta & 0 & 0 & 0 \\ \beta & \alpha & \beta & 0 & 0 & 0 \\ \beta & \beta & \alpha & 0 & 0 & 0 \\ 0 & 0 & 0 & G_s & 0 & 0 \\ 0 & 0 & 0 & 0 & G_s & 0 \\ 0 & 0 & 0 & 0 & 0 & G_s \end{bmatrix} \tag{2.50}$$

$$[B] = 2\eta\{e\}\{e\}^T \tag{2.51}$$

其中

$$\alpha = \left(K_t + \frac{4}{3}G_s\right)$$

$$\beta = \left(K_t - \frac{2}{3}G_s\right) \tag{2.52}$$

而 $\{e\}^T$ 是偏应力矢量 $\{e\}$ 的转置矩阵，即为：

$$\{e\}^T = \{e_x e_y e_z e_{xy} e_{yz} e_{zx}\} \tag{2.53}$$

可以看出式（2.50）中的矩阵 $[A]$ 与适合于各向同性线弹性材料的式（1.88）中的矩阵形式相似，但式（1.88）中的 K 和 G 应分别用 K_t 和 G_s 替换。相反，矩阵 $[B]$ 是对称的，但没有这样的各向同性形式，注意到 $[B]$ 含有偏应变的积，并通过式（2.45）定义的变量 η 与 $(G_t - G_s)$ 有关。式（2.51）中的偏应变 $\{e\}\{e\}^T$ 的二阶值被 η 值抵消，因为 η 在式（2.45）分母中包含二阶应变 γ_{oct}^2，因而，它们的商对于单位 1 来说未必很小。所以把 $[B]$ 中的因子 $8(G_t - G_s)/3$ 与 $[A]$ 中的因子 G_s 进行对比，可得到 $[A]$ 和 $[B]$ 各量相对大小的量值。针对各种各样的 γ_{oct} 值，Murray（1979）根据割线模量公式的表达式（2.27）将这些因子的大小作了详细的数值比较，这种比较意味着，矩阵 $[B]$ 中的元素与矩阵 $[A]$ 中的这些元素是同一个数量级。

另一种形式：下面将得到前面增量关系的另一种形式，首先，在式（2.38）中用关系式 $\dot{e}_{ij} = \left(\delta_{jk}\delta_{jl} - \frac{1}{3}\delta_{ij}\delta_{kl}\right)\dot{\varepsilon}_{kl}$，并将式（2.40）和式（2.43）代入此表达式，就得到：

$$\dot{s}_{ij} = 2\left[\eta e_{ij}e_{kl} + G_s\left(\delta_{ik}\delta_{kl} - \frac{1}{3}\delta_{ij}\delta_{kl}\right)\right]\dot{\varepsilon}_{kl} \tag{2.54}$$

采用关系式 $\dot{\varepsilon}_{oct} = \dfrac{1}{3}\delta_{kl}\dot{\varepsilon}_{kl}$，将式（2.29）重新写成：

$$\dot{\sigma}_{oct} = \left(K_s + \frac{\mathrm{d}K_s}{\mathrm{d}\varepsilon_{oct}}\varepsilon_{oct} \right)\delta_{kl}\dot{\varepsilon}_{kl} \tag{2.55}$$

将上两式（2.54）和式（2.55）一起代入式（2.34），就可最终得到应力－应变增量关系：

$$\dot{\sigma}_{ij} = \left[2G_s\delta_{ik}\delta_{jl} + \left(K_s - \frac{2}{3}G_s \right)\delta_{ij}\delta_{kl} + \varepsilon_{oct} + \frac{\mathrm{d}K_s}{\mathrm{d}\varepsilon_{oct}}\delta_{ij}\delta_{kl} + 2\eta e_{ij}e_{kl} \right]\dot{\varepsilon}_{kl} \tag{2.56}$$

式中的 η 已由式（2.45）给出。另一方面，将式（2.33）代入 $(G_t - G_s)$ 中，则 η 可写为：

$$\eta = \frac{4}{3\gamma_{oct}}\frac{\mathrm{d}G_s}{\mathrm{d}\gamma_{oct}} \tag{2.57}$$

式（2.56）中的关系式可用切线刚度 $[C_t] = [A] + [B]$ 表示成式（2.47）的矩阵形式。然而，$[A]$ 和 $[B]$ 现在与前面给出的矩阵形式不同。在目前情况下，矩阵 $[A]$ 由式（2.56）中的前两项组成，并与割线刚度矩阵相同（如，与式（1.88）中用 K_s 和 G_s 替换 K 和 G 后的刚度矩阵相同）。而矩阵 $[B]$ 则描述了割线矩阵的偏量形式，可表示如下（Murray, 1979）：

$$[B] = \varepsilon_{oct}\frac{\mathrm{d}K_s}{\mathrm{d}\varepsilon_{oct}}\begin{bmatrix}[U] & [0] \\ [0] & [0]\end{bmatrix} + 2\eta\,\{e\}\,\{e\}^{\mathrm{T}} \tag{2.58}$$

其中，$[U]$ 是 3×3 的单位值全矩阵；$[0]$ 是 3×3 的零矩阵。

情况（二）

$$K_s = K_s(\gamma_{oct}) \text{ 和 } G_s = G_s(\gamma_{oct})$$

在这种情况下，K_s 是 γ_{oct} 的函数，对式（2.16）微分并用式（2.40）可得：

$$\dot{\sigma}_{oct} = (\delta_{kl}K_s + \psi e_{kl})\,\dot{\varepsilon}_{kl} \tag{2.59}$$

其中，ψ 定义如下：

$$\psi = 4\frac{\varepsilon_{oct}}{\gamma_{oct}}\frac{\mathrm{d}K_s}{\mathrm{d}\gamma_{oct}} \tag{2.60}$$

如果将式（2.59）和式（2.54）代入式（2.34）中，则可得应力－应变增量关系为：

$$\dot{\sigma}_{ij} = \left[2G_s\delta_{ik}\delta_{jl} + \left(K_s - \frac{2}{3}G_s \right)\delta_{ij}\delta_{kl} + \psi\delta_{ij}e_{kl} + 2\eta e_{ij}e_{kl} \right]\dot{\varepsilon}_{kl} \tag{2.61}$$

上式除第三项外都与式（2.56）相同。

与式（2.61）相应的矩阵形式中有切线刚度矩阵 $[C_t] = [A] + [B]$，其中，$[A]$ 由式（2.61）的前两项组成，这也与式（1.88）中用 K_s 和 G_s 替换 K 和 G 后的割线刚度矩阵相同。然而，矩阵 $[B]$ 只能用如下形式表示

$$[B] = \psi\begin{Bmatrix}1\\1\\1\\0\\0\\0\end{Bmatrix}\{e\}^{\mathrm{T}} + 2\eta\,\{e\}\,\{e\}^{\mathrm{T}} \tag{2.62}$$

其中，η 和 $\{e\}^T$ 已在前面定义过。可以注意到，因为有式（2.62）中的第一项，故矩阵 $[B]$ 是非对称的。这将依次影响到切线刚度矩阵 $[C_t] = [A] + [B]$ 的结果，使之为不对称。由于不对称，在用有限元方法求解时要求作特殊处理，并且在数值解法中产生困难。

根据能量要求[50]，已讨论了稳定性和惟一性的条件。得出的结论是，除非在切线刚度矩阵的结构形式上加上某些限制，否则其正定性不能保证。对于任意假设的 K_s 和 G_s 函数，则惟一性要求和切线刚度矩阵的正定性通常得不到保证。假设 K_s 是 γ_{oct} 的函数就是这种情况之一[50]，结果是切线刚度矩阵为非正定，这明显表明矩阵不对称。

式（2.47）的矩阵是对一般三维情况而言的。对于平面应变状态（$\dot{\varepsilon}_z = \dot{\gamma}_{zx} = \dot{\gamma}_{zy} = 0$），材料切线刚度矩阵可直接从一般方程中的 $[C_t]$ 矩阵去掉相关的行与列得到。然而，对平面应力条件来说，很难将切线刚度矩阵写成闭合形式，而可能要用到缩合的方法（Murray，1979）。

这种缩合的方法包括将总的关系式（2.47）进行重新排列和分割，使为零的应力元素（$\dot{\sigma}_z = \dot{\tau}_{zx} = \dot{\tau}_{zy} = 0$ 面应力条件）集合在一起。例如，重新排列后的式（2.47）可写成如下符号形式：

$$
\left\{\begin{array}{c} \{\dot{\sigma}\}^n \\ \cdots \\ \{\dot{\sigma}\}^v \end{array}\right\} = \left[\begin{array}{c:c} [C]_{nn} & [C]_{nv} \\ \hdashline [C]_{vn} & [C]_{vv} \end{array}\right] \left\{\begin{array}{c} \{\dot{\varepsilon}\}^n \\ \cdots \\ \{\dot{\varepsilon}\}^v \end{array}\right\} \tag{2.63}
$$

其中，应力增矢量 $\{\dot{\sigma}\}^v$ 对应于为零的应力元素（$\dot{\sigma}_z$, $\dot{\tau}_{zx}$, $\dot{\tau}_{zy}$），$\{\dot{\sigma}\}^n$ 包含非零应力元素（$\dot{\sigma}_x$, $\dot{\sigma}_y$, $\dot{\tau}_{xy}$），而 $\{\dot{\varepsilon}\}^v$ 和 $\{\dot{\varepsilon}\}^n$ 是对应的应变增矢量。现在，将式（2.63）中的第二组方程加上平面应力条件 $\{\dot{\sigma}\}^v = \{0\}$，并将此结果中 $\{\dot{\varepsilon}\}^v$ 的表达式代入第一组方程中去，就可得到满足平面应力条件的增量方程：

$$
\{\dot{\sigma}\}^n = \left[[C]_{nn} - [C]_{nv} [C]_{vv}^{-1} [C]_{vn} \right] \{\dot{\varepsilon}\}^n \tag{2.64}
$$

其中，各个子矩阵都可从式（2.47）的总矩阵 $[C_t]$ 中得到，只是矩阵 $[C_t]$ 中的相关矩阵 $[A]$ 和 $[B]$ 与所考虑的特殊情况对应（例，式（2.50），式（2.51））。应注意式（2.64）涉及矩阵求逆 $[C]_{vv}^{-1}$，在式（2.62）的情况下，对应于式（2.63），此矩阵通常是不对称的。因此，不希望有如式（2.63）那样的表达式。

2.3.4 总结

概括起来，各种各向同性非线性弹性应力-应变模型是根据前述各向同性线弹性关系经过简单改进建立起来的。这些模型的公式化是在假设割线模量 K_s 和 G_s 是应力和（或）应变不变量的函数的基础上进行的。对于作为八面体应变函数的不同形式的割线体积模量和剪变模量，就可导出适合非线性增量有限元分析的增量关系。根据以上的讨论，就可得到以下关于这些公式的特征、优点和局限性的结论。

1. 带有变割线模量的各向同性非线性弹性应力-应变关系在形式上与各向同性材料的应力-应变关系类似，其割线刚度矩阵可以通过用变割线模量代替常割线模量获得，其结果是，在偏量响应（剪切）和体积响应（平均）元素之间没有耦合作用；纯偏应力状态仅产生偏应变，类似地，纯体（平均）应力仅产生体应变。然而，对常用的假设函数，如 $K_s(I_1, J_2, J_3)$ 和 $G_s(I_1, J_2, J_3)$，通过模量大小随不变量的变化而相互作用。

2. 一般地，除非在选择模量形式上加以某些限制，否则这种割线应力-应变关系即为 Cauchy 型关系；其当前的应力（应变）状态由当前的应变（应力）状态惟一决定。然而，这并不意味着能量函数 W 和 Ω 是路径无关的。诸如稳定性和惟一性的理论要求通常得不到满足，相关的切线刚度矩阵 $[C_t]$ 的正定性通常也得不到保证 [例，式 2.62]。对 $K_s(\sigma_{oct})$ 和 $G_s(\tau_{oct})$ 或 $K_s(\varepsilon_{oct})$ 和 $G_s(\gamma_{oct})$ 这样的函数，上述要求可得到满足，其公式为 Green 型。

3. 一般地，对初始各向同性材料，尽管非线性弹性应力－应变关系的变模量在形式上与各向同性线性模型相似，但这种形式在增量关系中不真实。换句话说，切线刚度矩阵不限于有两个切线材料模量的各向同性形式，因 $[C_t] = [A] + [B]$ 中所有元素通常为非零且应变相互依赖，因而，材料的初始各向同性遭到破坏，模型中显示出多种应力或应变引发的各向异性。但是，应该注意到所引发的这种各向异性是一种特殊类型，在通常加载过程中，它允许主应力和主应变轴重合或一起旋转。这个不理想的结论主要是因为全应力－应变关系式（2.18）中的割线刚度矩阵的各向同性形式所引起的。

4. 从式（2.46）和式（2.61）中可看出，除特殊情况采用增量各向同性模型外，其矩阵 $[C_t]$ 与 $[A]$ 一样，是各向同性的，一般情况下应力增量和应变增量的主轴通常不重合。然而，上述特殊情况缺乏实验支持。特别是接近破坏时，应变增量的主轴方向很可能在当前应力主轴方向上，这主要是因为应力历史在材料单元中引起主要的破坏方向所致。

5. 从计算的角度来讲，增量关系中，K_s 和 G_s 分别是八面体正应变和剪应变（或应力）的函数的情况比 K_s 和 G_s 都是八面体剪应变（或应力）的函数的情况更理想，因为后者出现了不对称的切线刚度矩阵。

6. 最后，就多数基于弹性的本构模型来讲，目前的公式都要求是单调加载条件，因为它具有内在的可逆性（路径无关性）。

2.4　用耦合割线模量 K_s 和 G_s 建立的全应力－应变模型

在随后的章节中，通过用应力和（或）应变不变量的标量函数简单替换各向同性线弹性关系中的材料常数，即可将非线性弹性模型公式化。很明显，这将导致体积响应量和偏响应量的不耦合。相反，混凝土在三轴应力状态下的实验结果表明，上述情况是不合实际的，特别是在高应力水平更是如此（见 1.2.4 节）。在纯偏应力情况，已观察到体应变和偏应变（如，Kotsovos 和 Newman，1978）。几种涉及这种相互影响的方法已做过，最简单的方法是修正割线模量，其中，引用一简单校正函数来考虑偏（剪切）应力分量引起的体应变，此方法在随后一节中给出，然后，给出这一公式的简要描述。更详细的方法是由 Kotsovos 和 Newman（1978）给出的。

2.4.1　校正函数

在前面描述的模型中，用到以割线模量 K_s 和 G_s 描述的八面体正应力和剪应力的应力－应变关系。Kotsoves 和 Newman（1978）在特殊混合混凝土的试验中，将这些模量 K_s 和 G_s 分别看做八面体正应力和剪应力的函数，即

$$K_s = K_s(\sigma_{oct}) \text{ 和 } G_s = G_s(\tau_{oct}) \tag{2.65}$$

并且，这些函数形式通过拟合试验结果的曲线来确定，相应于切线模量的表达式（2.32）

和式 (2.33) 可通过对式 (2.65) 微分得到。

为了估计偏应力引起的体应变，下面引进了一校正函数，认为部分由偏应力（用 τ_{oct} 表示）引起的体应变（通常用 $\varepsilon_{oct} = \varepsilon_{kk}/3$ 表示）反映了 ε_{oct} 对内应力和（或）应变的依赖程度，而这些内应力或应变是由混凝土结构发生变化后出现重新分布引起的。这种内应力静水（平均）分量的影响是通过纯偏应力下的关系 $\tau_{oct} - \varepsilon_{oct}$ 反应出来的。因此，对于纯偏应力下给定的 ε_{oct} 值，这个静水分量可表示为 σ_0^i，用如下方式获得：

$$\sigma_0^i = 3K_s \varepsilon_{oct} \tag{2.66}$$

然后，可很方便地把实验获得的 $\tau_{oct} - \varepsilon_{oct}$ 关系变换成 $\sigma_0^i - \tau_{oct}$ 关系，再用曲线拟合技术，从此关系中可得到 σ_0^i 为 τ_{oct} 的函数近似表达式，即

$$\sigma_0^i = \sigma_0^i\ (\tau_{oct}) \tag{2.67}$$

作为一个例子，Kotsoves 和 Newman（1978）建议采用如下表达式：

$$\frac{\sigma_0^i}{f_c'} = a\left(\frac{\tau_{oct}}{f_c'}\right)^b \tag{2.68}$$

其中，a 和 b 是混凝土特性和静水应力 σ_{oct} 的函数；而 f_c' 是混凝土的单轴抗压强度。

2.4.2　应力 – 应变公式

为了完成用耦合割线模量 K_s 和 G_s 建立的全应力 – 应变模型的公式推导，首先将内静水应力 σ_0^i 叠加到外加应力状态 σ_{ij} 上，即可得到变化后（有效的）的应力状态为 $\sigma_{ij}' = \sigma_{ij} + \sigma_0^i \delta_{ij}$，与变化后应力状态相应的应变可用一般的割线模量表达式计算，因此，应变 ε_{ij} 是用 σ_{ij} 和 σ_0^i 表示的。

$$\varepsilon_{ij} = \frac{1}{2G_s}\sigma_{ij} + \left(\frac{1}{9K_s} - \frac{1}{6G_s}\right)\sigma_{kk}\delta_{ij} + \frac{1}{3K_s}\sigma_0^i\delta_{ij} \tag{2.69}$$

其中，割线模量（K_s，G_s）和校正函数可分别用式 (2.65) 和式 (2.67) 中相应表达式在任意给定的应力状态 σ_{ij} 下得到，注意到式 (2.69) 中的前两项与线弹性模型中用 K_s 和 G_s 替换 K 和 G 后的相应项相同，而最后一项表示的是耦合效应。

式 (2.69) 可写成矩阵形式

$$\{\varepsilon\} = [D]\{\sigma\} \tag{2.70a}$$

其中，$\{\sigma\}$ 和 $\{\varepsilon\}$ 分别是应力矢量和应变矢量；而割线材料柔度矩阵 $[D]$ 为如下形式：

$$[D] = \begin{bmatrix} H_1 & \alpha & \alpha & 0 & 0 & 0 \\ & H_2 & \alpha & 0 & 0 & 0 \\ & & H_3 & 0 & 0 & 0 \\ & & & \lambda & 0 & 0 \\ \text{对称} & & & & \lambda & 0 \\ & & & & & \lambda \end{bmatrix} \tag{2.70b}$$

其中

$$H_1 = \left(\frac{1}{9K_s} + \frac{1}{3G_s}\right) + \frac{1}{3K_s}\frac{\sigma_0^i}{\sigma_x}$$

$$H_2 = \left(\frac{1}{9K_s} + \frac{1}{3G_s}\right) + \frac{1}{3K_s}\frac{\sigma_0^i}{\sigma_y}$$

$$H_3 = \left(\frac{1}{9K_s} + \frac{1}{3G_s}\right) + \frac{1}{3K_s}\frac{\sigma_0^i}{\sigma_z}$$

$$a = \left(\frac{1}{9K_s} - \frac{1}{6G_s}\right)$$

$$\lambda = \frac{1}{G_s} \tag{2.70c}$$

割线刚度矩阵可用 $[C] = [D]^{-1}$ 得到。

将此模型所得结果与 Kotsoves 和 Newman（1978）给出的各种三轴应力路径所得的实验数据进行比较，与研究的情况吻合较好。

2.5 根据加入软化性质的非耦合割线模量 E_s 和 ν_s 建立的全应力-应变模型

2.5.1 概述

前节提出了用割线体模量和割线剪切模量建立的各种本构模型公式，其割线体模量和割线剪切模量是应力或应变不变量的函数。在这些割线模型（见 2.3 节）中，涉及的主要特征是压缩应力状态下混凝土的非线性特性。在 2.4 节中，引入了校正函数以考虑压缩破坏前的体应变（收缩）与偏（剪切）应力之间的耦合效应，使这些模型得到进一步改进。若在这些模型中引入破坏准则（见 1.3 节）和断裂模型（如 1.6 节），就能得到混凝土断裂前非线性变形响应的非常近似的表达式。

然而，在这些公式中仍然没有对混凝土的几个重要性质进行描述。这些性质包括在压缩应力下即将破坏前的膨胀（体积增加），以及破坏后的软化性质等。Ottosen（1979）建立了一种具有这些性质的割线模型。本节中将给出此模型。

此模型的公式中用到了弹性模量 E_s 和泊松比 v_s 的割线值，混凝土的各种特征可用一简单办法描述出来，并且此模型用于一般有拉应力的三轴应力状态中。另外，此模型的标定仅要求上述混凝土标准单轴试验中的简单测试数据，下面，分三步给出此模型的公式：(1) 非线性指数；(2) 割线弹性模量；(3) 割线泊松比。

2.5.2 非线性指数

在用非耦合割线模量 E_s 和 ν_s 建立的全应力-应变模型的公式中要求一个基本量为非线性指数 β，用以定义实际加载（实际应力状态）与相应破坏状态之间相关性的简便量度。自然，在确定这种量度之前，必须先选择破坏准则，为此，前述破坏准则中的任何一种都可采用（1.3 节）。由于要使后面的内容表述得更明确，一种更接近混凝土特性实际情况的表达式要求能精确地描述破坏条件，这主要是因为此模型受非线性系数 β 支配，而又取决于所选择的破坏准则，因此提出更精确的破坏准则，如四参数模型和五参数模型。除破坏准则外，断裂模型还要求确定出可能存在的拉伸裂纹及裂纹方向（见 1.3 节和 1.6 节）。

在选择破坏准则时，必须确定哪一种破坏状态与实际应力状态对应。尽管有无穷多种可能性，但实际上只有四种主要不同的情况。为简明起见，考虑与拉伸断裂结合的简单 Mohr-Coulomb 破坏准则，图 2.1（a）中，σ_1 和 σ_3 分别代表实际应力状态的最大和最小主应力（$\sigma_1 \geqslant \sigma_2 \geqslant \sigma_3$，其中，拉应力为正），如图中的圆 I 所示，增大 σ_1 的值能导致破坏，或如图中圆Ⅱ所示，固定 $(\sigma_1+\sigma_3)/2$ 的值也可导致破坏。然而，如图 2.1 (a) 所示，破坏状态可能包含拉应力，这似乎不太方便（如，单轴压缩应力状态决定于拉伸强度）。第三种可能如圆Ⅲ所示，图中所有应力成比例变化，这也应排除，因为它取决于破坏曲线的形状，除静水压缩状态外，不会在一些压应力状态导致破坏。但通常可通过减小最小主应力 σ_3 的值来达到破坏，如图中圆Ⅳ所示。这里采用了后面所述的方法。

现在，将实际应力 σ_3 与相应破坏应力分量值 σ_{3f} 的比定义为非线性指数 β，用它来度量实际加载与破坏面的相关性。也就是说，对于选择的破坏准则，非线性指数 β 定义为（图 2.1b）：

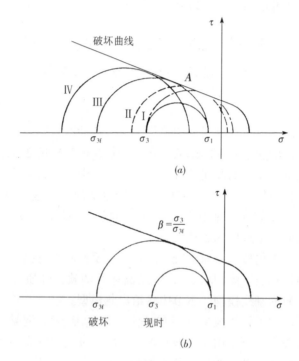

图 2.1　获得破坏的方法和非线性指数 β 的确定

$$\beta=\frac{\sigma_3}{\sigma_{3f}} \tag{2.71}$$

其中，σ_3 是实际加载的最小主应力（如，最大压缩主应力）；σ_{3f} 是相应的破坏值，假设另外两个主应力 σ_1 和 σ_2 不变（$\sigma_1 \geqslant \sigma_2 \geqslant \sigma_3$）。因而，$\beta<1$，$\beta=1$，$\beta>1$ 分别对应于应力状态处于破坏面的内部、面上及外部。

式（2.71）给出的非线性指数 β 的优点是与单轴压缩加载的应力成比例，因而可认为它是有效应力，在后面，用 β 值作为一种衡量混凝土性质实际非线性的手段，如果破坏准则包含三个应力不变量，则 β 取决于三个应力不变量（如 1.3 节中的四、五参数模型）。实际数据表明，三个应力不变量都对混凝土破坏状态有很大的影响（1.3 节），并且，这通常能估算它的变形性质，所以，在应力－应变模型中，这些不变量的结果是我们希望得到的。

当出现拉应力时，要求对确定非线性指数的定义作些改变。因为应力状态中的拉应力越多，混凝土性质的非线性就越少。为此，实际应力状态 ($\sigma_1,\sigma_2,\sigma_3$)，在叠加静水压力

$-\sigma_1$ 后可转化为压缩应力状态，这里至少 σ_1 是拉应力，所得新应力状态即 $(\sigma_1', \sigma_2', \sigma_3') = (0, \sigma_2 - \sigma_1, \sigma_3 - \sigma_1)$，这是双轴压缩应力状态，则 β 在新应力状态下定义为：

$$\beta = \frac{\sigma_3'}{\sigma_{3f}'} \tag{2.72}$$

其中，σ_{3f}' 是在假设 σ_1' 和 σ_2' 不变时 σ_3' 的破坏值，也就是说应力状态 $(\sigma_1', \sigma_2', \sigma_{3f}')$ 将满足破坏准则。如 Ottosen（1979）所述，当出现拉应力后，此方法要求适当减小 β 值的影响。当 $\beta < 1$，通常是能满足要求的。

2.5.3 割线弹性（杨氏）模量 E_s

为了得到割线杨氏模量 E_s 的表达式，首先应考虑单轴压缩应力的情况。在此情况下，Sargin（1971）建议用如下表达式近似拟合单轴应力－应变曲线（图2.2）：

$$-\frac{\sigma}{f_c'} = \frac{-A\left(\frac{\varepsilon}{\varepsilon_c}\right) + (D-1)\left(\frac{\varepsilon}{\varepsilon_c}\right)^2}{1 - (A-2)\left(\frac{\varepsilon}{\varepsilon_c}\right) + D\left(\frac{\varepsilon}{\varepsilon_c}\right)^2} \tag{2.73}$$

其中，假定拉应力和拉应变为正，而 ε_c 是破坏时的应变，也就是说当 $\sigma = -f_c'$，$\varepsilon = -\varepsilon_c$；参数 A 定义为 $A = E_0/E_c$，E_0 为初始杨氏模量，而 $E_c = f_c'/\varepsilon_c$ 是破坏时的割线模量；参数 D 主要影响破坏后曲线的下降部分。

式（2.73）是由参数 f_c'、ε_c、E_0 和 D 确定的四参数表达式。它意味着破坏时的斜率为零，即在曲线上的 $(\sigma, \varepsilon) = (-f_c', -\varepsilon_c)$ 点。参数 D 决定了后破坏的性质。然而，曲线此部分的精确形状很难获得，且通常标准单轴压缩试验不可能得到。因此，参数 D 的值应选择简单，以便能方便地得到后破坏的曲线。然而由于要求式（2.73）反映混凝土应力－应变曲线的实际特征，故这种选择有一定的局限性，即，（1）递增函数在破坏前没有拐点；（2）递减函数在破坏后最多有一个拐点；（3）当应变足够大时残余强度为零。

要得到这些特征，必须满足以下限制：

$$A > \frac{4}{3}$$

$$\begin{aligned}
\left[1 - \frac{1}{2}A\right]^2 < D &\leqslant [1 + A(A-2)] \quad \text{对于 } A \leqslant 2 \\
0 \leqslant D &\leqslant 1 \quad\quad\quad\quad\quad\quad \text{对于 } A \geqslant 2
\end{aligned} \tag{2.74}$$

在绝大多数的实际情况下，$A > 4/3$ 的要求已不是限制。实际上，式（2.73）提供了一种很灵活的模拟混凝土单轴应力－应变曲线的方法。例如，当 $D = 1$ 时是 Saenz（1951）的建议方法，当 $A = 2$ 且 $D = 0$ 时就是 Hognestad（1951）的抛物线。此外，用参数 D 能模拟不同的破坏后性质，而这在破坏前仅有些不重要的影响（图2.2）。

用简单的代数式来解式（2.73），能得到实际割线杨氏模量 E_s 的值。E_s 的表达式中包含以比率 $-\sigma/f_c'$ 表示的实际应力。对于 $\beta = -\sigma/f_c'$ 支

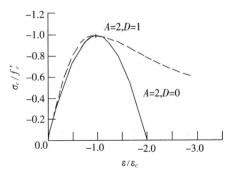

图2.2 单轴压缩后破坏性质的控制

配的单轴压缩加载，只要用 β 代替 $-\sigma/f_c'$，就可将 E_s 的表达式推广到三轴压缩加载的情况，即可得到：

$$E_s = \frac{1}{2}E_0 - \beta\left(\frac{1}{2}E_0 - E_f\right)$$
$$\pm \sqrt{\left[\frac{1}{2}E_0 - \beta\left(\frac{1}{2}E_0 - E_f\right)\right]^2 + E_f^2\beta\left[D\left(1-\beta\right)-1\right]} \qquad (2.75)$$

式中的正负符号分别用于曲线的上升和下降部分（如，负号用于破坏后）。在式（2.75）中，参数 E_c 记为单轴压缩破坏的割线杨氏模量，它被普通三轴压缩破坏割线杨氏模量值 E_f 替代。

一般地，E_f 值是混凝土类型和加载类型的函数。对一般的压缩加载情况，Ottosen（1979）建议采用如下近似表达式：

$$E_f = \frac{E_c}{1+4\left(A-1\right)x} \qquad (2.76)$$

其中，无量纲参数 x 代表实际加载类型的影响，可表示为：

$$x = \left[\frac{\sqrt{J_2}}{f_c'}\right]_f - \left[\frac{\sqrt{J_2}}{f_c'}\right]_{fc} = \left[\frac{\sqrt{J_2}}{f_c'}\right]_f - \frac{1}{\sqrt{3}} \qquad (2.77)$$

其中，$(\sqrt{J_2}/f_c')_f$ 项表示不变量 $\sqrt{J_2}/f_c'$ 的破坏值，它能从破坏应力分量及式（2.71）非线性指数 β 的确定中计算出。相应地，$(\sqrt{J_2}/f_c')_{fc} = 1/\sqrt{3}$ 为在单轴压缩破坏下的不变量。对普通压应力状态 $x \geqslant 0$，这里 $x=0$ 对应单轴压缩加载，当 $x=0$ 时，则 $E_f = E_c$；其他情况则用 $E_f < E_c$，混凝土类型对 E_f 的影响由式（2.76）中的 E_c 和 A 表示。

因此，在没有拉应力出现时，割线模量值 E_s 可从式（2.75）求出，但式中的非线性指数 β 由式（2.71）给出，E_f 值由式（2.76）给出。另一方面，当拉应力出现时，其变形性质中线性情况较多，且这也正适合于目前的模型，只要从式（2.75）中再次求得 E_s，就可适合于当前的模型。然而，现在的非线性指数是用式（2.72）确定的，并假设 $E_f = E_c$，也就是，式（2.76）用 $E_f = \dot{E}_c$ 代替。

在压应力状态下，破坏后（压碎后）的性质仍由式（2.75）通过选择合适的参数 D 来控制。对拉伸应力状态，其破坏后的混凝土性质可用 1.6.5 节中讨论的断裂模型来描述。Ottosen（1979）采用了另一种方法，此方法考虑了三种破坏性质：开裂、压碎和一个中间性质。

2.5.4 割线泊松比 ν_s

为完成公式的推导，剩下的工作就是确定泊松比割线值 ν_s 的表达式，对单轴、双轴及三轴压力不同条件下的混凝土，实验结果表明，其体积变化先是压缩，接着在破坏点附近出现膨胀（见图 1.1 和 1.7）。例如，这可通过泊松比的增长在图 1.3 中反映出来。为了计算压应力下的体积膨胀，这里用非线性指数 β 将单轴压缩的 ν_s 的近似表达式推广到多轴应力的情况。因此，将 ν_s 表示成 β 的表达式：

$$\nu_s = \nu_0 \qquad\qquad\qquad\qquad\qquad\quad 对于\ \beta \leqslant \beta_a$$
$$\nu_s = \nu_f - \left(\nu_f - \nu_0\right)\sqrt{1 - \left[\frac{\beta - \beta_a}{1-\beta_a}\right]^2} \quad 对于\ 1 \geqslant \beta \geqslant \beta_a \qquad (2.78)$$

其中，ν_0 为初始泊松比；ν_f 为破坏时的泊松比割线值。

上述等式如图 2.3 所示，式（2.78）中的第二个表达式代表 1/4 椭圆，它仅能用到破坏（$\beta=1$）为止。后破坏区的 ν_s 增量知道得很少，在大多数情况下，此范围中的 ν_s 通常假设为常数 $\nu_s = \nu_f$，然而，实验的结果表明，破坏后仍有膨胀发生。为了证实这种膨胀现象，可采用如下简单手段（Ottosen，1979）。对于给定的后破坏区模量割线值 E_s 的变化，有一个相应的泊松比割线值 ν_s^*，使相应的割线体模量 K_s 不变化。然后，就可简单挑选一个比 ν_s^* 稍大的 ν_s 值（如 $\nu_s = 1.005\nu_s^*$）。应该强调的是，必须使 $\nu_s < 0.5$（注意，$\nu_s = 0.5$ 对应不可压缩条件 $K_s = \infty$）。

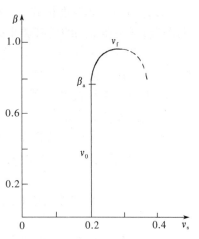

图 2.3　泊松比割线值的变化

式（2.78）中的 β 值，可从压应力情况下的式（2.71）中得到，也可从拉应力下的式（2.72）中得到。而式（2.78）中的 β_a 和 ν_f 的近似值，可分别取为 0.8 和 0.36。

现在，此模型的公式推导已完成。对特殊类型的混凝土，则用五个参数来标定此模型，其中，两个初始弹性参数 E_0 和 ν_0，强度和延性参数 f_c' 和 ε_c，以及破坏后的参数 D。参数 D 的值常常由破坏后的情况决定，而其他的参数则由标准单轴试验确定。

一旦得到这些参数，并选择了破坏准则，则此模型就能很容易地用来描述各类加载条件下的混凝土性质。根据所选的破坏准则，首先用压应力条件下的式（2.71）算出在所给应力状态下的非线性指数，或用拉应力状态下的式（2.72）算出相应状态下的非线性指数，割线模量 E_s 的值可用压应力状态下的式（2.76）联立式（2.75）求得，最后用所选的 β_a 和 ν_f 值（如，$\beta_a = 0.8$，$\nu_f = 0.36$；见图 1.3 和图 2.3，从式（2.78）中求出 ν_s 的值。

Ottosen（1979）已将上面所述模型用于单轴、双轴和三轴加载条件下的各种不同类型的混凝土中，并用所获得的应力－应变关系与实验结果做了比较，在绝大多数情况下吻合很好。最重要的是此模型能够模拟在单轴和双轴压缩下观察到的膨胀和软化现象。

2.5.5　结论

根据本节的讨论情况，可得到如下结论：

1. 当前的各向同性应力－应变模型公式都是根据割线杨氏模量值 E_s 和割线泊松比值 ν_s 建立的。这些模型可根据相应的非线性指数 β 的概念推出，其中，β 定义为实际加载与破坏面相关的一个量值。这就提供了一种方便的方法来衡量此模型的实际非线性性质。一般地，若所选择的破坏准则包含三个应力不变量（如，I_1，J_2 和 J_3），则模量 E_s 和 ν_s 是这些不变量的函数。

2. 与前几节割线模型仅能用于破坏前的情况不同，当前的模型能用来描述破坏前和破坏后的情况。这里，只要改变一个参数（如，式 2.75 中的 D）就能很容易地模拟出不同的破坏后情况，而此参数对破坏前的混凝土性质影响不大。另外，此模型反映了混凝土在压应力下的膨胀现象。

3．该模型参数很容易用标准单轴试验获得。

4．通过应用非线性指数 β，此模型可不加改变地去与任何破坏准则一起应用，甚至可以用到包括拉伸状态的所有类型的应力状态中。

5．此模型的公式在求解混凝土结构性质的参数研究中有很大的灵活性。例如，不要改变基本公式，选择不同的破坏准则的影响，以及不同的破坏后性质，都易进行研究。

6．与前述割线模型一样（2.3 节和 2.4 节），此模型公式也描述了路径无关（可逆）性，且应力和应变主方向是一致的。因此，此类型主要限于单调加载或比例加载条件。

7．与 2.3 节中的割线模型一样，此模型中的体积响应和偏量响应是耦合的，因此，不像 2.4 节的割线模型，在此模型中不能模拟用纯编（剪切）应力产生的纯体积应变。

2.6 根据常用 Cauchy 型公式建立的全应力－应变关系

前面各节根据各向同性线弹性关系的简单改进，采用作为应力和（或）应变不变量函数的割线模量 K_s 和 G_s（2.3 节和 2.4 节）或 E_s 和 ν_s（2.5 节），进行了各种各向同性全（有限的或割线的）应力－应变模型公式推导，由于使用时很简单，所以该方法得到了广泛应用，很多目前用到的割线本构模型公式都是根据此方法建立的。然而，可以采用一种改进的、更一般的方法，这种方法中，可直接根据应力和应变张量分量间的假定代数（张量的）关系式来建立全应力－应变关系的公式。本节将阐述这种方法，描述普通表达式的一种简单形式，并用来模拟压缩条件下混凝土的非线性性质。

2.6.1 常用二次全应力－应变关系

根据 Cayley-Hamilton 理论[50]，任何二维张量 t_{ij} 的所有立方项和更高次项都能表示成 δ_{ij} 及其线性项与平方项的线性组合，t_{ij} 和 $t_{ik}t_{kj}$ 及其系数分别是此张量三个不变量的函数。因此，应力 σ_{ij} 和应变张量 ε_{ij} 之间最一般的张量关系，包含在 σ_{ij} 与 ε_{ij} 的大多数平方项中，对初始各向同性材料，其常用数学表达式为

$$A_1\sigma_{ij} + A_2\sigma_{kk}\delta_{ij} + A_3\sigma_{kk}^2\delta_{ij} + A_4\sigma_{kk}\sigma_{ij} + A_5\sigma_{ik}\sigma_{kj} + A_6\sigma_{km}\sigma_{km}\delta_{ij}$$
$$= B_1\varepsilon_{ij} + B_2\varepsilon_{kk}\delta_{ij} + B_3\varepsilon_{kk}^2\delta_{ij} + B_4\varepsilon_{kk}\varepsilon_{ij} + B_5\varepsilon_{ik}\varepsilon_{kj} + B_6\varepsilon_{km}\varepsilon_{km}\delta_{ij} \tag{2.79}$$

式中，系数 A_1 到 A_6 和 B_1 到 B_6 通常都是应力和应变不变量的函数。如果在上面的表达式中将混合项如 $\sigma_{ik}\varepsilon_{kj}$，$\sigma_{ij}\varepsilon_{kk}$，$\sigma_{kk}\varepsilon_{ij}$，$\sigma_{ik}\varepsilon_{km}\varepsilon_{mj}$，…（总共 36 个附加项）考虑进去，就可得到更一般的表达式。然而，这将是相当复杂的，通常可忽略这些混合项，可得下面一般表达式（2.79）的另一种更方便的形式，即将应变张量分成两个张量 ε_{ij}' 和 ε_{ij}''：

$$\varepsilon_{ij} = \varepsilon_{ij}' + \varepsilon_{ij}'' \tag{2.80}$$

如后面可清楚地看到，虽然分量 ε_{ij}' 和 ε_{ij}'' 之间的区别对于当前的公式推导是不必要的，而且在这里考虑的所有应变都具有弹性特性，即可逆性和与路径无关性，但是两应变分量通常分别称为弹性应变和非弹性应变。当把 $\sigma_{ij} = s_{ij} + \sigma_{kk}\delta_{ij}/3$ 和 $s_{ij} = e_{ij} + \varepsilon_{kk}\delta_{ij}/3$ 代入式（2.79）中，则可将此式转化为如下关于应变分量 ε_{ij}' 和 ε_{ij}'' 表达式：

$$\varepsilon_{ij}' = \frac{s_{ij}}{2G} + \frac{\sigma_{kk}}{9K}\delta_{ij}$$
$$\varepsilon_{ij}'' = e_{ij}'' + \frac{1}{3}\varepsilon_{kk}''\delta_{ij} \tag{2.81}$$

其中，"非弹性"应变张量 s''_{ij} 中的偏量分量 e''_{ij} 和体量分量 ε''_{kk} 分别表示如下：

$$e''_{ij} = P_1 s_{ij} + P_2 t_{ij} + P_3 e_{ij} + P_4 f_{ij}$$
$$\varepsilon''_{kk} = Q_1 \sigma_{kk} + Q_2 s_{km} s_{km} + Q_3 \varepsilon_{kk} + Q_4 \varepsilon_{km} \varepsilon_{km} \tag{2.82}$$

式中，系数 P_1 到 P_4 和 Q_1 到 Q_4 通常是应力不变量和应变张量不变量的函数；张量 t_{ij} 和 f_{ij} 分别是平方张量 $s_{ik}s_{kj}$ 和 $e_{ik}e_{kj}$ 的偏量。它们分别表示为：

$$t_{ij} = s_{ik}s_{kj} - \frac{1}{3} s_{km}s_{km}\delta_{ij}$$
$$f_{ij} = e_{ik}e_{kj} - \frac{1}{3} e_{km}e_{km}\delta_{ij} \tag{2.83}$$

在式（2.81）的第一式中，ε'_{ij} 的表达式与用模量 G 和 K 建立的各向同性线弹性模型的形式相同，其中 G 和 K 常认为是应力和应变不变量的函数，因此，ε'_{ij} 被认为是非弹性应变。所有其他应变集中在 ε''_{ij} 中，它们定义为非弹性应变。

从式（2.83）中可看出，张量 t_{ij} 和 f_{ij} 的主方向分别与 s_{ij} 和 e_{ij} 的主方向相同。结果，它们分别与应力张量 σ_{ij} 和应变张量 ε_{ij} 的主方向一致。因此，式（2.81）和式（2.82）中所有应力项都有与 σ_{ij} 相同的主方向，而所有的应变项都有与 ε_{ij} 相同的主方向，但应力和应变张量主方向通常是不一致的。

在式（2.79）和式（2.82）中，由于变化项的系数是应力和应变不变量的一般函数，略去确定项不影响对材料性能的模拟。例如，如果式（2.79）中 A_1 和 A_2 是不变量 σ_{kk} 和 $\sigma_{km}\sigma_{km}$ 的函数，则 $A_3\sigma_{kk}^2\delta_{ij}$，$A_4\sigma_{kk}\sigma_{ij}$ 和 $A_6\sigma_{km}\sigma_{km}\delta_{ij}$ 项可以略去，因为它们重复了 $A_1\sigma_{ij}$ 和 $A_2\sigma_{kk}\delta_{ij}$ 项所描述的内容。类似地，当 B_1 和 B_2 是不变量 ε_{kk} 和 $\varepsilon_{km}\varepsilon_{km}$ 的函数时，应变项 $B_3\varepsilon_{kk}^2\delta_{ij}$，$B_4\varepsilon_{kk}\varepsilon_{ij}$ 和 $B_6\varepsilon_{km}\varepsilon_{km}\delta_{ij}$ 也可略去。通过上面相似的讨论，可以证明在式（2.79）中以 A_3，A_4，A_6，B_3，B_4 和 B_6 为系数的各项和在式（2.82）中以 Q_2，Q_3 和 Q_4 为系数的项可很方便地略去。在此情况下，式（2.82）中非弹性应变分量 e''_{ij} 和 ε''_{kk} 的表达式可变成

$$e''_{ij} = P_1 s_{ij} + P_2 t_{ij} + P_3 e_{ij} + P_4 f_{ij} \text{ 和 } \varepsilon''_{kk} = Q_1 \sigma_{kk} \tag{2.84}$$

如式（2.1）所描述的一样，式（2.80）和式（2.81）表示常用 Cauchy 型弹性模型的广义本构关系，式（2.1）中函数 F_{ij} 的一般形式应包括应力和应变张量，也就是说，目前的本构模型可表示成一般函数关系 $\varepsilon_{ij} = F_{ij}(\sigma_{kl}, \varepsilon_{mn})$，这类公式常称为变形理论，或全应变理论。

上述一般表达式的各种特殊形式已用来描述不同工程材料的性质。特别地，式（2.81）和式（2.84）的特殊情况对应于 Prager（1945）建议的金属变形理论，认为 $P_3 = P_4 = Q_1 = 0$，P_1 和 P_2 只是不变量 J_2 和 J_3 的函数，即 $P_1 = P_1(J_2, J_3)$ 和 $P_2 = P_2(J_2, J_3)$。

近来，Bazant 和 Tsubaki（1980）用此一般形式的特殊情况来描述混凝土在比例加载和非比例加载条件下的非线性。此模型在比例加载情况下的简要描述将在下面给出。在非比例加载情况下，Bazant 和 Tsubaki（1980）建立了包括路径相关项的更详细、更广泛的模型。

2.6.2 混凝土在压缩－比例加载情况下的割线本构模型

在式（2.84）中假设 $P_3 = 0$ 且略去张量二次项，也就是假设 $P_2 = P_4 = 0$，可得到一般表达式（2.81）和式（2.84）更简单的形式为：

$$e_{ij}'' = P_1 s_{ij} \quad \text{和} \quad \varepsilon_{kk}'' = Q_1 \sigma_{kk} \tag{2.85}$$

其中，P_1 和 Q_1 一般是应力不变量和应变张量不变量的函数。联立式（2.85）和式（2.81）中的 ε_{ij}' 表达式，可得如下全偏应变 e_{ij} 和体应变 ε_{kk} 的表达式，分别为：

$$e_{ij} = \left(\frac{1}{2G} + P_1\right)s_{ij}$$
$$\varepsilon_{kk} = \left(\frac{1}{3K} + \frac{1}{3}Q_1\right)\sigma_{kk} \tag{2.86}$$

因为有了这个简化的假设，式（2.86）意味着主应力轴和主应变轴是一致的，并且这个简单的公式限制于比例加载条件。另外，通常假设混凝土的"弹性"应变元素 ε_{ij}' 是用常体积模量和剪变模量得到的，而"非弹性"应为 ε_{ij}'' 则包含所有的非线性。通过这个假设，（用2.86）式可得到如式（2.15）和式（2.16）中的偏量和体量应力——应变关系的近似表达式，然而，此中的割线模量 K_s 和 G_s 表示如下：

$$\frac{1}{K_s} = \frac{1}{K_0} + Q_1$$
$$\frac{1}{G_s} = \frac{1}{G_0} + 2P_1 \tag{2.87}$$

其中，K_0 和 G_0 分别为初始体积模量和剪变模量；P_1 和 Q_1 通常处于应力和应变不变量的函数中，与"非弹性"应变张量不变量相关。这一点将在下面得到证明，采用式（2.85）并定义"非弹性"张量 ε_{ij}'' 中的八面体正分量 ε_{oct}'' 和剪切量 γ_{oct}'' 的方式与 ε_{ij}（见式1.28）一样，就可得到以下关系式：

$$P_1 = \frac{\gamma_{oct}''}{2\tau_{oct}} \quad \text{和} \quad Q_1 = \frac{\varepsilon_{oct}''}{\sigma_{oct}} \tag{2.88}$$

其中，σ_{oct} 和 τ_{oct} 分别为八面体正应力和剪应力，如式（1.13）给出的一样。式（2.87）中的割线体模量和剪变模量可很方便地表示为：

$$\frac{1}{K_s} = \frac{1}{K_0} + \frac{\varepsilon_{oct}''}{\sigma_{oct}}$$
$$\frac{1}{G_s} = \frac{1}{G_0} + \frac{\gamma_{oct}''}{\tau_{oct}} \tag{2.89}$$

根据实验，可得出八面体正应力－应变曲线和剪应力－应变曲线，从全应变中减去"弹性"应变量即可确定出相应"非弹性"曲线。用一曲线拟合方法，则"非弹性"应变 ε_{oct}'' 和 γ_{oct}'' 能表示成应力和应变不变量的函数，然后可确定出式（2.89）中用应力和应变不变量表示的 K_s 和 G_s 函数。

Bazant 和 Tsubaki（1980）用上述模型描述了混凝土在不同比例压缩加载路径下的性质，在他们的公式中，ε_{oct}'' 和 γ_{oct}''（和随后的 G_s 和 K_s）被表示成不变量 σ_{oct}，τ_{oct} 和 γ_{oct} 的函数，并得出了各种特征，如：膨胀、压缩和软化行为，得到了与所研究情况的实验数据相当一致的效果。另外，此模型已扩展到包括非比例加载影响的形式。然而，割线模量的函数关系和反映非比例加载情况的附加项相当复杂，并包括了太多没有明显物理意义的材料参数。

可以看出，在普通表达式（2.81）和式（2.84）中进行简化假设，此公式就可简化成前几节所述的割线公式。然而，对更一般的表达式，可进一步发展成不同的、更精练的模型。

2.7 根据改进的各向同性线弹性公式
建立的增量应力-应变模型

在前几节中，已讲述了用割线公式表示的有限材料特征，采用了两种不同的方法：第一种方法是较常用的方法，其本构模型公式是直接根据线弹性模型简单改变建立的，而模型中的割线模量是应力和（或）应变不变量的函数（2.3节到2.5节）；另一种方法是根据变形理论（或全应变理论）建立的更普通的方法，其中应力和应变张量间的代数关系式可直接推导（2.6节）。在本节和随后各节中，将讨论根据亚弹性理论以切线应力-应变关系表示的微分或增量公式。在本节中，将简要回顾根据线弹性模型简单改变建立的两种不同公式，另外还讨论这种类型特殊的双轴模型，这些简单的模型已广泛用于大量钢筋混凝土结构的有限元分析中。以下各节将描述这些模型的改进形式。

2.7.1 一个变切线模量 E_t 的各向同性模型

以最简单的方法，用变切线模量代替杨氏模量 E，根据改变式（1.79）中的各向同性线弹性形式，可直接得出增量本构模型公式。因此，增量应力-应变关系可写为：

$$\dot{\sigma}_{ij} = \frac{E_t}{1+\nu}\dot{\varepsilon}_{ij} + \frac{\nu E_t}{(1+\nu)(1-2\nu)}\dot{\varepsilon}_{kk}\delta_{ij} \tag{2.90}$$

在该式中，假设泊松比 ν 为常数。实验表明，在低于混凝土极限强度75%时，这个假设与实际情况是相当近似的，但过此点以后就会逐渐发生偏差。所以，变化的弹性模量 E_t 可用来分析全部的非线性问题。

在应力-应变关系的任何点处，多轴压缩应力状态下的 E_t 值可借助于"等效"标量函数如应力不变量 J_2 或 τ_{oct} 从单轴应力-应变曲线上取得，双轴压缩应力-应变实验曲线表明，当横向压力增加时，切线刚度也增大。这主要是因为除微裂纹制约的影响外还有泊松比的影响（Liu 等，1972）。显然，在横向压应力出现的过程中不可能得到这种刚度增大现象，但众所周知，这种误差在双轴状态下不大，可以采用双轴或三轴试验求切线 E_t 值的方法来减小。

各向同性关系式（2.90）意味着应力和应变增量的主轴总是一致的，这只在低应力水平下是正确的。在高应力水平下，特别是接近破坏时，实验结果表明，此时的混凝土增量性质通常是各向异性的，而应变增量主轴方向更接近于当前应力主方向。另外，在增量各向同性本构模型中，没有给出偏量响应和体量响应之间的相互作用和交叉影响。因此，不能考虑如偏量作用引起的膨胀和压缩这类现象，故这些模型只能用于可忽略上述耦合效应的低应力范围。

在平面应力时，增量应力-应变关系式（1.89）有如下形式：

$$\begin{Bmatrix} \dot{\sigma}_x \\ \dot{\sigma}_y \\ \dot{\tau}_{xy} \end{Bmatrix} = \frac{E_t}{1-\nu^2} \begin{bmatrix} 1 & \nu & 0 \\ \nu & 1 & 0 \\ 0 & 0 & \dfrac{(1-\nu)}{2} \end{bmatrix} \begin{Bmatrix} \dot{\varepsilon}_x \\ \dot{\varepsilon}_y \\ \dot{\gamma}_{xy} \end{Bmatrix} \tag{2.91}$$

其中，ν 是常数；$\gamma_{xy} = 2\varepsilon_{xy}$ 是工程剪应变。

Popovics（1970）作了一个关于曲线拟合混凝土单轴应力-应变图表的综合报告，报告中出现了三类公式：双曲线关系、抛物线关系和指数关系及其推广，所有这些公式仅能用于材料性质的有限范围内。一种双曲线模型的推广形式已得到成功的应用，例如，用于有限元方法来解决非线性土力学问题。尽管此过程中全部理论再一次保留了各向同性模型且其主方向的模量相同，以及在剪切响应和静水响应之间没有耦合作用，但应用依然很成功。此模型将在下一章给出。

此模型的主要优点在于它简单，且所需要的数据能容易地从混凝土单轴试验中获得。

Bathe 和 Ramaswamy（1979）用带有变弹性模量 E_t 的改进模型来描述混凝土在拉伸或低压缩多轴应力下的混凝土性质。此模型的原理是测量每个主方向的应变，此应变仅由同方向的主应力产生，然后根据单轴应力－应变准则（改进之外是考虑多轴应力条件对强度和延伸的影响）计算出与此应变相应的单轴切线模量 E_{it}（$i = 1$，2，3），对增量各向同性混凝土的每一个"等效"切线模量 E_t，可用简单的加权形式来计算，其中，每一个 E_{it} 值都给出一个与相应主应力值成比例的权，假设泊松比 ν 为常数。

2.7.2 有两个变切线模量 K_t 和 G_t 的各向同性模型

以一种更精确的方法，根据各向同性公式用两个变切线体积模量 K_t 和切线剪变模量 G_t 建立了非线性变形模型。在这种情况下，应力和应变增量被分成偏量和静水体积量，并把非耦合的增量应力－应变关系写成：

$$\dot{\sigma}_m = K_t \dot{\varepsilon}_{kk}$$
$$\dot{s}_{ij} = 2G_t \dot{e}_{ij} \tag{2.92}$$

其中，体积的改变量 $\dot{\varepsilon}_{kk}$ 由平均正应力的改变量 $\dot{\sigma}_m = \dot{\sigma}_{tt}/3$ 产生；畸变的变化量 $\dot{e}_{ij}$ 由应力偏量改变量 $\dot{s}_{ij}$ 产生。它们之间是相互独立的。K_t 和 G_t 表示切线体积模量和切线剪变模量，它们定义如下：

$$K_t = \frac{\dot{\sigma}_{oct}}{3\dot{\varepsilon}_{oct}} = \frac{d\sigma_{oct}}{3d\varepsilon_{oct}} \text{ 和 } G_t = \frac{\dot{\tau}_{oct}}{\dot{\gamma}_{oct}} = \frac{d\tau_{oct}}{3d\gamma_{oct}} \tag{2.93}$$

其中，$\dot{\sigma}_{oct}$、$\dot{\tau}_{oct}$ 和 $\dot{\varepsilon}_{oct}$、$\dot{\gamma}_{oct}$，分别为八面体正应力、剪切应力和正应变、剪应变的增量。

Kupter 等（1969，1973）从双轴加载混凝土试样的试验数据得到变体积模量和剪变模量，并作了详细的研究。下面得出了切线剪变模量及体积模量的标准化表达式。

$$\frac{G_t}{G_0} = \frac{[1 - a \ (\tau_{oct}/f_c')^m]^2}{1 + (m-1) \ a \ (\tau_{oct}/f_c')^m}$$
$$\frac{K_t}{K_0} = \frac{G_t/G_0}{\exp \ [- \ (c\gamma_{oct})^p] \ [1 - p \ (c\gamma_{oct})^p]} \tag{2.94}$$

其中，初始模量 G_0 和 K_0 及材料参数 a，m，c 和 p，取决于单轴压缩强度 f_c'。

将式(2.94)中的切线模量 G_t 和 K_t 一起合并到增量本构关系式(2.92)中，相加可得：

$$\dot{\sigma}_{ij} = 2G_t \dot{\varepsilon}_{ij} + \ [3K_t - 2G_t] \ \dot{\varepsilon}_{oct}\delta_{ij} \tag{2.95}$$

这些关系能用矩阵形式表示出来，公式中，用 G_t 和 K_t 分别代替 G 和 K，切线刚度矩阵与式（1.88）中的刚度矩阵的形式相同。

在平面应力问题中，增量应力－应变关系可写成下面的矩阵形式（见式 2.24）：

$$\begin{Bmatrix} \dot{\sigma}_x \\ \dot{\sigma}_y \\ \dot{\tau}_{xy} \end{Bmatrix} = \begin{bmatrix} E_t^* & \nu_t^* & 0 \\ \nu_t^* & E_t^* & 0 \\ 0 & 0 & G_t \end{bmatrix} \begin{Bmatrix} \dot{\varepsilon}_x \\ \dot{\varepsilon}_y \\ \dot{\gamma}_{xy} \end{Bmatrix} \tag{2.96}$$

其中，切线模量 E_t^* 和 ν_t^* 定义如下：

$$E_t^* = 4G_t \frac{3K_t + G_t}{3K_t + 4G_t}$$

$$\nu_t^* = 2G_t \frac{3K_t - 2G_t}{3K_t + 4G_t} \qquad (2.97)$$

在 2.3 节中，已从用 K_s 和 G_s 表示的割线（全）应力－应变关系中导出了各种增量关系，并证实了这些增量关系通常不能简化成各向同性形式（如见 2.3.3 节中式 2.49 到式 2.53）。这些推导的出发点是全（割线）应力－应变关系。但在当前的亚弹性模型中，是直接用切线模量得出增量关系公式的。然而，根据 2.3 节中的割线关系，只通过对割线八面体正应力－应变关系和剪应力－应变关系（式 2.20 和式 2.21）进行微分，导出相应的切线模量 K_t 和 G_t，然后将它直接用到式（2.95）中就可明显直接得出亚弹性公式。实际上，大多数可用的增量模型都是以此建立的。因此，在以前所述模型中，用不同的割线模量 K_s 和 G_s 的表达式，根据从 K_s 和 G_s（如，式 2.32 和式 2.33）导出的切线模量 K_t 和 G_t 就可得到各种亚弹性模型。下面将描述此类模型中的一种增量各向同性模型，此模型是最近由 Gerstle（1981）根据双轴压缩混凝土的 $K_t(\sigma_{oct})$ 和 $G_t(\tau_{oct})$ 建立起来的。

2.7.3 切线模量 $K_t(\sigma_{oct})$ 和 $G_t(\tau_{oct})$ 的发展

在此提出过程中，切线模量 K_t 和 G_t 的表达式直接由体积量 $(\sigma_{oct} - \varepsilon_{oct})$ 和偏量 $(\tau_{oct} - \gamma_{oct})$ 应力－应变曲线的斜率决定，根据此假设，切线体积模量仅是体积量的函数，切线剪变模量仅是偏应力或应变水平的函数。现在讨论此模型的有关内容。

八面体剪应力－应变关系

图 2.4 表示从四种不同应力比 σ_1/σ_2 下双轴压缩试验得到的平均偏 $(\tau_{oct} - \gamma_{oct})$ 应力－应变曲线。Gerstle 建议用如下指数形式来拟合这些曲线：

$$\tau_{oct} = \tau_{op} \left[1 - \exp\left(\frac{-G_0}{\tau_{op}} \gamma_{oct} \right) \right] \qquad (2.98)$$

其中，τ_{op} 是八面体抗剪强度；G_0 是初始剪变模量。

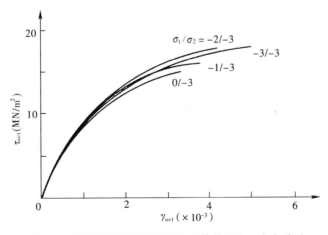

图 2.4　双轴压缩试验得到的八面体剪应力－应变关系

对式（2.98）进行微分，得到切线剪变模量：

$$G_t = \frac{\mathrm{d}\tau_{\mathrm{oct}}}{\mathrm{d}\gamma_{\mathrm{oct}}} = G_0 \exp\left(\frac{-G_0}{\tau_{\mathrm{op}}}\gamma_{\mathrm{oct}}\right) \tag{2.99}$$

求解式（2.98）和式（2.99）以消去 γ_{oct}，可得到切线剪变模量和八面体剪应力水平之间的关系，即为：

$$G_t = G_0\left(1 - \frac{\tau_{\mathrm{oct}}}{\tau_{\mathrm{op}}}\right) \tag{2.100}$$

式（2.100）表明指数（$\tau_{\mathrm{oct}} - \gamma_{\mathrm{oct}}$）关系的假设导出剪变模量，它从初始值线性减小到破坏时（$\tau_{\mathrm{oct}} = \tau_{\mathrm{op}}$）的零值，如图 2.5 中实线所示。

式（2.100）和图 2.5 中实线表明，混凝土性能没有线性区；实际上，实验表明剪切刚度减小的速度比式（2.100）所示的要慢得多，如图 2.5 中虚线所示。

式（2.100）中的初始剪变模量 G_0 可通过从单轴压缩试验所得的关系式 $G_0 = E_0/2(1+\nu_0)$ 得到，此单轴试验可求出初始弹性模量 E_0 和泊松比 ν_0。另外，也可从 ACI 规范的方程（1.1）得出 E_0。对混凝土则通常假设 ν_0 为 0.2。

偏量抗剪强度 τ_{op} 可从双轴强度包络线中得到，如图 1.5 所示。为了从此图中找出 τ_{op}，令 $\sigma_3 = 0$，并令双轴应力比为 $\alpha = \sigma_1/\sigma_2$，我们可在式（2.22）的第三式中对双轴情况导出 τ_{oct} 的表达式。因此得：

$$\tau_{\mathrm{op}} = \frac{\sqrt{2}}{3}\sqrt{1 - \alpha + \alpha^2 \sigma_{2\mathrm{p}}} \tag{2.101}$$

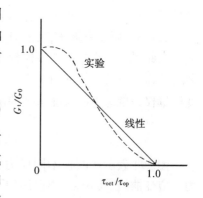

图 2.5　切线剪变模量随八面体剪应力的变化（Gerstle, 1981）

其中，$\sigma_{2\mathrm{p}}$ 是应力比 α 在破坏状态时的较大主压应力。对于不同应力比下的强度变化（如图 1.5 所示），可用式（2.101）算出偏量强度 τ_{op}。根据单轴抗压强度 f_{c}' 的知识和用图 1.5 中所示恰当的强度包络线（或用如式 2.25 的近似表达式），就有可能求出各种应力比 α 下的偏量强度 τ_{op}。

八面体正应力－应变关系

混凝土在双轴压应力状态下体积改变的数据变化很大。这在递增压缩下已被广泛接受，材料首先压缩，最后由于产生微裂而出现膨胀（Newman 和 Newman, 1969），但不清楚此现象将发生在哪一阶段（Gerstle, 1981）。为了证明这一点，考察图 2.6（a）和（b），它们显示了假想两个相同的双轴试验程序加在同一混凝土上（Gerstle 等, 1978）的结果，第一组是在 Munich 技术大学（TUM）用光滑支承平板做的，另一组是在柏林联邦材料试验室（BAM）用活动平板做的。前者，膨胀现象在破坏前立即出现，也就是在 $\tau_{\mathrm{oct}} = \tau_{\mathrm{op}}$ 时出现；后者，膨胀现象在应力水平为破坏值 τ_{op} 的 70%～85% 时出现。这表明加载过程和方法对观测的数据有很大影响。

与这两组应力－应变曲线对应的模量变化是明显不同的，如图 2.7 中虚线所示。图 2.7（a）中显示了实线和点划线可能的直线化。这里再次表明应在实际和简化之间折中选择；因为体量部分在双轴下的影响比在三轴下的影响小得多，且因为数据明显不定，所以

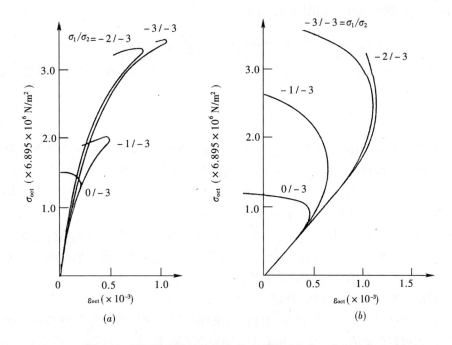

图 2.6　从两组双轴试验得出的八面体正应力 – 应变曲线

（*a*）Munich 技术大学（TUM）试验；（*b*）柏林联邦材料试验室（BAM）试验

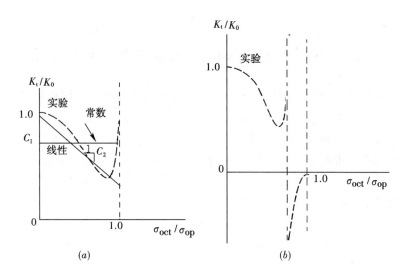

图 2.7　用八面体正应力表示的切线体积模量变化（Gerstle，1981）

（*a*）Munich 技术大学（TUM）试验；（*b*）柏林联邦材料试验室（BAM）试验

大量的简化可能会好些。

Gerstle（1981）建议对 K_t 作两种可能近似，即为：

1. 平均体积模量不变，如图 2.7（*a*）中点划线所示

$$K_t = C_1 K_0 \tag{2.102}$$

2. 体积模量线性变化，如图 2.7（a）中实线所示

$$K_t = K_0 \left[1 - C_2 \frac{\sigma_{oct}}{\sigma_{op}} \right] \qquad (2.103)$$

其中，K_0 是初始体积模量；C_1 和 C_2 是实验常数；σ_{op} 是对应于破坏的静水应力；在 $\sigma_3 = 0$ 和 $\alpha = \sigma_1 / \sigma_2$ 时，σ_{op} 为：

$$\sigma_{op} = \frac{1}{3} \left[1 + \alpha \right] \sigma_{2p} \qquad (2.104)$$

根据图 2.7（b）中体积模量变化将导出更复杂的公式，由于这与试验现象冲突，不能保证其正确。相应地，与图 2.7（a）的变化对应的式（2.102）和式（2.103）中采用了两个 K_t 的表达式，再者，对于 G_0，式（2.102）和式（2.103）中的初始体积模量 $K_0 = E_0 / 3 (1 - 2\nu_0)$，可从相应的初始值 E_0 和 ν_0 求得。

在确定 K_t 和 G_t 的表达式，且选定了近似双轴强度包络线后，此模型的公式推导就全部完成了。用式（2.96）和 K_t 及 G_t 的表达式就可描述出混凝土在双轴压缩直到破坏的变形性质。此模型中的压缩破坏归于保留了偏量（剪切）强度（即 $\tau_{oct} = \tau_{op}$），它既没有考虑破坏点后的性质也没有考虑体积膨胀现象。

Gerstle（1981）比较了上述模量的分析结果和不同双轴应力条件下的实验数据，在很多情况下得到很好的吻合；甚至采用式（2.102）中 K_t 的简单表达式，其结果也是如此。另外，比较此模量公式中的割线模量（式 2.98 中的 $G_s = \tau_{oct} / \gamma_{oct}$）和 Cedolin 等（1977）所得的割线模量 a_s（式 2.27 给出），可观察到在所考虑范围的主要部分两表达式也有近似对应关系。

2.8　单调加载下双轴正交各向异性增量模型

在前面各节所述的增量本构关系中，将混凝土模拟成增量各向同性材料，在低应力情况下这是正确的。根据试验数据，混凝土在相当高的应力水平下，特别是在接近破坏时，呈现出应力（或应变）诱发的各向异性。在本节中，作为得到更接近实际表达式的第一步，建立了用来描述混凝土在双轴压缩应力状态下非线性性质的正交各向异性模量公式。在这种情况下，两个切线弹性模量 E_1 和 E_2 作为应力和应变的函数在当前应力主方向上变化，它们通常决定了混凝土在正交各向异性主轴上的性质。这里给出了由 Liu 等（1927）提出的此类模型中有典型代表性的一种。这类模量中更具一般性的用来描述混凝土在循环和单调加载以及在二维和三维应力状态下变形性质的模型将在后面两节中详细讨论。

在下面，分两步推得此模量的公式。首先，用函数关系近似形式表示的等效单轴曲线来模拟双轴全应力－应变关系，并用这些来获得正交各向异性材料主轴方向的切线模量 E_1 和 E_2 的表达式，然后给出用这些模量表达的正交各向异性增量关系。

2.8.1　双轴应力－应变曲线

对单调压缩应力下的混凝土，Saenz(1964)建议用如下等式来描述其应力－应变关系：

$$\sigma = \frac{E_0 \varepsilon}{1 + \left(\dfrac{E_0}{E_s} - 2 \right) \dfrac{\varepsilon}{\varepsilon_c} + \left(\dfrac{\varepsilon}{\varepsilon_c} \right)^2} \qquad (2.105)$$

其中，σ 和 ε 分别是单轴压缩应力和应变；E_0 是初始切线弹性模量；$E_s = f'_c / \varepsilon_c$ 是峰值（最大值）压缩应力（f'_c）处的割线模量；ε_c 是 f'_c 处相应的应变（图 1.1a）。

对于双轴压缩应力下的混凝土，式（2.105）的直接扩展被广泛用来模拟其应力－应变曲线。此扩展表达式如下（Liu 等，1972）：

$$\sigma = \frac{a\varepsilon}{1 + \left(\dfrac{a\varepsilon_p}{\sigma_p} - 2\right)\dfrac{\varepsilon}{\varepsilon_p} + \left(\dfrac{\varepsilon}{\varepsilon_p}\right)^2} \tag{2.106}$$

其中，σ 和 ε 是主应力方向的应力和应变；σ_p 和 ε_p 分别是实验确定的最大主应力值和相应的应变值；a 是实验确定的代表初始切线模量的系数。

式（2.106）在峰值应力及相应应变点（σ_p，ε_p）处有一条水平切线。对于单轴压缩应力状态，峰值应力点为（f'_c，ε_c），如图 1.1 所示，其单轴初始弹性模量 $a = E_0$。

对于双轴应力状态，其最大应力点 σ_p 由双轴强度包络线决定，如图 1.5 所示。对于单轴和双轴压缩状态（图 1.6）相应的最大应变值 ε_p，在较强方向上为大约 3 000 个微压应变。然而，在较小方向上 ε_p 值却是变化的。

图 1.6 中实验双轴压缩应力－应变曲线表明在横向压缩值递增时，其初始切线刚度也递增，这主要是由泊松比引起的。因此，在应力同方向测量的应变包括了横向的影响。对于各向同性线弹性材料，双轴应力－应变关系可表示为：

$$\sigma = \frac{E_0 \varepsilon}{1 - \nu\alpha} \tag{2.107}$$

其中，α 是正交方向的主应力与所考虑方向的主应力之比；E_0 是单轴加载时的初始切线模量；ν 是单轴加载时的泊松比。

作为一种近似，有效初始模量 $E_0(1 - \alpha\nu)$ 仅受泊松比影响，可表示为式（2.106）中的初始模量 α，即为：

$$\alpha = \frac{E_0}{(1 - \nu\alpha)} \tag{2.108}$$

将上式代入式（2.106）中可得：

$$\sigma = \frac{E_0 \varepsilon}{(1 - \nu\alpha)\left[1 + \left(\dfrac{1}{1 - \nu\alpha}\dfrac{E_0}{E_s} - 2\right)\left(\dfrac{\varepsilon}{\varepsilon_p}\right) + \left(\dfrac{\varepsilon}{\varepsilon_p}\right)^2\right]} \tag{2.109}$$

其中，$E_s = \sigma_p / \varepsilon_p$ 为峰值应力处的割线弹性模量。由于此双轴应力－应变曲线经过峰值应力和应变点（σ_p，ε_p），且该峰值应力和应变主要考虑了有双轴应力出现时微裂纹约束的影响，故微裂纹约束的影响和泊松比的影响都包括在式（2.109）中。因此，双轴应力－应变曲线上任何点的切线斜率（$\mathrm{d}\sigma/\mathrm{d}\varepsilon$）都包含了这些影响。

对每个主应力方向，用式（2.109）来模拟相关方向的应力－应变曲线（对每个特殊应力比 α），要求四个控制参数 E_0，ν，σ_p 和 ε_p（$E_s = \sigma_p / \varepsilon_p$）在每个主方向上完全表征应力－应变关系（2.109）。参数 E_0 和 ν 能很容易地从单轴压缩试验中得出（换一种方法，E_0 也可从式 1.1 得出，并假设 ν 的常用值为 0.2）。最大值方向和最小值方向上的强度参数 σ_p 可从图 1.5 所示的双轴强度包括线中得出，或从分析表达式（如，式 2.25）中得出。对应于两个主方向的 σ_p 的延性参数 ε_p 可从不同应力比值 α 的实验结果中获得。实际上，

常用的是 σ_{p} 和 ε_{p} 两参数的分析表达式，它们被确定为单轴压缩强度 f'_{c} 和相应应变 ε_{c} 及主应力比 α 的函数。对双轴极限强度包络线的不同曲线拟合表达式及相应最大和最小应变，可在 Liu 等（1972），Kupfer 和 Gerstle（1973）以及 Tasuji 等（1978）的文章中找到。

对于双轴拉伸或拉－压应力状态下的混凝土，通常假设在破坏前是线弹性的，且可以使用线弹性断裂模型（如 1.6 节所述）。然而，应该注意到上述模型式（2.109）很容易扩展或包括拉－拉和拉－压应力状态的情况，在此情况不仅是 σ_{p} 和 ε_{p} 的表达式不同，现将它扩展到包括这些拉伸范围的情况（如，见 Tasuji 等，1978）。

2.8.2 正交各向异性应力－应变增量关系

在平面应力情况下，参照正交各向异性主轴（1、2 和 3）的正交各向异性增量应力－应变关系采用如下形式：

$$
\begin{Bmatrix} \dot{\sigma}_{11} \\ \dot{\sigma}_{22} \\ \dot{\tau}_{12} \end{Bmatrix} = \frac{1}{1-\nu_1\nu_2} \begin{bmatrix} E_1 & \nu_2 E_1 & 0 \\ \nu_1 E_2 & E_2 & 0 \\ 0 & 0 & (1-\nu_1\nu_2)\,G \end{bmatrix} \begin{Bmatrix} \dot{\varepsilon}_{11} \\ \dot{\varepsilon}_{22} \\ \dot{\gamma}_{12} \end{Bmatrix} \tag{2.110}
$$

其中，E_1，ν_1 和 E_2，ν_2 分别是沿正交各向异性主轴 1 和 2 的切线弹性模量；G（$=G_{12}$）是与轴 1、2 相关的切线剪变模量。这里的 $\nu_2 E_1 = \nu_1 E_2$ 是从正交各向异性对称条件考虑的[50]。

在此模型中，通过假设材料正交各向异性主轴与主应力方向（即当前应力状态主轴）一致来得出增量应力－应变公式，增量关系的正交各向异性形式意味着在主应力方向的正应力增量与剪应变增量之间没有耦合作用。在正交各向异性主方向（和后面的主应变方向）上的切线模量 E_1 和 E_2，可从式（2.109）中相应的应力－应变关系得出。然而，这时对剪切性质的合适定义产生了一个主要困难，这是由于缺乏有用的实验依据。因此，假设获得剪变模量 G 使 $1/G$ 在坐标轴旋转时保持不变。

根据上面的假设，增量关系式（2.110）可写成：

$$
\begin{Bmatrix} \dot{\sigma}_{11} \\ \dot{\sigma}_{22} \\ \dot{\tau}_{12} \end{Bmatrix} = \begin{bmatrix} \lambda \dfrac{E_1}{E_2} & \lambda\nu_1 & 0 \\ \lambda\nu_1 & \lambda & 0 \\ 0 & 0 & \dfrac{E_1 E_2}{E_1+E_2+2\nu_1 E_2} \end{bmatrix} \begin{Bmatrix} \dot{\varepsilon}_{11} \\ \dot{\varepsilon}_{22} \\ \dot{\gamma}_{12} \end{Bmatrix} \tag{2.111}
$$

其中

$$
\lambda = \frac{E_1}{E_1/E_2 - \nu_1^2} \tag{2.112}
$$

其中，ν_1 是对应于最大主方向 1 的切线泊松比，假设它等于单轴压缩试验的初始切线值（$\nu_1 = \nu$）。因此，在式（2.110）和式（2.111）中自动包括了泊松比的影响，因为泊松比本来就出现在本构关系中。所以，通过对式（2.109）中相应关系式进行微分，在得到切线模量 E_1 和 E_2 的表达式之前，必须先消去泊松比的影响，这种影响在式（2.109）的分母中由因子（$1-\nu\alpha$）表示。消除此因子，再在每个主应力方向对式（2.109）微分，则得到这些方向的切线模量 E_1 和 E_2 为（Liu 等，1972）：

$$E_1 = \frac{E_0 \left[1 - (\varepsilon_1/\varepsilon_2)^2\right]}{\left\{1 + \left[\frac{1}{1 - (\sigma_2/\sigma_1)}\frac{E_0\varepsilon_{1p}}{\nu}\frac{}{\sigma_{1p}} - 2\right]\left(\frac{\varepsilon_1}{\varepsilon_{1p}}\right) + \left(\frac{\varepsilon}{\varepsilon_{1p}}\right)^2\right\}^2} \tag{2.113}$$

E_2 的表达式采用同样的表达式,只需将 E_1 表达式中的角标 1 和 2 交换即可。在此表达式中,$(\sigma_{1p}, \varepsilon_{1p})$ 和 $(\sigma_{2p}, \varepsilon_{2p})$ 分别是主方向 1 和 2 的峰值极限应力和相应峰值应力处的应变。

式 (2.111) 可写成近似形式如下:

$$\left\{\begin{matrix} \dot{\sigma}_{11} \\ \dot{\sigma}_{22} \\ \dot{\tau}_{12} \end{matrix}\right\} = \begin{bmatrix} E_1^* & \nu^* & 0 \\ \nu^* & E_2^* & 0 \\ 0 & 0 & G^* \end{bmatrix} \left\{\begin{matrix} \dot{\varepsilon}_{11} \\ \dot{\varepsilon}_{22} \\ \dot{\gamma}_{12} \end{matrix}\right\} \tag{2.114}$$

其中,切线模量 E_1^*,E_2^*,ν^* 和 G^* 定义如下:

$$E_1^* = \frac{E_1}{1 - \nu_1^2 (E_2/E_1)}$$

$$E_2^* = \frac{E_2}{1 - \nu_1^2 (E_2/E_1)} \tag{2.115}$$

$$G^* = \frac{E_1 E_2}{E_1 + E_2 + 2\nu_1 E_2}$$

$$\nu^* = \nu_1 E_2^*$$

其中,E_1 和 E_2 分别由式 (2.113) 和其对应的表达式给出。在拉伸范围 (含双轴拉、压),切线模量 E_1 和 E_2 假定为常数 ($E_1 = E_2 = E_0$ 为单轴压缩初始切线模量)。

此模型的基本概念是把混凝土双轴应力 – 应变性质看做等效单轴关系式 (2.109)。对于比例加载情况 (α 为常数),双轴性质可在每个主应力方向上独立表示,也就是说,每个主方向上的应变增量可单独由该方向的主应力增量和相应的刚度算出,其中刚度是主应力比 α 的函数,它考虑了全部双轴效应。泊松比被假设为常数 (约 0.2),实验表明,这在混凝土到达 80% 峰值应力之前是相当接近的,过了此点就会逐渐发生偏差 (图 1.3)。

此模型的主要优点是简单,并且所要求的数据很容易从混凝土单轴试验或文献中提出的各种双轴试验获得。此模型主要用于二维问题中,如梁、板和薄壳,其应力状态主要是双轴应力状态。然而,从图 1.7 中显而易见,在双轴压缩下接近于峰值应力处有一个突然的体积增大。另外,众所周知,静水压力对多轴应力状态下的混凝土性质有显著影响 (见 1.2.4 节),这些性质不能用当前的等效单轴方式来考虑,因此,此模型在三维状态下没多大用处。

当前的公式中有一系列缺点,这些缺点是因为公式要求应力主轴和应变主轴一致,而这在混凝土常规加载中又没有进行控制,因此,这种复杂的正交各向异性模型不应用到非比例加载路径或循环加载中去,这些与在建立该模型时用到的双轴试验方案有本质的区别。

此模型在不同双轴应力状态中的应用和与实验结果的比较可在 Liu 等 (1972) 的文章中找到。

2.9 循环加载下的双轴正交各向异性增量模型

2.9.1 概述

在前述各节的本构模型中,没有一种能直接用于循环加载条件。众所周知,除在低应力水平以外，混凝土的卸载路径与加载路径完全不同。当卸载到初始应力状态时，其应变并不能完全恢复，而是保留一部分永久性的应变（塑性应变）。在某些应用中，为了模拟在循环加载条件下的性质（变模量方式[50]），将前述的简单模型与加载准则结合起来，该加载准则与本构关系无关。对于卸载情况假设其变形是由不同于加载情况的弹性模量控制的。然而，在这种情况下像惟一性和连续性这类问题将会引起数值计算上的困难。

在本节中，将提出一种能用来描述混凝土循环行为的双轴正交各向异性亚弹性模型。除此之外，将此模型本构关系表示成一种很容易与标准数值分析方法（如有限元方法）结合在一起的形式。此模型是由一些常用参数确定的，如单轴压缩和拉伸强度 f'_c 和 f'_t，峰值单轴应力处的应变 ε_c 和初始切线弹性模量 E_0。除经验性常数必须由每种混凝土混合物确定以外，其他参数的分析我们已有认识。下一节将讨论一种用于轴对称和三维条件下的双轴模型更具一般性的形式。

描述材料承受循环荷载的能力，需要真实地模拟强度和刚度的退化，这是一件很困难的事。因此，需要用一个类似应变的变量来跟踪变形历史和确定滞后行为，Darwin 和 Pecknold（1977）通过引用"等效单轴应变"概念成功地解决了这一问题。下面将给出这种变量，用来描绘变形的响应历史和控制循环特性。引入这一概念对描述单调加载没有多大的必要，但是在循环加载情况下，它的引入为双轴（Darwin 和 Pecknold，1977）和三轴（Elwi 和 Murray，1979）应力 - 应变响应提供了一种更简明的表达方式。

下面，首先给出增量本构方程和用其他材料常数表示的剪切刚度的假设形式，然后给出用增量单轴应变表示上述增量关系的方法，这将自然得出等效单轴应变的定义，最后针对单轴和循环加载情况引入等效单轴应变和应力关系的形式，而这就变成了根据应力和等效单轴应变参数推导增量弹性模量的基础。

2.9.2 增量本构关系的形式

在双轴应力条件下，正交各向异性增量应力 - 应变关系与式（2.110）的形式相同，且假定正交各向异性的主轴在主应力的方向上（如上一节所描述的模型一样）。现将式（2.110）做两个改进，首先，如果将"等效泊松比" μ 定义如下，则可得一个更方便的表达式：

$$\mu^2 = \nu_1 \nu_2 \tag{2.116}$$

其次，由于没有数据能用到剪变模量 G 上，因此假设它是关于轴变换的不变量，这就得出（Darwin 和 Pecknold，1977）

$$(1 - \mu^2)\ G = \frac{1}{4}\ (E_1 + E_2 - 2\mu\ \sqrt{E_1 E_2}) \tag{2.117}$$

因此，式（2.110）变成如下形式[50]：

$$\left\{ \begin{matrix} d\sigma_1 \\ d\sigma_2 \\ d\tau_{12} \end{matrix} \right\} = \frac{1}{(1 - \mu^2)} \begin{bmatrix} E_1 & \mu\ \sqrt{E_1 E_2} & 0 \\ & E_2 & 0 \\ \text{对称} & & \frac{1}{4}\ (E_1 + E_2 - 2\mu\ \sqrt{E_1 E_2}) \end{bmatrix} \left\{ \begin{matrix} d\varepsilon_1 \\ d\varepsilon_2 \\ d\gamma_{12} \end{matrix} \right\} \tag{2.118}$$

其中，为了简化，对正应力增量和应变增量（$d\sigma_1$，$d\sigma_2$，$d\varepsilon_1$ 和 $d\varepsilon_2$）采用一个下标，而轴 1 和 2 是当前的主应力轴。

2.9.3 等效单轴应变

切线模量 E_1 和 E_2 随应力的变化通过引入等效单轴应变的概念按如下方式确定，假设式（2.118）写成如下形式：

$$\left\{\begin{array}{c} \mathrm{d}\sigma_1 \\ \mathrm{d}\sigma_2 \\ \mathrm{d}\tau_{12} \end{array}\right\} = \left[\begin{array}{ccc} E_1 B_{11} & E_1 B_{12} & 0 \\ E_2 B_{21} & E_2 B_{22} & 0 \\ 0 & 0 & G \end{array}\right] \left\{\begin{array}{c} \mathrm{d}\varepsilon_1 \\ \mathrm{d}\varepsilon_2 \\ \mathrm{d}\gamma_{12} \end{array}\right\} \tag{2.119}$$

其中，系数 B_{ij}（i，$j=1$，2）可通过使式（2.119）中的矩阵项与式（2.118）中的相应项等来确定，在式（2.119）中进行乘法运算可得：

$$\mathrm{d}\sigma_1 = E_1 (B_{11}\mathrm{d}\varepsilon_1 + B_{12}\mathrm{d}\varepsilon_2)$$
$$\mathrm{d}\sigma_2 = E_2 (B_{21}\mathrm{d}\varepsilon_1 + B_{22}\mathrm{d}\varepsilon_2) \tag{2.120}$$
$$\mathrm{d}\tau_{12} = G\mathrm{d}\gamma_{12}$$

可将上式写成如下矩阵形式：

$$\left\{\begin{array}{c} \mathrm{d}\sigma_1 \\ \mathrm{d}\sigma_2 \\ \mathrm{d}\tau_{12} \end{array}\right\} = \left[\begin{array}{ccc} E_1 & 0 & 0 \\ 0 & E_2 & 0 \\ 0 & 0 & G \end{array}\right] \left\{\begin{array}{c} \mathrm{d}\varepsilon_{1u} \\ \mathrm{d}\varepsilon_{2u} \\ \mathrm{d}\gamma_{12} \end{array}\right\} \tag{2.121}$$

可以看出，这些关系式的每一个式子都与单轴应力条件下的形式相同，因此，将式（2.121）右边的应变矢量定义为"等效增量单轴应变"矢量，其元素的定义是用实际应变增量与式（2.120）中相应项等同来完成，即

$$\mathrm{d}\varepsilon_{iu} = B_{i1}\mathrm{d}\varepsilon_1 + B_{i2}\mathrm{d}\varepsilon_2 \quad (i=1, 2) \tag{2.122}$$

其中，系数 B_{ij}（i，$j=1$，2）是通过比较式（2.119）和式（2.118）中相应项得到的。很容易从这两个式子的比较中看出，系数 B_{ij}（i，$j=1$，2）是模量 E_1、E_2 和 μ（或 ν_1 和 ν_2）的函数。在这里，下标 i 和 j 仅限于 1 至 2 的范围中作选择，故这里不能用求和约定。

等效增量单轴应变 $\mathrm{d}\varepsilon_{iu}$ 可能是正，也可是负，可从式（2.121）中用如下形式（$i=1$，2）算出：

$$\mathrm{d}\varepsilon_{iu} = \frac{\mathrm{d}\sigma_i}{E_i} \tag{2.123}$$

而总的等效应变可通过对式（2.123）在加载路径上求积分得到：

$$\varepsilon_{iu} = \int \frac{\mathrm{d}\sigma_i}{E_i} \tag{2.124}$$

从式（2.123）可看出，增量单轴应变是材料在受（单轴）应力增量 $\mathrm{d}\sigma_i$ 而其他应力增量为零时在 i 方向呈现出的应变增量。然而，$\mathrm{d}\varepsilon_{iu}$ 取决于当前应力比（σ_1/σ_2），并且 ε_{iu} 和 $\mathrm{d}\varepsilon_{iu}$ 不能以应力同样的方式转换，两者都是假想的（除在单轴试验外），只在作为建立材料参数变量的一个量度时才有意义。

为了进一步解释这些等效单轴应变量，可考虑一种线弹性正交各向异性材料，此材料的特性是常数而等效单轴应变则变成 $\varepsilon_{iu} = \sigma_i/E_i$，因此，例如 ε_{iu} 表示在线弹性情况下在主方向 1 上消除了泊松比影响的应变，也就是，此应变仅由应力 σ_1 决定。在非弹性情况下可给出类似的解释，必须重复的是，ε_{iu} 并不是真实的应变，它们在坐标旋转时不像真实应

变一样变化。此外，它们是在主应力方向上累积的，以至于在加载的正常变化期间，例如 ε_{iu}，不能提供一个固定方向的变形历史，但它可以位于对应于主应力 σ_1 连续变化的方向上。不管怎样，Schnobrich（1978）指出，这些量的引入使得非常接近实际滞后的准则有可能在素混凝土中运用。其基本思想是，一旦应力－应变关系写成了与单轴情况相似的形式，就可使用与单轴应力－应变响应相似的应力－应变曲线。

下面，讲述单调加载和循环加载两种情况下与应力、应变有关的，并且在以前的方程里出现了的 E_1，E_2 和 μ，以便更完善地描述现在的应力－应变模型。

2.9.4 等效单轴应力－应变关系

单调加载情况

若用所观测的峰值应力和相应的应变（σ_c，ε_c）来校正每个不同的主应力比（见图1.6）的双轴应力－应变曲线，那么可发现最终的曲线是相当一致的，而且可以用响应中压缩加载部分的一个简单分析表达式表示出来。为此，Saenz（1964）建议在双轴压缩中使用关系式（2.105），根据双轴情况中的等效单轴应变写出式（2.105），可得到（$i=1,2$）

$$\sigma_i = \frac{E_0 \varepsilon_{iu}}{1 + \left(\dfrac{E_0}{E_s} - 2\right)\dfrac{\varepsilon_{iu}}{\varepsilon_{ic}} + \left(\dfrac{\varepsilon_{iu}}{\varepsilon_{ic}}\right)^2} \tag{2.125}$$

其中，E_0 是应力为零时的切线弹性模量；σ_{ic} 是 i 方向的最大（峰值）压缩主应力；ε_{ic} 是与最大（峰值）压缩主应力相应的等效单轴应变；$E_s = \sigma_{ic}/\varepsilon_{ic}$，是峰值（最大）应力点处的割线模量。

等效单轴应变 ε_{iu} 主要要消除泊松比的影响，而强化和延性增加的效应分别纳入 σ_{ic} 和 ε_{ic} 中，也就是，主应力比（$\alpha = \sigma_1/\sigma_2$）对应力－应变响应的影响首先包含在 σ_{ic} 和 ε_{ic} 中，而泊松比的影响包含在可变化的 ε_{iu} 中，因此，如果 E_s 为常数，即如果主应力比引起的延性增加和强度增加是成比例的，则公式（2.125）的单一曲线可能给出单调双轴加载情况的无限变化。然而，一般说来，割线模量 E_s 是可由实验数据确定的主应力率的函数。

现在可将给定主应力比的 E_1 和 E_2 值看做曲线 $\sigma_1 - \varepsilon_{1u}$ 和 $\sigma_2 - \varepsilon_{2u}$ 的切线斜率，如式（2.125）在当前值 ε_{1u} 和 ε_{2u} 时所给出的一样，其中，ε_{1u} 和 ε_{2u} 是对应于式（2.124）在加载历史期间求和得到的，不同的双轴应力状态下强度参数 σ_{1c} 和 σ_{2c} 的表达式是由近似双轴强度包络线得到的（图1.5），而相应的应变 ε_{1u} 和 ε_{2u} 是对双轴试验结果作曲线拟合的表达式得到的（如，Darwin 和 Pecknold，1977）。等效泊松比 μ 在双轴压缩时可看做是常数0.2在双轴拉－压和单轴压缩状态下，Darwin 和 Pecknold（1977）提出了依赖于应力的 μ 值，在拉－拉范围内，混凝土按线弹性断裂材料建立模型，其切线模量为常数（$E_1 = E_2 = E_0$，$\nu_1 = \nu_2 = \mu \approx 0.2$）。

循环加载情况

普通混凝土在承受循环单轴压缩应力时的典型变形行为如图2.8所示。图中表明，随着循环周次的增加，混凝土的刚度和强度都要下降，对每一卸载—再加载的循环，可观察到滞后回线，此滞后回线的面积（代表能量耗散）随每次循环而减少，但最终在疲劳破坏前增大（Sinha 等，1964），单调应力－应变曲线可看做是混凝土在循环荷载下峰值应力的合理包络线（Sinha 等，1964）。

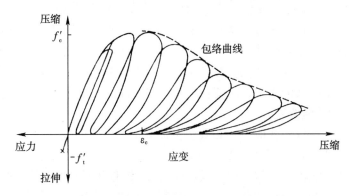

图 2.8　混凝土单轴加载响应曲线（Karsan 和 Jirsa，1969）

为了能真实地模拟出循环响应，本模型应能考虑到强度下降、刚度下降和循环荷载下的滞后行为。由于缺乏能用于混凝土在循环荷载作用下的双轴数据，此模型公式中只能使用单轴数据。因而，假设在双轴和单轴荷载之间有相同的关系或转换，且通过使用等效单轴应变，就能应用到循环荷载情况中去（如单调加载一样），尽管在循环荷载情况下，这种假设并没有实验数据支持。在此假设的基础上，首先提出分析模型来拟合混凝土在循环荷载作用下单轴压缩应力－应变性质，然后用等效应变代替实际单轴应变可直接将此曲线转化为双轴应力条件下的曲线，这将在下面作简要描述。更详细的内容在 Darwin 和 Pecknold（1974）的研究结果中给出。

在当前的模型中，从实验数据得到的典型滞后曲线（图 2.8）是被理想化了的，并且用直线段近似表示滞回环（图 2.9）。（$0.2f'_c$，$4\varepsilon_c$）的直线，这里，E_0 是零应力处的切线弹性模量，f'_c 是最大抗压强度，ε_c 为 f'_c 处的应变，$\varepsilon_f = 4\varepsilon_c$ 是在压碎时的压缩应变，$\sigma_f = 0.2f'_c$ 是在压碎 ε_f 处的强度，而 $E_s = f'_c/\varepsilon_c$ 是最大（峰值）应力 f'_c 处的割线斜率。

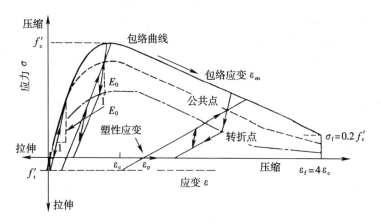

图 2.9　在循环特征下建议采用的模型（Darwin 和 Pecknold，1974）

卸载处包络线的应变 ε_{en} 称之为"包络应变"，零应力处的残余应变 ε_p 称为"塑性应变"，假设它们之间有一经验关系，此关系为（Karsan 和 Jirsa，1969）：

$$\frac{\varepsilon_\mathrm{p}}{\varepsilon_\mathrm{c}} = 0.145\left(\frac{\varepsilon_\mathrm{en}}{\varepsilon_\mathrm{c}}\right)^2 + 0.13\left(\frac{\varepsilon_\mathrm{en}}{\varepsilon_\mathrm{c}}\right). \tag{2.126}$$

Karsan 和 Jirsa（1969）的报告表明，在应力－应变曲线上有由一系列点组成的带，它对在连续循环荷载下混凝土的性能有影响。如果荷载在这一带之下循环，则应力－应变曲线形成一个闭合的滞后回线。如果荷载处于这一带上或高于这一带循环，假设峰值应力在循环中保持不变，则附加的永久性应变会累积。在当前的模型中，这个带将收缩成为一条"公共点的轨迹"的单值曲线。

如图 2.9 所示，在低应变值时，卸载和再加载都发生在斜率为 E_0 的直线上。在高应变值时，则再加载曲线是采用从"塑性应变"点 $(0, \varepsilon_\mathrm{p})$ 到公共点的直线来描述的。而卸载曲线则用三段直线段来近似：第一段斜率为 E_0 的直线段；第二段平行于再加载直线；第三段斜率为零。在卸载和再加载平行线段之间，加载首先逆着斜率为 E_0 的直线进行。

可以调节包络线公共点的位置，以控制循环破坏的周数。当公共点的轨迹降低时，在给定的最大应力下，只需要较少的循环荷载就能与包络线相交。

每次循环的耗散能由图 2.9 所示的转折点位置控制。转折点的位置越低，每次循环耗散的能量越多，公共点的位置和转折点的位置必须由实验数据确定，Darwin 和 Pecknold（1974）给出了这些点位置的简单表达式。

一旦确定出在循环压缩加载条件下（图 2.9）单轴应力－应变曲线不同部分的各种表达式，就可用双轴应力 σ_i 和等效单轴应变 ε_{iu} 分别代替单轴应力 σ 和应变 ε，并能直接将这些表达式转化成 σ_i 和 ε_{iu} 表示的双轴加载条件。也就是，用与图 2.9 中相同的曲线来描述双轴循环荷载下的应力－等效单轴应变关系。这里，单轴情况下的参数 f'_c，ε_c，σ_f 和 ε_f 分别被双轴情况下的参数 σ_{ic}，ε_{ic}，σ_{if} 和 ε_{if} 代替，其中，在这种情况下仍保持 $\sigma_{if} = 0.2\sigma_{ic}$ 和 $\varepsilon_{if} = 4\varepsilon_{ic}$（近似于单轴情况的 $\sigma_\mathrm{f} = 0.2f'_\mathrm{c}$ 和 $\varepsilon_\mathrm{f} = 4\varepsilon_\mathrm{c}$）。类似地，式（2.126）中的包络应变 ε_en 和塑性应变 ε_p 表示等效单轴应变，而在每个主方向上用 ε_c 代替 ε_{ic}。

概括起来说，上述本构关系是根据等效单轴应变建立的，是与路径相关的。一般说来，应力和应变主轴是不重合的。然而，与前一节所述模型不同，此应力－应变模型能用到更普通的非比例加载情况，包括循环加载情况。由于模型的正交各向异性形式，所以忽略了增量应力和应变主方向的一致性以及主应力方向上增量正应力和剪应变之间的交叉影响。对该模型和其他正交各向异性模型及由它们推导的各种理论的进一步评价和讨论将在2.10 节末尾给出。

上述模型已广泛用于混凝土结构的不同的有限元分析中，在多数情况下得到了很好的结果（如，Darwin 和 Pecknold，1974，1967，1977）。在本章末尾，给出了根据此模型分析单调和循环加载情况下剪力墙的计算例子（2.12.2 节）。

2.10　循环荷载下轴对称正交各向异性增量模型

本节给出了前一节所述用于三维（轴对称）情况的一种广义本构关系（Elwi 和 Murray，1979）。此模型公式的推导与前节的一般步骤一样，也就是，首先给出假定的增量本构方程并建立用其他材料常数表示的剪切刚度，然后将这些增量关系用等效单轴应变来表示，接着给出等效单轴应变和应力之间的关系，而这可用来导出切线弹性模量的表达式。泊松比表示成等效单轴应变的函数。最后定义描述极限强度面和描述相应等效单轴应变面的参数。

2.10.1 本构关系的形式

此本构关系是用来分析轴对称结构的，因此，切线本构矩阵是 4×4 阶的（见式 1.91）。假设材料是正交各向异性，则独立的材料变量为 7 个，相对于材料正交各向异性主轴时，则本构矩阵形式可写为：

$$\begin{Bmatrix} d\varepsilon_1 \\ d\varepsilon_2 \\ d\varepsilon_3 \\ d\gamma_{12} \end{Bmatrix} = \begin{bmatrix} E_1^{-1} & -\nu_{12}E_2^{-1} & -\nu_{13}E_3^{-1} & 0 \\ -\nu_{21}E_1^{-1} & E_1^{-1} & -\nu_{23}E_3^{-1} & 0 \\ -\nu_{31}E_1^{-1} & -\nu_{32}E_2^{-1} & E_3^{-1} & 0 \\ 0 & 0 & 0 & G_{12}^{-1} \end{bmatrix} \begin{Bmatrix} d\sigma_1 \\ d\sigma_2 \\ d\sigma_3 \\ d\tau_{12} \end{Bmatrix} \qquad (2.127)$$

其中，下标 1、2 和 3 代表正交各向异性主轴；E 和 ν 分别为正交各向异性弹性模量和泊松比；G 为剪变模量。材料的正交各向异性主轴 1、2 和 3 假设沿着当前总应力主轴。

正交各向异性的对称性导出了如下限制[50]：

$$\nu_{12}E_1 = \nu_{21}E_2$$
$$\nu_{13}E_1 = \nu_{31}E_3 \qquad (2.128)$$
$$\nu_{23}E_2 = \nu_{32}E_3$$

用式（2.128）将式（2.127）写成明显的对称形式：

$$\begin{Bmatrix} d\varepsilon_1 \\ d\varepsilon_2 \\ d\varepsilon_3 \\ d\gamma_{12} \end{Bmatrix} = \begin{bmatrix} \dfrac{1}{E_1} & -\dfrac{\mu_{12}}{E_1 E_2} & -\dfrac{\mu_{13}}{E_1 E_3} & 0 \\ & \dfrac{1}{E_2} & -\dfrac{\mu_{23}}{E_2 E_3} & 0 \\ & & \dfrac{1}{E_3} & 0 \\ \text{对称} & & & \dfrac{1}{G_{12}} \end{bmatrix} \begin{Bmatrix} d\sigma_1 \\ d\sigma_2 \\ d\sigma_3 \\ d\tau_{12} \end{Bmatrix} \qquad (2.129)$$

可将上式变换为应变增量 $\{d\varepsilon\}$ 表示应力增量 $\{d\sigma\}$ 的形式：

$$\{d\sigma\} = [C_t]\{d\varepsilon\} \qquad (2.130)$$

其中，$\{d\sigma\}$ 和 $\{d\varepsilon\}$ 分别为式（2.129）中出现的应力增量矢量和应变增量矢量；且材料的切线刚度矩阵 $[C_t]$ 为：

$$[C_t] = \frac{1}{\phi} \begin{bmatrix} E_1(1-\mu_{32}^2) & \sqrt{E_1 E_2}(\mu_{13}\mu_{32}+\mu_{12}) & \sqrt{E_1 E_3}(\mu_{12}\mu_{32}+\mu_{13}) & 0 \\ & E_2(1-\mu_{13}^2) & \sqrt{E_2 E_3}(\mu_{12}\mu_{13}+\mu_{32}) & 0 \\ \text{对称} & & E_3(1-\mu_{12}^2) & \phi G_{12} \end{bmatrix}$$

$$(2.131)$$

其中

$$\mu_{12}^2 = \nu_{12}\nu_{21}$$
$$\mu_{23}^2 = \nu_{23}\nu_{32}$$

$$\mu_{13}^2 = \nu_{13}\nu_{31}$$
$$\phi = 1 - \mu_{12}^2 - \mu_{23}^2 - \mu_{13}^2 - 2\mu_{12}\mu_{23}\mu_{13} \tag{2.132}$$

现在，就前一节描述的正交各向异性双轴模型来说，由于没有能得到混凝土剪切性能的实验数据，于是就假设剪变模量 G_{12} 是关于坐标旋转的不变量，即如果我们将式（2.131）中的矩阵 $[C_t]$ 变换到一个非正交各向异性坐标轴（1′，2′，3′）并引入剪变模量不变的要求，就可得到：

$$G_{12} = \frac{1}{4\phi}\left[E_1 + E_2 - 2\mu_{12}\sqrt{E_1E_2} - (\sqrt{E_1}\mu_{23} + \sqrt{E_2}\mu_{31})^2\right] \tag{2.133}$$

注意，对平面应力情况（即令在式（2.129）中的 $d\sigma_3 = 0$ 并消去本构方程中的矩阵中的第三行和第三列），由式（2.133）和式（2.131）就可分别导出 2.9 节给出的双轴正交各向异性模型公式（2.117）和式（2.118）。

这里，式（2.130）作为双轴正交各向异性模型，可写成：

$$\begin{Bmatrix} d\sigma_1 \\ d\sigma_2 \\ d\sigma_3 \\ d\tau_{12} \end{Bmatrix} = \begin{bmatrix} E_1B_{11} & E_1B_{12} & E_1B_{13} & 0 \\ E_2B_{21} & E_2B_{22} & E_2B_{23} & 0 \\ E_3B_{31} & E_3B_{32} & E_3B_{33} & 0 \\ 0 & 0 & 0 & G_{12} \end{bmatrix} \begin{Bmatrix} d\varepsilon_1 \\ d\varepsilon_2 \\ d\varepsilon_3 \\ d\gamma_{12} \end{Bmatrix} \tag{2.134}$$

其中，系数 B_{ij} 可用式（2.134）中矩阵项与式（2.131）中相应项相等来定义。根据与前一节双轴模型相同的步骤，最后，可得到如下增量应力－等效单轴应变关系：

$$\begin{Bmatrix} d\sigma_1 \\ d\sigma_2 \\ d\sigma_3 \\ d\tau_{12} \end{Bmatrix} = \begin{bmatrix} E_1 & 0 & 0 & 0 \\ 0 & E_2 & 0 & 0 \\ 0 & 0 & E_3 & 0 \\ 0 & 0 & 0 & G_{12} \end{bmatrix} \begin{Bmatrix} d\varepsilon_{1u} \\ d\varepsilon_{2u} \\ d\varepsilon_{3u} \\ d\gamma_{12} \end{Bmatrix} \tag{2.135}$$

其中，等效单轴应变增量 $d\varepsilon_{iu}$ 定义为：

$$d\varepsilon_{iu} = B_{i1}d\varepsilon_1 + B_{i2}d\varepsilon_2 + B_{i3}d\varepsilon_3 \quad (i = 1, 3) \tag{2.136}$$

式中除应变增量 $d\varepsilon_i$ 和 $d\varepsilon_{iu}$（$i = 1, 3$）有三个分量外，其他的均与式（2.122）相似。增量和总的等效单轴应变 $d\varepsilon_{iu}$ 和 ε_{iu} 在 $i = 1$ 到 3 时，可分别用与式（2.123）和式（2.124）相同的等式来确定。下文中，下标 i 和 j 只表明其范围为 3，而通常不表示求和约定。

2.10.2　等效单轴应力－应变关系

前面方程中采用的切线弹性模量 E_1，E_2 和 E_3 可以从假设的应力－等效单轴应变关系中求出。在目前情况下，式（2.125）中的双轴关系可推广并用来描述拉伸和压缩三轴行为。根据等效单轴应变，可写出推广的关系式为（Elwi 和 Murray，1979）：

$$\sigma_i = \frac{E_0\varepsilon_{iu}}{1 + \left(R + \dfrac{E_0}{E_s} - 2\right)\dfrac{\varepsilon_{iu}}{\varepsilon_{ic}} - (2R-1)\left(\dfrac{\varepsilon_{iu}}{\varepsilon_{ic}}\right)^2 + R\left(\dfrac{\varepsilon_{iu}}{\varepsilon_{ic}}\right)^3} \tag{2.137}$$

其中，（见图 2.10）

$$R = \frac{E_0}{E_s}\frac{(\sigma_{ic}/\sigma_{if} - 1)}{(\varepsilon_{if}/\varepsilon_{ic} - 1)^2} - \frac{\varepsilon_{ic}}{\varepsilon_{if}} \tag{2.138}$$

式（2.137）所描述的曲线类型已标在图 2.10 中，式（2.138）中定义 R 时所用的变量如图中所示。特别地，E_0 为初始弹性模量；σ_{ic} 是对于当前主应力比而出现的，在 i 方向上的最大（峰值）应力；ε_{ic} 是相应的等效单轴应变；σ_{if}，ε_{if} 是应力－等效应变曲线下降段上一些点的坐标。

杨 氏 模 量

利用式（2.137）得出切线模量 E_i。从式（2.123）可得：

$$E_i = \frac{\mathrm{d}\sigma_i}{\mathrm{d}\varepsilon_{iu}} \tag{2.139}$$

将式（2.137）对 ε_{iu} 微分可得式（2.139）右边的表达式，结果为：

$$E_i = E_0 \frac{1 + (2R - 1)\left(\dfrac{\varepsilon_{iu}}{\varepsilon_{ic}}\right)^2 - 2R\left(\dfrac{\varepsilon_{iu}}{\varepsilon_{ic}}\right)^3}{\left[1 + \left(R + \dfrac{E_0}{E_s} - 2\right)\dfrac{\varepsilon_{iu}}{\varepsilon_{ic}} - (2R - 1)\left(\dfrac{\varepsilon_{iu}}{\varepsilon_{ic}}\right)^2 + R\left(\dfrac{\varepsilon_{iu}}{\varepsilon_{ic}}\right)^3\right]^2} \tag{2.140}$$

其中定义了所要求的模量。

泊 松 比

假如当前全应力特殊比在图 2.10 中所示的参数是已知的，就可由式（2.140）确定出式（2.131）和式（2.135）中的增量弹性模量（随后给出图 2.10 中所示参数的估算）。然而，在完成增量应力－应变关系之前，还必须确定式（2.132）中泊松比的值。根据 Kupfer 等（1969）的单轴压缩试验结果，Elwi 和 Murray（1979）得出了作为应变函数的泊松比 ν 的最小二乘法拟合的表达式为：

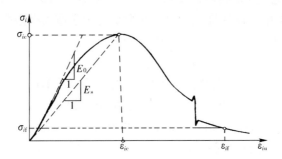

图 2.10　典型的压应力－等价单轴应变曲线

$$\nu = \nu_0 \left[1.0 + 1.3763 \frac{\varepsilon}{\varepsilon_u} - 5.3600\left(\frac{\varepsilon}{\varepsilon_u}\right)^2 + 8.586\left(\frac{\varepsilon}{\varepsilon_{it}}\right)^3\right] \tag{2.141}$$

或

$$\nu = \nu_0 f\left(\frac{\varepsilon}{\varepsilon_u}\right) \tag{2.142}$$

其中，ε 是单轴加载方向的应变；对于单轴试验，$\varepsilon_u = \varepsilon_{ic}$；$\nu_0$ 为 ν 的初始值，$f(\ )$ 是式（2.141）所示的三次函数。

假设现在通过采用式（2.142）可将轴对称泊松比用于各个等效单轴应变中，即可假定三个独立的泊松比，每一个的形式为：

$$\nu_i = \upsilon_0 f\left(\frac{\varepsilon_{iu}}{\varepsilon_{ic}}\right) \tag{2.143}$$

式（2.132）可写成：

$$\mu_{12}^2 = \nu_1 \nu_2$$
$$\mu_{23}^2 = \nu_2 \nu_3 \tag{2.144}$$
$$\mu_{31}^2 = \nu_3 \nu_1$$

所以，增量本构矩阵式（2.129）中的变量已经可以全部用 ν_0 和式（2.138）中定义的 R 表示出来。

但是，在讨论式（2.137）中参数计算之前，还应注意式（2.132）中定义的变量应总是非负的。因而，可从式（1.143）确定 ν_i 的极限值为0.5，此值对应着体积改变增量为零的极限状态。Kotsovos 和 Newrman（1977）指出达到此极限的点与"失稳的裂纹扩展"的开始相对应，这就导致了在接近极限强度时所观察到的混凝土的膨胀现象（1.2.2节）。

极　限　面

由式（2.140）定义的变模量的估算值，要求对 R 的表达式（2.138）中出现的参数进行说明。由于这些参数随当前每一应力比变化，所以很容易通过规定应力空间中的一个面来定义每一应力比下的 σ_{ic} 值，以及规定在单轴应变空间中的一个面来定义与 σ_{ic} 相应的三个 ε_{ic} 值，从而得到这些参数（图 2.10）。

在应力空间中用来定义任何应力比下的极限强度 σ_{ic} 的表面通常称作"破坏面"。由于此名称在具有应变软化性质的材料的文章中容易给人错误的印象，故在下面将此表面称作"极限强度面"，1.3 节中所述的每一不同的准则都可用来作为极限强度面以估算当前任何应力比下式（2.138）中的三个参数 σ_{ic}。特别是 Elwi 和 Murray（1979）已采用了 Willam 和 Warnke（1.5 节）的五参数面以求出此模型的强度值 σ_{ic}。

然而，式（2.138）也需要与极限强度值 σ_{ic} 有关的等效单轴应变 ε_{ic} 估算值。出于此目的，假设在等效单轴应变空间有一个与极限强度面形式相同的面，应该记住，除单轴应力路径外，等效单轴应变是假想的量。然而，我们定义了与应力量相应的类似应变量，通过用等效应变 ε_{1u}、ε_{2u} 和 ε_{3u} 分别代替极限强度面方程中的主应力 σ_1、σ_2 和 σ_3。

式（2.138）要求保留的参数是应力-等效单轴应变曲线（图 2.10）下降段的 σ_{if} 和 ε_{if} 值。这些点的定义不可能以任何精确的实验为基础，这是由于应力-应变曲线下降段是高度依赖于试验的，从有限静态试验确定的曲线是不能得到的，曲线的此部分通常必须从弯曲应力的分布特性中推导。Elwi 和 Murray（1979）采用了如下假设：

$$\varepsilon_{if} = 4\varepsilon_{ic}$$
$$\sigma_{if} = \frac{\sigma_{ic}}{4} \tag{2.145}$$

到这里，完成本构关系所需材料变量的确定方法已全部给出。应该注意，尽管在轴对称关系的内容中已做了改进，但此方法在普通三维问题中推广并不重要，这是由于仅要求确定附加增量剪变模量 G_{23} 和 G_{31}，而它们可按 G_{12} 的同一方式来确定（见式 2.133、

2.143、2.144)。目前的三轴模型也可以用与前一节中双轴正交各向异性模型一样的步骤推广到包括循环加载行为的情况（见2.9.4节）。

上述模型已被 Elwi 和 Murray（1997）用于各种非比例三轴加载条件中，在所研究的情况中已与试验结果取得了很好的一致性。

2.10.3　评述

从计算和实用的观点来看，上述的各种增量正交各向异性模型为混凝土结构进行非线性分析提供了一种诱人的方法，这主要是因为它们简单，这些模型很好地描述了混凝土在双轴（2.8节和2.9节）和三轴（2.10节）比例加载条件下的性质，而且，2.9节中的正交各向异性模型可重现混凝土在平面应力条件下的循环特性。此正交各向异性模型也被广泛地用到各种实际有限元问题中。

然而，增量正交各向异性模型用于有主应力方向旋转的一般加载历史时受到了严格的批评，包括实际应用和理论两方面（Bazant，1997）。关于这些批评的主要观点概括如下：

1. 在前而的讨论中，正交各向异性模型的基本假设是正交各向异性轴与主应力方向一致。因此，从一个加载阶段到下一个加载阶段的变形过程中，材料的正交各向异性轴应旋转使得与当前应力主轴平行。然而，混凝土的非线性响应和不具备增量各向同性是因为存在由先前变形产生的某些缺陷（如微裂纹和滑移）。材料正交各向异性轴的旋转意味着这些缺陷也随着材料旋转。这就暗示假设这些缺陷只是由当前的应力状态（而不是初变形）造成的，就意味着假设材料的非线性是与路径无关的。然而，这些情况在混凝土的常规加载中无疑是不正确的，尤其在接近破坏的高应力水平下确定各向异性定向的区域。

2. 对一种正确的客观公式（如，关于坐标轴变换的不变量），则初始各向同性混凝土的增量本构关系，如式（2.118）或式（2.130），在任何坐标轴转换中必须是形式不变的，其讨论如前面一样。在上面讨论的正交各向异性模型中，式（2.124）计算的在主应力方向上的等效单轴应变被用作确定材料参数 E_i 中变量的基础。要得到适合主应力方向旋转情况的不变量公式，则这些等效单轴应变必须是标量（不是矢量或张量），因此虽然提供了应力历史的不变量测方法，但关于这一点的详尽细节却没有给出。

3. 由于这些模型没有用到任何明确的加载－卸载准则，因此在常规加载条件下的加载和卸载定义是模糊的。在一个主应力轴上的严格加载可能伴随着其他方向的卸载[50]。

综上所述，当增量正交各向异性模型应用到确定的卸载范围和主应力方向有显著旋转的复杂应力历史情况时，其理论的完善还有一些问题。再者，应该强调的是，这些模型已广泛地用于实际混凝土结构的有限元分析中，就其与可行的实验方法的比较来说，在许多情况下都得到了好的结果（如，Darwin 和 Pecknold，1974，1976）。然而所发表的计算结果仍有限，他们不关心模型理论方面对计算方法正确性影响的研究。尚需进行进一步的研究才能得出可靠的结论。

2.11　一阶亚弹性模型

在前面的各节中已讨论了各种增量本构模型。在这些模型中，增量应力－应变关系是采用改变与应力或应变相关的切线模量的线弹性关系式直接得到的。三个不同的例子，包括各向同性（2.7节）、双轴正交向异性（2.8节和2.9节）和轴对称正交各向异性（2.10节）模型及它们在混凝土材料中的运用已作了研究。本节中，将给出一种以经典低弹性理论[50]为基础的一阶本构模型。这种本构关系运用于混凝土和土体材料具有很多优点。除了所描述的非线性特征外，该模型还包括了破坏（或稳定）准则。一阶亚弹性模型的各方面及其相关的破坏（或稳定）准则即将在下面进行讨论。更详细的讨论可参看 Coon 和 E-vans（1972）的文章。

2.11.1 一般公式

式（2.12）描述的本构关系提供了最一般的与时间无关的增量性质表达式，该本构关系假设时间是以齐次出现的。为了从这个一般关系中提取一种特殊的形式，必须做几个关于材料性质的假设。例如，根据应力和应变增量线性相关的假设，材料响应张量仅决定于应力或应变状态，可得出式（2.13）的四种特殊情况，这里，选择式（2.13）中第一式给出的本构关系：

$$\dot{\sigma}_{ij} = C_{ijkl}\ (\sigma_{mn})\ \dot{\epsilon}_{kl} \tag{2.146}$$

另外，假设材料性质是各向同性的，则材料特性张量 C_{ijkl}（σ_{mn}）必须满足任何坐标变换[50]下的各向同性条件[50]。在这种情况下，代表了张量 C_{ijkl}（σ_{mn}）的最一般形式[50]。

现在，进一步假设式（2.146）中张量 C_{ijkl} 出现的应力仅是一次幂，则切线刚度张量 C_{ijkl} 的最一般形式可写成：

$$
\begin{aligned}
C_{ijkl} = {} & (a_{01} + a_{11}\sigma_{rr})\ \delta_{ij}\delta_{kl} + \frac{1}{2}\ (a_{02} + a_{12}\sigma_{rr})\ (\delta_{ik}\delta_{jl} + \delta_{jk}\delta_{il}) \\
& + a_{13}\sigma_{ij}\delta_{kl} + \frac{1}{2}a_{14}\ (a_{jk}\delta_{li} + \sigma_{jl}\delta_{ki} + \sigma_{ik}\delta_{lj} + \sigma_{il}\delta_{kj}) \\
& + a_{15}\sigma_{kl}\delta_{ij}
\end{aligned}
\tag{2.147}
$$

将上式代入式（2.146）可得到如下本构关系：

$$
\begin{aligned}
\dot{\sigma}_{ij} = {} & a_{01}\dot{\epsilon}_{kk}\delta_{ij} + a_{02}\dot{\epsilon}_{ij} + a_{11}\sigma_{pp}\dot{\epsilon}_{kk}\delta_{ij} \\
& + a_{12}\sigma_{mm}\dot{\epsilon}_{ij} + a_{13}\sigma_{ij}\dot{\epsilon}_{kk} + a_{14}\ (\sigma_{jk}\dot{\epsilon}_{ik} + \sigma_{ik}\dot{\epsilon}_{jk}) \\
& + a_{15}\sigma_{kl}\dot{\epsilon}_{kl}\delta_{ij}
\end{aligned}
\tag{2.148}
$$

其中，七个参数 a_{01} 到 a_{15} 是材料常数。

这些关系式代表了*初始各向同性材料的一阶亚弹性本构关系*的最一般公式。式（2.148）中的后三项表示此方程式描述的性质呈现应力诱发的各向异性。

式（2.148）所研究的材料性质是围绕七个材料常数 a_{01} 到 a_{15} 展开的。注意，如果除 a_{01} 和 a_{02} 外的所有材料性质常数被消除（零阶亚弹性），则可由本构关系式（2.148）导出线弹性材料的广义虎克定律表达式，并具有能描述初始应变为零状态下的初始应力的附加自由条件。对于任何描述的加载（或应力）路径和初始条件，则可通过对亚弹性本构关系求积分得到全应力－应变关系式，其假设条件

$$\frac{\partial C_{ijkl}}{\partial \epsilon_{np}} = \frac{\partial C_{ijnp}}{\partial \epsilon_{kl}} \quad \text{或} \quad \frac{\partial C_{ijkl}}{\partial \sigma_{rs}}\frac{\partial \sigma_{rs}}{\partial \epsilon_{np}} = \frac{\partial C_{ijnp}}{\partial \sigma_{mq}}\frac{\partial \sigma_{mq}}{\partial \epsilon_{kl}} \tag{2.149}$$

能满足。

对于 Cauchy 弹性材料（也就是应力状态由应变状态惟一决定，而与应力历史无关），

式（2.149）必须对所有的应力状态成立，这就给材料常数强加了某些约束。把式（2.147）中的 C_{ijkl} 代入积分条件式（2.149）中［注意 $(\partial\sigma_{rs}/\partial\varepsilon_{np}) = C_{rsnp}$］且要求结果与应力状态无关，这表明该条件必须同时满足 Cauchy 弹性性质的如下要求（Coon 和 Evans，1972）：

$$a_{14} = 0$$
$$a_{12}\,(3a_{11} + a_{12}) = 0$$
$$a_{12}a_{15} = 0 \qquad\qquad (2.150)$$
$$a_{15}\,(3a_{11} + a_{15}) = 0$$
$$3a_{01}a_{12} + a_{02}\,(a_{12} - a_{13}) = 0$$

此外，若要用式（2.148）来描述亚弹性性质，则切线刚度张量 C_{ijkl} 必须满足对称条件 $C_{ijkl} = C_{klij}$，这就引出附加的约束[50]。

$$a_{13} = a_{50} \qquad\qquad (2.151)$$

除满足式（2.150）外，上式必须满足。

对于任何不满足式（2.150）和式（2.151）要求的材料性质（a_{01} 到 a_{15}）的组合，其全应力和应变决定于加载路径。因此，式（2.148）描述的性质通常是与路径相关的。

式（2.146）提供了一种破坏（或稳定）准则，也就是，在没有任何应力状态改变的情况下发生变形增长的极限应力状态。从式（2.146）中，可得出如下的破坏应力条件：

$$C_{ijkl}\,\dot{\varepsilon}_{kl} = 0 \qquad\qquad (2.152)$$

上式在如下情况时得到满足：

$$\det |C_{ijkl}| = 0 \qquad\qquad (2.153)$$

为了便于式（2.153）中行列式的计算，通常将坐标轴与主应力方向对准。则行列式的形式为：

$$\begin{vmatrix} K_1 & K_{12} & K_{13} & 0 & 0 & 0 \\ K_{21} & K_2 & K_{23} & 0 & 0 & 0 \\ K_{31} & K_{32} & K_3 & 0 & 0 & 0 \\ 0 & 0 & 0 & K_4 & 0 & 0 \\ 0 & 0 & 0 & 0 & K_5 & 0 \\ 0 & 0 & 0 & 0 & 0 & K_6 \end{vmatrix} = 0 \qquad\qquad (2.154)$$

其中

$$K_{ij} = a_{01} + a_{11}I_1 + a_{13}\sigma_i + a_{15}\sigma_j, 对于\ i \neq j, i,j = 1,2,3$$
$$K_i = a_{01} + a_{02} + (a_{11} + a_{12})I_1 + (a_{13} + 2a_{14} + a_{15})\sigma_i, 对于\ i = 1,2,3$$
$$K_4 = \frac{1}{2}[\lambda + a_{14}(I_1 - \sigma_3)]$$
$$K_5 = \frac{1}{2}[\lambda + a_{14}(I_1 - \sigma_1)]$$
$$K_6 = \frac{1}{2}[\lambda + a_{14}(I_1 - \sigma_2)]$$

$$\lambda = a_{02} + a_{12}I_1 \tag{2.155}$$

这里，$I_1 = \sigma_{kk}$ 且 σ_1，σ_2 和 σ_3 为主应力，展开式（2.154）可得：

$$
\begin{aligned}
&\Big(\lambda \{ -6a_{13}a_{15}J_2 + \lambda[3a_{01} + a_{02} + (3a_{11} + a_{12} + a_{13} + a_{15})I_1]\} \\
&+ 2a_{14}\Big\{ \lambda^2 I_1 + 2\lambda I_1(a_{01} + a_{11}I_1) + \Big(\frac{2I_1^2}{3} - 2J_2\Big)[a_{14}(a_{01} + a_{11}I_1) \\
&+ \lambda(a_{13} + a_{14} + a_{15})] + (\bar{I}_3 - I_1 J_2)[2a_{14}(3a_{13} + 2a_{14} + 3a_{15}) \\
&+ 6a_{13}a_{15}] - a_{13}a_{15}\Big(\frac{I_1^3}{3} + 2I_1 J_2 - 3\bar{I}_3\Big)\Big\}\Big) K_4 K_5 K_6 = 0
\end{aligned}
\tag{2.156}
$$

其中，应力不变量 J_2 和 $\bar{I}_3$ 定义如下：

$$
\begin{aligned}
J_2 &= \bar{I}_2 - \frac{I_1^2}{6} \\
\bar{I}_2 &= \frac{1}{2}\sigma_{ij}\sigma_{ij} = \frac{1}{2}\ (\sigma_1^2 + \sigma_2^2 + \sigma_3^2) \\
\bar{I}_3 &= \frac{1}{3}\sigma_{ij}\sigma_{jk}\sigma_{kj} = \frac{1}{3}\ (\sigma_1^3 + \sigma_2^3 + \sigma_3^3)
\end{aligned}
\tag{2.157}
$$

式（2.156）的破坏准则能在几何上解释为主应力空间中的一个面。实际上，涉及两个面，第一个面是由 $K_4 K_5 K_6$ 的乘积导出的，它呈锥形；而第二个面是由 K_{ij}（这里 $i \neq j$，i，$j = 1$，2，3）的行列式和 K_i（这里 $i = 1$，2，3）中导出的，K_i 在应力空间中呈曲面。当然，实际破坏面是一个包括原点最小区域的封闭曲面。

考虑到特殊情况 $a_{14} = 0$，式（2.156）的破坏准则变成

$$
\begin{aligned}
&(a_{02} + a_{12}I_1)\ \{ -6a_{13}a_{15}J_2 + (a_{02} + a_{12}I_1) \\
&\times [3a_{01} + a_{02} + (3a_{11} + a_{12} + a_{13} + a_{15})\ I_1]\}\ = 0
\end{aligned}
\tag{2.158}
$$

这又一次代表了两个面，一个是与静水应力轴垂直相交的截面，另一个是 Mises 屈服准则的静水应力灵敏形式，这可看做是广义 Drucker-Prager 破坏准则（1.3.4 节）。

行列式条件（2.154）可解释为稳定条件，也可为破坏条件。作为稳定准则，式（2.154）提供了式（2.146）可逆性的极限条件。此外，从式（2.152）可明显看出与破坏应力状态相联系的一组变形，所以，式（2.154）看做是延性材料情况下的屈服（或流动）准则。

2.11.2 模型的三轴性质

下面将讨论在一个标准三轴试验（常单元压力）下上述亚弹性模型性质的强度和变形特征。为了讨论的方便，在下面"."和"d"在描述增量应力和应变时可互换（也就是 $d\sigma_{ij} \equiv \dot{\sigma}_{ij}$ 和 $d\varepsilon_{ij} \equiv \dot{\varepsilon}_{ij}$）。

破 坏 条 件

在一个常单元压力的标准三轴试验中，应力状态定义为 $\sigma_1 = \sigma$，$\sigma_2 = \sigma_3 = p$，其他分量为零，这里的 σ 是轴应力，而 p 是侧向单元压力。将这些应力分量代入破坏条件（2.154）中，得到：

$$\begin{vmatrix} K_1 & K_{12} & K_{12} & 0 & 0 & 0 \\ K_{21} & K_2 & K_{23} & 0 & 0 & 0 \\ K_{21} & K_{23} & K_2 & 0 & 0 & 0 \\ 0 & 0 & 0 & K_5 & 0 & 0 \\ 0 & 0 & 0 & 0 & K_4 & 0 \\ 0 & 0 & 0 & 0 & 0 & K_5 \end{vmatrix} = 0 \qquad (2.159)$$

其中

$$K_1 = a_{01} + a_{02} + (a_{11} + a_{12})I_1 + (a_{13} + 2a_{14} + a_{15})\sigma$$
$$K_2 = a_{01} + a_{02} + (a_{11} + a_{12})I_1 + (a_{13} + 2a_{14} + a_{15})p$$
$$K_{12} = a_{01} + a_{11}I_1 + a_{13}\sigma + a_{15}p$$
$$K_{21} = a_{01} + a_{11}I_1 + a_{13}p + a_{15}\sigma$$
$$K_{23} = a_{01} + a_{11}I_1 + (a_{13} + a_{15})p \qquad\qquad (2.160)$$
$$K_4 = \frac{1}{2}\left[a_{02} + a_{12}I_1 + 2a_{14}p\right]$$
$$K_5 = \frac{1}{2}\left[a_{02} + a_{12}I_1 + a_{14}(\sigma + p)\right]$$
$$I_1 = \sigma + 2p$$

有四种情况使式（2.159）中的行列式为零，每一种情况都有自己的破坏模型，这些条件及相应的流动（破坏）模型如下：

(a) $K_2 - K_{23} = 0$; $\mathrm{d}\varepsilon_{ij} = 0$ （$\mathrm{d}\varepsilon_2 = -\mathrm{d}\varepsilon_3$ 除外）

(b) $K_1 K_2 + K_1 K_{23} - 2K_{12}K_{21} = 0$; $\mathrm{d}\varepsilon_2 = \mathrm{d}\varepsilon_3$, $\dfrac{\mathrm{d}\varepsilon_1}{\mathrm{d}\varepsilon_2} = -\dfrac{2K_{12}}{K_1}$

(c) $K_5 = 0$; $\mathrm{d}\varepsilon_{ij} = 0$ （$\mathrm{d}\varepsilon_{12} = \dfrac{1}{2}\mathrm{d}\gamma_{12}$, $\mathrm{d}\varepsilon_{13} = \dfrac{1}{2}\mathrm{d}\gamma_{13}$ 除外） $\qquad (2.161)$

(d) $K_4 = 0$; $\mathrm{d}\varepsilon_{ij} = 0$ （$\mathrm{d}\varepsilon_{23} = \dfrac{1}{2}\mathrm{d}\gamma_{23}$ 除外）

这些不同条件下的破坏模型是通过将相应的破坏条件代入式（2.152）而获得的。从式（2.160）可看出，式（2.161）中的两个条件（a）和（b）是等同的，因而只存在三种可能的破坏模型。将式（2.160）代入式（2.161），可得：

(a) $\sigma = -2\left(1 + \dfrac{2a_{14}}{a_{12}}\right)p - \dfrac{a_{02}}{a_{12}}$

(b) $[a_{01} + a_{02} + (a_{11} + a_{12} + a_{13} + 2a_{14} + a_{15})\,\sigma + 2\,(a_{11} + a_{12})\,p]$
$\qquad \times [2a_{01} + a_{02} + (2a_{11} + a_{12})\,\sigma + 2\,(2a_{11} + a_{12} + a_{13} + a_{14} + a_{15})\,p]$
$\qquad -2\,[a_{01} + (a_{11} + a_{13})\,\sigma + (2a_{11} + a_{15})\,p]\,[a_{01} + (a_{11} + a_{15})\,\sigma$
$\qquad + (2a_{11} + a_{13})\,p] = 0$ $\qquad\qquad (2.162)$

(c) $\sigma = -\dfrac{a_{02}}{a_{12} + a_{14}} - \dfrac{(2a_{12} + a_{14})\,p}{a_{12} + a_{14}}$

当把这些条件回代到式（2.152）中，可以从式（2.159）中发现所导出的应变增量的主方向在式（2.162）中（a）和（b）情况下与主应力的方向一致，但情况（c）则不是这样的。式（2.162）给出了三种破坏准则的一种可能组合，其图示表示在图 2.11 中，此图中三条曲线的精确关系当然是由材料性质（常数）a_{01}至 a_{15} 的具体值控制的。

现在考虑一种典型的标准三轴压缩试验，试验中保持 p 为常数且 $|\sigma|$（$|\sigma|>|p|$）逐渐增加到破坏，并假设试验在破坏时由图 2.11 中直线（a）控制的条件下进行。从式（2.161）可以看出，与式（2.162）中破坏条件（a）相应的破坏模型中有四个非零增量应变，即为 $d\varepsilon_2 = -d\varepsilon_3$，$d\gamma_{12}$ 和 $d\gamma_{23}$。所以，根据破坏条件（a），该试样是图 2.11 中的剪切型破坏。另一方面，如果用式（2.162）中的条件（b）来控制破坏，相应的破坏模型为拉伸型（图 2.11）。也就是，所给材料在压力 p 的范围内可以是图 2.11 中的拉伸机理或剪切机理。

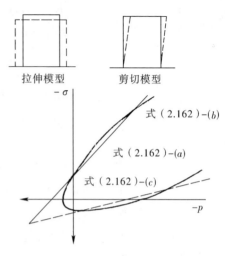

图 2.11　一阶亚弹性模型中典型的
可能破坏面和破坏模型

值得注意的是，直接分析三轴试验数据（增加轴压应力）不能导出如式（2.162）中（c）给出的破坏条件。

Coon 和 Evans（1972）比较了当前所用的模型得出的破坏应力和混凝土在多轴及扭压试验的实际数据，一般都吻合较好。

应力–应变性质

一旦得到了 a_{01} 到 a_{15} 的七个材料常数，对任何描述的加载路径，都可用积分增量关系式（2.148）得出复杂荷载下的低弹性模型性质。然而，求材料常数的方法并不惟一。这些常数的不同组合可以适合于一组同样的数据。一般地，所推荐的材料常数是根据尽可能地近似模仿预想条件得到的。拟合方法必须切实可行的一个基本要求是试验涉及的边界条件和加载路径应尽量简单，以易于对增量关系进行积分。

尽管原则上说，增量关系式（2.148）可对任何描述的加载路径和初始条件积分，但这并不一定意味着在所有情况下都以一种近似形式（分析）表达式得到那些结果。实际上，甚至对一些简单的加载路径，积分式不可能完全分析得出，必须采用数值积分方法。在很多情况下，材料常数是以所导出的增量关系式能积分来进行选择的。这一点将在下面以与标准三轴试验的加载路径有关的情况进行阐述。

对于标准三轴试验条件（$\sigma_1 = \sigma$；$\sigma_2 = \sigma_3 = p$；$d\sigma_2 = d\sigma_3 = 0$；$d\varepsilon_2 = d\varepsilon_3$），式（2.148）中的增量关系简化为：

$$
\begin{aligned}
\frac{d\sigma_1}{d\varepsilon_1} = &\{[a_{01} + a_{02} + (a_{11} + a_{12} + a_{13} + 2a_{14} + a_{15})\sigma + (2a_{11} + 2a_{12})p] \\
&\times [2a_{01} + a_{02} + (2a_{11} + a_{12})\sigma + 2(2a_{11} + a_{12} + a_{13} + a_{14} + a_{15})p] \\
&- 2[a_{01} + (a_{11} + a_{13})\sigma + (2a_{11} + a_{15})p][a_{01} + (a_{11} + a_{13})\sigma \\
&+ (2a_{11} + a_{13})p]\} / [2a_{01} + a_{02} + (2a_{11} + a_{12})\sigma + 2(a_{11} + a_{12} \\
&+ a_{13} + a_{14} + a_{15})p]
\end{aligned}
\tag{2.163}
$$

$$
d\varepsilon_2 = -\frac{a_{01} + (a_{11} + a_{15})\sigma + (2a_{11} + a_{13})p}{2a_{01} + a_{02} + (2a_{11} + a_{12})\sigma + 2(a_{11} + a_{12} + a_{13} + a_{14} + a_{15})p} d\varepsilon_1
$$

这里可以看出，很难用分析法求积分。所以，Coon 和 Evans（1972）为了便于积分引入了 $a_{12}=-2a_{11}$ 条件，因为在这种情况下，式（2.163）中两表达式的分母为常数，在他们的研究中建议七个材料常数的值为

$$a_{01}=0, \qquad a_{02}=9\times10^5\text{psi}, \qquad a_{11}=44$$

$$a_{12}=-88, \qquad a_{13}=-1200, \qquad a_{14}=0$$

$$a_{15}=-200.$$

在此情况下，零单元压力 $p=0$(也就是简单拉伸和压缩试验)的应力-应变关系由下式给出。

$$\sigma_1=-4140\frac{1-\exp(1872\varepsilon_1)}{1+7.62\exp(1872\varepsilon_1)}$$

$$\varepsilon_2=-0.717\ \{\varepsilon_1-6.04\times10^{-4}\ln\ [1+7.62\exp(1872\varepsilon_1)]$$
$$+1.301\times10^{-3}\} \tag{2.164}$$

对于不同的单元压力值 p，都可得到类似等式，针对不同约束压力值 p，应力-应变曲线的比较可在 Coon 和 Evans（1972）的文章中找到。

2.12　有限元的应用举例

下面将给出钢筋混凝土结构三个数值分析的例子。这些例子展示了实际混凝土结构有限元分析得出的典型结果，其中用到了本章和第 1 章所描述的本构模型。

第一个例子是对轴对称预应力混凝土压力容器在内压力增加时的分析。在此例中，对混凝土用到了两种材料模型：拉伸区的线弹性断裂及模糊开裂方法（1.6 节）和含有压缩区的变切线模量 K_t 和 G_t 的增量各向同性应力-应变模型（2.7.2 节）。在第二个例子中，单调加载和循环加载下的剪切平板，用到了 2.9 节给出的增量双轴正交各向异性模型。

最后，在第三个例子中，用基于考虑了软化性质的耦合割线模量公式（2.5 节）建立的全应力-应变模型，详细研究了特殊轴对称拉拔试验（即 Lok 试验）。这些例子中还对非线性有限元分析与极限荷载和变形性质的实验数据进行了比较。

2.12.1　轴对称预应力混凝土压力容器的分析

在此例中，讨论了由 Philips 和 Zeinkiewicz（1976）进行预应力混凝土压力容器（如图 2.12）非线性有限元分析的结果，在依里诺依大学，Sozen 和 Paul（1968）已对同样的容器进行了试验。

容器分析图详见图 2.12（a），此筒形预应力混凝土压力容器上有几处由于操作目的而开了大大小小的口，但其影响常常是可忽略的。在其内表面上的温度及内部压力是均匀的，尽管预应力筋是离散分布的，但通常是对称布置的，所以可以采用轴对称有限元分析。

在分析中，预应力筋用等厚度的薄壁代替，预应力用等效荷载和压力代替。首先在仅有预应力的作用下对压力容器进行分析，然后再对增加的内压力进行分析。

在材料建模时，用到了开裂的最大拉应力准则，采用了模糊开裂技术。在开裂后，采用式（1.72）给出的骨料连接常数 $\beta=0.5$，对压缩区域的混凝土采用增量（切线）模型（2.7.2 节）。在使用的模型中，假设切线体模量 K_t 为常数，假设切线剪切模量 G_t 为 J_2 的函数，如图 2.13 所示。

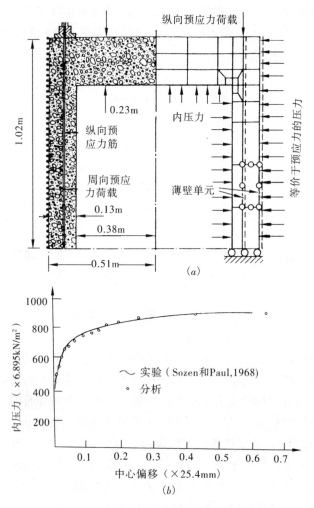

图 2.12　增大内压力下的压力容器

(a)容器的详图、网格、加载系统和材料数据；(b)压力－挠度曲线(Philips 和 Zienkiewicz,1976)

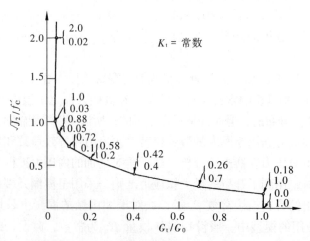

图 2.13　切线模量 G_t 随 J_2 变化的曲线（Philips 和 Zienkiewicz, 1976）

这里采用八面体剪应力和平均应力的线性形式作为混凝土压缩区域的破坏准则：

$$\tau_{oct} = c + n\sigma_{oct} \tag{2.165}$$

其中，n 和 c 从实验数据中得出。破坏后，G_t 和 K_t 同时相应减小，且峰值或破坏应力状态保持为常数，这是增加的应变允许附近应力重新分布的缘故。

压力挠度曲线如图 2.12（b）所示，从中可以看出，实验曲线（Sozen 和 Paul，1968）在加载到破坏的整个范围内跟踪得相当好。图 2.14（b）显示了在不同内压力下裂纹区域的发展。实验测试中的破坏是以弯曲破坏模式由端板压溃引起的，也就是，端板开裂成许多楔形块体，而楔形块绕外壁旋转，因此引起相当大的挠曲。

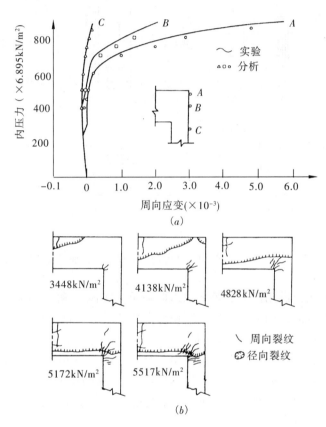

图 2.14　增大压力下的压力容器
（a）周向预应力筋的应变；
（b）内压力增大时裂纹区的扩展（Philips 和 Zienkiewicz，1976）

在图 2.14（a）中，显示了内压力下周向预应力筋处的应变变化，与实验结果吻合得很好。这表明用等效薄壁代替预应力筋是一个有效的近似。

除内压力外，在容器内部温度增高的情况下的相同容器已有人作了分析，详细的结果由 Philips 和 Zienkiewicz（1976）给出。

2.12.2　单调加载和循环加载下的钢筋混凝土剪切平板的分析

下面讲述单调加载和循环加载条件下剪切平板的有限元分析结果。Darwin 和 Pecknold（1976）根据在等效单轴应变概念基础上建立的增量双轴正交各向异性本构模型（2.9 节所述）对结果作了分析。

在此例中所分析的平板指定为 W-2 和 W-4，Cervenka（1970）、Cervenka 和 Gerstle（1972）对此做了试验。剪切板 W-2 的尺寸、钢筋及其荷载如图 2.15 所示（板 W-4 有同样的尺寸和荷载，但配筋不同）。第一块平板 W-2 为单调加载；而第二块板受反向大循环加载。

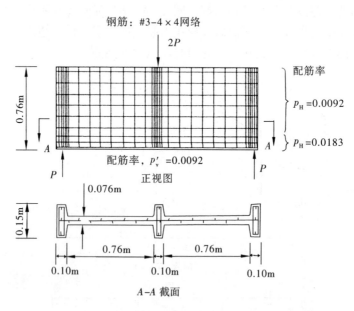

图 2.15　Cervenka 试验的 W-2 剪切板的尺寸、钢筋及加载图（1970）

平面应力有限元分析用四节点等参四边形单元，Darwin 和 Pecknold（1976）给出了有限元网格及材料参数的详细情况，用高斯积分点的三乘三网格，在主应力方向计算当前各向异性本构矩阵（式 2.118），然后转到整体坐标轴的数值方法形成单元切线刚度。混凝土开裂模型用模糊开裂方法。开裂出现后，主应力方向的切线模量（$\sigma_1 \geqslant \sigma_2$ 时的 E_1）减小到零，当此条件插入本构关系式（2.118）中时，得到的剪切模量等于 $E_2/4$，如式（2.117）所示，因此假设钢筋与混凝土结合良好时，自动包括了代表骨料连锁影响的剪切滞后因素。

图 2.16 显示了单调加载下平板 W-2 三种数值计算方法和实验结果的荷载挠度曲线。图中 A、B 和 C 三个解对应于有限元模型上的三种不同加载方式：解 A，荷载加在外肋的两点上模拟实验；解 B，在外肋角点强加位移；解 C，在外肋角点施加集中力。从图 2.16 中可以看出，对应于试验中实际加载方案的解 A 曲线与实验曲线吻合得很好。Darwin 和 Pecknold（1974）给出了对应于三种数值解的裂纹分析图和研究的详细情况。

在剪切板 W-4 的试验中，试样在低应力水平下循环四次，然后在约 90% 单调加载极限水平下循环加载到破坏，如图 2.16 和图 2.17 所示。在图 2.17 中，显示了开始两次半循环用目前模型所得的数值结果。如图 2.17 所示，在每个边界条件反向循环中，用位移控制来尽可能近似地重复试验。可以看出，分析结果与试验之间吻合得很好。两次半循环后的详细分析及其裂纹分析图在 Darwin 和 Pecknold（1976）的论文中给出。在循环加

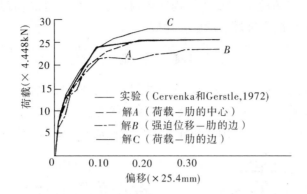

图 2.16　剪切平板 W－2 在单调加载情况下的
荷载－挠度曲线（Darwin 和 Pecknold，1974）

载下可得出这样的结论，混凝土的压缩软化和张开裂纹在全部的结构性质中扮演着重要角色。另外，为了模拟实验结果，应该采用位移控制分析或在加载时采用位移控制分析，而在卸载时采用荷载控制分析的组合形式。

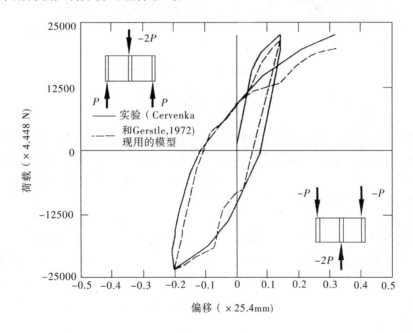

图 2.17　剪切板循环加载的有限元解与实验荷载－挠度曲线的比较
（Darwin 和 Recknold，1976）

2.12.3　轴对称拉拔试验的分析

此例专用于拉拔试验非线性有限元分析，即 Kierkegaard-Hansen（1975）建议的所谓的 Lok 试验，这里，如图 2.18 所示的钢制圆盘用一圆柱杆反向从结构中拔出。此试验被建议作为确定原位混凝土压缩强度的非破坏性测量方法。此例的目的是为了归纳有限元分析的数值结果，这已刊登在 Ottosen（1980）最近发表的论文中。他的方法对依据 2.5 节中描述的全应力－应变的拉拔试验的结构性质提供了一个清楚的物理解释，其中，全应力－应变关系考虑了混凝土破坏后的软化性质。

Lok 试 验

这里考虑如图 2.18 所示的特殊拉拔试验装置。在加载时，破坏前，杆一直施加拉力。如果杆施加足够的位移，则会拔出平截圆头锥体形状的小块混凝土，被拔出部分的子午线几乎是直线，它连接了圆盘的外围线和柱形支座的内周线（图 2.18b）。

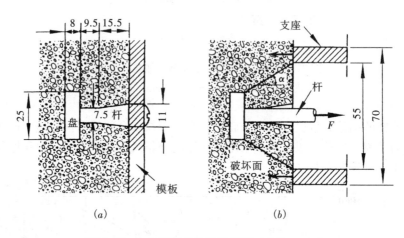

图 2.18 Lok 试验的构造及应用（单位：mm）

本 构 模 型

对于给定的混凝土，2.5 节的非线性弹性模型已用六参数标定，这可以从单轴试验中推出。这里，Kupter（1973）用特定的混凝土试验标定了这些参数：初始杨氏模量 $E_0 = 3.24 \times 10^4$MPa、初始泊松比 $\nu_0 = 0.2$、单轴抗压强度 f'_c、单轴拉伸强度 $f'_t = 0.1 f'_c$、延性参数，也就是，在单轴压缩破坏时应变 $\varepsilon_c = 2.17\%$，破坏后参数 $D = 0.2$，它确定了混凝土出现压碎时的应力软化程度。对钢盘采用 $E = 2.05 \times 10^5$MPa，而 $\nu = 0.3$。

此非线性弹性模型是根据杨氏模量和泊松比不耦合建立的，而杨氏模量和泊松比通过实际应力状态与破坏面相关的非线性指数 β 相应地变化。在目前的分析中，采用了两种破坏准则：（a）简单的且众所周知的与最大拉应力断裂结合的改进 Mohr-Coulomb 准则，摩擦角为 37°；（b）Ottosen（1977）建议的四参数准则，很精确，但也很复杂。后者在 1.3.4 节已给出。

通过最大拉应力准则，改进的 Mohr-Coulomb 准则本身包括一个由 $\sigma_1 \geqslant f'_t$ 定义的开裂准则，这里 $\sigma_1 \geqslant \sigma_2 \geqslant \sigma_3$。至于四参数准则，如果假设开裂，那首先就违背了破坏条件；其次，如果控制 $\sigma_1 \geqslant f'_t / 2$，才能假设出现开裂。假设开裂的瞬间，裂纹面垂直于主应力 σ_1 的方向，一旦裂纹扩展，则假设它按固定方向张开。采用标准模糊开裂方法，沿着裂纹面的剪切刚度则减少至一固定值 $0.01G$。

数 值 结 果

图 2.19 显示了分析的结构以及由 441 个三角形单元组成的轴对称有限元网络，图中

出现了表示钢制圆盘的单元。假设混凝土与钢材之间结合良好，还描述了拉拔力和柱形支座处的边界条件，详细分析由 Ottosen（1980）给出。

下面，首先给出相应于 Ottosen 四参数破坏准则的结论。然后对采用与拉伸断裂结合的改进 Mohr-Coulomb 准则的影响进行估算。

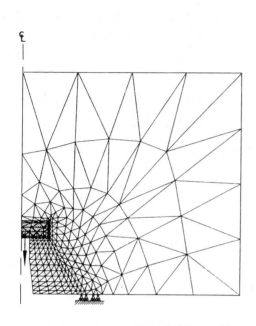

图 2.19 Lok 试验的轴对称有限元网格

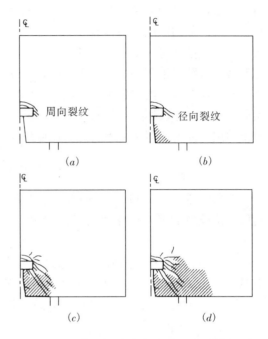

图 2.20 荷载增加时裂纹的扩展，加载用预计破坏荷载的百分比表示（Ottosen，1980）

(*a*) 加载到 15%；(*b*) 加载到 25%；
(*c*) 加载到 64%；(*d*) 加载到 98%

图 2.20 中绘出了随荷载增加时周向和环向裂纹的发展情况，其中荷载是以预测的破坏荷载的形式表示的。该分析只由开裂单元来确定裂纹，所以当出现分散的可视的周向裂纹时，其中也包括一些随机裂纹，然而，当加载至 7% 时，在圆盘后面开始出现周向裂纹，这种形式的裂纹如图 2.20（*a*）所示，它直接由拉拔力引起的。

加载到 18% 时，径向裂纹开始在混凝土外表面附近的圆环上出现。像板的弯曲那样，这些裂纹是由挠曲引起的。这样的裂纹如图 2.20（*b*）所示，在荷载增加时，裂纹显示出逐步发展，然而，在加载到 64% 时，新的周向裂纹出现相当大的扩展，如图 2.20（*c*）所示，这些新的周向裂纹从钢盘的外部一直扩展到支座处，有趣的是尽管注意到混凝土已经严重开裂，但其承载能力仍还没有全部耗尽。所以，可明显看出在混凝土中，只有一小部分拉拔力是直接以拉应力的方式提供的。尤其是增加的荷载，会引起径向裂纹扩展，预期破坏前的裂纹形式如图 2.20（*d*）所示。

尽管预料中的周向裂纹已为实验数据所证实（参看图 2.18*b*），但在研究前的实验中没有观察到径向裂纹。尽管出现径向裂纹的理论范围相当大，但相应的裂纹宽度估计则非常小。如果保守地假定所有的切向变形集中在一条径向裂纹上，那么，在破坏前裂纹宽度为 0.05mm，这几乎是不能观察到的。况且，破坏后应力消除且裂纹宽度减小，因此，这就支持了在拔出的混凝土块上不能直接观察到径向裂纹的结论。然而，用显微镜精细检测这些混凝土试样时将会发现确实存在清晰的径向裂纹（Ottosen，1980）。

仔细研究相应于 70％加载时的应力分布，其裂纹扩展比裂纹图 2.20（c）的发展轻微得多，这显示从圆盘到支座处的相当窄的范围内有大的压应力，这里有三轴和双轴压应力存在，此荷载的作用原理由裂纹图 2.20（c）和 2.20（d）支持，可发现应力分布很不均匀。在荷载增加时，就可预料到有相当大的应力重新分布，这表明在混凝土破坏后应变软化对破坏荷载是很重要的。由于应变软化发生在邻近圆盘周线的很窄范围内并发展到支座处，所以这个范围内的破坏是由混凝土压碎引起的，而不是开裂引起的，这种作用机理与实验观测的延性破坏模型一致。因而，要求 Lok 试验中拔出的圆盘所需的力直接取决于混凝土的抗压强度。但是如下所述，拉伸强度可能会有某些间接影响。

实验数据的对比

根据包括总数为 1100 个不同 Lok 试验的结果，Kierkegaard-Hansen 和 Bickley（1978）建议在拉拔力 F 和单轴压力强度 f_c' 之间有如下线性关系：

$$F = 5 + 0.8f_c' \tag{2.166}$$

式中，F 和 f_c' 的单位分别用千牛和兆帕表示。图 2.21 表示了此关系且根据混凝土的级配情况，f_c' 的范围为 6MPa 到 53MPa。从目前计算中得出的破坏荷载也已在图中给出，这里 $f_c' = 31.8$MPa，则分析仅低估实验破坏荷载 1％。

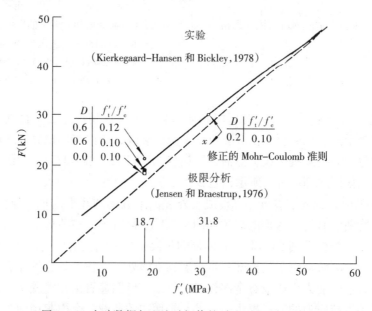

图 2.21　实验数据与理论破坏值的对比（Ottosen，1980）

为了探讨 f_c' 值的相关性，另外用强度较低的混凝土数据进行计算。为了保证实际混凝土数据的使用，则将再一次用到 Kupfer（1973）的试验结果，在本构模型中将用到以下参数：$E_0 = 2.89 \times 10^4$MPa，$\nu_0 = 0.19$，$f_c' = 18.7$MPa，$f_t'/f_c' = 0.10$，$\varepsilon_c = 1.87\%$ 和

$D=0.6$。一般地，混凝土强度越低，其破坏后延性越大。这表明了 $D=0.6$ 的用途，如从图 2.2 中显示的一样，这里显示了从典型数据得到的标准应力－应变曲线，用这些混凝土参数预测的破坏荷载仅低估实际破坏荷载 3%，这已描绘在图 2.21 中。因而，计算值和实验数据相一致表明，在所考虑的变量值内，拉拔力与抗压强度之间存在线性关系。

混凝土性质的两个方面取决于抗压强度，即延性和拉压强度比。如上面已涉及的一样，混凝土强度越低，其破坏后延性越大，为了研究混凝土破坏后性质微弱变化的影响，再一次用强度为 18.7MPa 的混凝土且除较小的延性外其他性质不变。因而，用 $D=0$ 代替更实际的值 $D=0.6$，这实际上减小预测的破坏荷载 5%，如图 2.21 所示。考虑应力分布很不均匀，确实预料到破坏荷载与混凝土特殊的软化性质有关。

一般地，混凝土的强度越低，其拉压强度比越大。为了研究这种影响，则用混凝土强度为 $f_c'=18.7$MPa，$D=0.6$ 及 $f_t'/f_c'=0.12$ 代替 $f_t'/f_c'=0.10$ 来进行分析。这就增大了预想破坏荷载 11%，如图 2.21 所示。此研究表明，只有很小的一部分拉拔力以混凝土中拉应力的形式提供，但在发生破坏的区域首先是在双轴压缩区，偶尔叠加一个小的拉应力。破坏是由压碎引起的，尽管只出现很小的拉应力，破坏强度却有相当大的减小。

破坏准则的影响

为此，我们回到强度 $f_c'=31.8$MPa 的混凝土，所有的本构参数不变，现在使用改进的 Mohr-Coulomb 准则。与前面分析比较可发现，这将减小预期破坏荷载 23%，如图 2.21 所示。然而，在破坏时，临界区域首先发生在双轴压缩区，而改进的 Mohr-Coulomb 准则显然低估了此应力状态的破坏应力的 25% 到 30%。

极限分析方法

Jensen 和 Braestrup（1976）已经用完全塑性极限理论预先确定了 Lok 试验的破坏荷载（见 chen，1975）。他们也使用了改进的 Mohr-Coulomb 准则，其结果如图 2.21 中实线所示，Jensen 和 Braestrup（1976）确定的破坏荷载为 $f_c'=31.8$MPa，也比这里用改进的 Mohr-Coulomb 准则确定的值大很多。

特别值得注意的是，因为 Jensen 和 Braestrup（1976）在他们的分析中硬性规定摩擦角等于图 2.18 (b) 中所示的角，这就导致摩擦角 $\varphi=31°$。面目前的有限元分析是根据 $\varphi=37°$ 值进行的，这已经导致低估了实际破坏应力 23%。用 $\varphi=31°$ 当然要导致对实际破坏应力相当大的低估。对一般钢筋混凝土极限分析上、下限技术的应用及特殊 Lok 试验在《钢筋混凝土中的塑性》（Chen，1981）一书的第七章中讲述。

2.13 总   结

本章主要涉及三轴应力条件下压缩范围内混凝土非线性的本构模型。有两种基本方法：用割线公式表征材料特性和用切线应力－应变关系建立的增量模型。最重要的有限应力－应变模型或全应力－应变模型是超弹性公式和塑性变形理论。最重要的微分或增量模型是低弹性公式和塑性流动理论。本章仅限于根据非线性弹性理论建立的本构模型，这为材料的鉴别提供了一些很普遍的准则。此进展情况的概述在 2.2 节中给出。

在有限元方法对混凝土问题的早期应用中，作为线弹性理论的简单扩展，通常采用超弹性的简单形式。如2.3节描述的简单方法所示，假设应变相关的体积模量和剪切模量不耦合，并建立体积量和偏量应力、应变不耦合的割线本构方程。此方程更精确的形式包括体积模量和剪切模量（见2.4节）的耦合及超过峰值应力或破坏应力后的应变软化性质（见2.5节）。这些简化的割线模型从程序设计和计算机经济的观点来说是有吸引力的。然而，这些模型主要限制在很小的荷载范围内。考虑到现存的实验数据。

更精确的增量模型假设正交各向异性本构关系，其主应力方向与正交各向异性方向一致。首先是特别针对单调加载下双轴应力条件特别建立的（见2.8节），然后扩展到包括循环加载（2.9节）和轴对称加载（2.10节）的情况。这些亚弹性模型的应用通常应仅限于单调或循环加载情况，实验测试基本上没有什么不同，模型的参数由这些实验确定。

根据经典亚弹性理论建立的一阶亚弹性模型在2.11节已进行了描述。所导出的本构关系式包含许多材料常数，可发现这些材料常数很难与实验结果有直接关系。

最后，对圆筒形预应力混凝土压力容器、钢筋混凝土剪切平板和轴对称拉拔试验用不同本构模型进行非线性有限元分析结束了本章，并给出了一些实验验证。

2.14 参 考 文 献

1 Andenaes E, Gerstle K H, Ko H Y. Response of Mortar and Concrete to Biaxial Compression. Journal of the Engineering Mechanics Division, ASCE, August, 1977, 103 (EM4): 515~525

2 Bathe K J, Ramaswamy S. On Three-Dimensional Nonlinear Analysis of Concrete Structures. Nuclear Engineering and Design, May, 1979, 52 (3): 385~409

3 Bazant Z P. Critique of Orthotropic Models and Triaxial Testing of Concrete and Soils. Structural Engineering Report, October, 1979, (79-10/640c): Northwestern University, Evanston, Illinois.

4 Bazant Z P, Tsubaki T. Total Strain Theory and Path-Dependence of Concrete. Journal of the Engineering Mechanics Division, ASCE, December, 1980, 106 (EM6): 1151~1173

5 Cedolin L, Crutzen Y R J, Dei Poli S. Triaxial Stress-Strain Relationship for Concrete. Journal of the Engineering Mechanics Division, ASCE, June, 1977, 103 (EM3): 423~439

6 Cervenka V. Inelastic Finite Element Analysis of Reinforced Concrete Panels. Ph. D. Dissertation, Department of Civil Engineering, University of Colorado, Boulder, 1970.

7 Cervenka V, Gerstle K H. Inelastic Analysis of Reinforced Concrete Panels. Part I: Theory, International Association of Bridge and Structural Engineers Publications, 1971, 31-II:31~45, Part II: Experimental Verfication and Application 1972, 32-II: 25~39

8 Chen W F. Limit Analysis and Soil Plasticity. Elsevier Scientfic Publishing Co, Amsterdam, The Netherlands, 1975, 638

9 Chen W F. Plasticity in Reinforced Concrete. New York: McGraw-Hill Book Company, Inc, 1981.

10 Coon M D, Evans R J. Incremental Constitutive Laws and Their Associated Failure Criteria with Application to Plain Concrete. International Journal of Solids and Structures, Pergamon Press, 1972 (8):

1169~1183

11 Darwin D, Pecknold D A W. Inelastic Model for Cyclic Biaxial Loading of Reinforced Concrete. Civil Engineering Studies SRS 409, University of Illinois, Campaign-Urbana, July, 1974, 169

12 Darwin D, Pecknold D A W. Analysis of RC Shear Panels Under Cyclic Loading. Journal of Structures Division, ASCE, February, 1976, 102 (ST2): 355~369

13 Darwin D, Pecknold D A W. Analysis of Cyclic Loading of Plane R/C Structures. Computers and Structures, Pergamon Press, 1977 (7): 137~147

14 Elwi A A, Murray D W. A 3-D Hypoelastic Concrete Constitutive Relationship. Journal of the Engineering Mechanic Division, ASCE, August, 1979, 105 (EM4): 623~641

15 Evans R J, Pister K S. Constitutive Equations for a Class of Nonlinear Elastic Solids. International Journal of Solids and Structures, Pergamon Press, 1966, 2 (3): 427~445

16 Gerstle K H. Simple Formulation of Biaxial Concrete Behavior. Journal of the American Concrete Institute, 1981, 78 (1): 62~68

17 Gerstle K H, Linse D H, et al. Strength of Concrete Under Multiaxial Stress States. Proceedings, McHenry Symposium, ACI Publication SP-55, 1978, 103

18 Hognestad E. A Study of Combined Bending and Axial Load in Reinforced Concrete Members. Bulletin Series No. 399, Engineering Experiment Station, University of Illinois , Urbana, Ill, November, 1951.

19 Jensen B C, Braestrup H W. Lok-tests Determine the Compressive Strength of Concrete. Nordisk Betong, 1976 (2): 9~11

20 Karsan P, Jirsa J O. Behavior of Concrete Under Compressive Loading. Journal of the Structural Division, ASCE, December, 1969, 95 (ST12): 2543~2563

21 Kierkegaard-Hansen P. Lok-strength. Nordisk Betong, 1975 (3): 19~28

22 Kierkegaard-Hansen P, Bickley J A. In-Situ Strength Evaluation of Concrete by the Lok-Test System. Presented at the 1978 Fall Convention, American Concrete Institute, Houston, Texas, Oct. 29~Now. 3, 1978.

23 Kotsovos M D, Newman J B Behavior of Concrete Under Multiaxial Stress. Journal of the American Concrete Institute. Proceedings, September, 1977, 74 (9): 443~446

24 Kotsovos M D, Newman J B. Generalized Stress-Strain Relations for Concrete. Journal of the Engineering Mechanics Division, ASCE, August, 1978, 104 (EM4): 845~856

25 Kupfer H B. Das Verhalten des Betons unter Mehrachsigen Kuuzeitbelastung unter besonderen Berücksichtigung der Zweiachsigen Bean spruchung. Deutscher Ausschuss fur Stahlbeton, Berlin, Germany, 1973, 229

26 Kupfer H B, Gerstle K H. Behavior of Concrete under Biaxial Stresses. Journal of the Engineering Mechanics Division, ASCE, August, 1973, 99 (EM4): 852~866

27 Kupfer H B, Hilsdorf H K, Rüsch H. Behavior of Concrete Under Biaxial Stresses. Journal of the American Concrete Institute, August, 1969, 66 (8): 656~666

28 Liu T C Y, Nilson A H, Slate F O. Stress-Strain Response and Fracture of Concrete in Uniaxial and Biaxi-

al| Compression. Journal of the American Concrete Institute, May, 1972, 69 (5): 291~295

29 Liu T C Y, Nilson A H, Slate F O. Biaxial Stress-Strain Relations for Concrete. Journal of the Structural Division, ASCE, 1972, 98 (ST5): 1025~1034

30 Murray D W. Octahedral Based Incremental Stress-Strain Matrices. Journal of the Engineering Mechanics Division, ASCE, August, 1979, 105 (EM4): 501~513

31 Nelson I, Baladi G. Y. Outrunning Ground Shock Computed with Different Models. Journal of the Engineering Mechanics Division, ASCE, June, 1977, 103 (EM3): 377~393

32 Nelson I, Baron M L. Application of Variable Moduli Models to Soil Behavior. International Journal of Solids and Structures, 1971 (7): 399~417

33 Newman K, Newman J B. Failure Theories and Design Criteria for Plain Concrete. Engineering Design and Civil Engineering Materials, Paper 83, Southampton, 1969.

34 Ottosen N S. A Failure Criterion for Concrete. Journal of the Engineering Mechanics Division, ASCE, August, 1977, 103 (EM4): 527~535

35 Ottosen N S. Constitutive Model for Short-Time Loading of Concrete. Journal of the Engineering Mechanics Division, ASCE, February, 1979, 105 (EM1): 127~141

36 Ottosen N S. Nonlinear Finite Element Analysis of Concrete Structures. Riso-R-411, Riso National Laboratory, Roskilde, Denmark, 1980, thesis presented to the Technical University of Denmark in partial fulfillment of the requirement for the degree of Doctor of Philosophy.

37 Ottosen N S. Nonlinear Finite Element Analysis of a Pull-Out Test. Riso National Laboratory Report, Riso-I-24, Engineering Department, DK-4000 Roskilde, Denmark, 1980.

38 Phillps D V, Zienkiewicz O C. Finite Element Nonlinear Analysis of Concrete Structures. Proceedings of the Institution of Civil Engineers, Part 2, March, 1976 (61): 59~88

39 Popovics S. A Review of Stress-Strain Relationships for Concrete. Journal of the American Concrete Institute, March, 1970, 67 (14): 243~248

40 Prager W. Strain Hardening Under Combined Stress. Journal of Applied Physics, 1945 (16): 837~840

41 Saenz I P. Discussion of Equation for the Stress-Strain Curve of Concrete. By Desayi and Krishnan, Journal of the American Concrete Institute, Proceedings, September, 1964, 61 (9): 1229~1235

42 Sargin M. Stress-Strain Relationships for Concrete and the Analysis of Structural Concrete Sections. Study No. 4, Solid Mechanics Division, University of Waterloo, Waterloo, Ontario, Canada, 1971.

43 Schnobrich W C. Chapter Cl-Panel and Wall Problems. Proceedings of Special Seminar on Analysis of Reinforced Concrete Structures by Means of the Finite Element Method, Politecnico di Milano July 20~23, 1978, 177~212

44 Sinha B P, Gerstle K H, Tulin L. Stress-Strain Relations for Concrete Under Cyclic loading. Journal of the American Concrete Institute, February, 1964, 61 (2): 195~211

45 Sozen M A, Paul S L. Structural Behavior of a Small Scale Prestressed Reactor Vessel. Nuclear Engineering and Design, 1968 (8): 403~414

46 Tasuji M E, Slate F O, Nilson A H. Stress-Strain Response and Fracture of Concrete in Biaxiai Loading. Journal of the American Concrete Institute, Proceedings, July, 1978, 75 (7): 306~312

47 Truesdell C. The Simplest Rate theory of Pure Elasticity. Communication of Pure and Applied Mathematics, 1955, 8

48 Truesdell C. Hypoelasticity. Journal of Rational Mechanics and Analysis, 1955, 4 (1):83~133

49 Willam K J, Warnke E P. Constitutive Model for the Triaxial Behavior of Concrete. IABSE Seminar on Concrete Structures Subjected to Triaxial Stresses, ISMES, Bergamo, Italy, May, 1974, IABSE Proceedings, 1975, 19

50 余天庆等编译. 弹性与塑性力学. 北京：中国建筑工业出版社，2004

第3章 土的弹性应力－应变关系和破坏准则

3.1 引 言

3.1.1 概述

在最一般的意义上讲，土是指由矿物质和有机颗粒组成的未集结或未胶结的粒状物质。在很多被归为土的物质中，在某种程度上可能存在着颗粒之间的粘结，因而可能对粒状物质的力学特性有影响。但是，如果一种材料被归类为土，那么就不应该使这种粘结的粒状物质假定为坚硬的、岩石般的形式（如 Scott，1963）。

通常，土是一种多相材料，含有矿物颗粒、空气孔隙和水。所以它们力学性状的数学特性应该被理想化地建立在考虑组成元素各自的行为及其相互作用的基础之上。这种数学公式是采用粒体力学方法（如 Harr，1977）得出的，在该方法中，采用了概率理论来处理粒子间相互接触关系的随机特性，并根据许多颗粒更本质的"微观"相互作用来研究"宏观"连续介质的应力－应变性质。在研究土的性质时，该方法相当复杂，在工程应用方面没有突出的成果。

在大多数实际应用中，有关土体的几何尺寸很大。所以"微观"作用被均匀化，而土被理想化为一个连续体，那么其力学性质可在连续介质力学的框架内进行研究。本章中的所有讨论都是建立在这种方法的基础上的，即在宏观水平上的惟象方法。

虽然土被当作理想的连续体，但必须强调，在饱和土和部分饱和土中的孔隙水压力和孔隙空气压力对其变形和强度特性的影响有关的真实土的颗粒性质。因此在讨论土的力学性质时，有效应力原理（Terzaghi，1943）是基础。

通常，将土分为两类，即无黏性土和黏性土。无黏性土定义为那些忽略内部粒子间相互作用力或键对其力学性态影响的土。这类土包括岩石填方、碎石、砂和粗的粉砂土。根据颗粒的填料状态（可方便地采用参数表示，诸如用相对密实度 D_r、孔隙比 e、孔隙率 n、或特殊的体积 V_s 表示），无黏性土可进一步划分为松散土或密实土。

另一方面，在黏性土中，粒子间的作用力或键对土的力学性态有很大贡献。这类土包括黏土、黏性粉砂土、砾泥和冰碛物。依据黏性土的应力历史（由超固结比 OCR 来定义），它们可分为超固结（OCR > 1）或正常固结（OCR = 1）土。正如下面描述的那样，在正常固结与超固结黏性土以及在松散的和密实的无黏性土的性质之间分别存在着许多定性的相似之处。

土在外加荷载作用下的应力－应变性质相当复杂，多年来一直是一个研究课题。与其他工程材料不同，其复杂性主要来源于：土的变形和强度特征受以下因素的影响很大，如土的结构（例如，颗粒大小、颗粒形状、构造面、矿物成分、粘结作用或键）、密度、含水量、排水条件、孔隙的饱和度、加载速率、约束压力、加载（或应力）历史、当前应力状态、以及本身的和由应力（或应变）引发的各向异性。在许多情况下，通过选用与现场条件尽量接近的土样和试验条件，考虑这些因素中的几种（如，土的结构、密度、含水量、排水条件以及饱和度）是可以做到的。然而，即使这样，常常还会发现土在现场所遇到的各种应力路径和加载历史作用下的性质实际上是不相同的。所以，在发展和正确评估各种描述土的性质的本构模型时，新的或改进的试验测试仪器是必要的，这些仪器能够提供很广范围的应力路径和变形模式。为了这个目的，许多研究工作者最近发展了多轴或"真正的"三轴试验设备。在这些设备中，作用于土样上的三个主应力和主应变可以独立地得到控制和测量（如 Creen，1972；Hambly，1969；Ko 和 Scott，1967；Lade，1979；Lade 和 Duncan，1973，等）。

贯穿本章，用到了土力学的符号约定，即压缩应力和应变约定为正。本章分成 12 节，合成 5 个主要部分：(1) 土的力学性质（3.2 节），(2) 破坏准则（3.3 节），(3) 全应力－应变公式（3.5 节和 3.6 节），(4) 增量应力－应变公式（3.7 至 3.9 节），(5) 算例（3.11 节）。

3.1.2 有效应力

作为一种多相材料，土可视为包围着含有水和（或）空气的连续孔洞的固体颗粒骨架。在实际通常遇到的应力范围内，认为单独的固体颗粒和水是不可压缩的；另一方面，空气是可压缩的。由于外加应力的作用，土骨架的体积作为一个整体可随固体颗粒重新排列到新的位置而变化，这种变化主要是转动和滑移，并随着颗粒间的作用力而相应变化。土骨架的实际可压缩性依据固体颗粒的结构排列而定。

在完全饱和土中，由于水被当作是不可压缩的，所以体积的变化只有当部分水从孔洞中渗出（或流出）（即在排水条件下）时才可能实现。当饱和土中不允许排水时，不可能发生体积变化，限定土在不排水的条件下。在干燥的或部分饱和的土中，假如存在着使颗料重新排列的间隙，由于孔洞中空气的压缩，体积的变化常常是可能的。

剪应力只由固体颗粒的骨架通过固体颗粒间接触产生的力来承受。但是，对正应力的抵抗由两部分提供：第一部分是由固体颗粒骨架承担；第二部分是孔隙压力承担。后一部分（孔隙压力）相应地又分成两部分：孔隙水压力和孔隙空气压力（在部分饱和土中）。

有效应力原理（Terzaghi，1943；Bishop 和 Blight，1963）提出了作用于土体上任一点的全应力 σ_{ij}、有效应力和在孔隙流体（水和空气）中压力之间的关系，这种有效应力指由固体颗粒骨架所承担的应力（颗粒间的应力）。

在完全饱和土中（图 3.1），有效应力原理可用数学公式表示为（Terzaghi，1943）

$$\sigma_{ij} = \sigma'_{ij} + u\delta_{ij} \tag{3.1}$$

其中，σ_{ij} 为全应力张量；σ'_{ij} 为有效应力张量；u 为孔隙水压力。

在部分饱和土中，孔隙的一部分由水占据，另一部分由空气占据。孔隙流体压力 u 由两部分组成：孔隙水压力 u_w 和孔隙空气压力 u_a。针对这种情况，提出了下面的有效应力公式（如 Bishop 和 Blight，1963）：

$$\sigma_{ij} = \sigma'_{ij} + [u_a - \chi (u_a - u_w)] \delta_{ij} \tag{3.2}$$

其中，χ 是一个无量纲参数，由试验确定，主要与土的饱和度有关（即，χ 与水占据的空洞体积成比例）；$(u_a - u_w)$ 项是土中吸力的大小。式（3.2）中的关系可方便地表示成式（3.1）一样的形式，式（3.1）中的 u 表示孔隙空气压力与孔隙水压力联合作用的全部孔隙压力，即：

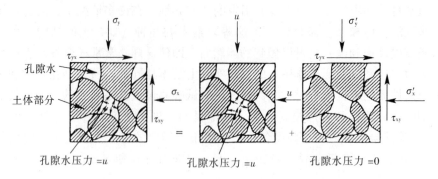

孔隙水

土体部分

孔隙水压力 $=u$ 孔隙水压力 $=u$ 孔隙水压力 $=0$

全应力=孔隙（静水）压力+有效应力

$$\sigma_{ij} = u\delta_{ij} + \sigma'_{ij}$$

图 3.1　饱和土中的全应力和有效应力

$$u = u_a - \chi (u_a - u_w) \tag{3.3}$$

对于全饱和土，$\chi = 1$，式（3.2）简化成式（3.1）；对完全干燥的土，$\chi = 0$。

有效应力原理是适当描述饱和土和部分饱和土的变形与强度特征的基础。按照 Terzaghi（1943）说法，"应力变化，如压缩、畸变和剪切抗力的变化，引起的所有可量测的作用都是由于有效应力的改变"。基于此，所有土的变形都假设是由有效应力引起的。

3.1.3　排水条件

实际中，由于出现参数 χ，对三相土材料，使用式（3.2）是不方便的，所以在绝大多数实际应用中，将土当作两相材料来处理，仅考虑全饱和（或）完全干燥土。另外，当研究完全饱和土的性状时，根据孔隙水压力变化，将会遇到两种不同的情况，即排水条件和不排水条件。

当应力施加很慢，以致所引起的超静孔隙压力可以忽略不计时，称土处于排水条件之下。这时只有孔隙压力（如果有）处于平稳状态，这是由于事先存在的渗透模式或仅仅是静水压力（例如，在通常排水三轴试验中，静水反压力或现场土单元中由于地下水位导致的静止孔隙水压力）的缘故。在外加的全部应力中的任何变化都会导致有效应力中相同的变化。

另一方面，在不排水的条件下，假定荷载施加很快，以致由荷载引起的超静水压力来不及消散。这时，不会发生体积应变（即没有体积变化），土单元只发生剪切（偏斜）应变，所以，不排水条件通常称作等体积条件（精确地讲，不排水条件意味着含水量没有变化，等体积条件是基于孔隙水和固体颗粒不可压缩假设上的一个近似）。

饱和土在完全排水与完全不排水条件下的性质可用与时间无关的本构模型来描述。在本章随后的几节中，考虑适合于模拟这种土的性质只有与时间无关的应力－应变关系。

在部分排水（固结）条件下，诱发的超静孔隙压力是外加荷载引起的全应力与所经历时间的函数，这是与时间有关的情况。贯穿本章只限于干燥土或完全饱和土在排水或不排水条件下的讨论，不考虑部分饱和土或部分排水条件。

饱和土的排水条件与不排水条件表示了在许多实际岩土工程应用中最重要的状况。例如，对饱和无黏性土进行稳定性或逐渐破坏分析常常是建立在完全排水的条件上，因为无黏性土具有很强的透水性，在这种情况下，排水相当快。然而，无黏性土（如砂）的不排水变形和强度特性在研究突然加载的问题中是最受关注的，如地震引起的地下振动。在这种情况下，大量饱和（特别是松散的）无黏性土的液化现象（由于孔隙水压力过分增大而导致土体完全失去了剪切强度）是非常重要的。因为它们可以导致土体结构的灾害性破坏（如滑坡和水体防护结构的破坏）。

在处理黏性土的问题时，排水和不排水行为的特性是相关的。例如在超静孔隙水压力消散之前，土体结构，如基础和结构物端部挡土墙的稳定性分析常常是建立在不排水条件的基础之上（通常称作瞬时稳定性分析）。排水条件与长期稳定性分析有关，它对应于当所有超静孔隙水压力都已消散时的情况。

3.2　土的力学性质

3.2.1　常规土工试验中的应力路径

长期以来，在研究土的特性时，一直大量地采用传统的三轴试验仪器，在轴对称应力状态下（主应力 σ_1 和 $\sigma_2 = \sigma_3$），对圆柱状土样进行试验。除了在试样中产生应力和应变不均匀分布的缺点及端部约束的影响之外（见 Scott 和 Ko，1969），它只能研究有限范围内的应力和应变状态。

随着更先进土体材料本构模型的发展，为了提供对现场中遇到条件的真实描述，需要能够产生多种应力和应变条件的新的和改进的实验设备。基于该目的，各种"真实"三轴试验设备用于研究三维应力条件下的应力－应变强度状态。但必须注意，在这些设备中，与传统的三轴试验相同，仍强制主应力和主应变的方向重合。

下面，将描述在某些通常采用的传统的和"真实"三轴试验中，跟踪作用于土体材料单元上的应力状态变化的应力路径，并介绍常规的术语。

在这里的讨论中，主压应力用 σ_1、σ_2 和 σ_3 表示，暂且不必依据其相对大小来排列。这些应力的特定排序，如最大、中间和最小应力，将依据所描述的试验类型而定。另外，假定所有试验都从初始静水压力状态（各向同性固结条件）开始，$\sigma_1^0 = \sigma_2^0 = \sigma_3^0 = \sigma_c$，其中 σ_c 定义为侧限压力。

各种应力空间中的应力路径

对通常采用的三轴试验，图 3.2 示出了不同的应力路径，为下面讨论方便起见，图 3.2 中阐述了各种表示法，包括主应力空间（图 3.2a）、三轴平面（$\sigma_2 = \sigma_3$）（图 3.2b）、子午面（$\theta =$ 常数）或 $I_1 = \sqrt{J_2}$ 应力空间（图 3.2c）以及 $\sigma_1 + \sigma_2 + \sigma_3 =$ 常数的偏平面（图 3.2d）。

对于常规的比例加载（PL）试验（斜率不变），如图 3.2（a）所示，主应力独立变化，$\sigma_1 \neq \sigma_2 \neq \sigma_3$，使外加应力增量之比 $\Delta\sigma_1 : \Delta\sigma_2 : \Delta\sigma_3$ 在加载过程中保持为常数。在三轴压缩路径（TC）、三轴扩展路径（TE）以及简单剪切路径（SS）中，应力分量将发生变化使第一应力不变量 I_1 保持常数（$I_1 = \sigma_1 + \sigma_2 + \sigma_3 = 3\sigma_c$）。对于在常规三轴压缩（CTC）、常

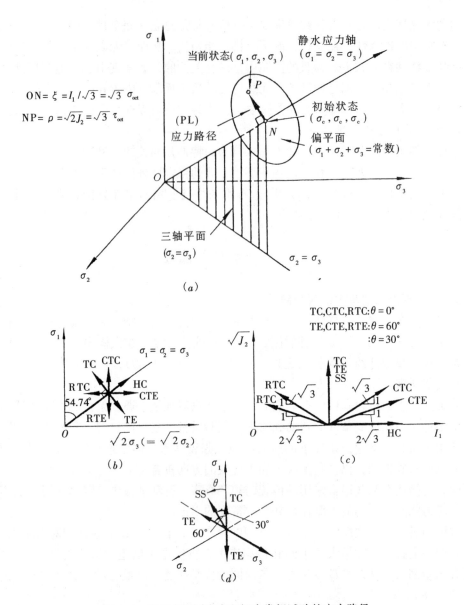

图 3.2 对于在不同应力空间中常规试验的应力路径

(a) 主应力空间；(b) 三轴应力平面；

(c) 子午面（θ＝常数）（或 $I_1 = \sqrt{J_2}$ 应力空间）；(d) 偏（八面体）平面

规三轴拉伸（CTE）、折减的三轴压缩（RTC）以及折减的三轴拉伸（RTE）中的应力路径，$\sigma_2 = \sigma_3$ 的条件总能得到满足。下一步给出这些应力路径的简要的部分描述。

比例加载试验（PL）

试验起始于初始静水压力状态（$\sigma_1^0 = \sigma_2^0 = \sigma_3^0 = \sigma_c$），然后，土单元在三个主方向上经受增加的应力增量（或变化）$\Delta\sigma_1$、$\Delta\sigma_2$、$\Delta\sigma_3$，使 $\Delta\sigma_1 : \Delta\sigma_2 : \Delta\sigma_3 = 1 : \alpha_1 : \alpha_2$，其中 α_1 和 α_2 是确定图 3.2（a）中直线路径 **NP** 方向的参数。考虑将图 3.2 中描述的所有应力路径

（CTC，CTE，TC，TE，HC等）作为这种常规直线应力路径的特殊例子，相应于每一种试验分别采用参数 α_1 和 α_2 的不同值，例如，HC 路径对应于 $\alpha_1 = \alpha_2 = 1$，而 CTC 路径对应于 $\alpha_1 = \alpha_2 = 0$。

静水压缩试验（HC）

与该试验对应的应力路径保持沿着静水压力轴的方向（$\sigma_1 = \sigma_2 = \sigma_3$），如图 3.2（$a$），（$b$）和（$c$）所示，在这种应力路径中，应力不变量 I_1（或 σ_{oct}）和 J_2（或 τ_{oct}）的变化由下式给出（见 1.3.1 节）：

$$\Delta I_1 = 3\Delta\sigma_{oct} = 3\Delta\sigma_c, \quad \Delta J_2 = \Delta\tau_{oct} = 0 \tag{3.4}$$

其中，$\Delta\sigma_c$ 为静水（或平均）应力的增量（$\Delta\sigma_1 = \Delta\sigma_2 = \Delta\sigma_3 = \Delta\sigma_c$）。

静水应力试验提供了土的体积变化性质的信息，例如，体积模量 K 可从该试验的结果中获得。

常规的三轴压缩试验（CTC）

这是在土力学中最常采用的试验。试验是在柱状土样上进行的，土试样上的两个主应力保持不变（$\sigma_2 = \sigma_3 = \sigma_c$），第三主应力 σ_1 增大对应于 CTC 的应力路径分别描述为图 3.2（b）和（c）中的三轴平面和子午面（$I_1 - \sqrt{J_2}$ 应力空间）。在这种情况下，σ_1 为最大主应力，σ_2 和 σ_3 分别为中间和最小的主应力。八面体正应力和剪应力增量 $\Delta\sigma_{oct}$ 和 $\Delta\tau_{oct}$ 由下面表达式给出：

$$\Delta\sigma_{oct} = \frac{\Delta I_1}{3} = \frac{\Delta\sigma_1}{3}$$
$$\Delta\tau_{oct} = \left(\frac{2}{3}\Delta J_2\right)^{1/2} = \frac{\sqrt{2}}{3}\Delta\sigma_1 \tag{3.5}$$

其中，$\Delta\sigma_1$ 为最大主应力 σ_1 的变化值。所以，比值 $\sqrt{\Delta J_2}/\Delta I_1 = 1/\sqrt{3}$ 表示图 3.2（c）中 CTC 路径的斜率。

折减的三轴拉伸试验（RTE）

开始，土单元（试样）承受静水应力状态（$\sigma_1 = \sigma_2 = \sigma_3 = \sigma_c$），然后，保持 $\sigma_2 = \sigma_3$ 不变，主应力 σ_1 减小。在这种情况下，$\sigma_2 = \sigma_3$ 成为最大的和中间的主应力，而 σ_1 为最小的主应力，对应于该试验的应力路径将在图 3.2（b）和（c）中描述。八面体正应力与剪应力的变化采用与式（3.5）相同的表达式，但 $\Delta\sigma_1$ 这时为负（减小），所以 I_1 减小（见图 3.2c）。

常规三轴拉伸试验（CTE）

该试验是在 σ_1 保持不变时进行的，而 σ_2 和 σ_3 等值地增加。结果，σ_1 成为最小主应力。在这种情况下 $\Delta\sigma_{oct}$ 和 $\Delta\tau_{oct}$ 分别为：

$$\Delta\sigma_{oct} = \frac{\Delta I_1}{3} = \frac{2\Delta\sigma_2}{3}$$
$$\Delta\tau_{oct} = \left(\frac{2}{3}\Delta J_2\right)^{1/2} = \frac{\sqrt{2}}{3}\Delta\sigma_2 \tag{3.6}$$

其中，$\Delta\sigma_2$ 是主应力 σ_2 的增量（$\Delta\sigma_2 = \Delta\sigma_3$）。图 3.2（$c$）中 CTE 路径的斜率由 $\sqrt{\Delta J_2}/\Delta I_1 = \dfrac{1}{2\sqrt{3}}$ 给出。

折减的三轴压缩试验（RTC）

在该试验中，σ_1 是常数，而 σ_2 和 σ_3 等值地减小，即 $\sigma_2 = \sigma_3$ 总能满足，所以 σ_1 为最大主应力。应力增量 $\Delta\sigma_{oct}$ 和 $\Delta\tau_{oct}$ 由式（3.6）获得，但 $\Delta\sigma_2$ 为负，即 I_1 减小（图 3.2c）。

三轴压缩（TC）和三轴拉伸（TE）试验

在每一个试验中，外加应力增量 $\Delta\sigma_1$、$\Delta\sigma_2$ 和 $\Delta\sigma_3$ 使（$\sigma_1 + \sigma_2 + \sigma_3$）始终保持为常数（等于初始值 $3\sigma_c$），换句话说，始终满足 $\Delta\sigma_1 + \Delta\sigma_2 + \Delta\sigma_3 = 0$ 的条件。对于 TC 试验，满足如下条件：σ_1 增加 $\Delta\sigma_1$，σ_2 和 σ_3 都减小，使 $\Delta\sigma_2 = \Delta\sigma_3 = -\dfrac{1}{2}\Delta\sigma_1$。在 TE 试验中，$\sigma_1$ 减小，而 σ_2 和 σ_3 都等值增加，使 $\Delta\sigma_2 = \Delta\sigma_3 = -\dfrac{1}{2}\Delta\sigma_1$（此时 $\Delta\sigma_1$ 为负）。如果用 $\Delta\sigma_1$（绝对值）表示 σ_1 变化的大小，那么得到 $\Delta\tau_{oct}$ 的变化值为：

$$\Delta\tau_{oct} = \left(\frac{2}{3}\Delta J_2\right)^{1/2} = \frac{1}{\sqrt{2}}\Delta\sigma_1 \tag{3.7}$$

在 TC 试验中，σ_1 是最大主应力，σ_2 和 σ_3 为中间和最小主应力（$\sigma_2 = \sigma_3$）。如 1.3.1 节描述的那样，应力不变量 θ 式（1.14）和式（1.24），可方便地用来确定在偏平面中的应力路径（图 3.2d）。所以，对应 TC 路径（$\sigma_1 > \sigma_2 = \sigma_3$），由式（1.24）得出 $\theta = 0°$，在这种情况下，将对应于 $\theta = 0°$ 的子午面（含有 $\theta =$ 常数的静水压力轴的平面，见 1.3.3 节）定义为压缩子午面（应注意，在该情况中的 $\theta = 0°$ 正好对应于 1.3.3 节中的 $\theta = 60°$，因为这里压应力作为正值，而在 1.3.3 节中拉应力当作正值）。同样地，将对应于 CTC 和 RTC 路径（$\sigma_1 > \sigma_2 = \sigma_3$，适应于两种路径）的 σ_1、σ_2 和 σ_3 的适当值代入式（1.24），得到相同值 $\theta = 0°$，即压缩子午面包括了 TC，CTC 和 RTC。

对于 TE 应力路径，σ_1 是最小主应力，通过将 $\sigma_2 = \sigma_3 > \sigma_1$ 代入式（1.24）中，获得 $\theta = 60°$，对应于 $\theta = 60°$ 的子午面称作拉伸子午面。很容易证明，该平面也包括了对应于 CTE 和 RTE 路径的应力状态。

简单剪切（SS）试验

同 TC 和 TE 试验一样，在 SS 试验中，八面体正应力保持不变，即 SS 路径始终位于对应于初始静水压力状态的偏平面内。这里，一个主应力，例如 σ_2，保持不变（$\Delta\sigma_2 = 0$），而其他两上 σ_1 和 σ_3 分别以相同的值增大或减小，即 $\Delta\sigma_3 = -\Delta\sigma_1$，其中 $\Delta\sigma_1$ 表示 σ_1 的增量，则得到的 $\Delta\tau_{oct}$ 为：

$$\Delta\tau_{oct} = \left(\frac{2}{3}\Delta J_2\right)^{1/2} = \sqrt{\frac{2}{3}}\Delta\sigma_1 \tag{3.8}$$

对应于任何沿 SS 路径的应力状态，式（1.24）将给出 $\theta = 30°$。$\theta = 30°$ 的子午面定义为剪切子午面。

其他形式的三轴试验

除了以上描述的应力路径外，包含其他应力路径的各种试验当然可以在前面提到的三轴仪器中实现。特别地为了弄清中间主应力（即 σ_2）对土的行为特性的影响，常常要在 $\sigma_3 \leqslant \sigma_2 \leqslant \sigma_1$ 的范围内作几种 σ_2 不等于 σ_1 和 σ_3 的试验，其中 σ_1 和 σ_3 分别表示最大和最小主应力的大小。在这种情况下，σ_2 与 σ_1 和 σ_3 的相对位置由下式表示：

$$b = \frac{\sigma_2 - \sigma_3}{\sigma_1 - \sigma_3} \qquad (3.9)$$

当 $b=0$ 和 $b=1$ 时分别对应于 CTC 和 CTE 路径。

在这种方法中，在不同于 CTC 和 CTE 应力条件下的应力范围内，一种特定的土的力学性质可以采用 $0<b<1$ 的试验来研究。同样地，对于 $0<b<1$ 并强加 $\sigma_{oct}=$ 常数的条件，可以研究在 TC 和 TE 路径（即在图 3.2d 的 $0°<\theta<60°$ 范围内）之间范围内应力条件下的偏量特性，对应于 $\sigma_{oct}=$ 常数和 $0<b<1$ 的应力途径常常定义为对于每一个特定的 θ（或 b 值）的径向剪切路径，记为 RS。例如 RS-15°对应于 $b=0.25$，而 RS-30°与图 3.2(b) 中的 SS 途径相同，$b=0.5$。

显而易见，以上描述的各种应力路径为全应力路径。对于饱和土，依赖于试验类型（排水或不排水），通过测量孔隙水压力，由式（3.1）可以很容易地确定有效应力路径。

3.2.2　土的变形特征

土的应力-应变性质以及强度特征多年来一直是研究的课题。除了有关土力学的经典课本（如 Taylor，1948；Terzaghi，1943）外，最近出版了几本有关土的特性的书（如见 Atkinson 和 Bransby，1978；Bowles，1979；Schofield 和 Wroth，1968；Scott，1963；以及 Yong 和 Warkentim，1975）。详尽的评述也已给出（如，Lade，1972；Parry，1972；Scott 和 Ko，1969）。土在动力及循环荷载下不同方面的性质在最近一些出版物中得到了评述（如，Pand 和 Zienkiewicz，1980；Prange，1978）。下面仅简要地描述一下有代表性的土的基本要点和特性。

体应力-应变性质

图 3.3 中表示在静水加载和卸载条件下，干燥土和饱和排水土定性的典型体变性质。从该图形中可清楚地看到，土在静水加载和卸载条件下通常表现出非线性性质。卸载到初始应力状态，只有很小一部分应变恢复了（弹性或可复应变），而其他部分保持为永久（不可逆的或塑性的）应变。

剪切应力-应变性质

在排水的三轴压缩条件下，土定性的应力-应变响应曲线由图 3.4 给出（有效约束压力 σ_3' 不变的排水 CTC 试验）。典型地，密实土或超固结黏土的应力-应变性质类似

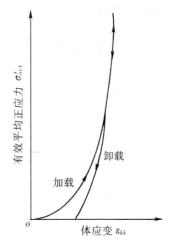

图 3.3　干燥或排水时土在静水加载和卸载下的典型性质

于图 3.4 中的曲线 1，而该图中的曲线 2 是松散砂土或正常固结黏土的典型应力 - 应变性质。图 3.4 中的曲线阐明了土的初始固结（密实）状态对应力 - 应变响应的影响（对于非黏性土，用初始孔隙比 e_0 表示。对于黏性土，用 OCR 比率表示）。

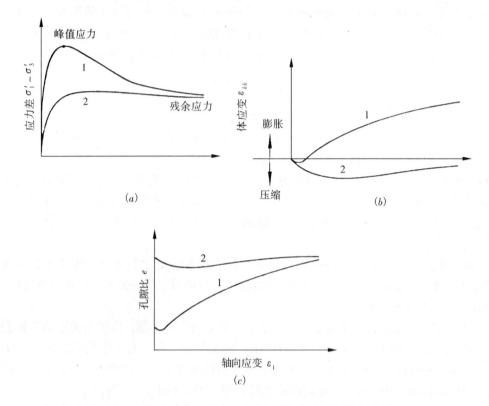

图 3.4　在排水常规三轴压缩试验条件下，饱和土的典型性质
1 密实砂或超固结黏土　　2 松散砂或正常固结黏土

密实砂和超固结黏土比松散砂和正常固结黏土具有较高的刚性（斜度较陡）和较高的峰值（最大或破坏）应力。在峰值应力（图 3.4a）之后，对于密实土和松散土的应力 - 应变曲线是截然不同的。随着应变到达峰值以后，松散土表现出在剪切强度方面有很小降低或没有降低。它们的行为可称作应变强化性质。而随着剪切强度峰值过后明显下降时，密实土表现出很弱的应变软化性质，在非常大的应变情况下（在应变控制试验的最后），密实土和松散土都达到相同的极限（剩余的）剪切抗力。

不论固结的初始状态（松散的或密实的）如何，体应变开始都是压缩的（紧密的），但在峰值应力之后，密实土样表现出很大的膨胀（或体积增加）而松散的土样继续受压（图 3.4b），另外，在很大应变时，对于图 3.4 (c) 中的 $(\sigma_1' - \sigma_3') - \varepsilon_1$ 曲线，松散土样和密实土样的 $e - \varepsilon_1$ 曲线（图 3.4c）最终达到一个稳定的极大值（即不变的比体积）。将剪切抗力和孔隙比没有进一步变化和变形（应变）继续增大的条件定义为临界状态（Hvorslev，1937），从图 3.4 中可以看出，对应于这种条件的剪切强度和孔隙比（或比体积）的极值与土的初始固结状态无关（即这些极值对密实土与松散土是一样的）。

应力－应变－孔隙水压力性质

图 3.5 中给出了在常规的三轴压缩条件下试验的三种不同饱和土的定性的典型应力－应变－孔隙水压力响应曲线。在该图中，三种土样首先受各向同性固结以达到相同的有效平均正应力水平（点 1），然后承受增加的轴向应力 σ_1。应力－应变曲线 2 表示一种（敏感的）正常固结黏土或很松散的砂的典型响应。在这些曲线中，在同试验最后应变值相比的较低应变处，达到最大剪切强度，在峰值之后，曲线表现出应变软化行为，而在很大应变时的剩余剪切强度同峰值时的值相比是很小的。由于在松散土中体积收缩的趋势，所以诱发的超静孔隙压力随着试验的进行而增加，导致了有效应力的实际下降（图 3.5a 和 b），造成了在图 3.5（b）中的剪切强度下降。

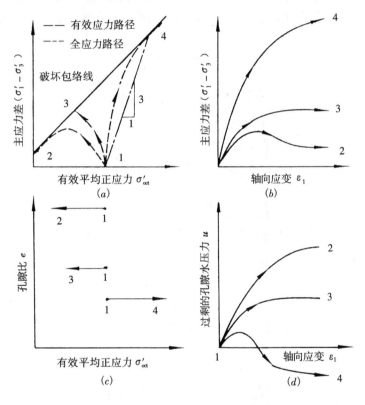

图 3.5 在不排水常规三轴压缩试验条件下饱和土的典型性质

图 3.5 中的典线 4 描述了典型密实砂和高度超固结黏土的性质，随着应变增加（应变强化），材料的强度持续增加。由于在密实土中存在着体积膨胀（扩张）的趋势，所以随着施加应力的增加（见图 3.5a），有效应力也增加。孔隙水压力在相当小的应变时达到了最大值，然后减小，最后变成负值（图 3.5d）。

在密实土和松散土性质的极限范围内，各种中间（介质）响应（如图 3.5 中的曲线 3）可以主要依据材料的初始固结状态而观察到。显然，由于没有体积应变发生（图 3.5c），因此孔隙比在不排水的条件下保持不变。

应力－应变－固结性质

约束（固结）压力（CTC试验中的 σ_3）对土的性质的影响可以通过考虑图3.6中的应力－应变－体积变化曲线来表示，该曲线从松散砂土和密实砂的排水三轴压缩试验中获得。可以看出，这种行为从应变软化转变到应变强化，并随着约束压力的增大在最大破坏应力时应变也增加。这种性质的变化对于初始密实的砂尤为明显，随着约束压力的增加，体积应变具有更大的压缩性。

随着约束压力 σ_3 的增大，尽管峰值（或破坏）偏斜应力 $(\sigma_1-\sigma_3)_f$ 增加，但峰值（或破坏）应力比 $(\sigma_1/\sigma_3)_f$ 却减小。对于一个初始孔隙比的特定值，造成在破坏时没有体积变化的约束压力称为临界约束压力。对于一个特定的 σ_3 值，也存在着一个在破坏时不发生体积变化的初始孔隙比的相应值，这个孔隙比定义为临界孔隙比（见 Lee 和 Seed，1967）。

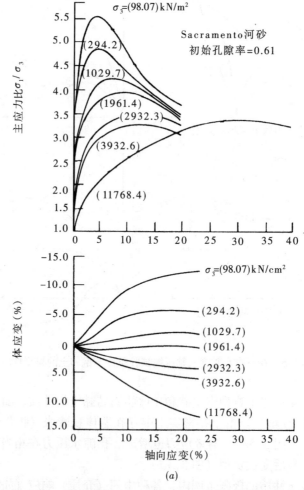

图3.6　约束压力（σ_3）对应力－应变－体积变化

曲线的影响（Lee 和 Seed，1967）

（a）密实砂

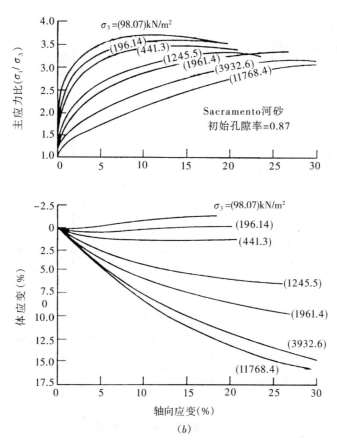

图 3.6　约束压力（σ_3）对应力-应变体积变化
曲线的影响（Lee 和 Seed，1967）

（b）松散砂

　　不论初始孔隙比如何，但根据约束压力的值，一个特定的土样可表现出收缩或膨胀的性质。对于约束压力大于临界状态值的试验，土的性质通常具有应变强化的特征，破坏时具有体积压应变。而对于临界值以下的约束压力，应力-应变曲线通常表现出在峰值之后剪切强度下降，破坏时体积膨胀。所以，土的行为特征为松散的（收缩，应变强化）还是密实的（膨胀，应变软化）要依据土的初始固始状态以及约束压力的大小而定。

中间主应力的影响

　　中间主应力（CTC 中的 σ_2）对土性质的影响可由图 3.7 表述，该图表现了 Cornforth (1964) 从常规的三轴压缩试验（$\sigma_2 = \sigma_3 =$ 常数），即式（3.9）中的 $b = 0$ 和 σ_2 为变值（$0 < b < 1$）以及平面应变试验中得出的砂的应力-应变曲线。图中显示的结果表明，平面应变试验中的应力-应变曲线比三轴试验中对应于破坏（最大的）应力的曲线更陡（更刚硬）。对于所有初始相对密实度 D_r 的值，在平面应变试验中 σ_1 的破坏峰值是较高的。然而 σ_1 的剩余值对于两种试验似乎近似于相同。在平面应变试验中接近于破坏时的体积应变值比三轴试验中的值更具有压缩性，尤其对于松散土样（见图 3.7c 和 d）。

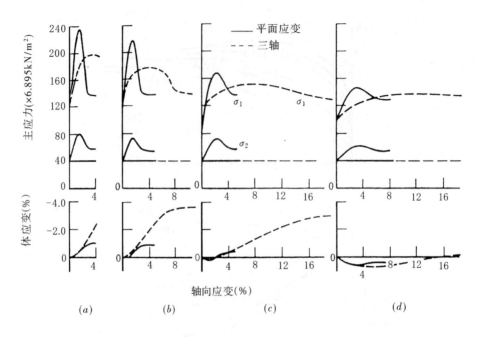

图 3.7 针对不同初始孔隙率的砂，在三轴压缩和平面应变试验中的
应力－应变曲线（Cornforth，1964）。相对密实度 D_r 为
（a）$D_r = 80\%$；（b）$D_r = 65\%$；（c）$D_r = 40\%$；（d）$D_r = 15\%$

加载－卸载－再加载性质

土的性质中最重要的特征之一是与应力路径相关。在加载和卸载时，土样的应力－应变性质是完全不同的，这一点在图 3.3 中作了阐述，该图对应于静水压力下的非线性行为。当然在其他应力路径下也同样正确。例如，从图 3.8 关于砂在三轴压缩试验的结果中可以看出这一点。

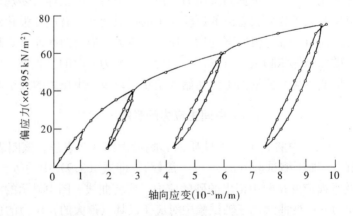

图 3.8 空气干燥的 Ottawa 砂在三轴压缩
（Makhlouf 和 Stewart，1965）中，典型的初始
加载－卸载－再加载曲线

土的非线性变形基本上是非弹性的。除了在很低的应力水平下,在任何给定应力状态下卸载,只有一小部分应变可以恢复。可复(可逆)应变代表总应变中的弹性部分,这些弹性应变主要是由于土样中单独的固体颗粒的弹性变形所致。另一方面,不可复(不可逆)应变称作塑性应变,它们是由颗粒的滑移(滑动)、重新排列以及压碎造成的。这些塑性变形引起了土样中内部结构的改变。

试验工作(见 Hardin,1978;Ko 和 Scott,1967;以及 Makhlouf 和 Stewart,1965)表明,在很低的应力水平下,由加载和卸载产生的应变主要是弹性的。从这么低的应力水平卸载,由颗粒滑移引起的塑性变形非常小;卸载和再加载的曲线基本上是带有很小滞后回线的相同线性路径。在较高的应力水平下,从卸载和重新加载中观察滞后回线几乎具有相等的斜率。可是,随着应力水平的增加,尤其是接近破坏状态时,滞后回线变得较宽,从如此高的应力水平卸载,将产生大的滑动塑性应变,返回曲线就具有非线性,滞后回线的斜率将减小。

应力 – 路径的相关性

除了加载和卸载对应力 – 路径的相关性之外,即使对于连续加载,土的性质也受应力 – 路径的方向影响,图 3.9 中的结果可以表明这一点。该图形描述了由 Ko 和 Masson (1976)对 Ottawa 砂采用不同应力路径的试验中得出的偏应力 – 偏应变曲线。这些应力路径包括采用相同的平均应力 σ_{oct} 的 TC、TE 和 SS 试验(这些应力路径的方向,如图 3.2 所示)。

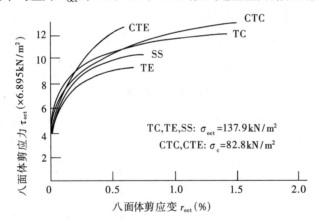

图 3.9 Ottawa 砂在不同加载路径中的八面体剪
应力 – 应变曲线(Ko 和 Masson,1979)

正如图 3.9 所示,在低应力水平下,对应于三个应力路径的响应曲线是相同的,但在较高的应力水平下,曲线将大大地分开了。这表明在偏平面内(通常根据第三应力不变量 θ,或由 1.3.1 节中等价定义的 I_3 或 J_3 来表示)应力路径的方向将影响土的偏量响应。所以,三个应力不变量都影响实际土的应力 – 应变性质。

体积 – 偏量响应的耦合

土的性质中另一个重要的特征是剪切 – 膨胀现象,或者说是偏量响应和静水响应分量之间的耦合效应。除了剪切（偏）应变之外，纯偏应力增量（如在 σ_{oct} 恒定的 TC、TE 或 SS 路径中）通常产生体积应变（膨胀或收缩），尤其在接近于破坏时的高应力水平，这一点已被许多研究者（如 Ko 和 Scott，1967）用试验证实了。这些耦合效应表示一种应力（或应变）引发的各向异性，这种各向异性是由于在高的剪应力水平下产生的颗粒重新排列和内部结构变化所致。

3.2.3 土的破坏面（包络面）的特征

以上讨论的是关于土的变形行为的不同特征。土的强度和破坏面的基本特性将在下面阐述。

破坏条件和强度参数在处理土力学中的稳定问题时是非常重要的。正如前面描述的那样，为了描述软化材料如超固结黏土和密实砂土（在低的约束压力下）的功或应变，需要剪切强度的两个值，峰值（最大值）和剩余值（最后值）。为了定义极限峰值（或最大）的应力条件这里使用了破坏一词。所以在下面讨论中只涉及与峰值（最大的）强度有关的参数。

然而，需要强调，在包含诸如密实砂和超固结黏土的问题中，峰值强度和剩余强度参数都需要。在这种情况下，土体完全破坏时作用的实际最大剪切应力位于峰值和剩余值两个极值之间（Bishop，1972）在对具有脆性（应变软化）特征的土进行稳定性分析时，在采用峰值剪切强度 τ_f 作为不定性程度的简便度量中，Bishop（1966）引进了脆性指标，$I_B = (\tau - \tau_r)/\tau_f$，其中 τ_f 表示剩余的剪切强度。对于 I_B 的小值，采用峰值强度定义破坏条件在大多数实际应用中是令人满意的。

下面将参照 Mohr 图中破坏包络线的形状和偏（八面体）平面中破坏面的轨迹来讨论各种强度特征。

Mohr 破坏包络线

从对应于各种破坏应力状态（根据有效主应力，$\sigma_1' \geqslant \sigma_2' \geqslant \sigma_3'$）的 Mohr 圆图形出发，可以由这些圆的公切线得到 Mohr 破坏包络线，如图 3.10 所示。通常，破坏包络线是弯曲的，对于密实土（如密实砂或超固结黏土）尤其如此。在许多情况下，如果只注意静水（约束）压力中有限的范围，破坏包络线就可近似地作为一条直线。在许多情况中，熟悉的强度参数、内聚力 c' 和摩擦角 φ'，都可由原点处的截距和破坏线的斜率分别得到（用撇号主要强调 c' 和 φ' 为有效强度参数）。

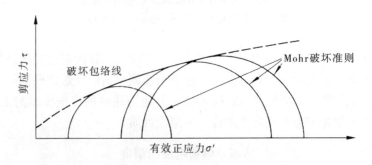

图 3.10 土的典型 Mohr 破坏包络线

图 3.11 表示从砂和黏土的实际试验结果中得出的 Mohr 破坏包络线。试验是在很宽的约束压力范围内进行的。在低的有效约束压力下，包络线是弯曲的，表明随着压力增大，摩擦角迅速降低。在高应力范围内，包络线逐渐变平，直到很高压力时才达到一个恒定的值。这个在很高约束压力下的值对于密实和松散的物质都是一样的（如图 3.11a），这意味着在很高压力下初始密实状态的影响已消除。显然，除了在 $c' > 0$ 的拉伸应力或者在 $c' = 0$ 的原点处之外，破坏包络线不会同有效正应力轴相交，即纯静水压力状态不可能导致破坏。

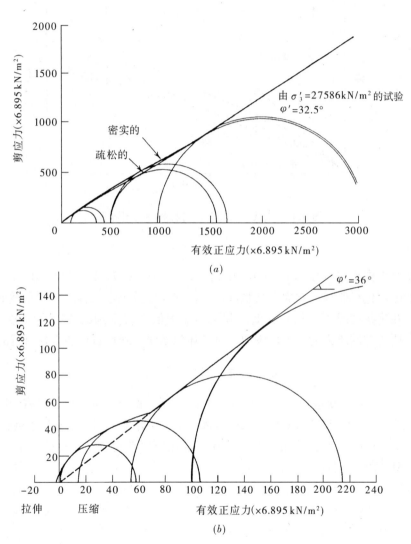

图 3.11　从对砂和黏土的排水三轴试验中得出的
Mohr 破坏包络线（Bishop，1972）
（a）Ham 河砂；（b）未扰动的 Toulnustouc 黏土

从图 3.11（a）可以看出，在低的约束压力下，密实土中量测的 φ' 值表现出显著的增加。这主要是由于在这些低的应力范围内增加的膨胀趋势引起了颗粒间相互连接的效果。

在高的约束压力下，颗粒的压碎变得更加重要并导致膨胀的减小，相应地造成了摩擦角的减小。可是，在很高的约束压力下，颗粒的压碎和重新排列需要相当大的能量，这引起了剪切强度的增加（即测量值 φ' 的增大），直至最终达到一个恒定的 φ' 值。在不同约束应力下，对无黏性土剪切强度影响的各种作用（滑移、膨胀、压碎和颗粒的重新排列）的图解表示由图 3.12 给出。

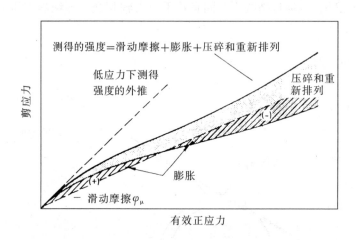

图 3.12　对无黏性土强度各种影响的图解表示
（Lee 和 Seed，1967）

许多研究者提出过（Bishop，1966 和 1972；Lade，1977；Lee 和 Seed，1967；Olson，1974）土的破坏包络曲线，然而必须强调指出，在大多数土木工程应用中所遇到的应力范围不很高。在这些情况下，只对在低的和中等压力值下观察到的曲线形状感兴趣。进一步，仅仅在所考虑的压力的有限范围内，对破坏包络线作线性近似通常是可行的。

在偏平面内破坏面的轨迹

砂土和黏土破坏面轨迹的一般特点如图 3.13 所示。试验数据点可从带有相同 b 值（式 3.9）的三轴压缩和拉伸试验（对砂土采用排水试验，对黏土采用固结不排水试验）中获得。从图 3.13（a）中可以看出，依据土样的初始孔隙比可以获得砂土两种截然不同的破坏面。密实土样表现出较大的剪切强度，因而在三轴压缩中有较大的 φ 值，这导致了在偏平面内有一个大的破坏面轨迹。对于黏土，随着固结压力 σ'_c（图 3.13b）的增加，强度也增加。

建立在图 3.13 所示的结果和其他试验工作结果的基础上（见 Green 和 Bishop，1969；Ko 和 Scott，1967；Lade，1972，以及 Vaid 和 Campanella，1974），可以总结出在偏平面内破坏面的轨迹是光滑的、弯曲的、非圆和外凸的（单调弯曲，没有弯曲点），具有 $\rho_c/\rho_t > 1$，其中下标 c 和 t 分别对应于压缩（$\theta = 0°$）和拉伸（$\theta = 60°$）子午面（图 1.15 和图 3.13），ρ 由式（1.23）定义。这些轨迹的弯曲部分清楚地表明中间主应力对土的剪切强度的影响（$0 \leqslant b \leqslant 1$）。通常，这些影响在约束压力的低值和中等值处更显著，但对于高的约束压力，该影响几乎可以忽略，如图 3.14 所示，其中在三轴压缩（$b = 0$）和平面应变（$0 \leqslant b \leqslant 1$）试验中的摩擦角接近于相同的值。

144

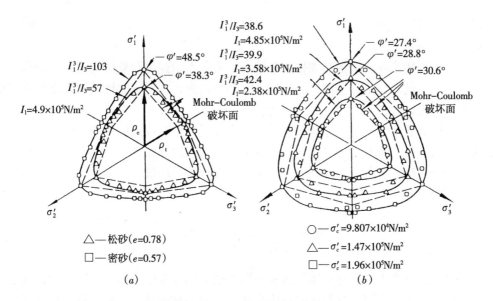

△—松砂($e=0.78$)

□—密砂($e=0.57$)

(a)

○—$\sigma'_c=9.807\times10^4\text{N/m}^2$

△—$\sigma'_c=1.47\times10^5\text{N/m}^2$

□—$\sigma'_c=1.96\times10^5\text{N/m}^2$

(b)

图 3.13　偏面上破坏面轨迹的一般特性（Lade 和 Musante，1977）

（a）Monterey 0 号砂；（b）Grundite 黏土

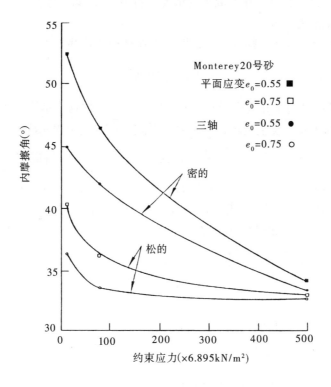

图 3.14　在平面应变和三轴压缩中，摩擦角随约束
压力的变化（Marachi，1969）

在可得到的试验数据范围内，出现土的破坏面不依赖于加载途径（如，Lade 和 Duncan，1976）［除了可能包含循环（重复）加载应力历史的影响，循环荷载会导致由于土的

密实而引起的强度增加]。

3.2.4 结论

上面已经描述了在不同加载和排水条件下，实际土的强度和复杂应力－应变性质的各个方面。建立在已经讨论的基础上，我们得出的结论为，在对土的性质和强度作真实的描述进行数学模拟时，必须考虑几个主要的特性。

总之，诸如非线性、应力路径相关性、静水（或约束）应力的影响、中间主应力的影响、剪胀、第三应力不变量的影响，以及应力诱发的各向异性等特性在土的本构模型中是必要的。用公式计算土的破坏准则时，静水（约束）压力的敏感性和中间主应力的影响是最主要的因素。

3.3 土的破坏准则

下面将描述几个土的破坏准则，这些破坏准则中的许多已在第 1.3 节中讨论过了，这些破坏准则与它们在混凝土材料中的应用有联系，为完整起见，这里也将给出这些准则的简要描述，除非另外指明，贯穿该节及以下章节，所有的应力都是有效应力，相应的强度参数为 c' 和 φ'，为方便起见，在不混淆的情况下符号"'"就不写了。

3.3.1 单参数模型

通常有三个单参数破坏准则应用于土壤，现在来描述这些准则。

Tresca 准则

Tresca 准则是最早提出并应用于金属的屈服条件。根据这个准则，当某点的最大剪应力达到一个临界值 k 时，发生破坏，采用数学形式，该准则可表示成：

$$\frac{1}{2}|\sigma_1 - \sigma_3| = k \tag{3.10}$$

其中，k 为实验确定的常数，表示纯剪时的破坏（屈服）应力；σ_1 和 σ_3 分别为最大和最小主应力（$\sigma_1 \geqslant \sigma_2 \geqslant \sigma_3$）。利用式（1.16），依据应力不变量 J_2 和 θ（1.3.1 节），式（3.10）可写成下列形式（$0° \leqslant \theta \leqslant 60°$）：

$$\frac{\sigma_1 - \sigma_3}{2} = \frac{1}{\sqrt{3}}\sqrt{J_2}\left[\cos\theta - \cos\left(\theta + \frac{2}{3}\pi\right)\right] = k \tag{3.11}$$

展开后有

$$f(J_2, \theta) = \sqrt{J_2}\sin\left(\theta + \frac{1}{3}\pi\right) - k = 0 \tag{3.12}$$

或根据变量 ρ，ξ，θ（1.3.1 节），同样有

$$f(\rho, \theta) = \rho\sin\left(\theta + \frac{1}{3}\pi\right) - \sqrt{2}k = 0 \tag{3.13}$$

由于在这个准则中没有考虑到破坏面上静水压力的影响，显然，式（3.12）和式（3.13）与静水压力 I_1 或 ξ 无关，在主应力空间中，Tresca 破坏准则对应于一个柱面（棱柱），它的母线平行于静水压力轴，它在偏平面内的横截面是一个正六边形，如图 3.15 所示。

146

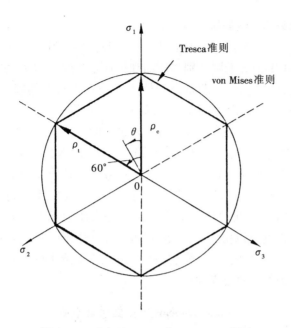

图 3.15 对应于 Tresca 和 von Mises 准则
在偏平面内破坏面的轨迹

很清楚，Tresca 准则用于土时有许多明显的缺点。首先，根据该准则，剪切强度与静水（或约束）压力无关。通常，对于土当然不正确。其次，该准则预示压缩和拉伸有同样的破坏应力，根据试验现象，土通常具有拉伸强度比压缩强度小得多的特征。另外，没有考虑中间主应力的影响。

然而，也有某些可以采用 Tresca 准则得到恰当结果的问题，尤其是根据全应力来分析在不排水条件下饱和土的问题（这种情况下的分析通常指 $\varphi = 0$ 的情况），在不排水加载时饱和土的剪切强度与施加的静水（或平均）全应力分量（I_1 或 σ_{oct}）无关，这与试验观察一致，因而可以应用 Tresca 破坏准则，在这些情况中，式（3.10）至式（3.13）中的常数 k 表示不排水的剪切强度 c_u（$\varphi_u = 0$），例如它可以从不固结－不排水的三轴试验结果中确定。

von Mises 准则

该准则认为当八面体剪应力 τ_{oct} 达到一极限值时，发生破坏。数学上，这破坏准则可表示成（见式 1.35）：

$$f(J_2) = J_2 - k^2 = 0$$

或

$$f(\rho) = \rho - \sqrt{2}k = 0 \qquad (3.14)$$

或

$$f(\tau_{oct}) = \tau_{oct} - \sqrt{\frac{2}{3}}k = 0$$

根据主应力 σ_1、σ_2 和 σ_3，这些表示式导出：

$$(\sigma_1 - \sigma_2)^2 + (\sigma_2 - \sigma_3)^2 + (\sigma_3 - \sigma_1)^2 = 6k^2 \qquad (3.15)$$

其中，k 是纯剪切的破坏（或屈服）应力。

在主应力空间中，von Mises 破坏面表示一个圆柱面，其母线平行于静水压力轴，如果使 von Mises 准则和 Tresca 准则分别与压缩和拉伸子午线 ρ_c（$\theta = 0°$）和 ρ_t（$\theta = 60°$）一致，那么在偏平面内面 von Mises 的轨迹为外接 Tresca 六边形的圆（图 3.15），在这种情况下，在预测破坏应力时的最大差别是沿简单剪切子午线（$\theta = 30°$）的方向，其中，采用 von Mises 和 Tresca 两者所预测的破坏剪切应力之间的比率为 $2/\sqrt{3} = 1.15$。另一方面，如果两个准则在简单剪切时相一致（同样的 k 值），那么 von Mises 圆将会内切 Tresca 六边形，两个准则预测值之间的最大偏差值将沿着压缩（$\theta = 0°$）和拉伸（$\theta = 60°$）子午线方向。

当应用于土体材料时，von Mises 破坏准则将会遇到与前面提到的 Tresca 准则同样的缺点，即拉伸和压缩时有相同的预测强度，且与静水压力无关。另外，同 Tresca 准则一样，不排水饱和土的强度可以由 von Mises 破坏条件充分地近似，实际上在大多数应用中，von Mises 准则在数学上更简便，这是因为在 Tresca 六边形上的角点（或奇点）可能造成数学上的困难，导致数值计算复杂。

Lade-Duncan 单参数破坏准则

依据三轴试验的结果，Lade 和 Duncan（1975）不久提出了针对无黏性土的单参数破坏准则，该准则考虑了许多可观察到的强度特性，如静水压力敏感性、中间主应力的影响以及在偏平面上非圆的轨迹。然而，破坏面具有直的子午线（即在 Mohr 图中直的破坏包络线）。因此，它可应用于只考虑静水（约束）压力有限范围内的情况，而破坏包络线的曲线部分可以忽略，Lade（1977）通过往该模型中添加一个附加的自由度，对无黏性土考虑了破坏包络线的曲线部分，使该破坏准则得到了进一步的发展，这种同样的破坏模型还被应用于正常固结的黏土（见 Lade，1979）。下面，将对单参数准则进行简要描述，更精确的双参数准则将在下节中讨论。

破坏面：根据第一应力不变量 I_1 和第三应力不变量 I_3，Lade 和 Duncan（1975）单参数模型的破坏面表示如下：

$$f(I_1, I_3) = I_1^3 - k_1 I_3 = 0 \tag{3.16}$$

其中，k_1 是依赖于土的密度（即初始孔隙比）的常数；I_1 和 I_3 根据应力张量的分量 σ_{ij} 或主应力表示成（见式 1.6 和式 1.7）：

$$I_1 = 3\sigma_{oct} = \sigma_x + \sigma_y + \sigma_z = \sigma_1 + \sigma_2 + \sigma_3 \tag{3.17}$$

$$I_3 = \sigma_x \sigma_y \sigma_z + 2\tau_{xy}\tau_{yz}\tau_{zx} - (\sigma_x \tau_{yz}^2 + \sigma_y \tau_{zx}^2 + \sigma_z \tau_{xy}^2) = \sigma_1 \sigma_2 \sigma_3 \tag{3.18}$$

利用各种应力不变量 I_1，I_2，I_3，J_2，J_3，θ，ξ 和 ρ（见 1.3.1 节）之间的关系，式（3.16）的破坏面可写成不同的形式，例如，根据不变量 I_1，J_2 和 J_3，则有

$$f(I_1, J_2, J_3) = J_3 - \frac{1}{3}I_1 J_2 + \left(\frac{1}{27} - \frac{1}{k_1}\right)I_1^3 = 0 \tag{3.19}$$

或根据 I_1，J_2 和 θ 有

$$f(I_1, J_2, \theta) = \frac{2}{3\sqrt{3}}J_2^{3/2}\cos 3\theta - \frac{1}{3}I_1 J_2 + \left(\frac{1}{27} - \frac{1}{k_1}\right)I_1^3 = 0 \tag{3.20}$$

最后根据 ξ，ρ 和 θ 有

148

$$f\ (\xi,\ \rho,\ \theta)\ =2\rho^3\cos3\theta-3\sqrt{2}\xi\rho^2+54\sqrt{2}\left(\frac{1}{27}-\frac{1}{k_1}\right)\xi^3=0 \qquad (3.21)$$

破坏面的特征：在主应力空间中，由上面等式定义的破坏面形状为锥体，锥体的顶点位于坐标轴的原点，如图 3.16 中左上角的小图所示。在常规的三轴压缩（即，对应于 $k_1=$ 41.7、62.5 和 115.3）中对应于 $\varphi=30°$、45°和 50°的破坏面的偏截面也显示在该图中，正如所见，该破坏面的偏轨迹具有与试验得到（见图 3.13）的大体相同的形状。当然，由于材料各向同性的假定，偏轨迹具有 60°的对称性。由于 k_1 的值接近于 27，偏轨迹更圆。随着 k_1 值的增加，它们变得更像三角形。显然，由于静水压缩应力状态($\sigma_1=\sigma_2=\sigma_3$, $k_1=$ 27)不会导致破坏，所以由试验获得 $k_1>27$ 的条件常常会得到满足。

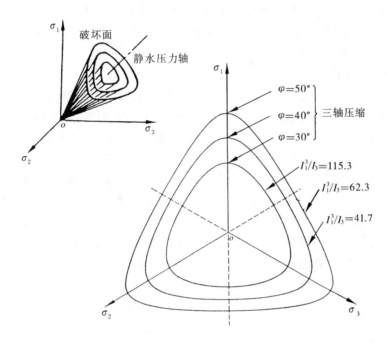

图 3.16 Lade 和 Duncan（1975）单参数破坏模型的一般形状和偏横截面

式（3.16）表示，中间主应力 σ_2 ($\sigma_1\geqslant\sigma_2\geqslant\sigma_3$) 对土的强度影响是：对于 σ_2 的所有值，破坏时比率 I_1^3/I_3 为常数，即破坏准则假定，对于 $0\leqslant b\leqslant1$ 的所有值，比率 I_1^3/I_3 不变，如式（3.9）中所定义，其中 b 是 σ_2 相对大小的量度。

对 k_1 的特殊值，式（3.16）表示强度系数 φ（对于无黏性土，$c=0$）和式（3.9）中的参数 b 之间的惟一关系，这一点可从下面来证明。首先，从无黏性土的 Mohr 破坏包络线（直线）出发，根据破坏时的 σ_1 和 σ_3，有：

$$\sin\varphi=\frac{\sigma_1-\sigma_3}{\sigma_1+\sigma_3} \qquad (3.22)$$

根据 $\sin\varphi$，从上式中可得到破坏时的应力比 $\alpha=\sigma_1/\sigma_3$

$$\alpha=\frac{\sigma_1}{\sigma_3}=\frac{1+\sin\varphi}{1-\sin\varphi} \qquad (3.23)$$

利用式（3.9）和式（3.23），那么根据 b 和 α，可将破坏时的应力比 σ_2/σ_3 表示为：

$$\frac{\sigma_2}{\sigma_3} = b \ (\alpha - 1) \ + 1 \tag{3.24}$$

最后，利用破坏条件（3.16）与式（3.23）和式（3.24），得到：

$$\frac{[\alpha \ (1+b) \ + \ (2-b)]^3}{b\alpha^2 + \ (1-b) \ \alpha} = k_1 \tag{3.25}$$

上式表示参数 α（和随后的 φ）和 b 之间所必需的关系。

对于给定的 k_1 值，式（3.25）可采用数值求解，以提供随 b 变化的强度参数 φ。相反，对于假定的 b，可以很容易地利用式（3.25）得出对应于不同 φ 的 k_1 值，在 $0 \leqslant b \leqslant 1$ 的范围内，对于所有的 b 值，重复同样的步骤，结果可用表格形式写出，可以很容易得出对于给定的 k_1 值的 $\varphi - b$ 关系。例如，图 3.17 表示对于两种不同类型的土（密实的，$e_0 = 0.57$；松散的，$e_0 = 0.78$，Monterey 0 号砂），对应于不同 b 值的强度参数 φ 的变化。作为比较，还列出了试验结果。

总之，当前破坏准则的主要特性可以概括如下：

1. 它只有一个参数 k_1（$k_1 > 27$），可以容易地从常规三轴压缩试验的结果中确定。当然，从标准试验数据中对模型参数的简单识别在实际应用中具有极大的优点。

2. 它包含了应力不变量 I_1 和 I_3（式 3.16），或者，同样地包含了不变量 I_1，J_2 和 θ 式（3.20）。因此，它考虑了静水压力和中间主应力对土的强度的影响。

3. 它在主应力空间中为一个顶点在原点的锥面，锥面的轴为静水应力轴（图 3.16）。

4. 在偏平面（图 3.16）上破坏面的轨迹与试验得出的（图 3.13a 和图 3.18）具有相同的形状。显而易见，由于物质的各向同性假设，偏轨迹具有其应用的 60° 对称轴。

5. 它可应用于一般的三维应力状态，并且可对试验测试结果得出一个合理的精确的估计。例如，可以从图 3.17 和图 3.18 实验（点）和预测（实曲线）结果的比较中看出这一点。

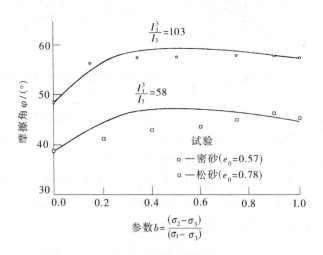

图 3.17 对于 $\varphi - b$ 关系，试验和计算结果的比较（Lade，1972）

6. 在子午面（$\theta =$ 常数）内，破坏面的轨迹是笔直的，即这个模型暗示了 Mohr 破坏包络线是一条直线，因而强度参数 φ 假定为常数，不随约束压力而变化。所以仅仅对于约束压力有限的范围，从该模型中才预测出可靠的结果（见图 3.11）。

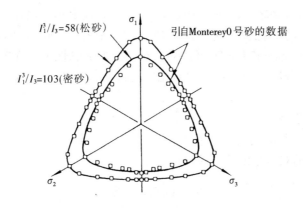

图 3.18　对于 Monterey 0 号砂在偏平面上破坏轨迹的试验和
计算结果之间的比较（Lade 和 Duncan，1975）

7. 它考虑了中间主应力 σ_2 对强度的影响，这样在破坏时比率 I_1^3/I_3 对于所有 σ_2 的值不变。这暗含了强度参数 φ（摩擦角）和 $b=(\sigma_2-\sigma_3)/(\sigma_1-\sigma_3)$ 之间的惟一关系（见式 3.25 和图 3.17）。

试验验证：在图 3.17、图 3.18 和图 3.19（a）中，利用破坏准则式（3.16）获得的结果，把对密实的和松散的 Monterey 0 号砂的试验结果与根据三轴压缩试验确定的 k_1 值作了比较。可以看出，尽管存在一些分散，但对于密实砂和松散砂，都获得了较好的一致。该破坏准则过高地估计了松散砂土在中间 b 值处的强度，而它对于所有的 b 值能很精确地表达密实砂的强度（见图 3.17 和图 3.18）。

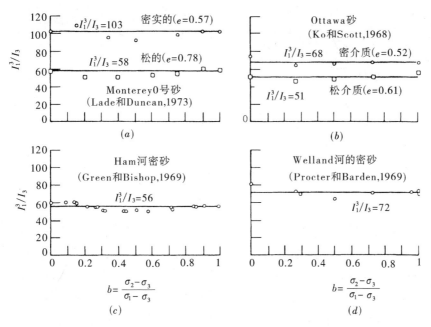

图 3.19　破坏准则的结果与四种不同砂的立方体三轴试验
结果之间的比较（Lade 和 Duncan，1975）

除了以上描述的结果之外，图 3.19（b）～（d）还显示了由式（3.16）预测的结果与公开刊登的结果之间的比较，这些公开刊登结果是由 Green 和 Bishop（1969）、Ko 和 Scott（1968）以及 Procter 和 Barden（1969）对不同的无黏性土在立方体的三轴试验中得出的，尽管存在一些分散，但可再一次看出，该破坏准则很好地描述了这些土的强度特征。

3.3.2 双参数模型

下面简要描述三个常用的双参数破坏准则。它们是 Mohr-Coulomb 模型、Drucker-Prager 模型和 Lade 的双参数模型（1977）。

Mohr-Coulomb 准则

Mohr（1900）准则提出破坏由下式控制：

$$|\tau| = f(\sigma) \tag{3.26}$$

其中，在平面内的极限剪切应力 τ 只取决于同一平面内某定点的正应力，而式（3.26）为对应于 Mohr 圆的破坏包络线。破坏包络线 $f(\sigma)$ 为一个由试验确定的函数。根据 Mohr 准则，材料的破坏发生在最大的 Mohr 圆正好与破坏包络线相切时的所有应力状态。这意味着中间主应力 σ_2（$\sigma_1 \geqslant \sigma_2 \geqslant \sigma_3$）对破坏条件没有影响。

Mohr 破坏包络线的最简单形式是如图 3.20（b）中所示的直线。直线包络线的方程由下式给出：

$$|\tau| = c + \sigma \tan\varphi \tag{3.27}$$

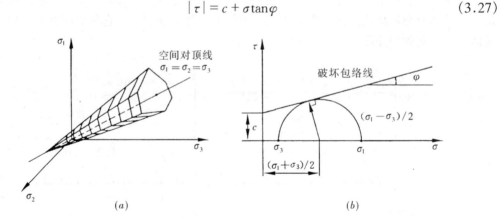

图 3.20　在主应力空间中的 Mohr-Coulomb 准则和 Mohr 图
（a）主应力空间；（b）Mohr 图

其中，c 和 φ 为众所周知的材料强度参数；c 表示"内聚力"；φ 表示"内摩擦角"。

与式（3.27）有关的破坏准则指"Mohr-Coulomb 准则"。由于其相当简单和有很好的精确性，目前广泛地用于土的实际分析。先前在第一章（1.3 节和 1.4 节，图 1.22 至 1.24）有关该准则在混凝土材料的应用中已作了详尽描述。然而，应该强调，由于采用的符号约定不同，这里描述的方程与第一章中的方程存在某些差别。在本章中，采用土力学的符号约定（压力为正），而第一章中是采用连续介质力学的符号约定（拉力为正），这点差别通过比较上式（3.27）与式（1.36）中的相应关系可以看出。还有，采用从偏斜平面

上 σ_1 轴投影的正（压力）方向上量测到的角度，我们现在得到 $\theta=0°$ 和 $60°$ 分别对应于压缩和拉伸子午线，而在第一章中，采用从 σ_1 轴投影的正（拉伸）方向上量测的 θ，得到 $\theta=60°$ 和 $0°$ 分别对应于压缩和拉伸的子午线。读者应该认识到这些差别。

现在，知道了上面所提到的差别，可以写出类似于 1.4 节中给出的不同形式 Mohr-Coulomb 准则了。即根据主应力（$\sigma_1 \geqslant \sigma_2 \geqslant \sigma_3$），式（3.27）中的破坏条件等同于（见图 3.20b）

$$\sigma_1 \frac{(1-\sin\varphi)}{2c\cos\varphi} - \sigma_3 \frac{(1+\sin\varphi)}{2c\cos\varphi} = 1 \tag{3.28}$$

根据应力不变量 I_1、J_2 和 θ（1.3.1 节），式（3.28）可写成下面的形式（利用式 1.16）：

$$f(I_1, J_2, \theta) = -\frac{1}{3} I_1 \sin\varphi + \sqrt{J_2} \sin\left(\theta + \frac{\pi}{3}\right)$$
$$-\frac{1}{\sqrt{3}} \sqrt{J_2} \cos\left(\theta + \frac{\pi}{3}\right) \sin\varphi - c\cos\varphi = 0 \tag{3.29}$$

或同样地根据不变量 ξ，ρ 和 θ，有：

$$f(\xi, \rho, \theta) = -\sqrt{2}\xi\sin\varphi + \sqrt{3}\rho\sin\left(\theta + \frac{\pi}{3}\right) - \rho\cos\left(\theta + \frac{\pi}{3}\right)\sin\varphi$$
$$-\sqrt{6}c\cos\varphi = 0 \tag{3.30}$$

展开式（3.29）中的 $\sin\left(\theta + \frac{\pi}{3}\right)$ 和 $\cos\left(\theta + \frac{\pi}{3}\right)$ 项，我们可以将破坏准则写成：

$$f(I_1, J_2, \theta) = -I_1\sin\varphi + \left[\frac{3(1+\sin\varphi)\sin\theta + \sqrt{3}(3-\sin\varphi)\cos\theta}{2}\right]\sqrt{J_2}$$
$$-3c\cos\varphi = 0 \tag{3.31}$$

$$f(\xi, \rho, \theta) = -\sqrt{6}\,\xi\sin\varphi + \left[\frac{3(1+\sin\varphi)\sin\theta + \sqrt{3}(3-\sin\varphi)\cos\theta}{2}\right]\rho$$
$$-3\sqrt{2}c\cos\varphi = 0 \tag{3.32}$$

其中，θ 位于 $0 \leqslant \theta \leqslant \frac{\pi}{3}$ 的范围内。

在主应力空间中，Mohr-Coulomb 准则表示为一个不规则的六角棱锥面，如图 3.20（a）所示。其子午线为直线（如图 1.23a），它在 π 平面（$\sigma_1 + \sigma_2 + \sigma_3 = 0$）内的偏轨迹如图 1.23（$a$）所示。画出图 1.23（$a$）中所示的不规则六边形只需要两个特征长度 ρ_{t0} 和 ρ_{c0}。这些长度可以从式（3.30）中分别由（$\xi=0$，$\rho=\rho_{t0}$，$\theta=60°$）和（$\xi=0$，$\rho=\rho_{c0}$，$\theta=0°$）得出。其结果由式（1.47）给出，从式（1.47）可获得比值 ρ_{t0}/ρ_{c0} 为：

$$\frac{\rho_{t0}}{\rho_{c0}} = \frac{3-\sin\varphi}{3+\sin\varphi} \tag{3.33}$$

由于 Mohr-Coulomb 破坏面的偏截面全部是几何相似的，所以对于任何偏平面（即，对于不同的 I_1 中 ξ 值）的比值 ρ_t/ρ_c 为常数，通常我们有：

$$\frac{\rho_t}{\rho_c} = \frac{\rho_{t0}}{\rho_{c0}} = \frac{3-\sin\varphi}{3+\sin\varphi} \tag{3.34}$$

图 3.21（a）中显示了一族对于不同 φ 值的 Mohr-Coulomb 破坏面的偏截面。压缩和

拉伸破坏包络线（压缩，$\theta=0°$；拉伸，$\theta=60°$，子午线）在图 3.21（b）中已描述。沿着 TC（$\sigma_1>\sigma_2=\sigma_3$）和 TE（$\sigma_1<\sigma_2=\sigma_3$）应力路径（见图 3.21$b$）的三轴应力状态分别导致了在压缩和拉伸子午线上的破坏。

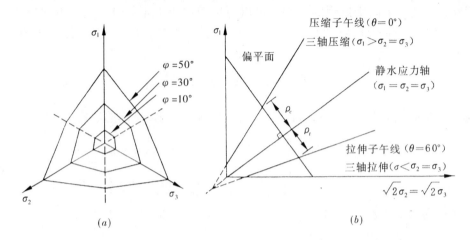

图 3.21　在偏平面和三轴平面中 Mohr-Coulomb 破坏面的轨迹
（a）偏平面；（b）三轴平面

当应用于土时，Mohr-Coulomb 破坏准则有两个主要的缺点：第一，它假定中间主应力对破坏没有影响，这与试验现象相反（如图 3.7、图 3.13 和图 3.14）；第二，子午线和 Mohr 图的破坏包络线是直线，这暗含了强度参数 φ 不随约束（静水）压力而变化。这种近似只是对约束压力的有限范围内是合理的，但当有关的压力范围变大时，它变得不好了，如图 3.11 和图 3.14 所示。另外，破坏面有弯角（或奇点），在数值分析中很难处理。

然而，这个准则一直是广泛应用的破坏模型，主要是因为它简单，并且在所遇到的约束压力的有限范围内，对许多实际问题可得出合理的精确的结果。这个准则已成功而广泛地应用于各种岩土工程问题的数值计算之中。

Drucker-Prager（扩展的 von Mises）准则

扩展的 Tresca 准则　实质上，Tresca 和 von Mises 破坏准则与静水压力分量（σ_{oct} 或 I_1）相关的土工试验结果相反，所以我们通过将这些对静水压力的相关性应用于土体材料，设法去得出这些准则。例如，在 Tresca 准则的基础上，Durcker（1953）提出了扩展的 Tresca 准则，它是一个双参数准则，可以写成：

$$\max\left[\frac{1}{2}|\sigma_1-\sigma_2|,\ \frac{1}{2}|\sigma_2-\sigma_3|,\ \frac{1}{2}|\sigma_3-\sigma_1|\right]=k+\alpha I_1 \qquad (3.35)$$

或，对于 $\sigma_1\geqslant\sigma_2\geqslant\sigma_3$，有：

$$\frac{1}{2}(\sigma_1-\sigma_3)=k+\alpha I_1 \qquad (3.36)$$

其中，k 和 α（在 Mohr-Coulomb 准则中，分别与强度参数 c 和 φ 有关）是由试验确定的材料常数。在主应力空间中，对应于扩展 Tresca 准则的破坏面是一个直立的六边形锥面，其偏截面是一个正六边形（与 Mohr-Coulomb 准则的非正六边形形成对比，图 3.21a）。这里，正如 Mohr-Coulomb 准则一样，扩展的 Tresca 破坏面也有弯角，因而在三维问题中，数学处理上不方便。

扩展的 von Mises 准则　作为对 von Mises 模型的简单修正，由 Drucker 和 Prager（1952）发展的第二个扩展准则常常用于实际计算中。该准则就是众所周知的 Drucker-Prager 破坏准则或扩展的 von Mises 破坏准则，下面将给出该准则的详细讨论。

根据应力不变量 I_1 和 J_2，Drucker-Prager 准则可写成下面形式（见式 1.37a）：

$$f(I_1, J_2) = \sqrt{J_2} - \alpha I_1 - k = 0 \tag{3.37}$$

或同样地，利用关系 $\xi = I_1/\sqrt{3}$ 和 $\rho = \sqrt{2J_2}$，

$$f(\xi, \rho) = \rho - \sqrt{6}\,\alpha\xi - \sqrt{2}\,k = 0 \tag{3.38}$$

其中，两参数 α 和 k 为（正的）材料常数，可以从试验结果中确定。依据相应的应力状态，材料常数 k 和 α 在几个方面都与 Mohr-Coulomb 准则的常数 c 和 φ 有关，这将在以后描述。当 α 为零时，式（3.37）变为 von Mises 破坏准则。

在主应力空间中的 Drucker-Prager 破坏面如图 3.22（a）所示。显然该面是一个直立的圆锥面，空间对顶线（静水应力轴，$\sigma_1 = \sigma_2 = \sigma_3$）为它的轴。破坏面在子午面（$\theta$＝常数）和偏平面上的轨迹如图 3.22（$b$）和（$c$）所示。对于与静水压力相关的材料，如土，Drucker-Prager 破坏面看上去像一个光滑的 Mohr-Coulomb 面或 von Mises 面的扩展。

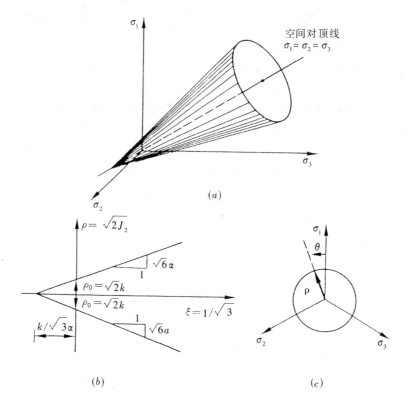

图 3.22　Drucker-Prager 破坏准则－在子午面
和偏平面上的破坏面和轨迹
（a）主应力空间；（b）子午面（θ＝常数）；（c）偏平面

从应用于模拟土的强度的角度来看，下面对 Drucker-Prager 或扩展的 von Mises 准则的主要特性、优点和局限性作了总结：

1. 破坏准则简单（如式 3.37）。只有两个参数 k 和 α，可以容易地从常规的三轴试验中确定。

2. 破坏面光滑，数学上可很方便地应用于三维之中。

3. 考虑了静水压力的影响。但是，由于在子午面上的破坏面轨迹是直线，对于静水压力的有限范围内，只有当破坏包络线的弯曲可以忽略时，才可以得出合理的结果（如图 3.11 和图 3.12）。

4. 由于破坏准则不依赖于不变量 θ，所以在偏平面上的破坏面轨迹是圆，这与试验结果矛盾，可以从图 3.13 中看出。

5. 不像 Mohr-Coulomb 准则那样，在 Drucker-Prager 准则中考虑了中间主应力的影响。但是，如果不仔细从试验结果中选择材料参数 α 和 k，那么，将不能保证正确地表示这些影响，而且可能会导致预测与试验结果之间严重的不一致。这一点将在下面阐述。

例证　考虑 Mohr-Coulomb、扩展的 Tresca 和 Drucker-Prager 破坏准则，在 $I_1 =$ 常数的偏平面上的轨迹如图 3.23 所示。从图 3.23（a）的几何图形中可以看出，点 D_1、D_2 和 D_3 定义为 $I_1 =$ 常数的偏平面与坐标面（$\sigma_1 = 0$，$\sigma_2 = 0$，$\sigma_3 = 0$）的交叉点。σ_1、σ_2 和 σ_3 坐标轴在这个偏平面的投影距离为 $O'D_1 = O'D_2 = O'D_3 = \sqrt{\dfrac{2}{3}} I_1$。为简单起见，考虑无黏性土（$c = 0$）的情况，并假定沿着压力子午线 $\theta = 0°$ 的方向得到三个破坏准则（即在图 3.23b 点 A 处，三轴压缩破坏 $\sigma_1 > \sigma_2 = \sigma_3$ 时，所有准则都一致）。

可以看到，在中间主应力达到最大主应力（即，当主应力状态达到 $\theta \rightarrow 60°$ 和 $b \rightarrow 1$ 的三轴拉伸状态）的区域，扩展的 Tresca 准则的偏斜轨迹经过相交线 D_1D_2、D_2D_3 和 D_3D_1 的外边（图 3.23b）。这意味着相应的破坏应力状态位于负的有效应力空间，显然，这对于无黏性土是不可能的。

对于 Drucker-Prager 圆轨迹内切三角形 $D_1D_2D_3$ 的情况，在三轴压缩中参数的极限可以从条件 $O'A = O'C_1$，即 $\rho_c = \sqrt{2}J_2 = I_1 / \sqrt{6}$ 中获得，这将导致在三轴压缩中 $\alpha = \sqrt{J_2}/I_1 = 1/2\sqrt{3}$，对于 Mohr-Coulomb 准则，它相应于 φ（三轴压缩）$= 36.9°$。所以，对于 $\varphi > 36.9°$ 的土，当 Drucker-Prager 和扩展的 Tresca 破坏准则沿着压力子午线方向与 Mohr-Coulomb 准则相配时，它们将产生与实际不符的结果。

材料常数　上面的讨论展示出为了将 Drucker-Prager 准则作为 Mohr-Coulomb 破坏面的一个近似而正确选择相配条件的重要性。对于不同匹配条件，两种准则中材料常数间的关系将描述如下。

这里有几种用 Drucker-Prager 圆锥面来近似表示 Mohr-Coulomb 六边形表面的途径。当两个面的顶点在它们空间对顶线上一致时，则只需一个附加的匹配条件，Drucker-Prager 圆锥面的尺寸就可根据需要而调整了。例如，如果两个面在压力 $\theta = 0°$ 子午线 ρ_c 上（图 3.24 中的 A 点）一致时，那么，两组材料常数（α，k 和 c，φ）的关系为：

$$\alpha = \frac{2\sin\varphi}{\sqrt{3}\ (3 - \sin\varphi)}, \quad k = \frac{6c\cos\varphi}{\sqrt{3}\ (3 - \sin\varphi)} \tag{3.39}$$

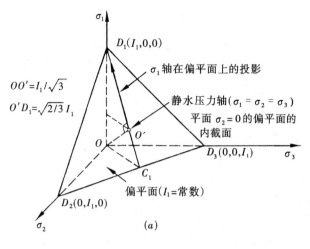

$OO' = I_1/\sqrt{3}$

$O'D_1 = \sqrt{2/3}\,I_1$

$D_1(I_1,0,0)$

σ_1轴在偏平面上的投影

静水压力轴($\sigma_1 = \sigma_2 = \sigma_3$)

平面$\sigma_2 = 0$的偏平面的内截面

$D_3(0,0,I_1)$

偏平面($I_1 = $常数)

$D_2(0,I_1,0)$

(a)

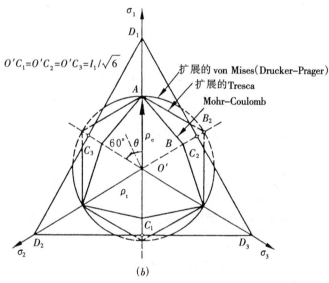

$O'C_1 = O'C_2 = O'C_3 = I_1/\sqrt{6}$

扩展的 von Mises(Drucker–Prager)

扩展的 Tresca

Mohr–Coulomb

(b)

图 3.23　在偏平面内的破坏准则

式（3.39）中的常数表示一个圆锥外接六角形的锥面，该圆锥表示 Mohr-Coulomb 破坏面的外边界。另一方面通过 $\theta = 60°$ 拉力子午线 ρ_t（图 3.24 中的 B 点）的内部圆锥具有常数：

$$\alpha = \frac{2\sin\varphi}{\sqrt{3}\,(3+\sin\varphi)}, \quad k = \frac{6c\cos\varphi}{\sqrt{3}\,(3+\sin\varphi)} \tag{3.40}$$

可以很容易地写出许多这样的近似描述，但这确实没有必要。然而，在平面应变情况下，针对承载力的问题，如果希望用 Drucker-Prager 准则和 Mohr-Coulomb 准则得出一个相同的极限荷载（或塑性破坏荷载）（见 Chen，1975），那么必须利用下面的两个条件来确定 α 和 k。

1. 平面应变的变形条件；
2. 每单位体积中，相同的机械能耗散率条件。

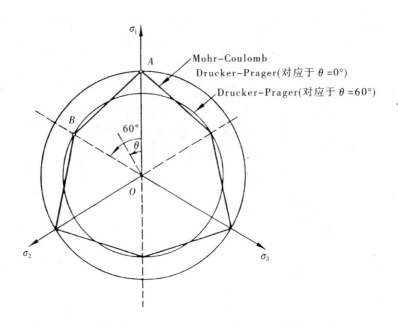

图 3.24　具有不同匹配条件的 Drucker-Prager
和 Mohr-Coulomb 破坏准则

在这些条件的基础上，材料常数之间的关系由下式确定为（Drucker 和 Prager，1952）：

$$\alpha = \frac{\tan\varphi}{(9+12\tan^2\varphi)^{1/2}}, \qquad k = \frac{3c}{(9+12\tan^2\varphi)^{1/2}} \tag{3.41}$$

利用式（3.41）可以证明，在平面应变情况下，破坏函数式（3.37）可简化成式（3.28）的 Mohr-Coulomb 准则。

Lade 双参数准则

如前面讨论那样（3.2.3 节），试验结果表明，大多数土的破坏包络线是弯曲的，尤其在约束（静水）压力较大的范围内。随着约束压力的增加，摩擦角 φ 将减小，如图 3.11、3.12 和 3.14 所示。前面描述的所有准则却不能包括这些特征。最近，Lade（1977）扩展了简单的单参数模型式（3.16），并考虑了破坏包络线的弯曲。根据第一和第三应力不变量 I_1 和 I_3，将扩展的破坏准则表示为：

$$f\,(I_1,\ I_3) = \left(\frac{I_1^3}{I_3}-27\right)\left(\frac{I_1}{p_a}\right)^m - k = 0 \tag{3.42}$$

其中，k 和 m 是该模型的两个材料常数；p_a 为大气压力，用与 I_1 相同的单位表示（如 $p_a = 1.033\text{kgf/cm}^2 = 14.7\text{psi} = 101.4\text{kN/m}^2$），这样做是为了方便才引用的，以便使参数 k 和 m 变成无量纲。

式（3.42）中的 k 值和 m 值可以从三轴压缩试验的结果中很容易地获得，如图 3.25 中图解表示的对数图中，画破坏时（$I_1^3/I_3 = 27$）与（p_a/I_1）的关系直线，在该图中，k 是与直线（p_a/I_1）$=1$ 的截距，而 m 是对试验结果拟合的直线的斜率。

158

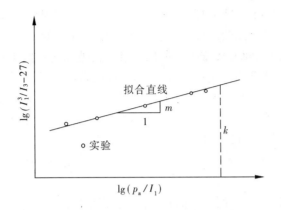

图 3.25　对 Lade 双参数破坏准则参数的确定

在主应力空间中，式（3.42）的破坏面形状像顶点在应力空间原点处的一个不对称的子弹。顶角随着 k 值的增大而增大。破坏面（图 3.26a）的偏斜轨迹具有和单参数准则式（3.16）的偏斜轨迹相同的形状（图 3.16）。在含有静水轴的平面上，破坏面的轨迹（如子午面，θ = 常数和三轴面）是弯曲的（图 3.26b 和 c），它们的曲率随 m 增加而增大。对于 $m = 0$，式（3.42）中的表达式变成式（3.16）中的表达式，而破坏面变成锥形，具有直的子午线。

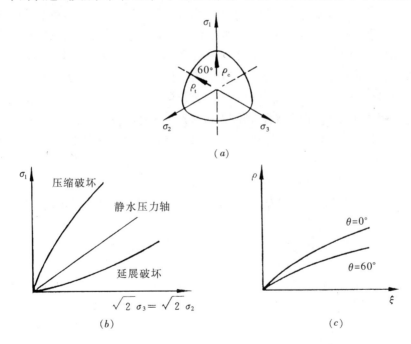

图 3.26　对于 Lade 双参数破坏模型，在偏平面
三轴平面和子午面内破坏面的轨迹
（a）偏平面；（b）三轴平面；（c）子午面

式（3.42）的破坏面通常向静水轴方向外凸（如图 3.26b 和 3.26c）。在 Mohr 图中，这表明摩擦角通常随着静水压力增加而减小。对于静水应力较大范围的情况，这一点在试

验中已验证了（如图 3.11、图 3.12 和图 3.14）。然而，在很高的静水压力值处（当土体颗粒的压碎变得重要时），试验结果表明破坏包络线张开并变直（图 3.11 和图 3.12），即在很高的静水压力处破坏面变成锥形。所以，只是在破坏面相应于静水轴外凸的静水应力范围内，当前的破坏准则是有效的。这正是在大多数实际应用中常常遇到的应力范围，一般这并不代表破坏模型的严重局限（例如，除了在非常高的土坝底部的土中可能出现的问题）。

该模型已用来预测无黏性土（Lade，1977）和正常固结黏土（Lade 和 Musante，1977）在不同应力条件下的破坏应力。在所有情况下，已获得了与试验结果合理的、很好的一致，这可以从图 3.13 中试验（点）和计算（实线）结果的比较中看出。

3.3.3 结论

根据上节中提出的对通常用于土的各种破坏准则的讨论，我们得出了以下结论：

1. 总的来看，简单的单参数 Tresca 和 von Mises 模型不能用于土，这是因为它们忽略了静水应力分量对强度的主要影响。它们只能用于当根据总应力进行分析时包含不排水条件下饱和土的问题。

2. 对于静水压力的有限范围，Lade 和 Duncan（1975）的单参数模型在一般的三维应力条件下的无黏性土是非常有效的。该模型简单并抓住了土的必要强度特征，如静水压力效应、中间主应力的影响，以及破坏面偏轨迹的非圆形状。

3. 由于其简单，Mohr-Coulomb 准则在大多数实际应用中是对土的强度的一个很好的近似。其材料参数（c 和 φ）具有明确意义的物理解释，它们可以容易地从标准试验数据中确定。然而，破坏面有弯角（奇点），所以数学上应用不方便，尤其对于三维问题。

4. 由于数学上计算方便，Drucker-Prager 准则在三维分析中可作为 Mohr-Coulomb 破坏准则一个平缓的推广。但是，合理识别用于确定材料常数（α 和 k）的条件是极端重要的，例如，当 Drucker-Prager 准则沿着 $\theta = 0°$ 压缩子午线与 Mohr-Coulomb 匹配时，位于或接近于三轴拉伸状态（$b \rightarrow 60°$）处，预测的破坏应力状态误差很大，尤其对于密实土（大的 φ）（如图 3.23）。所以在决定材料常数时，必须只能利用那些现有的对特殊问题的现场条件来模拟应力状态。

5. 对于包含静水压力很宽范围的问题，Lade（1977）双参数模型式（3.42）提供了比单参数准则式（3.16）更好的近似，因为它考虑了沿静水轴上破坏面的弯曲。

3.4 关于非线性弹性应力-应变公式的一般方法

3.2.2 节中提出的讨论清楚地展示了土的应力-应变行为的复杂特征和影响这种行为的诸多因素，并已得出结论，在许多的其他特征中，诸如非线性、应力-路径的相关性、剪胀、静水应力分量（I_1 或 σ_{oct}）效应、中间主应力和第三个应力不变量（I_3，J_3 或 θ）的影响，以及应力诱发的各向异性等特征，都是对土的性质真实表达的重要方面。显然，这样的性质太复杂以致不能提供一个令人鼓舞的希望，来得出一个能描述所有土在一般条件下的简单且真实的本构关系。所以，通过只包含与一个特殊问题或问题的类别有关的一定数量的行为特性，常常可以对实际应用的本构模型公式大大地进行理想化和简化。结果，在任何模型用于某一问题之前，首先必须仔细考虑建立特殊模型的条件、内在的能力及其局限。这在下面对各种本构模型的讨论中将会强调指出。

试验结果表明，土在不同加载条件下的非线性变形基本上是非弹性的，因为卸载时只有一部分应变恢复（如图3.3和图3.8）。所以，大多数土的应力–应变性质可分成可恢复（弹性）和不可恢复（塑性）分量，需要尽量单独去处理每一个分量。可恢复性质在弹性理论的框架内处理，而不可恢复性质将建立在塑性理论的基础上。如果遇到循环加载和卸载，这样分开特别有利。对于以单向（或比例）加载为主的问题，弹性基本构模型提供了一种非常简便的方法。

在下节中，将描述土体材料中大多数常用的弹性基模型，并将讨论它们相对的优点和局限。在进入讨论特殊的模型之前，首先将给出构成非线弹性应力–应变模型通用方法的一个简要评述。

目前有三种不同形式的弹性模型方法适用于一般公式推导。这些是 Cauchy 弹性、Green 超弹性和增量形式（亚弹性）的公式。具体有关这三种方法理论的发展和一般特性的详尽讨论已在《弹性与塑性力学》中给出[80]。它们的基本概念和主要特性还在 2.2 节中作了总结。各种为混凝土提出的弹性模型在第二章中已提出并作了详细的讨论（2.3 节至 2.11 节）。另外，为了在实际混凝土结构分析中验证这些模型的有效性，许多经挑选的有限元应用已在 2.12 节中提出。为了避免重复，也为了以后参考方便，这里只总结这三种模拟方法的重要部分，对于进一步的具体细节，读者可参考 2.2 节（总结）。

3.4.1 全应力–应变公式的 Cauchy 形式

对于这种弹性模型，应力的当前状态只依赖于变形的当前状态，即应力是应变的函数（或反之亦然）。数学上，Cauchy 弹性材料的本构关系可写成（2.2 节）：

$$\sigma_{ij} = F_{ij} \left(\varepsilon_{kl} \right) \tag{3.43}$$

其中，F_{ij} 是材料的弹性响应函数，σ_{ij} 和 ε_{ij} 分别是应力和应变张量。这种材料的行为是可恢复的且与路径无关。从这种意义上讲，应力由当前应变状态惟一确定（或反之亦然）。通常，尽管应力由应变惟一确定（或反过来也一样），但反过来不一定正确，而且，应变能和余能密度函数分别为 W (ε_{ij}) 和 Ω (σ_{ij})（见式2.2），它们的可恢复性和路径相关性一般不能得到保证。实际上，Cauchy 型的弹性模型对于某些加载–卸载循环可能产生能量[80]，即该模型可能违反了热力学定律，这在物理学上不能接受。这就导致了考虑称为 Green 超弹性型的割线型公式。

3.4.2 全应力–应变公式的 Green（超弹性）形式

该形式建立在假设应变能密度函数 W（或余能密度函数 Ω）存在的基础上，有（见《弹性与塑性力学》2.2.2 节）

$$\sigma_{ij} = \frac{\partial W}{\partial \varepsilon_{ij}}, \quad \varepsilon_{ij} = \frac{\partial \Omega}{\partial \sigma_{ij}} \tag{3.44}$$

其中，W 和 Ω 分别是应变或应力张量当前分量的函数。除了在超弹性（Green）模型中的可恢复性以及对应力和应变路径的无关性之外，热力学定律常常能得到满足，整个加载循环中不能产生多余的能量。

对于一个初始各向同性的弹性材料，根据应变张量 ε_{ij} 或应力张量 σ_{ij} 的任何三个独立不变量分别表示 W 和 Ω。建立在一个以应变不变量表示 W 或以应力不变量表示 Ω 的假定函数关系基础上，可采用式（3.44）来得到各种非线弹性的应力–应变关系（见2.2.2 节）。

在各向同性线弹性材料中，Cauchy 弹性和 Green 超弹性的公式简化成通常熟悉的只有两个独立材料常数的一般虎克定律[80]。然而，对于一般的各向异性线弹性材料，Cauchy型有 36 个材料常数，而在 Green 型中则只需要 21 个常数，这是因为附加的对称要求被式 (3.44)[80]取代了。

对式 (3.44) 节进行微分将导出下面增量形式的应力 - 应变关系（见 2.2.2 节）：

$$\dot{\sigma}_{ii} = \frac{\partial^2 W}{\partial \varepsilon_{ij} \partial \varepsilon_{kl}} \dot{\varepsilon}_{kl} = H_{ijkl} \dot{\varepsilon}_{kl} \tag{3.45}$$

$$\dot{\varepsilon}_{ij} = \frac{\partial^2 \Omega}{\partial \sigma_{ij} \partial \sigma_{kl}} \dot{\sigma}_{kl} = H'_{ijkl} \dot{\sigma}_{kl} \tag{3.46}$$

其中，$\dot{\sigma}_{ij}$ 和 $\dot{\varepsilon}_{ij}$ 分别是应力和应变增量张量；四阶张量 H_{ijkl} 和 H'_{ijkl} 分量的对称矩阵在数学上分别被认为是函数 W 和 Ω 的 Hessian 矩阵。式 (3.45) 和式 (3.46) 中的增量关系适合于对土体进行增量形式非线性有限元分析的应用。

由于理论上惟一性和稳定性的要求而给关系式 (3.45) 和式 (3.46) 上施加的条件已在 4.10 节中作了研究，并得出结论为，假如在应力和应变空间中 $W =$ 常数和 $\Omega =$ 常数的曲面外凸的条件，或同样地，若 W 和 Ω 的 Hessian 矩阵的正定性得到满足，这些要求总会满足的。

3.4.3 增量型应力 - 应变公式的微分（亚弹性）形式

Cauchy 和 Green（超弹性）形式的弹性模型显示了全应力和应变的可恢复性和路径无关性，而且限制 Green 模型中的本构关系使之保证能量函数 W 和 Ω 的可恢复性和路径无关性。另一方面，使一种材料在任何意义下具有弹性的最低要求是应力和应变的增量张量之间存在着一对一的坐标。这些材料的最简单的形式是应变增量 $\dot{\varepsilon}_{ij}$ 与应力增量 $\dot{\sigma}_{ij}$ 通过材料响应的模量构成线性关系，该模量取决于单一的状态变量（即当前应力 σ_{ij} 或应变 ε_{ij}）。这种形式的公式中的四种特殊情况是有意义的，它们给出为（见 2.2.3 节）

$$\dot{\sigma}_{ij} = C_{ijkl} \, (\sigma_{mn}) \, \dot{\varepsilon}_{kl}, \qquad \dot{\sigma}_{ij} = C_{ijkl} \, (\varepsilon_{mn}) \, \dot{\varepsilon}_{kl}$$

或 $$\tag{3.47}$$

$$\dot{\varepsilon}_{ij} = D_{ijkl} \, (\varepsilon_{mn}) \, \dot{\sigma}_{kl}, \qquad \dot{\varepsilon}_{ij} = D_{ijkl} \, (\sigma_{mn}) \, \dot{\sigma}_{kl}$$

其中，材料的切线响应函数 C_{ijkl} 和 D_{ijkl} 是它们指定的自变量的一般函数（即应力或应变张量的函数）。

式 (3.47) 中所描述的性质只在无穷小（或增量）的意义下满足可恢复性的要求。这验证了描述这些材料的亚弹性或微弹性项的应用。实际上，亚弹性项、Cauchy 弹性项和 Green 超弹性项在增量的量测中都具有弹性或可恢复性的标志。

根据式 (3.47) 中的张量函数 C_{ijkl} 和 D_{ijkl} 与应力或应变张量分量的相关程度，可以获得各种形式的本构模型。例如，在一级（或一阶）亚弹性模型中，式 (3.47) 中的张量函数是它们自变量的线性函数。一个零级（零阶）亚弹性材料与一个各向异性线弹性（Cauchy）材料（有 36 个材料常数）等价。对于各向同性材料，式 (3.47) 中的张量响应函数被进一步限制在所有的坐标变换下保持形式不变[80]。

3.4.4 结论

总之，以上描述的以弹性为基础的本构模型的三种形式可进一步分成两种基本方法：以割线（全量）公式形式表示的有限材料特征（Cauchy 型和 Green 超弹性型）和以切线应力 - 应变关系（亚弹性型）形式的增量模型。在下节中，将提出各种形式的弹性本构模型来描述在不同应力条件下土体材料的非线性行为。

再次，采用了土力学的符号约定（压缩为正）。贯穿本章，全量项、有限项和割线项交替地采用，这只是为了在割线（或全量）和增量（或切线）两种形式的模型之间求微分；这里用的全量项不应与前面采用的全量项（3.2.2节）相混淆，以便在土单元的两种应力状态（全量项对有效项）之间求微分。应力常常指在有限（全量）形式 σ_{ij} 或增量形式 $\dot{\sigma}_{ij}$ 中的有效应力，除非特别指明，当发生混淆时，用符号"′"来指示有效应力。

3.5 基于割线模量 G_s 和 ν_s 的全应力－应变模型

3.5.1 概述

在推导各向同性非线弹性模型的最简单方法中，当采用与应力和（或）应变不变量有关的标量函数代替弹性常数，将各向同性线弹性关系（统称虎克定律）作一个简单的改变时，就直接得出了本构关系。为了这个目的，可以根据主应力 σ_1，σ_2 和 σ_3 或根据应力不变量（如 I_1，I_2，I_3 或 J_1，J_2 和 J_3）来表示与应力状态有关的标量函数；同样地，也可根据主应变 ε_1，ε_2 和 ε_3 或应变不变量（如 I_1'，I_2'，I_3' 或 J_1'，J_2' 和 J_3'）来写出与应变状态有关的标量函数。因而通过采用对于任何两个"割线"弹性模量（如 E_s，ν_s，G_s，K_s，由[80]给出的弹性模量间的关系）的不同标量函数，可能描述各种非线性本构模型，尽管这种方法有明显的缺点，但主要由于其简单而被用于混凝土（2.3节～2.5节）和土体材料。

显然，在上面描述方法的基础上推导的各向同性弹性应力－应变关系是一般 Cauchy 弹性形式的特例；不论加载途径如何，应变状态都可以从当前的应力状态中惟一地确定（或反之亦然）。通常，计算得出的应力－应变关系确实没有惟一的逆关系。

除非将某些约束强加给弹性模量所选择的函数形式[80]，否则就不能保证从这些本构关系（式2.2）中计算出来的能量函数 W 和 Ω 的路径无关性，同时一般也得不到满足数值解[80]的惟一性和稳定性要求，所以要将这些割线模量限于比例加载的条件。实际上，这主要是大多数简单的模型所预期的应用范围，而且，由于割线弹性模量的表达式是从某一应力条件下的试验测试中推出来的，只有在包含了与特殊试验中尽可能接近的应力条件的现场应用中，才能从这些模型中预测合理的结果。

下面，将给出割线弹性模量 G_s 和 ν_s 的表达式，进一步的详细情况可以从 Hardin（1970），Hardin 和 Drnevich（1972），以及 Katona 等（1976）的论文中找到。

3.5.2 割线剪切模量 G_s

建立在对各种无黏性土和黏性土（未扰动的和重塑的）剪切应力－应变性质进行广泛试验研究的基础上，Hardin 和 Drnevich（1972）提出了将割线剪切模量 G_s 作为所达到的最大剪切应变和静水压力函数的一个表达式，提出的关系以双曲线函数的形式表示为：

$$G_s = \frac{G_0}{1 + (\gamma G_0/\tau_f)[1 + a\exp(-b\gamma G_0/\tau_f)]} \tag{3.48}$$

其中，G_0 为在剪应变为零处的初始（最大）切线剪切模量；τ_f 为破坏时的最大（或峰值）剪切应力；γ 为达到的最大剪应变，可以根据当前主应变 $\gamma = |\varepsilon_1 - \varepsilon_3|$ 很方便地表达出来[80]，式中，ε_1 和 ε_3 分别是最大和最小的当前主应变；a，b 为特殊类型土的材料常数。

该模型的主要优点在于对于很多种不同的土，式（3.48）中包含的参数和土的特性，如孔隙比、饱和度以及塑性指数之间建立起的广泛关系。例如，不用实际试验数据，许多未扰动的黏土和砂的 G_0 可以从下面的关系中算出（Hardin 和 Black，1968，1969）。

$$G_0 = 1230 \frac{(2.973 - e)^2}{(1 + e)} (OCR)^k \sigma_{oct}^{1/2} \tag{3.49}$$

其中，e 是孔隙比；OCR 是超固结比；σ_{oct} 是（有效的）八面体正应力；σ_{oct} 和 G_0 的单位是磅/英寸^2。上面方程式中的 k 值依赖于土的塑性指数 I_p，可以从表 3.1 中给出的值通过插值法来获得。

<table>
<tr><td colspan="2" style="text-align:center">式 (3.49) 中的 k 值</td><td style="text-align:right">表 3.1</td></tr>
<tr><td>塑性指数 I_p（%）</td><td colspan="2">k</td></tr>
<tr><td>0</td><td colspan="2">0</td></tr>
<tr><td>20</td><td colspan="2">0.18</td></tr>
<tr><td>40</td><td colspan="2">0.30</td></tr>
<tr><td>60</td><td colspan="2">0.41</td></tr>
<tr><td>80</td><td colspan="2">0.48</td></tr>
<tr><td>≥100</td><td colspan="2">0.50</td></tr>
</table>

应当注意，当孔隙比超过 2（对于 $e = 2.973$，$G_0 = 0$；当 $e > 2.973$ 时，G_0 平稳地增加）时，从式（3.49）中算出的 G_0 值可能太低了，所以 Hardin 提出了另外一种替代的形式：

$$G_0 = \frac{A \ (OCR)^k}{(0.3 + 0.7e^2)} p_a \left(\frac{\sigma_{oct}}{p_a} \right)^n \tag{3.50}$$

其中，p_a 是大气压力；A 是与尺寸无关的参数；n 是常数；其他所有量如上面定义的那样。对于 $A = 625$，$n = 0.5$，在 $0.4 < e < 1.2$ 的范围内，式（3.50）得出与式（3.49）几乎相同的结果。当 e 值增加时，不同于式（3.49），从式（3.50）中得出的 G_0 总是减小的。

破坏时最大剪应力的值 τ_f 依赖于土的初始应力状态（现场应力）和剪应力施加的方式（如直剪、三轴应力状态）。这可以根据所选择的破坏（强度）准则（如在 3.3 节中描述的）很方便地确定。对于一般的三维主应力状态，τ_f 在破坏时表示成 $\tau_f = (\sigma_1 - \sigma_3)/2$。

最后，式（3.48）中的系数 a 和 b 的值可以从试验结果的拟合曲线中获得，或从 Hardin 和 Drnevich（1972）给出的不同类型土的经验值中得出。

3.5.3　割线泊松比 ν_s

为了得到该模型的公式，需要第二个弹性模量的表达式。与式（3.48）中 G_s 表达式的形成相同，Katona 等（1976）提出了割线泊松比 ν_s 的双曲线表达式，其形式为：

$$\nu_s = \frac{\nu_{min} + q \ (\gamma G_0 / \tau_f) \ \nu_{max}}{1 + q \ (\gamma G_0 / \tau_f)} \tag{3.51}$$

其中，ν_{min} 是在零剪应变处的泊松比；ν_{max} 是在最大剪应变（破坏）处的泊松比；q 是决定双曲线形状的与尺寸无关的参数。

Katona 等（1976）在进行埋入式涵洞的有限元分析中采用了式（3.48）和式（3.51）的表达式。然而，需强调，由于与式（3.48）参数相同的表达式目前还没有，所以式（3.51）中的参数 ν_{min}，ν_{max} 和 q 必须从试验数据中通过曲线拟合的方法来确定，而且由于在确定泊松比时试验上有困难，所以式（3.51）中的参数很难稳定地确定。而在泊松比整个范围内采用一个简单的曲线（双曲线）来拟合并将该曲线表示成 $\gamma G_0 / \tau_f$ 的函数，这是不可能得到满意的（如，Wu，1980）。因此，在大多数实际应用中，采用好的工程判据，假设一个恒定的 ν_s 值通常是满意的。

G_s 和 ν_s 的表达式一旦确定，其他弹性模量（如，E_s 或 K_s）就可以根据 G_s 和 ν_s 通过关系式[80]很容易地表示出来。然后可以根据这些割线模量中的任何两个（见式1.79到式1.84）获得应力－应变关系。本构关系可以写成式（1.85）的矩阵形式。对于三维、平面应变和轴对称问题的三种情况，分别可从式（1.87）、式（1.90）、式（1.91）中，用变化的割线模量 E_s 和 ν_s 代替弹性常数 E 和 ν 来获得割线弹性刚度矩阵 $[C]$。

3.5.4 结论

建立在以上讨论的基础上，可以得出许多有关提出的割线模量的特性、优点和局限性的结论。现总结如下：

1．在土的许多行为特性中，当前模型只包含了非线性和应力相关性。

2．该模型计算简单。在重复非线性有限元解法（全量平衡方法）中可以很容易地完成。但是，在许多实际问题中（如，堤坝和基坑开挖的分析），增量型有限元分析更真实，并需要本构关系的增量矩阵形式。这些增量形式推导的例子和对它们特性的讨论已在2.3节有关简单割线模型于混凝土材料的应用中给出。

3．在这类模型中，体积（静水）响应与偏（剪切）响应不耦合，所以不能考虑诸如剪胀的特性，这与试验结果相矛盾，尤其在接近破坏时的高应力水平时（3.2.2节）。

4．应力和应变张量的主方向在当前的公式中是一致的，而且，这只在很低应力水平上是正确的，但在高应力水平，尤其接近破坏时，试验表明应变张量增量（不是应变张量）的主方向与当前（全量）应力的主方向更可能一致（如 Lade，1972；Roscoe 等，1967）。

5．由于它们具有路径无关性，这些简单割线模量的应用主要限于比例加载的范围。而且，只有当所包含的应力条件接近于那些用于获得割线模量表达式的试验条件时，才能预测出合理的结果。对于非比例加载的条件，会产生数值计算的困难，这是由于没法保证满足惟一性和稳定性的要求。

6．通过在重复非线性有限元方法中采用割线应力－应变模型，可以将应力高峰之后土（如密实砂土）的应变软化行为毫无困难地表示出来（见 Girijavallabhan 和 Reese，1968，为分析砂土上地基的载荷－沉降而采用了这一方法）。

3.6 三阶超弹性模型

下面将提出一个建立在 Ω 的假定函数形式基础上的各向同性 Green（超弹性）型的三阶割线本构模型公式。将给出一般的直线（比例）应力路径的应力－应变关系。从这些一般的关系中，针对常规土工试验中的某个应力路径，将要描述具体的形式，这样可以用于确定该模型中材料常数的拟合步骤。建立在一般公式的基础上，将要发展一个反映增量应力－应变关系的显性表达式，该关系式是采用适合于实际应用数值分析的矩阵形式。随后通过引入荷载准则提炼出超弹性模型，因而拓宽了反向加载条件的应用范围，这种类型的公式称为塑性变形理论，它与未发生卸载时的超弹性公式相同。最后，对塑性模型变形形式的优点和局限性作了概述。

这里提出了公式的进一步详细情况和讨论，在 Ko 和 Masson（1976），Evans 和 Pister（1966），以及 Saleeb 和 Chen（1980）的文章中可以找到。根据 W 的多项式函数形式（保留项到应变的第三阶），Chang 等（1967）还提出了一个二阶超弹性模型，该模型用于描述砂土的性质。

3.6.1 一般公式

对于初始各向同性的超弹性材料，用应变 ε_{ij} 或应力 σ_{ij} 三个独立不变量中的任何一个，可以表示能量函数 W 和 Ω。例如，如果将 Ω 表示成三个应力不变量的一般函数。

$$\bar{I}_1 = \sigma_{kk}, \quad \bar{I}_2 = \frac{1}{2}\sigma_{km}\sigma_{km}, \quad \bar{I}_3 = \frac{1}{3}\sigma_{km}\sigma_{kn}\sigma_{mn} \tag{3.52}$$

那么式（3.44）中的第二个将导得以下的本构关系：

$$\varepsilon_{ij} = \frac{\partial\Omega}{\partial\bar{I}_1}\frac{\partial\bar{I}_1}{\partial\sigma_{ij}} + \frac{\partial\Omega}{\partial\bar{I}_2}\frac{\partial\bar{I}_2}{\partial\sigma_{ij}} + \frac{\partial\Omega}{\partial\bar{I}_3}\frac{\partial\bar{I}_3}{\partial\sigma_{ij}} = \phi_1\delta_{ij} + \phi_2\sigma_{ij} + \phi_3\sigma_{im}\sigma_{jm} \tag{3.53}$$

其中，材料函数 ϕ_i 定义为：

$$\phi_i = \phi_i\,(\bar{I}_j) = \frac{\partial\Omega}{\partial\bar{I}_i} \tag{3.54}$$

这些函数通过三个等式联系起来[80]

$$\frac{\partial\phi_i}{\partial\bar{I}_j} = \frac{\partial\phi_j}{\partial\bar{I}_i} \tag{3.55}$$

当然，对出现在式（3.52）和式（3.53）中的三个独立应力不变量的选择是任意的，可以用其他不变量，诸如 I_1，I_2，I_3 或 J_1，J_2，J_3 来代替任何一个。式（3.52）中这种选择的特殊优点是以一种方便的方式分开了函数 ϕ_i。根据由应力不变量假定的函数 Ω 的多项展开式，从式（3.53）中可获得各种本构模型。

为了获得一个三阶本构关系，$\Omega\,(\bar{I}_1,\ \bar{I}_2,\ \bar{I}_3)$ 可表示成应力分量的四阶多项式。

$$\Omega\,(\bar{I}_1,\ \bar{I}_2,\ \bar{I}_3) = A_0 + A_1\bar{I}_1 + \frac{1}{2}B_1\bar{I}_1^2 + \frac{1}{3}B_2\bar{I}_1^3 + B_3\bar{I}_1\bar{I}_2 + B_4\bar{I}_2 + B_5\bar{I}_3$$

$$+ \frac{1}{4}B_6\bar{I}_1^4 + B_7\bar{I}_1^2\bar{I}_2 + \frac{1}{2}B_8\bar{I}_2^2 + B_9\bar{I}_1\bar{I}_3 \tag{3.56}$$

其中，应力不变量 $\bar{I}_1,\bar{I}_2,\bar{I}_3$ 前面已定义；A_0,A_1 和 B_1 至 B_9 为材料常数，为了以后推导方便，在式(3.56)中插入系数的值。那么，采用式(3.44)第二式中的正常条件可得到本构关系为：

$$\varepsilon_{ij} = A_1\delta_{ij} + \left[B_1\bar{I}_1 + B_2\bar{I}_1^2 + B_3\bar{I}_2 + B_6\bar{I}_1^3 + 2B_7\bar{I}_1\bar{I}_2 + B_9\bar{I}_3\right]\delta_{ij}$$

$$+ \left[B_3\bar{I}_1 + B_4 + B_7\bar{I}_1^2 + B_8\bar{I}_2\right]\sigma_{ij} + \left[B_5 + B_9\bar{I}_1\right]\sigma_{im}\sigma_{jm} \tag{3.57}$$

假定无应力状态对应于无应变状态，那么常数 A_1 变为零，从式（3.57）中有

$$\varepsilon_{ij} = \phi_1\delta_{ij} + \phi_2\sigma_{ij} + \phi_3\sigma_{im}\sigma_{jm} \tag{3.58}$$

其中，材料响应函数 ϕ_i 给出为：

$$\phi_1 = B_1\bar{I}_1 + B_2\bar{I}_1^2 + B_3\bar{I}_2 + B_6\bar{I}_1^3 + 2B_7\bar{I}_1\bar{I}_2 + B_9\bar{I}_3$$

$$\phi_2 = B_3\bar{I}_1 + B_4 + B_7\bar{I}_1^2 + B_8\bar{I}_2 \tag{3.59}$$

$$\phi_3 = B_5 + B_9\bar{I}_1$$

显然，式（3.55）满足这些函数之间的关系。

式（3.58）和式（3.59）是一般的三阶超弹性（Green）应力－应变关系。为了完成该模型的公式，只剩下从试验结果中确定 B_1 至 B_9 这九个材料常数了，下面将描述由 E-vans 和 Pisrer（1966）建立的三阶本构关系的一般形式。将该模型用于土体并做出确定 B_1 至 B_9 九个材料常数的方法，它是由 K_0 和 Masson（1976）给出的。Saleeb 和 Chen（1980）也发现了，将同样的模型用于其他类型的土中。

对于实际的所有土体，初始自然状态中包含了一个非零的参考应力状态 σ_{ij}^0，它对应于应变 ε_{ij}（σ_{kl}^0）为零的参考应变状态。所以，对应于从初始状态 σ_{ij}^0 开始量测的应力变化 $\Delta\varepsilon_{ij}$ 相应的应变分量变化计算为：

$$\Delta\varepsilon_{ij}\,(\sigma_{kl}^0,\,\Delta_{kl}^0)=\varepsilon_{ij}\,(\sigma_{kl}^0+\Delta\sigma_{kl})\,-\varepsilon_{ij}\,(\sigma_{kl}^0) \tag{3.60}$$

将 σ_{kl}^0 和 $\sigma_{kl}^0+\Delta\sigma_{kl}$ 代入式（3.58）来计算相应的应变 ε_{ij}（σ_{kl}^0）和 ε_{ij}（$\sigma_{kl}^0+\Delta\sigma_{kl}$），式（3.60）可写成以下形式：

$$\Delta\varepsilon_{ij}\,(\sigma_{kl}^0,\,\Delta\sigma_{kl})=(\bar{\phi}_1-\phi_1)\,\delta_{ij}+(\bar{\phi}_2-\phi_2)\,\sigma_{ij}^0+\bar{\phi}_2\Delta\sigma_{ij}$$
$$+\,(\bar{\phi}_3-\phi_3)\,\sigma_{im}^0\sigma_{jm}^0+\bar{\phi}_3\,(\sigma_{im}^0\Delta\sigma_{jm}+\sigma_{jm}^0\Delta\sigma_{im}+\Delta\sigma_{im}\Delta\sigma_{jm}) \tag{3.61}$$

其中，函数 $\bar{\phi}_i$ 和 ϕ_i 通过将相应的应力状态（$\sigma_{kl}^0+\Delta\sigma_{kl}$）和 σ_{kl}^0 代入式（3.59）的表达式中分别算出，必须强调，$\Delta\varepsilon_{ij}$（σ_{kl}^0，$\Delta\sigma_{kl}$）不是真正意义上的应变增量，它们表示全应变，对应于当分量 ε_{ij}（σ_{kl}^0）当作 0 时，从初始参考状态 σ_{kl}^0 测量的应力变化，应力分量 $\Delta\sigma_{ij}$ 未必很小。

3.6.2 对于常规试验中应力路径的应力－应变关系

下面将描述在土工试验中对应于某些常规应力路径的三阶超弹性模型的应力－应变性质。假设初始的参考应力状态为静水应力状态，即 $\sigma_1^0=\sigma_2^0=\sigma_3^0=\sigma_c$，其中 σ_1、σ_2 和 σ_3 为主应力，σ_c 表示初始静水（固结）应力。

比例加载路径（PL）

如果主应力 σ_1 的增量 $\Delta\sigma_1$ 表示从初始静水应力状态量测应力的 λ 倍，那么对于一般的比例加载路径，在其他两个主应力上的应力变化 $\Delta\sigma_2$ 和 $\Delta\sigma_3$ 分别为 $\alpha_1\lambda$ 和 $\alpha_2\lambda$，即 $\Delta\sigma_1:\Delta\sigma_2:\Delta\sigma_3=1:\alpha_1:\alpha_2$，式中 α_1 和 α_2 是决定主应力空间中应力路径方向的参数（图 3.2a），所以初始的和当前的主应力状态分别由（σ_c，σ_c，σ_c）和（$\sigma_c+\lambda$，$\sigma_c+\alpha_1\lambda$，$\sigma_c+\alpha_2\lambda$）给出。将这些应力状态代入式（3.61），从式（3.59）表达式中算出函数 $\bar{\phi}_i$ 和 ϕ_i，并简化所得的表达式，最后将获得下面的应力－应变关系。

$$\Delta\varepsilon_1=C_1^{(1)}\lambda+C_2^{(1)}\lambda^2+C_3^{(1)}\lambda^3$$
$$\Delta\varepsilon_2=C_1^{(2)}\lambda+C_2^{(2)}\lambda^2+C_3^{(2)}\lambda^3 \tag{3.62}$$
$$\Delta\varepsilon_3=C_1^{(3)}\lambda+C_2^{(3)}\lambda^2+C_3^{(3)}\lambda^3$$

其中，系数 $C_j^{(i)}$ 由下面给出：

$$C_1^{(1)}=(k_1B_1+B_4)+[6k_1B_2+(2k_1+3)B_3+2B_5]\sigma_c$$
$$+\left[27k_1B_6+(15k_1+9)B_7+\left(k_1+\frac{3}{2}\right)B_8+(2k_1+6)B_9\right]\sigma_c^2$$

$$C_2^{(1)}=\left[k_1^2B_2+\left(k_1+\frac{1}{2}k_2\right)B_3+B_5\right]+[9k_1^2B_6+(6k_1+3k_1^2+3k_2)B_7$$

$$+ \left(k_1 + \frac{1}{2}k_2\right)B_8 + (2k_1 + k_2 + 3)B_9\Big]\sigma_c$$

$$C_3^{(1)} = k_1^3 B_6 + (k_1^2 + k_1 k_2)B_7 + \frac{1}{2}k_2 B_8 + \left(k_1 + \frac{1}{3}k_3\right)B_9$$

$$C_1^{(2)} = (k_1 B_1 + \alpha_1 B_4) + [6k_1 B_2 + (2k_1 + 3\alpha_1)B_3 + 2\alpha_1 B_5]\sigma_c$$
$$+ \left[27k_1 B_6 + (15k_1 + 9\alpha_1)B_7 + \left(k_1 + \frac{3}{2}\alpha_1 B_8\right) + (2k_1 + 6\alpha_1)B_9\right]\sigma_c^2$$

$$C_2^{(2)} = \left[k_1^2 B_2 + \left(\alpha_1 k_1 + \frac{1}{2}k_2\right)B_3 + \alpha_1^2 B_5\right] + \Big[9k_1^2 B_6 + (6\alpha_1 k_1 + 3k_1^2$$
$$+ 3k_2)B_7 + \left(\alpha_1 k_1 + \frac{1}{2}k_2\right)B_8 + (3\alpha_1^2 + 2\alpha_1 k_1 + k_2)B_9\Big]\sigma_c \tag{3.63}$$

$$C_3^{(2)} = k_1^3 B_6 + (k_1 k_2 + \alpha_1 k_1^2)B_7 + \frac{1}{2}\alpha_1 k_2 B_8 + \left(\alpha_1^2 k_1 + \frac{1}{3}k_3\right)B_9$$

$$C_1^{(3)} = (k_1 B_1 + \alpha_2 B_4) + [6k_1 B_2 + (2k_1 + 3\alpha_2)B_3 + 2\alpha_2 B_5]\sigma_c$$
$$+ \left[27k_1 B_6 + (15k_1 + 9\alpha_2)B_7 + \left(k_1 + \frac{3}{2}\alpha_2\right)B_8 + (2k_1 + 6\alpha_2)B_9\right]\sigma_c^2$$

$$C_2^{(3)} = \left[k_1^2 B_2 + \left(\alpha_2 k_1 + \frac{1}{2}k_2\right)B_3 + \alpha_2^2 B_5\right] + \Big[9k_1^2 B_6 + (6\alpha_2 k_1$$
$$+ 3k_1^2 + 3k_2)B_7 + \left(\alpha_2 k_1 + \frac{1}{2}k_2\right)B_8 + (3\alpha_2^2 + 2\alpha_2 k_1 + k_2)B_9\Big]\sigma_c$$

$$C_3^{(3)} = k_1^3 B_6 + (k_1 k_2 + \alpha_2 k_1^2)B_7 + \frac{1}{2}\alpha_2 k_2 B_8 + \left(\alpha_2^2 k_1 + \frac{1}{3}k_3\right)B_9$$

其中，根据 α_1 和 α_2，定义参数 k_1、k_2 和 k_3 为：

$$k_1 = 1 + \alpha_1 + \alpha_2$$
$$k_2 = 1 + \alpha_1^2 + \alpha_2^2 \tag{3.64}$$
$$k_3 = 1 + \alpha_1^3 + \alpha_2^3$$

显然，式（3.62）表明，对于比例应力路径，计算的应变表示成单参数 λ 的三次函数。对于三轴试验中的其他应力路径，应力－应变关系可以很容易地作为特殊情况从式（3.62）至式（3.64）的一般表达式中获得，正如后面描述 HC、CTC 和 SS 应力路径那样。

静水压力路径（HC）

在这种情况下（见图 3.2），应力分量 $\sigma_1 = \sigma_2 = \sigma_3$ 增加，即 $\alpha_1 = \alpha_2 = 1$，$k_1 = k_1 = k_1 = 3$，所以式（3.62）简化成：

$$\Delta\varepsilon_1 = \Delta\varepsilon_2 = \Delta\varepsilon_3 = \Big[(3B_1 + B_4) + (18B_2 + 9B_3 + 2B_5)\sigma_c$$
$$+ \left(81B_6 + 54B_7 + \frac{9}{2}B_8 + 12B_9\right)\sigma_c^2\Big]\lambda$$
$$+ \Big[\left(9B_2 + \frac{9}{2}B_3 + B_5\right)$$
$$+ \left(81B_6 + 54B_7 + \frac{9}{2}B_8 + 12B_9\right)\sigma_c\Big]\lambda^2$$
$$+ \left[27B_6 + 18B_7 + \frac{3}{2}B_8 + 4B_9\right]\lambda^3 \tag{3.65}$$

常规三轴压缩路径（CTC）

分量 $\sigma_2 = \sigma_3$ 为常数，σ_1 增加（图 3.2），即 $\alpha_1 = \alpha_2 = 0$，$k_1 = k_2 = k_3 = 1$，因此从式（3.62）～式（3.64）有：

$$\Delta\varepsilon_1 = \Big[(B_1 + B_4) + (6B_2 + 5B_3 + 2B_5)\sigma_c$$
$$+ \Big(27B_6 + 24B_7 + \frac{5}{2}B_8 + 8B_9\Big)\sigma_c^2 \Big]\lambda$$
$$+ \Big[\Big(B_2 + \frac{3}{2}B_3 + B_5\Big) + \Big(9B_6 + 12B_7 + \frac{3}{2}B_8 + 6B_9\Big)\sigma_c \Big]\lambda^2$$
$$+ \Big[B_6 + 2B_7 + \frac{1}{2}B_8 + \frac{4}{3}B_9 \Big]\lambda^3 \tag{3.66}$$
$$\Delta\varepsilon_2 = \Delta\varepsilon_3 = \Big[B_1 + (6B_2 + 2B_3)\sigma_c + (27B_6 + 15B_7 + B_8 + 2B_9)\sigma_c^2 \Big]\lambda$$
$$+ \Big[\Big(B_2 + \frac{1}{2}B_3\Big) + \Big(9B_6 + 6B_7 + \frac{1}{2}B_8 + B_9\Big)\sigma_c \Big]\lambda^2$$
$$+ \Big[B_6 + B_7 + \frac{1}{3}B_9 \Big]\lambda^3$$

简单剪切路径（SS）

应力分量 σ_1 增加，σ_3 减少，而 σ_2 保持不变；即 $\alpha_1 = 0$，$\alpha_2 = -1$。所以，式（3.62）～式（3.64）给出（$k_1 = k_3 = 0$，$k_2 = 2$）

$$\Delta\varepsilon_1 = \Big[B_4 + (3B_3 + 2B_5)\sigma_c + \Big(9B_7 + \frac{3}{2}B_8 + 6B_9\Big)\sigma_c^2 \Big]\lambda$$
$$+ [(B_3 + B_5) + (6B_7 + B_8 + 5B_9)\sigma_c]\lambda^2 + [B_8]\lambda^3$$
$$\Delta\varepsilon_2 = [B_3 + (6B_7 + B_8 + 2B_9)\sigma_c]\lambda^2 \tag{3.67}$$
$$\Delta\varepsilon_3 = -\Big[B_4 + (3B_3 + 2B_5)\sigma_c + \Big(9B_7 + \frac{3}{2}B_8 + 6B_9\Big)\sigma_c^2 \Big]\lambda$$
$$+ [(B_3 + B_5) + (6B_7 + B_8 + 5B_9)\sigma_c]\lambda^2 - [B_8]\lambda^3$$

3.6.3 材料常数的确定

下面即将概述一种确定本构关系式（3.58）和式（3.59）中材料常数 $B_1 \sim B_9$ 的拟合步骤。进一步的详细资料由 Ko 和 Masson（1976）以及 Saleeb 和 Chen（1980）给出。

从式（3.62）中可以看出，针对一个特殊的试验应力路径，主应变分量 $\Delta\varepsilon_1$、$\Delta\varepsilon_2$ 和 $\Delta\varepsilon_3$ 表示成应力变化 λ 的三次函数，其中含有与九个材料常数 B_i 成线性关系的应力路径的相应常数 C_1、C_2 和 C_3。通过对每个应变分量由试验测得的应力-应变曲线作三次曲线拟合，可确定对于该分量的三个常数 C_1、C_2 和 C_3 的数值。为了拟合的需要可用回归分析的标准步骤（即最小二次拟合）。可是，由于曲线的初始斜率（与土的模量有关）在影响土的性质方面非常非键，所以常常期望与测量的斜率一致（即，表示曲线斜率的 C_1 值直接从试验结果中确定，因而拟合是在有一个的限定 C_1 值下进行的）。另外，为了获得一个好的总体拟合并除去任何不合理的结果（即在所关注应力范围内的弯曲点），常常要求进行调整。

从拟合过程得到的结果中，我们得到几个含有 9 个未知数 B_i 的线性联立方程组（对每个单独的应力-应变曲线有 3 个方程）。理论上，由于存在 9 个未知的独立材料常数，所以为在 9 个独立未知量中得出 9 个方程，只需要 3 条独立的应力－应变曲线，这三条曲线是完全任意的，它们可来源于任何形式的试验。可是由于应力路径对土的性状的显著影响，所以不能指望从一个试验中确定的常数得到的本构模型，可以预测与该试验不同的任何加载路径下的材料特性。所以最好是充分利用有效的试验结果，这样，线性方程数将超过未知的独立材料常数的数目。

最后，获得的线性方程组（至少 9 个独立方程）可以通过数学求解来确定 9 个材料常数。对多于 9 个独立的含未知数 B_i 的方程（超静定的方程组），可以应用最小二乘求解方法。

通过从试验结果中确定 B_1 至 B_9 的 9 个材料常数，这样就完成了该模型的公式，可以容易地用于描述不同应力条件下的土的性质。

3.6.4 增量形式的应力－应变关系

为了采用增量有限元法对实际边界值问题进行分析，需要增量形式的本构关系。这里，将式（3.58）中非线性一般本构关系的增量形式用公式表示出来。另外，对于三维和平面应变情况，还给出了与应力和应变增量有关的材料柔度矩阵。

如果将式（3.58）进行微分，那么应变增量张量可写成：

$$\dot{\varepsilon}_{ij} = \left(\frac{\partial \phi_1}{\partial \sigma_{kl}} \delta_{ij} + \phi_2 \frac{\partial \sigma_{ij}}{\partial \sigma_{kl}} + \sigma_{ij} \frac{\partial \phi_2}{\partial \sigma_{kl}} + \phi_3 \frac{\partial (\sigma_{im} \sigma_{jm})}{\partial \sigma_{kl}} + \sigma_{im} \sigma_{jm} \frac{\partial \phi_3}{\partial \sigma_{kl}} \right) \dot{\sigma}_{kl} \tag{3.68}$$

其中，$\dot{\sigma}_{kl}$ 是应力增量张量，函数 ϕ_i 由式（3.59）中给出，上述方程中的偏导数采用 ϕ_i 的表达式进行计算，其结果给出为：

$$\frac{\partial \phi_1}{\partial \sigma_{kl}} = (B_1 + 2B_2 \bar{I}_1 + 3B_6 \bar{I}_1^2 + 2B_7 \bar{I}_2) \delta_{kl} + (B_3 + 2B_7 \bar{I}_1) \sigma_{kl} + B_9 \sigma_{kn} \sigma_{ln}$$

$$\frac{\partial \phi_2}{\partial \sigma_{kl}} = (B_3 + 2B_7 \bar{I}_1) \delta_{kl} + B_8 \sigma_{kl} \tag{3.69}$$

$$\frac{\partial \phi_3}{\partial \sigma_{kl}} = B_9 \delta_{kl}, \frac{\partial \sigma_{ij}}{\partial \sigma_{kl}} = \delta_{ik} \delta_{jl}, \frac{\partial \sigma_{im} \sigma_{jm}}{\partial \sigma_{kl}} = \sigma_{il} \delta_{jk} + \sigma_{jl} \delta_{ik}$$

将式（3.69）代入式（3.68）中，最后得到：

$$\dot{\varepsilon}_{ij} = \left(\frac{\partial \phi_1}{\partial \sigma_{kl}} \delta_{ij} + \phi_2 \delta_{ik} \delta_{jl} + \sigma_{ij} \frac{\partial \phi_2}{\partial \sigma_{kl}} + \phi_3 (\sigma_{il} \delta_{jk} + \sigma_{jl} \delta_{ik}) + \sigma_{im} \sigma_{jm} \frac{\partial \phi_3}{\partial \sigma_{kl}} \right) \dot{\sigma}_{kl} \tag{3.70}$$

该等式表示三阶超弹性本构模型的一般增量形式。通常可写成矩阵形式

$$\{\dot{\varepsilon}\} = [D_t] \{\dot{\sigma}\} \tag{3.71}$$

其中，$\{\dot{\varepsilon}\}$ 和 $\{\dot{\sigma}\}$ 分别为应变和应力增矢量，$[D_t]$ 是由当前应力状态 σ_{ij} 和材料常数 B_i 确定的对称切线柔度矩阵。诸如平面应力、平面应变和轴对称的特殊例子，可以容易地从式（3.70）的一般形式中得出。例如，对于三维和平面应变情况的矩阵增量关系，如下：

三 维 情 况

$$
\begin{Bmatrix} \dot{\varepsilon}_x \\ \dot{\varepsilon}_y \\ \dot{\varepsilon}_z \\ \dot{\gamma}_{xy} \\ \dot{\gamma}_{yz} \\ \dot{\gamma}_{zx} \end{Bmatrix} =
\begin{bmatrix}
D_{11} & D_{12} & D_{13} & D_{14} & D_{15} & D_{16} \\
 & D_{22} & D_{23} & D_{24} & D_{25} & D_{26} \\
 & & D_{33} & D_{34} & D_{35} & D_{36} \\
 & & & D_{44} & D_{45} & D_{46} \\
 & \text{对称} & & & D_{55} & D_{56} \\
 & & & & & D_{66}
\end{bmatrix}
\begin{Bmatrix} \dot{\sigma}_x \\ \dot{\sigma}_y \\ \dot{\sigma}_z \\ \dot{\tau}_{xy} \\ \dot{\tau}_{yz} \\ \dot{\tau}_{zx} \end{Bmatrix} \tag{3.72}
$$

其中

$$D_{11} = (A + \phi_2) + 2(\bar{B} + \phi_3)\sigma_x + B_8\sigma_x^2 + 2B_9E_1$$

$$D_{12} = A + \bar{B}(\sigma_x + \sigma_y) + B_8\sigma_x\sigma_y + B_9(E_1 + E_2)$$

$$D_{13} = A + \bar{B}(\sigma_x + \sigma_z) + B_8\sigma_x\sigma_z + B_9(E_1 + E_3)$$

$$D_{14} = 2(\bar{B} + \phi_3)\tau_{xy} + 2B_8\sigma_x\tau_{xy} + 2B_9E_4$$

$$D_{15} = 2(\bar{B} + \phi_3)\tau_{yz} + 2B_8\sigma_x\tau_{yz} + 2B_9E_5$$

$$D_{16} = 2(\bar{B} + \phi_3)\tau_{zx} + 2B_8\sigma_x\tau_{zx} + 2B_9E_6$$

$$D_{22} = (A + \phi_2) + 2(\bar{B} + \phi_3)\sigma_y + B_8\sigma_y^2 + 2B_9E_2$$

$$D_{23} = A + \bar{B}(\sigma_y + \sigma_z) + B_8\sigma_y\sigma_z + B_9(E_2 + E_3)$$

$$D_{24} = 2(\bar{B} + \phi_3)\tau_{xy} + 2B_8\sigma_y\tau_{xy} + 2B_9E_4$$

$$D_{25} = 2(\bar{B} + \phi_3)\tau_{yz} + 2B_8\sigma_y\tau_{yz} + 2B_9E_5$$

$$D_{26} = 2(\bar{B} + \phi_3)\tau_{zx} + 2B_8\sigma_y\tau_{zx} + 2B_9E_6 \qquad (3.73)$$

$$D_{33} = (A + \phi_2) + 2(B + \phi_3)\sigma_z + B_8\sigma_z^2 + 2B_9E_3$$

$$D_{34} = 2(\bar{B} + \phi_3)\tau_{xy} + 2B_8\sigma_z\tau_{xy} + 2B_9E_4$$

$$D_{35} = 2(\bar{B} + \phi_3)\tau_{yz} + 2B_8\sigma_z\tau_{yz} + 2B_9E_5$$

$$D_{36} = 2(\bar{B} + \phi_3)\tau_{zx} + 2B_8\sigma_z\tau_{zx} + 2B_9E_6$$

$$D_{44} = 2[\phi_2 + \phi_3(\sigma_x + \sigma_y) + 2B_8\tau_{xy}^2]$$

$$D_{45} = 2(\phi_3\tau_{zx} + 2B_8\tau_{xy}\tau_{yz})$$

$$D_{46} = 2(\phi_3\tau_{yz} + 2B_8\tau_{xy}\tau_{zx})$$

$$D_{55} = 2[\phi_2 + \phi_3(\sigma_y + \sigma_z) + 2B_8\tau_{yz}^2]$$

$$D_{56} = 2(\phi_3\tau_{xy} + 2B_8\tau_{yz}\tau_{zx})$$

$$D_{66} = 2[\phi_2 + \phi_3(\sigma_z + \sigma_x) + 2B_8\tau_{zx}^2]$$

其中，定义参数 A，$\bar{B}$ 和 E_1 至 E_6 如下：

$$A = B_1 + 2B_2\bar{I}_1 + 3B_6\bar{I}_1^2 + 2B_7\bar{I}_2$$

$$\bar{B} = B_3 + 2B_7\bar{I}_1$$

$$E_1 = \sigma_x^2 + \tau_{xy}^2 + \tau_{xz}^2$$

$$E_2 = \tau_{yx}^2 + \sigma_y^2 + \tau_{yz}^2$$

$$E_3 = \tau_{zx}^2 + \tau_{zy}^2\sigma + \sigma_z^2 \qquad (3.74)$$

$$E_4 = \sigma_x\tau_{yz} + \tau_{xy}\sigma_y + \tau_{xz}\tau_{yz}$$

$$E_5 = \tau_{yz}\tau_{zx} + \sigma_y\tau_{zy} + \tau_{yz}\sigma_z$$

$$E_6 = \tau_{zx}\sigma_x + \tau_{zy}\tau_{xy} + \sigma_z\tau_{xz}$$

平面应变情况

对于平面应变问题有（$\dot{\varepsilon}_z = \dot{\gamma}_{zx} = \dot{\gamma}_{zy} = 0$）：

$$\begin{Bmatrix} \dot{\varepsilon}_x \\ \dot{\varepsilon}_y \\ \dot{\gamma}_{xy} \end{Bmatrix} = \begin{bmatrix} D_{11} & D_{12} & D_{13} \\ & D_{22} & D_{23} \\ \text{对称} & & D_{33} \end{bmatrix} \begin{Bmatrix} \dot{\sigma}_x \\ \dot{\sigma}_y \\ \dot{\tau}_{xy} \end{Bmatrix} \qquad (3.75)$$

然而，矩阵 $[D_t]$ 中的元素依赖于平面外应力分量 σ_z。根据平面应变条件 $\dot{\varepsilon}_z = 0$，$\dot{\sigma}_z$ 可用

平面内应力增量 $\dot{\sigma}_x$，$\dot{\sigma}_y$，$\dot{\tau}_{xy}$ 来表示，并将计算结果的表达式代入式（3.70），从中算出 $[D_t]$ 的元素。这将导出以下的表达式：

$$D_{11} = P_1 + \phi_2 + 2\phi_3\sigma_x + P\ (1+F_1)\ +\ (\bar{B}+B_8\sigma_x)\ (\sigma_x+F_1\sigma_z)$$

$$D_{12} = P_2 + P\ (1+F_2)\ +\ (\bar{B}+B_8\sigma_x)\ (\sigma_y+F_2\sigma_z)$$

$$D_{13} = P_3 + 2\phi_3\tau_{xy} + PF_3 + \ (\bar{B}+B_8\sigma_x)\ (2\tau_{xy}+F_3\sigma_z) \tag{3.76}$$

$$D_{22} = P_2 + \phi_2 + 2\phi_3\sigma_y + Q\ (1+F_2)\ +\ (\bar{B}+B_8\sigma_y)\ (\sigma_y+F_2\sigma_z)$$

$$D_{23} = P_3 + 2\phi_3\tau_{xy} + QF_3 + \ (\bar{B}+B_8\sigma_y)\ (2\tau_{xy}+F_3\sigma_z)$$

$$D_{33} = 2\ [\phi_2 + \phi_3\ (\sigma_x+\sigma_y)\ + RF_3 + B_8\ (2\tau_{xy}^2+F_3\tau_{xy}\sigma_z)]$$

其中，P，Q，R，P_1，P_2 和 P_3 定义为：

$$P = A + \bar{B}\sigma_x + B_9\ (\sigma_x^2+\tau_{xy}^2)$$

$$Q = A + \bar{B}\sigma_y + B_9\ (\sigma_y^2+\tau_{xy}^2)$$

$$R = \bar{B}\tau_{xy} + B_9\tau_{xy}\ (\sigma_x+\sigma_y) \tag{3.77}$$

$$P_1 = B_9\ (\sigma_x^2+\tau_{xy}^2+F_1\sigma_z^2)$$

$$P_2 = B_9\ (\sigma_y^2+\tau_{xy}^2+F_2\sigma_z^2)$$

$$P_3 = B_9\ [2\tau_{xy}\ (\sigma_x+\sigma_y)\ + F_3\sigma_z^2]$$

其中，F_1，F_2 和 F_3 为：

$$F_1 = -\frac{H_1}{H},\ F_2 = -\frac{H_2}{H},\ F_3 = -\frac{H_3}{H} \tag{3.78}$$

其中

$$H_1 = A + \bar{B}\ (\sigma_x+\sigma_z)\ + B_8\sigma_x\sigma_z + B_9\ (\sigma_x^2+\tau_{xy}^2+\sigma_z^2)$$

$$H_2 = A + \bar{B}\ (\sigma_y+\sigma_z)\ + B_8\sigma_y\sigma_z + B_9\ (\sigma_y^2+\tau_{xy}^2+\sigma_z^2)$$

$$H_3 = 2\ [\bar{B}\tau_{xy} + B_8\tau_{xy}\sigma_z + B_9\tau_{xy}\ (\sigma_x+\sigma_y)] \tag{3.79}$$

$$H = (A+\phi_2)\ + 2\ (\bar{B}+\phi_3)\ \sigma_z + \ (B_8+2B_9)\ \sigma_z^2$$

在上面的等式中，A 和 $\bar{B}$ 同前面式（3.74）中的定义一样；ϕ_1 和 ϕ_3 由式（3.59）给出；$B_1 \sim B_9$ 是该模型的材料常数。

最后，根据平面内应力分量和参数 F_1，F_2 和 F_3，计算出平面外应力增量 $\dot{\sigma}_z$ 如下：

$$\dot{\sigma}_z = F_1\dot{\sigma}_x + F_2\dot{\sigma}_y + F_3\dot{\tau}_{xy} \tag{3.80}$$

只要将材料切线柔度矩阵 $[D_t]$ 用公式表示如上面描述的那样，就可以通过转换矩阵 $[D_t]$ 推导出切线刚度矩阵。鉴于 $[D_t]$ 中元素的复杂特性（见式（3.73）或式（3.76）），在有限元分析的求解过程中，要采用数值计算方法来完成转换。

正如从式（3.70）、式（3.72）和式（3.73）看出的那样，应力和应变增量的主轴不一致；剪切应力增量除了产生剪切应变之外还产生体积应变，且响应的偏斜分量与静水应力分量耦合，在偏斜响应和静水响应之间的这种相互作用和交叉影响在模拟诸如膨胀或收缩以及应力（或应变）引发的各向异性等现象中是很重要的。应变和应力增量的主轴一致的惟一情况是当应力张量和应变张量的主方向都一致且在加载过程中不转动（如在三轴试验装置中）。在这种情况下，应力、应变、应力增量和应变增量的主方向都是一致的。另外，从式（3.58）和式（3.70）中容易看出，通过包含第三应力不变量 $\bar{I}_3$，考虑了中间主

172

应力 σ_2 的影响，该主应力与偏平面中应力路径的方向有关。这些现象的重要性已被试验结果所支持（见 3.2.2 节），将它们包含在数学模型中是所期望的。

大多数基于弹性的模型的一个局限是不能正确地描述出卸载时的材料性质，这些模型基本上趋向应用于主要施加单调荷载的情况。由于基于弹性的模型中不需要陈述加载准则，所以加载和卸载的定义没有明确的意义。这自然导致了在增量或塑性流动理论中加载函数的引入。然而，在目前的公式中，可以采用卸载和再加载的近似模型，如下所述。显然，当采用弹性基模型来描述接近破坏的土的性质时，还必须将这些模型与一个近似的破坏准则（如在 3.3 节中描述的那些）结合起来以便定义极限应力条件。

3.6.5 卸载-再加载模型

一些研究工作者（如，Duncan 和 Chang，1970；Holubec，1968；Makhlouf 和 Stewart，1965）的试验观察已表明许多土的卸载和再加载性质在自然状态下是接近线性和弹性的。在卸载开始阶段，尤其当卸载发生在尚未接近破坏时的应力水平（见图3.8），这种性状与应力水平无关，例如，在图 3.27中，在不同应力水平 A 和 B 处卸载和再加载的曲线（即：三轴压缩试验）基本上具有相同的斜率，它与开始加载时的初始切线斜率几乎相同（土的实际性状表现出一个如图 3.8 中所示的小滞回环）。建立在这些观察的基础上，卸载和再加载（至原先最大

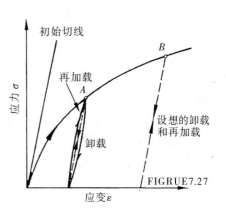

图 3.27　加载-卸载的近似表示

的应力水平）可以用一个各向同性的线弹性模型来近似。这种性质可用熟悉的弹性模型（E、ν、K、G 和 M）中的任何两个来完全描述。但是，应该注意，试验结果表明卸载模量为约束（静水）压力的函数。

除了从试验结果中获得卸载弹性模量的表达式之外，还可以采用上面描述的三阶模型中获得的初始切线模量来近似。例如，可以从 CTC 试验的式（3.66）中得出与压力有关的初始模量 E_0 和 ν_0 的表达式，如在 $\lambda = 0$ 时，$E_0 = \partial \lambda / \partial \Delta \varepsilon_1$，$\nu_0 = -\partial \Delta \varepsilon_3 / \partial \Delta \varepsilon_1 = [-(\partial \Delta \varepsilon_3 / \partial \lambda) / (\partial \Delta \varepsilon_1 / \partial \lambda)]$。

在简单试验情况下，从应力-应变曲线（图 3.27）的说明中可以容易地看出卸载和再加载，但是，对于一个完全一般的情况，需要一个在所有坐标系中都一样（即不变的）明确的卸载准则。这里将用到简单的加载条件。

这个条件是由余能函数 Ω（见式（2.2））表示的，该函数是与坐标变换有关的不变量。卸载用条件 $\dot{\Omega} < 0$ 表示，其中 $\dot{\Omega} = \varepsilon_{ij} d\sigma_{ij}$ 是 Ω 的增量变化值；条件 $\dot{\Omega} > 0$ 表示加载；再加载用条件 $\dot{\Omega} > 0$ 和 $\Omega < \Omega_{\max}$ 来定义，而 $\Omega_{\max}$ 是在材料某点 Ω 的前期最大值。用数学公式表示，这些通用条件可写成：

加载：当 $\Omega = \Omega_{\max}$ 和 $\dot{\Omega} > 0$

卸载：当 $\Omega \leqslant \Omega_{\max}$ 和 $\dot{\Omega} < 0$　　　　　　　　　　　　　　　（3.81）

再加载：当 $\Omega < \Omega_{\max}$ 和 $\dot{\Omega} > 0$

对于卸载或再加载，可应用初始切线模量（图 3.27），而对于加载，则应用式（3.70）或

式（3.71）的表达式。就应力来说，利用式（3.58），可算出 $\dot{\Omega}$ 为：

$$\dot{\Omega} = \frac{\partial \Omega}{\partial \sigma_{ij}} \dot{\sigma}_{ij} = \phi_1 \dot{I}_1 + \phi_2 \dot{I}_2 + \phi_3 \dot{I}_3 \tag{3.82}$$

式中，采用了以下的关系式来表示增量不变量 $\dot{I}_1$，$\dot{I}_2$ 和 $\dot{I}_3$

$$\dot{I}_1 = \dot{\sigma}_{kk}, \quad \dot{I}_2 = \sigma_{ij}\dot{\sigma}_{ij}, \quad \dot{I}_3 = \sigma_{im}\sigma_{jm}\dot{\sigma}_{ij} \tag{3.83}$$

在 Saleeb 和 Chen（1980）报告的结果中，采用了这里描述的近似卸载－再加载模型。

正如大多数塑性变形理论那样，目前定义加载和卸载的惟一缺点是在中性变载条件 $\dot{\Omega} = 0$ 下遇到的模棱两可的情况，即既可以任意指加载模量又可以指卸载模量，其结果是在接近中性加载时，无穷小的应力变化可能产生有限的应变变化，这违反了连续性条件[80]，在物理学上不能被接受，这主要取决于所采用加载准则的形式及在特殊问题中遇到的应力条件。考虑到式（3.81）的加载准则，好像除了几个多维的加载条件之外，中性加载路径就不可能在通常遇到中间加载条件的许多实际情况中发生。然而，还不能断定这样陈述是否有效以及这种违背连续性的说法是否会有实际后果，除非对实际问题进行数学研究。目前，对于三阶超弹性模型还不能作这样的数学研究。

3.6.6 模型的验证

Ko 和 Masson（1976）对 Ottawa 砂在各种应力路径下做了当前超弹性模型预测结果和试验结果的比较。对于绝大多数研究的情况，通常可观察到很好的一致。另外，通过对模拟平面应变条件的模型试验的理论结果和试验结果的比较，阐明了在边界值问题数值分析中该模型的有效性，这将在下面讨论。Saleeb 和 Chen（1980）已给出了三种不同型号土的模型和试验结果的进一步比较。

图 3.28 (a)，(c) 和 (d) 阐述了 Ko 和 Masson（1976）从平面应变模型试验的非线性有限元分析中获得的结果，该模型试验采用了式（3.70）中的三阶超弹性本构模型，该模型中的九个材料常数从六个不同试验：HC、CTC、CTE、TC、TE 和 SS 试验的结果中来确定。在分析中，采用了具有常应变三角单元和增量加载能力的平面应变有限元程序。对于平面应变的情况，采用由转换矩阵 $[D_t]$ 获得的材料切线刚度矩阵来计算每个单元的单元刚度矩阵，由式（3.75）给出。由于在每个单元中这些矩阵是当前应力状态的函数，该分析采用了增量形式，矩阵在每次加载开始阶段进行更新。

为了模拟模型试验中的平面应变条件，准备了干燥的 Ottawa 矩形砂样，在 x 方向保持常压力的同时，在 y 方向（即在 y 的负方向施加位移）用未磨的压力盘加载（图 3.28a）。采用润滑刚性板的方法，使 z 方向的应变保持为零（平面应变条件）。由于沿着采用未磨压力盘的边缘有黏附力，所以在试样中间出现了应变的不均匀，通过在砂样中埋设光电传感片，采用冻结应变技术（Hoyt，1966），可以记录在 x-y 面内试样中的应变分布。

正如从图 3.28 (c) 和 (d) 中看出的那样，沿着试样边界剪切应变（$\varepsilon_1 - \varepsilon_3$）的分布（图 3.28c 在平均应变 $\bar{\varepsilon}_y = 2.38\%$）和 x 方向的位移 μ_x 的分布，可以得到分析结果与试验结果之间很好的一致。为了比较起见，图 3.28 (b) 表示从线性分析中获得的应变等值线，该分析是采用对应力－应变实验曲线拟合的直线中得出的等弹性模量进行的。可以观察到从线性分析中获得的应变（$\varepsilon_1 - \varepsilon_2$）分布与采用三阶超弹性模型用非线性解法得出的结果要相差很大（图 3.28a）。非线性分析的应变分布图案接近于试验观察的结果（图 3.28c）。

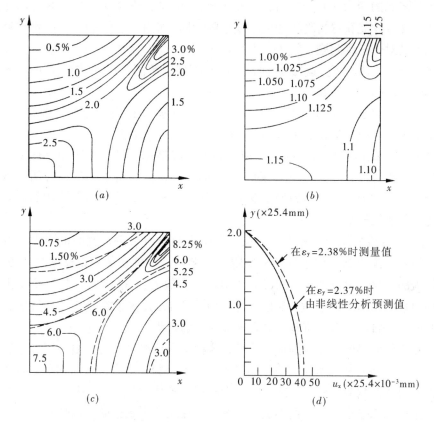

图 3.28　采用三阶超弹性模型对平面
应变试验的非线性有限元分析（Ko 和 Masson，1976）

（a）在平均应变为 $\bar{\varepsilon}_y = 1.03\%$，从非线性分析中获得的（$\varepsilon_1 - \varepsilon_3$）应变分布；

（b）在平均应变为 $\bar{\varepsilon}_y = 1.00\%$，从线性分析中获得的（$\varepsilon_1 - \varepsilon_3$）应变分布；

（c）在 $\bar{\varepsilon}_y = 2.38\%$ 时的非线性分析的（$\varepsilon_1 - \varepsilon_3$）应变分布与光弹性测量结果的比较；

（d）在边界上沿 x 方向的位移

3.6.7　结论

1．当前的各向同性超弹性本构模型在理论上可以描述土的许多行为特性，诸如非线性、剪胀、应力引发的各向异性、约束（静水）应力的影响、第三应力不变量的影响，以及应力和应变增量张量主轴的不一致性。而且，当卸载和再加载行为近似为第 3.6.5 节中讨论的那样时，可以合理地描述土的非弹性（应力路径的相关性）。

2．当采用单调的加载条件时，当前的公式满足所有严格的数学要求，如惟一性、稳定性和连续性。对于遇到一般卸载 – 再加载条件的情况，描述加载和卸载的近似准则（3.6.5 节）不能满足处于或接近中间变载处的连续性条件。

3．尽管（3.6.3 节）为确定材料常数而描述的方法允许有灵活性，在模型常数的拟合中，包含尽可能多的试验，但该方法不易采用。另外，材料常数没有明确的物理解释（例如与熟悉的弹性模量 E、ν、G 相比）。

4．一旦确定了九个材料常数，那么在对实际问题分析的增量型有限元模式中，就容易得出增量形式的应力－应变关系（3.6.4节）。但是，应该注意到，只有通过对柔度矩阵进行数值变换才能获得材料的切向刚度矩阵，即 $[C_t] = [D_t]^{-1}$，这将导致计算时间的增加，尤其对于三维问题。

5. 在低于破坏的低应力水平，通常可以在模型中预测到最佳结果（如 Ko 和 Masson，1976；Saleeb 和 Chen，1980）。

6. 由于当前的公式表示应力增加将导致应变增加（2 作强化型，如松散砂和软土），所以它不能考虑在应变软化材料（如密实砂）中破坏后的性质。

7. 上面描述确定材料常数的公式和步骤可以容易地扩展成各阶超弹性模型（如，二阶、四阶、五阶）。然而应该注意，随着阶数的增加，公式将更加复杂（如，相对于三阶模型中只有九个常数，在七阶模型中有 21 个常数）。通常，奇数阶模型比偶数阶模型更适合于描述土的非线性行为。

8. 与确定材料常数的试验不同，在变形模式和应力条件很宽的范围内，用于描述土体性质的模型的预测能力似乎受到一些限制。例如：考虑在某一试验中初始侧限压力 σ_c 的一个较大的变化，可以从式（3.63）中看出，参数 C_1，C_2 和 C_3 的计算变化值差异很大；线性参数 C_1 影响很大，C_2 影响次之，而参数 C_3 几乎没有变化。这就不能保证这些变化的联合影响将会出现与试验结果合理地一致的行为。

对于与不同变形模式相应的应力路径，这种不一致将可能变得更为明显，例如在剪切（如 CTC，TC，SS）和静水压力应力路径中，根据试验，当应力增加到最终破坏时，土在剪切方面变得逐渐软弱（软）（图 3.4）；但在静水压力（图 3.3）下，应力－应变曲线显得坚挺，土可以承受很大应力而不破坏。另外，在压缩中观察的非线性不如在剪切中那样明显，所以在许多情况下，对剪切和压缩中的应力－应变曲线都采用一个三次多项式来拟合是困难的。如果对某一应力范围下许多剪切和压缩试验获得一个合理的拟合，那么该模型仍旧假定为该范围之外的不真实的行为。这对于在静水压力中的行为尤为重要，因为在某些应力值处，预测的三次应力－应变曲线要么表现特软，要么得到无限大的斜率，然后转向。当然，这两种性质都是不合理的。

事实上，在描述 Ottawa 砂性质的模型应用中，曾遇到一些这样的困难（Saleeb 和 Chen，1980）。该模型同比例加载路径（接近于静水压力路径）的试验结果相比预测出大应变，该加载路径包含了比那些为确定常数而采用了比试验应力水平更高的应力水平。所以，选择与现场条件尽可能一致的试验，从中获得材料常数是极其重要的。

9. 关于该模型预测孔隙水压力的评述。理论上，当本构方程中的有效应力（3.58）用全应力和孔隙水压力表示（式 3.1）时，在不排水加载下强加无体积变化（$\varepsilon_{kk} = 0$）的条件，将会得出用外加的全应力表示孔隙压力 u 的非线性关系。同样地，增量形式的本构关系式（3.70）连同 $\dot{\varepsilon}_{kk} = 0$ 的条件将给出对于孔隙水压力的增量变化 $\dot{u}$ 的非线性关系，这可用来获得有效应力路径。目前还不能同试验进行比较来确定它是否具有实际重要性，还需在这个课题上作进一步研究。

最后，应该注意，虽然在本节中讨论的现有可用的公式只限用于土体材料，但相同的模型同样可用于其他非线性材料，如混凝土。合理地应用这些模型可以重新得出混凝土的行为特性，如非线性、应力相关性和剪胀性。

3.7 基于对各向同性线弹性公式改进的 增量形式的应力-应变模型

在以上两节（第3.5节和3.6节）中，提出了割线形式的有限材料特性，采用了两种不同的方法。在第一个最简单也是普遍的方法中，本构关系是直接建立在线弹性模型简单展开的基础上而形成的，该线弹性模型采用了以应力或应变不变量函数表示的割线模量（如3.5节）。第二个更一般的方法是建立在超弹性一般理论的基础上，其中应力-应变关系是分别从应变或应力不变量假定的 W 或 Ω 的函数形式中推导出来的，例如，在3.6节中已给出了一个三阶超弹性模型的详细描述，包括卸载行为在内的可能扩展。

在本节及接下来的章节中，将讨论根据亚弹性理论，以切线应力-应变关系形式表示的增量或微分公式。在本节中，将讨论建立在一个对各向同性线弹性关系作简单改进的基础上的增量本构模型公式，并将描述这种形式的各种模型。这些简单的模型已广泛地用于实际岩土的有限元分析中，并获得了相当有用的结果（在本章的最后将讲述一些应用），在推导混凝土材料的各种增量应力-应变模型中，已使用了同样的方法（如2.7节，还有2.12.1节，针对混凝土结构的数值有限元应用）。

下节将描述两种增量形式的各向同性应力-应变模型。第一种包括双曲线模型的各种版本（如，Duncan 等，1970，1972，1978；Kondner，1963；Kilhawy 等，1969；Wong 和 Duncan，1974）。最常采用的双曲线模型是根据切线模量 E_t 和 ν_t 或 E_t 和 K_t 表示的，这些将在3.7.1节中描述。在第二种形式中，在由八面体正应力和剪应力分量表示切线模量 K_t 和 G_t 的基础上将发展增量形式的关系式（如 Domaschuk 和 Wade，1969；Domaschuk 和 Valliappan，1975），这些模型将在3.7.2节中讨论。

3.7.1 含两个变切线模量 E_t 和 ν_t（或 E_t 和 K_t）的各向同性模型-双曲线模型

在这种各向同性模型中，增量形式的本构关系是直接建立在各向同性线弹性形式的基础上，这种线弹性形式是通过简单地用（应力相关的）变切线模量 E_t 和 ν_t 代替常模量 E 和 ν 来获得的。另外，对于双曲线模型的其他版本（Duncan 等，1978），已采用了切线模量 E_t 和 K_t。利用 E_t 和 ν_t，可将增量应力-应变关系写成

$$\dot{\sigma}_{ij} = \frac{E_t}{1+\nu_t}\dot{\varepsilon}_{ij} + \frac{\nu_t E_t}{(1+\nu_t)(1-2\nu_t)}\dot{\varepsilon}_{kk}\delta_{ij} \tag{3.84}$$

该式可以通过采用下式代替 ν_t 而很容易地由 E_t 和 K_t 来表示[80]。

$$\nu_t = \frac{3K_t - E_t}{6K_t} \tag{3.85}$$

对应于式（3.84）的矩阵方程可表示成：

$$\{\dot{\sigma}\} = [C_t]\{\dot{\varepsilon}\} \tag{3.86}$$

其中，$\{\dot{\sigma}\}$ 和 $\{\dot{\varepsilon}\}$ 分别是应力和应变的增矢量；$[C_t]$ 是材料的切线刚度矩阵。例如，在平面应变问题（$\dot{\varepsilon}_z = \dot{\gamma}_{zx} = \dot{\gamma}_{zy} = 0$）中，式（3.86）采用如下形式：

$$\begin{Bmatrix} \dot{\sigma}_x \\ \dot{\sigma}_y \\ \dot{\tau}_{xy} \end{Bmatrix} = \frac{E_t}{(1+\nu_t)(1-2\nu_t)} \begin{bmatrix} (1-\nu_t) & \nu_t & 0 \\ \nu_t & (1-\nu_t) & 0 \\ 0 & 0 & \frac{1-2\nu_t}{2} \end{bmatrix} \begin{Bmatrix} \dot{\varepsilon}_x \\ \dot{\varepsilon}_y \\ \dot{\gamma}_{xy} \end{Bmatrix} \tag{3.87}$$

$\dot{\sigma}_z = \nu_t \ (\dot{\sigma}_x + \dot{\sigma}_y)^{[80]}$。

双曲线模型的不同形式已用于大量土力学问题的有限元分析中。这种形式中最常用的模型常常利用下面得出的 E_t 和另一个切线模量（如，不变的 ν_t 值，与应力相关的变量 ν_t，或与应力相关的 K_t）的表达式。下面，将给出表示变切线模量 E_t、ν_t 和 K_t 的各种表达式，它们将完成本构模型的推导。通过采用这些变模量表达式，将考虑土的两个主要特性，即非线性和应力相关性。

剪切杨氏模量 E_t

根据 Kondner（1963）的建议，CTC 试验中的黏土和砂的非线性应力-应变曲线可以采用双曲线方程的形式来近似（见图 3.29a）。

$$\sigma_1 - \sigma_3 = \frac{\varepsilon}{a + b\varepsilon} \tag{3.88}$$

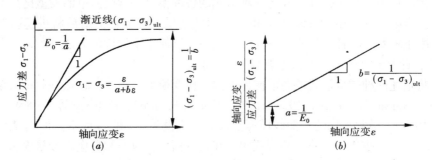

图 3.29　应力-应变曲线的双曲线表示

（a）双曲线应力-应变曲线；（b）转换的应力-应变曲线

其中，σ_1 和 σ_3 是最大和最小的主应力；ε 是轴向应变（即，在 CTC 试验中 $\varepsilon = \varepsilon_1$）；$a$ 和 b 是由试验确定的材料常数，如图 3.29（a）所示，很容易看出参数 a 和 b 的物理意义；a 是初始切线模量 E_0 的倒数，b 是应力差在无穷应变处的渐近值 $(\sigma_1 - \sigma_3)_{ult}$ 的倒数（与土的强度有关）。

通过将式（3.88）转换成下式，很容易确定参数 a 和 b（图 3.29b）。

$$\frac{\varepsilon}{\sigma_1 - \sigma_3} = a + b\varepsilon \tag{3.89}$$

当在 $\varepsilon/(\sigma_1 - \sigma_3)$ 对 ε 的转换轴上画出这种关系时，如图 3.29（b）所示，参数 a 和 b 分别表示在这种情况下计算直线的截距和斜率。

通常发现应力差的渐近值 $(\sigma_1 - \sigma_3)_{ult}$ 比破坏时的压缩强度或应力差 $(\sigma_1 - \sigma_3)_f$ 稍微大一些。这两个值的关系如下：

$$(\sigma_1 - \sigma_3)_f = R_f \ (\sigma_1 - \sigma_3)_{ult} = \frac{R_f}{b} \tag{3.90}$$

其中，R_f 称作"破坏率"的相关因子，常常小于单位 1。R_f 的值由试验通过比较 $(\sigma_1 - \sigma_3)_f$ 和 $(\sigma_1 - \sigma_3)_{ult}$ 的值来确定，它是评价用双曲线来近似应力-应变曲线形状的一个度量。R_f 的值等于 1 对应于精确双曲线形状的应力-应变曲线，而较小的值对应于其他形状的应力-应变曲线。已发现各种不同土的值在 0.75～1.0 之间变化，而与约束压力无必然的关系（Duncan 和 Chang，1970）。

当在转换轴上画出真实土的试验结果时（图 3.29b）常常会发现试验点会偏离理想的线性关系，尤其在很低和很高的应变处，这表明真实土的应力－应变曲线在形状上不是精确的双曲线。为了使理论和试验结果最合适地一致，Duncan 和 Chang，1970；Kulhawy 等，1969 推荐图 3.29（b）中的直线与试验数据在对应于 $\sigma_1 - \sigma_3 = 0.75$ 和峰值强度（$\sigma_1 - \sigma_3$）$_f$95% 的两点相拟合，即在实际应用中，对于每条应力－应变曲线只在转换图（图 3.29b）上画出两点（70% 点和 95% 点）来确定 a 和 b。

如果参数 a 和 b 用 E_0，R_f 和（$\sigma_1 - \sigma_3$）$_f$ 来表示，则式（3.88）可写成以下形式：

$$\sigma_1 - \sigma_3 = \frac{\varepsilon}{\dfrac{1}{E_0} + \dfrac{\varepsilon R_f}{(\sigma_1 - \sigma_3)_f}} \tag{3.91}$$

对于大多数的土，试验结果（见 3.2 节和图 3.6，图 3.11）表明土的强度与约束压力有关。所以，Duncan 和 Chang（1970）建议将 E_0 和（$\sigma_1 - \sigma_3$）$_f$ 的表达式作为约束压力 σ_3 的函数，采用了由 Janbu（1963）提出的关系式，初始切线模量 E_0 根据最小主应力 σ_3 表示为：

$$E_0 = k p_a \left(\frac{\sigma_3}{p_a} \right)^n \tag{3.92}$$

其中，p_a 是用与 σ_3 和 E_0 相同的单位来表示的大气压力；k 和 n 是无量纲的材料常数，通过在 log-log 图形上画出对应于（σ_3/p_a）的（E_0/P_a）值并将数据拟合成一条直线，可以很容易地从一系列试验结果中确定参数 k 和 n 的值。

在这个图上，k 是在 $\sigma_3/p_a = 1$ 的直线上的截距，n 是直线的斜率。

利用 Mohr-Coulomb 破坏准则（3.3.2 节），提出了土的强度（$\sigma_1 - \sigma_3$）$_f$ 随 σ_3 的变化，即

$$(\sigma_1 - \sigma_3)_f = \frac{2c\cos\varphi + 2\sigma_3\sin\varphi}{1 - \sin\varphi} \tag{3.93}$$

其中，c 和 φ 分别是黏聚力和摩擦角。

从式（3.91）对 ε 的微分可以获得切线模量 E_t 的表达式，这样可得到：

$$E_t = \frac{\partial (\sigma_1 - \sigma_3)}{\partial \varepsilon} = \frac{1/E_0}{[1/E_0 + R_f \varepsilon / (\sigma_1 - \sigma_3)_f]^2} \tag{3.94}$$

利用式（3.91），根据应力（$\sigma_1 - \sigma_3$）表示 ε，并分别用式（3.92）和式（3.93）来代替 E_0 和（$\sigma_1 - \sigma_3$）$_f$，式（3.94）最后可简化成：

$$E_t = \left[1 - \frac{R_f (1 - \sin\varphi) (\sigma_1 - \sigma_3)}{2 (c\cos\varphi + \sigma_3\sin\varphi)} \right]^2 k p_a \left(\frac{\sigma_3}{p_a} \right)^n \tag{3.95}$$

这就是所需要的 E_t 的表达式。当五个参数 k，n，c，φ 和 R_f 的值确定时，这些表达式可用来计算任何应力条件下的切线模量的合适值。然而，正如式（3.95）所示，只有最大和最小主应力值 σ_1 和 σ_3 包含在 E_t 的表达式之中，在这个模型中没有考虑中间主应力 σ_2 的影响。可以从常规的三轴压缩试验中容易地获得式（3.95）中的五个参数值。

对于初始加载条件，除了式（3.95）的表达式 E_t 外，Duncan 和 Chang（1970）采用与式（3.92）中 E_0 相同的卸载－再加载模量 E_{ur} 的与应力相关的表达式，提出了卸载－再加载行为的近似模型。

$$E_{ur} = k_{ur} p_a \left(\frac{\sigma_3}{p_a} \right)^n \tag{3.96}$$

式（3.96）中的指数 n 必定与开始加载的初始线模量 E_0 相同；否则模量数值 k_{ur} 一般会大于 k。常数 k_{ur} 可以采用与式（3.92）中 k 相同的方式精确地确定，采用了一种最简单的加载–卸载准则，在该准则中，当应力水平的当前值（也称作流动强度），$(\sigma_1 - \sigma_3)$ / $(\sigma_1 - \sigma_3)_f$ 小于以前的最大值时，表明卸载–再加载（当然，对于没有应力水平变化的中性变载条件，会发生像 3.6.5 节中陈述的模棱两可和连续性问题）。表达式（3.96）适用于卸载–再加载，而式（3.95）只适用于加载条件。Lade（1972）针对在砂土的三轴试验中的各种应力路径已阐明了这个准则的有效性。

Duncan 和 Chang（1970）为模拟松砂和密砂的性状（图 3.30）采用了上述的带有一个变模量 E_t 与一个常值 ν_t 的双曲线模型。正如从图 3.30（a）和（b）中可以看出那样，这两种砂的预测结果与包含加载、卸载和再加载的复杂应力路径（显示在图 3.30 的左边）的试验结果相符得很好。另外，在对基础问题（Duncan 和 Chang，1970）和深坑周围土体移动（Chang 和 Duncan，1970）的有限元分析中采用了同样的模型，得到了非常合理的结果，对于可以测量到的情况也获得了计算与测量结果很好的一致。

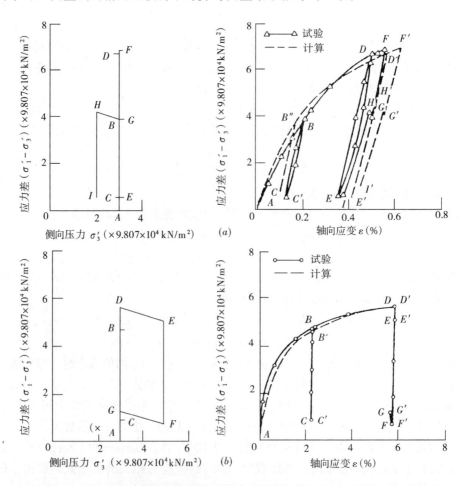

图 3.30　密实的和松散的石英砂在复杂加载条件下的计算和
试验应力–应变曲线（Duncan 和 Chang，1970）
（a）密实砂；（b）松散砂

鉴于上面讨论的结果，可以看出采用对不变值 ν_t 作一个好的估计，常常可以获得满意的结果。事实上，由于确定与泊松比有关的参数 ν_t 在试验上存在困难，所以建立变量 ν_t 的表达式常常不如 E_t 的表达式稳定，从这些表达式中获得的 ν_t 值并不比合理估计的值更真实。因此，在许多实际应用中，通常估计 ν_t 的常数值。可是，要设法去描述建立在与应力相关的表达式 ν_t 的基础上的非线性体积变化的特征。下面将给出一个这样的例子。

切线泊松比 ν_t

Kulhawy 等（1969）已从各种土的三轴试验中做了体积变化数据的分析，这些分析表明从测得的体积应变中计算的 ν_t 值随着约束压力的增加而增加，还提出了一个双曲线近似来描述 CTC 试验中的轴向应变 – 径向应变关系（即最大和最小应变间的关系）。采用一个用于确定 E_t 的同样步骤，获得了下述 ν_t 的表达式：

$$\nu_t = \frac{G - F\log\,(\sigma_3/p_a)}{\left[1 - \dfrac{d\,(\sigma_1-\sigma_3)}{kp_a\left(\dfrac{\sigma_3}{p_a}\right)^n\left[1 - \dfrac{R_f\,(\sigma_1-\sigma_3)\,(1-\sin\varphi)}{2\,(c\cos\varphi+\sigma_3\sin\varphi)}\right]}\right]^2} \tag{3.97}$$

此表达式含 8 个参数：式（3.95）中的 5 个参数 k、n、c、φ 和 R_f，以及另外三个参数 G、F 和 d，可以从一系列三轴或平面应变压缩试验的结果中通过体积变化的量测确定所有这些参数值。

为了在增量形式有限元计算机程序中应用，大于 0.5 的 ν_t 值（在低约束压力下，如密实砂这样膨胀土预测到的）显然不能使用，因此，常常将略小于 0.5（比如说，0.49）的 ν_t 的上限用于从式（3.97）中预测的 ν_t 值超过 0.5 的情况。

对于在不排水条件下的饱和土，接近等于 0.5 的 ν_t 值常常用来表示在任何应力条件下零体积应变的条件（这表明切线体积模量 K_t 的无限值）。对于这些土，初始切线模量 E_0 的值（式 3.92）和土的强度（式 3.93）不会随约束压力而改变（为了在全应力分析中应用，根据带有从不固结 – 不排水（UU）试验中确定的参数的全应力）。

对于排水和不排水条件下试验的许多不同土体，Wong 和 Duncan（1974）总结了式（3.95）和（3.97）中的双曲线参数值。这些为双曲线模型提供了一个很大的数据库，在没有足够的信息来确定某一特殊形式土的所有参数时，它们可用来估计这些参数的合理值。该数据库也可用于评估从实验室的试验结果中确定的参数值的可靠性。

在 Kulhawy 等（1969）的文献中，可以找到在有限元分析中带有变模量 E_t 和 ν_t 的双曲线模型的各种应用。

切线体积模量 K_t

在有限元分析中，应用具有 E_t 和 ν_t 的双曲线模型时，遇到了土在接近破坏、处于破坏和破坏后的性状有关的一些难题，这一点可以通过考虑带有一个变模量 E_t（式 3.95）和常数 ν_t 的简单模型来阐述。

在高应力水平，随着偏应力增加（即应力差 $\sigma_1-\sigma_3$ 增加），E_t 的值大大地减小了。当 ν_t 保持不变时，E_t 中的这种减小意味着体积模量 K_t 和剪切模量 G_t 的值与 E_t 以同样比例减小。G_t 随着应变（或应力水平）增加而减小是确实存在的，而 K_t 随着应力增大而显著减小在试验中不能观察到；相反，真实土的试验结果表明，体积模量的值必定与偏应力大小无关而仅仅依赖于静水压力，特别地，破坏后，由于 E_t 减小到一个很小的值（接近于零），G_t 和 K_t 也都减小到一个可以忽略的值。因此，假设土对任何形式的变形必然没有抵抗能力，对于真实土的体积行为，这当然不正确，因为即使在破坏后真实土仍能保持附加的静水压力。因此，可以得出结论，在本构关系中采用 E_t 和 ν_t 不能真实地表示土在破坏时和破坏后的性质。

作为 E_t 和 ν_t 的替代，Duncan 等（1978）提出了由 E_t 和 K_t 表示的双曲线模型，可以更方便、更好地表示土在接近破坏时和破坏后的性状。E_t 的表示式仍然如上述给出的一样。K_t 的表达式作为约束压力 σ_3 的函数，给出如下：

$$K_t = k_b p_a \left(\frac{\sigma_3}{p_a} \right)^m \tag{3.98}$$

其中，k_b 和 m 为无量纲材料常数；p_a 是大气压力。对于大多数土而言，指数 m 的值在 0 和 1 之间变化。常数 k_b 和 m 可采用式（3.92）中 k 和 n 相同的方法确定。对于许多种土，这些常数的代表值可以在 Duncan 等（1978）的文章中找到。

在有限元计算机程序中，限制切线泊松比的值为正（或零）且小于 0.5。当与 E_t 一起用来表征土的非线性性质时，这给式（3.98）中的切线体积模量 K_t 施加了某些限制。通过应用在 $E_t/3 \leqslant K_t \leqslant 17 E_t$ 范围内的 K_t 值（这意味着 $0 \leqslant \nu_t \leqslant 0.49$），这些限制可以得到满足。

结　论

建立在本节讨论的基础上，可以将各种双曲线模型的特征、优点和局限性总结如下：

1. 该模型在概念上和数学上都简单，所包含的参数与熟悉的物理量，如最大强度 $(\sigma_1 - \sigma_3)_f$ 和初始切线模量 E_0，有直接的关系，这些参数可以从标准的土工试验中容易地确定。另外，有提供参数的大量数据库，这在评估试验室确定的数值的可靠性或估计在没有足够数据的特殊问题中土的合理值时是有用的。

2. 在实际应用的增量有限元分析中，可以方便地应用本构关系的增量形式，采用合适的一组参数可以实现有效应力或全应力分析。对于有效应力分析，从排水试验条件中确定这些参数，而用不固结 - 不排水试验来获得全应力分析中所采用的参数。

3. 在这些模型中，考虑了土的两种主要特征：非线性和应力相关性。另外，当使用上面描述的卸载 - 再加载模型时，可以合理地估计土的非弹性。然而，在这种情况下，作为所描述的简单加载 - 卸载准则的结果，可能产生处于或接近于中性变载的连续性问题。

4. 在这种模型中，由于体积和偏响应解耦，所以不能表示剪切膨胀（即由纯偏应力增量产生的体积应变）。

5. 建立在各向同性线弹性关系的简单修正的基础之上，在该模型中的本构关系是增量形式的各向同性，所以，应力和应变的增量张量的主方向总是一致的，这仅在低应力水平下是正确的。在高应力水平，特别是接近破坏时，试验现象表明应变增量的主方向更接近于应力的主方向而不是应力增量的主方向（如，Lade，1972；Roscoe 等，1969）。

贯穿包含静水压力减小而偏应力不变的应力状态变化的全过程，对于接近于土单元破坏时的情况，这种局限性更加明显，这一点可以通过考虑 Mohr 图中的应力状态变化来进一步阐述。由于静水应力减小而偏应力不变，表示应力状态的最大 Mohr 圆 [半径 $= (\sigma_1 - \sigma_3)/2$] 沿着在正应力的负方向以不变的半径进行移动，所以越来越接近于破坏包络线，直至最终发生破坏。根据这里描述的简单增量模型，在这些条件下预测的应变不论采用的模量值如何，表明在所有方向上都膨胀。然而，在主应力方向上的实际应变为压应变（如，Duncan 和 Chang，1972；Lade，1972），这表示在这种条件下真实土中将会导致剪应变。

6. 在该模型中没有包含中间主应力对土的变形和强度特性的影响（如图 3.7）。

7. 采用在一种形式试验中确定的模型参数，只对接近于参数估算的条件时的应用才可从该模型中预测到合理的结果，而不能保证该模型可以表示在其他不同条件下土的性质。该模型的应用范围基本上局限于与试验室试验相同的情况。因此，对于特殊问题，用接近于现场条件的试验条件来表示土的真实性质是必要的。

8. 如上讨论，就切线体积模量 K_t 而言，由 K_t 替代了 ν_t 的本构关系在有限元分析中提供了土处于破坏或在破坏之后的性质的改进表达式。在低应力水平，两者区别不大。

9. 显然，描述的增量形式模型不能考虑在峰值强度之后应变的软化性质（如，密实砂和超固结黏土）。

3.7.2　含两个变切线模量 K_t 和 G_t 的各向同性模型

在推导以各向同性线弹性关系作简单改进为基础的增量本构模型的过程中，切线体积模量 K_t 和剪切模量 G_t 提供了一个可以任意选择的组合。如前所述，采用 K_t 和 G_t 表达式的应力－应变模型给出了在破坏时和破坏后对土的性质更先进的表示（见 3.7.1 节），而且容易将 K_t 和 G_t 的表达式与两个材料响应分量联系起来：K_t 与静水（体积）压力分量有关，而 G_t 与偏（剪切）分量联系在一起。在这种情况下，两种响应的增量应力－应变关系相耦合，可表达成（见式 2.92）：

$$\dot{\sigma}_m = K_t \dot{\varepsilon}_{kk}$$
$$\dot{s}_{ij} = 2G_t \dot{e}_{ij}$$

(3.99)

即，体积变化 $\dot{\varepsilon}_{kk}$ 由正应力 $\dot{\sigma}_m = \dot{\sigma}_{kk}/3$ 增量的平均值（八面体）产生；偏应变（畸变）的变化 $\dot{e}_{ij}$ 是由偏斜应力变化量 $\dot{s}_{ij}$ 产生。这两个分量之间不存在相互作用。剪切模量定义为：

$$K_t = \frac{\dot{\sigma}_m}{\dot{\varepsilon}_{kk}}, \quad G_t = \frac{\dot{\tau}_{oct}}{\dot{\gamma}_{oct}}$$

(3.100)

其中，$\dot{\tau}_{oct}$ 和 $\dot{\gamma}_{oct}$ 分别是增量八面体剪应力和剪应变。

依据将模量 K_t 和 G_t 作为应力张量和（或）应变张量不变量而采用的表达式，可以得出各种增量形式的本构模型。为了这个目的，可采用诸如主应力或主应变以及八面体正应力和剪应力的不变量。特别地，建立在将 K_t 和 G_t 作为八面体正应力和剪应力或应变函数表达式的基础上，已发展了许多这种目前可用于土和混凝土材料的模型（见 2.7 节）。下面将给出这种应用于土的表达式的例子。

一旦确定了 K_t 和 G_t 的表达式，就可以将它代入式（3.99）中，这样就可以导出下列增量形式的应力－应变关系：

$$\dot{\sigma}_{ij} = 2G_t \dot{\varepsilon}_{ij} + \left(K_t - \frac{2}{3}G_t\right)\dot{\varepsilon}_{kk}\delta_{ij}$$

(3.101)

这些关系可写成式（3.86）的矩阵形式，其中，一般三维情况的切线刚度矩阵 $[C_t]$ 具有与 [80] 用 K_t 和 G_t 代替 K 和 G 相同的形式。从三维情况的一般形式中（通过删除适当的列和行），可以容易地得出对应于平面应变和轴对称问题的矩阵形式。例如，对于平面应变情况（$\dot{\varepsilon}_z = \dot{\gamma}_{zx} = \dot{\gamma}_{zy} = 0$），有

$$\begin{Bmatrix} \dot{\sigma}_x \\ \dot{\sigma}_y \\ \dot{\tau}_{xy} \end{Bmatrix} = \begin{bmatrix} \left(K_t + \dfrac{4}{3}G_t\right) & \left(K_t - \dfrac{2}{3}G_t\right) & 0 \\ \left(K_t - \dfrac{2}{3}G_t\right) & \left(K_t + \dfrac{4}{3}G_t\right) & 0 \\ 0 & 0 & G_t \end{bmatrix} \begin{Bmatrix} \dot{\varepsilon}_x \\ \dot{\varepsilon}_y \\ \dot{\gamma}_{xy} \end{Bmatrix} \tag{3.102}$$

和 $\dot{\sigma}_z = -\left[(3K_t - 2G_t)/2(3K_t + G_t) \right](\dot{\sigma}_x + \dot{\sigma}_y)$。

<h3 align="center">K_t 的表达式</h3>

建立在无黏性土静水压力试验结果的基础上，Domaschuk 和 Wade（1969）提出了下面 K_t 的线性表达式，它是八面体（平均）正应力 σ_m 的函数：

$$K_t = K_t(\sigma_m) = K_0 + m\sigma_m \tag{3.103}$$

其中，K_0 和 m 为材料常数（与土的相对密度有关），分别表示直线方程（3.103）的截距（或初始体积模量）和斜率，可以发现该式与在 σ_m 的有限范围内的实际试验数据很好地一致。对于 σ_m 更广的范围，需要许多这样的表达式，例如 $0 \leqslant \sigma_m \leqslant 100\mathrm{psi}$，Domaschuk 和 Wade（1969）采用了式（3.103）中给出的两种表达式来拟合相对密实度为特殊值的实际试验结果。

Domaschuk 和 Valliappan（1975）采用指数函数关系的形式（见图 3.31）来描述黏性土的非线性体应力－应变关系：

$$\frac{\sigma_m}{\sigma_{mc}} = \frac{\varepsilon_v}{\varepsilon_{vc}}\left[1 + \alpha\left(\frac{\varepsilon_v}{\varepsilon_{vc}}\right)^{n-1} \right] \tag{3.104}$$

在式（3.104）中，$\sigma_m = \sigma_{oct} = \sigma_{kk}/3$ 和 $\varepsilon_v = \varepsilon_{kk} = 3\varepsilon_{oct}$ 分别是平均正应力和体应变；σ_{mc} 和 ε_{vc} 是 σ_m 和 ε_v 的特征值；α 为表示偏离直线程度的正常数；n 是形状参数。式（3.104）可描述很宽范围内的体积应力－应变曲线。例如，当 $\alpha = 0$ 时，描述一个线性关系；当 $\alpha > 0$ 和 $n = \infty$ 时（图 3.31），定义为弹性－完全塑性型的双线性关系。所有其他的 n 值将描述非线性应力－应变关系。Domaschuk 和 Valliappan（1975）采用了 $\alpha = 1$ 的一个值。那么通过对式（3.104）进行微分可推导出 K_t 的表达式。这个表达式为（$\alpha = 1$）：

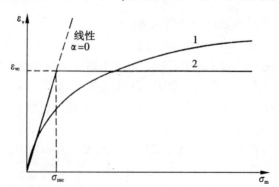

图 3.31 各种体积应力－应变关系

(Domaschuk 和 Valliappan，1975)

1—非线性；2—双线性（弹性－理想塑性型 $\alpha > 0$ 和 $n = \infty$）

$$K_t = K_t \ (\varepsilon_v) \ = K_0 \ (1 + n\varepsilon_{vm}^{n-1}) \tag{3.105}$$

其中，K_0 为初始体积模量，$K_0 = \sigma_{mc}/\varepsilon_{vc}$；$\varepsilon_{vn} = \varepsilon_n/\varepsilon_{vc}$ 是一个标准化的体积应变，参数 n 表示 K_t 随体积应变增长的变化率，通过将关系式（3.104）对试验确定值的拟合可以确定三个参数 n，σ_{mc} 和 ε_{vc}。

G_t 的表达式

切线剪切模量 G_t 的表达式通常是建立在偏（剪切）应力－应变关系的双曲线表达式基础上而得出的。例如，Domaschuk 和 Wade（1969）提出了将 G_t 作为 σ_m 和 τ_{oct} 的函数表达式，σ_m 和 τ_{oct} 是建立在具有常平均正应力的三轴压缩试验中（TC 试验，见图 3.2）获得的八面体剪切应力－应变关系的双曲线近似表达式基础上得出的。该表达式可写成以下形式：

$$G_t = G_t \ (\sigma_m, \ \tau_{oct}) \ = G_0 \ (1 - b\tau_{oct})^2 \tag{3.106}$$

其中，G_0 是初始剪切模量，为静水应力 σ_m 的一个函数；b 为表示 τ_{oct} 最大（渐近）值倒数的材料参数（与土的剪切强度有关）。G_0 和 b 依赖于土的类型，可由试验确定。

依据八面体正应力和剪应力或剪应变来表示剪切模量 K_t 和 G_t 的应用，具有将中间主应力的影响包含在数学模型中的优点。除此之外，还将 3.7.1 节中讨论的双曲线模型同样的普通特征、优点和缺点都应用于当前的模型中。

3.8　基于耦合的切线模量 K_t 和 G_t 的增量应力－应变模型

在上节描述的简单增量模型中，一个明显的缺点是它们不能包括静水响应和偏行为间的耦合效应（剪胀）。试验结果表明纯偏斜应力将导致体积应变，这种违反常规的效应在高应力水平下表现尤为明显（特别是对于密实土），在数学模型中包含这种耦合效应当然是必需的。

虽然没有进行定量分析或特殊的应用，但为了考虑剪胀效应，曾有人提出过几点建议来扩展前节中的简单 $K_t - G_t$ 公式（如见 Izumi 等，1976；Verruijt，1976）。在本节中，将给出这些扩展公式重要性和含义的讨论，重点讨论对应于 Izumi 等（1976）提出的本构关系的增量形式。在 2.4 节中曾描述了一个有点相同的概念，对于混凝土材料，在割线（全）应力－应变（以 K_s 和 G_s 表示的）模型中包含了耦合效应。

3.8.1　体积、剪切和膨胀模量

在 Izumi 等（1976）建立的公式中，定义了三个不同形式的切线弹性模量：体积模量 K_t、剪切模量 G_t 和膨胀模量 H_t，这些由下式给出：

$$K_t = \frac{\dot{\sigma}_m}{3\dot{\varepsilon}_{01}}; \ G_t = \frac{\dot{\tau}_{oct}}{\dot{\gamma}_{oct}}; \ H_t = \frac{\dot{\tau}_{oct}}{3\dot{\varepsilon}_{02}} \tag{3.107}$$

其中，$\dot{\varepsilon}_{01}$ 和 $\dot{\varepsilon}_{02}$ 分别是由 $\dot{\sigma}_m$ 和 $\dot{\tau}_{oct}$ 产生的八面体正应变增量的分量，即纯静水应力增量只产生体积应变，而一个纯偏（剪切）应力增量将产生剪应变（偏应变）和体积应变。

可以分别从对试验获得的（$\sigma_m - \varepsilon_{01}$）、（$\tau_{oct} - \gamma_{oct}$）和（$\tau_{oct} - \varepsilon_{02}$）曲线进行拟合的假定函数关系中确定切线模量 K_t、G_t 和 H_t 的表达式。在 Izumi 等（1976）文献中可以找到根据应力不变量确定这些模量表达式的例子。通常，K_t 表示成 σ_m 的一个函数，而 G_t 和

H_t 当作 σ_m 和 τ_{oct} 的函数。

3.8.2 耦合的增量应力－应变关系

现在，增量应变张量 $\dot{\varepsilon}_{ij}$ 可写成偏应变增量 $\dot{e}_{ij}$ 和两个增量体积分量 $\dot{\varepsilon}_{01}$ 和 $\dot{\varepsilon}_{02}$ 之和，即

$$\dot{\varepsilon}_{ij} = \dot{e}_{ij} + (\dot{\varepsilon}_{01} + \dot{\varepsilon}_{02}) \delta_{ij} \tag{3.108}$$

将关系式 $\dot{\varepsilon}_{01} = \frac{1}{3}\dot{\sigma}_m / K_t$，$\dot{\varepsilon}_{02} = \frac{1}{3}\dot{\tau}_{oct} / H_t$ 和 $\dot{e}_{ij} = \frac{1}{2}\dot{s}_{ij} / G_i$ 代入式（3.108）得到

$$\dot{\varepsilon}_{ij} = \frac{1}{2G_t}\dot{s}_{ij} + \frac{1}{3}\left(\frac{\dot{\sigma}_m}{K_t} + \frac{\dot{\tau}_{oct}}{H_t}\right)\delta_{ij} \tag{3.109}$$

八面体剪应力增量 $\dot{\tau}_{oct}$ 可以写成：

$$\dot{\tau}_{oct} = \frac{\partial \tau_{oct}}{\partial \sigma_{mn}}\dot{\sigma}_{mn} \tag{3.110a}$$

用 $\tau_{oct} = \left(\frac{2}{3}J_2\right)^{1/2}$ 代入上式将得到：

$$\dot{\tau}_{oct} = \sqrt{\frac{2}{3}}\frac{\partial J_2^{1/2}}{\partial J_2}\frac{\partial J_2}{\partial \sigma_{mn}}\dot{\sigma}_{mn} \tag{3.110b}$$

按照隐含的微分，我们得出：

$$\dot{\tau}_{oct} = \frac{1}{3\tau_{oct}}s_{mn}\dot{\sigma}_{mn} \tag{3.111}$$

将上面 $\dot{\tau}_{oct}$ 的表达式与关系式 $\dot{s}_{ij} = \dot{\sigma}_{ij} - \dot{\sigma}_m\delta_{ij}$ 和 $\dot{\sigma}_m = \dot{\sigma}_{kk}/3$ 一起代入式（3.109），最后可以写出增量应力－应变关系为：

$$\dot{\varepsilon}_{ij} = \frac{1}{2G_t}\dot{\sigma}_{ij} + \left(\frac{1}{9K_t} - \frac{1}{6G_t}\right)\dot{\sigma}_{kk}\delta_{ij} + \frac{1}{9H_t\tau_{oct}}s_{mn}\dot{\sigma}_{mn}\delta_{ij} \tag{3.112}$$

这些关系式可写成一个矩阵形式：

$$\{\dot{\varepsilon}\} = [D_t]\{\dot{\sigma}\} \tag{3.113}$$

其中，$\{\dot{\sigma}\}$ 和 $\{\dot{\varepsilon}\}$ 分别为应力和应变增矢量，$[D_t]$ 为切线柔度矩阵。如果将式（3.112）展开成分量形式，那么矩阵 $[D_t]$ 可表示成两个矩阵 $[A]$ 和 $[B]$ 之和的形式：

$$[D_t] = [A] + [B] \tag{3.114a}$$

其中，矩阵 $[A]$ 和 $[B]$ 为：

$$[A] = \begin{bmatrix} \alpha & \beta & \beta & 0 & 0 & 0 \\ & \alpha & \beta & 0 & 0 & 0 \\ & & \alpha & 0 & 0 & 0 \\ & & & 1/G_t & 0 & 0 \\ & \text{对} \quad \text{称} & & & 1/G_t & 0 \\ & & & & & 1/G_t \end{bmatrix} \tag{3.114b}$$

$$[B] = \frac{1}{9H_t\tau_{oct}}\begin{bmatrix} s_x & s_y & s_z & 2\tau_{xy} & 2\tau_{yz} & 2\tau_{zx} \\ s_x & s_y & s_z & 2\tau_{xy} & 2\tau_{yz} & 2\tau_{zx} \\ s_x & s_y & s_z & 2\tau_{xy} & 2\tau_{yz} & 2\tau_{zx} \\ 0 & 0 & 0 & 0 & 0 & 0 \\ 0 & 0 & 0 & 0 & 0 & 0 \\ 0 & 0 & 0 & 0 & 0 & 0 \end{bmatrix} \tag{3.114c}$$

其中，α 和 β 是定义为：

$$\alpha = \frac{1}{9K_t} + \frac{1}{3G_t}; \quad \beta = \frac{1}{9K_t} - \frac{1}{6G_t} \qquad (3.114d)$$

从上面的方程中可以看出，矩阵 $[A]$ 为对称的，与没有考虑膨胀效应的简单增量 $K_t - G_t$ 模型中的切线柔度矩阵具有完全一样的形式。另一方面，表示膨胀效应（式 3.112 中的最后项）的矩阵 $[B]$ 为不对称的。最后的结果将是切线柔度矩阵 $[D_t]$ 不对称。切线刚度矩阵 $[C_t] = [D_t]^{-1}$ 同样不对称。

在数值分析中，采用不对称刚度矩阵需要特殊的处理，这常常会导致贮存和计算时间大大的增加，造成数值计算的困难。所以，在实际应用中，像式（3.112）那样包含不对称切线刚度矩阵的增量模型是很不好的。应注意，在这种情况下，数值求解[80]的惟一性和稳定性通常得不到保证。

通过采用一个全量（割线）公式，可以获得不对称刚度矩阵问题的一个合理解。在这种情况下，通过采用与式（3.107）相同的关系式，用全应力和全应变代替增应力和增应变的方法，定义并使用了割线模量 K_s、G_s 和 H_s。采用与相应的切线模量相同的方法，可以从试验应力－应变曲线中确定作为应力不变量函数的这些割线模量的表达式。计算的割线柔度矩阵 $[D]$ 也可以写成两个矩阵 $[A]$ 和 $[B]$ 的和。矩阵 $[A]$ 具有与式（3.114a）完全一样的形式，只是用 K_s 和 G_s 替代 K_t 和 G_t 罢了。矩阵 $[B]$ 只有三个对角非零项 $B_{11} = \tau_{oct}/3\,(H_s\sigma_x)$、$B_{22} = \tau_{oct}/(3H_s\sigma_y)$ 和 $B_{33} = \tau_{oct}/(3H_s\sigma_z)$（其余所有元素都为零）。所以矩阵 $[A]$ 和 $[B]$ 以及结果 $[D]$ 和 $[C] = [D]^{-1}$ 都是对称的。然后将这些矩阵反复应用于有限元分析分析中。注意到，这一切都与 2.4 节中有关混凝土材料提出的割线公式相同。

3.8.3 结论

除了上述的缺点之外，对式（3.112）的进一步研究表明，增应力和增应变的主轴始终同轴（$s_{mn}\dot{\sigma}_{mn}$ 为不变量），正如上一节的单增模型（见 3.7.1 节结论中的第 5 条，对这一局限性结论的讨论）。

还要注意到，该模型在（当前）纯净水应力状态附近表现出增量各向同性。当然，在 $\tau_{oct} = 0$ 和 $[B]$ 不被完全忽略的情况下，将导出一个对称矩阵 $[D_t] = [A]$，对于含有偏应力分量的应力状态，增量关系表现出某种应力引发的各向异性。可是，由于要求应变增张量的主方向与应力增张量一致，所以这种引发的各向异性不是普遍的。

3.9 一阶亚弹性模型

上一节中讨论的单增模型代表前面在 3.4 节式（3.47）中描述的一般亚弹性模型中非常特殊的一族。在 3.7 节的增量模型中，式（3.47）的切线响应张量 C_{ijkl} 和 D_{ijkl} 在形式上被限制为各向同性，即材料的性质被假定为递增的各向同性。因而，试验中观察到的某些现象如剪胀和应力诱发的各向异性，不能包括在该模型中，甚至当建立在完全经验方法的基础上（3.8 节）设法包括膨胀效应时，计算的增量应力－应变关系仍然存在应力增量和应变增量主轴一致的同样缺点。除了缺乏试验的支持之外，在某些条件下，可能会从应力增量和应变增量主轴相一致的简单增量模型中得出不合实际的结果（见 3.7.1 节结论中的第 5 条）。

因此，为了克服这些局限而采用更一般的增量模型已做出了许多努力。作为一个更精炼的增量模型，本节中将描述一个一阶亚弹性模型的公式，并将提出在常规土工试验中，对应于某些应力路径和边界条件的模型和特殊关系式的普遍特征。在模型参数的拟合步骤中，这些关系式是有用的。为了应用于有限元分析中，将给出增量应力－应变关系的矩阵形式。

在 2.11 节（第 2 章）中已讨论了这个一阶亚弹性模型与混凝土材料的应用有关的各个方面，可以在 Coon 和 Evans（1971，1972）文献中找到当前模型及其在土体材料中应用的进一步详情。Corotis 等（1976）应用该模型的一种改进形式来描述两种土（无黏性和黏性）的非线性性质，并将计算的关系式用于确定埋入式混凝土管道周围土中不同点应力的有限元分析中，Davis 和 Mullenger（1979），Romano（1973）和 Stutz（1972）也应用了亚弹性模型的各种简化形式。在一些后来的模型中，已将亚弹性公式与土力学临界状态的概念结合起来了（Schofield 和 Wroth，1968）。

3.9.1　一般公式

式（3.47）中的每一个本构关系都提供了一个与时间无关的增量行为最一般的表示，在这种行为中应力和应变增量通过切线响应张量 C_{ijkl} 或 D_{ijkl} 构成线性关系，C_{ijkl} 和 D_{ijkl} 仅依赖于单一状态变量，即要么是应力状态，要么是应变状态（但不能两者都是）。特殊地，我们考虑式（3.47）中的第一个，即

$$\dot{\sigma}_{ij} = C_{ijkl} \ (\sigma_{mn}) \ \dot{\epsilon}_{kl} \tag{3.115}$$

如果进一步假定该行为是各向同性的话，那么材料特性张量 C_{ijkl}（σ_{mn}）必须满足在整体坐标转换下的各向同性条件[80]，在这种情况下，张量 C_{ijkl}（σ_{mn}）以最一般的形式[80]给出。式中[80]，需要表征该模型的 12 个材料参数（A_1 至 A_{12}）仅仅依赖于应力张量 σ_{ij}。

对于一个一阶的亚弹性材料，进一步假定在式（3.115）的张量 C_{ijkl} 中，应力仅以一次幂出现。那么，对于这样材料，切线刚度张量 C_{ijkl} 最一般的形式可写成：

$$C_{ijkl} = (a_{01} + a_{11}\sigma_{rr}) \ \delta_{ij}\delta_{kl} + \frac{1}{2} \ (a_{02} + a_{12}\sigma_{rr}) \ (\delta_{ik}\delta_{jl} + \delta_{jk}\delta_{il})$$

$$+ a_{13}\sigma_{ij}\delta_{kl} + \frac{1}{2} a_{14} \ (\sigma_{jk}\delta_{li} + \sigma_{jl}\delta_{ki} + \sigma_{ik}\delta_{lj} + \sigma_{il}\delta_{kj})$$

$$+ a_{15}\sigma_{kl}\delta_{ij} \tag{3.116}$$

其中，七个参数 a_{01} 至 a_{15} 为材料常数。当式（3.116）代入式（3.115）中时，对于一阶亚弹性模型，得到增量应力－应变关系为：

$$\dot{\sigma}_{ij} = a_{01}\dot{\epsilon}_{kk}\delta_{ij} + a_{02}\dot{\epsilon}_{ij} + a_{11}\sigma_{pp}\dot{\epsilon}_{kk}\delta_{ij}$$

$$+ a_{12}\sigma_{mm}\dot{\epsilon}_{ij} + a_{13}\sigma_{ij}\dot{\epsilon}_{kk} + a_{14}(\sigma_{jk}\dot{\epsilon}_{ik} + \sigma_{ik}\dot{\epsilon}_{jk})$$

$$+ a_{15}\sigma_{kl}\dot{\epsilon}_{kl}\delta_{ij} \tag{3.117}$$

对于初始各向同性材料，这些关系式表示一阶亚弹性准则的一般形式。从式（3.117）中的最后三项可以看出，由这个方程所描述的性质展示了应力引发的各向异性，即应力增张量 $\dot{\sigma}_{ij}$ 和应变增张量 $\dot{\epsilon}_{ij}$ 的主方向通常不一致。

式（2.150）给出了式（3.117）描述 Cauchy 型的弹性行为的一般条件，而式（2.151）给出了为保证（Green）超弹性行为，除条件式（2.150）之外，所必须满足的外

加约束[80]。对于不满足这些约束的材料常数的其他任何组合，由式（3.117）所描述的行为通常是与路径有关的。

为了得到亚弹性模型的公式，仍然只需要确定 a_{01} 至 a_{15} 的七个材料常数。为了这个目的，要将式（3.117）中的增量本构关系式对某一试验的特殊应力路径和边界条件进行积分。然而，必须强调，对某一应力路径和边界条件而进行积分的闭合形式的分析表达式可能是很难（或甚至不可能）获得的。正如从第二章式（2.149）中看出的那样，可积条件将某些约束施加于材料函数之上。

通过试验应力－应变曲线对理论表达式的拟合，而获得了可用来定义材料常数的各种关系式。很显然，需要从几个不同试验中的数据来确定七个材料参数。获得这些参数不止一种方法。所以，常常需要从可行的方法中采用尽量多的试验，对于某一问题，这些试验尽可能模拟现象条件并做些特殊的侧重，然后可以采用与先前描述的三阶超弹性模型相同的拟合步骤得出材料常数的值（3.6节）。下面，将描述在常规试验中针对某些应力路径如式（3.117）的特殊形式，这些特殊形式在确定七个材料常数的拟合步骤中很有用。

3.9.2 针对常规试验中应力路径的特殊形式

在绝大多数常用的土工试验中（如，三轴试验设备），加载期间，应力和应变张量的主轴一致而不转动。在这些情况下，合适地将主方向选作参考轴，仅仅考虑三个主应力和主应变，下面将分开来考虑三种特殊的试验形式：静水压缩、常规的三轴压缩（CTC）和一维固结（K_0 试验）。

静水压缩（HC）试验

对于该试验，$\sigma_1 = \sigma_2 = \sigma_3 = \sigma_m$ 和 $\dot{\varepsilon}_1 = \dot{\varepsilon}_2 = \dot{\varepsilon}_3 = \dot{\varepsilon}_{oct}$，将这些条件代入式（3.117），得出以下的增量式：

$$\dot{\sigma}_m = (A + B\sigma_m)\, \dot{\varepsilon}_{oct} \tag{3.118}$$

其中，A 和 B 定义为：

$$A = 3a_{01} + a_{02}$$
$$B = 9a_{11} + 3a_{12} + 3a_{13} + 2a_{14} + 3a_{15} \tag{3.119}$$

式（3.118）的积分将导出 HC 试验的体积应力－应变关系式，即

$$\sigma_m = \left(\frac{A}{B} + \sigma_c\right)\exp(B\varepsilon_{oct}) - \frac{A}{B} \tag{3.120}$$

其中，σ_m 和 ε_{oct} 分别是八面体（平均）正应力和正应变；σ_c 为初始静水（固结）压力。可以很方便地通过用式（3.120）对试验 $\sigma_m - \varepsilon_{oct}$ 曲线的拟合求出常数 A 和 B 的值。

常规三轴压缩（CTC）试验

当轴向应力 σ_1 增加时（$\dot{\sigma}_1 > 0$），在恒定的孔隙（或约束）压力（$\sigma_2 = \sigma_3$ 和 $\dot{\sigma}_2 = \dot{\sigma}_3 = 0$）下，对于这些条件式（3.117）的详细展开将得出下面微分表达式：

$$\dot{\sigma}_1 = [\alpha_1 + \alpha_2\sigma_1 + \alpha_3\sigma_3]\, \dot{\varepsilon}_1 + [\alpha_4 + \alpha_5\sigma_1 + \alpha_6\sigma_3]\, \dot{\varepsilon}_3$$
$$\dot{\varepsilon}_3 = [\beta_1 + \beta_2\sigma_1 + \beta_3\sigma_3]\, \dot{\varepsilon}_1 + [\beta_4 + \beta_5\sigma_1 + \beta_6\sigma_3]\, \dot{\varepsilon}_3 \tag{3.121}$$

其中，根据材料常数 a_{01} 至 a_{15} 将 $a's$ 和 $\beta's$ 常数定义为：

$$
\begin{aligned}
&\alpha_1 = (a_{01} + a_{02}) \quad \beta_1 = a_{01} \\
&\alpha_2 = (a_{11} + a_{12} + a_{13} + 2a_{14} + a_{15}) \quad \beta_2 = (a_{11} + a_{15}) \\
&\alpha_3 = (2a_{11} + 2a_{12}) \quad \beta_3 = (2a_{11} + a_{13}) \\
&\alpha_4 = 2a_{01} \quad \beta_4 = (2a_{01} + a_{02}) \\
&\alpha_5 = (2a_{11} + 2a_{13}) \quad \beta_5 = (2a_{11} + a_{12}) \\
&\alpha_6 = (4a_{11} + 2a_{15}) \quad \beta_6 = (4a_{11} + 2a_{12} + 2a_{13} + 2a_{14} + 2a_{15})
\end{aligned}
\tag{3.122}
$$

由于在 CTC 试验中 $\dot\sigma_3 = 0$，式（3.121）的第二个式子将产生一个增量应变分量 $\dot\varepsilon_3$ 对 $\dot\varepsilon_1$ 的关系式，即

$$
\frac{\dot\varepsilon_3}{\dot\varepsilon_1} = -\frac{\beta_1 + \beta_2\sigma_1 + \beta_3\sigma_3}{\beta_4 + \beta_5\sigma_1 + \beta_6\sigma_3}
\tag{3.123}
$$

现在，如果我们将从式（3.123）中由 $\dot\varepsilon_1$ 得出的 $\dot\varepsilon_3$ 代入式（3.121）中的第一个式子，那么就可以得出 σ_1 和 $\dot\varepsilon_1$ 之间的微分关系式：

$$
\frac{\dot\sigma_1}{\dot\varepsilon_1} = \frac{\lambda_1}{\lambda_2}
\tag{3.124}
$$

其中

$$
\begin{aligned}
&\lambda_2 = (\beta_4 + \beta_5\sigma_1 + \beta_6\sigma_3) \\
&\lambda_1 = \lambda_2(\alpha_1 + \alpha_2\sigma_1 + \alpha_3\sigma_3) - (\alpha_4 + \alpha_5\sigma_1 + \alpha_6\sigma_3)(\beta_1 + \beta_2\sigma_1 + \beta_3\sigma_3)
\end{aligned}
\tag{3.125}
$$

同样地，由式（3.123），并利用关系式 $\dot\varepsilon_v = \dot\varepsilon_1 + 2\dot\varepsilon_3$ 可以获得体积应变 $\dot\varepsilon_v$ 和 $\dot\varepsilon_1$ 之间的关系式，这将导出

$$
\frac{\dot\varepsilon_v}{\dot\varepsilon_1} = \frac{a_{02} + (a_{12} - 2a_{15})\sigma_1 + 2(a_{12} + a_{14} + a_{15})\sigma_3}{(2a_{01} + a_{02}) + (2a_{11} + a_{12})\sigma_1 + 2(2a_{11} + a_{12} + a_{13} + a_{14} + a_{15})\sigma_3}
\tag{3.126}
$$

理论上，可以将式（3.124）和式（3.126）进行积分来获得 $\sigma_1 - \dot\varepsilon_1$ 和 $\varepsilon_v - \varepsilon_1$ 的关系。然而从表达式中可以看出，积分是非常困难的，因此，只有若干被挑选的点与试验数据吻合。例如，为了这一目的，可以选择曲线的斜率。假定从初始静水压力状态进行 CTC 试验，那么将 $\sigma_1 = \sigma_3$ 代入式（3.124）和式（3.126）可以获得曲线的初始斜率。两个初始斜率的计算式可用下式联系起来（简化之后）：

$$
\left[\frac{\dot\sigma_1 / \dot\varepsilon_1}{\dot\varepsilon_v / \dot\varepsilon_1}\right]_{\sigma_1 = \sigma_3} = A + B\sigma_3
\tag{3.127}
$$

其中，对于 HC 试验，A 和 B 与式（3.119）中的结果一样。对于一个特殊的值，当式（3.124）和式（3.126）的两个初始斜率与 HC 试验的式（3.120）一起同试验数据相拟合时，包含材料常数的四个计算方程式将为线性相关。

还可以采用破坏（或失稳）条件得出确定材料常数的附加关系式。破坏（或失稳）定义为当应力没有变化而产生增加变形的应力条件。所以可以在拟合过程中应用峰值（或破坏）轴向应力 σ_{1f}（对于每一个 σ_3 的值），即通过设置式（3.124）的表达式等于零（在 $\sigma_1 = \sigma_{1f}$）来得到：

$$
\lambda_2(\alpha_1 + \alpha_2\sigma_{1f} + \alpha_3\sigma_3) = (\alpha_4 + \alpha_5\sigma_{1f} + \alpha_6\sigma_3)(\beta_1 + \beta_2\sigma_{1f} + \beta_3\sigma_3)
\tag{3.128}
$$

可以将式（3.128）中的条件与试验确定的破坏应力 σ_{1f}（和相应的 σ_3）相吻合，以便获得

包含从 a_{01} 至 a_{15} 的材料参数的许多方程（每一个方程对应于一组 σ_{1f} 和 σ_3）。

通过采用附加条件，如对应于 $(\dot{\varepsilon}_v/\dot{\varepsilon}_1) = 0$ 的应力，或对应于每一个特殊的在破坏 $(\sigma_1 = \sigma_{1f})$ 时的斜率，可以同样地获得 CTC 试验中进一步的关系。事实上，在拟合材料常数过程中可以选取 CTC 试验应力－应变曲线上许多这样的特征点。

一维压缩试验

该试验通常称作固结试验（单轴应变或 K_0 试验）。对应于该试验的边界条件和应力路径使加载期间横向应变为零（$\varepsilon_2 = \varepsilon_3 = 0$）和 $\sigma_2 = \sigma_3$。可以从 CTC 试验的式（3.121）中，代入 $\dot{\varepsilon}_3 = 0$ 直接获得由 $\dot{\varepsilon}_1$（$\varepsilon_2 = \varepsilon_3 = 0$）表示的 $\dot{\sigma}_1$ 和 $\dot{\sigma}_3$（$= \dot{\sigma}_2$）的两个增量等式，这导出：

$$\dot{\sigma}_1 = [\alpha_1 + \alpha_2\sigma_1 + \alpha_3\sigma_3] \dot{\varepsilon}_1$$
$$\dot{\sigma}_3 = [\beta_1 + \beta_2\sigma_1 + \beta_3\sigma_3] \dot{\varepsilon}_1 \tag{3.129}$$

通常假定在整个试验中下面条件总是满足的

$$\sigma_3 = K_0\sigma_1 \tag{3.130}$$

其中，K_0 是在未受载时的地压力系数。在试验中进一步地将 K_0 的值假定为常数（用 $K_0 = 1 - \sin\varphi$ 可估算出砂和正常固结黏土的 K_0 值，其中 φ 为内摩擦角），采用式（3.130）中的约束，式（3.129）的两个增量式不再独立，在积分中只能采用两个中的一个。例如，考虑式（3.129）中的第一个式子并代入 σ_3，我们得出：

$$\dot{\sigma}_1 = [\alpha_1 + (\alpha_2 + \alpha_3 K_0) \sigma_1] \dot{\varepsilon}_1 \tag{3.131}$$

其中，α_1，α_2 和 α_3 在式（3.122）中给出。对式（3.131）积分将产生下面的应力－应变关系式

$$\sigma_1 = \left(\frac{A_1}{B_1} + \sigma_{1c}\right)\exp(B_1\varepsilon_1) - \frac{A_1}{B_1} \tag{3.132}$$

其中，σ_{1c} 是 σ_1（试验中初始固结应力）的初始值，根据材料常数 a_{01} 至 a_{15} 将常数 A_1 和 B_1 定义为：

$$A_1 = \alpha_1 = a_{01} + a_{02}$$
$$B_1 = (\alpha_2 + \alpha_3 K_0) = (a_{11} + a_{12})(1 + 2K_0) + a_{13} + 2a_{14} + a_{15} \tag{3.133}$$

对于 HC 试验，式（3.132）与式（3.120）有相同的形式，通过将表达式（3.132）与试验确定的曲线进行拟合（即采用最小二乘法拟合）可估算出常数 A_1 和 B_1。这在式（3.117）七个未知的材料常数中提供了两个方程。

前面得出的表达式代表了某些计算实例，它们用来获得在一阶低弹性模型式（3.117）中确定材料常数所需的关系式。对于其他试验，显然可以采用同样的方法获得对应于应力路径和边界条件的表达式。应用这些关系的各种组合提供了在七个未知材料常数中的若干方程（至少七个），那么可以求解获得这些常数的值。

3.9.3 矩阵形式的增量应力－应变关系

对于在有限元中的应用，式（3.117）中的增量应力－应变关系可以表达成式（3.86）的矩阵形式，即

$$\{\dot{\sigma}\} = [C_t] \{\dot{\varepsilon}\} \tag{3.134}$$

从式（3.117）的一般形式出发，可以获得对应于三维的、平面应变的和轴对称情况的切

线刚度矩阵的特殊形式。例如，下面将给出针对三维问题矩阵 $[C_t]$ 的元素。要注意（见式 3.117），该矩阵通常是不对称的，除非当 $a_{13} = a_{15}$ 时才对称。

对于三维情况，根据七个材料常数和应力张量 σ_{ij} 的分量，将 6×6 阶矩阵 $[G_t]$ 的元素表示成如下形式（$I_1 = \sigma_{kk}$ = 第一应力不变量）：

$$C_{11} = (a_{01} + a_{02}) + (a_{11} + a_{12})I_1 + (a_{13} + 2a_{14} + a_{15})\sigma_x$$
$$C_{12} = a_{01} + a_{11}I_1 + a_{13}\sigma_x + a_{15}\sigma_y$$
$$C_{13} = a_{01} + a_{11}I_1 + a_{13}\sigma_x + a_{15}\sigma_z$$
$$C_{14} = (a_{14} + a_{15})\tau_{xy}; \quad C_{15} = a_{15}\tau_{yz}; \quad C_{16} = (a_{14} + a_{15})\tau_{zx}$$
$$C_{21} = a_{01} + a_{11}I_1 + a_{13}\sigma_y + a_{15}\sigma_x$$
$$C_{22} = (a_{01} + a_{02}) + (a_{11} + a_{12})I_1 + (a_{13} + 2a_{14} + a_{15})\sigma_y$$
$$C_{23} = a_{01} + a_{11}I_1 + a_{13}\sigma_y + a_{15}\sigma_z$$
$$C_{24} = (a_{14} + a_{15})\tau_{xy}; \quad C_{25} = (a_{14} + a_{15})\tau_{yz}; \quad C_{26} = a_{15}\tau_{zx}$$
$$C_{31} = a_{01} + a_{11}I_1 + a_{13}\sigma_z + a_{15}\sigma_x$$
$$C_{32} = a_{01} + a_{11}I_1 + a_{13}\sigma_z + a_{15}\sigma_y$$
$$C_{33} = (a_{01} + a_{02}) + (a_{11} + a_{12})I_1 + (a_{13} + 2a_{14} + a_{15})\sigma_z$$
$$C_{34} = a_{15}\tau_{xy}; \quad C_{35} = (a_{14} + a_{15})\tau_{yz}; \quad C_{36} = (a_{14} + a_{15})\tau_{zx}$$
$$C_{41} = (a_{13} + a_{14})\tau_{xy}; \quad C_{42} = (a_{13} + a_{15})\tau_{xy}; \quad C_{43} = a_{13}\tau_{xy}$$
$$C_{44} = \frac{1}{2}[a_{02} + a_{12}I_1 + a_{14}(\sigma_x + \sigma_y)]; \quad C_{45} = \frac{1}{2}a_{14}\tau_{zx}; \quad C_{46} = \frac{1}{2}a_{14}\tau_{yz}$$
$$C_{51} = a_{13}\tau_{yz}; \quad C_{52} = (a_{13} + a_{14})\tau_{yz}; \quad C_{53} = (a_{13} + a_{14})\tau_{yz}$$
$$C_{54} = C_{45}; \quad C_{55} = \frac{1}{2}[a_{02} + a_{12}I_1 + a_{14}(\sigma_y + \sigma_z)]; \quad C_{56} = \frac{1}{2}a_{14}\tau_{xy}$$
$$C_{61} = (a_{13} + a_{14})\tau_{zx}; \quad C_{62} = a_{13}\tau_{zx}; \quad C_{63} = (a_{13} + a_{14})\tau_{zx}$$
$$C_{64} = C_{46}; \quad C_{65} = C_{56}; \quad C_{66} = \frac{1}{2}[a_{02} + a_{12}I_1 + a_{14}(\sigma_z + \sigma_x)]$$

(3.135)

从上式可以看出，当 $a_{13} = a_{15}$ 时，矩阵变成了对称（$C_{ij} = C_{ji}$）；当应力主轴当作参考轴时，矩阵 $[C_t]$ 变成前面第 2 章中式（2.154）给出的形式。

通过删除 $[C_t]$ 中对应于零应变分量的行和列，从上面给出的三维情况中可以获得轴对称和平面应变问题的刚度矩阵。然而必须强调，对于平面应变情况，平面外应力分量 σ_z 不为 0，必须保留。这时，增量 $\dot{\sigma}_z$ 采用 $\dot{\sigma}_z = C_{31}\dot{\varepsilon}_x + C_{32}\dot{\varepsilon}_y + C_{34}\dot{\gamma}_{xy}$ 来计算，其中 C_{31}、C_{32} 和 C_{34} 为式（3.135）中给出的刚度系数。

注意，对于零阶（零阶）亚弹性各向同性模型，即当在式（3.117）除 a_{01} 和 a_{02} 之外的所有材料参数都为零时，增量关系式简化成通常熟悉的虎克定律。从式（3.115）张量 C_{ijkl}（σ_{mn}）的一般形式中[80]（见张量 C_{ijkl} 最一般的形式）可以获得高阶亚弹性模型（见如第二阶和第三阶）。可是，随着阶数的增加，模型的形式变得更复杂，对增加的模型参数的估计变得困难。对于初始各向同性材料，一阶模型中所需常数的数量为 7 个，从上面的讨论中可以看出，当然这些公式推导和拟合步骤都不容易。对于一个二阶亚弹性模型，必须从试验数据中确定 16 个材料参数，实施起来肯定是一个相当困难的任务。

3.9.4 结论

下面将对在本节中提出过讨论的基本点进行总结：

1．亚弹性模型的增量特性在描述土的应力－应变性质中具有很多优点和功能。在这些模型中，可以大体上考虑，诸如非线性、应力路径相关性、应力诱发的各向异性、应力增量和应变增量主轴的不一致和剪胀等特性。

2．当在材料参数上施加某些约束时，作为特殊极限情况，亚弹性（增量）模型包含了Cauchy和超弹性割线模型的行为。例如，如果将式（2.150）的条件加在一阶模型式（3.117）的7个响应参数上，其行为将简化成一个Cauchy弹性模型。另外，如果式（2.151）的条件也满足；那么就可以获得一个超弹性行为。

3．在实际应用中，亚弹性模型的实用性在某种程度上，受到为确定模型参数所需的试验特性和数量的限制。获得参数不只存在惟一的方法；可以采用参数的几个组合来拟合特殊的一组数据。在模型参数和土的特性之间没有明显的关系。在绝大多数情况下，要清楚地定义材料参数中的变量影响和在模型应力－应变性质中产生变化之间的关系是困难的（如Vagneron等，1976）。所以，为获得某些期望的特性，在调整参数过程中，用经验或工程判断可能都很困难。

4．切线刚度矩阵通常是不对称的，从式（3.135）中可以看出，除非将某些约束强加于材料常数之上（如，在描述的一阶模型中，条件 $a_{13} = a_{15}$ 保证了矩阵 $[C_t]$ 的对称），这将导致贮存的增加和算法的费事，并造成数值计算的困难。

5．当考虑卸载－再加载的行为时，需要一组附加的常数和一个合适加载准则的定义。在这种情况下，依据所采用的特殊加载准则，可能产生处于或接近中性变载（见3.6.5节）条件的连续性问题（见3.6.5节）。

最后，需要进一步研究的亚弹性公式的重点，是在不排水加载条件下对饱和土中孔隙水压力的预测。理论上，例如，以式（3.1）中的全应力和孔隙压力替代式（3.117）中的有效应力，并强加无体积变化的条件，将导出一个对于孔隙水压力变化的增量方程。为获得一组称为率型模型的特殊亚弹性模型，有人开展了这个有前途的初始工作（Davis和Mullenger 1978，1979）。在这些模型中，将亚弹性公式与土力学临界状态的概念结合起来（Schofield和Wroth，1968），并将材料参数（如 A_1 至 A_{12} ）[80]当作密度（或孔隙率）和应力不变量的函数。特殊地，Davis和Mullenger（1979）已发展了这种形式的亚弹性模型，并且已证明了该模型具有定性地预测与试验观察相同的不排水循环加载下孔隙水压力组合式样的能力。然而，该模型一直处于发展的早期阶段，目前还没有同实际试验数据或该模型行为的其他方面研究的比较，还不能得出确定的结论。

3.10 变模量模型

[80]中已详细地给出了这种模型的数学描述。考虑到提出的特殊模型为各向同性亚弹性材料的一个特例，在该特例中，与应力和应变增量有关的张量形式为：

$$\dot{s}_{ij} = 2G_t \dot{e}_{ij}$$
$$\dot{\sigma}_m = K_t \dot{\varepsilon}_v \qquad (3.136)$$

它依赖于不变量，但不依赖于应力（或应变）张量自身。将式（3.136）中的本构关系分开成偏量部分和体积部分是非常方便的，但这将自动地消除了材料的膨胀。由于在该模型中在初始加载以后卸载和再加载中分别假定为不同函数 G_t 和 K_t，所以，即使对于增量加载，通常材料也是不可恢复的。因此，最终的应变状态不仅依赖于最终的应力状态，而且依赖于达到最终状态所采用的应力路径。在这种意义上讲，变模量模型不能考虑只存在惟一应力-应变关系的非线弹性材料。

正如在本书中将展示的那样，必须将在完全塑性理论中常用"屈服条件"和"塑性流动"概念描述的现象包含在该变模型的公式中。这两种理论最重要的区别在于，在弹性-理想塑性情况下，存在突然的屈服或破坏；而变模量模型则表现出通向破坏时逐渐的过渡。在塑性强化功的理论中将考虑这种逐渐的过渡。变模量模型和塑性基模型的另一个重要的区别在于，在塑性材料中，塑性应变垂直于当前屈服面或加载面，而根据式 (3.136)，则可以看出变模量材料的"类似塑性应变率"在 $\dot{s}_{ij}$ 的方向上。

变模型模型的最大问题是处在中性变载或接近中性变载时违背了连续性，这与塑性变形理论相同。事实上，可以将变形理论看做是变模量公式的率型方程可积的一个特例。

在应力历史接近于比例加载的岩土问题中[80]，针对土提出的变模量模型满足包括连续性在内的所有理论上的要求，并且可能满足实际应用。对于在应力历史中包含一定可观察到的中性变载（或接近中性变载）的问题，采用变模量公式是有问题的。已详细地描述了能与试验室数据较好拟合的特殊变模量模型[80]。

3.11 有限元应用举例

下面，将提出对某些实际岩土工程问题数值分析的三个不同例子。这些例子的主要目的是来显示在对这些实际问题的有限元求解中所获得结果的类型，在这些有限元分析中将采用本章中所描述的几个本构模型。第一个例子将提出土坝在建造和蓄水期间两种荷载的应力分析和位移分析。在这个例子中，已采用了带有两个变切线模量 E_t 和 ν_t 的简单增量双曲线模型（3.7.1 节）来描述土的非线性。

在第二个例子中，将讨论对建在淤泥上的贮油罐的沉降作非线性分析所获得的结果。最后，第三个例子将提出一个深基坑开挖的有限元分析结果。在后面的两个例子中，采用了建立在与应力有关切线模量 K_t 和 G_t（3.7.2 节）基础上的简单增量模型来描述土的性质。针对讨论的三个例子，还将给出有限元结果与现场得到的测量值的比较。

3.11.1 土坝在建造和蓄水期间的分析

这个例子阐述了在各种加载条件下，在土坝应力分析和位移分析中有限元方法的应用。特别地，这里将描述在建造期间（Kulhawy 和 Duncan，1970）和蓄水期间（Nobari 和 Duncan，1972）对水坝的两个有限元分析的结果。Duncan（1972）给出了对滑坡问题有限元分析实际应用的评述。在 Desai（1976）；Desai 和 Christian（1977）等许多人的文章中也可以找到许多这样的应用。下面将重点介绍由 Duncan（1972）给出的例子。

图 3.32 表示 Oroville 坝的横断面，坝高 235m，由黏土、砂和卵石组合填充的倾斜坝心，过渡区和级配较差的卵石壳组成。

建造包括三个阶段。首先，建造了一个大体积混凝土核心块体，这通过填筑 Feather 河的 Canyon 内峡谷来完成，并为抗浸心墙提供了一个坚实的基础；然后，从核心块体向上游方面建造了一个 122m 高的围堰；最后，在核心块体上靠着围堰的下游侧斜面上建造

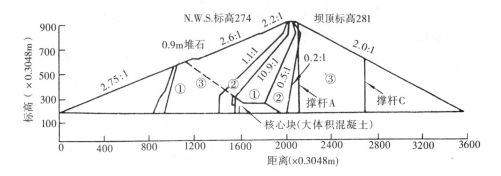

图 3.32 Oroville 坝的最大断面

（Kulhawy 和 Duncan，1970）

1 区—6880994m³—抗浸区（黏土，砂和卵石）

2 区—7263271m³—过渡区（闪岩卵石，比区域 3 的级配好）

3 区—46714302m³—透水区（闪岩卵石）

堆石—315761m³

混凝土—222485m³

主坝。在有限元分析（按顺序分析）中模拟了这一施工程序。假定平面应力条件并采用四边形单元，进行了增量有限元分析，没有考虑混凝土核心块开裂的发生和发展。

采用一个建立在与应力有关的切线模量 E_t 和 ν_t（3.7.1 节）基础上的简单增量双曲线模型，来描述坝壳和心墙材料的应力－应变特性和强度特性。从对坝壳材料的排水三轴压缩试验和对心墙材料不固结不排水试验的结果中，确定了 E_t 和 ν_t 表达式中所需参数的值。

计 算 结 果

下面将讨论在建造阶段（Kulhawy 和 Duncan，1970）和蓄水期间（Nobari 和 Duncan，1972）两种荷载条件下的分析结果。

1. 建造期间 图 3.33 中比较了在两个撑杆沉降仪处的测量和计算沉降量，对四个阶段的比较显示如下：即当坝体高度分别达到 122m、160m、206m 和 274m 时，可以看出计算的沉降值很典型地比测量值要小，两者之差对撑杆 A 为 20%，对撑杆 C 为 25%。在图 3.34 中，将下游侧坝壳土体水平移动的计算值与测量值做了比较。可以看出，计算值在中线附近比测量值小一些，在斜坡附近大一些，总体上吻合得相当好。

分析还包括了在混凝土核心块体中应力的详细研究，以便确定计算的应力值是否与在建造期间所发现的裂纹扩展一致。正如图 3.35 所示，尽管直至主坝建造的后期拉应力仍然很小，但分析表示了建造的所有阶段在核心块体中的拉应力，直到坝体达到 187m 的高度时，核心块体中的计算拉应力最大值才超过 $2.1 \times 10^6 N/m^2$。

前面提到，在这些分析中没有模拟裂纹的发生和发展。因此，计算的拉应力的幅值继续增长。在主坝建造的最后（图 3.35d），最大的计算值超过了 $4.22 \times 10^6 N/m^2$，或者大致为混凝土拉伸强度的 3 倍。观察的裂纹位于核心块体计算拉应力最大的区域，而且拉应力最大的面与观察的裂纹方向相同，可以看出，计算结果与观察情况很好地一致。

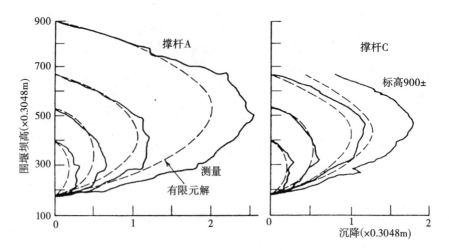

图 3.33 在 Orarille 坝建造期间撑杆的沉降值（Kulhawy 和 Duncan，1970）

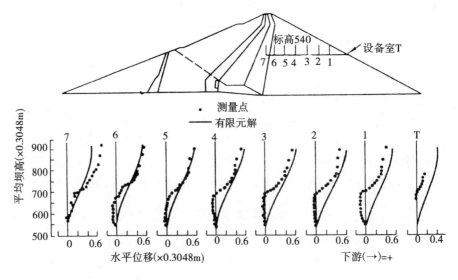

图 3.34 在 Oraville 坝建造期间 165m 标高处的水平位移（Kulhawy 和 Duncan，1970）

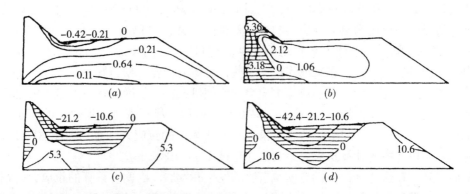

图 3.35 在四个建造阶段,在 Oroville 坝核心块体最小主应力的计算等值线(Kulhway 和 Duncan,1970)
等值线的单位是 $10^5 N/m^2$　混凝土的拉伸强度 $\approx 1.52 \times 10^6 N/m^2$
(a)核心块体建造的最后阶段;(b)围堰建造的最后阶段;(c)建造至 187.5m 高程时的主坝;(d)主坝建造的最后阶段

2. 蓄水期间 这部分分析的主要目的是对由于浸湿使坝壳材料软化而导致的应力变化和位移的预测。该分析也考虑了核心块体上游侧面水荷载和上游坝壳的浮力影响。

计算的沉降量比在蓄水期间测量的要小得多，可以认为其差别是由于徐变、二次压缩和固结的影响。虽然在分析中没有考虑它们的影响，但在蓄水的一年半内测得的可见沉降部分可能是由于这些因素引起的。计算的水平位移与测量值吻合得相当好，如图 3.36 所示。

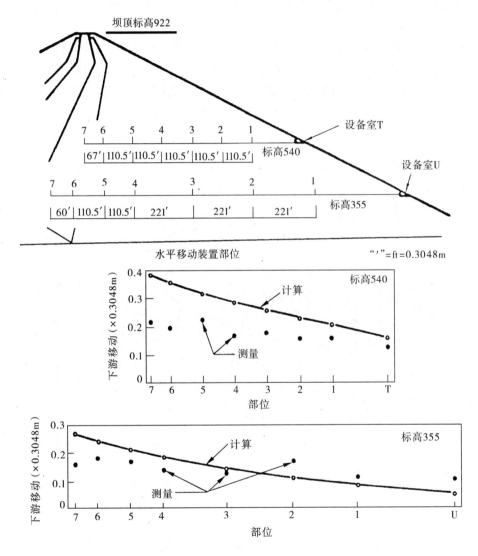

图 3.36　由于水库蓄水而导致 Oroville 坝向下游移动的计算值与
测量值的比较（Nobari 和 Duncan，1972）

从这部分分析获得的结果中最感兴趣的方面是计算位移的次序。从模拟水位上升各阶段的有限元分析中获得的结果表明，随着水库水位继续上升，先是上游一侧达到峰值，然后是下游一侧达到峰值。这种行为相当真实，与现场观察的情况相一致。这种位移是由于坝壳材料的软化和压缩控制着水库蓄水早期的位移这样一个事实，当上游侧坝壳压缩时，心墙移向上游。后来，心墙上的水荷载占主导地位时，所以心墙向下游方向移动。这表明可以将本例中采用的分析方法与某些实证一起使用来计算由于蓄水而引起的坝体移动。因此可以帮助提高对每个坝体寿命中一个最重要阶段的力学行为的理解。

3.11.2 贮油罐沉降的分析

下面，将简要地描述 Domaschuk 和 Valliappan（1975）对贮油罐沉降分析获得的结果。针对在分析中考虑的两种不同边界条件：完全柔性和完全刚性的油罐基础，将给出预测结果与现场测量的比较。

研究现场的土体断面由两个主要层组成，上层为棕色、高塑性、超固结黏土；下层为蓝色、砂泥质的、高塑性黏土。图 3.37 描述了在贮罐下土体的典型有限单元理想化情况。根据常规土体的指标性能将土的截面分成九层。通常再将土层分成包含四个常应变三角形的四边形单元，在某些边界处采用了三角形单元（图 3.37）。

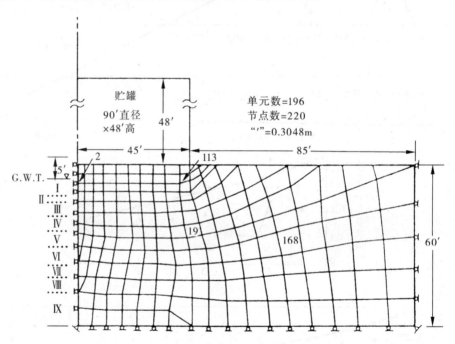

图 3.37 在地面上支承圆形贮罐土体的有限单元理想化描述
(Domaschuk 和 Valliappan, 1975)，Ⅰ、Ⅱ、Ⅲ... 为土层数

用一个建立在变切线模量 K_t 和 G_t 基础上的简单增量模型来近似土的性质（见3.7.2 节）。体积模量 K_t 表示成体积应变 ε_v 的一个函数，由式（3.105）给出。通过采用式（3.106）给出的一个函数关系式，用八面体正应力和剪应力来表示切线剪切模量。从未扰动土样的试验中确定 K_t 和 G_t 表达式中的参数，在有限元分析中采用了增量求解的方法。

在贮罐－土的界面上考虑两种边界条件。在第一种情况下，假定贮罐底部是完全柔性的；而在第二种情况下，将贮罐基础当作完全刚性的。

对于完全柔性的情况，在贮罐土体界面上施加相同的荷载增量，计算出相应的位移、应变和应力。当外加不同值的均匀压力时垂直位移的分布如图 3.38 所示。从该图中可以看出，对于所有外加压力的值，位移等值线为碗形。

对于刚性情况，在界面节点上不断增加外加均匀的位移，并对每一个位移增量都计算应力和应变。根据在贮罐－土体界面处单元上的应力，计算对应于每一位移增量的贮罐荷载。

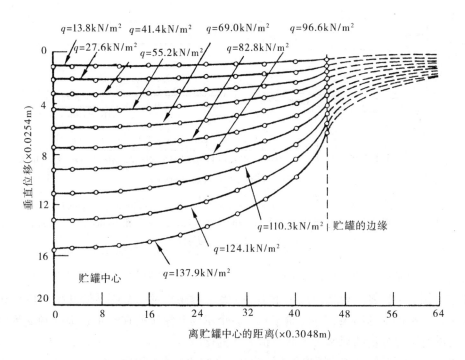

图 3.38　在各种外加的压力下贮罐底座的理论垂直位移
（Domaschuk 和 Valliappan，1975）

图 3.39（a）和（b）表示了三个直径为 27m、高为 15m 的贮罐的理论计算结果与现场测量值的比较。图 3.39 表示了对应于一个盛满其容量 2/3 的贮罐的两种有限元求解。这些高度代表了正常贮存的高度范围。外加的荷载包括贮罐重量和 0.61m 表面碎石垫层的重量。图 3.39（a）表示针对假定贮罐基础为完全柔性的分析结果与现场测量值的比较。从该图中可以看出大约在贮罐半径的 80% 距离内，观察的沉降量在分析预测的范围内。超过这个距离，现场测量值比预测值高得多。

图 3.39（b）表示现场沉降量与假定贮罐基础为刚性时所预测的结果的比较。在这种情况下，可以观察到测量值与预测值很接近，并且，几乎所有的观察值都在有限元求解结果范围之内。

从图 3.39（a）和（b）很清楚地看出，通过考虑贮罐基础为刚性时，能很好地近似表示贮罐的行为，尽管基础是一块薄板，具有易弯曲的性质，但贮罐壁对基础的变形提供了很大的约束，因此贮罐的性质既不是柔性的又不是刚性的。

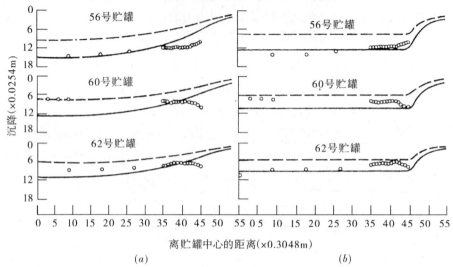

图 3.39　有限元分析与现场沉降数据间的比较（Komaschuk 和 Valliappan，1975）

（a）均匀压力；（b）均匀位移

3.11.3　深基坑开挖的移动分析

在这个例子中，将简要地介绍一下 Izumi 等（1976）对一个深基坑开挖的应力和位移进行有限元分析得出的结果，并将给出对于各个不同开挖阶段在土中、板桩和支承处的位移和应力的有限元分析结果和现场测量值之间的比较。

图 3.40 表示了分析开挖的概貌和土体轮廓。开挖的土体面积为 5.0m×8.50m，分四个阶段进行，每阶段开挖深度分别为 2.0m、2.5m、2.5m、1.5m；每次开挖完后都进行了支护。

在这个基坑开挖分析中采用的有限单元理想化（图 3.41 所示）包括 459 个单元和 246 个节点。由于开挖是对称的，所以只采用半个截面进行分析。土体采用平面三角单元板桩和支承采用弹性梁单元。

采用一个建立在与应力有关的切线模量 K_t 和 G_t（3.7.2 节）之上的简单增量模型来近似表示土的性质。假定体积模量依赖于八面体正应力，而将 G_t 当作是八面体正应力和剪应力的函数。

采用在各个开挖阶段考虑了条件变化的增量求解方法。假设在板桩－土体界面上是完全连接在一起的（完全协调一致，没有任何滑动）。还假定，在安装支承或插打板桩时，在土中未产生任何应力变化。

图 3.42 表示分析获得的板桩弯矩和水平位移与测量值的比较。通常同观察的值很相符。

图 3.43 表示在开挖的最后阶段土压力的分布。分析的主动土压力系数（约 0.73）比从板桩顶部至基坑底所测量的值要小些，而在基坑底以下几乎相同。接近于基坑底部所测量的主动土压力减少是由于在这个区域板桩有比较大的位移所致。分析中获得的被动土压力与测量值相同，而土压力系数大大超过 1.0。在基坑底以下，主动土压力与被动土压力几乎相等。

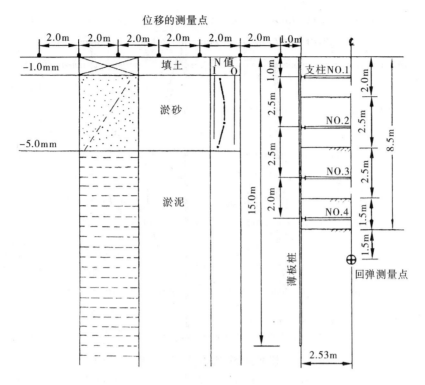

图 3.40 基坑开挖的概貌（Izumi 等，1976）

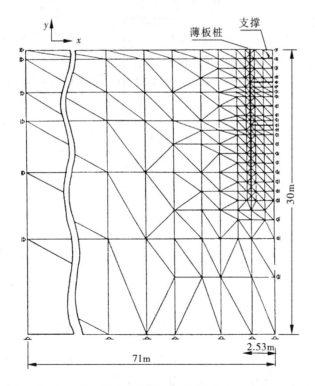

图 3.41 深基坑开挖的有限单元网格划分（Izumi 等，1976）

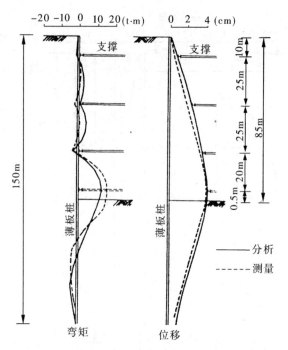

图 3.42　板桩的变矩和位移（Izumi 等，1976）

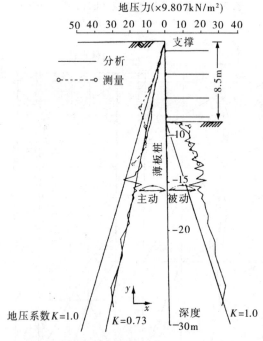

图 3.43　土压力的分布（Izumi 等，1976）

在图 3.44 的左边部分表示了支承杆的轴向力。支承杆的分析轴力比测量值大，但在基坑开挖每个阶段的测量值和分析的轴力变化值在定性上表现出很好的一致。3 号支承产生的轴力最大，分析值为 725.7kN，而测量值为 559kN。

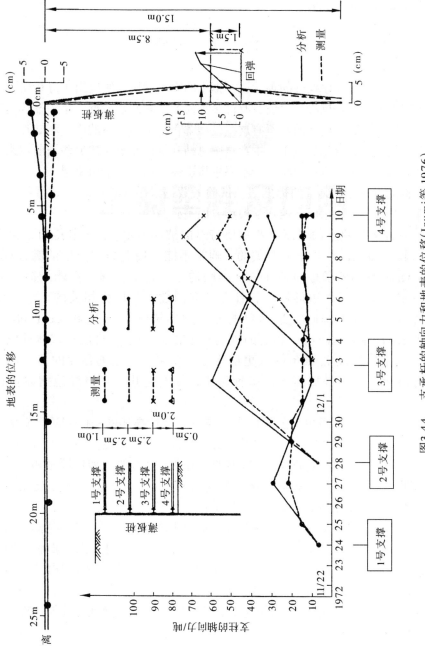

图3.44 支承杆的轴向力和地表的位移（Izumi 等，1976）

在图 3.44 的右边部分表示地面和板桩位移的分析值。接近于板桩的地面位移分析值不同于测量的位移值。分析中得出为上升 3.6cm，而测量观察则下沉 2.3cm，这种不一致可能是由于计算的假定所致，该假定为板桩与土体不仅在水平方向而且在垂直方向相连，在板桩与土体之间不发生滑动。

3.12　总　　结

鉴于有限元计算机程序发展的现状，模拟土的力学性质以便应用于分析研究的问题仍然是岩土工程师最困难的挑战。目前，有许多种模型，它们是最近十年为描述土的应力－应变关系和破坏行为而提出来的。所有这些模型都存在某些内在的优点和缺点，这些都在很大程度上依赖于它们特殊的应用。本章试图总结和批评性地评述那些当前用来模拟土的性状和强度的弹性理论的应用现状。在本书中将讲述土的塑性本构模型。

我们开始从调查几个典型的标准三轴试验的数据入手（3.2 节）。这些数据在弹性理论和塑性理论基础上全面拓展土的数学模型方面是必需的。

现在已有许多反映土的强度某些重要特点的破坏准则。3.3 节得出结论为，绝大多数颗粒材料，如土，是与压力有关的，通常不能采用应力空间中的圆柱面来描述，诸如，von Mises 准则的圆柱面和 Tresca 准则的正六边形柱面。可能最简单的破坏面是扩展 Tresca 准则的正六边形棱锥，针对各向同性并与压力相关的土，它保持了所需的对称程度；最为人知晓且最简单的变六边形棱锥是与 Mohr-Coulomb 准则有关的。采用与 Drucker-Prager 准则相关的扩展 von Mises 圆锥，可以合理地近似表示该准则。如果 Mohr Coulomb 准则不够以更精炼的公式来定义土的强度的话，那么一个相对简单的双参数、Lade 破坏面允许多种形状，并能使其自身更好地描述各种土的破坏强度。

在 3.4 节中，简单地回顾了土的应力－应变非线性描述的一般方法。有两个基本方法，即以割线公式形式的全应力－应变描述和以切线应力－应变关系的增量描述。在这一章中研究了两个全应力－应变公式。一个模型是建立在用变割线剪切模量和割线泊松比表示的对各向同性线弹性公式进行简单修正的基础上（3.5 节）；另一个是建立在结合了塑性变形理论概念的超弹性理论的基础上（3.6 节）。

另外，还研究了三个增量公式来描述在破坏前土的刚度退化。第一种模型是建立在对各向同性线弹性公式修正的基础上（3.7 节）；第二种模型通过引入以膨胀模型形式表示的切线体积模量和剪切模量间的耦合效应，拓展了第一种模型（3.8 节）；最后一种模型是建立在根据亚弹性理论的增量方法的基础上（3.9 节）。

在 3.10 节中，简要回顾了提出的变模量模型[80]，仅仅在塑性和弹性原理的框架内讨论变模量模型和弹性塑性模型的差别。

最后，在 3.11 节中，通过有限元应用的三个实例，比较和阐明了一些本构公式的特性，因为在这些实例中可以获得现场测量值或试验的结果。

3.13 参考文献

1　Atkinson J H, Bransby P L. The Mechanics of Soils——An Introduction to Critical State Soil Mechanics. McGraw-Hill, Maidenhead, England, 1978.

2　Bishop A W. The Strength of Soils as Engineering Materials. Geotechnique (London, England), 1966, 16 (2): 91~130

3　Bishop A W. Shear Strength Parameters for Undisturbed and Remolded Soil Specimens. Proceedings of the Roscoe Memorial Symposium: Stress-Strain Behavior of Soils, R H G Parry, Editor, Foulis, Henley-on-the-Thames, 1972, 3~58

4　Bishop A W, Blight G E. Some Aspects of Effective Stress in Saturated and Partly-Saturated Soils. Geotechnique (London, England), 1963 (13): 177~197

5　Bowles J E. Physical and Geotechnical Properties of Soils. McGraw-Hill Book Company, Inc, New York, 1979.

6　Chang C Y, Duncan J M. Analysis of Soil Movement Around A Deep Excavation. Journal of the Soil Mechanics and Foundation Division, ASCE, September, 1970, 96 (SM5): 1655~1681

7　Chang T Y, Ko H Y, Scott R F and Westman R A. An Integrated Approach to the Stress Analysis of Granular Materials. Laboratory Report, California Institute of Technology, Soil Mechanics Laboratory, 1967.

8　Chen W F. Limit Analysis and Soil Plasticty . Scientific Publishing Co, Elsevier, Amsterdam, The Netherlands, 1975.

9　Coon M D, Evans R J. Recoverable Deformation of Cohesionless Soils. Journal of the Soil Mechanics and Foundation Division, ASCE, February, 1971, 97 (SM2): 375~391

10　Coon M D, Evans R J. Incremental Constitutive Laws and Their Associated failure Criteria with Application to Plain Concrete. International Journal of Solids and Structures, Pergamon Press, 1972 (8): 1169~1183

11　Cornforth D H. Some Experiments on the Influence of Strain Conditions on the Strength of Sand. Geotechnique (London, England), 1964, 14 (2): 143~167

12　Corotis R B, Frazin M H, Krizek R J. Nonlinear Stress-Strain Formulation for Soils. Journal of the Geotechnical Engineering Division, ASCE, September, 1974, 100 (CT9): 993~1008

13　Davis R O, Mullenger G. A Rate-Type Constitutive Model for Soil with a Critical State. International Journal for Numerical and Analytical Methods in Geomechanics, 1978 (2): 255~282

14　Davis R O, Mullenger G. A Simple Rate-Type Constitutive Representation for Granular Media. Proceedings of the 3rd International Conference on Numerical Methods in Geomechanics, Aachen, Germany, 1979 (1): 415~421

15　Desai C S, Editor, Proceedings of the 2nd International Conference on Numerical Methods in Geomechanics, ASCE, 1976.

16　Desai C S, Christian J T, Editors, Numerical Methods in Geotechnical Engineering, McGraw-Hill Book

Company, Inc, New York. 1977.

17   Domaschuk L, Valliappan P. Nonlinear Settlement Analysis by Finite Element. Journal of the Geotechnical Engineering Division, ASCE, July, 1975, 101 (GT7): 601~614

18   Domaschuk L, Wade N H. A Study of Bulk and Shear Moduli of Sand. Journal of the Soil Mechanics and foundations Division, ASCE, March, 1969, 95 (SM2): 561~582

19   Drucker D C. Limit Analysis of Two-and Three-Dimensional Soil Mechanics Problems. Journal of the Mechanics and Physics of Solids, 1953 (1): 217~226

20   Duncker D C, Prager W. Soil Mechanics and Plastic Analysis or Limit Design. Quarterly of Applied Mathematics, 1952, 10 (2): 157~165

21   Duncan J M. Finite Element Analyses of Stresses and Moveme in Dams, Excavation and Slopes. Proceedings, Symposium on Applications of the Finite Element Method In Geotechnical Engineering, Vicksburg, Mississippi, May, 1972, 267~326

22   Duncan J M, Chang C Y. Nonlinear Analysis of Stress and Strain in Soils. Journal of the Soil Mechanics and Foundations Division, ASCE, September, 1970, 96 (SMS): 1629~1653

23   Duncan J M, Chang C Y. Closure to Discussion of Nonlinear Analysis of Stress and Strain in Soils. Journal of the Soil Mechanics and Foundations Divisiona, ASCE, May, 1972, 18 (SM5): 495~498

24   Duncan J M, Byrne P, Wong K S and Mabry P. Strength, Stress-Strain and Bulk Modulus Parameters for Finite Element Analyses of Stresses and Movements in Soil Masses. Report No. UCB/GT/78-02, University of California, Berkeley, April, 1978.

25   Evans R J, Pister K S. Constitutive Equations for a Class of Nonlinear Elastic Solids. International Journal of Solids and Structures, 1966, 2 (3): 427~445

26   Girijavallabhan C V, Reese L C. Finite Element Method for Problems in Soil Mechanics. Journal of the Soil Mechanics and Foundations Division, ASCE, March, 1968, 94 (SM2): 473~496

27   Green G E. Strength and Deformation of Sand Measured in an Independent Stress Control Cell. Proceedings of the Roscoe Memorial Symposium: Stress-Strain Behavior of Soils, R H G Parry, Editor, Foulis, Henley-on-Thames, 1972, 285~323

28   Green G E, Bishop A W. A Note on the Drained Strength of Sand under Generalized Strain Conditions. Geotechnique (London, England), 1969, 19 (1): 144~149

29   Hambly E C. A New Triaxial Apparatus. Geotechnique (London, England), 1969, 19 (2): 307~309

30   Hardin B O. Constitutive Relations for Air Field Subgrade and Base Course Materials. Technical Report UKY 32-71-CE5, University of Kentucky, 1970.

31   Hardin B O. The Nature of Stress-Strain Behavior for Soils. State-of-the Art Report, ASCE, Speciality Conference on Earthquake Engineering and Soil Dynamics, Pasadena, California, Proceedings, June, 1978, 1: 3~90

32   Hardin B O, Blank W L. Vibration Modulus of Normally Consolidated Clay. Journal of the Soil Mechanics and Foundations Division, ASCE, March, 1968, 94 (SM2): 1531~1537

33 Hardin B O, Black W L. Closure to Vibration Modulus of Normally Consolidated Clay. Journal of the Soil Mechanics and Foundations Division, ASCE, November, 1969, 95 (SM6): 1531~1537

34 Hardin B O, Drnevich V P. Shear Modulus and Damping in Soils: Measurement and Parameter Effects. Journal of the Soil Mechanics and Foundations Division, ASCE, June, 1972, 98 (SM6): 603~624

35 Harr M E. Mechanics of Particulate Media—A Probabilistic Approach. McGraw-Hill Book Company, Inc, New York, 1977.

36 Holubec I. Elastic Behavior of Cohesionless Soil. Journal of the Soil Mechanics and Foundations Division, ASCE, November, 1968, 94 (SM6): 1215~1231

37 Hoyt P M. An Investigation of Pressure Distribution in Granular Media by Photoelastic Means. Ph. D. Dissertation, Stanford University, 1966.

38 Hvorslev M J. über die Fesigkeitseigenschaften Gestörter Bindiger Böden. Ingvidensk, Skr A, No. 45, 1937 (English Translation No. 69-5, Waterways Experiment Station. Vicksburg Miss, 1969).

39 Izumi H, Kamemura K, Sato S. Finite Element Analysis of Stresses and Movements in Excavations. Numerical Methods In Geomechanics, ASCE, 1976, 701~712

40 Janbu N. Soil Compressibility as Determined by Oedometer and Triaxial Tests. Proceedings, European Conference on Soil Mechanics and foundation Engineering, Wiesbaden, Germany, 1963 (1): 19~25

41 Katona M G, Smith J M, Odello R S and Allgood J R. CANDE-A Modern Approach for Structural Design and Analysis of Buried Culverts. Report No. FHWA-RD-77-5, Naval Civil Engineering Laboratory, October, 1976.

42 Ko H Y, Masson R M. Nonlinear Characterization and Analysis of Sand. Numerical Methods in Geomechanics, ASCE, 1976, 294~304

43 Ko H Y, Scott R F. Deformation of Sand in Hydrostatic Compression. Journal of the Soil Mechanics and Foundations Division, ASCE, May, 1967, 93 (SM3): 137~156

44 Ko H Y, Scott R F. Deformation of Sand in Shear. Journal of the Soil Mechanics and Foundations Division, ASCE, September, 1967, 93 (SM5): 283~310

45 Ko H Y, Scott R F. Deformation of Sand at Failure. Journal of the Soil Mechanics and Foundations Division, ASCE, July, 1968, 94 (SM4): 883~893

46 Kondner R L. Hyperbolic Stress-Strain Response: Cohesive Soils. Journal of the Soil Mechanics and foundations Division, ASCE, February, 1963, 89 (SMI): 115~143

47 Kulhawy F H, Duncan J M. Nonlinear Finite Element Analysis of Stresses and Movements in Orville Dam. Geotechnical Engineering Report No. TE-70-2, University of California, Berkeley, 1970.

48 Kulhawy F H, Duncan J M, Seed H B. Finite Element Analyses of Stresses and Movements in Embankments During Construction. Geotechnical Engineering Report No. TE 69-4, Department of Civil Engineering, University of California, Berkeley, 1969.

49 Lade P V. The Stress-Strain and Strength Characteristics of Cohesionless Soils. Ph. D. Thesis, University of California, Berkeley, 1972.

50   Lade P V. Elasto-Plastic Stress-Strain Theory for Cohesionless Soil with Curved Yield Surfaces. International Journal of Solids and Structures, 1977 (13): 1019~1035

51   Lade P V. Stress-Strain Theory for Normally Consolidated Clay. Proceedings of the 3rd International, Conference on Numerical Methods in Geomechanics, Aachen, Germany, 1979 (4): 1325~1337

52   Lade P V, Duncan J M. Cubical Triaxial Tests on Cohesionless Soil. Journal of the Soil Mechanics and Foundation Division, ASCE, October, 1973, 99 (SM10): 793~812

53   Lade P V, Duncan J M. Etastoplastic Strss-Strain Theory for Cohesionless Soil. Journal of the Geotechnical Engineering Division, ASCE, October, 1975, 101 (GT10): 1037~1053

54   Lade P V, Duncan J M. Stress-Path Dependent Behavior of Cohesioniess Soil. Journal of the Geotechnical Engineering Division, ASCE, 1976, 102 (GT1): 51~68

55   Lade P V, Musante H M. Failure Conditions in Sand and Remolded Clay. Proceedings of the 9th International Conference on Soil Mechanics and Foundation Engineering, Tokyo, 1977 (1): 181~186

56   Lee K L, Seed H B. Drained Strength Characteristics of Sands. Journal of the Soil Mechanics and Foundations Division, ASCE, November, 1967, 93 (SM6): 117~141

57   Makhlouf H M, Stewart J J. Factors Influencing the Modulus of Elasticity of Dry Sand. Proceedings of the 6th International Conference on Soil Mechanics and Foundations Engineering, Montreal, 1965 (1): 298~302

58   Nobari E S, Duncan J M. Effects of Reservoir Filling on Stresses and Movements in Earth and Rockfill Dams. Geotechnical Engineering Report No. TE-72-1, University of California, Berkeley, January, 1972.

59   Nobari E S, Duncan J M. Movements in Dams Due to Reservoir Filling. Proceedings, ASCE, Soil Mechanics and Foundations Specialty Conference on Performance of Earth and Earth-Supported Structures. Purdue University, West Lafayette, Ind, 1972.

60   Olson R E. Shearing Strength of Kaolinite, Illite, Montmorillonite. Journal of the Geotechnical Engineering Division, ASCE, 1974, 100 (CT11): 1215~1229

61   Pand G N, Zienkiewiz O C, Editors, Proceedings of the International Symposium on Soils Under Cyclic and Transient Loading, Balkema, Rotterdam, 1980.

62   Parry R H G, Editor, Proceedings of the Roscoe Memorial Symposium on Stress-Strain Behavior of Soils, Foulis, Henley-on-Thames, 1972.

63   Prange B, Editor. Dynamic Response and Wave Propagation in Soils. Proceedings of the International Symposium on Dynamical Methods in Soil and Rock Mechanics. Balkema, Rotterdam, 1978, 1

64   Procter D C, Barden L. Correspondence on Green and Bishop: A Note on the Drained Strength of Sand Under Generalized Strain Conditions. Geotechnique (London, England), 1969, 19 (3): 424~426

65   Romano M. A Continuum Theory for Granular Media with a Critical State. Archives of Mechanics, 1973, 26 (6): 1011~1028

66   Roscoe K H, Bassett R H, Cole E R L. Principal Axes Observed During Simple Shear of a Sand. Proceed-

ings of the Geotechnical Conference, Oslo, 1967 (1): 231~237

67 Saleeb A F, Chen W F. Nonlinear Hyperelastic (Green) Constitutive Models for Soils, Par I-Theory and Calibration, Part II-Predictions and Comparisons. Proceedings of the North American Workshop on Limit Equilibrium, Plasticity and Generalized Stress-Sfrain in Geotechnical Engineering, McGill University, Montreal, Canada, May, 1980.

68 Schofield A, Wroth P. Critical State Soil Mechanics. McGraw-Hill Book Company, Inc, New York, 1968.

69 Scott R F. Principles of Soil Mechanics. Addison-Wesley, Reading, Mass, 1963.

70 Scott R F, Ko H Y. Stress-Deformation and Strength Characteristics. Proceedings of the 7th Int. Conference on Soil Mechanics and Foundation Engineering, International Society for Soil Mechanics and Foundation Engineering, 1969 (1): 1~49

71 Stutz P. Comportement Elasto-Plastique des Milieux Granulaires. Foundations of Plasticity, Warsaw, 1972, 37~49

72 Taylor D W. Fundamentals of Soil Mechanics. John Wiley and Sons, Inc, New York, 1948.

73 Terzaghi K. Theoretical Soil Mechanics. John Wiley and Sons, Inc, New York, 1943.

74 Vagneron J, Lade P V, Lee K L. Evaluation of Three Stress-Strain Models for Soils. Numerical Methods in Geomechanics, ASCE, 1976, 1329~1351

75 Vaid Y P, Camtpaneua R G. Triaxial and Plane Strain Behavior of Natural Clay. Journal of the Geotechnical Engineering Division, ASCE, 1974, 100 (GT3): 207~224

76 Verruijt A. Nonlinear Elastic Approximations of the Behavior of Soils. Numerical Methods in Geomechanics, ASCE, 1976, 1321~1328

77 Wong K S, Duncan J M. Hyperbolic Stress-Strain Parameters for Nonlinear Finite Element Analysis of Stresses and Movements in Soil Masses. Report No. TE-74-3, University of California, Berkeley, July, 1974.

78 Wu T H. Predicting Performance of Buried Conduits. Ph. D. Thesis, School of Civil Engineering, Purdue University, West Lafayette, Ind., 1980.

79 Yong R N, Warkentin P B. Soil Properties and Behavior. Elsevier Scientific Publishing Company, Amsterdam. The Netherlands, 1975.

80 余天庆等编译. 弹性与塑性力学. 北京: 中国建筑工业出版社, 2004

第二篇
混凝土的塑性及应用

第 4 章　混凝土的塑性理论

4.1　前　　言

混凝土作为结构材料被广泛应用于许多重要结构工程，像高层建筑、近海平台、反应容器、核控制结构物等。这些结构的非线性分析变得越来越重要，这是因为通过常规线性方法不可能获得变形和破坏特性，而这些结构的试验研究非常昂贵。数字计算机和数值技术的快速发展为结构工程师进行混凝土结构的非线性分析提供了强大的工具。但是，一些限制条件阻碍了这种分析工具的广泛使用，不能真实模拟混凝土性质是约束这个方法可行性的主要因素之一。

钢筋混凝土材料具有非常复杂的性质：（1）在多轴应力状态下的非线性应力－应变特性；（2）应变软化和各向异性弹性劣化；（3）由拉伸应力或应变引发的逐步开裂；（4）钢筋和混凝土的粘结滑动、骨料的联锁作用、钢筋的榫合作用；（5）有如徐变、收缩等与时间相关的特性。由于其复杂性，提出一个能描述在所有条件下适合混凝土特性的本构模型，是研究者所面临的巨大挑战。

近年来，在混凝土材料本构模型这一领域中，已尽了很大的努力，取得了很大的进步，提出了各种预测模型，并已将之应用到混凝土结构的分析中。描述混凝土特性的一般方法是根据连续介质力学原理，而不考虑混凝土材料的微观结构。为此，在描述混凝土的宏观应力－应变特性时，建立了许多理论，如非线性弹性、塑性、损伤理论、内时理论等。描述混凝土一般力学特性的一种更为基本的方法是对混凝土微观结构的研究，但这种微观力学方法还局限于定性预测。

大家都知道，塑性理论的最初提出是用来描述金属类材料的性质。从微观上看，金属与混凝土的变形机理有明显的差异，前者是由于多晶体位错的重新排列，而后者是由于骨料、砂浆界面处微裂缝的产生和集结。但是，如果我们对"塑性"和"屈服"特性的解释不局限于通常的含义，塑性的经典理论就能扩展去近似地描述各种条件下的混凝土特性。换句话说，当不是解释得太狭窄时，塑性理论提供了一个非常灵活的数学模型，该模型能用来描述各种特性，包括膨胀和其他非关联的现象，如刚度劣化等。

本章的内容涉及混凝土塑性的最近发展和与其相关的模拟技术。我们将详细介绍混凝土材料在强化阶段（4.4 节～4.6 节）和软化阶段（4.7 节～4.11 节）塑性模拟的基本概念和应用，然后将简单讨论一下损伤理论的应用（4.12 节～4.14 节）。为了使本章自成体系，叙述过的混凝土的力学性质和破坏准则将在 4.2 节和 4.3 节再概述一下，与时间相关的效应不作讨论，对于混凝土材料的微观力学研究，将在本章的最后给出（4.15 节）。

4.2　混凝土的力学性质

混凝土是一种复合材料，由粗骨料和连续基质组成，基质由水泥浆和细砂粒的混合物组成。它的物理性质相当复杂，主要由复合体的结构决定，如水灰比、水泥和粗骨料的比例、粗骨料的形状和大小以及水泥的品种。我们的讨论仅局限于一个匀质普通混凝土的应力－应变特性。忽略材料的复合作用，并以匀质连续体为基础提出材料性质的规律。同时，习惯上假定材料为初始各向同性。

混凝土含有大量的微裂缝，特别在骨料与砂浆的界面上，甚至在外部荷载作用前就已存在。整个加载过程宏观应力－应变特性归于微裂缝的发展。多年的试验研究（Hsu，1963a，等）对混凝土的性质有了深刻的理解。在这一节中，将概括素混凝土的一些应力－应变性质。显然，从试验研究中观测到的材料性质形成了在混凝土结构分析中本构模型发展的基础。

4.2.1　单轴和双轴压缩荷载

图 4.1 给出了在压缩荷载作用下，混凝土典型的应力－应变曲线（Kupfer 等，1969）。通常观察到的是三个变形阶段：线弹性阶段、非弹性阶段和局部应变急增阶段（Chen 和 Yamaguchi，1985）。在单轴压缩（实线）过程中，第一阶段相应于到 30% 极限抗压强度值 f_c' 的区域，应力在 $0.3f_c'$ 以上的部分为第二阶段，可看到非线性响应。当应力增加到 $0.7f_c' \sim 0.9f_c'$ 时，非线性更加明显。从这一应力点向上为第三阶段，应力曲线显著弯曲，直到应力峰值 f_c' 时，然后随着应变的增加，曲线明显下降。在以下的讨论中，称这个峰值应力为破坏应力。

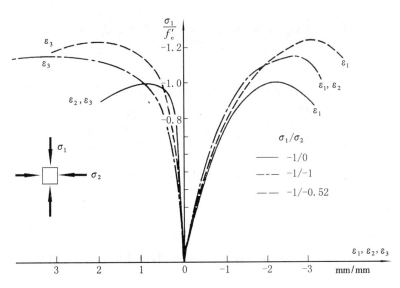

图 4.1　双轴压缩加载下的应力－应变曲线（Kupfer 等，1969）

4.2.2　体积膨胀特性

如果画出在双轴压缩试验中的体积应变与应力关系图（图 4.2），则可以看到，应变达到极限应力的0.75%~0.90%时才减小，然后随着应力的增长，趋势相反。受压混凝土在接近破坏时表现为非弹性体积增加，这个现象被称为体积膨胀。

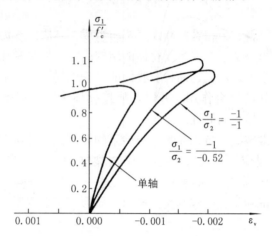

图 4.2　双轴压缩下的体积应变（Kupfer 等，1969）

4.2.3　三轴压缩荷载

图 4.3 给出了在三轴压缩荷载作用下混凝土的应力－应变特性。这些结果是从圆柱体试件的试验中得到的。混凝土圆柱试样在承受不变的侧向压力 σ_2—σ_3 作用，而轴向压力 σ_1 持续增大，一直到破坏。图上画出了约束（侧向）应力取不同的值时轴向应力－应变（$\sigma_1-\varepsilon_1$）曲线和轴向应力－侧向应变（$\sigma_1-\varepsilon_2$）曲线。

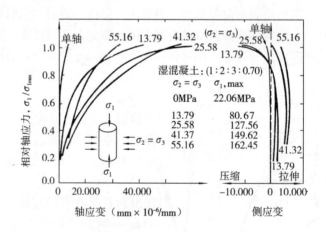

图 4.3　多轴压缩应力－应变下的应力－应变曲线，
压缩为正（Palaniswamy 和 Shah，1974）

可以看出，约束压力（$\sigma_2-\sigma_3$）对试件的变形特性有很大的影响，和单轴受压情况（$\sigma_2=\sigma_3=0$）相比较，受约束混凝土试件会产生更大的应变，包括轴向应变 ε_1 以及侧向应变 ε_2 和 ε_3。换句话说，受约束混凝土试件在破坏前表现出一定程度的延性。还可以从一开始就看出，当约束压力增加时，延性也随约束压力而增加，但是，当约束压力超过一定的数值后，趋势则相反，增加约束压力会减小延性。

4.2.4 单轴拉伸荷载

图 4.4 表示控制应变试验的典型单轴抗拉应力－伸长曲线。在这种单轴拉伸荷载下的变形特性和单轴压缩情况下的变形特性有点相似，然而，抗拉强度 f_t' 明显低于抗压强度 f_c'，f_t' 和 f_c' 的比率在 $0.05 \sim 0.1$ 之间。弹性极限出现在 $0.6f_t' \sim 0.8f_t'$ 范围内。因此，在受拉时，变形的第二和第三阶段是相当短的，拉伸裂缝的方向和施加的应力方向垂直。

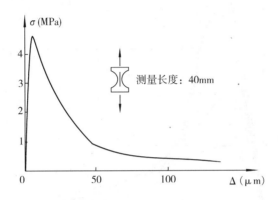

图 4.4　单轴拉伸应力－伸长曲线（Peterson，1981）

4.2.5 微观试验验证

混凝土的宏观试验应力－应变特性与其微裂缝发展密切相关（Kotsovos 等，1977），已经在单轴试验中观察到（Hsu 等，1963；Shah 和 Chandra，1968），施加荷载之前在粘结层处已经有了粘结裂缝（在粗骨料和砂浆分界面处的裂缝）。直到施加荷载达到峰值应力的 30％左右，这种裂缝才开始伸展，因此在初始变形阶段，应力－应变关系是线性的。在第二阶段，在复合体中为最弱连接处的裂缝开始在长度、宽度和数量上增长，随后，在骨料表面附近的一些裂缝开始和砂浆的裂缝连接。随着大量裂缝的出现，材料非线性变得更加明显，达到极限荷载的 70％～90％左右，砂浆裂缝显著增加，并和连接处的裂缝连接起来形成裂缝区或内部损伤，然后，均匀变化的变形方式可能改变，使进一步的变形可能局部化，最后，主裂缝形成，使试件破坏。在变形的第三阶段一个明显的特征是体积增加，这和砂浆裂缝明显增多、不断交互连接的微小裂缝长度的迅速增长有关。

4.2.6 应变软化

当超过峰值应力时混凝土表现出应变软化特性，图 4.5 表示应变控制下的单轴压缩试验得到的应力－应变曲线。每一条曲线在破坏后都有一个下降的分枝。在峰值后应变逐渐增加时强度降低的现象称为应变软化。从宏观上看，应力－应变软化行为就像强化情况一样，被看做是连续介质材料的响应。

然而，试验观察表明应变局部化开始于变形的第三阶段，并在材料失效后变得更为显著，这在单轴压缩试验中已有报道，一圆柱体试件表面应变的量测值与从试件两端的距离变化得出的总应变不一致，甚至在试件的表面记录下的应变减小（卸载）时，总的变形继续增长（Kotsvos，1983；van Mier，1984）。局部和总体应变的差异表明，在后失效期的范围内存在不均匀的变形。因此，应变软化行为比失效前的行为更为复杂得多。

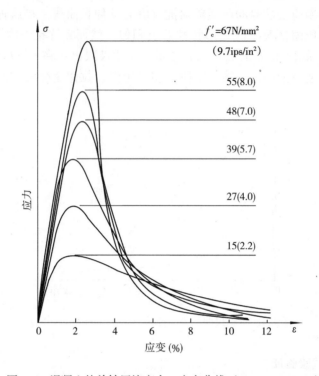

图 4.5　混凝土的单轴压缩应力－应变曲线（Wischers，1978）

4.2.7　刚度退化

在循环加载下混凝土典型的单轴压缩应力－应变曲线如图 4.6 所示。从图上可看出，卸载－重新加载曲线不是直线段而是平均斜率逐渐减小的环状曲线。我们假定平均斜率是连接每个循环转折点直线的斜率，并且卸载－再加载时材料的特性是线弹性的（图 4.6 的虚线）。平均弹性模量（或斜率）随应变的增大而变小，刚度退化与某种损伤有关，如微裂缝和微空隙。

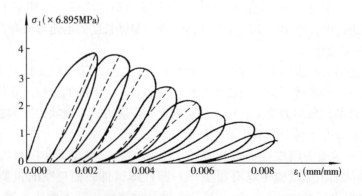

图 4.6　循环单轴压缩应力－应变曲线（Sinha 等，1964）

4.3 破坏准则

对于各向同性材料，混凝土材料的破坏面一般用应力不变量表达如下：

$$f(I_1, J_2, J_3) = 0 \tag{4.1}$$

或用 Haigh-Westergaard 坐标系表示为：

$$f(\xi, \rho, \theta) = 0 \tag{4.2}$$

破坏函数的具体表达式由试验数据得出，素混凝土的强度试验在很多文献中已有报道，下面列举几个，Kupfer 等（1969）和 Tasuji 等（1978）的报告中几乎覆盖了双向应力状态的全部范围；至于三向应力状态，提到的是 Mills 和 Zimmerman（1970），Launay 和 Gachon（1970），Gerstle 等（1978），以及其他人的成果。有效试验数据清楚地表明破坏面的基本特征，如图 4.7 所示。从图中可看出破坏面的子午线开始于静水受拉点，沿负静水压力轴向张开，代表静水压力对材料抗剪能力提高的影响，这和 Drucker-Prager 屈服面有点相似。但是，混凝土的破坏面有弯曲子午线：拉伸子午线 ρ_t，剪切子午线 ρ_s 和压缩子午线 ρ_c，分别对应于 $\theta = 0°$、$\theta = 30°$ 和 $\theta = 60°$ 满足 ρ 的条件（图 4.7）。破坏面横断面的轨迹在拉力或者是小的压缩应力作用下近似为三角形形状，在更大的压缩应力作用下逐渐外凸（更圆）。

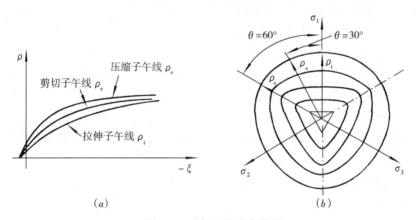

图 4.7 破坏面的基本特征

（a）破坏面的子午线；（b）偏平面内的截面

基于这些混凝土破坏面形状的试验验证，通过努力已找到了同时满足外凸性和光滑性要求的合适的函数。这些函数大多数在 Chen（1982）的书中已经讨论过，下面将选几个模型作简要介绍。

4.3.1 Ottosen 四参数模型

为满足混凝土材料破坏面的几何要求，Ottosen（1977）提出用三个应力不变量 I_1，J_2 和 θ 表示的破坏准则：

$$f(I_1, J_2, \theta) = aJ_2 + \lambda\sqrt{J_2} + bI_1 - 1 = 0 \tag{4.3}$$

或用 Haigh-Westergaard 坐标表示为：

$$f(\xi, \rho, \theta) = \frac{a}{2}\rho^2 + \frac{\lambda}{\sqrt{2}}\rho + \sqrt{3}b\xi - 1 = 0 \tag{4.4}$$

其中，λ 是 $\cos 3\theta$ 的函数

$$\lambda = \begin{cases} k_1 \cos\left[\dfrac{1}{3}\cos^{-1}\left(k_2\cos 3\theta\right)\right] & \text{对于 } \cos 3\theta \geqslant 0 \\[3mm] k_1 \cos\left[\dfrac{\pi}{3} - \dfrac{1}{3}\cos^{-1}\left(-k_2\cos 3\theta\right)\right] & \text{对于 } \cos 3\theta \leqslant 0 \end{cases} \tag{4.5}$$

在式（4.3）～式（4.5）中，a，b，k_1，k_2 是常数。为以后讨论的方便，假定在破坏准则中出现的所有应力和应力不变量都用混凝土的单轴抗压强度 f_c' 来表示，即在式（4.3）中的 I_1 和 J_2 分别表示 I_1/f_c' 和 $J_2/(f_c')^2$。

式（4.3）～式（4.5）定义了一个具有弯曲子午线和在偏平面上有非圆横截面的破坏面。式（4.3）和式（4.4）描述的子午线是二次抛物线，如果 $a > 0$，$b > 0$ 则其为外凸的，横截面具有对称、外凸、随静水压力的增大形状从近似三角形变化到近似圆形的特性。这个模型包括了前几个模型，或者说，前几个是这一模型的特殊情况。如当 $a = b = 0$，$\lambda = $ 常数时的 von Mises 模型；当 $a = 0$，$\lambda = $ 常数时的 Drucker-Prager 模型。

破坏准则中的四个参数可根据下面四种混凝土试验来确定：

1. 单轴抗压强度 f_c'　（$\theta = 60°$）。

2. 单轴抗拉强度 $f_t' = 0.1 f_c'$　（$\theta = 0°$）。

3. 双轴抗压强度（$\theta = 0°$）。特别地，我们选择 $\sigma_1 = \sigma_2 = -1.16 f_c'$，$\sigma_3 = 0$ 相应于 Kupfer 等（1969）的试验，即 $f_{bc}' = 1.16 f_c'$。

4. 在压缩子午线处（$\theta = 60°$）的三向应力状态（ξ/f_c'，ρ/f_c'）$= (-5, 4)$，它与 Balmer（1949）和 Richart 等（1928）的试验结果能吻合，得到的四个参数为 $a = 1.2759$，$b = 3.1962$，$k_1 = 11.7365$，$k_2 = 0.9801$。

通常，四参数破坏准则对大范围的应力组合是有效的，它的数学形式适合计算机应用。但是 λ 函数的表达式相当复杂，Hsieh 等（1982）提出用一个更简单并能与试验数据吻合得很好的形式。

4.3.2　Hsieh-Ting-Chen 四参数模型

Hsieh 等（1982）以 $\lambda(\theta) = b\cos\theta + c$，$|\theta| \leqslant 60°$ 的简单形式提出了 λ 函数，这里，b 和 c 是常数。用这个表达式代替式（4.4）中的 λ，并使用 Haigh-Westergaard 坐标可得到下面形式的一个破坏函数：

$$f(\xi, \rho, \theta) = A\rho^2 + (B\cos\theta + C)\rho + D\xi - 1 = 0 \tag{4.6}$$

其中，A、B、C、D 是材料常数。注意到 $\rho\cos\theta = (\sqrt{3/2}\,\sigma_1 - I_1/\sqrt{6})$，根据应力不变量 I_1，J_2，J_3，可以用四个新的材料常数 a、b、c、d 重新写出式（4.6）：

$$aJ_2 + b\sqrt{J_2} + c\sigma_1 + dI_1 - 1 = 0 \tag{4.7}$$

注意到破坏准则表达式中的所有应力已经统一用 f_c' 表示，因此式（4.6）和式（4.7）中没有明显出现 f_c'。另外，有趣的是式（4.7）的函数形式正好是三个著名的破坏准则的线性组合，即 von Mises 准则、Drucker-Prager 准则和 Rankine 准则。

使用 Kupfer 等（1969）做的双轴试验和 Mills 与 Zimmerman（1970）所做的三轴试验来确定四个材料参数 a、b、c、d。这些参数可由下面四种破坏状态来确定。

1. 单轴抗压强度 f_c'。

2. 单轴抗拉强度 $f'_t = 0.1f'_c$。

3. 等值双轴抗压强度 $f'_{bc} = 1.15f'_c$。

4. 在压缩子午线 ($\theta = 60°$) 上的应力状态 (σ_{oct}/f'_c, τ_{oct}/f'_c) = (-1.95, 1.6)，似乎与 Mills 和 Zimmerman 的试验结果吻合得很好，得出四个常数 a、b、c、d 的值分别为：

$$a = 2.0108, \quad b = 0.9714, \quad c = 9.1412, \quad d = 0.2312$$

通过比较式 (4.6) 和式 (4.7)，可得出两组材料常数 (a、b、c、d) 和 (A、B、C、D) 的关系为

$A = a/2 = 1.0054$; $\qquad$ $B = \sqrt{2/3}c = 7.4638$;

$C = b\sqrt{2} = 0.6869$; $\qquad$ $D = \sqrt{3}(d + B/\sqrt{6}) = 5.678$。

图 4.8 将 Hsieh-Ting-Chen 准则与 Mills 和 Zimmerman(1970) 的试验结果在 σ_{oct}/f'_c, τ_{oct}/f'_c 坐标系中表示出来了，两者能很好地吻合。该准则与 Launay 等 (1970) 的试验在偏平面内进行了比较，如图 4.9 所示。从图中能观察到：在低压力状态下，对于 $I_1/f'_c = 3\sigma_{oct}/f'_c = -1$ 和 -3，接近一致；在高压力情况下，对于 $I_1/f'_c \leqslant -5$，该准则给出的是一个保守的估计。

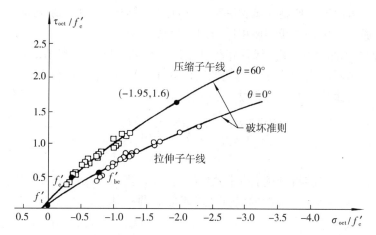

图 4.8 在八面体剪应力和正应力平面上，Hsieh-Ting-Chen
准则与 Mills 和 Zimmerman 的试验结果的比较

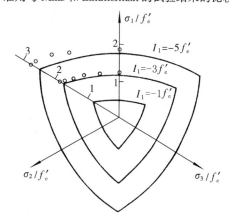

图 4.9 Hsieh-Ting-Chen 准则与偏平面中的三轴
数据的比较；张开的圆 (Launay 等，1970)

对于所有应力状态，尽管四参数准则均满足外凸性要求，但它仍有沿压缩子午线的棱角（图4.9），在棱角处不存在连续的导数。然而，在数值分析的反复计算中，用于一般本构关系中的连续导数可得到一个较好的收敛性，因此，屈服面处处光滑是个理想的特性。

4.3.3 Willam-Warnke 五参数模型

五参数模型如图4.10所示，图中弯曲的拉伸子午线和压缩子午线用二次抛物线形式表达为：

$$\sigma_m = a_0 + a_1 \rho_t + a_2 \rho_t^2 \tag{4.8a}$$

$$\sigma_m = b_0 + b_1 \rho_c + b_2 \rho_c^2 \tag{4.8b}$$

其中，$\sigma_m = I_1/3$ 是平均应力；ρ_t、ρ_c 分别是垂直于 $\theta = 0°$ 和 $60°$ 处静水压力轴的应力分量；a_0、a_1、a_2、b_0、b_1、b_2 是材料常数。注意到所有应力统一用 f_c' 表示，即在式（4.8a，b）中的 σ_m、ρ_t 和 ρ_c 分别表示 σ_m/f_c'、ρ_t/f_c' 和 ρ_c/f_c'。

由于这两个子午线必须与静水压力轴交于同一点，所以有

$$a_0 = b_0 \tag{4.9}$$

剩下的五个参数可由五个典型的试验决定，一旦这两个子午线由一系列试验数据确定，那么横断面就可通过连接子午线和使用适当的曲线来构成。

Willam 和 Warnke 的破坏曲线是外凸且处处光滑的（Willam 和 Warnke，1974），他们是通过使用一条椭圆曲线的一部分得到的（图4.10b）。由于三部分对称，只需考虑 $0° \leqslant \theta \leqslant 60°$ 的部分，在偏截面上，与参数 ρ_t、ρ_c 有关的椭圆形表达式用极坐标给出为：

$$\rho(\theta) = \frac{2\rho_c(\rho_c^2 - \rho_t^2)\cos\theta + \rho_c(2\rho_t - \rho_c)[4(\rho_c^2 - \rho_t^2)\cos^2\theta + 5\rho_t^2 - 4\rho_t\rho_c]^{1/2}}{4(\rho_c^2 - \rho_t^2)\cos^2\theta + (\rho_c - 2\rho_t)^2}$$
$$(0° \leqslant \theta \leqslant 60°) \tag{4.10}$$

在式（4.10）中能够得到两种极限情况。首先，当 $\rho_t/\rho_c = 1$ 时，椭圆退化成一个与 von Mises 或 Drucker-Prager 模型的偏斜轨迹相似的圆；其次，当 ρ_t/ρ_c 的比值接近于 $1/2$ 时，偏斜轨迹变成为三角形，当 $\rho_t/\rho_c = 1/2$ 时，三角形偏斜曲线在压缩子午线处存在一个角。因此，当比率 ρ_t/ρ_c 在 $1/2 < \rho_t/\rho_c \leqslant 1$ 的范围内时，能保证破坏曲线的外凸性和光滑性（图4.10）。式（4.8a，b）和式（4.10）完全确定了 Willam-Warnke 五参数模型的破坏准则，根据 Kupfer 的双轴试验和其他三轴试验，破坏函数的五个参数由下列五个破坏状态确定：

1. 单轴抗压强度：f_c'；

2. 单轴抗拉强度：$f_t' = 0.1 f_c'$；

3. 等值双轴抗压强度：$f_{bc}' = 1.15 f_c'$；

4. 当 $\sigma_1 > \sigma_2 = \sigma_3$ 时，有侧限的双向抗压强度：

$$(\sigma_{mc}, \rho_c) = (-1.95 f_c', 2.77 f_c');$$

5. 当 $\sigma_1 = \sigma_2 > \sigma_3$ 时，有侧限的双向抗压强度：

$$(\sigma_{mt}, \rho_t) = (-3.9 f_c', 3.461 f_c')。$$

常数 a_0、a_1、a_2、b_1、b_2 的值为：

$$a_0 = 0.1025, \quad a_1 = -0.8403, \quad a_2 = -0.0910,$$
$$b_1 = -0.4507, \quad b_2 = -0.1018$$

在图 4.10（a）、（b）中给出了模型的预测值与试验数据的对比，确定材料常数的五组测试点由一个半开的圆表示。由此可以看出，沿子午线和偏平面吻合很好。

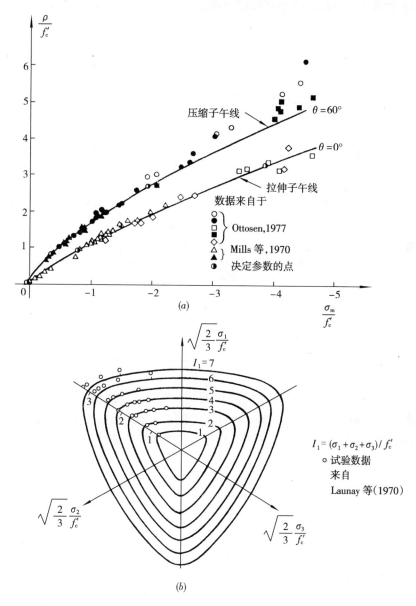

图 4.10　Willam-Warnke 五参数模型
（a）拉伸和压缩子午线；（b）偏截面

4.3.4　附加说明

上面介绍三个精选的模型对整个破坏面的描述令人满意，但它们在应力空间中的所有区域却不能完全满足要求。为了进一步对比，把精选模型的二维破坏包络线画在 $\sigma_1 - \sigma_2$ 平面上，如图 4.11 所示。Chen 和 Chen（1975）有名的塑性模型也绘在同一图上，从中可看出，除在剪切子午线附近的区域外，四条曲线彼此都相当吻合，光滑的 Willam-Warnke

五参数模型和 Ottosen 四参数模型在剪切子午线处形状更加外凸，破坏荷载的预测值也比 Hsieh-Ting-Chen 四参数模型和 Chen-Chen 模型的要高。然而，考虑到试验数据的离散性，在表示混凝土的破坏面方面，三个精选模型都是适用的。

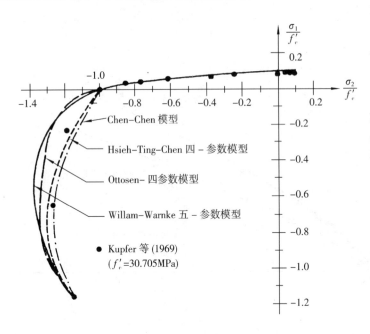

图 4.11　破坏准则与双轴试验值的比较

如图 4.12 所示，Chen-Chen 提出的破坏面是一个三参数模型，并在单轴压缩路径和圆形横截面上有一条破坏子午线，该模型的公式在 4.6 节给出。它模拟混凝土双向破裂特性是相当好的。但在高约束压力的应力状态下，该模型的预测结果很差。

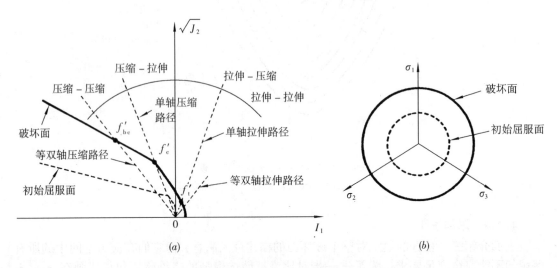

图 4.12　Chen-Chen 模型的破坏面
(a) 子午线平面和范围；(b) 偏平面

然而，对许多实际问题，变量的范围能限制在整个破坏面的一个区域内，如双向应力状态的区域。在建立破坏函数时，为了得到一个好的吻合，这个区域应该考虑得更严格。相反，当近似面偏离影响区外的实际破坏面时，它没有实际意义，因此必须谨慎地限制在有效范围内使用。

4.4　强化特性及其模型

4.4.1　混凝土塑性的基本概念

最初用来描述金属特性的经典塑性理论现在已经广泛用来模拟多轴应力状态下混凝土的非线性应力－应变性质。在这个理论中，当应用于金属类材料时，把塑性应变定义为不可恢复应变，它是由于材料的滑动，或更精确地讲，是由于材料结构中的晶格位错而引起的。

混凝土是脆性材料，它的变形特性和材料体内微裂缝的扩展有关，与位错截然不同。但是，从宏观上看，仍然可以假定混凝土的应力－应变特性由第一阶段变形相应的线弹性部分，以及与第二、三阶段相应的非线性加工强化部分组成。在非线性阶段，由于混凝土材料内部微裂缝的发展引起的"塑性应变"被定义为一个不可恢复的变形，所以总的应变分为弹性部分和塑性部分，然后，根据塑性理论能够得到多轴应力－应变关系。

任何混凝土的塑性模型必须包括下列三个基本假定：

1. 在应力空间存在一个初始屈服面和一个破坏面，这可以分别定义为弹性区域边界和加工强化区域边界。

2. 强化法则定义了在塑性流动过程中加载面的变化和材料强化特性的变化。

3. 流动法则与塑性势函数有关，由它可导出增量形式的塑性应力－应变关系。

其中一个应用广泛的混凝土塑性模型是由 Chen（1975）提出的，它实际上建立了这种模型的基本框架。后来的研究是寻找初始屈服面、强化法则、流动法则和模型标定技术的合适形式。至此，已经很好地阐述了混凝土材料在破坏前的塑性模型的基本概念已经得到充分的研究。

4.4.2　初始屈服面

屈服准则定义了在多轴应力状态下的弹性极限。对金属来说，用作破坏应力的屈服应力通过试验来确定。但是混凝土材料的屈服应力是一个假定值，只用于数学形式的本构关系。因此，为简化起见，一些早期的塑性模型假定初始屈服面与破坏面有相似的形状，但尺寸较小。如果破坏面的尺寸对应于单轴抗压强度 f'_c，那么初始屈服面的尺寸减小至 $0.3f'_c$。因此，屈服函数与破坏函数有相同的形式，不同处只是用 $0.3f'_c$ 来代替 f'_c（如图 4.12）。

对于初始屈服面的定义这样简化并不很好，主要有两个原因：（1）在静水压力荷载作用下塑性体积的变化不能通过屈服面得到，因为它沿静水压力方向是张开的；（2）由这样定义的屈服面和破裂面包围的强化区也许不能正确地模拟混凝土的特性，因为这样的定义意味着有一个均匀分布的塑性区（如图 4.13），因此，该模型对所有加载情况都预测到一个相似的特性。

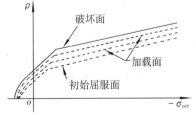

图 4.13　Chen-Chen 强化塑性模型（Chen 等，1975）

例如，如果模型根据单轴压缩试验来标定，那么只能在低的侧压力的压缩荷载作用下才得到满意的预测结果。但是在拉伸荷载作用下得到的塑性变形偏高，而在高侧压力的压缩荷载作用下的塑性变形偏低。

至于混凝土初始屈服面的形状，在文献中能得到的试验结果很少，Launy 和 Gachon（1970）等人提出了在静水压力平面上的弹性极限曲线和初始开裂曲线（图 4.14），弹性极限曲线被认为是混凝土初始屈服曲线的定性描述。可以看到，这条曲线是闭合的，在拉伸和低静水压力区，它几乎与破裂曲线重合，且强化塑性区消失；而在高的侧压力的压缩区，塑性区则可能很大，这个形状似乎与混凝土材料的特性吻合得很好。

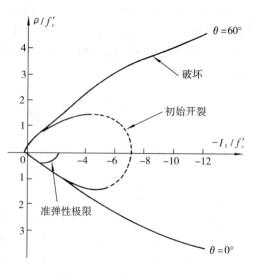

图 4.14　试验获得的破坏曲线和初始开裂曲线

4.4.3　强化法则

强化法则描述了由于塑性应变的发展，后继屈服面或加载面是怎样发展的。对没有反向加载的加载过程来说（如从压缩到拉伸没有改变方向，从拉伸到压缩也没有改变方向），后继屈服面从闭合形状的初始屈服面开始，并随荷载的增长而张开，最后到达破坏面（图 4.15）。由于后继屈服面不随形状的改变而均匀展开，所以偏平面内屈服轨迹的改变法则是依照各向同性的法则。但是在子午面上，各向同性法则不再适用。屈服轨迹是伴随着形状的改变非均匀地扩展的。

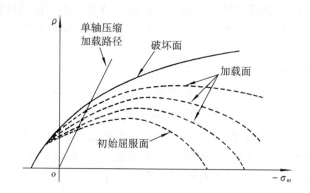

图 4.15　Han 和 Chen 提出的非均匀强化塑性模型

一般来说，后继屈服函数用下式表示为：

$$f\left(\sigma_{ij}, k_1, k_2, \cdots, k_N\right)=0 \tag{4.11}$$

其中，标量 $k_1, k_2, \cdots, k_N$ 是强化参数，是塑性应变历史的函数。

图 4.15 表示 Han 和 Chen（1985）提出的非均匀强化塑性模型，只包括一个强化参数 k_0。k_0 是有效塑性应变的函数，通过材料的单轴压缩试验来测定。

多轴强化塑性模型（Ohtani 和 Chen，1988）是 Chen-Chen 模型（图 4.16）的精华部分，使用三个强化参数 σ_c，σ_{bc}，σ_t，它们分别是单轴压缩，等双轴压缩和单轴拉伸时屈服应力的当前值，它们分别是有效塑性应变 ε_{pc}，ε_{pbc}，ε_{pt} 的函数，这些应变分别通过单轴压缩，等双轴压缩和单轴拉伸试验来测定。

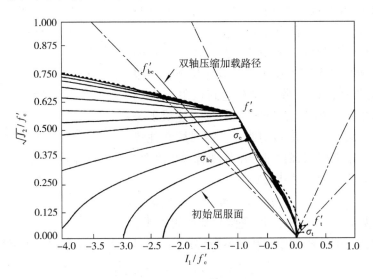

图 4.16　多轴强化塑性模型（Ohtani 和 Chen，1968）

在建立本构模型的过程中，强化参数的选取是根据初始屈服面和破坏面的定义来确定的。Vermeer 和 De Borst（1984）使用 Mohr-Coulomb 形式作为屈服面和破坏面。因此，将内摩擦角 φ 和黏聚力 c 作为强化参数。图 4.17 表明，在应力空间中通过 σ_1 轴，与 σ_2，σ_3 轴成 45°夹角的平面上屈服轨迹的连续位置。笔者认为，混凝土特性用摩擦强化比黏性强化拟合得更好。

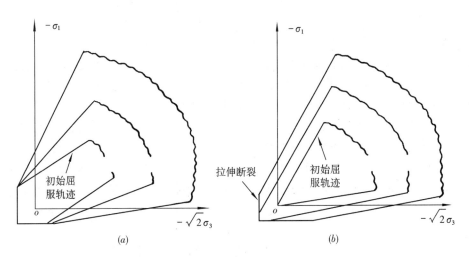

图 4.17　不同屈服轨迹（在 $\sigma_1 = \sigma_2$ 的平面上）展开的模型（Vermeer 和 Borst，1984）

（a）摩擦强化；（b）黏性强化

4.4.4 流动法则

流动法则，作为塑性变形的运动假设，由塑性势函数 g 定义，也就是说，塑性应变率张量 $\mathrm{d}\varepsilon_{ij}^{\mathrm{p}}$，作为六维应变空间的一个矢量，被假定与塑性势面正交。如果将塑性势函数 g 当作屈服面函数，那么它就是图 4.18 所示的关联流动法则，水平分量与静水应变轴平行，表示体积应变率 $\mathrm{d}\varepsilon_{\mathrm{v}}^{\mathrm{p}}$。

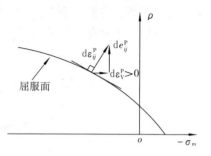

图 4.18 关联流动法则

在强化过程中非弹性的体积变化是混凝土材料的显著特征，试验结果表明，在压缩荷载作用下，屈服开始阶段出现非弹性体积收缩，在达到极限应力的 $75\%\sim90\%$ 时发生体积膨胀。这个特性通常违反了关联流动法则。因此，随着形状的改变，需要用塑性势而不是加载函数来模拟在强化过程中伴随着形状改变的非弹性体积变化。

塑性势函数的一般表达式为：

$$g = g\ (\sigma_{ij},\ a_1,\ a_2,\ \cdots,\ a_N) \tag{4.12}$$

其中，标量参数 a_1，a_2，$\cdots$，a_N 是强化参数的函数。

在非均匀强化塑性模型中，将塑性位势选为 Drucker-Prager 型的一个函数形式：

$$g\ (\sigma_{ij},\ \alpha) = \alpha I_1 + \sqrt{J_2} \tag{4.13}$$

那么，流动法则变为：

$$\mathrm{d}\varepsilon_{ij}^{\mathrm{p}} = \mathrm{d}\lambda\,\frac{\partial g}{\partial \sigma_{ij}} = \mathrm{d}\lambda\left[\alpha\delta_{ij} + \frac{s_{ij}}{2\sqrt{J_2}}\right] \tag{4.14}$$

通过 $3\alpha\mathrm{d}\lambda$ 给出塑性体积变化 $\mathrm{d}\varepsilon_{\mathrm{v}}^{\mathrm{p}} = \mathrm{d}\varepsilon_{ii}^{\mathrm{p}}$。因此，$\alpha$ 表示塑性体积膨胀的量度，并假定为强化参数 k_0 的线性函数，在屈服开始（$k_0 = k_{\mathrm{y}}$）时取负值，在破坏（$k_0 = 1$）时取正值。

其他的塑性模型（Onate 等，1988；Vermeer 等，1984）选用了 Mohr-Coulomb 型塑性势，即

$$g\ (\sigma_{ij},\ \psi) = \frac{I_1}{3}\sin\psi + \sqrt{J_2}\left[\cos\theta - \frac{\sin\theta\sin\psi}{\sqrt{3}}\right] \tag{4.15}$$

其中，ψ 称为膨胀角，代替在屈服面中的内摩擦角 φ。对土、岩石和混凝土，通过试验知道膨胀角 ψ 比内摩擦角 φ 小得多。因此，如果 Mohr-Coulomb 屈服面的函数形式被用作屈服函数和塑性势函数，那么，流动法则必须是非关联的。

但是，如果屈服面形状选取合适，那么在大多数情况下关联流动法则能很好地预测塑性体积变化。一个成功的例子是多轴强化塑性模型(Ohtani 和 Chen,1988)，在这个模型中，在压缩—压缩区屈服面的子午线开始向静水压力轴突然弯曲，形成一个"帽子"，然后随荷载的增大而张开(图 4.16)，体积应变增量 $\mathrm{d}\varepsilon_{\mathrm{v}}^{\mathrm{p}}$ 在开始屈服时为负(收缩)，在接近破坏时变为正值(膨胀)，这就模拟了混凝土材料的特性。Ohtani 和 Chen 的多轴强化塑性模型将在 4.6 节介绍。

4.5 非均匀强化塑性模型

这个模型在静水压力面上的情况如图 4.15 所示，破坏面作为边界面，它包围了所有

的加载面，并假定边界面在加载过程中保持不变。假设在偏截面上加载面的形状与破坏面偏截面形状相似，但它们的子午线不同。初始屈服面形状是闭合的，在强化过程中，从初始屈服面到与破坏面相应的最后形状，伴随着加载面扩展和形状的改变，每个加载面都用强化参数 k_0 来表征。先假定一个非关联流动法则，然后按照经典的塑性理论建立增量应力－应变关系。这个方法的详细内容由 Han 和 Chen (1985，1987) 给出。

4.5.1 破坏面的一般公式

4.3 节讨论的三个精选破坏模型是用下列同一表达式表示：

$$f\ (\rho,\ \sigma_m,\ \theta) = \rho - \rho_f\ (\sigma_m,\ \theta) = 0 \quad |\theta| \leqslant 60° \quad (4.16)$$

其中，$\rho = \sqrt{2J_2}$ 是与静水压力轴正交的应力分量；σ_m 是平均应力；θ 是 Lode 角；函数 $\rho_f\ (\sigma_m,\ \theta)$ 定义为破坏包络线，对三个破坏模型的每一个都有特殊的表达式。

1. Ottosen 四参数模型

对于 $\sqrt{2J_2} = \rho_f$，求解式 (4.3)，得：

$$\rho_f\ (\sigma_m,\ \theta) = \frac{1}{2a}\ \left[-\sqrt{2}\lambda + \sqrt{2\lambda^2 - 8a\ (3b\sigma_m - 1)}\right] \quad (4.17)$$

其中，λ 是由式 (4.5) 定义的 $\cos3\theta$ 的函数。

2. Hsieh-Ting-Chen 四参数模型

同样地，由式 (4.6) 可得：

$$\rho_f\ (\sigma_m,\ \theta) = \frac{1}{2A}\ \left[-\ (B\cos\theta + C)\right.$$
$$\left. + \sqrt{(B\cos\theta + C)^2 + 4A\ (\sqrt{3}D\sigma_m - 1)}\right] \quad (4.18)$$

其中，坐标 ξ 用 $\sqrt{3}\sigma_m$ 替代，σ_m 是平均应力。

3. Willam-Warnke 五参数模型

式 (4.10) 的右边可写成

$$\rho_f\ (\sigma_m,\ \theta) = \frac{s + t}{v} \quad (4.19)$$

其中

$$s = s\ (\sigma_m,\ \theta) = 2\rho_c\ (\rho_c^2 - \rho_t^2)\ \cos\theta \quad (4.19a)$$
$$t = t\ (\sigma_m,\ \theta) = \rho_c\ (2\rho_t - \rho_c)\ u^{1/2} \quad (4.19b)$$
$$u = u\ (\sigma_m,\ \theta) = 4\ (\rho_c^2 - \rho_t^2)\ \cos^2\theta + 5\rho_t^2 - 4\rho_t\rho_c \quad (4.19c)$$
$$v = v\ (\sigma_m,\ \theta) = 4\ (\rho_c^2 - \rho_t^2)\ \cos^2\theta + \ (\rho_c - 2\rho_t)^2 \quad (4.19d)$$

根据式 (4.8a、b)，ρ_c 和 ρ_t 可表示为 σ_m 的函数：

$$\rho_c = -\frac{1}{2b_2}\ \left[b_1 + \sqrt{b_1^2 - 4b_2\ (b_0 - \sigma_m)}\right] \quad (4.20a)$$
$$\rho_t = -\frac{1}{2a_2}\ \left[a_1 + \sqrt{a_1^2 - 4a_2\ (a_0 - \sigma_m)}\right] \quad (4.20b)$$

4.5.2 初始屈服面和后继屈服面

根据以上讨论，初始屈服面和后继屈服面子午线的形状假设为如图 4.19 所示，由四个部分组成：

1. 在拉伸区，即 $\sigma_m > \xi_c$，屈服面和破坏面重合，假定到破坏为止没有塑性变形发生，代表脆性特征。

227

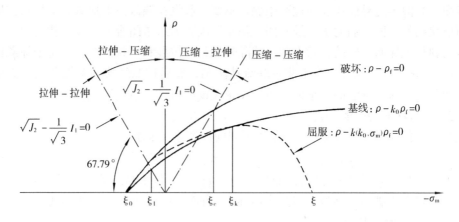

图 4.19　屈服面的构造

2. 在压缩－拉伸混合区，即 $\xi_t > \sigma_m > \xi_c$，塑性强化区逐渐形成。

3. 在低侧压力的压缩区，即 $\xi_c > \sigma_m > \xi_k$，子午线代表一个破坏面成比例减小的尺度。

4. 在较高侧压力的压缩区，即 $\sigma_m < \xi_k$，屈服面在静水压力轴处逐渐闭合，形成一个大范围的塑性强化区。

为了区分拉伸－拉伸，拉伸－压缩，压缩－拉伸和压缩－压缩区域，可以用下面的三轴分区准则：

拉伸－拉伸
$$\sqrt{J_2} - \frac{1}{\sqrt{3}} I_1 > 0 \qquad\qquad (4.21a)$$

拉伸－压缩
$$\sqrt{J_2} - \frac{1}{\sqrt{3}} I_1 \leqslant 0 \text{ 和 } I_1 \geqslant 0 \qquad\qquad (4.21b)$$

压缩－拉伸
$$\sqrt{J_2} + \frac{1}{\sqrt{3}} I_1 \geqslant 0 \text{ 和 } I_1 \leqslant 0 \qquad\qquad (4.21c)$$

压缩－压缩
$$\sqrt{J_2} + \frac{1}{\sqrt{3}} I_1 < 0 \qquad\qquad (4.21d)$$

注意到平面 $\sqrt{J_2} + \frac{I_1}{\sqrt{3}} = 0$ 通过单轴压缩状态，而平面 $\sqrt{J_2} - \frac{I_1}{\sqrt{3}} = 0$ 通过单轴拉伸状态，这就是两个平面用作界面的原因。

在选取参数 ξ_t，ξ_c，ξ_k 的值时，没有必要精确地按上面的分区准则。为简单起见，我们取 $\xi_t = 0$，$\xi_c = \xi_k = -f'_c/3$。

对于式（4.16）定义的破坏函数，可通过在破坏函数中引入形状因子 k 用公式表示初始屈服面和后继屈服函数，表达式为：
$$f = \rho - k\,(k_0,\ \sigma_m)\,\rho_f\,(\sigma_m,\ \theta) = 0 \qquad\qquad (4.22)$$
其中，形状因子 k 定义为 σ_m 和强化参数 k_0 的函数，在第 5 章的式（5.172）中将给出 $k\,(k_0,\ \sigma_m)$ 的函数形式。

参数 k_0 表示强化程度，在 k_y 与 1 之间取值，即
$$k_y \leqslant k_0 \leqslant 1$$
$k_0 = k_y$ 对应于初始屈服面，而 $k_0 = 1$ 表示应力已经达到极限状态，加载面最终与破坏面接

228

触。为此，假定：

$$\bar{\xi} = A / (1 - k_0) \tag{4.23}$$

其中，$\bar{\xi}$ 是加载面与静水压力轴的交叉点；A 是常数。这样，当 $k_0 \to 1$ 时，交叉点 $\bar{\xi}$ 将在无穷远处。

强化参数 k_0 与有效应力 τ 和塑性模量 H_b^p 有关，塑性模量 H_b^p 是从单轴压缩应力－塑性应变曲线中得到，k_0 与塑性模量 H_b^p 的关系可通过确定单轴压缩加载路径与加载面的交叉点而得到（如图 4.15），交叉点给出了对应于一给定参数 k_0 的单轴压缩应力和塑性模量，该塑性模量是由试验得出的单轴压缩应力－塑性应变曲线在给定的应力水平上的斜率。在这方面，参数 k_0 的每个加载面与基本塑性模量 H_b^p 有明确关系，同时也与塑性功 W_p 有内在的关系。

从单轴压缩试验中得到的塑性模量 H_b^p 称为基本塑性模量，与用于本构方程中的塑性模量 H^p 不同。由于 H_b^p 是由单轴压缩应力状态确定的，所以它仅适用于平均应力 σ_m 约为 $-1/3 f'_c$ 的情况。在更高侧压力的压缩条件下，混凝土变得具有更好的延性，因此，必须修正塑性模量。为了说明对静水压力的敏感性和 Lode 角的依赖性，引入了修正系数 $N(\sigma_m, \theta)$，于是塑性模量 H^p 一般可表达为

$$H^p = N(\sigma_m, \theta) H_b^p \tag{4.24}$$

其中，σ_m 为平均应力；θ 为 Lode 角；$N(\sigma_m, \theta)$ 假定的函数形式由式（5.85）给出（Chen 和 Han，1988）。

4.5.3　增量形式的应力－应变关系

1. 一般本构关系

根据经典塑性理论，增量形式的应力－应变关系一般用下列方法推出，总的应变增量是弹性增量和塑性增量的总和，即

$$d\varepsilon_{ij} = d\varepsilon_{ij}^e + d\varepsilon_{ij}^p \tag{4.25}$$

按照虎克定律，应力增量由下式确定：

$$d\sigma_{ij} = C_{ijkl} d\varepsilon_{kl} = C_{ijkl} (d\varepsilon_{kl} - d\varepsilon_{kl}^p) \tag{4.26}$$

其中

$$C_{ijkl} = G \left(\delta_{ik}\delta_{jl} + \delta_{il}\delta_{jk} + \frac{2\nu}{1 - 2\nu}\delta_{ij}\delta_{kl} \right) \tag{4.27}$$

C_{ijkl} 是含有弹性常数 G 和 ν 的各向同性张量。当发生塑性流动时，一致性条件

$$df = 0 \tag{4.28}$$

必须满足在非均匀强化时，加载函数式（4.22）是关联的。函数 f 的全微分为

$$df = \frac{\partial f}{\partial \sigma_{ij}} d\sigma_{ij} + \frac{\partial f}{\partial \tau} \frac{\partial \tau}{\partial \varepsilon_p} d\varepsilon_p = 0 \tag{4.29}$$

其中，τ 是有效应力。把式（4.26）中的 $d\sigma_{ij}$ 代入式（4.29），并注意到：

$$\frac{\partial \tau}{\partial \varepsilon_p} = H^p \tag{4.30}$$

其中，H^p 为塑性模量，于是有

$$df = \frac{\partial f}{\partial \sigma_{ij}} C_{ijkl} (d\varepsilon_{kl} - d\varepsilon_{kl}^p) + \frac{\partial f}{\partial \tau} H^p d\varepsilon_p = 0 \tag{4.31}$$

有效塑性应变 $\mathrm{d}\varepsilon_p$ 与 $\mathrm{d}\lambda$ 有关

$$\mathrm{d}\varepsilon_p = \phi\mathrm{d}\lambda \tag{4.32}$$

其中，ϕ 是应力状态的标量函数（见式 4.50）。运用流动法则 $\mathrm{d}\varepsilon_{ij}^p = \mathrm{d}\lambda\dfrac{\partial g}{\partial\sigma_{ij}}$ 和式（4.31）中有效塑性应变的定义（4.32），解出 $\mathrm{d}\lambda$，则有：

$$\mathrm{d}\lambda = \frac{1}{h}\frac{\partial f}{\partial\sigma_{pg}}C_{pqkl}\,\mathrm{d}\varepsilon_{kl} \tag{4.33}$$

其中

$$h = \frac{\partial f}{\partial\sigma_{mn}}C_{mnpq}\frac{\partial g}{\partial\sigma_{pq}} - H^p\frac{\partial f}{\partial\tau}\phi \tag{4.34}$$

其中，ϕ 和 $\partial f/\partial\tau$ 的值将分别在式（4.50）和式（4.55）中给出，把式（4.33）代入流动法则，将得出塑性应变增量的表达式。最后，利用式（4.26）导出本构方程

$$\mathrm{d}\sigma_{ij} = （C_{ijkl} + C_{ijkl}^p）\,\mathrm{d}\varepsilon_{kl} \tag{4.35}$$

其中，塑性刚度张量 C_{ijkl}^p 有下列形式：

$$C_{ijkl}^p = -\frac{1}{h}H_{ij}^*H_{kl} \tag{4.36}$$

和

$$H_{ij}^* = C_{ijmn}\frac{\partial g}{\partial\sigma_{mn}} \tag{4.37}$$

$$H_{kl} = \frac{\partial f}{\partial\sigma_{pq}}C_{pqkl} \tag{4.38}$$

现在，如果给出加载函数 f 和塑性势函数 g，那么本构关系可通过式（4.38）以更加直接的方法从式（4.34）中导出。

2. 建立在关联流动法则基础上的本构方程

关联流动法则假定 $g = f$，它的导数形式一般表示为：

$$\frac{\partial g}{\partial\sigma_{ij}} = \frac{\partial f}{\partial\sigma_{ij}} = B_0\delta_{ij} + B_1 s_{ij} + B_2 t_{ij} \tag{4.39}$$

其中，系数 B_0，B_1，B_2 是加载函数 f 对应力不变量的导数。对于三种不同形式的破坏面 B_0，B_1，B_2 的表达式已在 Chen 和 Han（1988）的书中给出。现在，把式（4.39）代入式（4.34）得到：

$$h = 2G\left[3B_0^2\frac{1+v}{1-2v} + 2B_1^2 J_2 + 6B_1 B_2 J_3 + \frac{2}{3}B_2^2 J_2^2\right] - \phi H^p\frac{\partial f}{\partial\tau} \tag{4.40}$$

在推导中，利用下列关系：

$$t_{ij}s_{ij} = s_{ij}s_{jk}s_{ki} = 3J_3$$

和

$$t_{ij}t_{ij} = \frac{2}{3}J_2^2$$

在式（4.37）和式（4.38）中用式（4.39）得到：

$$H_{ij} = H_{ij}^* = 2G\left(B_0\frac{1+\nu}{1-2\nu}\delta_{ij} + B_1 s_{ij} + B_2 t_{ij}\right) \tag{4.41}$$

那么，塑性刚度张量具有对称的形式

$$C^{\mathrm{p}}_{ijkl} = -\frac{1}{h} H_{ij} H_{kl} \tag{4.42}$$

3. 建立在非关联流动法则基础上的本构方程

Drucker-Prager 函数式（4.13）在这里作为塑性势，把式（4.14）和式（4.39）代入式（4.34）和式（4.37），导得：

$$h = 2G\left[3B_0\alpha\frac{1+\nu}{1-2\nu} + B_1\sqrt{J_2} + \frac{3B_2}{2\sqrt{J_2}}J_3 \right] - \phi H^{\mathrm{p}}\frac{\partial f}{\partial \tau} \tag{4.43}$$

和

$$H^{*}_{ij} = 2G\left[\alpha\frac{1+\nu}{1-2\nu}\delta_{ij} + \frac{1}{2\sqrt{J_2}}s_{ij} \right] \tag{4.44}$$

塑性刚度张量 C^{p}_{ijkl} 用式（4.36）表示，在该表达式中张量 H_{ij} 和 H^{*}_{ij} 分别由式（4.41）和式（4.44）给出，显然，该刚度张量不对称。

4.5.4 有效应力和有效应变

对于多轴应力状态，有效应力 τ 和有效应变增量 $\mathrm{d}\varepsilon_{\mathrm{p}}$ 由式（4.22）给出的加载函数来定义，这样，通过对照单轴压缩应力－塑性应变曲线来标定单一的 $\tau-\varepsilon_{\mathrm{p}}$ 曲线。

在单轴压缩试验中，即 $(0,0,-\tau)$，有 $\rho = \sqrt{2/3}\,\tau$，$\sigma_{\mathrm{m}} = -\tau/3$，$\rho_{\mathrm{f}} = \rho_{\mathrm{c}}$，加载函数简化为：

$$f = \sqrt{2/3}\,\tau - k\rho_{\mathrm{c}} = 0 \tag{4.45}$$

现在，定义有效应力为：

$$\tau = \sqrt{3/2}\,\rho_{\mathrm{c}}k \tag{4.46}$$

那么，相应的有效塑性应变增量 $\mathrm{d}\varepsilon_{\mathrm{p}}$ 可根据单位体积的塑性功定义为如下形式：

$$\mathrm{d}W_{\mathrm{p}} = \tau\mathrm{d}\varepsilon_{\mathrm{p}} \tag{4.47}$$

另一方面，有：

$$\mathrm{d}W_{\mathrm{p}} = \sigma_{ij}\mathrm{d}\varepsilon^{\mathrm{p}}_{ij} = \sigma_{ij}\mathrm{d}\lambda\frac{\partial g}{\partial \sigma_{ij}} \tag{4.48}$$

因此，由式（4.47）和式（4.48）可推出 $\mathrm{d}\varepsilon_{\mathrm{p}}$ 为：

$$\mathrm{d}\varepsilon_{\mathrm{p}} = \phi\mathrm{d}\lambda \tag{4.49}$$

其中

$$\phi = \frac{1}{\tau}\frac{\partial g}{\partial \sigma_{ij}}\sigma_{ij} \tag{4.50}$$

对于关联流动法则的情况，用式（4.39）表示 $\partial g/\partial \sigma_{ij}$，用式（4.46）表示 τ，得到：

$$\phi = \frac{\sqrt{2}\,(B_0 I_1 + 2B_1 J_2 + 3B_2 J_3)}{\sqrt{3}\rho_{\mathrm{c}}k} \tag{4.51}$$

对于非关联流动法则的情况，用式（4.14）表示 $\partial g/\partial \sigma_{ij}$，用式（4.46）表示 τ，得到：

$$\phi = \frac{\sqrt{2}\,(\alpha I_1 + \sqrt{J_2})}{\sqrt{3}\rho_{\mathrm{c}}k} \tag{4.52}$$

为了得到 $\partial f/\partial \tau$ 的表达式，重新写一致性方程（4.29）为：

$$\mathrm{d}f = \frac{\partial f}{\partial \sigma_{ij}}\mathrm{d}\sigma_{ij} + \frac{\partial f}{\partial \tau}\mathrm{d}\tau = 0 \tag{4.53}$$

注意到对于单轴压缩加载，惟一的非零应力分量为 σ_{33}，按照有效应力 τ 的定义，有 $\mathrm{d}\tau = -\mathrm{d}\sigma_{33}$，由式（4.53）导得：

$$\frac{\partial f}{\partial \tau} = \frac{\partial f}{\partial \sigma_{33}} \tag{4.54}$$

对式（4.54）微分，注意到 $\tau = -\sigma_{33}$，$\rho = -\sqrt{2/3}\,\sigma_{33}$，$\sigma_{\mathrm{m}} = \sigma_{33}/3$，得到：

$$\frac{\partial f}{\partial \tau} = \frac{\partial f}{\partial \sigma_{33}} = -\left[\frac{\sqrt{2}}{\sqrt{3}} + \frac{k}{3}\frac{\mathrm{d}\rho_{\mathrm{c}}}{\mathrm{d}\rho_{\mathrm{m}}} + \frac{\rho_{\mathrm{c}}}{3}\frac{\mathrm{d}k}{\mathrm{d}\sigma_{\mathrm{m}}}\right] \tag{4.55}$$

4.5.5 参数及模型的预测

非均匀强化塑性模型体现了混凝土材料性质的许多方面，包括拉伸时的脆性破坏、压缩时的延性、对静水压力的敏感性和非弹性体积膨胀，因此需要一些试验来确定这些材料常数。对于破坏特性，我们需要四个或五个强度试验，通过式（4.17）～式（4.20）来确定材料常数。对于强化特性，需要给出单轴压缩试验直至破坏时的应力-应变曲线，同时也需要了解混凝土变形的全部特性以确定修正系数 $N(\sigma_{\mathrm{m}}, \theta)$。对于塑性流动特性，需要定义膨胀系数 α 的初始值和最终值，已提出了 $N(\sigma_{\mathrm{m}}, \theta)$ 的具体形式和 α 的一些典型值，并应用于计算程序 EMP1（Han，Chen，1984）中，同时发现，对于不同种类的混凝土，修正系数变化不大，因此，对于破坏面和单轴压缩应力-应变曲线，输入的参数只有四个或五个材料常数。

由于在结构分析中可能出现各种应力状态，因此，在用建立的模型进行一般结构分析的有限元计算程序之前，应该进行细节方面的估算，一个好的本构模型应能合理地预测所有可能的应力组合下材料的响应。

四组试验结果（图4.20～图4.22）与模型的预测吻合得很好，这些试验包括著名的 Kupfer（1969）双轴试验、Schickert 和 Winkler（1977）的三轴压缩试验、在低强度混凝土的双轴和三轴压缩试验(Traina 等,1983)、Colorado 大学的循环加载试验(Scavuzzo 等,1983)。

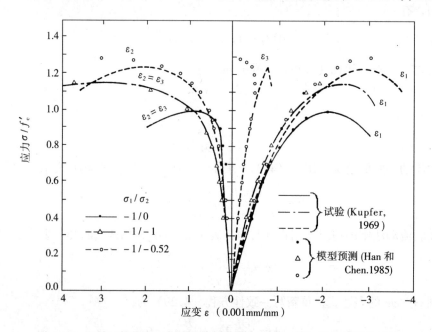

图 4.20　双轴压缩情况下，模型预测与 Kupfer（1969）试验数据的比较

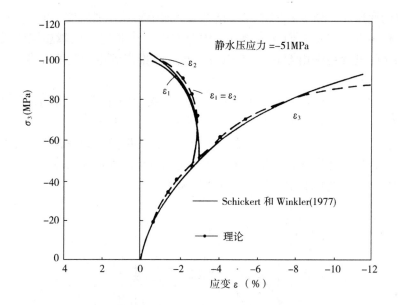

图 4.21 三轴压缩情况下，模型预测与 Schickert
和 Winkler（1977）试验数据的比较

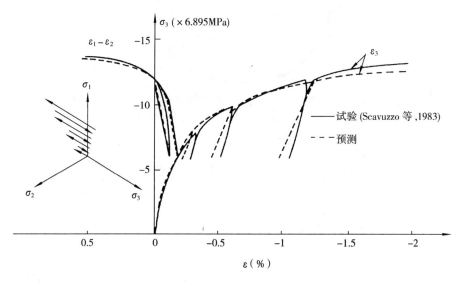

图 4.22 在沿压缩子午线 $\sigma_1 = \sigma_2 > \sigma_3$（$\theta = 60°$）的偏平面
$\sigma_m = 41.37\text{MPa}$ 内的循环加载情况下的比较

4.6 多重强化塑性模型

Murray 等（1979）首先将多重强化概念用于混凝土材料所提出的双轴本构模型，即
独立强化塑性模型（如图 4.23 所示）。图中的屈服曲线通过三个屈服应力来描述，即：一

个单轴压缩的屈服应力值 σ_c；二个在垂直方向上的单轴拉伸屈服应力值 σ_{t1} 和 σ_{t2}。这些应力可作为强化参数，假定它们互相独立，因此对于一个特定的区域屈服曲线能独立地形成。多重强化的概念后来由 Ohtani 和 Chen（1988）推广到更一般的三维情况；本节将对这个公式详细进行讨论。

由于在该模型建立的过程中用了 Chen-Chen 屈服和破坏面（见图 4.12）的简单形式，故 Ohtani 和 Chen 假定的广义强化模型被认为是 Chen-Chen 模型（1975）的修订版。该模型的显著特征在于引入了三个强化参数，每个参数都有明确的物理含义，并与试验数据能很好地吻合。该模型假定了在数值分析中对于关联流动法则可导出一个对称刚度矩阵。因此，该模型在一般非线性有限元计算中使用非常方便。

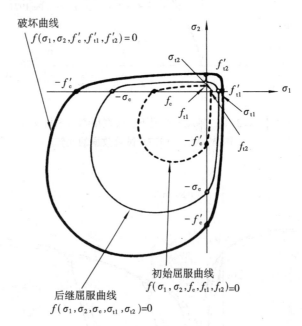

图 4.23　一个独立的强化塑性模型（Murray 等，1979）

4.6.1　多重强化模型的一般公式

含有 N 个强化参数的屈服函数或加载函数的一般形式可表示为：

$$f\ (\sigma_{ij},\ \mu_1,\ \mu_2,\ \cdots,\ \mu_N)\ =0 \tag{4.56}$$

其中，σ_{ij} 是应力张量；μ_M 是第 M 个强化模型的强化参数，它是第 M 个损伤参数 ξ_M 的惟一函数，即

$$\mu_M = \mu_M\ (\xi_M) \tag{4.57}$$

损伤参数 ξ_M 与塑性应变或其他因素有关。如果每个强化模型都相互独立，那么这样的强化法则将导出独立的强化法则。损伤参数 ξ_M 是单调增函数，当前的应力状态影响该参数的变化率。如果材料的总损伤用 ξ_T 表示，那么，第 M 个损伤参数 ξ_M 可表示为：

$$\xi_M = \int d\xi_M = \int \alpha_M(\sigma_{ij},\mu_1,\mu_2,\cdots,\mu_N)d\xi_T \tag{4.58}$$

其中，系数 α_M 是第 M 个强化模型 $\mu_M\ (\xi_M)$ 的损伤增量，对材料当前总损伤增量 $d\xi_T$ 的

影响有关。因此，如果加载条件与第 M 个强化模型的加载条件相同，那么 α_{M} 的值必须是单位 1。多轴强化法则如图 4.24 所示。应该定义屈服面的演化规律，以便使后继屈服面始终是外凸的。

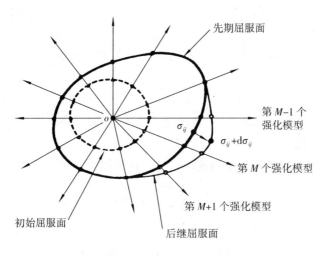

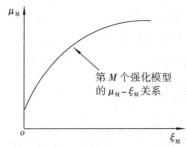

图 4.24　多轴强化法则

这里，我们将用有效塑性应变 ε_{p} 来表示由于塑性变形引起的材料累积损伤。

$$\varepsilon_{\mathrm{p}} = \int \mathrm{d}\varepsilon_{\mathrm{p}} = \int \sqrt{\mathrm{d}\varepsilon_{ij}^{\mathrm{p}}\mathrm{d}\varepsilon_{ij}^{\mathrm{p}}} \tag{4.59}$$

因此，用 ε_{p} 代替式（4.58）中 ξ_{T}，第 M 阶损伤参数的增量形式可表示为

$$\mathrm{d}\xi_{\mathrm{M}} = \alpha_{\mathrm{M}}\left(\sigma_{ij}, \ \mu_1, \ \mu_2, \ \cdots, \ \mu_{\mathrm{N}}\right)\mathrm{d}\varepsilon_{\mathrm{p}} \tag{4.60}$$

对加载函数进行微分，由式（4.56）导得下面的一致性条件：

$$\mathrm{d}f = \frac{\partial f}{\partial \sigma_{ij}}\mathrm{d}\sigma_{ij} + \frac{\partial f}{\partial \mu_1}\mathrm{d}\mu_1 + \frac{\partial f}{\partial \mu_2}\mathrm{d}\mu_2 + \cdots + \frac{\partial f}{\partial \mu_{\mathrm{N}}}\mathrm{d}\mu_{\mathrm{N}} = 0 \tag{4.61}$$

其中，N 不是一个哑标。由式（4.57）和式（4.59）有：

$$\mathrm{d}\mu_{\mathrm{M}} = \frac{\mathrm{d}\mu_{\mathrm{M}}}{\mathrm{d}\xi_{\mathrm{M}}}\mathrm{d}\xi_{\mathrm{M}} = \frac{\mathrm{d}\mu_{\mathrm{M}}}{\mathrm{d}\xi_{\mathrm{M}}}\alpha_{\mathrm{M}}\mathrm{d}\varepsilon_{\mathrm{p}} \tag{4.62}$$

把流动法则

$$\mathrm{d}\varepsilon_{ij}^{\mathrm{p}} = \mathrm{d}\lambda \ \frac{\partial g}{\partial \sigma_{ij}} \tag{4.63}$$

235

代入式（4.59）中得：

$$d\varepsilon_p = d\lambda \sqrt{\frac{\partial g}{\partial \sigma_{ij}}\frac{\partial g}{\partial \sigma_{ij}}} \tag{4.64}$$

把式（4.26）中的 $d\sigma_{ij}$，式（4.62）和式（4.64）的 $d\mu_M$ 代入式（4.61）得：

$$df = \frac{\partial f}{\partial \sigma_{ij}}C_{ijkl}\ (d\varepsilon_{kl} - d\lambda\ \frac{\partial g}{\partial \sigma_{kl}})\ + d\lambda\psi\sqrt{\frac{\partial g\partial g}{\partial \sigma_{ij}\partial \sigma_{ij}}} = 0 \tag{4.65}$$

其中

$$\psi = \frac{\partial f}{\partial \mu_1}\frac{\partial \mu_1}{\partial \xi_1}\alpha_1 + \frac{\partial f}{\partial \mu_2}\frac{\partial \mu_2}{\partial \xi_2}\alpha_2 + \cdots + \frac{\partial f}{\partial \mu_N}\frac{\partial \mu_N}{\partial \xi_N}\alpha_N \tag{4.66}$$

其中，N 不是一个哑标。

解式（4.65）求 $d\lambda$，得到一个与式（4.33）具有相同形式的表达式。

$$d\lambda = \frac{1}{h}\frac{\partial f}{\partial \sigma_{ij}}C_{ijkl}d\varepsilon_{kl} \tag{4.67}$$

但 h 表示为：

$$h = \frac{\partial f}{\partial \sigma_{mn}}C^e_{mnst}\frac{\partial g}{\partial \sigma_{st}} - \psi\sqrt{\frac{\partial g}{\partial \sigma_{mn}}\frac{\partial g}{\partial \sigma_{mn}}} \tag{4.68}$$

增量形式的应力-应变关系与式（4.35）至式（4.38）具有同样的形式，只是表达式由式（4.68）替代式（4.34）。如果明确定义一个特殊的加载函数，那么就能得到偏导数 $\frac{\partial f}{\partial \sigma_{ij}}$ 和式（4.66）中 ψ 的值，并建立了本构关系。

4.6.2 初始屈服面和后继加载面

Ohtani 和 Chen 的塑性模型见图 4.16。具有三个强化参数 σ_c，σ_{bc} 和 σ_t 的后继屈服面或加载面表示为：

$$f = f\ (\sigma_{ij},\ \sigma_c,\ \sigma_{bc},\ \sigma_t)\ = 0 \tag{4.69}$$

其中，σ_c 为在单轴压缩中的当前屈服应力，在初始屈服应力 f_c 和破坏应力 f'_c 之间取值，即 $f_c \leqslant \sigma_c \leqslant f'_c$；$\sigma_{bc}$ 为当前等双轴压缩屈服应力，同样有 $f_{bc} \leqslant \sigma_{bc} \leqslant f'_{bc}$；$\sigma_t$ 为当前单轴拉伸屈服应力，同样地 $f_t \leqslant \sigma_t \leqslant f'_t$。

图 4.16 所示的混凝土模型是假定破坏加载面、初始加载面和后继加载面在 Chen-Chen 曲面上具有简单的形式。因此，式（4.69）可明确地写成

在压缩-压缩区：

$$f\ (\sigma_{ij})\ = J_2 + \frac{1}{3}A_cI_1 - \tau_c^2 = 0 \tag{4.70}$$

其中

$$A_c = \frac{\sigma_{bc}^2 - \sigma_c^2}{2\sigma_{bc} - \sigma_c} \tag{4.71}$$

$$\tau_c^2 = \frac{\sigma_c\sigma_{bc}\ (2\sigma_c - \sigma_{bc})}{3\ (2\sigma_{bc} - \sigma_c)} \tag{4.72}$$

在拉伸-拉伸区和拉伸-压缩区：

$$f\left(\sigma_{ij}\right) = J_2 - \frac{1}{6}I_1^2 + \frac{1}{3}A_t I_1 - \tau_t^2 = 0 \tag{4.73}$$

其中

$$A_t = \frac{\sigma_c - \sigma_t}{2} \tag{4.74}$$

$$\tau_t^2 = \frac{\sigma_c \sigma_t}{6} \tag{4.75}$$

在一个极端情况，即材料没有屈服的初始状态，参数 σ_c、σ_{bc} 和 σ_t，取初始值

$$f = f\left(\sigma_{ij}, f_c, f_{bc}, f_t\right) = 0 \tag{4.76}$$

因此加载面变为初始屈服面。在另一个极端情况，即破坏状态，所有参数取极限值，因此

$$f = f\left(\sigma_{ij}, f_c', f_{bc}', f_t'\right) = 0 \tag{4.77}$$

那么，屈服面与破坏面相重合。注意式（4.77）在破坏时不一定出现。例如，在单轴拉伸情况下，当加载到极限状态时，可能有以下的屈服面：

$$f = f\left(\sigma_{ij}, f_c, f_{bc}, f_t'\right) = 0 \tag{4.78}$$

4.6.3 强化参数的演化

现在，每个强化参数表达为损伤参数的函数，形式为：

$$\sigma_c = \sigma_c\left(\varepsilon_{pc}\right) \tag{4.79a}$$

$$\sigma_{bc} = \sigma_{bc}\left(\varepsilon_{pbc}\right) \tag{4.79b}$$

这些表达式与式（4.57）的一般形式相一致，其中 ε_{pc}、ε_{pbc} 和 ε_{pt} 是由式（4.59）给出的有效塑性应变，分别对应于单轴压缩强化模式、等双轴压缩强化模式和单轴拉伸强化模式。式（4.79）的这些关系式可直接从它们各自对应的荷载条件下的试验应力－应变关系中得到。对一般加载路径，把总的塑性应变增量 $d\varepsilon_p$ 的影响分配给式（4.60）描述的三种模式，

$$\varepsilon_{pc} = \int d\varepsilon_{pc} = \int \alpha_1(\sigma_{ij}, \sigma_c, \sigma_{bc}, \sigma_t) d\varepsilon_p \tag{4.80a}$$

$$\varepsilon_{pbc} = \int d\varepsilon_{pbc} = \int \alpha_2(\sigma_{ij}, \sigma_c, \sigma_{bc}, \sigma_t) d\varepsilon_p \tag{4.80b}$$

$$\varepsilon_{pt} = \int d\varepsilon_{pt} = \int \alpha_3(\sigma_{ij}, \sigma_c, \sigma_{bc}, \sigma_t) d\varepsilon_p \tag{4.80c}$$

其中，α_1，α_2 和 α_3 是与总损伤 $d\varepsilon_p$ 对它们各自的强化模式 $\sigma_c(\varepsilon_{pc})$，$\sigma_{bc}(\varepsilon_{pbc})$ 和 $\sigma_t(\varepsilon_{pt})$ 影响有关的系数。显然，α_1，α_2 和 α_3 与加载路径有关，它们必须满足下面的条件：（1）对单轴压缩，α_1 必须是1；（2）对等双轴压缩，α_2 必须是1；（3）对单向拉伸，α_3 必须是1；（4）对于关联流动法则，后继屈服面必须是外凸的。另外，还要附加下面的限制条件：

1．在压缩－压缩区的塑性应变对单轴拉伸强化没有影响。

2．在拉伸－拉伸区的塑性应变仅对单轴拉伸强化有影响。

3．在拉伸－压缩区或压缩－拉伸区的塑性应变对压缩强化和拉伸强化都有影响。

在压缩强化区，有两种强化模式，即：单轴压缩强化和等双轴压缩强化。由于这两种模式互相关联，注意到单轴压缩强化伴随有等双轴压缩强化，反之亦然。

考虑到这些条件和限制，α_m 的分布用图 4.25 来描述，

对于压缩－压缩区：

$$\alpha_1 = 1, \quad \alpha_2 = 1, \quad \alpha_3 = 0 \tag{4.81a}$$

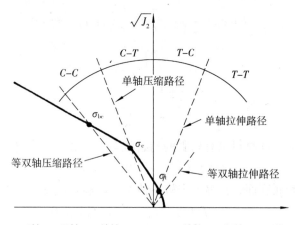

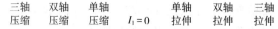

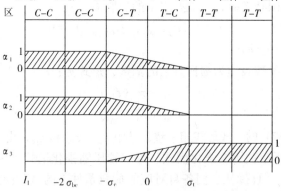

图 4.25 α_m 的分布图

对于压缩－拉伸区或拉伸－压缩区：

$$\alpha_1 = \frac{\sigma_t - I_1}{\sigma_c + \sigma_t}, \quad \alpha_2 = \frac{\sigma_t - I_1}{\sigma_c + \sigma_t}, \quad \alpha_3 = \frac{\sigma_c + I_1}{\sigma_c + \sigma_t} \tag{4.81b}$$

对于拉伸－拉伸区：

$$\alpha_1 = 0, \quad \alpha_2 = 0, \quad \alpha_3 = 1 \tag{4.81c}$$

4.6.4　增量形式的应力－应变关系

由式（4.35）～式（4.38）给出本构关系的一般形式，重新写为：

$$d\sigma_{ij} = (C_{ijkl} + C^p_{ijkl})\, d\varepsilon_{kl} \tag{4.82}$$

其中，C_{ijkl} 是由式（4.27）给出的弹性模量张量。此外

$$C^p_{ijkl} = -\frac{1}{h} H^*_{ij} H_{kl} \tag{4.83}$$

由于假定是关联流动法则，因此有：

$$H^*_{ij} = H_{ij} = C_{ijkl} \frac{\partial f}{\partial \sigma_{kl}} \tag{4.84}$$

在这个模型中，式（4.83）的分母由式（4.68）给出。

把加载函数式（4.70）和式（4.73）代入式（4.84）和式（4.68），得到：

$$H_{ij} = 3KB_0\delta_{ij} + 2Gs_{ij} \tag{4.85}$$

和

$$h = 9KB_0^2 + 4GJ_2 - \psi\sqrt{3\rho^2 + 2J_2} \tag{4.86}$$

其中

$$B_0 = \frac{\partial f}{\partial I_1} = \frac{1}{3}A + nI_1 \tag{4.87}$$

而对于压缩－压缩区：$A = A_c$, $n = 0$,

对于拉伸－拉伸区或拉伸－压缩区：$A = A_t$, $n = -\dfrac{1}{3}$

并且

$$\psi = \alpha_1 Q_1 H_c^p + \alpha_2 Q_2 H_{bc}^p + \alpha_3 Q_3 H_t^p \tag{4.88}$$

其中

$$H_c^p = \frac{d\sigma_c}{d\varepsilon_{pc}}, \quad H_{bc}^p = \frac{d\sigma_{bc}}{d\varepsilon_{pbc}}, \quad H_t^p = \frac{d\sigma_t}{d\varepsilon_{pt}} \tag{4.89}$$

上式分别是单轴压缩，等双轴压缩和单轴拉伸模式中的塑性强化模量。Q_1、Q_2 和 Q_3 是加载函数相对于各强化参数的偏导数。

对于压缩－压缩区：

$$Q_1 = \frac{\partial f}{\partial\sigma_c} = \frac{1}{3}\frac{1}{(2\sigma_{bc} - \sigma_c)} \; (\sigma_c^2 - 4\sigma_c\sigma_{bc} + \sigma_{bc}^2) \; (I_1 + 2\sigma_{bc}) \tag{4.90a}$$

$$Q_2 = \frac{\partial f}{\partial\sigma_{bc}} = \frac{2}{3}\frac{1}{(2\sigma_{bc} - \sigma_c)^2} \; (\sigma_c^2 - \sigma_c\sigma_{bc} + \sigma_{bc}^2) \; (I_1 + \sigma_{bc}) \tag{4.90b}$$

$$Q_3 = \frac{\partial f}{\partial\sigma_t} = 0 \tag{4.90c}$$

对于拉伸－拉伸区和拉伸－压缩区：

$$Q_1 = \frac{\partial f}{\partial\sigma_c} = \frac{1}{6} \; (I_1 - \sigma_t) \tag{4.91a}$$

$$Q_2 = \frac{\partial f}{\partial\sigma_{bc}} = 0 \tag{4.91b}$$

$$Q_3 = \frac{\partial f}{\partial\sigma_t} = -\frac{1}{6} \; (I_1 + \sigma_c) \tag{4.91c}$$

4.6.5 参数和模型预测

在单轴压缩、等双轴压缩和单轴拉伸三种加载路径下，需要由试验得出的材料应力－应变曲线来确定六个材料参数 f_c, f_c', f_{bc}, f_{bc}', f_t, f_t' 和强化模量 H_c^p, H_{bc}^p, H_t^p。

几种多轴应力路径的模型预测已经给出，并与 Kupfer 等（1969），Tasuji 等（1978）以及 Schickert 和 Winkler（1977）（见 Ohtani 和 Chen，1988）的试验数据进行了对比。在双向加载条件下的预测值与 Kupfer 数据的对比如图 4.26 所示，图中还给出和比较了体积响应。

（1）C－C 加载：单轴压缩

$$(\sigma_1/\sigma_2 = -1.0/0.0)$$

（2）C－C 加载：等双轴压缩

$$(\sigma_1/\sigma_2 = -1.0/-1.0)$$

（3）$C - C$ 加载：双轴压缩

$$(\sigma_1/\sigma_2 = -1.0/-0.52)$$

双轴压缩 - 拉伸加载：

（4）$(\sigma_1/\sigma_2 = -1.0/0.052)$

（5）$(\sigma_1/\sigma_2 = -1.0/0.103)$

（6）$(\sigma_1/\sigma_2 = -1.0/0.204)$

双轴拉伸 - 拉伸加载：

（7）$(\sigma_1/\sigma_2 = 1.0/0.0)$

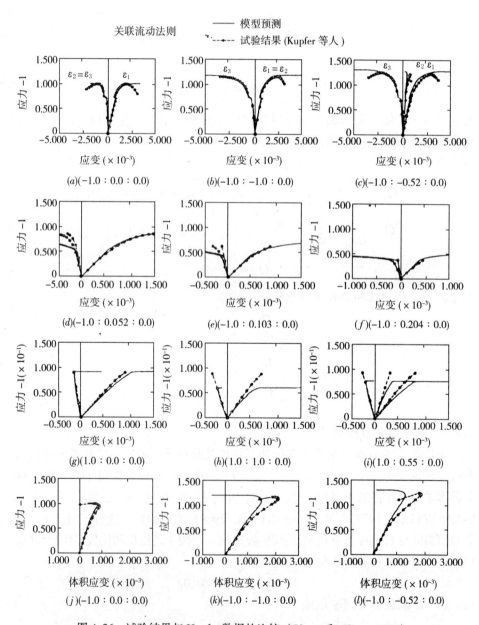

图 4.26　试验结果与 Kupfer 数据的比较（Ohtani 和 Chen，1988）

(8) $(\sigma_1/\sigma_2 = 1.0/1.0)$

(9) $(\sigma_1/\sigma_2 = 1.0/0.55)$

在图 4.26 中,所有的应力都除以单轴抗压强度 f'_c 化为无量纲量外,使用的材料数据有

$f'_{bc}/f'_c = 1.15$, $f'_t/f'_c = 0.091$

$f_c/f'_c = 0.60$, $f_{bc}/f'_{bc} = 0.45$, $f_t/f'_t = 0.50$

$E/f'_c = 990.0$, $\nu = 0.20$

在这些模型的应用中,已经采用三种强化模型,即:单轴压缩,等双轴压缩和单轴拉伸。在与这些模型相应的加载条件下,预测值与试验结果能很好地吻合,见图 4.26(a)和(b)。在双轴压缩加载(情况 C)下,吻合得也很好,这不仅因为参考了试验曲线,而且也由于适当地选取了 a_m 的分布(见图 4.26)。但是,对压缩 – 拉伸加载情况(图 4.26d、e、和 f),试验与预测有比较大的差异,特别是 ε_2 和 ε_3,这归因于与关联流动法则相应的这个应力区屈服面的斜率过大。对于拉伸 – 拉伸加载情况(图 4.26g、h 和 i),由于采用了单轴拉伸强化模式,所以几乎为线性响应。对于压缩 – 压缩加载情况下(图 4.26j、k 和 l)的体积响应,能得到试验的发展趋势,但在膨胀出现前试验表现出更强的非线性。

4.7 应变软化特性和建模

近年来,混凝土的应变软化已经引起工程力学界的广泛关注。应变软化研究的课题范围是从它的物理过程到它的数学推导。由 Sandler(1984),Read 和 Hegemier(1984)等给出了这个课题的评述和讨论。Bazant(1986)对分布裂缝的模拟提出更广泛的评述。这里,仅介绍一些要点。

4.7.1 应变软化特性

关于应变软化的物理过程,Read 和 Hegemier(1984)对岩石和混凝土的应变软化进行了相关的试验研究,发现描述岩石和混凝土的应变软化特性的大量数据来自于实验室无侧限压缩试验和三轴压缩试验。从无侧限(单轴)压缩试验产生的数据通常是轴向力 F 随(控制)轴向位移 u 的变化,因此,应力 – 应变关系可表达为:

$$\sigma = F/A_0, \quad \varepsilon = u/L_0$$

其中,σ 和 ε 分别表示轴向应力和轴向应变;A_0 和 L_0 分别是初始截面积和未变形时试件的长度。显然,这样得到的应力和应变值不是真实值,除非满足下列三个条件:(1)试件必须是均质的;(2)试件必须处于均匀应力和均匀应变状态中;(3)整个试验过程中试件的几何尺寸没有大的变化。但是,由已有的文献知,岩石和混凝土的应变软化并不完全满足上述三个条件。一般来说,应变软化的初始状态反映了从一个连续体到结构的转变和(或)试件最小截面积上几何尺寸的明显改变。因此,应当按通常情况的应力 – 应变描述,直接从测定的轴向力 – 位移数据中得到的应变软化不是真实的材料特性,而是结构的性质,它反映了试件的同性和均匀性以及结构几何尺寸逐渐增大变化的影响。

最近由 van Mier(1984)关于混凝土应力 – 应变曲线软化部分的结构可靠性的试验研究,支持了这个物理观点。在这个研究中重要的是对不同高度的棱柱体试件的单轴压缩结

果。试件高宽比 H/W 从 0.5 变化到 2 时，获得轴向应力 σ 和轴向应变 ε 的试验结果见图 4.27。轴向应力与每个试验中的峰值应力之比为无量纲量。由图可以看到在达到峰值之前，各曲线几乎是重合的，而与试件高度无关。但在超过峰值之后，随试件高度的减小，延性增大，即应力－应变曲线斜率减小。然而，如果在超过峰值之后，将相同的试验结果绘于应力－位移坐标平面上，而不是应力－应变坐标平面上（见图 4.28），那么不同高度试件的响应几乎没有差别。这种现象表明在单轴压缩试验中混凝土出现局部破坏。

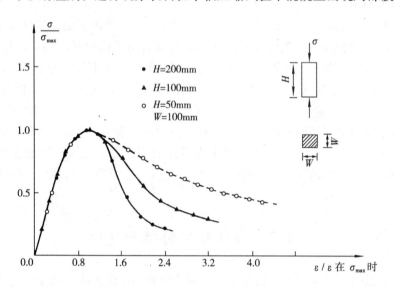

图 4.27　试件高度对单轴应力－应变曲线的影响（van Mier，1984）

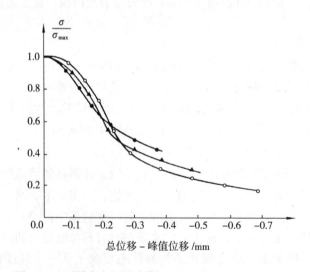

图 4.28　不同高度试样峰值后的位移图（van Mier，1984）

为了解释在单轴压缩试验中应变的局部化，可以认为是剪切带的影响。图 4.29（a）和（b）表示两个不同高度受单轴压缩的试件。假定在达到应力峰值之后，在剪切带局部出现应变，因此，对于所有的试件，可得到同样大小的轴向位移，所以它们的应力－位移曲线是相同的。但是当超过峰值之后的应变是根据不同的试件的高度计算时，对短的试件可得到较大的应变，而对长的试件则得到较小的应变，这就解释了在应力－应变曲线的软化部分这些试样的延性和斜率互不相同的原因。

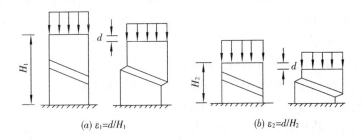

(a) $\varepsilon_1 = d/H_1$ (b) $\varepsilon_2 = d/H_2$

图 4.29   van Mier 试验中剪切带应变局部化的描述
(参照 Torrenti, 1986)

在单轴拉伸试验中也出现了类似的特性。在拉伸试验中，从试件的裂口处可清楚地看出应变的局部化。为阐明起见，考虑受单轴拉伸荷载的混凝土试件，如图 4.30 (a) 所示，能够测量到试件不同部分的伸长量，根据每一部分的长度可计算出应变。如果断裂出现在 A 部分，则应力－应变曲线绘于图 4.30 (b) 上。从图中可看见在破坏前三条曲线是相同的，但在破坏后曲线完全不同。A 和 C 部分进入应变软化阶段而 B 部分处于卸载状态。

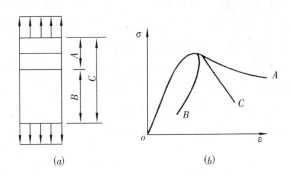

(a)   (b)

图 4.30   得到的应力－应变曲线（参照 Torrenti, 1986）
(a) 单轴拉伸应变的局部化；(b) 用不同测量方法

总之，在破坏之后，由于应变的局部化，直接从位移量测值转化得到的应变不是真实值，而是相对于整个试件长度（或高度）的平均值。事实上，通常应变概念的使用是将整个试件长度上的局部变形和不均匀变形均匀化。结果，应变软化变得依赖于试件的尺寸了。"尺寸效应"这个词总是与应变软化性质的出现相关的（Bazant, 1986）。

4.7.2 应变软化模型

有几种方法可用来模拟应变软化特性，其中，塑性理论和连续体损伤力学都属于连续介质力学的范畴。已经发现，最初提出用于金属的塑性理论足以用来描述由于位错造成的破坏过程。但是混凝土和金属的变形机理完全不同，前者是以微裂缝的形式，而后者是由于晶格的位错。考虑到变形机理的不同，已提出了一种宏观理论——连续介质损伤力学，并运用到混凝土上以反映微裂缝的破坏过程（Dougill，1975，Kachanov，1980，Krajcinovic 和 Fonseka，1981，Ortiz 和 Popov，1982，1982a，Resende 和 Martin，1984，Frantziskonis 和 Desai，1987，1987a，1987b，等）。连续介质损伤力学在混凝土材料中应用的综述可在 Chen（1993）和余天庆等（1993）最近的学术报告和著作中找到。

不论是塑性理论还是连续介质损伤力学，都把应变软化处理为一个分布的或者平均的特性。相反，裂缝带模型（Bazant 等，1976）和虚拟裂缝模型（Hillerborg 等，1976）根据断裂能的概念处理为局部拉伸裂缝。现已证明用这些模型来模拟拉伸断裂软化特性是成功的，并被广泛地应用于有限元程序。复合损伤模型（William 等，1984），试图把有限尺寸的等效均质连续体内分布的和局部的裂缝组合在一起。

在下面章节中，我们将介绍塑性模拟技术。拉伸断裂软化模型和连续介质损伤力学的方法，将分别在随后的章节中介绍。

4.8 应变空间的塑性公式

4.8.1 基本概念

与强化特性的推广方法类似，现在将一维软化特性推广到多轴应力－应变的状态。首先讨论应力空间中的软化特性，然后扩展并逐渐引申到应变空间公式的讨论。如前节讨论的一样，在应力空间中，应力状态用一点来表示，加载函数用一个面来表示。如果应力状态在加载面上，并且材料处于加工强化阶段，那么应力增量必须指向加载面外，以便产生一个塑性应变增量和弹性应变增量（见图4.31a），应力增量指向加载面内仅产生弹性应变。对于一维情况下的应力增加，应力点向外运动，对应于应力－应变曲线的强化部分。另一方面，如果材料处于应变软化范围，进一步的塑性应变将导致应力减小，或者应力增量指向加载面以内。对于一维情况下的增应变，这种向内运动对应于应力－应变曲线的软化部分。对弹性卸载，应力增量也指向加载面内部。因此，在应力空间很难区分产生附加塑性变形引起的应力减小和弹性卸载引起的应力减小。

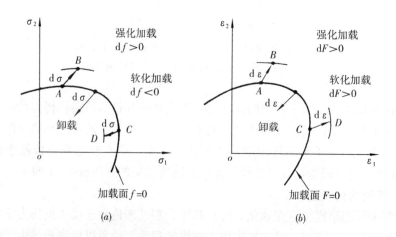

图4.31　定义在应力空间和应变空间的加载面
（a）在应力空间；（b）在应变空间

但是参照图 4.32 的 A 点和 C 点，应变增量 $d\varepsilon$ 对塑性加载总是正的，对弹性卸载总是负的。对多维情况的推广如图 4.31（b）所示，其中加载面 $F=0$ 是应变的函数。对于加载面上任意一个应变点（如 A 或 C），应变增量 $d\varepsilon$ 指向加载面以外表示塑性加载情况；指向加载面以内则表示弹性卸载情况，不存在模棱两可的情况。显而易见，在建立塑性本构关系时，如果将应变作为独立变量，那么就能同时研究强化和软化特性。

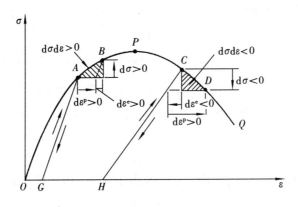

图 4.32　软化行为的特性

应变空间的塑性描述已在文献（Naghdi 和 Trapp，1975；Yoder 和 Iwan，1981；Qu 和 Yin，1981；Casey 和 Naghdi，1983）中加以讨论。由于在应变软化阶段，Drucker 稳定性假设不再有效，故下面的公式是基于弱稳定准则的，它放宽 Drucker 稳定性假设需要的条件并且考虑了非稳定特性，将会看出应力空间塑性的许多相似性质能应用到应变空间公式中。

4.8.2　基本关系式

考虑图 4.33 所示的典型的应力－应变曲线。在传统的塑性力学公式中，应力作为独立的变量，总应变等于弹性应变与塑性应变之和，其中弹性应变可从已知的应力中得出，如图 4.33 所示，因此

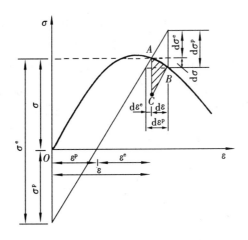

图 4.33　弹塑性固体的应变空间描述

$$\varepsilon_{ij} = \varepsilon_{ij}^{e} + \varepsilon_{ij}^{p} \tag{4.92}$$

另一个可选择的方法是在描述材料状态时把应变作为独立的变量。为找出应力,首先计算出弹性应力,用 σ_{ij}^{e} 表示,也就是当前应变 ε_{ij} 的弹性响应,然后减去 σ_{ij}^{p}。通过上述做法,已经放宽应力对塑性影响的考虑(见图 4.33)。

$$\sigma_{ij} = \sigma_{ij}^{e} - \sigma_{ij}^{p} \tag{4.93}$$

通过广义虎克定律,弹性响应 σ_{ij}^{e} 与总应变 ε_{ij} 的关系满足广义虎克定律,即

$$\sigma_{ij}^{e} = C_{ijkl}\varepsilon_{kl} \tag{4.94}$$

其中,C_{ijkl} 是各向同性弹性模量张量。根据常规的标记,它的形式如下:

$$C_{ijkl} = \frac{\nu E}{(1+\nu)(1-2\nu)}\delta_{ij}\delta_{kl} + \frac{E}{2(1+\nu)}(\delta_{ik}\delta_{jl} + \delta_{il}\delta_{jk}) \tag{4.95}$$

由于塑性变形引起的松弛应力 σ_{ij}^{p} 与塑性应变 ε_{ij}^{p} 有关,可用一个与式(4.94)类似的方程表示为:

$$\sigma_{ij}^{p} = C_{ijkl}\varepsilon_{kl}^{p} \tag{4.96}$$

在式(4.92)中,应变 $d\varepsilon_{ij}^{e}$ 是总应力 σ_{ij} 的弹性响应,所以可表示为:

$$\varepsilon_{ij}^{e} = D_{ijkl}\sigma_{kl} \tag{4.97}$$

其中,弹性柔度张量 D_{ijkl} 是 C_{ijkl} 的逆,形式为:

$$D_{ijkl} = -\frac{\nu}{E}\delta_{ij}\delta_{kl} + \frac{1+\nu}{2E}(\delta_{ik}\delta_{jl} + \delta_{il}\delta_{kl}) \tag{4.98}$$

一维情况下,σ_{ij},σ_{ij}^{e},σ_{ij}^{p},ε_{ij},ε_{ij}^{e} 和 ε_{ij}^{p} 的关系如图 4.33 所示。可概括为:

$$\sigma_{ij} = \sigma_{ij}^{e} - \sigma_{ij}^{p} = C_{ijkl}\varepsilon_{kl} - \sigma_{ij}^{p} \tag{4.99}$$

$$\varepsilon_{ij} = \varepsilon_{ij}^{e} + \varepsilon_{ij}^{p} = D_{ijkl}\sigma_{kl} + \varepsilon_{ij}^{p} \tag{4.100}$$

4.8.3 加载面

用应变空间描述时,需要定义应变空间中的加载面,使得瞬时应变状态总是位于面的内部或面上,并且只有当应变位于该面上而应变增量指向加载面外时才会发生应力松弛。这个面将产生平移和(或)转动。对照应力空间的加载函数,我们假定加载函数 F 具有下列形式:

$$F(\varepsilon_{ij}, \varepsilon_{ij}^{p}, k) = 0 \tag{4.101}$$

其中,ε_{ij} 为当前应变张量;ε_{ij}^{p} 为塑性应变张量(见图 4.33);k 为表示加载历史的参数,k 可以当作塑性功 W_{p} 或累积的塑性应变 ε_{p}。式(4.101)给出的曲面也叫松弛面(Yoder 和 Iwan,1981)。这是因为只有当应变状态位于该面上时才可能有应力松弛,并伴随着塑性变形发生。用已知的加载函数 F,可给出如下的加载准则:

如果 $F=0$ 和 $\dfrac{\partial F}{\partial \varepsilon_{ij}}d\varepsilon_{ij} < 0$,卸载,$d\sigma_{ij}^{p} = 0$;

如果 $F=0$ 和 $\dfrac{\partial F}{\partial \varepsilon_{ij}}d\varepsilon_{ij} = 0$,中性变载,$d\sigma_{ij}^{p} = 0$; $\qquad(4.102)$

如果 $F=0$ 和 $\dfrac{\partial F}{\partial \varepsilon_{ij}}d\varepsilon_{ij} > 0$,加载,$d\sigma_{ij}^{p} \neq 0$。

4.8.4 流动法则

对三维加载的情况,有必要为应力松弛增量 $d\sigma_{ij}^{p}$ 规定一个方向。为此,可使用由

Il'yushin（1961）提出的弱稳定准则。

现在考虑变形 $A-B-C$ 的一个闭合循环，如图 4.33 所示。在三维加载情况下，该变形循环对应一种应变路径，也就是应变从松弛面开始向外运动产生应变增量，然后回到初始状态。Il'yushin 假设规定，对于弹塑性材料的变形循环外力所做的功为非负，即如果产生塑性变形和应力松弛，那么功是正值。如果只有弹性变形产生则功为零。图 4.33 中的阴影部分 dW 表示在应变循环 $A—B—C$ 内所做的功，按照 Il'yushin 假设，得到：

$$dW = \oint d\sigma_{ij}^{p} d\varepsilon_{ij} \geqslant 0 \tag{4.103}$$

而正则法则或流动法则为：

$$d\varepsilon_{ij}^{p} = d\lambda \frac{\partial F}{\partial \sigma_{ij}} \tag{4.104}$$

其中，$d\lambda$ 为大于 0 的标量，用于弹塑性耦合材料的正则法则已由 Dafalias（1977a，b）、Yin 和 Qu（1982）进行了讨论。考虑加载准则（4.102），假定：

$$d\lambda = \frac{\partial F}{h} = \frac{1}{h} \frac{\partial F}{\partial \varepsilon_{kl}} d\varepsilon_{kl} \tag{4.105}$$

其中

$$\partial F = F\ (\varepsilon_{ij} + d\varepsilon_{ij},\ \varepsilon_{ij}^{p},\ k)\ -\ F\ (\varepsilon_{ij},\ \varepsilon_{ij}^{p},\ k) = \frac{\partial F}{\partial \varepsilon_{kl}} d\varepsilon_{kl} \tag{4.105a}$$

而 h 为一个大于 0 的标量。那么应力松弛增量 $d\sigma_{ij}^{p}$ 可表示为：

$$d\sigma_{ij}^{p} = \frac{1}{h} \frac{\partial F}{\partial \varepsilon_{ij}} \frac{\partial F}{\partial \varepsilon_{kl}} d\varepsilon_{kl} \tag{4.106}$$

4.8.5 增量形式的本构关系

把式（4.106）代入式（4.99）的增量形式可直接得到增量应力－应变关系为

$$d\sigma_{ij} = \left(C_{ijkl} - \frac{1}{h} \frac{\partial F}{\partial \varepsilon_{ij}} \frac{\partial F}{\partial \varepsilon_{kl}} \right) d\varepsilon_{kl} \tag{4.107}$$

可以看出，应变空间的塑性直接用应变状态给出刚度张量，切线刚度张量可表示为：

$$C_{ijkl}^{ep} = C_{ijkl} + C_{ijkl}^{p} = C_{ijkl} - \frac{1}{h} \frac{\partial F}{\partial \varepsilon_{ij}} \frac{\partial F}{\partial \varepsilon_{kl}} \tag{4.108}$$

为了得到柔度张量，把式（4.107）乘以（$\partial F / \partial \varepsilon_{mn}$）$D_{mnij}$ 得

$$\frac{\partial F}{\partial \varepsilon_{mn}} D_{mnij} d\sigma_{ij} = \frac{\partial F}{\partial \varepsilon_{mn}} D_{mnij} C_{ijkl} d\varepsilon_{kl}$$
$$- \frac{\partial F}{\partial \varepsilon_{mn}} D_{mnij} \frac{\partial F}{\partial \varepsilon_{ij}} \left(\frac{1}{h} \frac{\partial F}{\partial \varepsilon_{kl}} d\varepsilon_{kl} \right) \tag{4.109}$$

把式（4.105）代入式（4.109）的右边，然后解出 dλ，得到：

$$d\lambda = \frac{\dfrac{\partial F}{\partial \varepsilon_{pq}} D_{pqkl} d\sigma_{kl}}{h + \dfrac{\partial F}{\partial \varepsilon_{mn}} D_{mnrs} \dfrac{\partial F}{\partial \varepsilon_{rs}}} \tag{4.110}$$

将式（4.96）求逆，代入式（4.100），并写成增量形式的结果，得到

$$d\varepsilon_{ij} = d\varepsilon_{ij}^{e} + d\varepsilon_{ij}^{p} = D_{ijkl} d\sigma_{kl} + D_{ijtu} d\sigma_{tu}^{p} \tag{4.111}$$

将表示应力松弛法则的式（4.104）和计算 $d\lambda$ 的式（4.110）代入上式，导得下面形式的本构关系：

$$d\varepsilon_{ij} = \left[D_{ijkl} + \frac{D_{ijtu}\dfrac{\partial F}{\partial \varepsilon_{tu}}\dfrac{\partial F}{\partial \varepsilon_{pq}}D_{pqkl}}{h + \dfrac{\partial F}{\partial \varepsilon_{mn}}D_{mnrs}\dfrac{\partial F}{\partial \varepsilon_{rs}}} \right] d\sigma_{kl} \tag{4.112}$$

括号里的表达式代表柔度张量。

对于在应变空间具有加载函数 F 的弹塑性固体，式（4.107）和式（4.112）是其广义的增量形式的本构关系。这些方程对强化和软化范围都适用，但对理想塑性情况没有做出定义。到现在为止，标量参数 h 或 $d\lambda$ 还没有确定，将在接下来的章节给出。

4.8.6 一致性条件

由式（4.101）定义的加载面，标量 h 或 $d\lambda$ 能够由一致性条件来确定。一致性条件规定在应力松弛过程中，每个应变增量导致从一种塑性状态到另一种塑性状态。式（4.101）适用于应变增量发生的前后，对式（4.101）求导得：

$$dF = \frac{\partial F}{\partial \varepsilon_{ij}}d\varepsilon_{ij} + \frac{\partial F}{\partial \varepsilon_{ij}^{p}}d\varepsilon_{ij}^{p} + \frac{\partial F}{\partial k}\frac{\partial k}{\partial \varepsilon_{ij}^{p}}d\varepsilon_{ij}^{p} = 0 \tag{4.113}$$

将式（4.96）求逆后的增量形式代回式（4.104），则能够用 $d\lambda$ 表示出 $d\varepsilon_{ij}^{p}$，然后解式（4.113）得：

$$d\lambda = \frac{1}{h}\frac{\partial F}{\partial \varepsilon_{ij}}d\varepsilon_{ij} \tag{4.114}$$

其中

$$h = -\frac{\partial F}{\partial \varepsilon_{mn}^{p}}D_{mnpq}\frac{\partial F}{\partial \varepsilon_{pq}} - \frac{\partial F}{\partial k}\frac{\partial k}{\partial \varepsilon_{mn}^{p}}D_{mnpq}\frac{\partial F}{\partial \varepsilon_{pq}} \tag{4.115}$$

从而可看出，在应变空间，h 依赖于屈服面的演化法则，F 的函数形式一旦给定，就能最后确定 h 或 $d\lambda$。

还可以看出，在应变空间中，应力－应变关系的推导与应力空间中的一样。应力空间和应变空间公式的一致性已经在 Chen 和 Han（1988）的书中讨论过了。

4.9　塑性断裂公式

4.9.1　典型材料的性质

弹塑性固体的应力－应变曲线如图 4.33 所示，图中，卸载－再加载是沿着与应力－应变曲线的初始切线相平行的直线，即对于理想塑性固体，卸载－再加载直线的斜率不随塑性变形而变化。

但是，对于像混凝土一样的许多工程材料而言，情况就不同了，例如，弹性模量或刚度通常随应变的增加而减小，这种性质归因于微裂缝或断裂。因此，对另一种极端情况，Dougill（1975，1976）提出了一种理想的材料模型，称为逐步开裂固体，如图 4.34 所示。这个理想材料为完全弹性的，卸载时，材料恢复到它的初始应力及应变的自由状态，无永久（塑性）应变产生。

图 4.35 给出了一种同时表现塑性变形和刚度退化性质的材料，混凝土属于这一类，

尤其是在软化阶段。为了包含这两种性质，Bazant 和 Kim（1979）提出了一种称为塑性断裂理论的组合理论。在这个理论中，塑性变形用通常形式的塑性流动理论来定义，而刚度退化则用 Dougill 的断裂理论来模拟。这种方法在定义加载准则时遇到了困难，这是因为它涉及两个加载面，一个是在应力空间中的屈服面，另一个是在应变空间中的断裂面。为了避免这个问题，可在描述塑性断裂性质（Han 和 Chen，1986）时，采用应变空间中的塑性力学方法。对于在应变强化阶段和应变软化阶段具有刚度退化的弹塑性材料而言，下面将给出形式一致的本构方程。

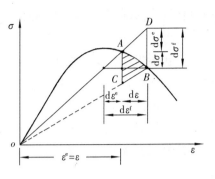

图 4.34　逐步开裂固体
（Dougill，1975）

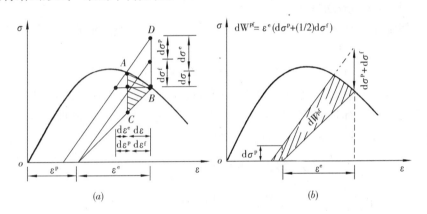

(a)　　　　　　　　　　(b)

图 4.35　组合公式的图解描述
（a）应力增量和应变增量；（b）塑性断裂功增量

4.9.2　基本关系式

考虑图 4.35 所示的典型应力-应变曲线，假定应力增量由三部分组成：

$$d\sigma_{ij} = d\sigma_{ij}^{e} + d\sigma_{ij}^{p} + d\sigma_{ij}^{f} \tag{4.116}$$

其中，$d\sigma_{ij}^{e}$ 是对应于总应变增量 $d\varepsilon_{ij}$ 的弹性响应。

$$d\sigma_{ij}^{e} = C_{ijkl}d\varepsilon_{kl} \tag{4.117}$$

而 $d\sigma_{ij}^{p}$ 是与塑性应变增量 $d\varepsilon_{ij}^{p}$ 有关的松弛应力增量，即

$$d\sigma_{ij}^{p} = C_{ijkl}d\varepsilon_{kl}^{p} \tag{4.118}$$

而 $d\sigma_{ij}^{f}$ 是由于刚度退化引起的松弛应力增量（图 4.35a），它与断裂应变增量 $d\varepsilon_{ij}^{f}$ 有关，即

$$d\sigma_{ij}^{f} = C_{ijkl}d\varepsilon_{kl}^{f} \tag{4.119}$$

在式（4.117）~式（4.119）中，C_{ijkl} 是当前弹性模量的张量。

进一步定义弹性应变增量 $d\varepsilon_{ij}^{e}$，它是对应于总应力增量 $d\sigma_{ij}$ 的弹性响应，也就是说，

$$d\varepsilon_{ij}^{e} = D_{ijkl}d\sigma_{kl} \tag{4.120}$$

其中，D_{ijkl} 为当前柔度张量，即张量 C_{ijkl} 的逆。

从式（4.120）中解出 $d\sigma_{ij}$，并把它与式（4.117）~式（4.119）一起代入式

（4.116），可以得到应变增量 $\mathrm{d}\varepsilon_{ij}$，$\mathrm{d}\varepsilon_{ij}^{\mathrm{e}}$，$\mathrm{d}\varepsilon_{ij}^{\mathrm{p}}$ 和 $\mathrm{d}\varepsilon_{ij}^{\mathrm{f}}$ 的关系如下：

$$\mathrm{d}\varepsilon_{ij} = \mathrm{d}\varepsilon_{ij}^{\mathrm{e}} + \mathrm{d}\varepsilon_{ij}^{\mathrm{p}} + \mathrm{d}\varepsilon_{ij}^{\mathrm{f}} \qquad (4.121)$$

上式表明总应变增量 $\mathrm{d}\varepsilon_{ij}$ 包含三部分：弹性应变增量 $\mathrm{d}\varepsilon_{ij}^{\mathrm{e}}$，在增量意义上它是可逆的；塑性应变增量 $\mathrm{d}\varepsilon_{ij}^{\mathrm{p}}$，它是永久应变增量；断裂应变增量 $\mathrm{d}\varepsilon_{ij}^{\mathrm{f}}$，只有当应力完全释放时这部分应变才可恢复。

与增量形式的应变相比较，应该注意总应变 ε_{ij} 仅包含两部分：塑性（永久）应变 $\varepsilon_{ij}^{\mathrm{p}}$ 和可恢复应变或弹性应变 $\varepsilon_{ij}^{\mathrm{e}}$，即

$$\varepsilon_{ij} = \varepsilon_{ij}^{\mathrm{e}} + \varepsilon_{ij}^{\mathrm{p}} \qquad (4.122)$$

弹性应变 $\varepsilon_{ij}^{\mathrm{e}}$ 通过当前弹性模量的张量与总应力 σ_{ij} 联系起来，即

$$\sigma_{ij} = C_{ijkl}\varepsilon_{ij}^{\mathrm{e}} \qquad (4.123)$$

4.9.3 松弛面和流动法则

这里，假定在应变空间中的松弛面与式（4.101）有相似的形式，只是用 W^{pf} 来取代参数 k，则有：

$$F\left(\varepsilon_{ij},\ \varepsilon_{ij}^{\mathrm{p}},\ W^{\mathrm{pf}}\right) = 0 \qquad (4.124)$$

其中，W^{pf} 为塑性断裂功，它是整个加载-卸载过程总能量的消耗（图 4.35b）。因为只有当应变状态处在这个面上才可能存在应力松弛，并伴随着塑性变形及刚度退化产生，故松弛面也是加载面。因此有下列形式的加载准则：

如果　$F=0$ 和 $\dfrac{\partial F}{\partial \varepsilon_{ij}}\mathrm{d}\varepsilon_{ij}<0$，卸载，$\mathrm{d}\sigma_{ij}^{\mathrm{pf}}=0$

如果　$F=0$ 和 $\dfrac{\partial F}{\partial \varepsilon_{ij}}\mathrm{d}\varepsilon_{ij}=0$，中性变载，$\mathrm{d}\sigma_{ij}^{\mathrm{pf}}=0$ $\qquad (4.125)$

如果　$F=0$ 和 $\dfrac{\partial F}{\partial \varepsilon_{ij}}\mathrm{d}\varepsilon_{ij}>0$，加载，$\mathrm{d}\sigma_{ij}^{\mathrm{pf}}\neq 0$

其中，$\mathrm{d}\sigma_{ij}^{\mathrm{pf}}$ 为应力松弛时的应力增量，等于塑性应力增量 $\mathrm{d}\sigma_{ij}^{\mathrm{p}}$ 和断裂应力增量 $\mathrm{d}\sigma_{ij}^{\mathrm{f}}$ 之和，即

$$\mathrm{d}\sigma_{ij}^{\mathrm{pf}} = \mathrm{d}\sigma_{ij}^{\mathrm{p}} + \mathrm{d}\sigma_{ij}^{\mathrm{f}} \qquad (4.126)$$

Il'yushin 假定要求在一个应变循环内所做的功 $\mathrm{d}W$ 是非负的。在图 4.35（a）中，$\mathrm{d}W$ 用阴影面积表示，因此有：

$$\mathrm{d}W = \int \mathrm{d}\sigma_{ij}^{\mathrm{pf}}\mathrm{d}\varepsilon_{ij} \geqslant 0 \qquad (4.127)$$

因此，正则法则（或流动法则）可表示为：

$$\mathrm{d}\sigma_{ij}^{\mathrm{pf}} = \mathrm{d}\lambda\,\frac{\partial F}{\partial \varepsilon_{ij}} \qquad (4.128)$$

关于弹塑性耦合材料的正则法则，Dafalias（1977b）和 Yin 及 Qu（1982）已经讨论过了。

4.9.4 能量耗散率和 $\mathrm{d}\sigma_{ij}^{\mathrm{pf}}$ 的分解

每单位体积的能量耗散率定义为 $D=\mathrm{d}W^{\mathrm{pf}}$，对于塑性断裂固体 D 由两部分组成：一部分是由于塑性变形引起的，另一部分由于刚度退化产生的。因此得到：

$$D = \mathrm{d}W^{\mathrm{pf}} = \sigma_{ij}\mathrm{d}\varepsilon_{ij}^{\mathrm{p}} - \frac{1}{2}\mathrm{d}C_{ijkl}\varepsilon_{ij}^{\mathrm{e}}\varepsilon_{kl}^{\mathrm{e}} \qquad (4.129)$$

鉴于基本关系式（4.118）和式（4.123），用塑性应力增量 $\mathrm{d}\sigma_{ij}^{\mathrm{p}}$ 和弹性应变 $\varepsilon_{ij}^{\mathrm{e}}$ 可将式

（4.129）的第一项重写为 $\varepsilon^{e}_{ij}d\sigma^{p}_{ij}$（仅将式 4.118 乘以 ε^{e}_{ij} 并由式 4.123 很容易得到这种关系），并且，注意到断裂应力分量 $d\sigma^{f}_{ij}$ 与刚度退化有关：

$$d\sigma^{f}_{ij} = -dC_{ijkl}\varepsilon^{e}_{kl} \tag{4.130}$$

由此可将式（4.129）的第二项表示为 $\frac{1}{2}d\sigma^{f}_{ij}\varepsilon^{e}_{ij}$，式（4.129）变为：

$$D = dW^{pf} = \varepsilon^{e}_{ij}\left(d\sigma^{p}_{ij} + \frac{1}{2}d\sigma^{f}_{ij}\right) \tag{4.131}$$

实际上，该表达式表示了图 4.35（b）中的阴影部分面积。可以假定弹性刚度张量 C_{ijkl} 是塑性断裂功 W^{pf} 的函数，即

$$C_{ijkl} = C_{ijkl}\left(W^{pf}\right) \tag{4.132}$$

那么刚度退化率可表示为：

$$C'_{ijkl} = \frac{dC_{ijkl}}{dW^{pf}} \tag{4.133}$$

注意到式（4.131）给出的能量耗散率的定义，得到刚度退化 dC_{ijkl} 为

$$dC_{ijkl} = \frac{dC_{ijkl}}{dW^{pf}}dW^{pf} = C'_{ijkl}\varepsilon^{e}_{mn}\left(d\sigma^{p}_{mn} + \frac{1}{2}d\sigma^{f}_{mn}\right) \tag{4.134}$$

把式（4.134）代入式（4.130），导得：

$$d\sigma^{f}_{ij} = -C'_{ijkl}\varepsilon^{e}_{kl}\varepsilon^{e}_{mn}\left(d\sigma^{p}_{mn} + \frac{1}{2}d\sigma^{f}_{mn}\right) \tag{4.135}$$

对式（4.135）进行张量运算后，断裂应力增量 $d\sigma^{f}_{ij}$ 和总的非弹性应力增量 $d\sigma^{pf}_{ij}$ 之间的关系可以下列形式得出：

$$d\sigma^{f}_{ij} = T^{f}_{ijkl}d\sigma^{pf}_{kl} \tag{4.136}$$

其中，T^{f}_{ijkl} 可视为转换张量，可表示为：

$$T^{f}_{ijkl} = M_{ijmn}N_{mnkl} \tag{4.137}$$

其中，张量 M_{ijmn} 是张量 $\overline{M}_{ijmn}$ 的逆，并且

$$\overline{M}_{ijmn} = \delta_{im}\delta_{jn} - \frac{1}{2}C'_{ijpq}\varepsilon^{e}_{pq}\varepsilon^{e}_{mn} \tag{4.138}$$

其中，N_{mnkl} 被定义为：

$$N_{mnkl} = -C'_{mnpq}\varepsilon^{e}_{pq}\varepsilon^{e}_{kl} \tag{4.139}$$

根据式（4.126），得到 $d\sigma^{p}_{ij}$ 与 $d\sigma^{pf}_{ij}$ 有如下关系：

$$d\sigma^{p}_{ij} = T^{p}_{ijkl}d\sigma^{pf}_{kl} \tag{4.140}$$

其中

$$T^{p}_{ijkl} = \delta_{ik}\delta_{jl} - T^{pf}_{ijkl} \tag{4.141}$$

因此，假定刚度退化率 C'_{ijkl} 是已知的，可通过总应力松弛 $d\sigma^{pf}_{ij}$ 分别由式（4.140）和式（4.136）来确定两个应力分量 $d\sigma^{p}_{ij}$ 和 $d\sigma^{f}_{ij}$。

4.9.5 本构关系

一旦建立了应力增量 $d\sigma^{p}_{ij}$，$d\sigma^{f}_{ij}$ 和总的增量 $d\sigma^{pf}_{ij}$ 间的关系，式（4.128）中的标量 $d\lambda$ 就能由相容条件得出。这里，如同式（4.114）中那样，$d\lambda$ 有下列形式：

$$d\lambda = \frac{1}{h}\frac{\partial F}{\partial \varepsilon_{ij}}d\varepsilon_{ij}$$

但标量函数 h 具有不同的形式：

$$h = -\left[\frac{\partial F}{\partial \varepsilon_{ij}^{\mathrm{p}}}D_{ijmn}T_{mnkl}^{\mathrm{p}}\frac{\partial F}{\partial \varepsilon_{kl}} + \frac{\partial F}{\partial W^{\mathrm{pf}}}\varepsilon_{mn}^{\mathrm{e}}\left(T_{mnkl}^{\mathrm{p}} + \frac{1}{2}T_{mnkl}^{\mathrm{f}}\right)\frac{\partial F}{\partial \varepsilon_{kl}}\right] \qquad (4.142)$$

$$d\sigma_{ij} = d\sigma_{ij}^{\mathrm{e}} - d\sigma_{ij}^{\mathrm{pf}}$$

注意到

$$d\sigma_{ij}^{\mathrm{e}} = C_{ijkl}d\varepsilon_{kl}$$

可以得到塑性断裂固体的本构方程：

$$d\sigma_{ij} = \left[C_{ijkl} - \frac{1}{h}\frac{\partial F}{\partial \varepsilon_{ij}}\frac{\partial F}{\partial \varepsilon_{kl}}\right]d\varepsilon_{kl} \qquad (4.143)$$

该式与式（4.107）有相同的形式。

上述给出的一般公式对加载条件（强化或软化）的整个范围都是有效的，并适合于模拟弹塑性耦合材料的应力-应变特性。

4.10　软化模拟的说明

混凝土材料破坏的后期，通常能够观察到塑性变形（不可逆的）伴随有弹性劣化的特性。在模拟这种特性时，塑性理论和损伤理论相结合的方法是合乎逻辑并且合理的。应变空间的公式提供了一种把这两种理论相结合的方法。

为了建立混凝土类材料的分析模型，必须定义两个函数：（1）在应变空间的加载函数（松弛函数）F；（2）作为能量耗散 W^{pf} 函数的刚度退化张量率 C_{ijkl}'。初始松弛函数表示在塑性变形和弹性劣化开始发生时所有可能的应变状态，其函数值随塑性变形的增加和损伤的发展而变化。由于缺乏混凝土在软化范围内的实验数据，目前很难给出松弛函数的明确定义，含有 21 个分量的刚度退化率 C_{ijkl}' 就更难定义。但是，由于刚度退化特性一般是由材料的某种损伤引起的，连续介质损伤理论试图在连续介质力学原理的基础上来解决这个问题。对混凝土材料来说，这方面仍处于积极的发展阶段。随着这个理论的成功和大量试验数据的获得，混凝土材料的宏观应变软化特性将得到更好的描述。

连续介质力学方法，包括塑性理论和损伤力学，视应变软化为连续介质的一个特性。但是，如在 4.7.1 节所讨论的那样，混凝土的应变软化不是材料的真实特性。由于应变局部化，连续体模型中用试件或单元的均匀性或平均特性代替软化特性，因此，在有限元分析中将出现单元尺寸的影响。Bazant（1976，1986）给出了关于混凝土应变软化的网格尺寸敏感性和数值计算稳定性的详细讨论。

在对混凝土材料的拉伸断裂软化的研究中，Bazant 等（1979，1983）指出，由于单位长度裂缝局部造成的能量耗散是一种与单元尺寸无关的材料性质。基于这个概念，能正确地模拟在拉伸断裂中的应变软化，并解决网格尺寸敏感度的问题。这些将在下节介绍。Bazant（1986）还指出尺寸效应不局限于拉伸断裂。与虚拟网格尺寸的敏感度一样，这个效应会出现在因应变软化而破坏的所有结构，包括由于压缩或剪切造成的混凝土破坏。

但是，在含有应变软化本构模型的有限元分析中，网格尺寸敏感度问题在文献中很少报道，这是因为很少利用应变空间的塑性公式或损伤力学公式来进行有限元计算。这方面仍有许多研究工作要做。

4.11　拉伸应变软化模拟

众所周知，拉伸应变软化与拉伸裂缝的发展有关。在有限元分析中，有两种方法来模拟拉伸裂缝：（1）离散裂缝，假定裂缝沿单元界面处产生；（2）模糊裂缝，假定裂缝在单元内某区域以连续方式出现。开裂混凝土的本构特性可由等效均匀连续体的应力－应变关系表示。Hillerborg 等（1976）提出的虚拟裂缝模型与第一种方法相对应，Bazant 等（1976，1979，1983）提出的裂缝带模型与后者相对应。这两种模型均以断裂能的概念来处理拉伸断裂问题。由于模糊裂缝的方法已广泛地应用于有限元分析中，所以我们的讨论仅限于这种方法。

4.11.1　断裂区的应变
在简单的拉伸试验中，混凝土试件典型的应力－伸长曲线如图 4.4（Peterson，1981）所示，图中表明混凝土在极限抗拉强度之前表现为线弹性特性，超过这个极限，随拉伸长度的增加（或拉伸应变增加），拉伸应力逐渐减小，而不像脆性材料突然降为零，这种现象为拉伸应变软化。

应力－应变特性主要是由微裂缝的形成控制的。开始，一定数量的微裂缝在试件内发展，但当在试件的某些部位，局部拉伸应力达到其强度极限 f_t，那么微裂缝引起的附加变形将集中于所谓的断裂区（见图 4.36）。在这个断裂区，应力逐渐减小，而应变增加，图 4.37（a）的下降段曲线表明了发生应变软化，接近曲线下降段的末端，微裂缝汇合成一个连续的大裂缝。

在应用模糊裂缝的方法时，正确解释断裂区的应变非常重要。现在考虑在断裂区发展的，与最大主应力垂直分布的一系列不连续微裂缝，微裂缝的发展必然导致断裂区内正应变的增加，但它对与微裂缝平行的断裂区之外应变

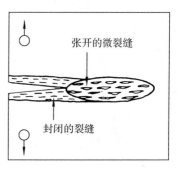

图 4.36　在开裂前端形成的断裂区（Bazant 和 Oh，1983）

的影响相当小。如图 4.37 所示，总的正应变 ε_n 由两个不同的部分组成：介于微裂缝之间的混凝土应变 ε_n^{co} 和表示微裂缝张开的开裂应变 ε_n^{cr}。

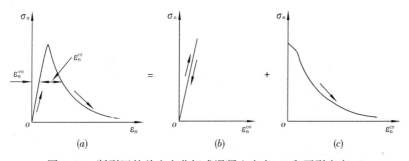

图 4.37　断裂区的总应变分解成混凝土应变 ε_n^{co} 和开裂应变 ε_n^{cr}

（Rots 等，1985）

因为实验表明拉伸应力－应变曲线的上升部分的非线性能够忽略不计，故认为混凝土应变 ε_n^{co} 仅是弹性。断裂应变 ε_n^{cr} 与应力松弛有关，它仅在有限的宽度内作用，该有限元的宽度即断裂区的宽度，或在有限单元宽度。有限单元宽度内布满模糊裂纹。结果，断裂应变以与这个宽度密切相关的形式出现，并在应变软化公式中引进尺寸效应。事实上，必须将应变软化模量调整为与有限单元的尺寸相对应，否则，断裂能量的释放将与有限单元网格有关，这将在后面讨论。

4.11.2 线性应变软化模型的应力－应变关系

图 4.37 中所示的思想是由 Bazant 和 Oh（1983）提出的，现在已成为习惯的作法（Rots 等，1985）。为简化起见，假定应力－应变曲线的下降部分为直线，如图 4.38 所示。总应变 $\{\varepsilon\}$ 可分解成混凝土应变 $\{\varepsilon^{co}\}$ 和开裂应变 $\{\varepsilon^{cr}\}$，即

$$\{\varepsilon\} = \{\varepsilon^{co}\} + \{\varepsilon^{cr}\} \tag{4.144}$$

增量形式为：

$$\{\Delta\varepsilon\} = \{\Delta\varepsilon^{co}\} + \{\Delta\varepsilon^{cr}\} \tag{4.145}$$

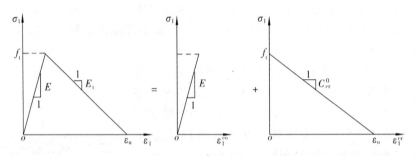

图 4.38 线性拉伸应变软化模型

一方面，假定裂缝间的混凝土是线弹性的，通过杨氏模量 E 和泊松比 ν 来表征，即

$$\begin{Bmatrix} \Delta\varepsilon_1^{co} \\ \Delta\varepsilon_2^{co} \\ \Delta\varepsilon_3^{co} \end{Bmatrix} = \frac{1}{E} \begin{bmatrix} 1 & -\nu & -\nu \\ -\nu & 1 & -\nu \\ -\nu & -\nu & 1 \end{bmatrix} \begin{Bmatrix} \Delta\sigma_1 \\ \Delta\sigma_2 \\ \Delta\sigma_3 \end{Bmatrix} \tag{4.146}$$

上式用笛卡尔坐标系 x_1，x_2，x_3 建立，并且 x_1 轴与裂缝面垂直。另一方面，"开断"导致模量 C_{cr}^o 在 x_1 方向的线性软化特性（图 4.38）。但开裂在其他方向上没有影响。因此，得到：

$$\begin{Bmatrix} \Delta\varepsilon_1^{cr} \\ \Delta\varepsilon_2^{cr} \\ \Delta\varepsilon_3^{cr} \end{Bmatrix} = \begin{bmatrix} \dfrac{1}{C_{cr}^o} & 0 & 0 \\ 0 & 0 & 0 \\ 0 & 0 & 0 \end{bmatrix} \begin{Bmatrix} \Delta\sigma_1 \\ \Delta\sigma_2 \\ \Delta\sigma_3 \end{Bmatrix} \tag{4.147}$$

把式（4.147）和式（4.146）代入式（4.145），产生以下形式的增量应变－应力关系：

$$\begin{Bmatrix} \Delta\varepsilon_1 \\ \Delta\varepsilon_2 \\ \Delta\varepsilon_3 \end{Bmatrix} = \begin{bmatrix} \left(\dfrac{1}{E} + \dfrac{1}{C_{cr}^0}\right) & -\dfrac{\nu}{E} & -\dfrac{\nu}{E} \\ -\dfrac{\nu}{E} & \dfrac{1}{E} & -\dfrac{\nu}{E} \\ -\dfrac{\nu}{E} & -\dfrac{\nu}{E} & \dfrac{1}{E} \end{bmatrix} \begin{Bmatrix} \Delta\sigma_1 \\ \Delta\sigma_2 \\ \Delta\sigma_3 \end{Bmatrix} \tag{4.148}$$

从式（4.145）的基本假定出发，并注意图 4.38，得到：

$$\frac{\Delta\sigma_1}{E_t} = \frac{\Delta\sigma_1}{E} + \frac{\Delta\sigma_1}{C_{cr}^0} \tag{4.149}$$

则

$$\frac{1}{E_t} = \frac{1}{E} + \frac{1}{C_{cr}^0}$$

其中，E_t 为应变软化模量。把式（4.149）代入式（4.148），得出：

$$\begin{Bmatrix} \Delta\varepsilon_1 \\ \Delta\varepsilon_2 \\ \Delta\varepsilon_3 \end{Bmatrix} = \begin{bmatrix} \dfrac{1}{E_t} & -\dfrac{\nu}{E} & -\dfrac{\nu}{E} \\ -\dfrac{\nu}{E} & \dfrac{1}{E} & -\dfrac{\nu}{E} \\ -\dfrac{\nu}{E} & -\dfrac{\nu}{E} & \dfrac{1}{E} \end{bmatrix} \begin{Bmatrix} \Delta\sigma_1 \\ \Delta\sigma_2 \\ \Delta\sigma_3 \end{Bmatrix} \tag{4.150}$$

其中，系数矩阵为切线柔度矩阵。显然，通过对式（4.150）中柔度矩阵的求逆，可得到切线刚度矩阵为

$$\begin{Bmatrix} \Delta\sigma_1 \\ \Delta\sigma_2 \\ \Delta\sigma_3 \end{Bmatrix} = \frac{1}{\Delta} \begin{bmatrix} (1-\nu^2) & \nu(1+\nu) & \nu(1+\nu) \\ & \left(\dfrac{E}{E_t}-\nu^2\right) & \nu\left(\dfrac{E}{E_t}+\nu\right) \\ \text{对称} & & \left(\dfrac{E}{E_t}-\nu^2\right) \end{bmatrix} \begin{Bmatrix} \Delta\varepsilon_1 \\ \Delta\varepsilon_2 \\ \Delta\varepsilon_3 \end{Bmatrix} \tag{4.151}$$

其中，

$$\Delta = \left[\frac{1}{E_t}(1-\nu^2) - \frac{2}{E}\nu^2(1+\nu)\right]。$$

如果考虑剪切滞后，则扩大成 6×6 阶的切线刚度矩阵一般可表达为：

$$\begin{Bmatrix} \Delta\sigma_{11} \\ \Delta\sigma_{22} \\ \Delta\sigma_{33} \\ \Delta\sigma_{23} \\ \Delta\sigma_{13} \\ \Delta\sigma_{12} \end{Bmatrix} = \begin{bmatrix} \dfrac{(1-\nu^2)}{\Delta} & \nu\dfrac{(1+\nu)}{\Delta} & \nu\dfrac{(1+\nu)}{\Delta} & & & \\ & \dfrac{1}{\Delta}\left(\dfrac{E}{E_t}-\nu^2\right) & \dfrac{\nu}{\Delta}\left(\dfrac{E}{E_t}+\nu\right) & & 0 & \\ & & \dfrac{1}{\Delta}\left(\dfrac{E}{E_t}-\nu^2\right) & & & \\ & & & \dfrac{E}{2(1+\nu)} & & \\ & \text{对称} & & & \dfrac{\beta E}{2(1+\nu)} & \\ & & & & & \dfrac{\beta E}{2(1+\nu)} \end{bmatrix}$$

$$\times \begin{Bmatrix} \Delta\varepsilon_{11} \\ \Delta\varepsilon_{22} \\ \Delta\varepsilon_{33} \\ \Delta\gamma_{23} \\ \Delta\gamma_{13} \\ \Delta\gamma_{12} \end{Bmatrix} \tag{4.152}$$

其中，β 为剪切滞后因子。虽然裂缝可能在垂直方向张开，但当受到平行方向的不均匀运动时，裂缝仍有可能相互连接，这取决于裂缝面的构成和保持裂缝面接触的约束力。

在式(4.152)中，x_1 轴与裂缝面垂直，这表明当应变软化模量 $E_t = E$ 时，式(4.152)变为各向同性弹性应力-应变关系，当 $E \to 0$ 时，式(4.152)中的矩阵变为残余刚度矩阵：

$$[\bar{C}_r] = \frac{E}{(1-\nu^2)} \begin{bmatrix} 0 & 0 & 0 & 0 & 0 & 0 \\ 0 & 1 & \nu & 0 & 0 & 0 \\ 0 & \nu & 1 & 0 & 0 & 0 \\ 0 & 0 & 0 & \dfrac{(1-\nu)}{2} & 0 & 0 \\ 0 & 0 & 0 & 0 & \dfrac{\beta(1-\nu)}{2} & 0 \\ 0 & 0 & 0 & 0 & 0 & \dfrac{\beta(1-\nu)}{2} \end{bmatrix} \tag{4.153}$$

该矩阵与裂缝的形成结束阶段相适应。因此，式（4.152）表示单元从未开裂到完全开裂状态的过渡。

对平面应力问题，切线刚度矩阵为：

$$\begin{Bmatrix} \Delta\sigma_{11} \\ \Delta\sigma_{22} \\ \Delta\sigma_{12} \end{Bmatrix} = \begin{bmatrix} \dfrac{EE_t}{E-\nu^2 E_t} & \dfrac{\nu EE_t}{E-\nu^2 E_t} & 0 \\ \dfrac{\nu EE_t}{E-\nu^2 E_t} & \dfrac{E^2}{E-\nu^2 E_t} & 0 \\ 0 & 0 & \dfrac{\beta E}{2(1+\nu)} \end{bmatrix} \begin{Bmatrix} \Delta\varepsilon_{11} \\ \Delta\varepsilon_{22} \\ \Delta\gamma_{12} \end{Bmatrix} \tag{4.154}$$

4.11.3 断裂能和拉伸应变软化参数 C_{cr}^o

图 4.39（a）中所示的应变软化曲线，由产生断裂区的强度极限 f_t、曲线下部的面积 g_t 和下降部分的形状定义。

1. 强度极限 f_t：假定强度极限 f_t 为常数，并与单轴拉伸强度 f_t' 相等，但是，模型容许 f_t 是横向压应力的函数，这使得拉伸断裂能够与双向或三向破裂实验数据更接近。

2. 曲线下部的面积 g_f：该面积 g_f 可表达为：

$$g_f = \int \sigma_n d\varepsilon_n^{cr} \tag{4.155}$$

它与断裂能 G_f 有关，假定 G_f 是材料的一种性质。定义 G_f 为每单位面内产生一条连续裂缝所需的能量值，可表达为（Hillerborg，1984）：

$$G_f = \int \sigma_n dw \tag{4.156}$$

其中，w 代表在断裂区所有微裂缝张开的位移量之和，如图 4.39（b）所示。

采用模糊裂缝的方法，w 采用有限元单内作用于某一宽度（也称为裂缝带宽 h）上的裂缝应变表示。如图 4.39（a）所示，由于 w 为累积的开裂应变，所以有：

$$w = \int_h \varepsilon_n^{cr} dn \tag{4.157}$$

假设微裂缝在整个裂缝带是均匀分布的，式（4.157）变为：

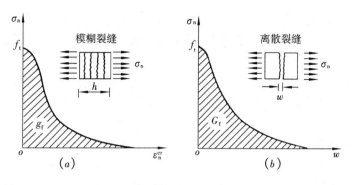

图 4.39

（a）拉伸应力－裂缝应变图；

（b）拉伸应力－裂纹张开位移图（Rots 等，1985）

$$w = h\varepsilon_n^{cr} \tag{4.158}$$

结合式（4.158），式（4.155）和式（4.156）得到 g_f 和 G_f 之间的关系为

$$G_f = hg_f \tag{4.159}$$

裂缝带宽度的大小 h 取决于单元尺寸和单元形状（见 Rots 等，1985）。

3. 下降部分的形状：原则上，假如上述条件满足，模型容许下降部分的形状可任意选择。选择如图 4.40 所示的线性或双线性下降部分，为了满足断裂能条件式（4.159）必须使应变软化模量 C_{cr}^0 与选定的带宽 h 相接近。

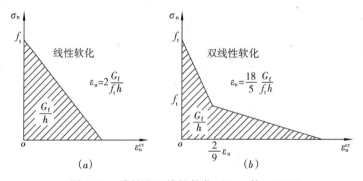

图 4.40　线性和双线性软化（Rots 等，1985）

线性软化：

$$C_{cr}^0 = -\frac{1}{2}\frac{f_t^2 h}{G_f} \tag{4.160}$$

双线性软化：

$$C_{cr}^0 = \begin{cases} -\dfrac{5}{6}\dfrac{f_t^2 h}{G_f}, & \text{如果 } 0 < \varepsilon_n^{cr} < \dfrac{2}{9}\varepsilon_u \\[2mm] -\dfrac{5}{42}\dfrac{f_t^2 h}{G_f}, & \text{如果 } \dfrac{2}{9}\varepsilon_u < \varepsilon_n^{cr} < \varepsilon_u \end{cases} \tag{4.161}$$

其中，ε_u 为拉伸应变软化曲线的极限应变（图 4.40）。应该注意到，极限应变 ε_u 也被以同样的方式调整到与带宽 h 相适应。

4.12　损　伤　理　论

在微观结构水平上，材料的缺陷，如微空隙和微裂缝，称之为"损伤"。许多工程材料的力学性质和应力－应变响应在很大程度上归于结构内的微缺陷，正如前面4.2节中提到的，混凝土的非线性应力－应变特性主要由于微裂缝的产生和集结。考虑到这个劣化过程，必须用宏观模拟理论而不是塑性理论。连续介质损伤力学（CDM）理论在发展这种材料的本构关系中提供了严格的框架。

在介绍CDM理论之前，我们首先观察材料一些典型的宏观特性，图4.41（a）表示一种弹塑性固体的典型特性。从图中可看出，在卸载时有不可恢复应变或塑性应变。但卸载－再加载线总是沿着与应力－应变曲线初始切线相平行的直线。换句话说，弹性卸载－再加载的刚度没有随塑性变形而变化。材料的非线性归因于塑性应变的存在。材料的这种特性一般可用塑性力学理论来描述。另一极端情况，图4.41（b）表示一种理想弹性的典型特性。卸载时，材料回到无应力和无应变状态，没有塑性变形产生。但是，卸载－再加载的斜率随应变的增加而减少。材料的非线性是因刚度退化引起的，这种特性是由于材料存在微裂缝或断裂，图4.41（c）是这两种特性的组合。考虑到断裂和塑性流动之间的差异，采用断裂理论或损伤理论来解决刚度退化特性。

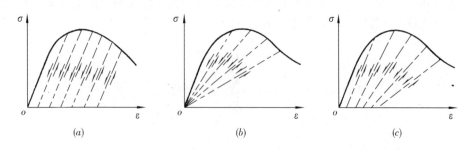

图4.41　典型材料性质

连续介质损伤力学理论（CDM）首先由 Kachanov（1958）提出，用来描述金属的蠕变断裂，后来得到扩展并应用于材料静力断裂、疲劳和蠕变问题。70年代后期，发现CDM能很好地模拟应变软化特性。这个理论进一步发展用来描述混凝土的各向同性或各向异性损伤特性（Dougill，1975，Dragon 和 Mroz，1979，Krajcinovic 和 Fonseka，1981，Lemaitre 和 Mazars，1982，Oritz，1985，Mazars，1986a，Frantziskonis 和 Desai，1987等）。目前，该理论的进一步应用仍处于不断的发展中（Chen，Yu等，1993），对这个课题的详细综述见 Lemaitre（1986）和 Chaboche（1988）的论著。

这里，仅简要介绍理论的框架，然后对混凝土材料特有的两个简单的损伤模型进行讨论。但不包括该理论的最新思想及其应用。

4.12.1　基本假定

连续介质损伤力学理论的综述由 Krajcinovic（1984）给出。用于损伤理论的基本假定为

（1）材料的响应仅取决于微观结构排列的当前状态；

（2）微观结构排列的当前状态通过一组内部变量来描述，这些内变量称之为"损伤变量"。

作为损伤度量，损伤变量可以是标量或张量。最初 Kachanov（1958）认为横断面的损伤由测量空洞相应面积得到，大多数早期的损伤理论沿用这一观点，并用一个标量作为损伤变量，由于标量意味着损伤是各向同性的，与微缺陷方位无关，这仅在描述球形微空隙时才适合。但是，由于这样处理很简单，损伤的标量度量仍具有吸引力。为了描述平面微裂缝，需要一个与裂缝的平面相垂直且大小与裂缝的面积相等的矢量（Krajcinovic 和 Fonseka，1981）。如果需要考虑关于损伤的更多信息，可以使用一个张量变量（Dragon 和 Mroz，1979，Dougill，1975，Oritz，1985，Murakami，1988），但是，这样的模型却失去其简单性和物理意义清楚的特点。

4.12.2 基于应变的公式

自由能势

考虑一个理想脆性固体（逐渐破坏的固体）受到静载和等温条件的作用。自由能势 Ψ 表示为应变张量 ε_{ij} 和损伤变量 D 的标量函数：

$$\Psi = \Psi \ (\varepsilon_{ij}, \ D) \tag{4.162}$$

损伤对材料弹性性质的影响分析需要这种函数的结构形式。

在各向同性损伤的情况下，损伤变量 D 是标量，函数 $\Psi \ (\varepsilon_{ij}, \ D)$ 采用下面形式：

$$\Psi = \frac{1}{2} \ (1 - D) \ C_{ijkl} \varepsilon_{ij} \varepsilon_{kl} \tag{4.163}$$

其中，C_{ijkl} 是未损伤材料的初始弹性模量张量，由式（4.95）给出。

可以看出，当 $D = 0$ 时，$\Psi \ (\varepsilon_{ij}, \ 0)$ 表示未损伤材料的应变能。

如果损伤变量 D 是矢量或张量，那么自由能势 Ψ 可以通过利用不可约的完整基（见 Krajcinovic 和 Fonseka，1981 等）和自相容方法（见 Budiansky 和 Oconnell，1976；Kachanov，1980 等）得到，完整基是以张量 ε_{ij} 和 D 标量不变量多项式表示的。

Clausius-Duham 不等式

η 表示熵，对等温或纯力学过程，熵的产生率 $\dot{\eta}$ 表示为：

$$\dot{\eta} = \sigma_{ij} \dot{\varepsilon}_{ij} - \dot{\Psi} \tag{4.164}$$

按照热力学第二定律，对于任何可采用的过程，熵率 $\dot{\eta}$ 必须是非负的：

$$\dot{\eta} = \sigma_{ij} \dot{\varepsilon}_{ij} - \dot{\Psi} \geqslant 0 \tag{4.165}$$

这个不等式称为 Clausius-Duham 不等式。可以看出，这正好表述了热力学第二定律。

式（4.162）对时间求导，将得到的结果代入式（4.165），得到

$$\sigma_{ij} \dot{\varepsilon}_{ij} - \frac{\partial \Psi}{\partial \varepsilon_{ij}} \dot{\varepsilon}_{ij} - \frac{\partial \Psi}{\partial D} \dot{D} \geqslant 0 \tag{4.166}$$

为使不等式对所有的 $\dot{\varepsilon}_{ij}$ 值都满足，需要

$$\sigma_{ij} - \frac{\partial \Psi}{\partial \varepsilon_{ij}} = 0 \ 或 \ \sigma_{ij} = \frac{\partial \Psi}{\partial \varepsilon_{ij}} \tag{4.167}$$

和

$$-\frac{\partial \Psi}{\partial D} \dot{D} \geqslant 0 \tag{4.168}$$

利用 Clausius-Duham 不等式推导式（4.167）和式（4.168），通常称为 Colemen 方法（Coleman 和 Noll，1963，Coleman 和 Gurtin，1967）。

由式(4.167)导出应力－应变的全量关系，而式(4.168)是耗散不等式，其中，$-\frac{\partial \Psi}{\partial D} D$ 表示损伤过程的能量耗散率。在本书中，热力 Y，或称为与损伤变量 D 有关的损伤力，表示为：

$$Y = \frac{\partial \Psi}{\partial D} \qquad (4.169)$$

则损伤变量 D 称为热力流量或耗散流量。因此，Clausius-Duham 不等式常用以热力矢量和热力流量矢量的标量积形式写出。

应力－应变关系

自由能 Ψ 的表达式一旦给出，就可由式（4.167）得到全量形式的应力－应变关系，并且导出增量形式的应力－应变关系为：

$$d\sigma_{ij} = \frac{\partial^2 \Psi}{\partial \varepsilon_{ij} \partial \varepsilon_{kl}} d\varepsilon_{kl} + \frac{\partial^2 \Psi}{\partial \varepsilon_{ij} \partial D} dD \qquad (4.170)$$

现在，最后一步是在确定应变增量 $d\varepsilon_{ij}$ 和损伤增量 dD 关系的过程中，建立增量形式应力－应变关系，这由损伤演变方程来确定。

损伤演化定律

一般来说，损伤变量每个分量的增量是所有状态变量和内部变量当前值的函数。如果损伤变量为标量，那么演化方程可通过单向拉伸或压缩实验直接确定。然而，如果 D 是由多个分量组成的矢量或张量，那么对每个分量写出独立的演化方程将很困难，因为对每个变量中的每个分量必须假定加载（或卸载）准则，所以，在应力和应变反向的条件下确实困难。

在塑性理论中，塑性应变增量 $d\varepsilon_{ij}^{\mathrm{p}}$ 分量间的动态关系由基于塑性势函数的流动法则得出。塑性势函数是定义弹性区边界的屈服函数（面）。

假设在观察到的不可逆热力学过程中，材料的状态可通过状态变量和内变量的当前值来描述，设想流动势可推广到一般的脆性材料，也就是说，能够定义一个特定的势函数（面），然后由正则法则得到损伤率矢量各分量间的动态关系。

因为 Clausius-Duham 不等式总是写成下面的形式：

$$- Y\dot{D} \geqslant 0 \qquad (4.171)$$

上式为能量耗散率，它为热力矢量与损伤率矢量的标量积。比较式（4.171）和 Drucker 稳定性假设

$$\sigma_{ij}\dot{\varepsilon}_{ij}^{\mathrm{p}} \geqslant 0 \qquad (4.172)$$

看出两者的相似。因此，以某种类似的方法能够定义耗散势或是常耗散面（Lemaitre，1985）。

$$f = \hat{f}\ (\varepsilon_{ij},\ Y,\ D) = 0 \qquad (4.173)$$

其中，状态变量 ε_{ij} 和 D 作为参数，该平面称之为损伤面，它包络了不再发生进一步损伤的所有加载路径。那么损伤率矢量可用流动法则表示：

$$\dot{D} = -\dot{\mu}\frac{\partial f}{\partial Y} \qquad (4.174)$$

其中，$\dot{\mu}$ 为非负标量。耗散势的使用导出了一个与塑性理论相同的形式，从而提供了一种把所有理论统一起来的方法。

可以看出，在建立损伤材料本构关系时，最重要的一步是定义损伤演变规律或耗散势函数，因为该定义直接与材料微观结构的变化有关。为了研究如何根据材料微观结构的变化去确定宏观损伤演变规律，应参考 Krajcinovic 和 Fonseka（1981）所做的工作，在那里能够看出连续介质损伤力学理论的精华。

4.12.3　基于应力的公式

到现在，已经介绍了基于应变公式形式的连续介质损伤理论的框架，在这个框架中，包含了应变张量的自由能函数。这里，将从考虑如下形式的自由余能开始来介绍基于应力公式的损伤理论（Simo 和 Ju，1987）。

$$\Phi = \Phi\ (\sigma_{ij},\ D) \tag{4.175}$$

其中，σ_{ij} 为应力张量；D 为损伤变量。如果 D 是标量，那么 Φ 可进而写成：

$$\Phi = \frac{1}{2\ (1-D)}D_{ijkl}\sigma_{ij}\sigma_{kl} \tag{4.176}$$

其中，D_{ijkl} 是初始柔度张量，对各向同性材料，它可由杨氏模量 E 和泊松比 ν 表示的式（4.98）给出。可以看出，当 $D=0$ 时，$\Phi\ (\sigma_{ij},\ 0)$ 表示未损材料的余能。对于等温情况，以自由余能表示的 Clausius-Duham 不等式为：

$$\dot{\Phi} = \dot{\sigma}_{ij}\varepsilon_{ij} \geqslant 0 \tag{4.177}$$

它适用于任何容许的过程，将式（4.175）微分，并把结果代入不等式（4.177），并利用标准自变量得出：

$$\varepsilon_{ij} = \frac{\partial \Phi}{\partial \sigma_{ij}} \tag{4.178}$$

与耗散不等式一起

$$\frac{\partial \Phi}{\partial D}\dot{D} \geqslant 0 \tag{4.179}$$

这里热力学力 Y 表示为：

$$Y = \frac{\partial \Phi}{\partial D} \tag{4.180}$$

对于各向同性损伤的情况，从式（4.176）可得：

$$Y = \frac{1}{(1-D)^2}D_{ijkl}\sigma_{ij}\sigma_{kl} \tag{4.181}$$

或

$$Y = \frac{1}{(1-D)^2}\left[\frac{(1-2\nu)}{6E}I_1^2 + \frac{(1+\nu)}{E}J_2\right] \tag{4.182}$$

其中，I_1 是应力张量的第一不变量，J_2 是偏应力张量的第二不变量。

对式（4.178）微分，将得到增量形式的应力 – 应变关系：

$$\mathrm{d}\varepsilon_{ij} = \frac{\partial^2 \Phi}{\partial \sigma_{ij}\partial \sigma_{kl}}\mathrm{d}\sigma_{kl} + \frac{\partial^2 \Phi}{\partial \sigma_{ij}\partial D}\mathrm{d}D \tag{4.183}$$

最后一步是对损伤率 $\mathrm{d}D$ 或 $\dot{D}$ 建立损伤演化定律。

4.13 标量形式的损伤模型

4.13.1 基本关系式

在本节的公式里，假定损伤材料为各向同性，损伤变量 D 为标量参数（Mazars，1981，Mazars 和 Lemaitre，1984）。式（4.163）的自由能表达式为：

$$\Psi = \frac{1}{2}(1-D)C_{ijkl}\varepsilon_{ij}\varepsilon_{kl} \tag{4.184}$$

其中，$0 \leqslant D \leqslant 1$。$D = 0$ 与初始（无损伤）状态相对应，而 $D = 1$ 表示破坏状态。

在热力学框架内，应变张量 ε_{ij} 是可观察的变量，D 为内变量，相关变量分别为应力张量 σ_{ij} 和热力学力 Y（见式 4.167 和 4.169）。

$$\sigma_{ij} = \frac{\partial \Psi}{\partial \varepsilon_{ij}} = (1-D)C_{ijkl}\varepsilon_{kl} \tag{4.185}$$

和

$$Y = \frac{\partial \Psi}{\partial D} = -\frac{1}{2}C_{ijkl}\varepsilon_{ij}\varepsilon_{kl} \tag{4.186}$$

热力学第二定律导出 Clausius-Duham 不等式为（见式 4.171）：

$$-Y\dot{D} \geqslant 0 \tag{4.187}$$

从式（4.186）可看出，$(-Y)$ 是应变的二次正定函数。因此，为了使能量释放率 $-Y\dot{D}$ 为非负值（方程 4.187），损伤率 $\dot{D}$ 必须是非负的，即

$$\dot{D} \geqslant 0 \tag{4.188}$$

现在，关键一步是建立损伤率 $\dot{D}$ 和应变率 $\dot{\varepsilon}_{ij}$ 之间的关系。

4.13.2 损伤准则

对混凝土材料，损伤通常与拉伸应变有关，Mazars（1981）建议用等效应变作为局部拉伸的度量：

$$\tilde{\varepsilon} = \sqrt{\sum_i \langle \varepsilon_i \rangle_+^2} \tag{4.189a}$$

其中，ε_i 为主应变。

$$\langle \varepsilon_i \rangle_+ = \varepsilon_i \quad \text{如果 } \varepsilon_i \geqslant 0$$
$$\langle \varepsilon_i \rangle_+ = 0 \quad \text{如果 } \varepsilon_i < 0 \tag{4.189b}$$

然后，损伤准则可定义为：

$$f(D) = \tilde{\varepsilon} - K(D) = 0 \tag{4.190}$$

其中，$K(D)$ 为阈值，也就是表征在材料内考虑的点原先加载历史中所达到的最大等效应变值 $\tilde{\varepsilon}$。$K(0) = K_0$ 为初始损伤阈值。

那么损伤率由下式给出：

$$\dot{D} = \begin{cases} 0 & \text{如果 } f=0 \text{ 和 } \dot{f}<0 \text{ 或 } f<0 \\ F(\tilde{\varepsilon})\langle \dot{\tilde{\varepsilon}} \rangle_+ & \text{如果 } f=0 \text{ 和 } \dot{f}=0 \end{cases} \tag{4.191}$$

其中，$F(\tilde{\varepsilon})$ 为 $\tilde{\varepsilon}$ 的连续正定函数。

在比例加载的情况下，可得到对应于最大等效应变 $\tilde{\varepsilon}_M$ 的 D 值为

$$D(\tilde{\varepsilon}_M) = \int_0^{\tilde{\varepsilon}_M} F(\tilde{\varepsilon}) d\tilde{\varepsilon} = \bar{F}(\tilde{\varepsilon}_M) \tag{4.192}$$

4.13.3　损伤变量 D_t 和 D_c

在拉伸和压缩荷载作用下，混凝土表现出的性质有很大的差异。在拉伸加载情况下，裂缝直接由拉伸应力产生，拉伸应变与应力方向相同。但是，在压缩荷载作用下，拉伸应变由于泊松效应产生，因而与应力方向垂直。考虑到这种差别，引进两个参数 D_t 和 D_c，分别与单轴拉伸和单轴压缩情况相对应，即

$$D_t = \tilde{F}_t(\tilde{\varepsilon}) \tag{4.193a}$$

$$D_c = \tilde{F}_c(\tilde{\varepsilon}) \tag{4.193b}$$

在复杂应力条件下，D 定义为 D_t 和 D_c 的组合。

$$D = \alpha_t D_t + \alpha_c D_c \tag{4.194}$$

其中，α_t 和 α_c 是由应力状态决定的参数。

应力张量 σ_{ij} 分解为

$$\sigma_{ij} = \langle \sigma_{ij} \rangle_+ + \langle \sigma_{ij} \rangle_- \tag{4.195}$$

其中，$\langle \sigma_{ij} \rangle_+$ 为正特征值（正的主应力），$\langle \sigma_{ij} \rangle_-$ 为负特征值。

因此

$$I_1 = \sigma_{ii} = \langle \sigma_{ii} \rangle_+ + \langle \sigma_{ii} \rangle_- \tag{4.196}$$

应变张量相应分解为：

$$\varepsilon_{ij} = \langle \varepsilon_{ij} \rangle_t + \langle \varepsilon_{ij} \rangle_c \tag{4.197}$$

和

$$\langle \varepsilon_{ij} \rangle_t = \frac{1+\nu}{E} \langle \sigma_{ij} \rangle_+ - \frac{\nu}{E} \langle \sigma_{ii} \rangle_+$$

$$\langle \varepsilon_{ij} \rangle_c = \frac{1+\nu}{E} \langle \sigma_{ij} \rangle_- - \frac{\nu}{E} \langle \sigma_{ii} \rangle_-$$

Mazars 建议 α_t 和 α_c 为下列表达式：

$$\alpha_t = \sum_i H_i \frac{\varepsilon_{ti}(\varepsilon_{ti} + \varepsilon_{ci})}{\tilde{\varepsilon}^2} \tag{4.198a}$$

$$\alpha_c = \sum_i H_i \frac{\varepsilon_{ci}(\varepsilon_{ti} + \varepsilon_{ci})}{\tilde{\varepsilon}^2} \tag{4.198b}$$

其中，ε_i 为主应变。

$$\varepsilon_i = \varepsilon_{ti} + \varepsilon_{ci}$$

和

$$H_i = \begin{cases} 1 & 若\ \varepsilon_i \geqslant 0 \\ 0 & 若\ \varepsilon_i < 0 \end{cases}$$

4.13.4　损伤演化定律

现在，建立应力–应变关系中余下的步骤是用损伤演化函数 $\tilde{F}_t(\tilde{\varepsilon})$ 和 $\tilde{F}_c(\tilde{\varepsilon})$ 的定义来分别表示 D_t 和 D_c（见式（4.193a）和式（4.193b））。根据实验结果建议 D_t 和 D_c 为：

$$D_t(\tilde{\varepsilon}) = 1 - \frac{K_0(1-A_t)}{\tilde{\varepsilon}} - A_t \exp\left[-B_t(\tilde{\varepsilon} - K_0)\right] \tag{4.199a}$$

和

$$D_c\ (\tilde{\varepsilon})\ =1-\frac{K_0\ (1-A_c)}{\tilde{\varepsilon}}-A_c\mathrm{exp}\ \left[\ -B_c\ (\tilde{\varepsilon}-K_0)\right] \qquad (4.199b)$$

其中，K_0 为初始损伤阈值；A_t，B_t，A_c 和 B_c 为材料参数。A_c 和 B_c 通过对圆柱体试件的单轴压缩实验得到，而 A_t 和 B_t 由梁试件的弯曲试验确定。

4.13.5 模型预测

在单轴荷载作用下，模型预测的应力－应变曲线和初始损伤包络线分别如图 4.42 (a)、(b) 所示。从图中可看出，模型能够描述混凝土在压缩和拉伸条件下的强化－软化特性，初始损伤包络线在拉伸－拉伸区和拉伸－压缩区的预测值很好，但是，在双轴压缩区，预测则显得相当保守。

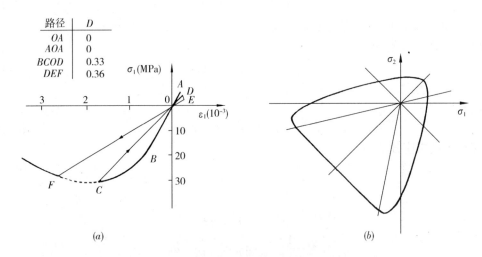

图 4.42　由标量损伤模型得出的结果（Mazars，1986）
（a）单轴加载；（b）初始损伤包络线

4.14　单向弹性损伤模型

由于混凝土的损伤一般与微裂缝的出现有关，所以混凝土的损伤通常表现为单向特性。例如，由拉伸荷载引起的微裂缝一般与荷载方向垂直，因此导致该方向上刚度的减小。以后如果作用压缩荷载，则微裂缝又闭合了并且刚度恢复到初始刚度。为了考虑混凝土的单向损伤特性，在这里将引进两个损伤变量 D_t 和 D_c，并且假定它们是独立变化的（Mazars，1986）。

4.14.1 基本关系式

考虑到式（4.196）给出的应力张量分解，那么自由余能势 Φ 近似写成应力张量 $\langle\sigma_{ij}\rangle_+$ 和 $\langle\sigma_{ij}\rangle_-$ 的函数，形式为：

$$\Phi\ (\sigma_{ij})\ =\Phi\ (\ \langle\sigma_{ij}\rangle_+)\ +\Phi\ (\ \langle\sigma_{ij}\rangle_-) \qquad (4.200)$$

其中

$$\Phi\ (\ \langle\sigma_{ij}\rangle_+)\ =\frac{1}{2}\Big(\frac{1}{1-D_t}\Big)D_{ijkl}\ \langle\sigma_{ij}\rangle_+\ \langle\sigma_{kl}\rangle_+ \qquad (4.200a)$$

$$\Phi\left(\langle\sigma_{ij}\rangle_-\right)=\frac{1}{2}\left(\frac{1}{1-D_c}\right)D_{ijkl}\langle\sigma_{ij}\rangle_-\langle\sigma_{kl}\rangle_- \tag{4.200b}$$

其中，D_{ijkl} 是由式（4.98）给出的初始柔度张量。对于一个给定的损伤状态，材料的应力－应变关系为：

$$\varepsilon_{ij}=\frac{\partial\Phi}{\partial\langle\sigma_{ij}\rangle_+}+\frac{\partial\Phi}{\partial\langle\sigma_{ij}\rangle_-} \tag{4.201}$$

或

$$\varepsilon_{ij}=\frac{1}{(1-D_t)}D_{ijkl}\langle\sigma_{kl}\rangle_++\frac{1}{(1-D_c)}D_{ijkl}\langle\sigma_{kl}\rangle_- \tag{4.202}$$

$$\varepsilon_{ij}=\frac{1}{(1-D_t)E}\left[(1+\nu)\langle\sigma_{ij}\rangle_+-\nu\langle\sigma_{kk}\rangle_+\delta_{ij}\right]$$
$$+\frac{1}{(1-D_c)E}\left[(1+\nu)\langle\sigma_{ij}\rangle_--\nu\langle\sigma_{kk}\rangle_-\delta_{ij}\right] \tag{4.203}$$

与损伤变量 D_t 和 D_c 共轭的热力 Y_t 和 Y_c，表示为：

$$Y_t=\frac{\partial\Phi}{\partial D_t}=\frac{1}{(1-D_t)^2}\left[\frac{(1-2\nu)}{6E}\langle I_1\rangle_+^2+\frac{(1+\nu)}{E}\langle J_2\rangle_+\right] \tag{4.204a}$$

$$Y_c=\frac{\partial\Phi}{\partial D_c}=\frac{1}{(1-D_c)^2}\left[\frac{(1-2\nu)}{6E}\langle I_1\rangle_-^2+\frac{(1+\nu)}{E}\langle J_2\rangle_-\right] \tag{4.204b}$$

其中，$\langle I_1\rangle_+$，$\langle I_1\rangle_-$，$\langle J_2\rangle_+$ 和 $\langle J_2\rangle_-$ 分别为相应应力张量 $\langle\sigma_{ij}\rangle_+$ 和 $\langle\sigma_{ij}\rangle_-$ 的不变量。

可以看出：热力 Y_t 和 Y_c 是应力的非负二次函数，因此，为了使损伤释放率 $Y_t\dot{D}_t+Y_c\dot{D}_c$ 是非负的，即要满足 Clausius-Duham 不等式

$$Y_t\dot{D}_t+Y_c\dot{D}_c\geqslant0 \tag{4.205}$$

变化率 $\dot{D}_t$ 和 $\dot{D}_c$ 必须是非负的，即

$$\dot{D}_t\geqslant0 \text{ 和 } \dot{D}_c\geqslant0 \tag{4.206}$$

4.14.2 损伤准则

代替在标量损伤模型中（见4.13节）采用的等效应变 $\tilde{\varepsilon}$，这里使用热力 Y_c 和 Y_t 作为损伤阈值，那么损伤准则表达为：

$$f_t=Y_t-K_t(D_t)=0 \tag{4.207a}$$

$$f_c=Y_c-K_c(D_c)=0 \tag{4.207b}$$

初始损伤阈值为

$$K_t(0)=Y_t^0 \text{和} K_c(0)=Y_c^0 \tag{4.208}$$

其中，Y_t^0 和 Y_c^0 分别由单轴拉伸和压缩实验给出，即

$$Y_t^0=\frac{(\sigma_t^0)^2}{2E} \text{和} Y_c^0=\frac{(\sigma_c^0)^2}{2E} \tag{4.209}$$

其中，σ_t^0 为拉伸时的初始损伤应力；σ_c^0 为压缩时的初始损伤应力。根据损伤准则（4.207），可建立如下加载条件：

卸载

$$f_t<0 \text{ 或 } f_t=0 \text{ 和 } \dot{f}_t<0，\text{则} \dot{D}_t=0$$

$$f_c<0 \text{ 或 } f_c=0 \text{ 和 } \dot{f}_c<0，\text{则} \dot{D}_c=0 \tag{4.210a}$$

加载

$$f=0 \text{ 和 } \dot{f}_t=0, \text{ 则 } \dot{D}_t=F_t\ (Y_t)\ \dot{Y}_t$$

$$f_c=0 \text{ 和 } \dot{f}_c=0, \text{ 则 } \dot{D}_c=F_c\ (Y_c)\ \dot{Y}_c \tag{4.210b}$$

其中，F_t 和 F_c 分别为热力 Y_t 和 Y_c 的连续正定函数。

4.14.3 损伤演化方程

Mazars（1986）提出函数 F_t 和 F_c 的表达式如下：

$$F_t=\frac{\sqrt{Y_t^0}\ (1-a_t)}{2\ (Y_t)^{3/2}}+\frac{a_t b_t}{2\sqrt{Y_t}\exp\ [b_t\ (\sqrt{Y_t}-\sqrt{Y_t^0})]} \tag{4.211a}$$

和

$$F_c=\frac{\sqrt{Y_c^0}\ (1-a_c)}{2\ (Y_c)^{3/2}}+\frac{a_c b_c}{2\sqrt{Y_c}\exp\ [b_c\ (\sqrt{Y_c}-\sqrt{Y_c^0})]} \tag{4.211b}$$

其中，a_t，b_t，a_c 和 b_c 为材料常数。

4.14.4 模型预测

图 4.43 给出 Mazars（1986）模型预测的结果。计算时采用的参数有：初始杨氏模量

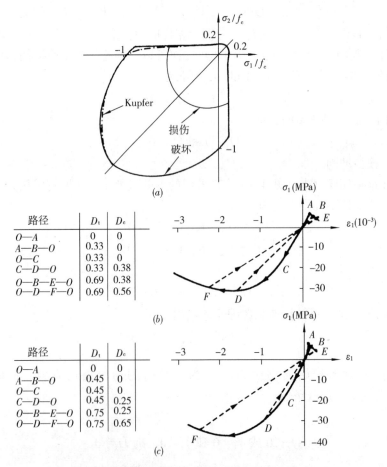

图 4.43 由单向弹性损伤模型给出的结果（Mazars，1986）

（a）损伤与破坏包络线；（b）单轴加载情况（$\sigma_2=0$）；（c）双轴加载情况（$\sigma_1=\sigma_2$）

$E = 31\text{GPa}$；泊松比 $\nu = 0.2$；初始损伤阈值 $Y_t^0 = 150\text{Nm}/\text{m}^3$ 和 $Y_c^0 = 5167\text{Nm}/\text{m}^3$；材料参数 $a_t = 0.8$，$b_t = 0.16\text{Pa}^{-1}$，$a_c = 1565$，$b_c = 0.5 \times 10^{-2}\text{Pa}^{-1}$。

图 4.43（a）表示在 $\sigma_3 = 0$ 平面上的初始损伤和破坏包络线。可以看出，模型预测和实验结果的比较是令人满意的。在双轴压缩区，单向损伤模型给出的结果比标量损伤模型更好（参见图 4.42b）。

图 4.43（b）和（c）表示了在单轴和双轴反向加载情况下获得的结果。该模型对强化 - 软化特性给出了一个合理的描述。

4.15 微观力学的研究

4.15.1 破坏过程的力学机理

在前面一节中，混凝土作为均匀的连续体，它的变形特性用宏观应力 - 应变曲线形式来描述，然后提出本构关系来模拟这些曲线。在研究过程中，隐含了混凝土试件均匀变形的假定。但是，当认为这个假定在强化区内是合理时，在软化区内它的合理性则出现了问题，结论看来是否定的。

第一，在单轴压缩实验中，圆柱体试件表面应变的量测实际上取决于破坏后测定的长度，在破坏前对量测长度的依赖性可忽略不计（图 4.44）；第二，如 4.7.1 节讨论的一样，破坏前的整个应力 - 应变曲线与试件的高度或长细比无关，然而破坏后的应力 - 应变曲线受长细比的影响很大，长细比越大，下降部分的斜率越陡（见图 4.27）；第三，尽管强化特性基本上与实验技术无关，但不同的试验技术得到的软化特性不同。已有报道随着加载端施加的摩擦约束降低，应力 - 应变曲线的下降部分变得更陡（图 4.45）。总之，轴向应力 - 应变曲线的下降部分受测量方法、长细比和实验技术的影响很大，与此形成了鲜明对比的是上升部分几乎与这些因素无关。

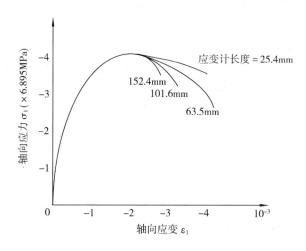

图 4.44　不同长度的应变计获得的应力 - 应变关系

根据实验观察，对于局部变形发生在破坏之后也存在争论（见 4.7.1 节）。我们知道，在单轴拉伸荷载下，峰值荷载后混凝土试件表现出非常明显的局部变形。试件一般在与加

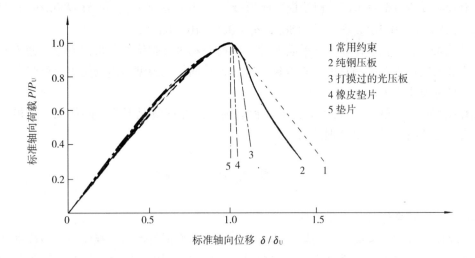

图 4.45   不同试验技术获得的荷载-位移关系 （Kotsovos，1983）

载方向垂直的一个临界面（一条主裂缝）破坏。随后，破坏后的变形主要是横穿试件的裂缝加宽所致。在远离开裂部分的区域，可观察到卸载特性，但总的变形继续发展。这样的局部化与破坏前的变形形成鲜明的对照，破坏前的变形在整个试件中几乎是均匀的（见图4.30）。但是，在压缩荷载作用下，没有出现这样明显的变形局部化。虽然在某些情况下可以认为是剪切带，但引起局部变形的机理仍然不清楚。

为了揭示变形机理，需要进行微观力学方面的研究。这里，将介绍 Yamaguchi 和 Chen（1990，1991）所做的工作。下一章将给出数值分析模型的详细内容。这个研究的目的是阐明导致混凝土的软化特性与强化特性不同的原因。为此，需要获得混凝土力学特性的本质，且必须观察其内部情况，而不是宏观特性。

4.15.2   微观力学研究中的混凝土分析模型

为进行混凝土微裂缝扩展的分析，有必要对这种材料进行理想化处理。为此，通常采用 Buyukozturk 等（1971，1972）提出的简化处理（图 4.46）。也就是说，将混凝土作为一个由灰浆基质和圆形骨料组成的两相复合材料来进行模拟，允许在灰浆内和骨料与灰浆的接触面上产生微裂缝，而骨料保持完好无损。但是，目前的研究取得了比 Buyukozturk 等更大的进步，包括骨料的布置，在处理灰浆裂缝时非线性断裂力学的应用，运用连接单元和广义塑性概念模拟粘结裂缝。这些改进的细节部分将在下一章描述。下面给出这个研究成果的简要概括。

骨　料　布　置

在通常强度的混凝土中，裂缝很少穿过骨料，而是在骨料的周围出现。因此，观察到的裂缝大多数在灰浆区。但是，这样的区域不很宽。两个毗邻骨料的平均净距估计为等效圆形骨料半径的 10%～30%（Hsu 等，1963）。Buyukozturk 等（1971，1972）使用的混凝土模型就是建立在这种估计基础上的（图 4.46）。这个模型清楚地表明实际灰浆部分是多么小。从这个混凝土模型中指出混凝土材料复合性质的重要性。实际上，已经由实验证实了这一点（Shah 和 Chandra，1968；Darwin 和 Slate，1970；Attiogbe 和 Darwin，1987）。因此，混凝土的复合性质至关重要，必须在混凝土力学的任何领域中加以研究。

骨料导致应力重分布，骨料相互作用进一步使应力分布复杂化，因此，在混凝土试件中的局部应力状态与均匀作用的外部荷载有很大的差异。此外，由于不同的应力状态导致不同的裂纹扩展过程，所以骨料的布置在微裂缝扩展的分析中是一个重要的因素。

为了在分析中计入这些特性，考虑图 4.47 的两个复合体，它们只受单轴压缩荷载作用。每个复合体在中间都有一个骨料，在其周围由另外四个骨料包围（见图 5.23），所有的骨料都为直径相同的圆形，具有相同的材料性质。骨料间的净距离为骨料半径的 30%，模拟实际混凝土的骨料间距，两种复合材料的区别仅在于骨料的位置，其他因素均相同。在中间的骨料看做位于一般位置，在它周围微裂缝的产生是我们关注的焦点。由于对称，只需分析每个复合物的 $\frac{1}{4}$，它的有限元理想模型如图 4.48 所示。

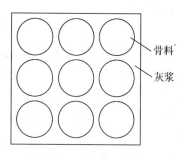

图 4.46　Buyukozturk 的理想混凝土模型

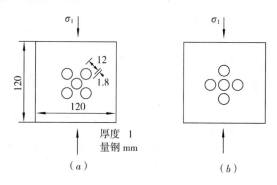

图 4.47　具有五个骨料的两种复合材料
（a）复合材料Ⅰ；（b）复合材料Ⅱ

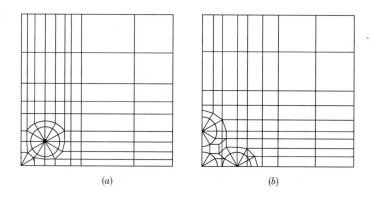

图 4.48　具有五个骨料复合材料的有限元网格
（a）复合材料Ⅰ；（b）复合材料Ⅱ

灰 浆 裂 纹

在出现灰浆裂缝前假定灰浆为各向同性线弹性材料，用非线性断裂力学概念来预测灰浆裂缝的出现及扩展。为了描述灰浆裂缝的特性，引用了模糊裂缝的方法，因为在有限元法中容易实现。这个模型的基本思想为，单条裂缝意味着在该有限单元内穿过无数条平行裂纹。因此，这个区域可看成含有两个不同区：未扰动区和裂缝区的复合区域。求解复合材料有效模量的技术可用来建立模糊裂缝模型。对于纤维增强复合材料，参照改进的Voigt-Reuss 模型，在本研究中将推出开裂单元的本构关系（Yamaguchi 和 Chen，1990）。这个本构关系极具一般性，任何非线性软化特性都可以完全由它来实现。此外，著名的裂缝带模型（Bazant 和 Oh，1983）和复合材料损伤模型（Willam 等，1984）都是它的特例。这个断裂模型发展的细节在下一章（5.2 节）中讨论。

粘 结 裂 缝

粘结裂缝产生在骨料与灰浆的分界面处。为了讨论界面裂纹，必须了解骨料周围的特殊区域。由于在二维描述中，这个区域接近于一条直线而不是在二维空间具有裂缝稠密的区域，所以，用于有限元分析的一般连续单元不能令人满意地模拟这个区域，这样一个单元当它的厚度减小时将引起计算困难。为了克服这个困难，引入一个称作连接单元的特殊单元进入目前的研究中应用（见图 5.15 和 5.3 节）。

这个连接单元与附着摩擦力和相对位移有关，它的本构关系必须用这些状态变量来表达。为了描述粘结裂缝的特性，因此要利用广义塑性概念（见图 5.19 和 5.3.4节）。

假定粘结裂缝的形成由拉伸断裂 Mohr-Coulomb 准则决定，对粘结裂缝假定存在两个不同的破坏模式。如果到达拉伸断裂面，发生劈裂（拉伸）破坏；另一方面，如果到达 Mohr-Coulomb 面，则发生剪切破坏（Taylor 和 Broms，1964）。在每种情况下，当应力状态到达破坏面时，假定强度逐渐降低，破坏后的特性由广义塑性概念来描述。

4.15.3 数值分析

结果－应力

在分析中得到的最大主应力分布如图 4.49 所示。图中用来计算刚度矩阵的高斯点处的应力状态用线段表示，线段的长度和方向表示在所处线段中心位置处的应力分量的大小和方向，虚线段表示压缩应力分量，实线段与拉伸应力分量相对应。为清晰起见，小于施加应力 2.8% 的应力分量在图中忽略不计。从图中可清楚看出：尽管加载条件为单轴压缩，但硬的骨料会在附近灰浆区域引起拉伸应力分量。比较两个复合体的计算结果表明，在复合体 I 的较大范围内出现了拉伸应力，相反，在复合体 II，拉伸应力仅出现在骨料周围，而大面积的灰浆处于压缩应力状态。因此，骨料的相对位置对复合体的灰浆区的应力分布具有明显的影响。

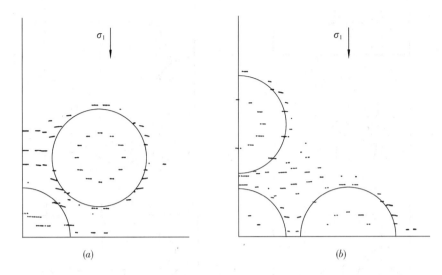

图 4.49 具有五个骨料的复合体中，在骨料周围的最大主应力分布
（a）复合体Ⅰ；（b）复合体Ⅱ

结果－裂缝

在 $\sigma_1 = -6.81\text{MPa}$ 时，观察到粘结裂缝开始产生，然后粘结裂缝在所有骨料周围扩展。在灰浆裂缝开始产生前，粘结裂缝就大量地生长。在 $\sigma_1 = -12.0\text{MPa}$ 时裂缝图如图 4.50（a）所示，其中剪切型粘结裂缝用短线表示，位于相应连接单元接合点的附近。在复合体Ⅱ的后面分析中，$\sigma_1 = -6.61\text{MPa}$ 时出现了第一个粘结裂缝。$\sigma_1 = -12.0\text{MPa}$ 时粘结裂缝的构型用图 4.50（b）来描述。通过这两个裂缝图的比较，说明粘结裂缝的发展与几何构型没有任何关系。换句话说，邻近骨料的位置对粘结裂缝的扩展没有多大影响。

当进一步加载，与粘结裂缝邻接的灰浆区域趋向于滑过骨料。在粘结裂缝的尖端附近的灰浆内引起拉伸应力。这些拉伸应力使粘结裂缝穿入灰浆进而产生砂浆裂缝。灰浆裂缝增长并与粘结裂缝连接起来，最终形成一个连续的裂缝图案。$\sigma_1 = -17.1\text{MPa}$ 时，这样一个连续裂缝图案，出现在复合体Ⅰ中（图 4.50c）。

另一方面，在这个应力水平下，连续的裂缝图案在复合体Ⅱ中没有发展（图 4.50d），甚至在 $\sigma_1 = -35.0\text{MPa}$ 时，也没有看到连续裂缝图案的形成（图 4.50e）。那么这些结果表明，邻近骨料的相对位置对灰浆裂缝的发展有相当大的影响。

如上所述，在复合体Ⅰ中，在 $\sigma_1 = -6.81\text{MPa}$ 和 -17.1MPa 时分别出现了第一条粘结裂缝和连续的裂缝图案，粘结裂缝的产生标志着线性力学响应，临界应力达到 $70\% \sim 90\%$ 的抗压强度时，连续裂缝开始形成（Hsu 等，1963）。因此，一旦假定临界应力为抗压强度的 80%，那么就可认为 6.81MPa 和 21.4（$-17.1/0.8$）MPa 分别是弹性极限和单轴抗压强度。这两个应力的比值为 0.32，这与实验得到的结果能比较好地吻合。

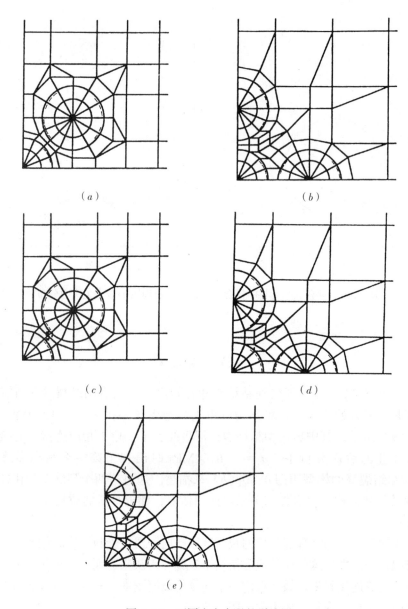

图 4.50　不同应力水平的裂缝图

(a) $\sigma_1 = -12.0$MPa 时的复合体 I；(b) $\sigma_1 = -12.0$MPa 时的复合体 II；

(c) $\sigma_1 = -17.4$MPa 时的复合体 I；(d) $\sigma_1 = -17.4$MPa 时的复合体 II；

(e) $\sigma_1 = -35.0$MPa 时的复合体 II

4.15.4　讨论和结论

上述结果清楚地表明骨料布置的影响。也就是说，在复合体 I 中，骨料间引起拉伸应力分量，而在复合体 II 中，大多数灰浆区域处于双向受压状态。因此，前面裂缝分析的结论可重述为：粘结裂缝的发展对应力状态不敏感，而灰浆裂缝的扩展对应力状态敏感。

处于强化阶段的混凝土特性主要取决于粘结裂缝的扩展，而灰浆缝的扩展和连续裂纹图的最终形成，导致了在软化阶段其强度的衰减以及变形的大幅度增长（Hsu 等，1963）。

由于灰浆裂缝的发展比粘结裂缝的扩展更多地取决于骨料相对位置，所以混凝土试件在峰值荷载后的变形不可能像它的峰值前的变形那样均匀。此外，由于应力状态对灰浆裂缝扩展的影响比粘结裂缝更大，因而混凝土试件的软化特性比强化特性受加载条件的影响更大。

微观裂缝分析的数值结果总结为：粘结裂缝的扩展受骨料的相对位置的影响不大，而灰浆裂缝的扩展对此则相当敏感，结合后面第 5 章 5.4 节介绍的补充应力分析结果和众所周知的实验证明，可得到下面的结论：

(1) 混凝土试件在软化阶段的变形不可能像强化阶段那样均匀；

(2) 混凝土软化特性比强化特性受加载条件的影响更大。

4.16 参 考 文 献

1 Attiogbe E K, Darwin D. Submicrocracking in Cement Paste and Mortar. ACI Journal, 1987, 84（6）：491~500

2 Balmer G G. Shearing Strength of Concrete Under High Triaxial Stress-Computation of Mohr's Envelope as a Curve. Structural Research Laboratory Report SP-23, Denver, Colorado, October 1949.

3 Bazant Z P. Instability, Ductility and Size Effect in Strain-Softening Concrete. Journal of Engineering Mechanics, ASCE, 1976, 102：331~344

4 Bazant Z P, Cedolin L. Blunt Crack Band Propagation in Finite Element Analysis. Journal of Engineering Mechanics Division, ASCE, 1979, 105：297~315

5 Bazant Z P, Kim S. Plastic-Fracturing Theory for Concrete. Journal of Engineering Mechanics Division, ASCE, June 1979, 105（EM3）：407~428

6 Bazant Z P, Oh B H. Crack Band Theory for Fracture of Concrete. Materials and Structures（RILEM）, 1983, 16：155~177

7 Bazant Z P. Mechanics of Distributed Cracking. Applied Mechanics Review, May 1986, 39（5）：675~704

8 Budiansky B, O'Connell R J. Elastic Moduli of a Cracked Solid.

9 Buyukozturk O, Nilson A H, Slate F O. Stress-Strain Response and Fracture of a Concrete Model in Biaxial Loading. ACI Journal, 1971, 68（8）：590~599

10 Buyukozturk O, Nilson A H, Slate F O. Deformation and Fracture of Particulate Composite. Journal Engineering Mechanics Division, ASCE, 1972, 98（3）：581~593

11 Casey J, Naghdi P M. On the Nonequivalence of the Stress Space and Strain Space Formulations of Plasticity Theory. Journal of Applied Mechanics, ASME, 1983, 50：350~354

12 Chaboche J L. Continuum Damage Mechanics, Part Ⅰ-General Concepts, Part Ⅱ-Damage Growth, Crack Initiation, and Crack Growth. Journal of Applied Mechanics, 1988, 55：59~72

13 Chen A C T, Chen W F. Constitutive Relations for Concrete. Journal of Engineering Mechanics Division, ASCE, August 1975, 101（EM4）：465~481

14 Chen W F. Plasticity in Reinforced Concrete. McGraw-Hill, 1982, 474

15　Chen W F. Concrete Plasticity: Macro and Micro Approaches. Proceedings of Asia-Pacific Symposium on Advances in Engineering Plasticity and Its Applications, W B Lee, editor, Elsevier, Amsterdam, 1993, 27~34. See also. International Journal of Mechanical Sciences, August-September, 1993, 35 (12): 1097~1109

16　Chen W F, Han DJ. Plasticity for Structural Engineers. New York: Springer-Verlag, 1988, 606

17　Chen W F, Yamaguchi E. On Constitutive Modeling of Concrete Materials. Proceedings of the US/Japan Joint Seminar on Finite Element Analysis of Reinforced Concrete Structures Tokyo, May 21~24, 1985, New York: ASCE Special Publication, 1986, 48~71

18　Coleman B D, Noll W. The Thermodynamics of Elastic Materials with Heat Conduction and Viscosity. Archive Rational Mechanics and Analysis, 1963, 13: 167~178

19　Coleman BD, Gurtin M. Thermodynamics with Internal Variables. Journal of Chemical Physics, 1967, 47: 597~613

20　Dafalias Y F. Elasto-Plastic Coupling Within a Thermodynamic Strain Space Formulation of Plasticity. International Journal of Non-Linear Mechanics, 1977a, 12: 327~337

21　Dafalias YF. I l'yushin's Postulate and Resulting Thermodynamic Conditions on Elasto-Plastic Coupling. International Journal of Solids and Structures, 1977b, 13: 239~251

22　Darwin D, Slate F O. Effect of Paste-Aggregate Bond Strength on Behavior of Concrete. Journal of Materials, 1970, 5 (1): 86~98

23　Dougill J W. Some Remarks on Path Independence in the Small in Plasticity. Quarterly of Applied Mathematics, October 1975, 32: 233~243

24　Dougill J W. On Stable Progressively Fracturing Solids. Zeitschr-iftfuer Angewandte Mathematik und Physik (ZAMP), October 1975, (32): 233~243

25　Dragon A, Mroz Z. A Continuum Model for Plastic-Brittle Behavior of Rock and Concrete. International Journal Engineering Science, 1979, (17): 137

26　Frantziskonis G, Desai C S. Elastoplastic Model with Damage for Strain Softening Geomaterials. Acta Mechanics, 1987, (86): 151~170

27　Frantziskonis G, Desai C S. Constitutive Model with Strain Softening. International Journal of Solids and Structures, 1987a, 23 (6): 733~750

28　Frantziskonis G, Desai C S. Analysis of a Strain-Softening Constitutive Model. International Solids and Structures, 1987b, 23 (6): 751~767

29　Gerstle K H, Linse D H, et al. Strength of Concrete Under Multi-Axial Stress States. Proc, McHenry Symposium on Concrete and Concrete Structures, Mexico City, 1976, Special Publication, SP55, ACI, 1978, 103~131.

30　Goodman R E, Taylor R L and Brekke TL. A Model for the Mechanics of Jointed Rock. Journal of Soil Mechanics Foundation Division ASCE, 1968, 94 (3): 637~659

31　Han D J, Chen W F. A Nonuniform Hardening Plasticity Model for Concrete Materials. Journal of Mechanics of Materials, December 1985, 4 (4): 283~302

32 Han D J, Chen W F. Strain-Space Plasticity Formulation for Hardening-Softening Materials with Elasto-Plastic Coupling. International Journal of Solids and Structures, 1986, 22 (8): 935~950

33 Han D J, Chen W F. Constitutive Modeling in Analysis of Concrete Structures. Journal of Engineering Mechanics Division, ASCE, 1987, 113 (4): 577~593

34 Han D J, Chen W F. Constitutive Modeling in Analysis of Concrete Structures-Program Listing and Input Manual. Structural Engineering Report No. CE-STR-84-38, School of Civil Engineering, Purdue Univenity, West Lafayette, IN, 1984, 43

35 Hillerborg A, Modeer M, Peterson P E. Analysis of Crack Formation and Crack Growth in Concrete by Means of Fracture Mechanics and Finite Elements. Cement and Concrete Research, 1976, (6): 773~782

36 Hsie S S, Ting E C, Chen W F. A Plasticity-Fracture Model for Concrete. International Journal of Solids and Structure, 1982, 18 (3): 181~197

37 Hsu T T C. Material Analysis of Shrinkage Stresses in a Model of Hardened Concrete. ACI Journal, 1963, 60 (3): 371~390

38 Hsu T T C, Slate F O, Sturman G M, Winter G. Microcracking of Plain Concrete and the Shape of the Stress-Strain Curve. ACI Journal, 1963a, 60 (2): 209~223

39 Hsu T T C, et al. Authors'Closure (Discussion by J Bellier and B Schneider). ACI Journal, 1963b, 60 (12): 1817~1819

40 Il'yushin A A. On the Postulate of Plasticity. PMM, 1961, 25 (3): 503~507

41 Kachanov L M. On the Creep Fracture Time. IZV, AN SSR, Otd, Tekhn, Nauk, 1958, 8: 26~31

42 Kachanov M. Continuum Model of Medium with Cracks. Journal of the Engineering Mechanics Division, ASCE, October 1980, 109 (EM5): 1039~1051

43 Korsovos M D. Effect of Testing Techniques on the Post-Ultimate Behaviour of Concrete In Compression. Materials and Structures (RILEM), 1983, 16 (91): 3~12

44 Kotsovos M D, Newman J B. Behavior of Concrete Under Multiaxial Stress. ACI Journal, 1977, 74 (9): 443~446

45 Krajcinovic D, Fonseka G U. The Continuous Damage Theory of Brittle Materials, Part I and Part II. Journal of Applied Mechanics, ASME, 1981, 48: 809~824

46 Krajcinovic D. Continuum Damage Mechanics. Applied Mechanics Review, 1984, 37 (1): 1~6

47 Krishnaswamy, K T. Microcracking of Plain Concrete Under Uniaxial Compressive Loading. Indian Concrete Journal, 1969, (66): 143~145

48 Kupfer H, Hilsdorf H K, Rusch H. Behavior of Concrete Under Biaxial Stresses. ACI Journal, August 1969, 66 (8): 656~666

49 Lemaitre J. Local Approach of Fracture. Engineering Fracture Mechanics, Nos. 5/6,1986, 25: 523~537

50 Lemaitre J, Mazars J. Application de la Theorie de L'endomma-gementau Comportment non Lineaire et a la

Rupture du Beton de Structure. Am, Inst, Tech, Batim, Trav, Publics, 1982, (401): 115~138

51 Lemaitre J. Coupled Elasto-Plasticity and Damage Constitutive Equations. Computer Methods in Applied Mechanics and Engineering, 1985, (51): 31~49

52 Launay P, Gachon H. Strain and Ultimate Strength of Concrete Under Triaxial Stresses. Special Publication, SP-34, ACI, 1970, 1: 269~282

53 Mazars J. Mechanical Damage and Fracture of Concrete Structures. Advance In Fracture Research, Proc, ICF5, Cannes, France, 1981, (4): 1499~1506

54 Mazars J, Lemaitre J. Applications of Continuous Damage Mechanics to Strain and Fracture Behavior of Concrete. Application of Fracture Mechanics to Cementitious Composites, NATO Advanced Research Workshop, 4~7 September 1984, Northwestern University (Edited by S P Shah), 375~388

55 Mazars J. A Model of a Unilateral Elastic Damageable Material and Its Application to Concrete. Fracture Toughness and Fracture Energy of Concrete, Edited by F H Wittmann, Elsevier Science Publishers, Amsterdam, 1986, 61~71

56 Mazars J. A Description of Micro-and Macro-scale Damage of Concrete Structures. Engineering Fracture Mechanics, Nos. 5/6, 1986a, (25): 729~737

57 Mills L L, Zimmerman R M. Compressive Strength of Plain Concrete Under Multiaxial Loading Conditions. ACI Journal, October 1970, 67 (10): 802~807

58 Murakami S. Mechanical Modeling of Material Damage. Journal of Applied Mechanics, 1988, 55: 280~286

59 MurrayD W, Chitnuyanondh L, Rijub-Agha K Y and Wong C. Concrete Plasticity Theory for Biaxial Stress Analysis. Journal of Engineering Mechanics Division, ASCE, December 1979, 105 (EM6): 989~1006

60 NaghdiP M, Trapp J A. The Significance of Formulating Plasticity Theory with Reference to Loading Surface in Strain Space. International Journal of Engineering Science, 1975. (13): 785~797

61 OhtaniY, Chen W F. Multiple Hardening Plasticity for Concrete Materials. Journal of Engineering Mechanics, 1988, 114 (11): 1890~1910

62 Onate E, Oller S, Oliver J and Lubliner J. A Constitutive Model of Concrete Based on the Incremental Theory of Plasticity. Engineering Computations, 1988, 5 (2).

63 Onare E, Oller S, Oliver J and Lubliner J. A Fully Elastoplastic Constitutive Model for Nonlinear Analysis of Concrete. International Conference on Numerical Methods in Engineering, Theory and Applications, NUMETA (Swansea), Eds G, Pande and J Middleton, Martinus Nijhoff Publishers, 1987.

64 Ortiz M, Popovi E P. A Physical Model for the Inelasticity of Concrete. Proceedings of Royal Society, London, 1982, (A383): 101~125

65 Ortiz M, Popov E P. Plain Concrete as a Composite Material. Mechanics of Materials, 1982a, 1 (2): 139~150

66 Ottosen N S. A Failure Criterion for Concrete. Journal of Engineering Mechanics Division, ASCE, August

1977, 103 (EM4): 527~535

67 Oritz M. A Constitutive Theory for the Inelastic Behavior of Concrete. Mechanics of Materials, 1985, 4:
    67~93

68 Palaniswamy R, Shah S P. Fracture and Stress-Strain Relationship of Concrete under Triaxial Compres-
    sion. Journal of Structural Division. ASCE, May 1974, 100 (ST5): 901~916

69 Peterson P E (1981). Crack Growth and Development of Fracture Zones in Plain Concrete and Similar Ma-
    terials. Report TVBM-1006, Div of Building Materials, Lund Institute of Technology, Lund, Sweden,
    1981.

70 Qu S N, Yin Y Q. Drucker's and Il'yushin's Postulate of Plasticity. Acta Mechanica Sinica, September
    1981, in Chinese, 5: 465~473

71 Read H E, Hegemier G A. Strain-Softening of Rock, Soil and Concrete-A Review Article. Mechanics of
    Materials, 1984, (3): 271~294

72 Resende L, Martin J B A. Progressive Damage Continuum Model for Granular Materials. Computational Methods
    in Applied Mechanics and Engineering, 1984, (42): 1~18

73 Richart F E, Brandzaeg A, Brown R L. A Study of the Failure of Concrete Under Combined Compressive
    Stresses. University of Illinois Engineering Experimental Station Bulletin 185, 1928.

74 Rots J G, Nauta P, Kusters G M A, Blaauwendraad J. Smeared Crack Approach and Fracture Localiza-
    tion in Concrete. Heron, 1985, 30 (1).

75 Sandler I S. Strain Softening for Static and Dynamic Problems. Proceedings of Symposium on Constitutive
    Equations: Micro, Macro, and Computational Aspects. ASME Winter Annual Meeting, New Orleans,
    K Willam, Ed, ASME, New York, December 1984, 217~231

76 Scavuzzo R, Stankowski T, Gerstle K H, Ko H Y. Stress-Strain Curves for Concrete under Multiaxial
    Load Histories. Department of Civil, Environmental and Architectural Engineering, University of Col-
    orado, Boulder, August 1983.

77 Schickert G, Winkler H. Results of Test Concerning Strength and Strain of Concrete Subjected to Multiaxi-
    al Compressive Stress. Deutscher Ausschuss Fur Stahlbeton, Heft 277, Berlin, 1977.

78 Shah S P, Chandra S. Critical Stress Volume Change and Microc-racking of Concrete. ACI Journal,
    September 1968, 65 (9): 770~781

79 Simo J C, Ju J W. Strain-and Stress-Based Continuum Damage Model, Part Ⅰ: Formulation, Part Ⅱ:
    Computational Aspects. International Journal of Solids and Structures, 1987, 23 (7): 821~869

80 Sinha B P, Gerstle K H, Tulin L G. Stress-Strain Relations for Concrete Under Cyclic Loading. ACI
    Journal, February 1964, 61 (2): 195~211

81 Tasuji M E, Slate F O, Nilson A H. Stress-Strain Response and Fracture of Concrete in Biaxial Loading.
    ACI Journal, July 1978, 75 (7): 306~312

82 Taylor M A, Broms B B. Shear Bond Strength Between Coarse Aggregate and Cement Paste or Mortar.
    ACI Journal, 1964, 61 (8): 939~958

83   Torrenti J M. Some Remarks Upon Concrete Softening. Bordas-Gauthier-Villars, 1986, 19 (113): 391~394

84   Traina L A, Babcock S M, Schreyer H L. Reduced Experimental Stress-Strain Results for a Low Strength Concrete Under Multiaxial State of Stress. AFWL-TR-83-3, Air Force Weapons Laboratory, New Mexico, May 1983.

85   van Mier J G M. Complete Stress-Strain Behavior and Damaging Status of Concrete Under Multiaxial Conditions. RILEM-CEB-CNRS, International Conference on Concrete Under Multiaxial Conditions, Presses del'Universite'Paul Sabatier, Toulouse. France, May 1984, (1): 124~132

86   Vermeer P A, De Borst R. Non-Associated Plasticity for Soils, Concrete and Rock. Heron, 1984, 29 (3).

87   Willam K J, Sture S, Bicanic N, Christensen J and Hurlbut B. Identification of Strain-Softening Properties and Computational Predictions of Localized Fracture, Report No. 8404, Department of Civil, Environmental and Architectural Engineering, University of Colorado, Boulder, 1984.

88   Willam K J. Warnke E P. Constitutive Model for the Triaxial Behavior of Concrete. International Association for Bridge and Structural Engineering, Seminar on Concrete Structure Subjected to Triaxial Stresses, Paper III-1 Bergamo, Italy, May 1974, IABSE Proceedings, 1975, (19): 1~30

89   Wischers G. Application of Effects of Compressive Loads on Concrete. Betontech, Berlin, Nos. 2 and 3, Duesseldorf, 1978.

90   Yamaguchi E. Chen W F. On Micro-mechanics of Fracture and Constitutive Modeling of Concrete Materials. Proc, Constitutive Laws for Engineering Materials: Theory and Applications (Ed C S, Desai), Elsevier, 1987, 939~947

91   Yamaguchi E. Chen W F. A Cracking Model for Finite Element Analysis of Concrete Materials. Journal of Engineering Mechanics, ASCE, 1990, 116 (7).

92   Yamaguchi E. Chen W F. Microcrack Propagation Study of Concrete Materials under Compressive Loading. Journal of Engineering Mechanics, ASCE. 1991, 117 (1).

93   Yin Y Q, Qu S N. Elasto-Plastic Coupling and Generalized Normality Rule. Acta Mechanica Sinica, January 1982, in Chinese, 1: 63~70

94   Yoder P J, Iwan W D. On the Formulation of Strain-Space Plasticity with Multiple Loading Surfaces. Journal of Applied Mechanics, ASME, 1981. (48): 773~778

95   Yu T Q, Qian J C. "Damage Theory and its Application" (Chinese Verston), 1993, 13~54, 132~200

第 5 章　塑性断裂理论在混凝土中的应用

5.1　引　　言

在上一章里，为了说明混凝土的宏观工作特性，我们对压力作用下混凝土内部微裂缝的扩展情况作了描述，指出了峰值荷载前后混凝土强化与软化性能宏观表现的本质区别，并介绍了一些混凝土材料强化与软化的本构模型。还强调指出：为了进行混凝土结构的有限元分析，在求混凝土力学中边值问题的实际解时，正确地选择一个建立在断裂力学基础上的开裂模型至关重要。

这一章首先介绍一种混凝土材料有限元分析的开裂模型（5.2 节），然后介绍混凝土内部微裂缝扩展（5.4 节）的开裂模型的微观力学公式（5.3 节）。5.5 节将给出以塑性断裂理论和应力应变空间塑性理论为基础的组合弹塑性断裂本构模型公式。5.6 节将阐述用于计算机编程的矩阵形式本构关系以及确定材料参数的实用方法。最后，5.7 节将给出这种组合模型在预测一些典型混凝土结构工作性能与强度方面的应用情况。

5.2　有限元分析的开裂模型

自从 Ngo 与 Scordelis（1967）首先涉足这一领域以来，有限元方法被广泛应用于混凝土结构的分析。在混凝土裂缝的研究过程中发展了两种不同的模型，即离散开裂模型和模糊开裂模型。离散开裂模型通过相邻单元节点位移的不连续来模拟裂缝，这是一种直接方法，该方法的明显困难在于裂缝的位置与方向无法事先确定，从而不可避免地要对预先选定的有限元网格加以几何限制。重新定义单元节点能在一定程度上修正此方法；然而这种技巧复杂且费时。此外，在有限元分析中节点的应力准确性相对较差，这与离散开裂方法的基本概念不很相符。以上问题使得离散开裂模型在混凝土结构有限元分析中的应用受到很大限制。

模糊开裂模型把裂缝视为连续水平上的分布裂缝。为此，在有限元内部的一些分区布满了裂缝。尽管弹性模量减小，但开裂的混凝土仍保持其连续性。这种方法无需事先知道裂缝的方向，也不需要改变单元网格的布置，因而处理此类模型较为容易。另外，高斯积分点处用于计算刚度矩阵的应力状态更为精确（Barlow，1976），对等参单元尤其如此，这表明使用该模型能更可靠地查明裂缝。所以，这一方法在工程实践上得到了广泛应用。

近来在对混凝土裂缝扩展的研究中，与模糊开裂模型紧密结合的非线性断裂力学发挥了关键作用（Yamaguchi，1987）。这里首先讨论该方法的基本概念。在介绍 Yamaguchi 和 Chen（1990a）近期的研究成果之前，还将介绍一种以非线性断裂力学和修正的 Voigt-Reuss 模型为基础的模糊开裂模型。这种模型包含了裂缝带理论（Bazant 和 Oh，1983）与复合材料损伤模型（Willam 等，1984）等特殊情况。最后给出的是该模型的数值分析。我们选取了一些简单的实例，以使其结果可与线弹性断裂力学的结果进行对比。

5.2.1　模糊开裂模型与非线性断裂力学

模糊开裂模型最简单的方法之一是在探测裂缝时使最大主应力方向的强度突然降为零。由抗拉强度控制的破坏准则经常采用这一方法。然而，在此方法中，随着有限单元的变小，裂缝前端单元的拉应力增大，因此裂缝在较小的外加荷载下继续发展，结果会导致表面裂缝的扩展和对有限单元尺寸的伪依赖性，从而在结构分析时会产生像 Bazant（1976）指出的那种不合实际的结果。线弹性断裂力学原理的运用能消除这种对有限单元尺寸选择的表面相关性（Bazant 和 Cedolin，1979）。Bazant 和 Cedolin（1979），还将能量准则取代强度准则广泛运用于断裂力学领域。但是，线弹性断裂力学对混凝土的适用性却是个有争议的问题（Mindess，1983）。近年来，一般认为，线弹性断裂力学仅适用于大型混凝土结构，而非线性断裂力学在工程实际中更适用。

Hillerborg 等（1976）首先用非线性断裂力学发现，裂缝的扩展与断裂区的形成是同时发生的。直接由单轴拉伸试验［Gopalaratnam 和 Shah（1985）］可以观察到，在应力达到抗拉强度时产生断裂区，当变形发展时，其强度逐渐减小（Hillerborg 等，1976；Peterson，1981）。线弹性断裂力学中定义的常规无应力裂缝，只有在残余强度完全丧失时才会出现。在此方法中，除抗拉强度等一般的材料特性之外，还引入了断裂能量作为材料特性，它是在断裂区出现常规裂缝前每单位面积消耗的能量。

在非线性断裂力学的模糊开裂模型中给出了裂缝的有限宽度并假定开裂区具有应变软化特性。试验表明混凝土内部的实际裂缝常有分叉，而且多重裂缝与局部裂缝曲折多变（Diamond 和 Bentur，1984）。考虑到这一因素，有必要确定裂缝的有限宽度，以便综合考虑混凝土实际裂缝的各种复杂性，并用一个平均有限宽度来表示裂缝。因此，这种方法比线弹性断裂力学假定的劈裂状裂缝更切合实际。

模糊开裂模型发展中尚未解决的主要问题是确定由原状区和开裂区两相组成的有限单元分区的平均材料性质。为此，裂缝带理论（Bazant 和 Oh，1983）把裂缝宽度与单元宽度取相同值。另外，复合材料损伤模型采用了等效匀质单元，这样，垂直于裂缝方向的位移与二相复合单元的位移相等（Willam 等，1984）。这些模型主要用于正方形及矩形区域的分析，此类区域中裂缝表现出线性软化性能。

在模糊开裂模型的基本概念里，一条裂缝是由贯穿有限元分区的若干条平行小裂缝构成的（图 5.1）。因此，开裂区可视为两个不同相组成的宏观上可表现出具有一定有效模量

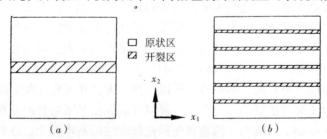

图 5.1　含单条裂缝及其理想化的开裂区域

(a) 单条离散裂缝；(b) 单条裂缝的理想化

的匀质性复合材料，在平均意义上讲，该有效模量描述了介质的材料特性。模糊开裂模型的发展依赖于复合材料力学中的匀质化技巧，Mura（1982）曾对此领域的研究作过详细评论。在现有的各种模型中，为研究纤维强化复合材料而提出的修正 Vogit-Reuss 模型是目前裂缝分析中最简单却很合理的模型之一，该模型将用于模糊开裂模型的推导中。

5.2.2 修正的 Voigt-Reuss 模型

在计算复合材料的有效模量时，对所有模型都要考虑有代表性的体积单元，该体积单元作为多相材料的分区域在整个体积范围内处处相同，其应力场和变形场由它们的平均值给定。

图 5.2 中所示的二相复合固体由 a 相和 b 相组成，两者都为线弹性。其平均应力和平均应变分别为：

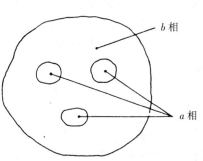

图 5.2　二相复合固体

$$\bar{\sigma}_{ij} = \frac{1}{V}\left(\int_{V^a}\sigma^a_{ij}\mathrm{d}V + \int_{V^b}\sigma^b_{ij}\mathrm{d}V \right) \tag{5.1}$$

$$\bar{\varepsilon}_{ij} = \frac{1}{V}\left(\int_{V^a}\varepsilon^a_{ij}\mathrm{d}V + \int_{V^b}\sigma^b_{ij}\mathrm{d}V \right) \tag{5.2}$$

其中，V 为复合材料代表区域的总体积，V^a（V^b）为 a 相（b 相）的体积；σ^a_{ij}（ε^a_{ij}）为 a 相的应力（应变）张量；σ^b_{ij}（ε^b_{ij}）为 b 相的应力（应变）张量。那么，由这些平均应力和平均应变定义的有效弹性常数张量 $\bar{C}_{ijkl}$ 为：

$$\bar{\sigma}_{ij} = \bar{C}_{ijkl}\bar{\varepsilon}_{kl} \tag{5.3}$$

而有效柔度张量 $\bar{D}_{ijkl}$ 可通过逆推得到：

$$\bar{\varepsilon}_{ij} = \bar{D}_{ijkl}\bar{\sigma}_{kl} \tag{5.4}$$

在确定有效材料参数时，尚须作进一步的假设，这将导致现有模型之间的一些差异。

Voigt 模型是最简单的模型之一，它假设应变状态是均匀的，即

$$\bar{\varepsilon}_{ij} = \varepsilon^a_{ij} = \varepsilon^b_{ij} \tag{5.5}$$

例如，Frantziskonis 和 Desai（1987）就采用了这种无扩散的假设。各相的本构关系表示为：

$$\sigma^a_{ij} = C^a_{ijkl}\varepsilon^a_{kl} = C^a_{ijkl}\bar{\varepsilon}_{kl} \tag{5.6}$$

$$\sigma^b_{ij} = C^b_{ijkl}\varepsilon^b_{kl} = C^b_{ijkl}\bar{\varepsilon}_{kl} \tag{5.7}$$

其中，C^a_{ijkl} 和 C^b_{ijkl} 分别为 a 相和 b 相材料弹性常数张量。将式（5.6）和式（5.7）代入式（5.1）可以得到：

$$\bar{\sigma}_{ij} = \left(\nu^a C^a_{ijkl} + \nu^b C^b_{ijkl} \right)\bar{\varepsilon}_{kl} \tag{5.8}$$

其中，ν^a 和 ν^b 是由下式确定的体积比

$$\nu^a = \frac{V^a}{V} \tag{5.9}$$

$$\nu^b = \frac{V^b}{V} \tag{5.10}$$

注意，$\nu^a + \nu^b = 1$，因此有效弹性常数可以表示为：

$$\bar{C}_{ijkl} = \nu^a C^a_{ijkl} + \nu^b C^b_{ijkl} \tag{5.11}$$

对应于 Voigt 模型的是 Reuss 模型，它的前提条件是：

$$\overline{\sigma}_{ij} = \sigma_{ij}^{a} = \sigma_{ij}^{b} \tag{5.12}$$

这一假定可推出有效柔度的表示形式为：

$$\overline{D}_{ijkl} = \nu^{a} D_{ijkl}^{a} + \nu^{b} D_{ijkl}^{b} \tag{5.13}$$

其中，D_{ijkl}^{a} 和 D_{ijkl}^{b} 由下式求出：

$$\varepsilon_{ij}^{a} = D_{ijkl}^{a} \sigma_{kl}^{a} \tag{5.14}$$

$$\varepsilon_{ij}^{b} = D_{ijkl}^{b} \sigma_{kl}^{b} \tag{5.15}$$

这两种模型可作为真实平均弹性模量的上限和下限（Mura，1982），实际特性介于两者之间。

现在考虑图 5.3 所示的特殊类型复合材料。对于这种复合材料，将以上两种模型结合起来并直观地作出如下假设：

$$\overline{\varepsilon}_{11} = \varepsilon_{11}^{a} = \varepsilon_{11}^{b} \tag{5.16}$$

$$\overline{\sigma}_{22} = \sigma_{22}^{a} = \sigma_{22}^{b} \tag{5.17}$$

$$\overline{\sigma}_{12} = \sigma_{12}^{a} = \sigma_{12}^{b} \tag{5.18}$$

这些式子构成了修正 Voigt-Reuss 模型的基础。进一步假设每相的应力和应变为常数，由式（5.1）和式（5.2）可以得到：

$$\overline{\sigma}_{11} = \nu^{a} \sigma_{11}^{a} + \nu^{b} \sigma_{11}^{b} \tag{5.19}$$

$$\overline{\varepsilon}_{22} = \nu^{a} \varepsilon_{22}^{a} + \nu^{b} \varepsilon_{22}^{b} \tag{5.20}$$

$$\overline{\gamma}_{12} = \nu^{a} \gamma_{12}^{a} + \nu^{b} \gamma_{12}^{b} \tag{5.21}$$

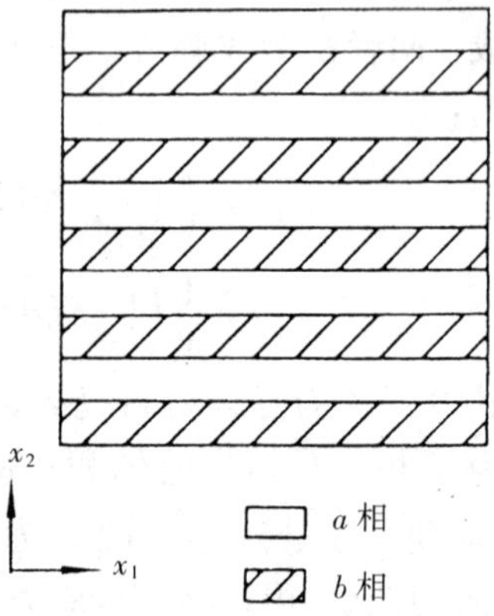

图 5.3 二相层状复合材料

如果 a 相与 b 相都由线弹性各向同性材料组成，那么它们的本构关系可表述为：

a 相

$$\begin{Bmatrix} \varepsilon_{11}^{a} \\ \varepsilon_{22}^{a} \\ \gamma_{12}^{a} \end{Bmatrix} = \begin{bmatrix} 1/E^{a} & -\nu^{a}/E^{a} & 0 \\ -\nu^{a}/E^{a} & 1/E^{a} & 0 \\ 0 & 0 & 1/G^{a} \end{bmatrix} \begin{Bmatrix} \sigma_{11}^{a} \\ \sigma_{22}^{a} \\ \sigma_{12}^{a} \end{Bmatrix} \tag{5.22}$$

b 相

$$\begin{Bmatrix} \varepsilon_{11}^{b} \\ \varepsilon_{22}^{b} \\ \gamma_{12}^{b} \end{Bmatrix} = \begin{bmatrix} 1/E^{b} & -\nu^{b}/E^{b} & 0 \\ -\nu^{b}/E^{b} & 1/E^{b} & 0 \\ 0 & 0 & 1/G^{b} \end{bmatrix} \begin{Bmatrix} \sigma_{11}^{b} \\ \sigma_{22}^{b} \\ \sigma_{12}^{b} \end{Bmatrix} \tag{5.23}$$

那么，根据式（5.16）～式（5.21），可以得到：

$$\begin{Bmatrix} \overline{\varepsilon}_{11} \\ \overline{\varepsilon}_{22} \\ \overline{\gamma}_{12} \end{Bmatrix} = \begin{bmatrix} 1/\overline{E}_{11} & -\overline{\nu}_{12}/\overline{E}_{11} & 0 \\ -\overline{\nu}_{12}/\overline{E}_{11} & 1/\overline{E}_{22} & 0 \\ 0 & 0 & 1/\overline{G}_{12} \end{bmatrix} \begin{Bmatrix} \overline{\sigma}_{11} \\ \overline{\sigma}_{22} \\ \overline{\sigma}_{12} \end{Bmatrix} \tag{5.24}$$

其中

$$\overline{E}_{11} = \nu^{a} E^{a} + \nu^{b} E^{b} \tag{5.25}$$

$$\overline{E}_{22} = \left[\left(\frac{\nu^{a}}{E^{a}} + \frac{\nu^{b}}{E^{b}} \right) - \frac{\nu^{a} \nu^{b} (\nu^{a} E^{b} - \nu^{b} E^{a})^{2}}{E^{a} E^{b} (\nu^{a} E^{a} + \nu^{b} E^{b})} \right]^{-1} \tag{5.26}$$

$$\bar{\nu}_{12} = \nu^{a}\nu^{a} + \nu^{b}\nu^{b} \tag{5.27}$$

$$\bar{G}_{12} = \frac{1}{(\nu^{a}/G^{a})\ (\nu^{b}/G^{b})} \tag{5.28}$$

可以看出，尽管此匀质材料由两种各向同性材料组成，但它还是表现出各向异性。

5.2.3 模糊开裂模型

下面来分析图 5.1（a）所示的开裂区，它可视作裂纹贯穿的有限单元的分区，这里采用的是模糊开裂模型，因而图 5.1（a）的开裂区可当作由原状区（a 相）和开裂区（b 相）两部分组成的单向复合材料或薄层，如图 5.1（b）所示。Yamaguchi 和 Chen（1990a）把修正的 Voigt～Reuss 模型运用到此复合材料上，以便形成一个等效匀质区域。

当前的研究假定原状层与开裂层的差别仅在于垂直于裂缝方向的剪切模量与杨氏模量不同。所以二相的本构关系可以表述为：

a 相（原状层）

$$\begin{Bmatrix} \varepsilon_{11}^{a} \\ \varepsilon_{22}^{a} \\ \gamma_{12}^{a} \end{Bmatrix} = \begin{bmatrix} 1/E & -\nu/E & 0 \\ -\nu/E & 1/E & 0 \\ 0 & 0 & 1/G \end{bmatrix} \begin{Bmatrix} \sigma_{11}^{a} \\ \sigma_{22}^{a} \\ \sigma_{12}^{a} \end{Bmatrix} \tag{5.29}$$

b 相（开裂层）

$$\begin{Bmatrix} \varepsilon_{11}^{b} \\ \varepsilon_{22}^{b} \\ \gamma_{12}^{b} \end{Bmatrix} = \begin{bmatrix} 1/E & -\nu/E & 0 \\ \nu/E & 0 & 0 \\ 0 & 0 & 1/\beta G \end{bmatrix} \begin{Bmatrix} \sigma_{11}^{b} \\ \sigma_{22}^{b} \\ \sigma_{12}^{b} \end{Bmatrix} + \begin{Bmatrix} 0 \\ e\ (\sigma_{22}^{b}) \\ 0 \end{Bmatrix} \tag{5.30}$$

其中，β 为剪切残余系数；$e\ (\sigma_{22}^{b})$ 为软化函数，其值随 σ_{22}^{b} 的减少而增大；这里，如公开发表的文献中所假设的一样，常假定 β 为常数。但是，应注意前面的公式本身满足非线性剪切应力－应变关系。同样值得注意的是，除了保证一一对应关系，现有公式对软化函数 $e\ (\sigma_{22}^{b})$ 的形式未做限制，因此可以容易地处理非线性软化特性。正如式（5.29）和式（5.30）表明的那样，裂缝发展过程中 b 相因开裂进入应变软化状态，而 a 相受到卸载作用。这两种不同性质已经在试验中得到验证（Gopalaratnam 和 Shah，1985）。

在修正 Voigt-Reuss 模型的应用中，将式（5.16）～式（5.21）代入由式（5.29）和式（5.30）给出的应力－应变关系式，于是可以得出有效状态变量间的关系式

$$\bar{\varepsilon}_{22} + \nu\ \bar{\varepsilon}_{11} = \frac{\nu^{a} - \nu^{2}}{E}\bar{\sigma}_{22} + \nu^{b}e\ (\bar{\sigma}_{22}) \tag{5.31}$$

$$\bar{\varepsilon}_{11} = \frac{1}{E}\ (\bar{\sigma}_{11} - \nu\ \bar{\sigma}_{22}) \tag{5.32}$$

$$\bar{\sigma}_{12} = \frac{\beta G}{\nu^{a}\beta + \nu^{b}}\bar{\gamma}_{12} \tag{5.33}$$

因为这些公式相互独立，所以应力状态由变形状态惟一确定，反过来也是一样。但是，因为式（5.31）通常是非线性的，所以在计算时需用到一些数值方法。

在非线性有限元分析时要建立整个结构的切线刚度矩阵，为此，必须给出材料切线刚度的公式。根据式（5.31）～式（5.33），应力应变增量之间的关系容易得到：

$$\begin{Bmatrix} d\bar{\varepsilon}_{11} \\ d\bar{\varepsilon}_{22} \\ d\bar{\gamma}_{12} \end{Bmatrix} = \begin{bmatrix} 1/E & -\nu/E & 0 \\ -\nu/E & 1/\bar{E} & 0 \\ 0 & 0 & 1/\bar{G} \end{bmatrix} \begin{Bmatrix} d\bar{\sigma}_{11} \\ d\bar{\sigma}_{22} \\ d\bar{\sigma}_{12} \end{Bmatrix} \tag{5.34}$$

其中

$$\overline{E} = \left(\frac{\nu^{a}}{E} + \nu^{b} \frac{de}{d\overline{\sigma}_{22}} \right)^{-1} \tag{5.35}$$

$$\overline{G} = \frac{\beta G}{\nu^{a} \beta + \nu^{b}} \tag{5.36}$$

或反之表示为:

$$\begin{Bmatrix} d\overline{\sigma}_{11} \\ d\overline{\sigma}_{22} \\ d\overline{\sigma}_{12} \end{Bmatrix} = \frac{1}{\Delta} \begin{bmatrix} 1/\overline{E} & \nu/E & 0 \\ \nu/E & 1/E & 0 \\ 0 & 0 & \overline{G}\Delta \end{bmatrix} \begin{Bmatrix} d\overline{\varepsilon}_{11} \\ d\overline{\varepsilon}_{22} \\ d\overline{\gamma}_{12} \end{Bmatrix} \tag{5.37}$$

其中

$$\Delta = \frac{1}{E\overline{E}} - \left(\frac{\nu}{E} \right)^{2} \tag{5.38}$$

这样就建立了以修正 Voigt－Reuss 模型为基础的开裂模型公式。如果同时给出 e $(\overline{\sigma}_{22})$、β、ν^{a}、ν^{b} 和弹性常数,那么应力－应变关系式中的所有变量就确定了。注意,当 e $(\overline{\sigma}_{22})$ 与 β 被当作材料参数时,而 ν^{a} 与 ν^{b} 并非是纯粹的材料参数,因为它们受到特定的有限元网格尺寸与裂缝宽度的影响。

常规无应力裂缝扩展时,这一开裂的匀质区域在垂直于裂缝的方向上失去承载能力。这种情形可由下列本构关系式描述

$$\begin{Bmatrix} d\overline{\sigma}_{11} \\ d\overline{\sigma}_{22} \\ d\overline{\sigma}_{12} \end{Bmatrix} = \begin{bmatrix} E & 0 & 0 \\ 0 & 0 & 0 \\ 0 & 0 & \overline{G} \end{bmatrix} \begin{Bmatrix} d\overline{\varepsilon}_{11} \\ d\overline{\varepsilon}_{22} \\ d\overline{\gamma}_{12} \end{Bmatrix} \tag{5.39}$$

其中,$\overline{G}$ 可以为零。

5.2.4 开裂模型的几个要点

下面研究图 5.4 所示的材料性能。抗拉强度 f'_{t} 之前材料的性质可由线弹性理论来表征,在 f'_{t} 点开始出现裂缝,随后进入软化阶段。

这里及以后的数值实例中均假设软化特征是线性的。因此,可以引入断裂能量 G_{f} 和裂缝宽度 W_{f} 来定义软化函数 e $(\overline{\sigma}_{22})$。注意,图 5.4 曲线下的区域由 G_{f}/W_{f} 给定。式 (5.35) 中的 $de/d\overline{\sigma}_{22}$ 可以表示为:

$$\frac{de}{d\overline{\sigma}_{22}} = \frac{1}{E} - \frac{2G_{f}}{(f'_{t})^{2} W_{f}} \tag{5.40}$$

则式 (5.35) 可重新写成:

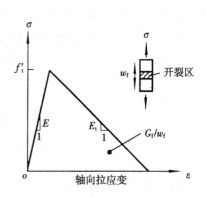

图 5.4 开裂区的应力－应变关系

$$\overline{E} = \left[\frac{1}{E} - \nu^{b} \frac{2G_{f}}{(f'_{t})^{2} W_{f}} \right]^{-1} \tag{5.41}$$

如果假定 W_{f} 等于开裂区的宽度,则 $\nu^{b} = 1$,式 (5.41) 可以变为:

$$\overline{E} = \left[\frac{1}{E} - \frac{2G_{f}}{(f'_{t})^{2} W_{f}} \right]^{-1} \tag{5.42}$$

其中，E 是裂缝带理论（Bazant 和 Oh，1983）中的软化模量。所以说，裂缝带理论是模糊开裂模型的一个特例。

图 5.5 中，$\nu^{b} = W_{f}/h$，可以得到 $\overline{E}$

$$\overline{E} = \left[\frac{1}{E} - \frac{2G_{f}}{(f_{t}')^{2}h} \right]^{-1} \tag{5.43}$$

若裂缝如图 5.6 所示的那样向单元的边倾斜，则 $\nu^{b} = W_{f}/(h\cos\theta)$，可以得出：

$$\overline{E} = \left[\frac{1}{E} - \frac{2G_{f}}{(f_{t}')^{2}h\cos\theta} \right]^{-1} \tag{5.44}$$

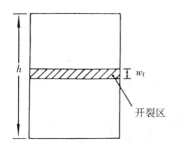

图 5.5　含有水平单一
裂缝的开裂区

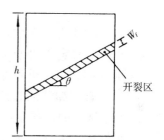

图 5.6　含有倾斜单一
裂缝的开裂区

由式（5.43）～式（5.44）可知，复合材料损伤模型（Willam 等，1984）也是模糊开裂模型的特例。

注意，在所给的例子里有效杨氏模量 $\overline{E}$ 与 W_{f} 无关。实际上，模糊开裂模型的 ν^{b} 总是与 W_{f} 成比例的，因而 $\overline{E}$ 与 W_{f} 无关。这种无关性并不局限于线性软化模型，对 Rots 等（1985）在研究中采用的双线性软化模型等情况也同样适用。所以，W_{f} 的值对实际计算的意义不大，裂缝宽度的确定无需作严格要求。

一旦裂缝开始扩展，剪切模量随即减小，垂直于裂缝方向的强度逐渐降低。假设剪切应力－应变关系用线弹性概念以及折减的剪切模量表示，那么，垂直于裂缝方向的材料特性要么进入应变－软化过程，要么进入卸载过程（裂缝闭合）。在软化过程中，强度随变形增加而降低，而在卸载过程中，拉应力与变形都减小。辨别这两种不同性质的加载准则由下列加载准则确定：

加载

$$d\sigma^{e} > 0 \tag{5.45a}$$

中性变载

$$d\sigma^{e} = 0 \tag{5.45b}$$

卸载

$$d\sigma^{e} < 0 \tag{5.45c}$$

其中

$$d\sigma^{e} = \frac{E}{1-\nu^{2}} \left(\nu d\overline{\epsilon}_{11} + d\overline{\epsilon}_{22} \right) \tag{5.46}$$

这些加载准则要求加载和卸载必居其一。反之，可以把加载准则写成

加载

$$d\sigma^f < 0 \qquad (5.47a)$$

中性变载

$$d\sigma^f = 0 \qquad (5.47b)$$

卸载

$$d\sigma^f > 0 \qquad (5.47c)$$

其中

$$d\sigma^f = \frac{\nu d\bar{\varepsilon}_{11} + d\bar{\varepsilon}_{22}}{\frac{1}{E} - \frac{\nu^2}{E}} \qquad (5.48)$$

上式建立在加载和卸载过程必居其一概念的基础上。

在卸载过程中，假定垂直于裂缝方向的开裂层的杨氏模量取开裂前的初始值，重新加载的曲线沿着与卸载相同的变形路径，直至卸载的起始点才终止，这些假设见图 5.7。注意，材料的性质是符合塑性理论的。事实上，只要加载函数 $f = \bar{\sigma}_{22} - k = 0$（$k$ 是弹性内变量），式（5.45）给出的加载准则就与 Qu 和 Yin（1981）为一般塑性力学提出的加载准则完全相符。

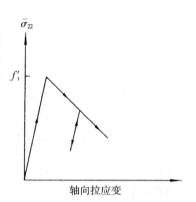

图 5.7　包含卸载和重新加载过程的开裂区特性

5.2.5　算例

这里介绍 Yamaguchi 和 Chen（1990）给出的两个算例。首先分析素混凝土切口梁，这种结构常与张开式断裂联系在一起。因此，它是验证现有公式正确性行之有效的检验方法。其次，它研究了脆性固体内部原有裂缝在压力作用下的扩展情况，最为关注的是侧向应力对裂缝发展的影响，原则上这与 Nemat-Nasser 和 Horii（1982）研究的是同一问题，但他们的分析主要借助于线弹性断裂力学，而目前的分析则是建立在非线性断裂力学的基础上。正如前面指出的，非线性断裂力学更适合于混凝土材料。

由于开裂之后材料不是线性的，因此要采用非线性有限元进行分析。为此，在目前的研究中采用了 Newton-Raphson 方法。这种方法需建立切线刚度矩阵，但它可由式（5.37）容易得到。随后的分析过程遵照标准数值求解步骤，此方法在本领域任何一本教科书上都能找到。

例 5.1　切口梁

假设梁的几何形状与混凝土的材料性能和 Rots（1985）等的试验结果相同，这样，两者的结果可以直接进行比较。梁的几何条件及其有限元模型见图 5.8 分析中采用带 2×3 高斯积分的八节点等参四边形单元，切口设计成一个单元宽。混凝土的材料特性由下列条件给出：$E = 30000 \text{MPa}$，$G_f = 124 \text{N/m}$，$\nu = 0.2$，$\beta = 0.001$，$f_t' = 3.33 \text{MPa}$，$W_f = 20 \text{mm}$。

图 5.9 显示由外加荷载及梁中点挠度得到的计算结果同 Rots 等（1985）计算结果的比较情况。从图中可以观察到两者非常相近，这就验证了开裂模型的正确性。

为了研究有限单元尺寸的客观性，分析时也在切口前方采用了更窄的有限单元。这种

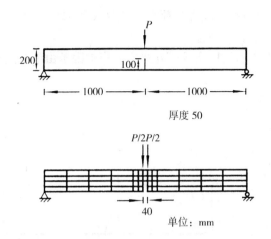

厚度 50

单位：mm

图 5.8　切口梁及其有限元的理想化

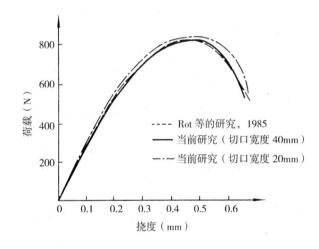

- - - Rot 等的研究，1985
——— 当前研究（切口宽度 40mm）
-·-·- 当前研究（切口宽度 20mm）

图 5.9　切口梁的荷载－挠度曲线

有限元网格仅仅通过平分切口的宽度，从而平分有限单元的宽度即可得到，相应的荷载－挠度曲线见图 5.9。可以看到，两条曲线之间没有明显差异，从而可以推断出现有公式得到的结果都是客观的。我们还讨论了 W_f 取 1mm 和 10mm 时的情况，同预想的一样，其结果与 $W_f = 20$mm 时相差甚微。

数值计算结果表明，在峰值荷载之前，随着裂缝的出现，线性加载－位移关系结束。裂缝的出现不会立即导致断裂，但其不断发展最终会使结构达到极限强度。峰值荷载时裂缝的形态如图 5.10 所示，图中的线段部分表示该段中心一个抽样点位置的裂缝形式，线段方向即为裂缝方

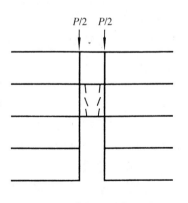

图 5.10　峰值荷载时的开裂图形

向，无应力裂缝也将在此阶段出现。概括地讲，非线性断裂力学允许断裂区在达到峰值荷

载之前就逐步发展，从而得到非线性的荷载－位移关系曲线。注意，这些观测结果与 Peterson（1981）的试验数据非常吻合。

顺便指出，图5.11所示切口梁的张开式应力集中因子由下式给出（Broek，1983）。

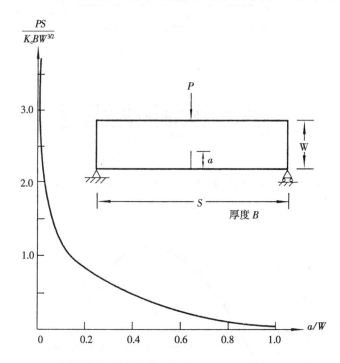

图5.11　由线弹性断裂力学得到的荷载－裂缝长度关系曲线

$$K_I = \frac{PS}{BW^{3/2}} \left[2.9 \left(\frac{a}{W} \right)^{1/2} - 4.6 \left(\frac{a}{W} \right)^{3/2} + 21.8 \left(\frac{a}{W} \right)^{5/2} \right.$$
$$\left. - 37.6 \left(\frac{a}{W} \right)^{7/2} + 38.7 \left(\frac{a}{W} \right)^{9/2} \right] \tag{5.49}$$

引入张开式断裂韧度 K_{IC} 后，可计算外加荷载与裂缝长度之间的关系，结果见图5.11。该图清楚地表明，一旦裂缝开始延伸，紧随其后的扩展将是不稳定的。因此，在线弹性断裂力学范围内，破坏前的荷载－位移曲线当作是线性的，裂缝一经出现，切口梁随即断裂。这一结果与前面非线性断裂力学推导的结果形成了鲜明的对照。

例5.2　原有裂缝的扩展

图5.12绘出了将要分析的结构及其有限元的理想化。图示匀质固体的中心嵌有一条斜裂缝，沿两侧面施加均匀的分布应力。在研究中，σ_1 总是压应力，侧向应力 σ_2 可为压应力或拉应力。该结构中原有裂缝以六结点等参四边形单元表示，而其余部分按八结点等参四边形单元建模。

假设该固体由砂浆制成，其材料特性按下列条件给出：$E = 13.790\text{MPa}$，$G_f = 10\text{N/m}$，$\nu = 0.2$，$W_f = 2.0\text{mm}$，$f_t' = 2.0685\text{MPa}$。假设内部那条裂缝没有粘结强度，这样，其力学性能完全由摩擦角 α 表征，这里令 $\alpha = 36°$。

E、ν 和 f_t' 的值取自 Buyukozturk 等（1971）的研究，适用于砂浆。α 值的出处相同，

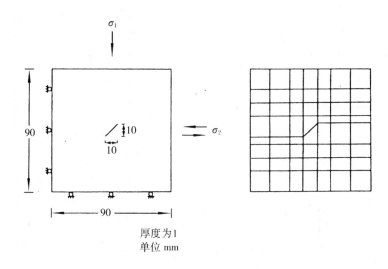

图 5.12　中心含原有裂缝的固体及其有限元的理想化

表示砂浆－骨料界面的摩擦角大小，但是考虑到 Willam 等（1984）研究混凝土时在 Mohr-Coulomb 断裂准则中采用过相似的值（$\alpha = 41.3°$），砂浆裂缝的摩擦角取为 36° 还是合理的。由于骨料间的桥接在很大程度上提高了破坏后混凝土的残余强度，因而砂浆应比混凝土更脆，其断裂能比混凝土要小。这就是在研究中采用小断裂能 $G_f = 10\text{N/m}$ 的原因。

为了研究 β 对裂缝扩展的影响，首先用三个 β 值 0.0001、0.2 和 1.0 来分析受侧向拉伸的结构。按比例加载 $\sigma_2 / \sigma_1 = -0.05$，其中 $\sigma_1 < 0$（压应力），$\sigma_2 > 0$（拉应力）。无论 β 取三者中的哪一个值，观察到的裂缝扩展都不稳定。$\beta = 0.2$ 时相应的最大压应力是 $\sigma_1 = -21.3\text{MPa}$。峰值荷载处的裂缝形态如图 5.13 所示。图中的符号与例 5.1 大体相同，但图 5.13 中的实心点表明存在着闭合裂缝。β 取其他值时也能得到类似的峰值应力状态。$\beta = 0.0001$ 时，峰值应力为 $\sigma_1 = -21.3\text{MPa}$，$\beta = 1.0$ 时，峰值应力 $\sigma_1 = -21.6\text{MPa}$。这两种情况对应的裂缝形态也同 $\beta = 0.2$ 时极为相似。所以，β 的大小对裂缝的扩展过程影响不大。该结论意味着张开式开裂在此类问题中发挥着主导作用，Nemat-Nasser 和 Horii（1982）在线弹性断裂力学基础上所做的研究也证明了这一点。

图 5.13 表明，一些裂缝趋向于闭合，裂缝集中在一个狭窄的柱状范围。在 Rots 等（1985）的数值分析中，也曾观察到这种应变集中现象，这就意味着粘结材料里发展的是离散裂缝而不是模糊裂缝，它与通常的试验观察结果相吻合。因而，在用有限元分析裂缝时，裂缝闭合模型的运用是必不可少的。

再来分析侧限压力的影响。为此，在下面的分析中令 σ_1、σ_2 都为压应力（负数），$\sigma_2 / \sigma_1 = 0.05$。侧限压力的出现使得裂缝只有在荷载达到极大时才会扩展，最后以一个有限长度告终。裂缝扩展的最终形态见图 5.14，此时 $\sigma_1 = -605\text{MPa}$。单轴压缩试验对应的分析结果是 $\sigma_1 = -63.1\text{MPa}$，比单轴拉伸强度约大 30 倍。分析过程中可以观察到裂缝的稳定扩展。这样，在目前的研究中，可以了解侧限应力对由压力引起的裂缝伸展的显著影响。尽管两者的裂缝伸展准则不同，但这种影响符合 Nemat-Nasser 和 Horii（1982）的研究结果。

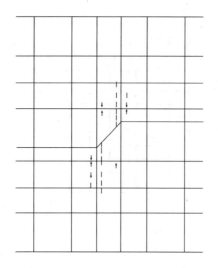
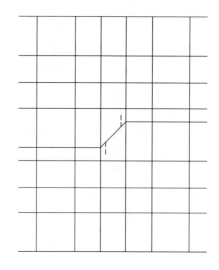

图 5.13　峰值荷载处的开裂形态　　　　图 5.14　$\sigma_1 = \cdot - 605$MPa 时的开裂形态

5.2.6　结论

本节提出了用于混凝土有限元裂缝分析的模糊开裂模型。由于这种模型的建立采用了修正的 Voigt-Reuss 模型（它给出了纤维增强复合材料的有效模量）的基本概念，因此其适用面比现有模型更广泛。实际上，此模型可容易实现非线性软化特性响应，而且可以看出，断裂带理论与复合材料损伤模型都可作为它的特例。

我们还探讨了两个数值实例。第一个例子的计算结果与 Rots 等（1985）的解答十分吻合，从而验证了模糊开裂模型的有效性。结果还表明该模型能避免对有限元网格的表面相关性，另外，裂缝宽度 w_f 在实际中无意义。鉴于线弹性断裂力学推导出的混凝土切口梁性能同实际情况不符，非线性断裂力学方法的重要性在这个例子中就得到了充分的体现。

离散裂缝要比模糊裂缝更切合混凝土材料的实际情况。关于这一点，当前的模型是令人满意的，因为在第二个例子中我们看到裂缝集中在一个狭窄的柱状区域。这个问题的计算结果也表明：张开式开裂在由压力引发的裂缝扩展中起着主导作用，而且侧限应力对裂缝发展的方式影响很大。有趣的是，虽然他们的研究是建立在线弹性断裂力学的基础上的，但这两个结论与 Nemat-Nasser 和 Horii（1982）的结论相符。

5.3　微观力学研究的分析模型

本节将建立一个用于混凝土材料微观力学研究的分析模型。为此，把混凝土当成由砂浆基体与骨料组成的二相复合材料来进行模拟，允许微裂缝在砂浆内部及砂浆与骨料的界面发展，此时骨料作为线弹性各向同性连续体保持原状（Chen, 1993）。微裂缝发展的详细情况请参考其他资料（Yamaguchi, 1987）。首先介绍在模拟粘结裂缝时连结单元的处理方法，模糊开裂模型将直接用于砂浆裂缝的描述。然后将叙述粘结裂缝的模拟，它的性质通过广义塑性概念和连结单元来模拟，最后进行数值分析。

我们努力揭示混凝土内部的应力状态对微裂缝扩展产生的影响。通过施加不同的侧向荷载或是调整混凝土模型内骨料的相对位置，可以得到不同的应力状态。所得数值计算结果表明：应力状态对砂浆裂缝的扩展具有显著影响，而对粘结裂缝的扩展影响要小得多。研究证明，广布的粘结裂缝贯穿混凝土试件，而且砂浆裂缝非均匀分布。另外，这一研究还符合第 4 章的一个论断：破坏前混凝土的性能可以由宏观应力和应变充分表达，而破坏后的性能不能用这些状态变量准确地描述。

5.3.1 砂浆裂缝的模糊开裂模型

假设砂浆在初始阶段是一种各向同性弹性材料。采用 5.2.3 节详细给出的模糊开裂模型公式，运用非线性断裂力学原理，可以预测出砂浆裂缝的出现与扩展。

5.3.2 模拟粘结裂缝的连结单元

粘结裂缝形成于砂浆与骨料的界面，所以处理粘结裂缝时必须辨明骨料周围的不同区域。然而，这一区域更趋近于一条直线而不是二维图形中具有可见厚度的区域。因此，常规有限元分析中采用的连续体单元，不能令人满意地模拟该区域，因为它在区域厚度变小时会导致计算上的困难。为了解决这个问题，在公式中采用了一种称为连结单元的特殊有限单元。这方面发展的详细情况可参考 Yamaguchi 和 Chen（1991b）的著作。

Goodman 等（1968）首先提出了连结单元的概念，他们把岩石内的节点作为一个特殊的相，其有关参数通常与邻近岩块的参数不同。这种单元的特点在于它采用相对位移代替应变来描述变形，以解决涉及小厚度的数值计算问题。在以下的讨论中，为了说明这类单元的基本特征，首先回顾 Goodman 等（1968）提出的简单线性连结单元公式。然后，在对混凝土内部微裂缝的扩展情况进行数值分析时，建立一种正方形六结点等参连结单元。

Goodman 等的连结单元如图 5.15 所示，图中局部坐标系以单元中心作为原点。这种四连结单元的长度为 L，厚度为零，初始状态节点 1 和节点 2 的坐标分别与节点 3 和节点 4 相等。该单元的变形由相对位移向量（u、v）表示如下：

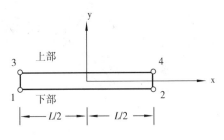

$$\begin{Bmatrix} u \\ v \end{Bmatrix} = \begin{Bmatrix} u^{\text{top}} & - u^{\text{bottom}} \\ v^{\text{top}} & - v^{\text{bottom}} \end{Bmatrix} \quad (5.50)$$

图 5.15 Goodman 等（1968）的连结单元

上标"top"（"bottom"）表示向量与连结单元的上部（下部）相关。各个位移通过线性插值法由节点位移表示。令 U_i 和 V_i 分别表示 i 节点沿局部坐标系 x 轴和 y 轴方向的位移。单元下部的位移可表示为：

$$\begin{Bmatrix} u^{\text{bottom}} \\ v^{\text{bottom}} \end{Bmatrix} = \frac{1}{2} \begin{bmatrix} 1 - \dfrac{2x}{L} & 0 & 1 + \dfrac{2x}{L} & 0 \\ 0 & 1 - \dfrac{2x}{L} & 0 & 1 + \dfrac{2x}{L} \end{bmatrix} \begin{Bmatrix} U_1 \\ V_1 \\ U_2 \\ V_2 \end{Bmatrix} \quad (5.51)$$

沿连结单元上部的位移可以表示为：

$$\begin{Bmatrix} u^{\text{top}} \\ v^{\text{top}} \end{Bmatrix} = \frac{1}{2} \begin{Bmatrix} 1 + \dfrac{2x}{L} & 0 & 1 - \dfrac{2x}{L} & 0 \\ 0 & 1 + \dfrac{2x}{L} & 0 & 1 - \dfrac{2x}{L} \end{Bmatrix} \begin{Bmatrix} U_3 \\ V_3 \\ U_4 \\ V_4 \end{Bmatrix} \quad (5.52)$$

从而，连结单元的相对位移可以写成：

$$\begin{Bmatrix} u \\ v \end{Bmatrix} = \frac{1}{2}\begin{bmatrix} -A & 0 & -B & 0 & B & 0 & A & 0 \\ 0 & -A & 0 & -B & 0 & B & 0 & A \end{bmatrix}\begin{Bmatrix} U_1 \\ V_1 \\ U_2 \\ V_2 \\ U_3 \\ V_3 \\ U_4 \\ V_4 \end{Bmatrix} \tag{5.53}$$

其中

$$A = 1 - \frac{2x}{L} \tag{5.54}$$

$$B = 1 + \frac{2x}{L} \tag{5.55}$$

Goodman 等关于连结单元的基本概念可用于构造图 5.16 所示的六节点等参连结单元，单元局部坐标系下的映射以单元中心作为坐标原点。单元的厚度为零，初始状态时节点 1、2、3 的坐标分别与节点 4、5、6 的坐标相等。单元的变形由相对位移向量（u、v）表示，单元内的相对位移与坐标由节点参数确定。

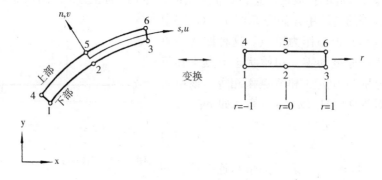

图 5.16 六节点等参连结单元

$$\begin{Bmatrix} x^{\text{top}} \\ y^{\text{top}} \end{Bmatrix} = \begin{Bmatrix} x^{\text{bottom}} \\ y^{\text{bottom}} \end{Bmatrix} = \begin{bmatrix} N^1 & 0 & N^2 & 0 & N^3 & 0 \\ 0 & N^1 & 0 & N^2 & 0 & N^3 \end{bmatrix}\begin{Bmatrix} X^1 \\ Y^1 \\ X^2 \\ Y^2 \\ X^3 \\ Y^3 \end{Bmatrix} \tag{5.56}$$

$$\begin{Bmatrix} u \\ v \end{Bmatrix} = \begin{Bmatrix} u^{\text{top}} - u^{\text{bottom}} \\ v^{\text{top}} - v^{\text{bottom}} \end{Bmatrix}$$

$$= \begin{bmatrix} -N^1 & 0 & -N^2 & 0 & -N^3 & 0 & N^1 & 0 & N^2 & 0 & N^3 & 0 \\ 0 & -N^1 & 0 & -N^2 & 0 & -N^3 & 0 & N^1 & 0 & N^2 & 0 & N^3 \end{bmatrix}$$

$$\times \{ U^1 \ V^1 \ U^2 \ V^2 \ U^3 \ V^3 \ U^4 \ V^4 \ U^5 \ V^5 \ U^6 \ V^6 \}^T \tag{5.57}$$

其中

$$N^1 = -\frac{1}{2} r \ (1-r) \tag{5.58}$$

$$N^2 = 1 - r^2 \tag{5.59}$$

$$N^3 = \frac{1}{2} r \ (1-r) \tag{5.60}$$

上标"top"（"bottom"）表明参数与连结单元的上部（下部）有关。$(X^a, \ Y^a)$ 和 (U^a, V^a) 分别表示节点 a 的坐标与位移。

鉴于等参单元的公式推导中采用了变换方法，那么建立单元刚度矩阵就必然要用到雅可比行列式。这种特殊单元的雅可比行列式由下式给定：

$$|J| = \sqrt{\left(\frac{\partial x}{\partial r}\right)^2 + \left(\frac{\partial y}{\partial r}\right)^2} \tag{5.61}$$

其中

$$\frac{\partial x}{\partial r} = \sum_{i=1}^{3} \frac{\partial N^i}{\partial r} X^i = (r-0.5)X^1 - 2rX^2 + (r+0.5)X^3 \tag{5.62}$$

$$\frac{\partial y}{\partial r} = \sum_{i=1}^{3} \frac{\partial N^i}{\partial r} Y^i = (r-0.5)Y^1 - 2rY^2 + (r+0.5)Y^3 \tag{5.63}$$

材料的本构关系既然已给定，根据式（5.56）～式（5.63）就足以建立单元刚度矩阵了。

5.3.3 粘结裂缝特征的模拟

假定粘结裂缝的形成由拉伸断裂的 Mohr-Coulomb 准则（图 5.17）决定。这是一种由摩擦系数 μ、内聚力 c 和拉伸强度 γ 决定的三参数破坏模型。裂缝扩张时这些参数的值会随之改变，本质上是破坏面的收缩导致了软化性能的出现。假定粘结裂缝的破坏模式有两种：如果达到拉伸断裂面，就会发生劈裂（拉伸）破坏；另一方面，如果达到 Mohr-Coulomb 面，则发生剪切破坏。两种情况中都要用到广义塑性概念来模拟破坏后的特性。

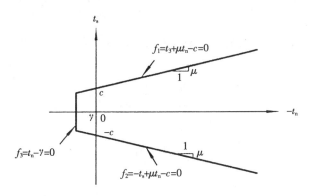

图 5.17　拉伸断裂 Mohr-Coulomb 模型的初始破坏面

Mohr-Coulomb 破坏面的使用源于 Taylor 和 Broms（1964）的试验结果。Buyukozturk 等（1971；1972）在研究中也采用了这种破坏准则，并且认识到上述两种破坏模式。但是，在模拟破坏后的性质时还是存在着差异。目前的公式假定强度逐渐减小，如同非线性断裂力学中的软化特性，而在 Buyukozturk 等的研究中假定强度是突然减小的。

骨料与砂浆的界面承受拉应力，即受切向应力分量 t_s 和法向应力分量 t_n 的作用。变形状态分别由两个相对于界面切向的相对位移 u_s 和位于界面法向的相对位移 u_n 表示。因此，本构模型采用了拉应力－相对位移关系式，而不是应力－应变关系式。

假定应力状态到达初始破坏面 $f_1 = t_s + \mu t_n - c = 0$，其中 c 是内聚力强度，μ 是摩擦系数，那么，伴随破坏面收缩的开始而出现软化特征，其公式推导依照广义塑性力学原理建立。除了变形状态由相对位移而非应变表示之外，它的基本概念与经典塑性力学理论几乎完全相同，这一点将在下面解释。

第一个假定是相对位移增量可分解为弹性部分和塑性部分，即

$$du_i = du_i^e + du_i^p \tag{5.64}$$

其中，上标 e 和 p 分别表示弹性部分和塑性部分；下标 i 的取值范围是从 $1 \sim 2$。$i = 1$ 对应于切线方向 s，即 $u_1 = u_s = u$；$i = 2$ 对应于法线方向 n，即 $u_2 = u_n = v$。另一个假定是：只有弹性相对位移可引起应力。假定虎克定律成立，则该假定可以表示为：

$$dt_i = K_{ij}du_j^e = K_{ij}\left(du_j - du_j^p\right) \tag{5.65}$$

其中，K_{ij} 是弹性刚度张量。重复的下标表示在其范围之内求和。因为破坏前没有相对位移产生，理论上的弹性常数应为无穷大。最后，为了限定弹性相对位移增量，引入了流动法则，其形式如下：

$$du_i^p = d\lambda \frac{\partial g_1}{\partial t_i} \tag{5.66}$$

其中，$d\lambda$ 为非负标量；g_1 为塑性势能函数。

u 和 c 是有效塑性位移 u_p 的函数，u_p 按下式确定：

$$du_p = \sqrt{du_i^p du_i^p} = \sqrt{\frac{\partial g_1}{\partial t_i}\frac{\partial g_1}{\partial t_i}}d\lambda \tag{5.67}$$

$$u_p = \int du_p = \int \sqrt{du_i^p du_i^p} = \int \sqrt{\frac{\partial g_1}{\partial t_i}\frac{\partial g_1}{\partial t_i}}d\lambda \tag{5.68}$$

因此，f_1 可看成是 t_1 与 u_p 的函数。塑性变形时的应力状态处于破坏面上，所以必须满足一致性条件。于是

$$df_1 = \frac{\partial f_1}{\partial t_i}dt_i + \frac{\partial f_1}{\partial u_p}du_p = 0 \tag{5.69}$$

由式（5.64）～式（5.69），可以得到：

$$d\lambda = \frac{1}{H}\frac{\partial f_1}{\partial t_i}K_{ij}du_j \tag{6.70}$$

其中

$$H = \frac{\partial f_1}{\partial t_i}K_{ij}\frac{\partial g_1}{\partial t_j} - \frac{\partial f_1}{\partial u_p}\sqrt{\frac{\partial g_1}{\partial t_i}\frac{\partial g_1}{\partial t_i}} \tag{5.71}$$

将式（5.66）和式（5.70）代入式（5.65），有

$$dt_i = K_{ij}^{ep}du_j \tag{5.72}$$

其中

294

$$K_{ij}^{ep} = K_{ij} - \frac{1}{H}K_{im}\frac{\partial g_1}{\partial t_m}\frac{\partial f_1}{\partial t_n}K_{nj} \tag{5.73}$$

在建立切线刚度矩阵的非线性有限元分析时，将多次用到式（5.72）。注意，K_{ij}^{ep}是不对称的，除非 g_1 与 f_1 一致。

当应力状态达到 Mohr-Coulomb 准则的另一面（即 $f_2 = -t_s + \mu t_n - c = 0$）或拉伸断裂面（即 $f_3 = t_n - \gamma = 0$）时，用上述的同样方法也能给出应力增量与相对位移之间的关系。

剪切破坏后的特征不仅包括 Mohr-Coulomb 面的收缩，还包括了拉伸断裂面的收缩，而且在劈裂破坏后，抗剪强度与抗拉强度都会减小。也就是说，Mohr-Coulomb 破坏面与拉伸断裂面的发展是相互关联的。在目前的研究中，这种关联性建立在以下假定基础上：拉伸断裂破坏面与 Mohr-Coulomb 破坏面的交线沿直线趋近于原点。这项假定保证了拉伸强度与粘结强度同时丧失。于是，破坏面按下式演化：

$$(c - \mu\gamma)\,\gamma_0 = (c_0 - \mu_0\gamma_0)\,\gamma \tag{5.74}$$

其中，c_0、μ_0 和 γ_0 分别表示 c、μ 和 γ 的初始值。

图 5.18 绘出了上述破坏面的演化过程，当拉伸强度和粘结强度完全丧失时将达到彻底破坏。值得注意的是，在此阶段尽管无法承受拉应力，但在压力作用下，界面仍能承担与作用其上的压应力成比例的剪应力。

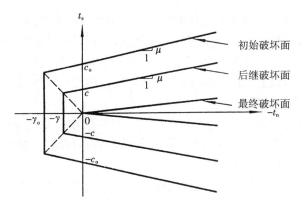

图 5.18　破坏面的演化

5.3.4　加载准则

在软化阶段，应力空间的加载面在加载和卸载时都趋于收缩，所以不能将经典塑性力学中由 $(\partial f/\partial\sigma_{ij})\,d\sigma_{ij}$ 确定的传统加载准则应用于软化性质。另一方面，如果借助应变状态，就能明确硬化和软化阶段的加载和卸载特征间的区别。因此，为建立整个阶段材料特征的统一公式，将采用应变空间公式（Bazant 和 Kim，1979；Han 和 Chen，1986）。然而，即使是对软化特征而言，无需应变空间的加载函数，仍可建立一个加载准则，这一点可在 Qu 和 Yin（1981）的研究中给出。通过阐明应力空间与应变空间加载函数的关系，他们成功地从加载准则中消除了应变空间的加载函数。这种加载准则表示如下（Chen 等，1991）：

$$\begin{aligned} &B > 0，加载 \\ &B = 0，中性变载 \\ &B < 0，卸载 \end{aligned} \tag{5.75}$$

其中

$$B = \frac{\partial F}{\partial \sigma_{ij}} C_{ijkl} \mathrm{d}\varepsilon_{kl} \qquad (5.76)$$

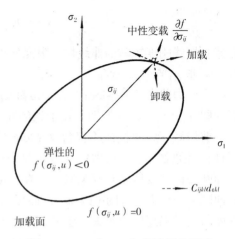

式中，F 为应力空间的加载函数；C_{ijkl} 为弹性材料常数张量。此加载准则如图 5.19 所示，它可看做是最具普遍意义的加载准则，非常适合于有限元方法，因为这种数值方法是先得出应变状态，再确定应力状态。

当前的研究采用了这种加载准则。但是，由于粘结裂缝的状态变量的表面拉力 t_s、t_n 和相对位移 u_s、u_n，故 B 的表示需修正如下：

$$B = \frac{\partial f}{\partial t_i} K_{ij}^{\mathrm{e}} \mathrm{d}u_j \qquad (5.77)$$

图 5.19　Qu 和 Yin 加载准则的图示

其中，f 是在表面－拉应力空间（t_s，t_n）中确定的加载函数。

5.4　微裂缝扩展研究

在此，将研究混凝土中微裂缝扩展的数值分析情况。既然混凝土是一种多相材料，那么分析时不可能保持其精确的几何形状。为了建立目前数值研究所需的结构模型，必须做出一些完全理想化的假设。这里，将采用图 4.46 中由砂浆基体与表面粗糙的圆形骨料组成的二相复合材料进行研究，Buyukozturk 等（1971；1972）曾作过相同的假设。

5.4.1　含一个骨料的复合材料

首先来分析图 5.20 所示的复合材料。该复合材料仅在砂浆基体中心含有一个圆形骨料，其中不存在初始裂缝，但砂浆与骨料的材料特性各不相同。这种非匀质性导致骨料附近的应力集中，从而造成裂缝的出现。同骨料的直径相比，砂浆基体的尺寸很大，以致边界的影响可以忽略不计。该复合材料的四周受均布应力作用，轴向应力 σ_1 始终为压力，侧向应力 σ_2 可为正也可为负。

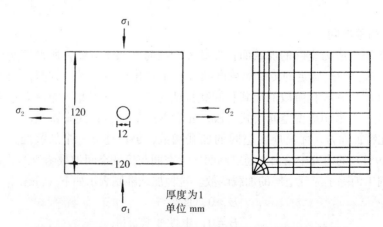

图 5.20　在中心含有一个骨料的复合材料及其有限单元的划分

296

由于对称性，只需分析模型的1/4，其有限元网格见图5.20。骨料用六节点三角形单元来模拟，四周是六节点的连结单元，余下的砂浆基体理想化为八节点四边形单元，它们都是二次等参单元。

假设达到抗拉强度时出现砂浆裂缝，此前砂浆基体都是各向同性的。随后，如前所述，开裂区因裂缝张开呈现软化响应。材料参数源自 Buyukozturk 等（1971；1972）：杨氏模量 $E = 13.790\text{MPa}$，泊松比 $\nu = 0.2$，抗拉强度 $f'_t = 2.0685\text{MPa}$。为了确定软化特性，假定断裂能量 $G_f = 10\text{N/m}$，剪力残余系数 $\beta = 0.2$，裂缝宽度 $w_f = 0.25\text{mm}$，并采用以下线性软化模型：

$$\frac{\text{d}e}{\text{d}\sigma_{22}} = \frac{1}{E} - \frac{2G_f}{(f'_t)^2 w_f} \tag{5.78}$$

该式曾在式（5.35）中出现，它决定砂浆基体的软化特性。

假定骨料是各向同性线弹性的，其特性由两个弹性常数给出。它们的值是 $E = 34.475\text{MPa}$，$\nu = 0.26$（Buyukozturk 等，1971；1972），因而骨料比基体稍硬。试验观察表明，骨料颗粒中仅出现极少量裂缝（Hsu 等，1963），据此可假定骨料保持原状。

为了描述形成界面裂缝处的基体与骨料之间界面的特性，做出下面三个假设：（1）弹性刚度矩阵 K_{ij} 中，对角线元素取砂浆杨氏模量的 10^5 倍，非对角线元素为零；（2）界面裂缝的软化仅导致内聚力 c 与抗拉强度 γ 的减小。摩擦系数 μ 在此过程中保持不变；（3）确定界面裂缝特性的势能函数由 $g_1 = t_s$，$g_2 = -t_s$ 和 $g_3 = f_3$ 表示。此外，初始破坏面由 $c_0 = 2.085\text{MPa}$，$\gamma_0 = 2.0685\text{MPa}$ 和 $\mu_0 = 0.727$ 表示。这些值来自 Taylor 和 Broms（1964）的研究。

该复合材料受拉-压加载，$\sigma_2/\sigma_1 = -0.05$，$\sigma_1$ 为压应力（负），σ_2 为拉应力（正）。首先出现的是粘结裂缝，图5.21（a）表示 $\sigma_1 = -8.73\text{MPa}$ 的开裂模式，界面附近的实线段表示它受剪破坏，进一步加载，粘结裂纹处的砂浆区与骨料发生相对滑动，致使粘结裂缝末端附近的砂浆中出现拉应力。这一拉应力促使粘结裂缝深入砂浆，引发砂浆裂缝。沿

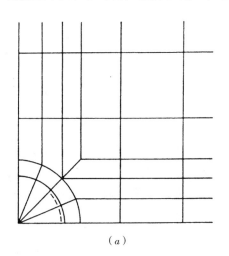
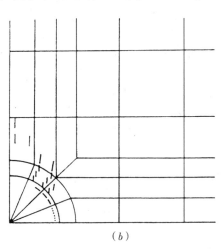

（a）   （b）

图 5.21

（a）$\sigma_1 = -8.73\text{MPa}$ 时的开裂模式；（b）$\sigma_1 = -25.1\text{MPa}$ 时的开裂模式

界面的滑动也使得粘结裂缝某些部分的破坏模式由剪切破坏变为劈裂破坏。$\sigma_1 = -25.1$MPa时的开裂模式见图5.21（b），图中分别用实线段与虚线段表示砂浆裂缝和劈裂形粘结裂缝，砂浆裂缝线段的方向表示裂缝方向。此图清楚地表明，骨料顶端的一些区域没有裂缝扩展发生。这个结果根据前面的应力分析即可得到，应力分析表明骨料顶端不存在拉应力分量（Yamaguchi 和 Chen，1990）。这里的观察结论充分说明了压碎的混凝土试件中常发现锥形砂浆碎块的原因（van Mier，1984）。

下面研究 σ_2/σ_1 等于0.0，0.025 及 0.05 时侧限压应力对微裂缝扩展的影响。相应于图5.21（a）所示的界面裂缝发展的应力状态的数值结果列在表5.1a 中，根据该表可清楚地看出，随着侧限压力的增加，达到这种开裂状态需要施加更大的荷载。然而，表5.1a 中所需应力之间的最大差值仅约8MPa，而且所有这些加载条件下粘结裂缝都在发展。表5.1b 给出了相应于图5.21（b）所示阶段裂缝延伸的应力状态。随着侧限压力的出现，将需很大的荷载。$\sigma_2/\sigma_1 = 0.05$ 时，虽然 σ_1 达到极大值 $\sigma_1 = -454$MPa，但砂浆裂缝停止扩展，图5.21（b）的裂缝发展状态未能达到图5.22绘出的 $\sigma_1 = -454$MPa的开裂模式。

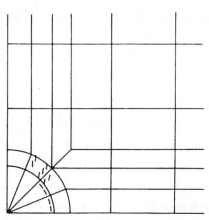

图5.22　$\sigma_1 = -454$MPa 时的开裂模式

图5.21(a)的裂缝扩展所要求的外加应力状态　表5.1a		图5.21(b)的裂缝扩展所要求的外加应力状态　表5.1b	
σ_2/σ_1	σ_1(MPa)	σ_2/σ_1	σ_1(MPa)
-0.050	-8.73	-0.050	-25.1
0.000	-11.52	0.000	-63.3
0.025	-13.71	0.025	-307.2
0.050	-16.93	0.050	—

上述结果充分说明混凝土中的微裂缝扩展受侧限应力影响。特别有趣的是，这种影响对砂浆裂缝要比对粘结裂缝更大。

5.4.2　含五个骨料的复合材料

已经知道，多相材料的应力状态即使在受单轴压缩等简单荷载时也是非常复杂的，影响混凝土材料中应力状态的因素之一就是骨料的存在。实际上，4.15节已指出骨料的存在，尤其是骨料之间的相互作用对其周围的应力状态具有显著影响（Yamaguchi 和 Chen，1991）。因此，如果以上数值分析的结果正确，那么裂缝扩展必定依赖于周围的环境。也就是说，即使外加荷载相同，骨料的不同相对排列也会导致不同的微裂缝扩展。为此，将研究两种复合材料（复合材料Ⅰ与复合材料Ⅱ）在图5.23所示单轴压缩下的微裂缝扩展情况。

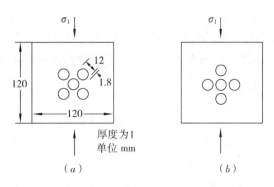

图 5.23　含五个骨料的两种复合材料

（a）复合材料Ⅰ；（b）复合材料Ⅱ

图示两种复合材料都在其中心有一个骨料，四周被四个骨料包围，所有骨料都是圆形，直径与材料特性均相同。骨料净距按 Hsu（1963）的估计设为骨料半径的 30％，该模型与实际的混凝土材料十分相似。这两种复合材料除去骨料排列不同之外，其余条件都相同，各材料特性与前面只含一个骨料的复合材料相同。

首先来分析复合材料Ⅰ。根据对称性，只需分析 1/4 部分，其有限元的理想化见图 4.48（a）。$\sigma_1 = -6.81\text{MPa}$ 时出现界面裂缝，界面裂缝在各骨料周围扩展，随后才出现砂浆裂缝。$\sigma_1 = -12.0\text{MPa}$ 时的开裂图形已在图 4.50（a）给出。在后面对复合材料Ⅱ的分析中采用图 4.48（b）中的有限元网格，第一条粘结裂缝在 $\sigma_1 = -6.61\text{MPa}$ 处产生，$\sigma_1 = -12.0\text{MPa}$ 的粘结裂缝扩展图见图 4.50（b）。这两种开裂图形的比较表明，粘结裂缝的发展与环境无关。换句话说，邻近骨料的位置对粘结裂缝的扩展影响不大。

为了对这一点作进一步的研究，图 5.24 给出了另一种开裂图形。该图显示了前述含一个骨料的复合材料在受单轴压力 $\sigma_1 = -12.0\text{MPa}$ 时的裂缝的扩展情况。注意，此复合材料除了骨料数量以外，其材料性质及几何特征均同于复合材料Ⅰ和复合材料Ⅱ。由于它仅含一个骨料，图 5.24 可以看成是一个独立骨料周围的开裂图形。即便是在这种复合材料中也找不出粘结裂缝发展情况的显著差别。因此可做出以下结论：粘结裂缝的扩展受其他骨料及骨料相对位置的影响很小。

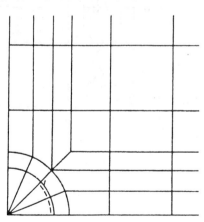

图 5.24　单轴压应力 $\sigma_1 = -12.0$ MPa 时含一个骨料的复合材料中的开裂模式

与含一个骨料的复合材料相似，复合材料Ⅰ和复合材料Ⅱ的界面裂缝处的砂浆区同骨料有相对滑动趋势。这种滑动使粘结裂缝深入砂浆，形成了砂浆裂缝。砂浆裂缝的发展与粘结裂缝相联系，最终形成一条连续裂缝。复合材料Ⅰ中，当 $\sigma_1 = -17.1\text{MPa}$ 时，出现此连续裂缝，第 4 章图 4.50（c）给出了这个阶段的开裂图。

但是，另一方面，如图 4.50（d）所示，在同样的加载水平下，复合材料Ⅱ中不会出现连续裂缝。当荷载增加到 $\sigma_1 = -35.0\text{MPa}$，即约等于复合材料 I 中出现连续裂缝荷载的 2 倍时，仍然观察不到连续裂缝的形成。这一加载水平的开裂形态已在图 4.50（e）绘出。目前的分析结果表明，邻近骨料的相对位置对砂浆裂缝的发展具有相当大的影响。因为骨料的相对位置不同会导致砂浆区的应力分布不同，所以以上的观察结果与含一个骨料的复合材料很吻合。

如前所述，相应于复合材料 I 的第一条粘结裂缝和连续裂缝出现的荷载值分别为 -6.81MPa 和 -17.1MPa。因为粘结裂缝的出现标志着线性力学响应的终止，而连续裂缝特征又与破坏过程的起始相关，所以 -6.81MPa 和 -17.1MPa 可分别看作单轴压力作用下的弹性极限和 80% 的破坏强度，而它们的比值是 0.32，有趣的是该值与试验结果非常吻合。我们还对单轴拉伸情况进行了开裂分析，$\sigma_1 = 1.92\text{MPa}$（复合材料 I）或 $\sigma_1 = 1.97\text{MPa}$（复合材料 II）时连续裂缝出现，它们的值应与抗拉强度紧密相关，所以可以说抗拉强度相当于抗压强度的 11%，这个结果也符合试验结果。

为了在一定程度上验证已得到的数值结果，还采用了图 5.25 所示的另一种单元网格分析同样的问题。与图 4.48 相比，在应力特别集中和裂缝开展的区域使用了更多的单元网格，而受均匀应力状态区域的单元网格较少，这种以新的有限元网格为基础的数值结果同第 4 章的相应结果（图 4.49 和图 4.50）相比，两者没有关键性的差异，从而支持了目前数值研究中的这个结论：邻近骨料的相对位置在很大程度上影响砂浆裂缝的发展，但是对粘结裂缝毫无影响。

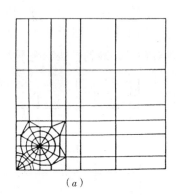 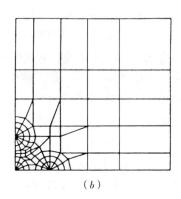

（a）　　　　　　　　　　　　　　　　（b）

图 5.25　含五个骨料的两种复合材料的有限单元网格
（a）复合材料 I；（b）复合材料 II

5.4.3　结论

本节讨论了两种不同的裂缝：砂浆裂缝和粘结裂缝。首先介绍的是这两种微裂缝的模拟及其有限元方法，然后对混凝土的复合材料进行了数值分析，目的是找出应力状态对微裂缝发展的影响。为此，首先在对第一种复合材料的分析时施加了侧向应力，之后，调整了复合材料中骨料的排列位置，结果发现，即使受到相同的单轴压缩荷载，骨料排列不同的复合材料其应力状态也各不相同。所有的数值分析结果表明，应力状态对砂浆裂缝的发展具有显著影响，而对粘结裂缝的扩展影响微乎其微。

混凝土中的骨料分布无法控制，基本上处于一种随机状态。另外，骨料的尺寸与形状是任意的，而且还有孔隙存在，所以混凝土的应力状态是相当复杂的，每一点都不相同。把这一实际情况与目前的数值分析的结果结合起来，依照逻辑可以推出以下结论：粘结裂缝与骨料的数量相当，而砂浆裂缝仅出现在应力状态适合于砂浆裂纹扩展的区域。鉴于混凝土在弹性变形初始阶段的宏观性能可以作为一个材料特性而不受其固有多相性的影响，粘结裂缝扩展引起的非线性特征自然就应该按宏观应力和应变来建模。但是，因为设想砂浆裂缝不会贯穿混凝土试件（Chen，1993），故当砂浆裂缝的延伸成为微观结构的主要变化时，可能会有明显的非均匀变形产生。

这里，会联想到单轴压缩试验的观测结果，粘结裂缝的扩展造成破坏前混凝土的强化，而砂浆裂缝在破坏后的软化区扩展（Hsu 等，1963）。因此，对于单轴压缩可以推论：混凝土破坏前的性能可由宏观应力和应变充分表述，但破坏后的性能不行。这个结论能够解释为什么使用宏观应力和应变的传统方法在混凝土破坏前本构关系的建立方面卓有成效。Chen（1982）以及 Chen 与 Han（1988）的著述中列举了许多这样的本构模型。另一方面，这种方法在描绘混凝土破坏后的性能时困难重重，宏观应力－应变曲线就不能准确表示破坏后混凝土的材料特性。

5.5 组合塑性模型公式

上一章介绍了大量在应力－应变关系上建立起来的塑性模型和建立在塑性断裂理论基础上的公式。本节将为受一般多轴荷载作用的混凝土材料建立一个相对全面且复杂的本构模型。它的理论基础可用来模拟强化和软化性质，且基于应力－应变塑性力学公式（4.5节和4.8节），以及用来模拟混凝土破坏后性质的塑性断裂公式（4.9节）的组合。下面几节将介绍相应的本构方程及其适用于有限元分析的矩阵形式。另外，还将讨论此模型材料参数的确定及其在结构工程方面的应用。

在破坏前的性能方面，该组合模型采用了最复杂的 Willam-Warnke 五参数模型(1974) 作为破坏面，子午面上的初始屈服面为闭合形状，加工强化阶段，后继加载面自初始屈服面开始扩展，逐渐张开直到破坏面，整个过程遵循非均匀强化准则。图 4.15 大致描绘了加载面的逐步扩展。

当应力状态到达破坏面时，我们采用以应力和应变为基础的双重准则来限定三种破坏模式：开裂式、压碎式及混合式。分析破坏后区域的方法取决于破坏模式，以模糊开裂原理为基础的线性软化法用于模拟开裂后的破坏模式，而以应变空间中 Il'yushin 假定为基础的多轴软化线性断裂公式则用于模拟混合破坏模式。鉴于应变－空间公式在有限元分析时可能会造成数值计算问题，还建立了另一种混合式破坏软化性能的应力－空间公式，针对压碎式破坏，假定材料的承载能力完全丧失。

5.5.1 破坏面
破坏面的一般形式表示为

$$\rho - \rho_f (\sigma_m, \theta) = 0 \qquad (5.79)$$

其中，ρ 是式（4.10）中给出的 Willam-Warnke 五参数模型的偏量长度，由 ρ_t 和 ρ_c 表示。$\theta = 0°$ 子午线的拉伸偏量长度 ρ_t 和 $\theta = 60°$ 子午线的压缩偏量长度 ρ_c 与 σ_m 有关，可由下列

二次式表示：

$$\rho_t = \frac{-a_1 - \sqrt{a_1^2 - 4a_2\,(a_0 - \sigma_m)}}{2a_2}$$

$$\rho_c = \frac{-b_1 - \sqrt{b_1^2 - 4b_2\,(b_0 - \sigma_m)}}{2b_2} \tag{5.80}$$

其中，a_0、a_1、a_2、b_0、b_1、b_2 为材料常数，在拉伸子午线、压缩子午线与静水压力轴线三者的汇交点，常数 a_0、b_0 满足 $a_0 = b_0$ 的关系。另外五个参数可由五个标准试验确定（图 4.10）。

5.5.2 屈服面与加载面

初始屈服面与后继加载面通常由下式表示：

$$f = \rho - k\rho_f = 0 \tag{5.81}$$

其中，k 是形状因子，也是平均应力 σ_m 和强化参数（或尺寸因子）k_0 的函数

$$k = k\,(\sigma_m,\ k_0) \tag{5.82}$$

$k\,(\sigma_m,\ k_0)$ 的一种特殊函数形式将在式（5.172）中给出。形状因子 k 与基面有关

$$\rho - k_0\rho_t = 0 \tag{5.83}$$

此式表示破坏面尺寸成比例地减小，见图 4.19。

强化参数 k_0 表示材料的强化水平，并且在 k_y 和 1 之间取值，即 $k_y \leqslant k_0 \leqslant 1$。当 $k_0 = k_y$ 时，加载面对应于初始屈服面，随着 k_0 的增大，后继加载面逐渐扩展，直至应力状态达到破坏面，此时 $k_0 = 1$。该模型中的 k_0 是塑性功 W_p 的函数，与塑性模量 H_p^b 有关，H_p^b 由标准单轴压缩试验确定。为了考虑静水压力敏感性和 Lode 角的相关性，将引入修正因子 $N\,(\sigma_m,\ \theta)$ 和用于本构方程的强化模量 H_p。H_p 可以表示为：

$$H_p = N\,(\sigma_m,\ \theta)\,H_p^b = N\,(\sigma_m,\ \theta)\,\frac{d\tau}{d\varepsilon_p} \tag{5.84}$$

其中，τ 和 ε_p 分别是 4.5.4 节中定义的有效应力与有效应变。此外，

$$N\,(\sigma_m,\ \theta) = \begin{cases} f_m\,(\sigma_m,\ \theta), & 若\ 0 < f \leqslant 1 \\ 1 & 其他情况 \end{cases} \tag{5.85}$$

其中，函数 $f_m\,(\sigma_m,\ \theta)$ 根据试验数据确定。

$$f_m\,(\sigma_m,\ \theta) = \frac{-0.15}{(1.4 - \cos\theta)\,(\sigma_m + 1/3)\,(\sigma_m + 2.5)} \tag{5.86}$$

5.5.3 混合强化公式

依照混合强化准则，加载面在应力空间均匀扩展时，也可作为刚体平移。若平移用 a_{ij} 表示，当前加载面可表示为（图 5.26）：

$$f\,(\overline{\sigma}_{ij}) = \overline{\rho} - k\,(\overline{\sigma}_m)\,\overline{\rho}_f = 0 \tag{5.87}$$

其中，$\overline{\rho}$、$\overline{\sigma}_m$ 和 $\overline{\rho}_f$ 通过用折减的应力张量 $\overline{\sigma}_{ij} = \sigma_{ij} - a_{ij}$ 代替 σ_{ij} 的值而得到。

另外，有效塑性应变增量 $d\varepsilon_p = (d\varepsilon_{ij}^p d\varepsilon_{ij}^p)^{1/2}$ 可看做是各向同性强化部分 $d\varepsilon_p^i$ 与随动强化部分 $d\varepsilon_p^k$ 之和

$$d\varepsilon_p = d\varepsilon_p^i + d\varepsilon_p^k \tag{5.88}$$

其中

$$d\varepsilon_p^i = M d\varepsilon_p \tag{5.89}$$

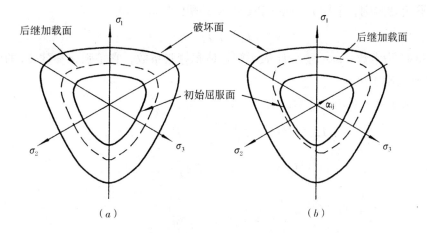

图 5.26　混凝土材料各向同性强化与随动强化的组合塑性模型

（a）各向同性强化；（b）混合强化

$$d\varepsilon_p^k = (1-M)\, d\varepsilon_p \tag{5.90}$$

其中，M 是一个分解因子。

对于随动强化部分，假定加载面的位移增量 $d\alpha_{ij}$ 遵循 Ziegler 的强化法则（1959）

$$d\alpha_{ij} = c d\varepsilon_p^k \bar{\sigma}_{ij} = c\,(1-M)\,\bar{\sigma}_{ij} d\varepsilon_p \tag{5.91}$$

其中，c 是给定材料的特征常数。

当应力状态到达屈服面时，引入塑性势能面 $g\,(\sigma_{ij})\,=0$，这样，塑性应变增量的方向垂直于塑性势能面。对于关联流动法则，假定加载函数为塑性势能，即 $g = f$。而对于非关联流动法则，$g \neq f$。

增量形式的弹塑性本构关系用如下公式表示：

$$d\sigma_{ij} = [C_{ijkl} + C_{ijkl}^p]\, d\varepsilon_{kl} \tag{5.92}$$

其中，C_{ijkl} 和 C_{ijkl}^p 分别是弹性刚度张量和塑性刚度张量：

$$C_{ijkl} = G\,(\delta_{ik}\delta_{jl} + \delta_{il}\delta_{jk})\,+\,(K - \frac{2}{3}G)\,\delta_{ij}\delta_{kl} \tag{5.93}$$

$$C_{ijkl}^p = -\frac{1}{h}H_{ij}^* H_{kl} \tag{5.94}$$

对于关联流动法则，有

$$H_{ij} = H_{ij}^* = 2G\,[\bar{B}_0\frac{1+\nu}{1-2\nu}\delta_{ij} + \bar{B}_1\bar{s}_{ij} + \bar{B}_2\bar{t}_{ij}] \tag{5.95}$$

$$h = 2G\,[3\bar{B}_0^2\frac{1+\nu}{1-2\nu} + 2\bar{B}_1^2 J_2 + 6\bar{B}_1\bar{B}_2\bar{J}_3 + \bar{B}_2^2\,(\bar{J}_4 - \frac{4}{3}\bar{J}_2^2)]$$

$$+\phi\,[c\,(1-M)\,(\bar{B}_0\bar{I}_1 + 2\bar{B}_1\bar{J}_2 + 3\bar{B}_2\bar{J}_3)\,-\bar{H}_p M\frac{\partial f}{\partial\bar{\tau}}] \tag{5.96}$$

而

$$\phi = \frac{\sqrt{2}\,(\bar{B}_0\bar{I}_1 + 2\bar{B}_1\bar{J}_2 + 3\bar{B}_2\bar{J}_3)}{\sqrt{3}\bar{\rho}_c\bar{k}} \tag{5.97}$$

$$\bar{J}_4 = \bar{s}_{ik}\bar{s}_{kj}\bar{s}_{il}\bar{s}_{lj} = 2\bar{J}_2^2 \tag{5.98}$$

对于非关联流动法则，采用 Drucker-Prager 型的塑性势能，即

$$g = \alpha I_1 + \sqrt{J_2} - k^* = 0 \tag{5.99}$$

其中，α 和 k^* 为常数。$\alpha = \partial g / \partial I_1$ 表示塑性体积膨胀系数，它是强化参数 k_0 的函数，而 k^* 不在流动法则中出现。

于是，对于非关联流动法则，有

$$H_{ij} = 2G \left[\overline{B}_0 \frac{1+\nu}{1-2\nu} \delta_{ij} + \overline{B}_1 \overline{s}_{ij} + \overline{B}_2 \overline{t}_{ij} \right] \tag{5.100}$$

$$H_{ij}^* = 2G \left[\alpha \frac{1+\nu}{1-2\nu} \delta_{ij} + \frac{1}{\sqrt{2}\overline{\rho}} \overline{s}_{ij} \right] \tag{5.101}$$

$$h = 2G \left[3\overline{B}_0 \alpha \frac{1+\nu}{1-2\nu} + \frac{\overline{\rho}}{\sqrt{2}} \overline{B}_1 + \frac{3\overline{B}_2}{\sqrt{2}\overline{\rho}} \overline{J}_3 \right]$$
$$+ \phi \left[c\ (1-M)\ (\overline{B}_0 \overline{I}_1 + 2\overline{B}_1 \overline{J}_2 + 3\overline{B}_2 \overline{J}_3)\ - \overline{H}_{\mathrm{p}} M \frac{\partial f}{\partial \tau} \right] \tag{5.102}$$

及

$$\phi = \frac{\sqrt{2}\ (\overline{\alpha I}_1 + \sqrt{\overline{J}_2})}{\sqrt{3}\overline{\rho}_c \overline{k}} \tag{5.103}$$

以上方程式中，带（横杠）上标的值通过折减的应力张量 $\overline{\sigma}_{ij}$ 来计算，而

$$c = \frac{H_{\mathrm{p}}}{\tau} \tag{5.104}$$

$$\overline{H}_{\mathrm{p}} = N\ (\sigma_{\mathrm{m}},\ \theta)\ \frac{\mathrm{d}\overline{\tau}}{\mathrm{d}\varepsilon_{\mathrm{p}}^i} = N\ (\sigma_{\mathrm{m}},\ \theta)\ \frac{\mathrm{d}\tau}{\mathrm{d}\varepsilon_{\mathrm{p}}} = H_{\mathrm{p}} \tag{5.105}$$

$$\frac{\partial f}{\partial \overline{\tau}} = \frac{\partial f}{\partial \tau} = -\rho_c \frac{\partial k}{\partial k_0} \frac{\partial k_0}{\partial \tau}$$
$$= -\sqrt{\frac{2}{3}} - \frac{1}{3} \left[k \frac{\mathrm{d}\rho_c}{\mathrm{d}\sigma_{\mathrm{m}}} + \rho_c \frac{\mathrm{d}k}{\mathrm{d}\sigma_{\mathrm{m}}} \right] \tag{5.106}$$

$$\overline{B}_0 = \frac{\partial f}{\partial \overline{I}_1},\ \overline{B}_1 = \frac{\partial f}{\partial \overline{J}_2},\ \overline{B}_2 = \frac{\partial f}{\partial \overline{J}_3} \tag{5.107}$$

$$\overline{t}_{ij} = \overline{s}_{ik} \overline{s}_{kj} - \frac{2}{3} \delta_{ij} \overline{J}_2 \tag{5.108}$$

其中，G 和 K 分别是弹性剪切模量和体积模量；τ 是有效塑性应力，它与塑性应变增量 $\mathrm{d}\varepsilon_{\mathrm{p}}$ 的关系式为：

$$\mathrm{d}W_{\mathrm{p}} = \tau \mathrm{d}\varepsilon_{\mathrm{p}} \tag{5.109}$$

其中，$\mathrm{d}W_{\mathrm{p}}$ 是塑性功增量。

5.5.4　破坏模式与破坏后性能

在该模型中，破坏后的性能按破坏模式的不同类型进行处理，以下三种破坏模式都建立在应力与应变状态双重准则的基础上。

1. 如果 $\sigma_1 > 0$，（$\varepsilon_1 > 0$）则为纯开裂式；

2. 如果 $\sigma_1 \leqslant 0$，$\varepsilon_1 > 0$，则为混合式；

3. 如果 $\varepsilon_1 < 0$，（$\sigma_1 \leqslant 0$）则为纯压碎式。

其中，σ_1 与 ε_1 分别是最大主应力和最大主应变。

5.5.5 开裂破坏模式

对于开裂破坏模式而言，拉伸裂缝在一个垂直于最大主拉应力的平面内形成，并使得材料仅在一个方向上失去其刚度和强度（图 5.27）。然后假设混凝土表现出横向各向同性弹性。为了避免所谓的尺寸效应的影响（Bazant，1976），在有限元方法中我们采用了模糊开裂模型，以及建立在开裂引发的断裂能量耗散基础上的线性拉伸软化概念，所以，在裂缝发展过程中作用于开裂面上的拉应力逐渐减小。

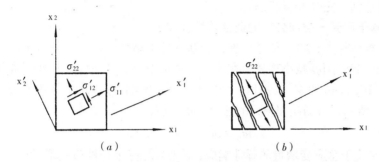

图 5.27　开裂混凝土中的应力重分布
（a）开裂前的瞬间；（b）开裂后的瞬间

开裂过程中的应力－应变关系可表示为：

$$\{\Delta\sigma\} = [C_r] \{\Delta\varepsilon\} - \{\sigma_0\} \tag{5.110}$$

其中，$\{\Delta\sigma\} = \{\Delta\sigma_{11}, \Delta\sigma_{22}, \Delta\sigma_{33}, \Delta\sigma_{23}, \Delta\sigma_{13}, \Delta\sigma_{12}\}^T$，是应力增量矢量；$\{\Delta\varepsilon\} = \{\Delta\varepsilon_{11}, \Delta\varepsilon_{22}, \Delta\varepsilon_{33}, \Delta\gamma_{23}, \Delta\gamma_{13}, \Delta\gamma_{12}\}^T$，是应变增量矢量；$\{\sigma_0\}$ 为开裂过程中的松弛应力矢量；$[C_r]$ 为开裂单元的残余刚度矩阵。

以 x_i' 和 x_i（$i=1$，2，3）分别表示局部坐标系和整体坐标系（图 5.27），有

$$[C_r] = [T]^T [\overline{C}_r] [T] \tag{5.111}$$

$$\{\sigma_0\} = [T]^T \{\overline{\sigma}_0\} \tag{5.112}$$

其中，$[T]$ 是整体坐标方向和开裂方向之间的坐标转换矩阵。

局部坐标系 x_i' 中，松弛应力矢量和残余刚度矩阵分别由下式给定

$$\{\overline{\sigma}_0\} = \{\sigma_{11}', 0, 0, 0, \sigma_{13}', \sigma_{12}'\}^T \tag{5.113}$$

$$[\overline{C}_r] = \begin{bmatrix} \dfrac{1-\nu^2}{\Delta} & \dfrac{\nu\,(1+\nu)}{\Delta} & \dfrac{\nu\,(1+\nu)}{\Delta} & & & \\[2mm] & \dfrac{1}{\Delta}\left(\dfrac{1}{\mu}-\nu^2\right) & \dfrac{1}{\Delta}\left(\dfrac{\nu}{\mu}+\nu^2\right) & 0 & & \\[2mm] & & \dfrac{1}{\Delta}\left(\dfrac{1}{\mu}-\nu^2\right) & & & \\[2mm] & & & G & & \\[2mm] & & & & \mu G & \\[2mm] \text{对称} & & & & & \mu G \end{bmatrix} \tag{5.114}$$

其中

$$\Delta = \frac{1}{G}\left[\frac{(1-\nu)}{2\mu}-\nu^2\right], \quad G = \frac{E}{2\,(1+\nu)}$$

其中，E 是杨氏模量；ν 是泊松比；μ 是图 4.38 所示与断裂能量耗散相关的开裂参数，可以写成：

$$\mu = -\frac{E_{\mathrm{t}}}{E}\frac{\varepsilon_{\mathrm{u}} - \varepsilon_1}{\varepsilon_1}, \quad (0 \leqslant \mu \leqslant 1) \tag{5.115}$$

其中，ε_{u} 为裂缝形成末期单元的表观应变；ε_1 为当前的拉应变；E_{t} 为切线软化模量且为负值。

裂缝形成过程中，式（5.114）给出的刚度矩阵随 μ 值而改变。当 $\mu = 1$ 时，刚度矩阵表示开裂初期各向同性弹性特征。当 μ 趋近于零时，刚度矩阵又转变为横向各向同性形式，这意味着达到了完全开裂状态。

5.5.6 基于应变－空间公式的混合破坏模式

针对混合破坏模式，将经典塑性理论和断裂理论结合起来模拟混凝土的软化性质。考虑到断裂过程引起的刚度减小现象，在该组合理论中建立了包含弹塑性耦合效应的应变－空间公式。以 Il'yushin 假定（1961）为基础，可得出塑性断裂的本构关系。

如图 4.35 所示，应力增量 $\mathrm{d}\sigma_{ij}$ 由三个分量组成：

$$\mathrm{d}\sigma_{ij} = \mathrm{d}\sigma_{ij}^{\mathrm{e}} - \mathrm{d}\sigma_{ij}^{\mathrm{p}} - \mathrm{d}\sigma_{ij}^{\mathrm{f}} \tag{5.116}$$

其中，$\mathrm{d}\sigma_{ij}^{\mathrm{e}}$ 为对应于总应变增量的弹性响应；$\mathrm{d}\sigma_{ij}^{\mathrm{p}}$ 为对应于塑性应变增量的分量；$\mathrm{d}\sigma_{ij}^{\mathrm{f}}$ 为对应于刚度减小的分量。

假定应变空间中的加载面可以写成：

$$F = \varepsilon_{ij}\delta_{ij} - k\,(W^{\mathrm{pf}}) = 0 \tag{5.117}$$

其中，W^{pf} 是塑性断裂功，表示加载和卸载过程中耗散的总能量；k 是 W^{pf} 的函数，它表示材料当前的体积应变。

此外，假定塑性势能函数 $G\,(\varepsilon_{ij})$ 在应变空间中属于 Drucker-Prager 型，可以写成：

$$G = \alpha I_1' + \sqrt{J_2'} - k' = 0 \tag{5.118}$$

其中，$I_1' = \varepsilon_{kk}$ 是关于应变张量 ε_{ij} 的第一个不变量；$J_2' = e_{ij}e_{ji}$ 是关于偏应变张量 e_{ij} 的第二个不变量；α 和 k' 都是常数。

总的非弹性应变增量 $\mathrm{d}\sigma_{ij}^{\mathrm{pf}}$ 是塑性应变增量与断裂应变增量之和，即

$$\mathrm{d}\sigma_{ij}^{\mathrm{pf}} = \mathrm{d}\sigma_{ij}^{\mathrm{p}} + \mathrm{d}\sigma_{ij}^{\mathrm{f}} \tag{5.119}$$

非关联流动法则在应变空间中可以写成：

$$\mathrm{d}\sigma_{ij}^{\mathrm{pf}} = \mathrm{d}\lambda\,\frac{\partial G}{\partial \varepsilon_{ij}} \tag{5.120}$$

应力增量 $\mathrm{d}\sigma_{ij}^{\mathrm{p}}$ 和 $\mathrm{d}\sigma_{ij}^{\mathrm{f}}$ 同式（4.140）和式（4.136）中的塑性断裂应力增量 $\mathrm{d}\sigma_{ij}^{\mathrm{pf}}$ 有关，或者

$$\mathrm{d}\sigma_{ij}^{\mathrm{p}} = T_{ijkl}^{\mathrm{p}}\,\mathrm{d}\sigma_{kl}^{\mathrm{pf}} \tag{5.121}$$

$$\mathrm{d}\sigma_{ij}^{\mathrm{f}} = T_{ijkl}^{\mathrm{f}}\,\mathrm{d}\sigma_{kl}^{\mathrm{pf}} \tag{5.122}$$

其中，T_{ijkl}^{p} 和 T_{ijkl}^{f} 可看做是式（4.140）和式（4.136）中定义的转换张量。

根据以上分析，塑性断裂的本构关系表示如下：

$$\mathrm{d}\sigma_{ij} = \left[C_{ijkl} - \frac{\mathrm{d}W^{\mathrm{pf}}}{\mathrm{d}k}\frac{\dfrac{\partial G}{\partial \varepsilon_{ij}}\delta_{kl}}{\varepsilon_{mn}^{\mathrm{e}}\left(T_{mnpq}^{\mathrm{p}} + \dfrac{1}{2}T_{mnpq}^{\mathrm{f}}\right)\dfrac{\partial G}{\partial \varepsilon_{pq}}} \right] \mathrm{d}\varepsilon_{kl} \tag{5.123}$$

其中

$$\frac{\partial G}{\partial \varepsilon_{ij}} = \alpha \delta_{ij} + \frac{e_{ij}}{2\sqrt{J_2}} \qquad (5.124)$$

而 $\mathrm{d}W^{\mathrm{pf}}/\mathrm{d}k$ 是能量耗散率，它是体积应变的函数，

$$\frac{\mathrm{d}W^{\mathrm{pf}}}{\mathrm{d}k} = \sigma_0 \mathrm{e}^{-[(\varepsilon^{\mathrm{V}} - \varepsilon_0^{\mathrm{V}} - \gamma)/\beta]^2} \qquad (5.125)$$

其中，σ_0 为最大能量耗散率；ε^{V} 为体积应变；$\varepsilon_0^{\mathrm{V}}$ 为相应于峰值应力的体积应变；γ 和 β 为常数，Han（1984）采用的 λ 和 β 值分别为 $\lambda = 0.0004$，$\beta = 0.002$。

5.5.7 基于应力-空间公式的混合破坏模式

通过位移控制，当使用上一节中基于应变-空间的塑性断裂软化公式编成的非线性有限元分析程序 NFAP（McCarron 和 Chen，1986）来预测混合破坏模式应力-应变曲线的下降段时，会遇到一些数值计算问题。这种局限性首先由提出修正 Han-Chen 模型（1986）的 Ohtani（1987）指出。在这种情况下，就要换用 Ohtani 和 Chen（1989）提出的基于应力-空间的弹塑性软化模型，来替代基于应变空间的塑性断裂软化公式进行推导。

在这种公式中，压缩应力状态下混凝土软化时的断裂过程，在本质上遵循强化塑性的增量理论。初始破坏面、最终破坏面和后继破坏面要么属于 Drucker-Prager 两参数模型，要么属于 Willam-Warnke 五参数模型，通常表示如下：

$$f = \rho - \mu \rho_{\mathrm{t}} = 0 \qquad (5.126)$$

其中，μ 是表征破坏面尺寸的参数。

初始破坏面出现之后，后继破坏面继续收缩，直至达到最终破坏面。破坏面的这个变化过程由尺寸因子 μ 决定，μ 同初始破坏阶段之后累积的材料损伤有关。下面将简要给出基于应力-空间的软化模型，它描述压应力区域混凝土破坏后的性质。详细的情况请参看其他资料（Ohtani 和 Chen，1989）。

一 般 概 念

该公式遵循应力空间中强化塑性的增量理论。此软化模型假设总应变增量由弹性分量和塑性分量组成：

$$\mathrm{d}\varepsilon_{ij} = \mathrm{d}\varepsilon_{ij}^{\mathrm{e}} + \mathrm{d}\varepsilon_{ij}^{\mathrm{p}} \qquad (5.127)$$

以 $g(\sigma_{ij})$ 表示塑性势能，塑性应变增量 $\mathrm{d}\varepsilon_{ij}^{\mathrm{p}}$ 正交于 $g(\sigma_{ij})$ 的前提是

$$\mathrm{d}\varepsilon_{ij}^{\mathrm{p}} = \mathrm{d}\lambda \frac{\partial g}{\partial \sigma_{ij}} \qquad (5.128)$$

其中，$\mathrm{d}\lambda$ 为一个比例标量函数。

有效塑性应变增量 $\mathrm{d}\varepsilon_{\mathrm{p}}$ 由塑性功增量定义为：

$$\mathrm{d}W_{\mathrm{p}} = \sigma_{ij} \mathrm{d}\varepsilon_{ij}^{\mathrm{p}} = \sigma_{\mathrm{e}} \mathrm{d}\varepsilon_{\mathrm{p}} \qquad (5.129)$$

其中，σ_{e} 为有效单轴压应力，它同加载阶段有关。

一旦应力状态到达初始破坏面，后继破坏面（软化加载面）的尺寸就会逐渐减小，直到最终破坏面，这一过程可参见图 5.28。

破坏面的函数形式通常写成：

$$f = f(\sigma_{ij}, \ \xi(W^{\mathrm{F}})) = 0 \qquad (5.130)$$

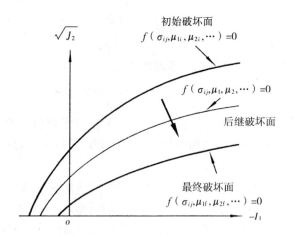

图 5.28 软化阶段后继破坏面的转化（Ohtani 等，1987）

其中，损伤参数 ξ（W^F）是一个初始破坏面之后累积塑性功的函数。

$$W^F = \int_{\varepsilon_{ij}^0}^{\varepsilon_{ij}} \mathrm{d}W_p = \int_{\varepsilon_{ij}^0}^{\varepsilon_{ij}} \sigma_{ij} \mathrm{d}\varepsilon_{ij}^p \tag{5.131}$$

初始破坏面和最终破坏面可以表示成下面更为明确的形式：

初始破坏面

$$f\ (\sigma_{ij},\ \mu_1 = \mu_{1i},\ \mu_2 = \mu_{2i},\ \cdots)\ = 0 \tag{5.132a}$$

最终破坏面

$$f\ (\sigma_{ij},\ \mu_1 = \mu_{1f},\ \mu_2 = \mu_{2f},\ \cdots)\ = 0 \tag{5.132b}$$

其中，$\mu_1, \mu_2, \cdots$ 是表征破坏面尺寸与形状的参数，并且假定均为损伤参数 ξ 的单值函数。

破坏面转化时要用到下列函数：

$$\mu_1 = \eta\mu_{1i} + (1 - \eta)\ \mu_{1f}$$
$$\mu_2 = \eta\mu_{2i} + (1 - \eta)\ \mu_{2f} \tag{5.133}$$
$$\cdots$$

其中

$$\eta = (1 + \xi)\ \mathrm{e}^{-\xi} \tag{5.134}$$

其中，ξ 为损伤参数；e 为自然对数的底。由式（5.134）可以看出，初始破坏阶段，$\eta = 1$；随着荷载增加，η 值减小，当接近最终破坏时，η 趋近于零，如图 5.29 所示。

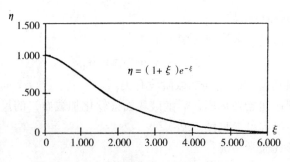

图 5.29　$\xi - \eta$ 关系曲线（Ohtani 等，1987）

损伤参数：根据试验结果，混凝土在承受较低侧向压力时表现脆性特性，而在承受较高侧限应力时表现延性特性，为了反映试验中观察到的静水压力的影响，假定损伤参数 ξ 可表示为：

$$\xi = \int d\xi = \int \beta(\sigma_{ij}) d\varepsilon_p \tag{5.135}$$

该式也可以写成：

$$\xi = \int \frac{\beta(\sigma_{ij})}{\sigma_e} dW_p \tag{5.136}$$

其中，损伤率 $\beta(\sigma_{ij}) = d\xi/d\varepsilon_p$，由 $\xi - \varepsilon_p$ 曲线的斜率表示。

因为损伤率 β 是侧限条件的函数，所以可表示为：

$$\beta = \beta_0 \left(-\frac{\sigma_e}{I_1} \right)^n, \quad (\beta_0 \geqslant 0, \ n \geqslant 1) \tag{5.137}$$

其中，I_1 为应力张量的第一不变量（压应力区 $I_1 < 0$）；β 和 n 为材料常数，这里的参数 n 反映静水压应力的敏感性。

此外，在要模拟软化性质时塑性加载和弹性卸载会产生相同的应力状态，因而要采用以热力学第二定律为基础的加载准则来确定后继破坏面。

加载准则：热力学第二定律要求塑性变形阶段的塑性功增量值是非负的，即

$$dW_p \geqslant 0 \tag{5.138}$$

根据这一要求和一致性条件，加载准则可以表示为：

$$\frac{\partial f}{\partial \sigma_{ij}} \Delta \sigma_{ij}^e \geqslant 0, \quad \text{塑性加载}$$

$$\frac{\partial f}{\partial \sigma_{ij}} \Delta \sigma_{ij}^e < 0, \quad \text{弹性卸载} \tag{5.139}$$

其中，$\Delta \sigma_{ij}^e = C_{ijkl}^e d\varepsilon_{kl}$ 是弹性阶段的应力增量，见图 5.30。

实现过程：为了简化说明，先考虑应力空间中 Drucker-Prager 类型的破坏面。

初始破坏面：

$$f_i = \sqrt{J_2} + \alpha_i I_1 - k_i = 0 \tag{5.140}$$

最终破坏面：

$$f_f = \sqrt{J_2} + \alpha_f I_1 - k_f = 0 \tag{5.141}$$

其中，α_i，k_i，α_f 和 k_f 是表示初始破坏面与最终破坏面几何特性的材料常数，并且有 $\alpha_i \geqslant \alpha_f > 0$ 和 $k_i \geqslant k_f > 0$。α_i 和 k_i 的值由单轴抗压强度 f_c' 与等双轴抗压强度 f_{bc}' 确定：

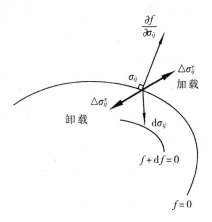

图 5.30　软化阶段的加载准则
(Ohtani 等，1987)

$$\alpha_i = \frac{\sqrt{3}}{3} \frac{f_{bc}' - f_c'}{2 f_{bc}' - f_c'} \tag{5.142a}$$

$$k_i = \frac{\sqrt{3}}{3} \frac{f_c' f_{bc}'}{2 f_{bc}' - f_c'} \tag{5.142b}$$

其中，α_f 和 k_f 按拟合试验结果最好的方法确定。

此外，后继破坏面可以写成：

$$f = \sqrt{J_2} + \alpha I_1 - k = 0 \qquad (5.143a)$$

其中

$$\alpha = \eta\alpha_i + (1-\eta)\alpha_f \qquad (5.143b)$$

$$k = \eta k_i + (1-\eta)k_f \qquad (5.143c)$$

其中，η 是损伤参数 ξ 的函数，可按式（5.134）求出。

对于非关联流动法则，以相似形式假定塑性势能函数为：

$$g = \sqrt{J_2} + \alpha_g I_1 - k_g = 0 \qquad (5.144)$$

Drucker-Prager 型破坏和软化区的塑性势能面如图 5.31 所示。

根据上述分析，软化区的应力增量与应变增量的关系表示如下：

$$\mathrm{d}\sigma_{ij} = [C_{ijkl} + C_{ijkl}^{\mathrm{p}}]\,\mathrm{d}\varepsilon_{kl} \qquad (5.145)$$

其中，C_{ijkl} 和 C_{ijkl}^{p} 分别是弹性刚度张量和塑性刚度张量，有

$$C_{ijkl} = G(\delta_{ik}\delta_{jl} - \delta_{il}\delta_{jk}) + \left(K - \frac{2}{3}G\right)\delta_{ij}\delta_{kl} \qquad (5.146)$$

$$C_{ijkl}^{\mathrm{p}} = -\frac{1}{h}H_{ij}^*H_{kl} \qquad (5.147)$$

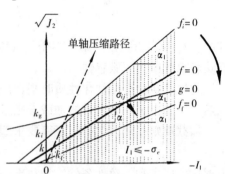

图 5.31　软化阶段 Drucker-Prager 型破坏面和塑性势能面的图示

其中

$$H_{ij}^* = \frac{G}{\sqrt{J_2}}s_{ij} + 3\alpha_g K\delta_{ij} \qquad (5.148)$$

$$H_{ij} = \frac{G}{\sqrt{J_2}}s_{ij} + 3\alpha K\delta_{ij} \qquad (5.149)$$

$$h = G + 9\alpha\alpha_g K - \frac{\partial f}{\partial W_{\mathrm{p}}}(\sqrt{J_2} + \alpha_g I_1) \qquad (5.150)$$

和

$$\frac{\partial f}{\partial W_{\mathrm{p}}} = -[(\alpha_i - \alpha_f)I_1 - (k_i - k_f)]\beta\xi e^{-1}\frac{1}{\sigma_e} \qquad (5.151)$$

其中

$$\sigma_e = \frac{\sqrt{J_2} + \alpha I_1}{\sqrt{\dfrac{1}{3}} - \alpha} = \frac{k}{\sqrt{\dfrac{1}{3}} - \alpha},\quad \left(\alpha < \sqrt{\dfrac{1}{3}}\right) \qquad (5.152)$$

其中，G 和 K 分别是弹性剪切模量和体积模量。

对于以 Willam-Warnke 五参数函数作为初始破坏面、最终破坏面及后继破坏面的组合模型，用于 Drucker-Prager 型破坏面的式（5.140）～式（5.152）必须换为用于 Willam-

Warnke 型破坏面的公式。如果假定非关联流动法则，则 Drucker-Prager 型破坏面可作为塑性势能函数，详细情况请参看其他资料（Aboussalah，1989）。

5.5.8 压碎破坏模式

假定纯压碎破坏模式中的三个主应变分量都是压应变，则不会出现裂缝。这意味着最大主应变 ε_1 是负值 $[\varepsilon_1 < 0, \ (\sigma_1 \leqslant 0)]$。在破坏时，假定所有的应力完全释放，材料的强度完全丧失，成为理想可变形体。

5.6 组合塑性模型的实现

为了在有限元分析中实现上节提到的组合模型的应力增量与应变增量的关系，必须将其改写为矩阵形式。

5.6.1 破坏前的状况

1. 线弹性区：加载初期，混凝土视为各向同性线弹性材料，应力增量－应变增量关系可表示为：

$$\{d\sigma\} = [C]\{d\varepsilon\} \tag{5.153}$$

其中，应力增量矢量 $\{d\sigma\}$、应变增量矢量 $\{d\varepsilon\}$ 和弹性刚度矩阵 $[C]$ 分别由下式给出：

$$\{d\sigma\} = \{d\sigma_{11}, d\sigma_{22}, d\sigma_{33}, d\sigma_{23}, d\sigma_{13}, d\sigma_{12}\}^{\mathrm{T}} \tag{5.154}$$

$$\{d\varepsilon\} = \{d\varepsilon_{11}, d\varepsilon_{22}, d\varepsilon_{33}, d\gamma_{23}, d\gamma_{13}, d\gamma_{12}\}^{\mathrm{T}} \tag{5.155}$$

$$[C] = \begin{bmatrix} K+\dfrac{4}{3}G & K-\dfrac{2}{3}G & K-\dfrac{2}{3}G & 0 & 0 & 0 \\[2mm] & K+\dfrac{4}{3}G & K-\dfrac{2}{3}G & 0 & 0 & 0 \\[2mm] & & K+\dfrac{4}{3}G & 0 & 0 & 0 \\[2mm] & & & G & 0 & 0 \\[2mm] & & & & G & 0 \\[2mm] \text{对称} & & & & & G \end{bmatrix} \tag{5.156}$$

其中，K 和 G 分别是初始体积模量和剪切模量。

$$K = \frac{E}{3(1-2\nu)}, \ G = \frac{E}{2(1+\nu)} \tag{5.157}$$

2. 塑性硬化区：超过初始屈服面后，式（5.92）中的弹塑性应力－应变增量关系表示为：

$$\{d\sigma\} = ([C] + [C^{\mathrm{p}}])\{d\varepsilon\} \tag{5.158}$$

其中，$[C]$ 与式（5.156）的相同，塑性刚度矩阵 $[C^{\mathrm{p}}]$ 表示为：

$$[C^{\mathrm{p}}] = -\frac{1}{h}[H^*]^{\mathrm{T}}[H] \tag{5.159}$$

其中

$$[H^*] = [H_{11}^*, H_{22}^*, H_{33}^*, H_{23}^*, H_{13}^*, H_{12}^*] \tag{5.160}$$

$$[H] = [H_{11}, H_{22}, H_{33}, H_{23}, H_{13}, H_{12}] \tag{5.161}$$

对于关联流动法则，有

$$[H^*] = [H]$$

于是

$$[C^p] = -\frac{1}{h}\begin{bmatrix} H_{11}^2 & H_{11}H_{22} & H_{11}H_{33} & H_{11}H_{23} & H_{11}H_{13} & H_{11}H_{12} \\ & H_{22}^2 & H_{22}H_{33} & H_{22}H_{23} & H_{22}H_{13} & H_{22}H_{12} \\ & & H_{33}^2 & H_{33}H_{23} & H_{33}H_{13} & H_{33}H_{12} \\ & & & H_{23}^2 & H_{23}H_{13} & H_{23}H_{12} \\ & \text{对称} & & & H_{13}^2 & H_{13}H_{12} \\ & & & & & H_{12}^2 \end{bmatrix} \qquad (5.162)$$

其中

$$H_{11} = 2G\left[\overline{B}_0\frac{1+\nu}{1-2\nu} + \overline{B}_1 s_{11} + \overline{B}_2\ (s_{11}^2 + s_{12}^2 + s_{13}^2)\ - \frac{2}{3}\overline{J}_2\right]\text{等} \qquad (5.163)$$

$$H_{23} = 2G\ \left[\overline{B}_1 s_{23} + \overline{B}_2\ (s_{12}s_{13} + s_{22}s_{23} + s_{23}s_{33})\right]\ \text{等} \qquad (5.164)$$

同样地，h，B_0，B_1 和 B_2 可由式（5.96）和式（5.107）确定。

对于非关联流动法则，$[H^*] \neq [H]$，塑性刚度矩阵 $[C^p]$ 按类似方法很容易得到。但是要注意，$[C^p]$ 不再是对称矩阵，需要采用能处理非对称矩阵的合适算法来计算。

5.6.2 破坏后的状况

应力状态到达破坏面时，处理混凝土破坏后特征的方法随破坏模式而定。鉴于前面已谈到的原因，5.5.6 节中基于应变－空间的塑性断裂软化公式需用 5.5.7 节中基于应力－空间的线弹性软化公式来代替。

1．开裂的混凝土：破坏后，假定混凝土经历一个线性拉伸软化过程（图 5.38）。作用于开裂面的拉应力逐渐衰减，而且在裂缝充分发展时的单元刚度矩阵由各向同性变为横向各向同性。表示开裂过程中应力－应变关系的矩阵已在 5.5.5 节给出，这里不再赘述。

2．混凝土的压缩断裂：如前所述，混凝土的压缩软化公式与压缩硬化公式基本相同。因此，式（5.162）中本构方程的矩阵表示在这里仍然适用。同样，非关联流动法则对应的是非对称塑性刚度矩阵 $[C^p]$。

3．压碎的混凝土：在纯压碎区，所有应力完全释放，材料刚度矩阵减小至零，从而导致材料强度的彻底丧失。

关于解非线性方程合适的数值方法，以及一般增量本构方程在有限元中实现的详细讨论，可以参考 Chen 和 Mizuno（1990）等的文献及著作。

5.6.3 材料参数的确定

混凝土中任一塑性力学为基础的模型均含有由试验确定的材料参数。为了确定这些材料参数，通常需要进行原始的试验分析。但是，由于种种原因，做这种试验往往并不实际，特别是因为：（1）试验费用昂贵；（2）试验数据取决于测试仪器与方法，造成结果随机分散，以致很难得出可靠数据；（3）试验试件同实际结构材料性能的关系并不明确。另一方面，从业工程师在使用塑性基模型分析混凝土时，在多数情况下遇到的主要障碍之一就是缺乏试验数据。为此，这里提供一种简单实用的方法，它可视为确定与组合模型相关的材料参数的指南，这些参数列于表 5.2 中。

组合塑性模型的材料参数 表 5.2

参数名称		试验名称
E_0	初始杨氏模量	
ν	泊松比	单轴压缩
f_c	单轴压缩屈服应力	
f_c'	单轴抗压强度	
H_p	表征强化区斜率的塑性硬化模量	
β_0	表征软化区斜率的参数	单轴压缩应力－应变曲线
n	静水压力敏感性参数	
$a_0,\ a_1,\ a_2$	与 Willam-Warnke 五参数破坏面	包含三轴试验
$b_1,\ b_2$	有关的常数	的五个强度试验
k	强化区形状因子	
M	各向同性强化率	
μ	软化区尺寸因子	与试验曲线的最佳拟合
$a_1,\ a_2$	与 Drucker-Prager 塑性势能函数有关的初始膨胀因子和最终膨胀因子	

1. 弹性模量与泊松比：杨氏模量的初始值可按美国混凝土学会（1988）提供的经验公式计算：

$$E_0 = 0.4w \sqrt[1.5]{f_c'} \quad (\text{N/m}^2) \tag{5.165}$$

其中，w 表示混凝土的单位重量（单位 N/m³），f_c' 是单轴抗压强度（单位 N/m²）。

混凝土的泊松比可取 0.19 或 0.20。

2. 混凝土的屈服与强度：根据试验观察结果，混凝土的屈服通常归因于骨料－砂浆界面粘结裂缝的形成和扩展。开始屈服时的加载水平随着混凝土强度和应力状态的性质不同而变化。在实际应用时，单轴压缩屈服强度 f_c 可以在给定单轴抗压强度 f_c' 的 30％～60％之间取值。

3. 塑性强化模量 H_p：式（5.105）中的塑性强化模量可由单轴压缩试验应力－应变曲线的上升段直接得出。如果无法得到试验数据，可以按照等效的分析表示法来模拟该应力－应变曲线，这种情况下建议采用下面分别由 Saenz（1964）和 Popovics（1973）提出的两个关系式：

Saenz 公式

$$\sigma = \frac{E_0 \varepsilon}{1 + \left[E_0 \dfrac{\varepsilon_c'}{f_c'} - 2 \right] \left(\dfrac{\varepsilon}{\varepsilon_c'} \right) + \left(\dfrac{\varepsilon}{\varepsilon_c'} \right)^2} \tag{5.166}$$

Popovic 公式

$$\sigma = \frac{n-1}{n - 1 + \left(\dfrac{\varepsilon}{\varepsilon_c'} \right)^n} E_0 \varepsilon \tag{5.167}$$

或

$$\sigma = \frac{n f_c'}{n - 1 + \left(\dfrac{\varepsilon}{\varepsilon_c'} \right)^n} \left(\dfrac{\varepsilon}{\varepsilon_c'} \right) \tag{5.168}$$

其中

$$n = 0.4 \times 10^{-3} f_c' + 1 \tag{5.169}$$

上述公式中相应于极限强度 f_c' 的应变 ε_c' 可按 Popovics(1972)提出的下列公式近似求出：

$$\varepsilon_c' = 2.70 \times 10^{-4} \ (145 f_c')^{1/4} \tag{5.170}$$

其中，f_c' 的单位是 MPa。

4. 软化参数 β_0 与静水压力敏感性参数 n：式（5.137）用软化参数 β_0 和静水压力敏感性参数 n 计算破坏后区域的损伤率 β。但是，经验表明，这一区域应力-应变曲线的软化段分支部分很难测定，只有少数研究曾在这方面获得成功，Kupfer 等（1969）的试验就是其中之一，他们的数据完整可靠。以他们的数据为基础，β_0 和 n 的值依照单轴压缩应力-应变曲线的软化段最理想拟合来确定。如图 5.32 所示，β_0 在 700～900 之间取值。对于正常重量的混凝土，n 在 2～3 之间取值较为适宜。此外，β_0 的确定可能会受到软化区加载准则和热力学定律的限制，其详细情况请参考 Ohtani 和 Chen（1989）的论述。

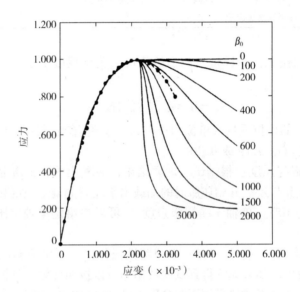

图 5.32　确定 β_0 的单轴压缩曲线（Ohtani 等，1987）

5. 与破坏面有关的常数 a_0，a_1，a_2，b_1，b_2：Willam-Warnke 五参数破坏面（图 4.10）的材料常数 a_0，a_1，a_2，b_1 和 b_2 应由五个标准试验确定。根据 Kupfer 的双轴试验（1969）和 Cedolin 的三轴试验（1977）的数据，这些参数可由表 5.3 的五种破坏状态确定。五个破坏点坐标系的应力值通过 f_c' 正则比，也就是，式（4.8）的 σ_m、ρ_t 和 ρ_c 分别表示 σ_m/f_c'、ρ_t/f_c' 和 ρ_c/f_c'。已知 $a_0 = b_0$，并将表 5.3 的数值与 $f_t' = 0.1 f_c'$ 和 $f_{bc}' = 1.15 f_c'$ 代入式（4.8），可以得到：

$$\begin{cases} a_0 + a_1 \ (0.1) \ \dfrac{\sqrt{2}}{\sqrt{3}} + a_2 \ (0.1)^2 \left[\dfrac{\sqrt{2}}{\sqrt{3}} \right]^2 = (0.1) \ \dfrac{1}{3} \\[2mm] a_0 + a_1 \ (1.15) \ \dfrac{\sqrt{2}}{\sqrt{3}} + a_2 \ (1.15)^2 \left[\dfrac{\sqrt{2}}{\sqrt{3}} \right]^2 = (1.15) \ \left(\dfrac{2}{3} \right) \\[2mm] a_0 + a_1 \ (3.46) \ + a_2 \ (3.46)^2 = -3.9 \end{cases} \tag{5.171a}$$

$$\begin{cases} a_0 + b_1 \dfrac{\sqrt{2}}{\sqrt{3}} + b_2 \left[\dfrac{\sqrt{2}}{\sqrt{3}}\right]^2 = -\dfrac{1}{3} \\ a_0 + b_1\ (2.77)\ + b_2\ (2.77)^2 = -1.93 \end{cases} \tag{5.171b}$$

由上面两组方程，解得材料常数的值为：

$$a_0 = b_0 = 0.10, \quad a_1 = -0.84, \quad a_2 = -0.09$$
$$b_1 = -0.45, \quad b_2 = -0.10$$

Willam-Warnke 破坏面材料常数的试验点 表 5.3

试验名称	破坏点		
	σ_{m}	ρ	θ
单轴拉伸	$\sigma_{\mathrm{mt}} = \dfrac{1}{3} f'_{\mathrm{t}}$	$\rho_{\mathrm{t}} = \dfrac{\sqrt{2}}{\sqrt{3}} f'_{\mathrm{t}}$	$0°$
单轴压缩	$\sigma_{\mathrm{mc}} = -\dfrac{1}{3} f'_{\mathrm{c}}$	$\rho_{\mathrm{c}} = \dfrac{\sqrt{2}}{\sqrt{3}} f'_{\mathrm{c}}$	$60°$
等向双轴压缩	$\sigma_{\mathrm{mt}} = -\dfrac{2}{3} f'_{\mathrm{bc}}$	$\rho_{\mathrm{t}} = \dfrac{\sqrt{2}}{\sqrt{3}} f'_{\mathrm{bc}}$	$0°$
以 $\sigma_1 > \sigma_2 = \sigma_3$ 为条件的双轴侧限压缩	$\sigma_{\mathrm{mt}} = -3.9 f'_{\mathrm{c}}$	$\rho_{\mathrm{t}} = 3.46 f'_{\mathrm{c}}$	$0°$
以 $\sigma_1 < \sigma_2 = \sigma_3$ 为条件的双轴侧限压缩	$\sigma_{\mathrm{mc}} = -1.93 f'_{\mathrm{c}}$	$\rho_{\mathrm{c}} = 2.77 f'_{\mathrm{c}}$	$60°$

6. 强化区的形状因子 k 与各向同性强化率 M：强化区的形状因子 k 是平均应力 σ_{m} 和尺寸因子 k_0 的函数。根据式（5.81）定义的和图 4.19 中所示的屈服面，Han（1984）提出了 k 的几个表达式。

$$k = \begin{cases} 1 & (\sigma_{\mathrm{m}} \geqslant \xi_{\mathrm{t}}) \\ k_1\ (\sigma_{\mathrm{m}}) & (\xi_{\mathrm{t}} > \sigma_{\mathrm{m}} \geqslant \xi_{\mathrm{c}}) \\ k_0 & (\xi_{\mathrm{c}} > \sigma_{\mathrm{m}} \geqslant \xi_k) \\ k_2\ (\sigma_{\mathrm{m}}) & (\xi_k \geqslant \sigma_{\mathrm{m}}) \end{cases} \tag{5.172a}$$

其中，假定 $k_1\ (\sigma_{\mathrm{m}})$ 和 $k_2\ (\sigma_{\mathrm{m}})$ 是各自满足三个条件的二次函数。对于 $k_1\ (\sigma_{\mathrm{m}})$，有

$$k_1 = 1 \qquad\qquad 当\ \sigma_{\mathrm{m}} = \xi_{\mathrm{t}}$$
$$k_1 = k_0\ 和 \frac{\mathrm{d}k_1}{\mathrm{d}\sigma_{\mathrm{m}}} = 0 \quad 当\ \sigma_{\mathrm{m}} = \xi_{\mathrm{c}}$$

对于 $k_2\ (\sigma_{\mathrm{m}})$，有

$$k_2 = k_0\ 和 \frac{\mathrm{d}k_2}{\mathrm{d}\sigma_{\mathrm{m}}} = 0 \qquad 当\ \sigma_{\mathrm{m}} = \xi_k$$
$$k_2 = 0 \qquad\qquad\qquad 当\ \sigma_{\mathrm{m}} = \overline{\xi}$$

因此

$$k_1\ (\sigma_{\mathrm{m}})\ = 1 + \frac{(1 - k_0)\ \left[-\xi_{\mathrm{t}}\ (2\xi_{\mathrm{c}} + \xi_{\mathrm{t}})\ - 2\xi_{\mathrm{c}}\sigma_{\mathrm{m}} + \sigma_{\mathrm{m}}^2\right]}{(\xi_{\mathrm{c}} - \xi_{\mathrm{t}})^2} \tag{5.172b}$$

$$k_2\ (\sigma_{\mathrm{m}})\ = \frac{k_0\ (\overline{\xi} - \sigma_{\mathrm{m}})\ (\overline{\xi} + \sigma_{\mathrm{m}} - 2\xi_k)}{(\overline{\xi} - \xi_k)^2} \tag{5.172c}$$

其中，$\overline{\xi} = A / (1 - k_0)$ 是加载面与静水压力轴的交点，A 是常数。

此外，破坏前区域的弹塑性模型，建立在各向同性－随动强化混合的公式基础之上。该公式中，常参数 M 表示各向同性强化效应在总的强化效应中所占的比值，而剩余的强化率 $(1 - M)$ 就是随动强化所占比值。所以 $0 \leqslant M \leqslant 1$，并且

$$\text{仅有各向同性强化时：} \qquad M = 1$$
$$\text{仅有随动强化时：} \qquad M = 0$$

7. 软化区的尺寸因子 μ：在压缩软化区域，假定一旦到达初始破坏面，后继破坏面就开始收缩。另外，还假设存在一个限制破坏面收缩的最终破坏面，它定义了材料的残余强度。如果初始破坏面是 $f_i = \rho - \rho_f = 0$，那么最终破坏面可以写成：

$$f_f = \rho - \mu_f \rho_f = 0 \tag{5.173}$$

其中，μ_f 是一个表征最终破坏面尺寸的参数，它的值根据单轴压缩应力－应变曲线的渐近强度 σ_f 确定

$$\mu_f = \frac{-2\sqrt{\frac{2}{3}} b_2 \tau}{b_1 + \sqrt{b_1^2 - 4 b_2 \left(b_0 + \frac{\tau}{3} \right)}} \tag{5.174}$$

对于后继破坏面，也有类似的表达式

$$f = \rho - \mu \rho_f = 0 \tag{5.175}$$

该面的演化由尺寸因子 μ 决定

$$\mu = \eta \mu_i + (1 - \eta) \mu_f \tag{5.176}$$

其中

$$\eta = (1 + \xi) e^{-\xi} \tag{5.177}$$

其中，ξ 是损伤参数，它为式（5.136）的塑性功增量 $\mathrm{d}W_p$ 的函数。由式（5.176）和式（5.177）可以看出：

初始破坏状态

$$\eta = 1 \text{ 和 } \mu = \mu_i = 1 \tag{5.178}$$

最终破坏状态

$$\eta = 0 \text{ 和 } \mu = \mu_f \tag{5.179}$$

8. 膨胀因子 α：在应用以 Drucker-Prager 塑性势能函数为基础的非相关流动法则时需要确定膨胀因子 α 的值。根据现有试验数据，在强化阶段 α 的初始值大约是 $-0.6 \sim -0.7$，而破坏时其值是 $0.1 \sim 0.28$（Han 和 Chen，1985）。在初始屈服面与破坏面之间，α 值由强化参数 k_0 的线性函数确定（Han，1984），

$$\alpha = (\alpha_L - \alpha_U) \frac{1 - k_0}{1 - k_{0y}} + \alpha_U, \quad \text{若 } I_1 < 0$$
$$\alpha = 0, \qquad\qquad\qquad\qquad\quad \text{若 } I_1 \geqslant 0 \tag{5.180}$$

其中，α_L 和 α_U 由 $\psi = \sigma_{max} / \sigma_{min}$ 的值确定。

$$\text{若 } \psi < 0 \qquad \alpha_L = \alpha_1 (1.0 + \psi), \; \alpha_U = \alpha_2 (1.0 + \psi)$$
$$\text{若 } 0 < \psi < 0.1 \quad \alpha_L = \alpha_1 - (0.8 + \alpha_1) \psi, \; \alpha_U = \alpha_2 + 10 (0.1 - \alpha_2) \psi \tag{5.181}$$
$$\text{若 } 0.1 < \psi \qquad \alpha_L = \alpha_1 - (0.8 + \alpha_1) \psi, \; \alpha_U = 0.1$$

其中，α_1 和 α_2 的值取决于混凝土强度，为：

对于低强混凝土 $\alpha_1 = -0.7$，$\alpha_2 = 0.28$

对于中强混凝土 $\alpha_1 = -0.6$，$\alpha_2 = 0.2$ (5.182)

对于高强混凝土 $\alpha_1 = -0.6$，$\alpha_2 = 0.1$

在软化阶段，用于 $\alpha = 0.15$ 的塑性断裂公式中（Han，1984）。在取得更多试验数据的情况下，α 的值需相应进行调整以满足试验研究的需要。

5.7 组合塑性模型在结构中的应用

为了验证组合塑性模型的适用性，采用 NFAP 程序（Chang，1980）对三种典型混凝土结构的破坏过程进行了有限元分析。在数值预测时，将由真实试验数据与实用方法得出的结果做了比较，并且讨论了该模型的预测效果。这项研究中的三种典型结构是：(1) 混凝土圆柱体劈裂试验；(2) 混凝土拔出试验；(3) 外部受静水压力作用的混凝土圆柱壳。

5.7.1 混凝土圆柱体劈裂试验分析

劈裂－拉伸试验又称为 Brazilian 试验（ASTM，1984），是一种广泛使用于测定混凝土抗拉强度的间接方法，如图 5.33 所示。在标准劈裂试验中，混凝土圆柱体水平置于试验机的两块加载板之间，作用在沿直径相对的两个传力条上的压力逐渐增大，直至竖直方向的直径面破坏为止。这种加载条件在试件内部产生了双轴应力分布。事实上，如果假设宽为 $2a$ 的加载条上的外加荷载均匀分布，就可以得到建立在线弹性理论之上的理论解（Chen，1975，1982）。试件内部的应力分布属于拉伸－压缩型，施力点下 3/4 直径范围内存在着几乎是均匀分布的拉应力，最大拉应力出现在圆柱体的中心，其简单表达式为：

$$f'_t = \frac{2Q}{\pi l d} \qquad (5.183)$$

其中，Q 是最大外加荷载（图 5.33）。

对混凝土圆柱体劈裂试验，除了线弹性解答以外，Chen 和 Chang（1978）还提出了一种包含极限分析求解的综合塑性处理方法。标准圆柱体试件破坏荷载的上下限为（Chen，1975）：

上限

$$Q \leqslant Q_u = 1.94 l d f'_t \qquad (5.184)$$

下限

$$Q \geqslant Q_t = 1.56 l d f'_t \qquad (5.185)$$

在数值分析中，荷载均匀施加在加载条宽度范围内，并假定钢与混凝土试件之间是理想粘结。根据对称性，只需考虑圆柱体的 1/4 部分，见图 5.34。图示有限元网格由 95 个符合平面应变条件的四节点单元组成。线弹性解答表明，试件上部的应力分布梯度变化很大，因此这一区域沿垂直的直径方向所用的网格更密。

表 5.4 列出了以 Kupfer（1969）数据为基础的混凝土参数。加载条所用的是线弹性钢材，$E = 20.685 \times 10^4 \text{MPa}$，$\nu = 0.3$。圆柱体试件的荷载－挠度曲线如图 5.35 所示。图中，实用方法将初始杨氏模量低估了约 10%，导致破坏时延性增长了 8%，但是表 5.4 中两组材料参数计算出破坏荷载差异极小（约 0.5%），计算出的破坏模式非常相近，见图 5.36。

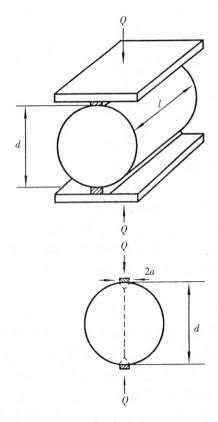

图 5.33 圆柱体劈裂试验的简图

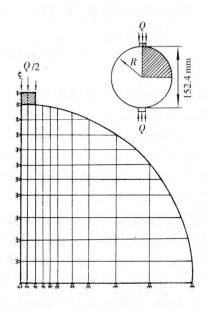

图 5.34 圆柱体劈裂试验中
有限单元的划分

参数	试验数据	实用方法
E_0	31.717×10^3MPa	28.504×10^3MPa
ν	0.19	0.19
f'_c	32.062MPa	32.062MPa
f_c	10.894MPa	10.894MPa
a_0, a_1, a_2	$a_0=0.10$, $a_1=-0.84$, $a_2=-0.09$	$a_0=0.10$, $a_1=-0.84$, $a_2=-0.09$
b_1, b_2	$b_1=-0.45$, $b_2=-0.10$	$b_1=-0.45$, $b_2=-0.10$
M	1（仅有各向同性强化时）	1（仅有各向同性强化时）
β_0	800	800
n	2	2
μ	0.7	0.7
H_p	由单轴压缩应力－应变曲线得到	由 Saenz 方程式得到
α_1, α_2	对于非关联流动准则 $\alpha_1=-0.6$, $\alpha_2=0.2$	对于非关联流动准则* $\alpha_1=-0.6$, $\alpha_2=0.2$

圆柱体劈裂试验和拔出试验分析时所用的材料参数　　　　表 5.4

* 这些分析采用关联流动法则

318

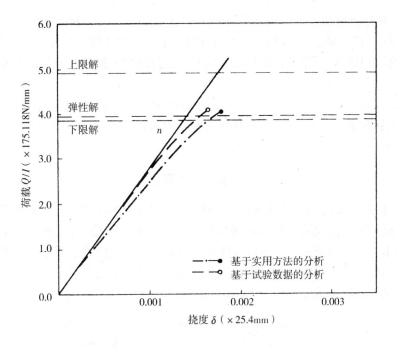

图 5.35 以组合塑性模型为基础的圆柱体劈裂试验的荷载－挠度响应

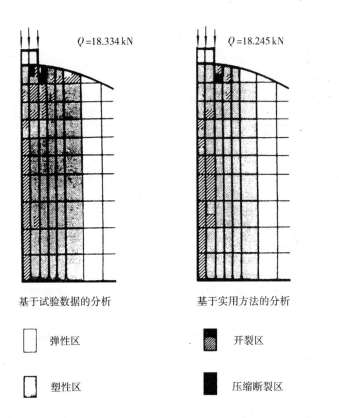

图 5.36 以组合塑性模型为基础的圆柱体劈裂试验的破坏模式

图 5.35 还给出分别由线弹性分析（$Q_e = 17.622$kN）、上限分析（$Q_u = 21.716$kN）和下限分析（$Q_l = 17.444$kN）得到的最大荷载理论值。尽管非线性特征出现在加载的早期，但延性的增长并不明显，原因是圆柱体中主要存在拉应力。预计的破坏荷载是 18.334kN，比 Q_e 约大 4%。

图 5.36 显示了破坏时混凝土圆柱体内塑性区与开裂区的扩展。当载荷为 5.34kN（$0.30Q_e$）时，加载点下角的混凝土开始屈服，随着荷载的增加，塑性区继续向下扩展，直至达到破坏荷载。

应 力 分 布

图 5.37 显示了破坏时垂直水平应力分量 σ_{yy} 及水平应力分量 σ_{xx} 沿竖向直径面的分布情况，包括破坏时的荷载 Q，它与线弹性解答相比实际上并无差别。水平拉应力在 3/4 直径范围内基本上是均匀分布的，而沿圆柱体垂直轴线的竖向应力主要是压应力。加载条的正下方，竖向应力与水平应力急剧增长，混凝土处于三轴压缩状态。这种假想的开裂模式大体上符合试验观测结果。

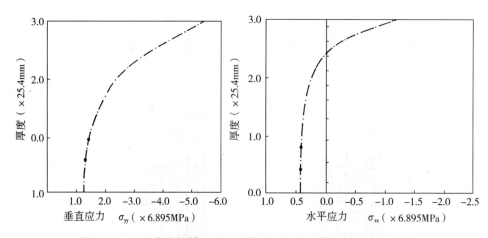

图 5.37 以组合塑性模型为基础得到破坏时垂直及水平应力分量
沿竖向直径面的分布情况

5.7.2 混凝土拔出试验分析

最早由 Kierkegaard-Hansen（1975）提出的拔出试验（Lok）是一种确定原位混凝土抗压强度的方法。试验时，浇筑混凝土前将一个由钢圆盘和圆杆构成的螺栓置于模板内。待混凝土固化后，拆模并取出螺栓的圆杆，再把一根由钢筋制成的拔出螺杆旋入圆盘内，然后，在混凝土表面放置圆筒形反压环，随即对钢筋施加拔出力，见图 5.38，拔出力逐渐增加，直到通过圆柱反压环拔出小块圆锥形混凝土为止。沿圆柱体混凝土拔出预埋钢圆盘所需的最大力称为拉拔强度（或 Lok 强度）。根据试验数据，Lok 强度（L）可按照它与抗压强度 f'_c 的线性关系式标定（Kierkegaard-Hansen 和 Bickley，1978）

$$L \text{ (kN)} = 5 + 0.8 f'_c \text{ (MPa)} \tag{5.186}$$

发生在混凝土中的这类破坏机构一直是一些分析与试验研究方面的课题（见 Ottosen，1981，Malhotra，1975）。

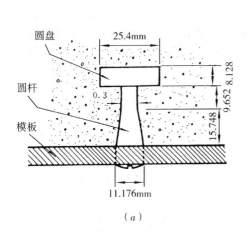

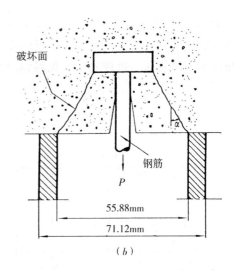

（a）　　　　　　　　　　（b）

图 5.38　拔出试验的构造

拔出试验分析时采用的钢与混凝土的材料参数与前面的劈裂试验相同，钢和混凝土之间的粘结定义为理想粘结。根据轴对称性，只需分析一个弧度的部分。图 5.39 给出由 117 个四节点轴对称单元组成的有限元网格。图中还显示了边界条件，并表明拔出力作用在圆盘中心。

数值计算的结果参见图 5.40 和图 5.41。如此两图所示，确定表 5.4 中材料参数的两种方法在预测拉拔强度、荷载－挠度曲线和裂缝扩展形态方面所得的结果相同。对于实用方法，两组材料参数得到的破坏时延性增加值只有 5% 左右。

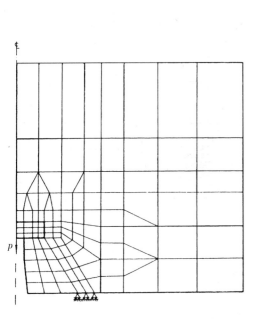

图 5.39　拔出试验的有限单元划分

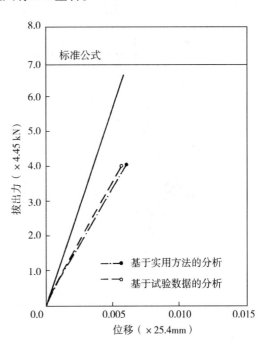

图 5.40　以组合塑性模型为基础的拔出试验
的荷载－挠度响应

如图 5.41 所示，在破坏时，预期的裂缝形态很符合试验观测的结果。在圆盘边缘与反压环之间的临界区域，未开裂单元的应力基本上是三轴压应力，而开裂单元基本上是二轴压应力。尽管这一机理同试验观察到的塑性破坏模式相符，但这并不能证明拉拔强度与抗压强度 f_c' 直接相关。实际上，预测的承载能力远远小于按式（5.186）所得的结果及图 5.40 所示的结果。

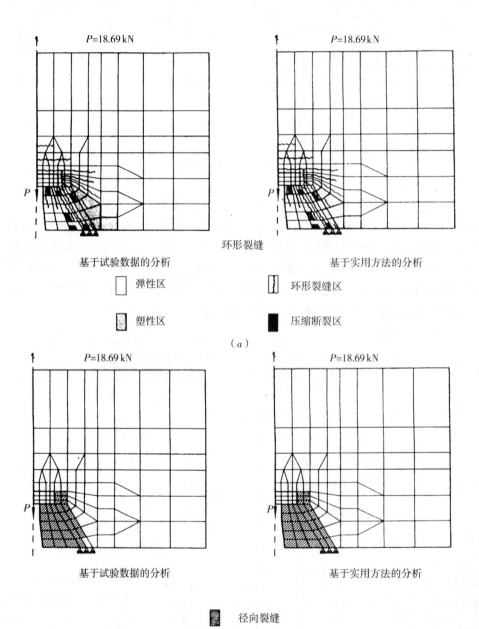

图 5.41 以组合塑性模型为基础的拔出试验破坏模型
(a) 环形裂缝；(b) 径向裂缝

322

5.7.3 混凝土圆柱壳承受静水压力作用的分析

Runge 和 Haynes（1978）曾经发表过关于混凝土圆柱壳受外部静水压力作用的试验结果，图 5.42 给出了这种圆柱壳的构形。试验的目的是为了确定压碎强度并模拟深海加载条件下薄壁混凝土圆柱壳的结构性能，这类结构的混凝土基本上处于三轴压缩应力状态。在目前的研究中，分析时考虑了自由端和简支端两种支承情况，并假定圆柱壳具有理想的几何条件（即不考虑圆柱壳圆度不够等几何缺陷的影响）。

混凝土的材料参数根据 Runge 的数据确定，概括于表 5.5 中。图 5.43 和图 5.44 给出了有限单元的划分以及相应的边界条件。对于两端自由的试件，采用单位长度内 4 个六结点轴对称有限单元网格，见图 5.43。而对于简支的圆柱壳，根据轴向对称性，只需考虑下半节结构，此时有限单元网格由 52 个六结点轴对称单元组成，见图 5.44。

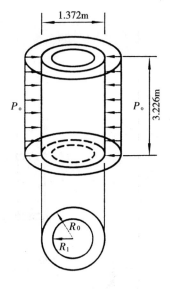

图 5.42 承受外加静水压力
作用的圆柱壳的构形

分析承受静水压力的圆柱壳时所采用的材料参数　　　　　　　　　　表 5.5

参数	自由端		简支端	
	试验数据	实用方法	试验数据	实用方法
E_0	25235.7MPa	31992.8MPa[*]	25235.7MPa	31441.2MPa[*]
ν	0.19	0.19	0.19	0.19
f'_c	49.78MPa	49.78MPa	47.99MPa	47.99MPa
f_c	20MPa	20MPa	19.17MPa	19.17MPa
a_0, a_1, a_2	$a_0=0.10$, $a_1=-0.84$ $a_2=-0.09$	$a_0=0.10$, $a_1=-0.84$ $a_2=-0.09$	$a_0=0.10$, $a_1=-0.84$ $a_2=-0.09$	$a_0=0.10$, $a_1=-0.84$ $a_2=-0.09$
b_1, b_2	$b_1=-0.45$, $b_2=-0.10$	$b_1=-0.45$, $b_2=-0.10$	$b_1=-0.45$, $b_2=-0.10$	$b_1=-0.45$, $b_2=-0.10$
M	1	1	1	1
	仅有各向同性强化时			
β_0	800	800	800	800
n	2	2	2	2
μ	0.7	0.7	0.7	0.7
H_p	由单轴试验的 $\sigma-\varepsilon$ 曲线得到	由 Popovics 方程式得到	由单轴试验的 $\sigma-\varepsilon$ 曲线得到	由 Popovics 方程式得到
α_1, α_2	由非关联流动法则得到[**] $\alpha_1=-0.6$, $\alpha_2=0.1$	由非关联流动法则得到[**] $\alpha_1=-0.6$, $\alpha_2=0.1$	由非关联流动法则得到[**] $\alpha_1=-0.6$, $\alpha_2=0.1$	由非关联流动法则得到[**] $\alpha_1=-0.06$, $\alpha_2=0.1$

[*] $E_0=0.4w^{1.5}\sqrt{f'_c}$ （MPa）且 $w=21.988$kN/m³

[**] 当前的分析采用的是关联流动法则。

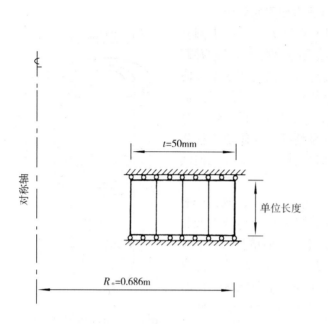

图 5.43 两端自由的圆柱壳的有限单元划分　　　　图 5.44 简支圆柱壳的有限单元划分

两端自由和简支这两种支承条件下预期的荷载－挠度曲线和压碎压力分别表示于图 5.45 和图 5.46。由图可以看到，由实用方法计算的结果比试验数据的刚性更大。两种支承下柱壳破坏时的延性约减少 19%，根本原因是式（5.165）算出的初始弹性模量偏大。另外，用实用方法求得的简支圆柱壳的压碎强度约减少 9%。

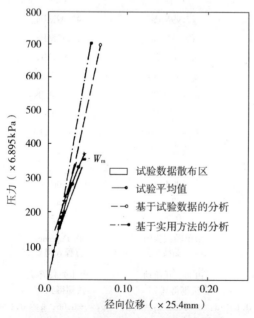

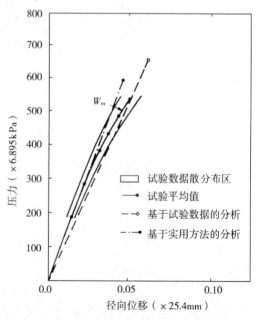

图 5.45　组合塑性模型为基础的两端自由　　　图 5.46　组合塑性模型为基础的简支圆柱壳
圆柱壳中部的外压力－径向位移曲线　　　　　中部的外压力－径向位移曲线

为了作进一步的比较，图 5.45 和图 5.46 还绘出了试验的结果及其变化范围。在两端自由的条件下，预测曲线位于试验数据分布的区域，由图 5.45 可看到预测的压碎强度有较大偏差。按照 Hsieh 等（1988）的分析，这种偏差是几何缺陷造成的。在他们根据大变形弹塑性断裂分析作出的解答中，初始圆度不足的圆柱壳其预期压碎强度只有 2.62MPa，而对于理想几何条件的圆柱壳，这一数值达到 4.482MPa。从试验中的压碎强度 P_{ex}＝2.689MPa 与以上两个值的比较中可以清楚看到，初始缺陷的存在在相当大的程度上影响到这类结构的承载力。

图 5.46 表示了简支圆柱壳预测的荷载－挠度曲线和试验结果。两者在破坏之前的接近程度优于自由端的情形。预期的压碎强度比试验数据稍高，但仍在可接受的范围以内。

图 5.47 表示破坏时沿简支圆柱壳内壁裂缝的扩展形态和径向位移的变化。破坏区起始于筒壁内表面，破坏时扩展贯穿整个圆筒。由此图还可看出，实用方法得出的变形较小，但在预测破坏模式方面相当成功。关于受静水压力的混凝土圆柱壳的深入研究，请参考近期 Aboussalah 和 Chen（1991）的文章。

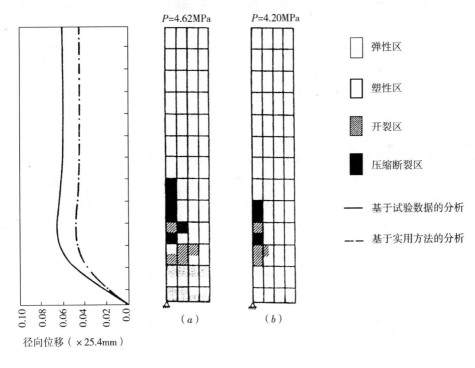

图 5.47　组合塑性模型为基础的沿简支圆柱壳内壁的
径向位移变化及破裂模式

5.7.4　结论

从表示混凝土重要特性的意义上讲，组合塑性力学模型是一种相对全面的模型，它包含了拉伸时的脆性破坏、压缩时的延性以及压缩荷载作用下的静水压力敏感性和体积膨胀。但是，随着更多与组合应力状态下混凝土性质有关的试验数据的取得，这种模型还能做出进一步改进。

图 4.19 表明，在拉伸－拉伸区域，屈服面与破坏面一致，这意味着破坏前不产生塑性变形，材料处于脆性状态，后继加载面将逐步张开，自初始屈服面过渡，直至应力状态到达破坏面。

将破坏前的应力－空间公式转化为破坏后的应变－空间公式，不是一件轻而易举的事。由于转化点处应变增量的方向发生突变，可能会遇到一些数值计算问题。

在破坏后，材料特征的处理方法随破坏模式而定。任意两种破坏模式的转化都存在一定难度，这也会引起一些数值上的困难。

在模拟软化性质时，高的静水压力条件下会发生压溃破坏。因为软化区的混凝土表现为延性而不是脆性，故应力与刚度的突然减小可能是不合适的。另外，这种破坏忽略了尺寸效应，也会产生一些不符合实际的问题。如果采用非关联流动法则，材料刚度矩阵就不再是对称的。为了处理非对称矩阵问题，在有限元分析程序中运用组合塑性模型时，需对用于该程序的非线性解的算法做一些修正。所以，应该加大对计算方面研究的力度。

5.8 参考文献

1　ACI Committee 318. Building code requirements for reinforced Concrete（ACI 318-83）. American Concrete Institute, Detroit, 1988.

2　American Society for Testing and Materials, in Annual Book of ASTM Standards, 0.042, 1984, 336~341

3　Aboussalah M. Application of constitutive models to concrete structures. Ph. D. Thesis, School of Civil Engineering, Purdue University, West Lafayette, IN, 1989, 340

4　Aboussalah M, Chen W F. Nonlinear finite element analysis of concrete cylindrical shells subjected to hydrostatic pressure. Proceedings of 2nd International Conference on Computer Methods and Water Resources, Editors, CA, Brebbia, et al, Vol. 3, Computational Mechanics, Inc, Billerica, MA, 1991.

5　Barlow J. Optimal stress locations in finite element models. Int J Num, Methods, Engrg, 1976, 10（2）：243~251

6　Bazant Z P. Instability, ductility, and size effect in strain-softening concrete. J Engrg, Mech Div, ASCE, 1976, 102（2）：331~344

7　Bazant Z P, Cedolin L. Blunt crackband propagation in finite element analysis. J Engrg, Mech Div, ASCE, 1979, 105（2）：297~315

8　Bazant Z P, Kim S. Plastic-fracturing theory for concrete. J Engrg, Mech Div, ASCE, 1979, 105（3）：407~428

9　Bazant Z P, Oh B H. Crack band theory for fracture of concrete. Mater. Struct, （RILEM）, 1983, 16（93）：155~177

10　Broek D. Elementary engineering fracture mechanics. Martinus Nijhoff, The Hague, Netherlands, 1983.

11　Buyukozturk O, Nilson A H, Slate F O. Stress-strain response and fracture of a concrete model in biaxial loading. Am Concr. Inst. J, 1971, 68（8）：590~599

12　Buyukozturk O, Nilson A H, Slate F O. Deformation of fracture of particulate composite. J Engrg, Mech

Div, ASCE, 1972, 98: 581~593

13 Cedolin L, Crutzen Y R J, Dei Poli S. Triaxial stress-strain relationship for concrete. J Eng, Mech Div, ASCE, June, 1977, (EM3): 423~439

14 Chang T Y. A nonlinear finite element analysis program-NFAP. Department of Civil Engineering, The University of Akron, Akron, OH, 1980.

15 Chen W F. Limit analysis and soil plasticity. Elsevier, Amsterdam, The Netherlands, 1975, 638

16 Chen W F. Plasticity in Reinforced Concrete. New York: McGraw-Hill, NY, 1982, 474

17 Chen W F. Concrete plasticity: Macro and micro approaches. Journal of Mechanical Sciences, August-September issue, 1993.

18 Chen W F, Chang T Y. Plasticity solutions for concrete splitting tests. J Eng Mech Div, ASCE, June, 1978, (EM3): 691~704

19 Chen W F, Han D J. Plasticity for structural engineers. New York: Springer-Verlag, 1988, 600

20 Chen W F, Liu XL. Limit analysis in soil Mechanics. Elsevier, Amsterdam, The Netherlands, 1990, 477

21 Chen W F, Mizuno E. Nonlinear analysis in soil mechanics. Elsevier, Amsterdam, The Netherlands, 1990, 661

22 Chen W F, Yamaguchi E and Zhang H. On the loading criterion in the theory of plasticity. Computers and Structures, 1991, 39 (6): 679~683

23 Diamond S, Bentur A. On the cracking in concrete and fiber reinforced cements. Proc, NATO Advanced Res Workshop on Application of Fracture Mechanics to Cementitious Composites, Evansto, IL, 1984, 51~96

24 Frantziskonis G. Desai C S. Constitutive model with strain softening. Int J Solids Struct, 1987, 23 (6): 733~750

25 Goodman R E, Taylor R L, Brekke T L. A Model for the Mechanics of jointed rock. J Soil Mech Found, Div, ASCE, 1968, 94: 637~659

26 Gopalaratnam V S, Shah S P. Softening response of plain concrete in direct tension. Am Concr Inst J, 1985, 82 (3): 310~323

27 Han D J. Constitutive modeling of analysis of concrete structures. Ph. D. Thesis, School of Civil Engineering, Purdue University, West Lafayette, IN, 1984.

28 Han D J. Chen W F. A nonuniform hardening plasticity model for concrete materials. Mechanics of Materials, December, 1985, 4: 283~302

29 Han D J. Chen W F, Strain-space plasticity formulation for hardening-softening materials with elastoplastic coupling. Int J Solids Struct, 1986, 22: 935~950

30 Hillerborg A. The Theoretical basis of a method to determine the fracture energy G F of concrete. Materials and Structures (RILEM), 1985, 18: 291~296

31 Hillerborg A, Modeer M, Peterson P E. Analysis of crack formation and crack growth in concrete by

means of fracture mechanics and finite elements. Gem Concr Res, 1976, 6 (6): 773~782

32 Hsieh S S. Ting E C, Cheng W F. Applications of plastic-fracture model to concrete structures. Computers and Structures, 1988, 28 (3): 373~393

33 Hsu T T C. Material analysis of shrinkage stresses in a model of hardened concrete. Am Concr Inst J, 1963, 60: 371~390

34 Hsu T T C, Slate F O, Sturman G M, Winter G. Microcracking of plain concrete and the shape of the stress-strain curve. Am Concr Inst J, 1963, 60: 209~223

35 Il'yushin A A. On the postulate of plasticity. Prikl Mat Mekh, 1981, 25 (3): 503~507

36 Kuper H B. Hilsdorf H K, Rusch H. Behavior of concrete under biaxial stresses. ACI Journal, August, 1969, 66 (8): 656~666

37 Malhotra V M. Evaluation of pull-out test to determine strength of in-situ concrete. Materials and Structures, January-February, 1975, 8 (43): 19~31

38 McCarron W O Chen W F. NFAP-User's manual (1986 Purdue version) Structural Engineering Report. CE-STR-86-4, School of Civil Engineering, Purdue University. West Lafayette, IN, January, 1986.

39 Mindess S. The application of fracture mechanics to cement and concrete: A historical review. Fracture Mechanics of Concrete, F H Wittman, ed, Elsevier, New York, NY, 1983, 1~30

40 Mura T. Micromechanics of defects in solids. Martinus Nijhoff, The Hague, Netherlands, 1982.

41 Nemat-Nasser S, Horii H. Compression-induced nonplanar crack extension with Application to splitting, exfoliation and rockburst. J Geophys Res, 1982, 87 (8): 6805~6821

42 Ngo D, Scordelis A C. Finite element analysis of reinforced concrete beams. Am Concr Inst J, 1967, 64 (3): 152~163

43 Ohtani Y. Constitutive modeling of concrete materials for engineering applications. Ph. D. Thesis, School of Civil Engineering, Purdue University, West Lafayette, IN, 1987, 281

44 Ohtani Y, Chen W F. A plastic-softening model for concrete materials. Computers and Structures, 1989, 33 (4): 1047~1055

45 Ottosen N S. Nonlinear finite element analysis of pullout test. J Eng Mech Div, ASCE, April, 1981, 107 (4): 591~603

46 Peterson P E. Crack growth and development of fracture zones in plain concrete and similar materials. Report TVBM-1006, Div of Building Materials, Lund Institute of Technology, Lund, Sweden, 1981.

47 Popovics S. A numerical approach to the complete stress-strain curve of concrete. Cement and Concrete Research, 1973, 3 (5): 583~599

48 Popovics S. Mechanical behavior of materials. Proc of the International Conference on Mechanical Behavior of Materials, The Society of Materials Science, Japan, 1972, IV: 172~183

49 Qu S N, Yin Y Q. Drucker's and Ilyushin's postulate of plasticity. Acta Mechanica Sinica, 1981, 13 (5): 465~473 (in Chinese)

50 Rots J G, et al. Smeared crack approach and fracture localization in concrete. Heron, 1985, 30 (1).

51 Runge K H, Haynes H H. Experimental implosion study of concrete structures. Proc of the 8th Congress of the Federation International de la Precontrainte, London, May, 1978.

52 Saenz L P. Discussion of equation for the stress-strain curve of concrete by Desayi and krishman. ACI Journal, September, 1964 (61): 1229~1235

53 Taylor M A, Broms B B. Shear bond strength between coarse aggregate and cement paste or mortar. Am Concr Inst J, 1964 (61): 939~958

54 van Mier J G M. Strain-softening of concrete under multiaxial loading conditions. P h. D. Dissertation, Eindhoven Univ of Technology, Eindhoven, The Netherlands, 1984.

55 Willam K J, Warnke E P. Constitutive model for the triaxial behavior of concrete. Int Assoc of Bridge and Structural Engineers, Seminar on Concrete Structures Subjected to Triaxial Stresses, Paper, III-1, Bergamo, Italy, 1974, 1~30

56 Willam K J, et al. Identification of strain-softening properties and computational predictions of localized fracture. Report No. 8404, Department of Civil, Environmental and Architectural Engineering, University of Colorado, Boulder, Colo, 1984.

57 Yamaguchi E. Microcrack propagation and softening behavior of concrete materials. Ph. D. Thesis, School of Civil Engineering, Purdue University, West Lafayette, IN, 1987, 244.

58 Yamaguchi E, Chen W F. Cracking model for finite element analysis of concrete materials. Journal of Engineering Mechanics, June, 1990a, 116 (EM6): 1242~1260

59 Yamaguchi E, Chen W F. Post-failure behavior of concrete in compression. Journal of Engrg, Franc Mech, 37 (5-6): 1011~1024

60 Yamaguchi E, Chen W F (1991). Microcrack propagation study of concrete materials under compression. J. of Engrg, Mech, ASCE, 1990b, 117 (EM3): 653~673

61 Ziegler H. A modification of Prager's hardening rule. Quart Appl Math, 1959 (17): 55~65

第三篇
土的塑性及应用

第6章 土的塑性理论

6.1 引 言

地质材料的性质可通过几类本构模型表示，如各种模量、超弹性公式、亚弹性公式、内时理论及塑性公式。对于岩土材料而言，塑性基模型是最为常见的。近年来，用塑性理论来说明岩土材料的性质已成为固体力学中最活跃的研究领域之一。过去的 20 年内，该领域的重大进步带来了一些本构模型的发展，这些本构模型能准确地表示土承受一般荷载路径的性质。目前，技术水平已发展到一定的程度，使得土的单调荷载特性可通过一些现有的本构模型准确地表示出来。但是，当施加周期荷载且在加载或反向加载下有显著的塑性响应时，尽管现有模型能获得所观察材料响应的一些定性性质，但能得到它们大部分响应的模型却非常少。

通过对大量不同种类的土进行研究，得出结论：没有一种材料模型能获得在各种情况下所有土的性质，并具备实际应用中所必要的简单性。目前，土的塑性基本构模型趋向于对黏性土和无黏性土分别采用不同的公式表示。虽然，对于这两种土而言，塑性模型的基本组成是相同的，但一些组成的简化或其他部分更详细的处理，将产生差异较大的本构模型，而每一种本构模型被明确限定表示某一种材料和（或）某一加载条件。

本章将介绍一些本构模型的基本公式，这些本构模型广泛用于描述黏性土和无黏性土的性质。在介绍这些模型之前，首先回顾一下将要说明的材料的特性。为了与岩土分析中的符号约定一致，本章中采用压应力和压应变为正向的符号约定。本书其他各章的符号约定与本章相同。

6.2 土 的 特 性

土是一种复杂的材料，大部分性质取决于其种类、应力历史、密度以及扰动力的特性，因此，特定本构模型的选择并不是随意的，而是要通过仔细考虑所研究问题的物理和实际要求而得到。对土的性质影响最大的物理性质是孔隙比、含水量、土的结构及矿物质，当前的和先期的应力状态以及荷载特性（如单调荷载、比例荷载、周期荷载等）均会影响土的性质，从而影响材料模型的选择。

天然土是由固体土颗粒、水和空气所组成的，空气和水填充固体骨架中颗粒间的空隙（图 6.1）。一般地，孔隙体积近似等于或大于固体骨架的体积。由于固体颗粒间的连接没有混凝土和金属材料那样牢固，故因颗粒重新排列产生的体积应变将会改变孔隙体积，这影响后续性质，也必然使得不同的本构模型的使用多于在混凝土和金属材料中采用的模型。饱和土的变形将引起孔隙水压力的变化，同时与固体骨架交换平均应力。在固体骨架中，全应力 Σ_{ij}、有效应力 σ_{ij} 和孔隙压力 u 三者之间的相互作用是土的响应和建模的重要方面，全应力与有效应力之间的关系可表示为

$$\Sigma_{ij} = \sigma_{ij} + u\delta_{ij} \tag{6.1}$$

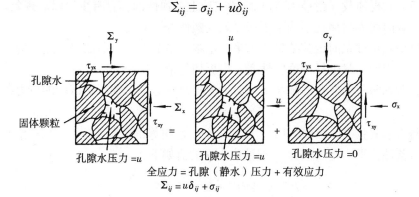

图 6.1　全应力和有效应力间的关系

有时，当只需要极限荷载而不考虑相应的变形时，虽然使用了全应力公式，但土的真实塑性基模型是建立在固体骨架中有效应力的基础上。

本节所介绍的材料多用于描述土的定性特性。由于黏性土具有较为复杂的结构、变形特性及稳定性问题，因此，历史上对其研究得最多。下面首先回顾一下黏性土的定性特性，然后，介绍临界状态土力学的概念，最后讨论无黏性土的性质。

6.2.1　黏性土的各向同性和三轴压缩响应特性

图 6.2 表示重塑土卸载后再加载过程中 $e-p$ 平面中的各向同性固结路径。

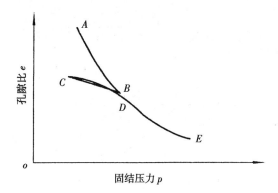

图 6.2　各向同性固结曲线

孔隙比 e 和平均有效应力 p 定义为

$$e = \frac{V_v}{V_s} \tag{6.2}$$

和

$$p = \frac{1}{3}\sigma_{ij}\delta_{ij} = \frac{1}{3}\ (\sigma_1 + \sigma_2 + \sigma_3)\ = \frac{1}{3}\sigma_{kk} \tag{6.3}$$

其中，σ_1，σ_2 和 σ_3 分别是最大主应力、中间主应力和最小主应力；V_v 是孔隙体积；V_s

是土样中固体颗粒的体积。由图 6.2 可看出四个方面土的性质：

（1）响应与加载路径有关且为非线性。

（2）卸载和再加载（路径 BCD）阶段实质上是弹性的，且有少量滞后现象。

（3）卸载曲线表明存在某些不可恢复的（塑性的）应变。

（4）再加载超过先前试验结果的水平，基本上是沿无卸载前的路径进行的。

同样，剪切型加载也具备这些性质，但更加复杂。

现在，考虑两种土样在三轴压缩试验下的理想状态。三轴压缩试验的应力条件为

$$\sigma_2 = \sigma_3, \quad \sigma_1 > \sigma_2 \tag{6.4}$$

在三轴压缩试验中，径向侧限应力 σ_2 与 σ_3 是相等的。最大主应力 σ_1 沿轴向。对于此三轴应力条件，平均有效应力 p 与偏应力 q 的值如下：

$$p = \frac{1}{3}(\sigma_1 + 2\sigma_3), \quad q = \sigma_1 - \sigma_3 \tag{6.5}$$

在图 6.3 中，土样 1 为超固结土，土样 2 为正常固结土，两者具有相同的孔隙率。对于不排水三轴压缩试验而言，两个土样均满足体积不变的形式，并且均在大致相同的剪应力处破坏（图 6.4 的 A 点）。正常固结土样破坏时伴随有正的孔隙水压力，而超固结土破坏时则有负的孔隙水压力。如果承受三轴排水压缩，则试样 1 与试样 2 的曲线将会不同（图 6.3～图 6.5）。正常固结土样 2 发生压缩且最终在达到 B 点之后破坏，而超固结土试样则在达到强度峰值 C 之前先压缩，继而当达到残余强度 D 时膨胀。由图看出，排水试验与不排水试验均沿 $e-p$ 面（$D-A-B$，图 6.3）和 $p-q$ 面内（图 6.5）的惟一一条直线结束。

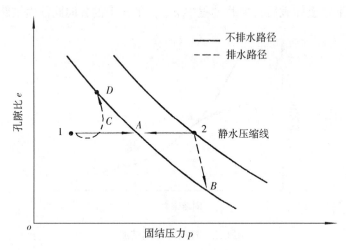

图 6.3 $e-p$ 平面内的荷载曲线

Roscoe 等（1958）在对上部地层的重塑饱和土样进行试验之后得出结论：排水试验与不排水试验的应力路径可确定 $e-p-q$ 空间（图 6.6）内惟一的一个破坏面。这个曲面有三个显著的特征：

（1）正常固结土样的应力路径在穿过界面（Roscoe 面）前先破坏。

（2）超固结土样的应力路径在穿过界面（Hvorslev 面）前先破坏。

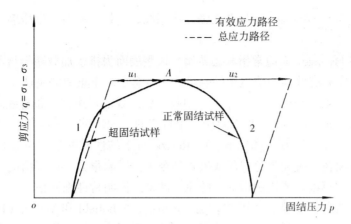

图 6.4　p-q 平面内不排水试验曲线

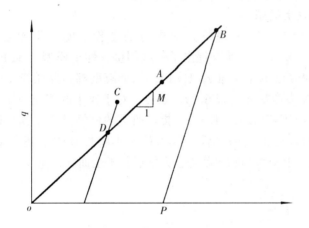

图 6.5　p-q 平面内排水试验曲线

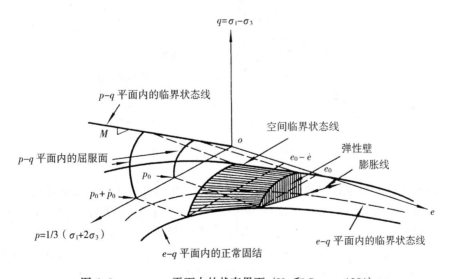

图 6.6　e-p-q 平面内的状态界面（Ko 和 Sture，1981）

(3) Roscoe 面与 Hvorslev 面相遇在临界状态线，此处，所有三轴压缩试验的应力路径均在此结束。

Roscoe 面与 Hvorslev 面通常指状态界面，这些表面为排水加载路径与不排水加载路径所共有，这个事实对有效应力决定土的响应这一概念是一个重要的确认。

Roscoe 说明了当 $e = 0$ 时，$p-q$ 平面中临界状态线的投影似一条直线。如果知道一个土样的初始状态 $(p，q，e)_i$，那么对于一个特定的三轴压缩应力路径，其破坏条件 $(p，q，e)_f$ 就能惟一确定（图 6.3 和图 6.5）。Roscoe 对土的性质的研究结果现在被称为临界状态土力学。这项在剑桥大学完成的成果直到今天仍影响很大。许多新的属于临界状态模型一类的土的本构模型，要用剑桥提出的原始模型的简明特性来评估。

对于正常固结黏土和轻度超固结黏土，Roscoe，Schofield 和 Wroth（1958）利用状态界面的观点，提出了剑桥黏性土模型的理论基础。下面将介绍剑桥黏性土理论，在 6.4 节至 6.6 节中将更全面地介绍近期工作强化塑性模型。

6.2.2 剑桥黏性土模型

这项由 Roscoe 指导，经在剑桥大学进行的工作，提出了原始剑桥黏性土模型（Schofield 和 Wroth，1968），后来又提出了一族剑桥黏性土模型（Burland，1967；Roscoe 和 Burland，1968；Worth 和 Houlsby，1981），每个模型都是原始模型的演变。原始模型假设 Roscoe 面是子弹头形状的（图 6.7），然而，对于较小的剪应力而言，模型预测的剪切变形要比观测到的剪切变形大。Burland 提出改进的剑桥黏性土模型以椭圆形面代替弹头形面，这里，将对改进的剑桥黏性土模型的基本特性加以描述。Atkinson 和 Bransby（1978）已对剑桥黏性土模型和临界状态土力学进行了全面的讨论。

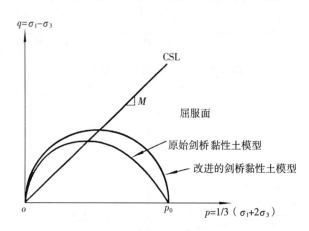

图 6.7　剑桥黏性土的屈服面

图 6.8 对屈服面及强化准则进行了直观的描绘，剑桥黏性土模型最大的优点在于其突出的简明特性，依此可以对黏土性质做出定性的判断。考虑 A 处轻度超固结土样承受排水三轴压缩试验的应力路径，当试验开始时，荷载路径从 A 前进到 B，孔隙比只发生弹性变化，进一步加载，会出现弹-塑性响应，接着达到屈服面（C），每次都有相同的形状，最后，荷载路径达到临界状态线（D）时，发生破坏。

依据临界状态土力学和剑桥黏性土模型，土的基本表现性质是：土的响应特征取决于平均有效应力和孔隙比，土的强度随着土体密度的增大（孔隙比的减小）而提高，这一点在图 6.6 和图 6.8 中表示出来。当孔隙比减小时，Roscoe 面的尺寸随之增大。对应于 p_0 的孔隙比 e_0，强化面（或称为 Roscoe 面）与静水压力轴的交点是剑桥黏性土模型的强化参数。

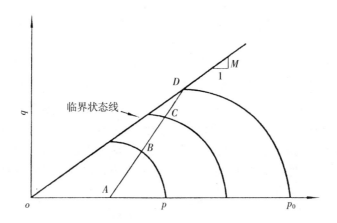

图 6.8　剑桥黏性土在强化阶段的曲线

Burland（1967）提出的改进剑桥黏性土模型，需要 5 个材料参数和 1 个强化参数，这些参数（图 6.9）是：

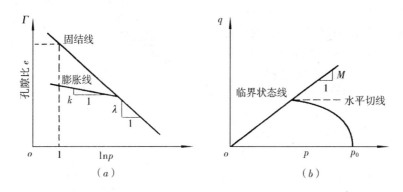

图 6.9　Burland 提出的改进剑桥黏性土模型

λ 为 e - $\ln p$ 平面内静水固结线的斜率；

k 为 e - $\ln p$ 平面内静水压力膨胀线的斜率；

Γ 为对应于单位压力的孔隙比，由于单位与应力测量体系有关，故 Γ 的值不是固定不变的；

M 为 p - q 平面内临界状态线的斜率；

G 为弹性剪切模量（泊松比 ν 常用来表示剪切模量）；

e_0 为初始曲线及再压缩曲线交点处的孔隙比。

椭圆强化（Roscoe）面的形状是固定不变的。假定静水压力轴上椭圆的顶点分别落在原点和对应于强化参数 e_0（孔隙比）的 p_0 点之间，椭圆与临界状态线交界处有一条水平切线（图 6.9b）。

图 6.9 给出了强化特性和屈服面。应该注意的是，模型参数 λ 和 k 与在 $e-\lg p$ 面中定义的更常见的压缩系数 C_c 和膨胀系数 C_s 有下面的关系：

$$\lambda = \frac{C_c}{2.303}, \quad k = \frac{C_s}{2.303} \tag{6.6}$$

由三轴压缩试验得到临界状态线的斜率为：

$$M = M_c = \frac{6\sin\varphi}{3 - \sin\varphi} \tag{6.7}$$

其中，φ 是土的内摩擦角。初始剑桥黏性土模型只用于各向同性的三轴压缩路径，这些模型的特性与 $e-p-q$ 平面图（图 6.6）中应力路径的观测值直接有关。为了检验应力路径而不是检验三轴加载（$\sigma_2 = \sigma_3$），必须以应力不变量建立一个更普遍的表达式。事实上，需要临界状态线的不同斜率来准确表示三轴压缩（轴应力大于侧限应力）和三轴拉伸（轴应力小于侧限应力）条件。对于三轴拉伸，三轴平面内临界状态线的斜率为：

$$M = M_e = \frac{6\sin\varphi}{3 + \sin\varphi} \tag{6.8}$$

上式中假定三轴压缩应力路径与三轴拉伸应力路径的摩擦角 φ 相同，如果假定三轴压缩和三轴拉伸状态的斜率 M 也相等，则可预测它们有相同的强度，这种情况在地质材料中尚未发现。如果要模拟不同于三轴加载的应力路径，则需要根据 Cauchy 应力 σ_{ij} 或应力不变量得出的更一般公式。另一个研究的方法是将 Roscoe 面与 Mohr-Coulomb 破坏准则相结合（图 6.10a），从而得到一个真实的三维模型。另一个模型则是通过使用 Drucker-Prager 面得到的（图 6.10b）。这个策划带来了通用帽盖模型的发展，在 8.4 节中将对该模型进行讨论。但本章只考虑三轴平面的情况。

剑桥黏性土模型是在对上部地层土样的饱和性、重塑性及各向同性固结等性质观察的基础上发展起来的。由于黏性土具有不同的矿物成分、构造、颗粒大小、分布及应力历史，所以这些模型并不能准确地模拟土的特性，但剑桥黏性土模型能模拟大部分正常固结土或轻度超固结土的性质。下面将以黏性土弹－塑性建模来讨论剑桥黏性土模型的性质。

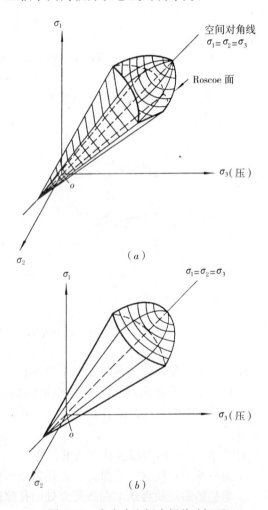

图 6.10　主应力空间中帽盖破坏面

（a）Mohr-Coulomb 模型；（b）Drucker-Prager 模型

正常固结土

考虑图 6.11 中的饱和正常固结土样的性质，在剑桥黏性土模型框架中，正常固结土或轻度超固结土可定义为具有在 Roscoe 面临界状态线截面右边的应力状态的土。排水加载与不排水加载有不同的结果，对于不排水加载（图 6.11a），必须满足体积不变条件（$\mathrm{d}\varepsilon_{kk}=0$），当在帽盖上加载时，产生塑性体积应变且必须满足条件：

$$\mathrm{d}\varepsilon_{kk}=\mathrm{d}\varepsilon_{kk}^{e}+\mathrm{d}\varepsilon_{kk}^{p}=0 \tag{6.9}$$

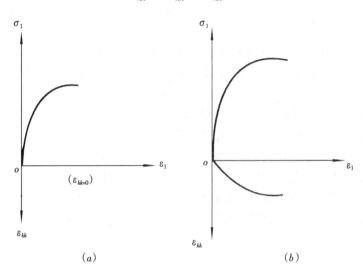

图 6.11　饱和正常固结土样的性质
(a) 不排水加载；(b) 排水加载

由于使用关联流动法则，故塑性体积应变为压应变，平均有效应力的变化为：

$$\mathrm{d}p=K\mathrm{d}\varepsilon_{kk}^{e} \tag{6.10}$$

偏应力 q 继续增加直到有效应力路径达到临界状态线，并且，在椭圆帽盖的水平切线处，关联流动法则要求进一步的塑性变形只能是偏量。这个结论可在无侧限塑性流动及破坏状态中得到。

因为模型土的性质由有效应力决定，所以排水加载下相同土样有许多相同的特性。在排水三轴加载过程中，允许体积应变累积，应力－应变关系已在图 6.11（b）中定性地表示出来了，初始 $\sigma_1-\varepsilon_1$ 关系呈刚性，它取决于在静水压力轴附近形成的较小的偏应力，而体积应变的累积较快，这是由于弹性与塑性联合的影响所致。在静水压力轴附近，塑性应变的体积分量最大，是由于关联流动法则以及椭圆屈服面上法线的方向所致。随着加载的进行，由于与屈服面上应力状态有关的塑性应变的方向发生改变，所以偏应变以更大的速率增大，同时，体积应变的累积率则因同样的原因而减小。当应力状态达到临界状态线时，就发生破坏，并且，关联流动法则允许无侧限塑性偏应变累加。正常固结土的性质通常与应变强化性质有关。当 Roscoe 面扩大且材料更密实时，强度也随之增加，当加载路径达到临界状态线时，最终达到了破坏状态线。

超 固 结 土

超固结土样的模型性质有所不同（图 6.12），但同样由该模型的弹-塑性响应特性决定。在超固结土样的初始不排水加载过程中（图 6.12a），应力-应变响应是弹性的，但并不一定是线性的，平均有效应力的变化为零（假设各向同性弹性）。

$$dp = Kd\varepsilon_{kk}^{e} = 0 \tag{6.11}$$

但是，为了满足平衡条件，在弹性响应阶段，形成正的超孔隙水压力

$$du = \frac{dq}{3} \tag{6.12}$$

当应力路径达到屈服面时，按照关联流动法则将形成剪胀塑性应变，从而使平均有效应力增加。在屈服面上加载的过程中，屈服面收缩，但偏应力继续增加直至达到临界状态线，如果土样充分超固结，则最后超孔隙水压力可为负值。

对于排水加载情况（图 6.12b），有效应力路径与全应力路径是相同的。初始应力-应变路径是弹性的（虽然可为非线性），初始体积应变为压应变。当应力路径贯穿屈服面时，由于强化参数 e_0 的增加，故形成剪胀塑性应变且屈服面开始收缩，当屈服表面收缩时，偏应力减小直到应力路径与临界状态线重合。与超固结土对应的剑桥黏性土模型的响应具有应变软化的性质，当应力路径作用于临界状态线及屈服面左断面时，屈服表面的收缩是由于塑性剪胀引起的。但是，如果有效应力路径不限于比例加载，那么偏应力仍有可能增加。

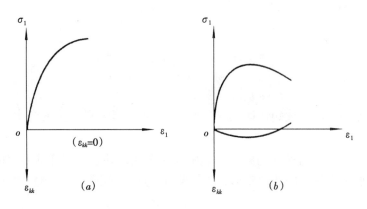

图 6.12　饱和超固结土样的性质

（a）不排水加载；（b）排水加载

在上面给出的例子中，屈服面尺寸的改变与强化参数 e_0（p_0）的改变有关，而与土样的真实孔隙比 e 无关，这在不排水加载路径的图 6.13 中有所解释。与 $e-p$ 平面垂直且与 $e-p$ 平面有相当于静水回弹曲线的交线的曲面，该曲面通常称为"弹性壁"。只有当塑性变形发生时，才会出现从一个弹性壁到另一个弹性壁运动，以及强化参数 e_0 的改变。同一弹性壁的点与点之间的应力路径只产生弹性变形。图 6.13 表示超固结土承受不排水三轴压缩荷载的响应，当路径横穿于屈服面时，剪胀导致 e_0 的增加以及弹性壁尺寸的减小，但土样的孔隙比 e 保持不变。图 6.13 中的超固结面形状由 Hvorslev 面（Atkinson 和 Bransby，1979）表示，而不是由用于剑桥黏性土模型（图 6.7）的椭圆表示。

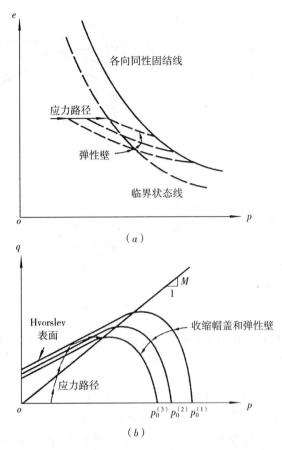

图 6.13 超固结土样承受不排水三轴压缩荷载的曲线

(a) e-p 平面；(b) p-q 平面

6.2.3 无黏性土的响应特性

塑性理论的原理可成功地用于无黏性土。事实上，用于砂的基于塑性的本构模型与用于黏性土的临界状态模型非常相似，并且通常归为临界状态公式一类。然而，无黏性土模型公式中的一些不同点对考虑它们的许多响应特性是必要的。

与黏性土一样，当发生剪切时，无黏性土会剪胀或收缩，而且剪胀或收缩的趋势取决于应力历史、密度、应力状态和应力路径。图 6.14 表示在排水三轴压缩试验（Lade，1977）中，松散的（相对密实度 $D_r = 38\%$）和密实的（$D_r = 100\%$）Sacramento 河砂的响应。可以看出，不同密度的砂将随应力状态和应力路径的不同而出现剪胀或收缩。

对于"摩阻材料"响应和金属材料响应之间的不同点，Lade（1988）给出了一个非常有趣的总结。Lade 所指的摩阻材料包括土、混凝土、岩石和陶瓷。Lade 的文章主要论及砂的情况，表 6.1 摘自 Lade 的论文，表中列出了金属材料曲线与"摩阻材料"曲线明显的不同点，对砂的本构模型而言，第 4、16、17 和 18 条尤为重要。

与黏性土相比，砂的响应在更大程度上取决于现有的孔隙比。由于决定砂的原位密度或孔隙比很困难，所以这一点在评价砂的现场性质时很关键。黏性土的密度或状态很容易

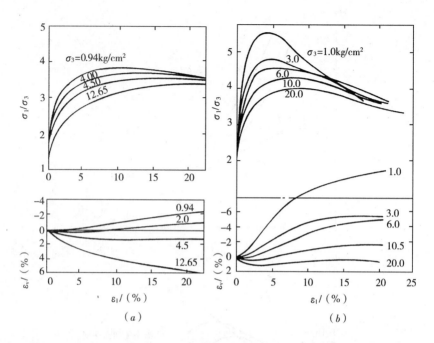

图 6.14　Sacramento 河砂在排水三轴压缩试验中的应力 – 应变体积变化特性

（a）松散砂；（b）紧实砂

由现场勘探获得的相对未扰动土样决定。但是，砂沉积物中几乎不可能得到未扰动的样本，孔隙比或密度通常必须依赖于原位试验的经验估算。

与最一般的黏性土本构模型相反，无黏性土性质的精确模型通常需要应用于塑性模型的非关联流动法则，非关联流动法则可用于模拟剪切荷载下的响应。应用关联流动法则将导致大大超过无黏性土的实验室试验观察值的剪胀值。非关联流动法则必然会使得一个方向的塑性应变增加更多，而静水压力轴的正向（压向）剪胀大小减少。

地质材料并非总是遵守 Drucker 稳定性假说，无论是密实土还是松散土，经常会出现超过极限荷载后材料软化的特性，松散砂也会发生失稳。

对松散砂而言，研究的重点是其液化的性能。近年来，Lade 等（1988）和 Alarcon-Guzman 等（1988）给出的一些资料表明，松散砂在低于破坏应力时表现出不稳定性，这一性质在排水加载条件下收缩时发生。图 6.15 表示对松散的 Sacramento 河砂进行试验的结果（Lade 等，1987，1988；Lade，1988）。初始加载是在排水条件下进行的，然后关掉排水阀门，这时，可观察到不稳定性现象。图 6.16

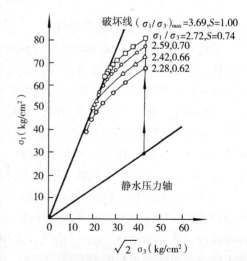

图 6.15　松散的 Sacramento 砂土在应力控制的三轴压缩试验中的有效应力路径

（Alarcon-Guzman 等，1988）表示松散的 Ottawa 砂在不排水三轴压缩加载时的曲线，破坏前正好出现不稳定，当达到破坏面时，发生塑性膨胀且得到增加的应力状态，对于不排水循环加载，可观察到类似的性质。

图 6.17 表示无黏性土承受不排水三轴加载的性质，图中解释了砂土在三种不同孔隙以及相同初始侧限应力情况下的理想响应。孔隙比小（密实）的砂土，表现出应变强化的性质，而且在负向孔隙水压力下破坏，松散砂土（大孔隙比）则表现出应变软化的性质，并且在正向孔隙水压力下破坏。如果相同的砂承受排水加载，则松散砂土收缩而密实砂将会膨胀，但这并不等于说砂收缩或膨胀完全取决于初始孔隙率和侧限应力，随后的应力路径对观测的性质也有明显的影响。

金属材料和摩阻材料在性质的相同和不同点（Lade，1988）   表 6.1

金 属 材 料	摩 阻 材 料
1. 材料完全是固体	1. 材料含有孔隙或空洞
2. 假定物质的密度相同	2. 物质的密度能够变化（在零应力状态下）
3. 金属变形和破坏依据总应力的变化而变形和破坏	3. 材料按照有效应力的变化而变形和破坏，有效应力等于总应力减去孔隙水压力（$\sigma = \Sigma - u$）
4. 力学特性不变且常能列于表中	4. 力学特性是变化的，且常用密度或孔隙比表示其特征
5. 金属初始表现为弹性，只有在高的剪应力处超过屈服点后才发生非线性塑性变形	5. 即使在各向同性应力状态附近有非常小的应力变化，也会表现出非线性塑性
6. 随着各向同性应力的增加（在工作应力允许范围内），不会发生塑性屈服	6. 随着各向同性应力的增加，会发生塑性屈服（即不可恢复的变形）
7. 金属变形的消耗功与平均正应力无关	7. 材料变形的消耗功随着平均正应力的增加而增加
8. 密度不变，刚度与强度也相应不变	8. 刚度和强度随着密度的增加而增加
9. 刚度和强度与平均正应力无关	9. 刚度和强度随着平均正应力的增加而增加
10. 应力路径的相关性与平均正应力无关	10. 应力路径的相关性与平均正应力的大小有关
11. 剪切过程中体积保持不变	11. 排水条件下剪切时有明显的体积改变
12. 塑性变形的圣维南原理描述了金属在主应力轴旋转过程中的性质	12. 塑性变形的圣维南原理描述了摩阻材料在主应力轴旋转过程中的性质
13. 抗压强度与抗拉强度在数值上近似相等	13. 抗压强度比抗拉强度大得多
14. 由于无体积变化，故抗剪强度为常量	14. 抗剪强度与平均应力有关，且允许体积改变
15. 三轴破坏面的横断面几乎是圆形的，其中心轴沿静水压力轴	15. 三轴破坏面的横断面是为带圆角的三角形
16. 金属表现为关联塑性流动	16. 材料表现为非关联塑性流动
17. 金属表现出应变强化或加工强化，也表现出应变软化或加工软化	17. 材料表现出应变强化或加工强化，也表现出应变软化或工作软化
18. 稳定性由 Drucker 的稳定性假设决定	18. 稳定性与体积改变性质有关：虽然违背了 Drucker 稳定性准则，但膨胀材料在破坏面内还是稳定的；对于某种导致液化的应力路径，压缩材料在破坏面内是不稳定的
19. 剪切带（Luder 带）在峰值破坏之前形成，同时产生材料强化	19. 膨胀材料在三轴压缩试验中，剪切面在峰值破坏之后形成，且抗剪强度降低

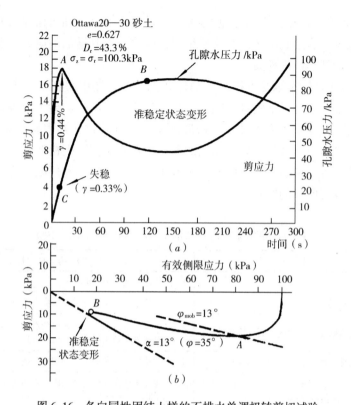

图 6.16 各向同性固结土样的不排水单调扭转剪切试验

（a）剪应力和孔隙水压力与时间的关系曲线；（b）应力路径（Alarcon-Guzman 等，1988）

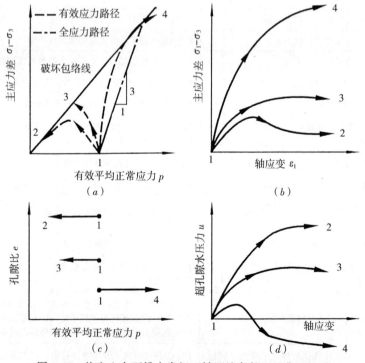

图 6.17 饱和土在不排水常规三轴压缩条件下的典型性质

6.2.4 结论

本节已简单地回顾了典型试验应力路径下土体响应的重要特性。尽管讨论主要是针对黏性土，但对于无黏性土也表现出类似的性质。黏性土和无黏性土的响应取决于孔隙比、应力状态、加载历史及加载方向，根据应力历史和应力路径，土体可表现出收缩性或膨胀性，它们可表现出应变强化或应变软化性质，并且会形成正向或负向孔隙水压力。任何一种实际的土体模型，必须能反映出土的这些重要特性。

虽然根据临界状态土力学和剑桥黏性土模型,已对土的特性中许多一般性质进行了说明,但天然土的许多特性并没有包括在这些简单的表达之中。例如,正常固结土在一些加载条件下表现出应变软化的性质,但对于正常固结状态,大多数的临界状态模型并不具有这个性能。

6.3　土的破坏准则

对土了解最多的特性是其破坏条件，有大量的破坏准则反映土体强度的一些主要特征，大多数准则已在第3章中有所讨论。在该节中，它们被分为单参数模型（包括 Tresca 准则、von Mises 准则和 Lade-Duncan 准则）和双参数模型（包括众所周知的 Mohr-Coulomb 准则、广义 Tresca 准则、Drucker-Prager 准则和 Lade 准则）。三维应力空间中破坏面的形状，可由其在偏平面内的交线及其在静水平面内的子午线描述。单参数模型和双参数模型，分别表示在图 6.18 和图 6.19 中。

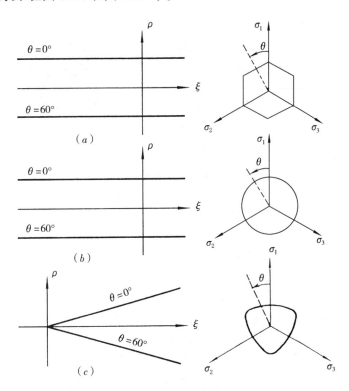

图 6.18　单参数破坏准则

(*a*) Tresca；(*b*) von Mises；(*c*) Lade-Duncan

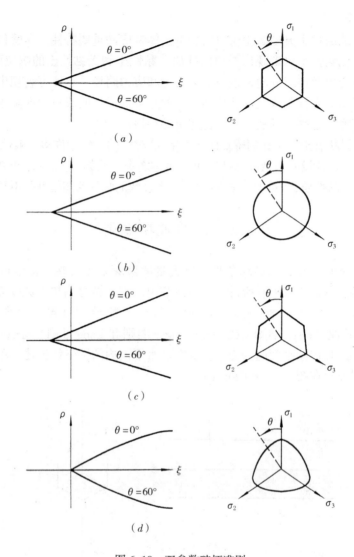

图 6.19 双参数破坏准则

(a) 广义 Tresca 准则；(b) 广义 von Mises (Drucker-Prager) 准则；

(c) Mohr-Coulomb 准则；(d) Lade 准则

图 6.18 和图 6.19 中所有的强度模型都采用了两个基本假定：主应力空间的各向同性和外凸性。引入第一个假定主要是由于对破坏模型数学描述内在的简化，当然，一些土也表现出强度的各向异性，为了准确地模拟土的性质，需要考虑材料轴的加载方向。但是，对于许多土而言，各向同性的假设是合理的。另一方面，外凸性是建立在总体稳定观点上的一个假设。显然，该假设会带来一些限制方面的问题，事实上，在静水（侧限）压力变化的较大范围内砂的破坏面相对静水压力轴没有外凸，这一点已有试验资料证明（Bishop，1972；Lee 和 Seed，1967）。另外还观察到天然黏性土也具有非外凸屈服面的情况（Yong 和 Mohamed，1984，1988a，b）。

大多数土的本构模型中，假设其屈服准则与破坏准则具有相同的形式。在完全弹－塑性假设下，只存在一个表面作为屈服面和破坏面。该平面在应力空间是固定的。对于应变强化材料，无论是单面模型还是多面模型均可被采用。就单面模型而言，该面的尺寸与位置由强化参数决定。当达到屈服面的最大尺寸或达到距适当的参考状态（如静水轴）的偏移时，就可达到极限状态。典型的双面模型由一个位置固定的外部破坏面和一个几何相似的内部屈服面构成，该内部屈服面可在破坏面范围内扩展、收缩及移动。当屈服面与破坏面接触时，则达到极限状态。

虽然本节中所讨论的破坏模型在形式上为各向同性，它们能根据主应力表示出来且与材料的方向性无关，但它们未必意味着在相反的加载方向（如三轴压缩和三轴拉伸）上强度相等。例如，Mohr-Coulomb 破坏准则是各向同性模型，但对三轴压缩和三轴拉伸的应力条件却有着不同的强度。

6.3.1 应力的几何表示

各向同性的假设使得破坏准则可方便地由多种形式表示，最简单的表示法是由主应力 σ_1、σ_2 和 σ_3 来表示，或者该准则可通过使用任何三个独立应力不变量来表示。图 6.20 表示主应力空间中的一点 P（σ_1，σ_2，σ_3），方位矢量 $\overline{OP}$ 可当成是 ξ 的静水压力分量与 ρ 的偏分量之矢量和。相对最大主应力轴的偏分量方向由相似角 θ（也称为 Lode 角，图 6.21）表示为：

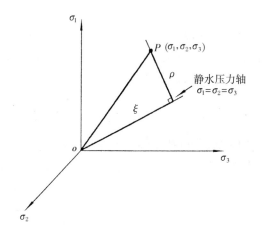

图 6.20 应力的几何表示法

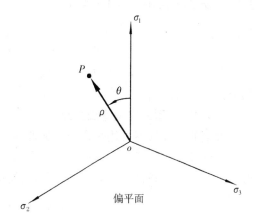

图 6.21 相似角

$$\cos\theta = \frac{\sqrt{3}}{2}\frac{s_1}{\sqrt{J_2}} = \frac{2\sigma_1 - \sigma_2 - \sigma_3}{2\sqrt{3J_2}} \tag{6.13}$$

对于 $\sigma_1 \geqslant \sigma_2 \geqslant \sigma_3$，相似角 θ 在 $0 \leqslant \theta \leqslant \pi/3$ 范围内变化，偏应力 s_{ij} 由下式得出：

$$s_{ij} = \sigma_{ij} - \frac{I_1}{3}\delta_{ij} \tag{6.14}$$

ξ 和 ρ 可分别由八面体应力和剪应力表示：

$$\xi = \frac{I_1}{\sqrt{3}} = \sqrt{3}\sigma_{\text{oct}} \tag{6.15}$$

$$\rho = \sqrt{2J_2} = \sqrt{3}\tau_{\text{oct}} \tag{6.16}$$

为方便起见，各种应力不变量的定义及其相互关系复述如下：

$$I_1 = 3p = 3\sigma_{oct} = \sqrt{3}\xi = \sigma_{ij}\delta_{ij}$$

$$I_2 = \sigma_{ij} \text{ 对角线元素的余子式之和}$$

$$I_2 = \begin{vmatrix} \sigma_{22} & \sigma_{23} \\ \sigma_{32} & \sigma_{33} \end{vmatrix} + \begin{vmatrix} \sigma_{11} & \sigma_{13} \\ \sigma_{31} & \sigma_{33} \end{vmatrix} + \begin{vmatrix} \sigma_{11} & \sigma_{12} \\ \sigma_{21} & \sigma_{22} \end{vmatrix}$$

$$I_3 = \sigma_{ij} \text{ 的行列式}$$

$$J_2 = \frac{3}{2}\tau_{oct}^2 = \frac{\rho^2}{2} = \frac{1}{2}s_{ij}s_{ij}$$

$$J_3 = \frac{1}{3}s_{ij}s_{jk}s_{ki}$$

$$J_2 = \frac{1}{3}(I_1^2 - 3I_2)$$

$$J_3 = \frac{1}{27}(2I_1^3 - 9I_1I_2 + 27I_3)$$

$$\cos 3\theta = \frac{3\sqrt{3}}{2}\frac{J_3}{J_2^{3/2}} \tag{6.17}$$

主应力 σ_i 的值可由应力不变量表示：

$$\begin{bmatrix} \sigma_1 \\ \sigma_2 \\ \sigma_3 \end{bmatrix} = \begin{bmatrix} \sigma_{oct} \\ \sigma_{oct} \\ \sigma_{oct} \end{bmatrix} + \frac{2}{\sqrt{3}}\sqrt{J_2}\begin{bmatrix} \cos\theta \\ \cos(\theta - 2\pi/3) \\ \cos(\theta + 2\pi/3) \end{bmatrix} \tag{6.18}$$

其中，$\sigma_1 \geqslant \sigma_2 \geqslant \sigma_3$。

6.3.2 典型的实验室应力路径

大量的试验仪器可用来研究土的性质。最常用的仪器包括三轴压力盒、扭转或空心圆柱剪切仪及真三轴或立方体试验仪。下面将介绍这些仪器可提供的应力路径，下面的讨论假设是排水试验条件，其有效应力是可控的。

常规三轴压缩试验（CTC）

这是土力学中最常用的试验。该试验是在圆柱形土样上进行的，其中两个主应力保持不变（$\sigma_2 = \sigma_3 = \sigma_c$），而第三主应力 σ_1 增大。相应于 CTC 试验的应力路径分别在图 6.22 (b)、(c) 中的三轴平面和子午面（$I_1 - \sqrt{J_2}$ 应力空间）中表示出来，这里，σ_1 是最大主应力，σ_2 和 σ_3 分别是中间主应力和最小主应力。八面体正应力增量 $\Delta\sigma_{oct}$ 和剪应力增量 $\Delta\tau_{oct}$ 由下式给出：

$$\Delta\sigma_{oct} = \frac{\Delta I_1}{3} = \frac{\Delta\sigma_1}{3}$$

$$\Delta\tau_{oct} = \left(\frac{2}{3}\Delta J_2\right)^{1/2} = \frac{\sqrt{2}}{3}\Delta\sigma_1 \tag{6.19}$$

其中，$\Delta\sigma_1$ 是最大主应力 σ_1 的改变量。因此，$\sqrt{\Delta J_2}/\Delta I_1 = 1/\sqrt{3}$ 在图 6.22 (c) 中表示 CTC 的路径的斜率。

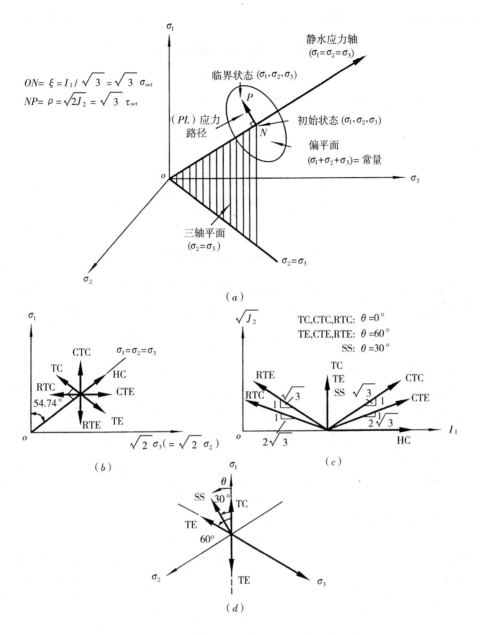

图 6.22　在不同应力空间中一般试验的应力路径

（a）主应力空间；（b）三轴应力平面；

（c）子午面（θ = 常量）（或 $I_1 - \sqrt{J_2}$ 应力空间）；（d）偏（八面体）平面

简化的三轴拉伸试验（RTE）

起初，土单元处于静水状态应力状态（$\sigma_1 = \sigma_2 = \sigma_3 = \sigma_c$），然后，$\sigma_2 = \sigma_3$ 保持不变，主应力 σ_1 减少，因此 σ_2 和 σ_3 成为最大主应力和中间主应力，而 σ_1 则为最小主应力。相应于该试验的应力路径已在图 6.22（b）、（c）中表示出来了，八面体正应力与剪应力改变量的表达式与式（6.19）类似，只是 $\Delta\sigma_1$ 为负，即 $\Delta\sigma_1$ 减小，I_1 也减小（见图 6.22c）。

常规的三轴拉伸试验（CTE）

该试验进行过程中，σ_1 保持不变，而 σ_2 与 σ_3 等同地增加，结果 σ_1 成为最小主应力。这时，$\Delta\sigma_{\mathrm{oct}}$ 和 $\Delta\tau_{\mathrm{oct}}$ 表示为：

$$\Delta\sigma_{\mathrm{oct}} = \frac{\Delta I_1}{3} = \frac{2\Delta\sigma_2}{3}$$

$$\Delta\tau_{\mathrm{oct}} = \left(\frac{2}{3}\Delta J_2\right)^{1/2} = \frac{\sqrt{2}}{3}\Delta\sigma_2 \tag{6.20}$$

其中，$\Delta\sigma_2$ 是主应力 σ_2 的增量（$\Delta\sigma_2 = \Delta\sigma_3$），图 6.22（$c$）中 CTE 路径的斜率可由 $\sqrt{\Delta J_2}/\Delta I_1 = 1/2\sqrt{3}$ 表示。

简化的三轴压缩试验（RTC）

在该试验中，σ_1 不变，而 σ_2 与 σ_3 同等地减少，即 $\sigma_2 = \sigma_3$，因此 σ_1 是最大主应力，应力增量 $\Delta\sigma_{\mathrm{oct}}$ 和 $\Delta\tau_{\mathrm{oct}}$ 可由式（6.20）得到，但 $\Delta\sigma_2$ 为负，即 I_1 减小，（图 6.22c）。

三轴压缩（TC）与三轴拉伸（TE）试验

在每个试验中，施加应力增量 $\Delta\sigma_1$、$\Delta\sigma_2$ 和 $\Delta\sigma_3$，使静水应力保持不变。换言之，即通常满足条件 $\Delta\sigma_1 + \Delta\sigma_2 + \Delta\sigma_3 = 0$。对于 TC 试验，满足条件如下：$\sigma_1$ 增加 $\Delta\sigma_1$，而 σ_2 和 σ_3 均减少，且 $\Delta\sigma_2 = \Delta\sigma_3 = -1/2\Delta\sigma_1$。在 TE 试验中，$\sigma_1$ 减小，而 σ_2 和 σ_3 同等增加，$\Delta\sigma_2 = \Delta\sigma_3 = -1/2\Delta\sigma_1$（$\Delta\sigma_1$ 此时为负），如果我们用 $\Delta\sigma_1$（绝对值）表示 σ_1 的改变量，则可得 $\Delta\tau_{\mathrm{oct}}$ 的改变量为：

$$\Delta\tau_{\mathrm{oct}} = \left(\frac{2}{3}\Delta J_2\right)^{1/2} = \frac{1}{\sqrt{2}}\Delta\sigma_1 \tag{6.21}$$

在 TC 试验中，σ_1 为最大主应力，σ_2 和 σ_3 分别是中间主应力和最小主应力。式（6.17）中的用应力不变量表示的 θ 可方便地用于决定偏平面中应力路径的方向（图 6.22d）。这样，相应于 TC 路径（$\sigma_1 > \sigma_2 = \sigma_3$），式（6.17）给出 $\theta = 0°$。子午面（包括 $\theta = $ 常数的静水压力轴）对应于 $\theta = 0°$，定义为压缩子午线。类似地，将相应于 CTC 和 RTC 路径的 σ_1，σ_2 和 σ_3 的合适值代入式（6.13），可得相同的值 $\theta = 0°$，也就是说，压缩子午面包括 TC，CTC 和 RTC 应力路径。对于 TE 应力路径，σ_1 是最小主应力，将 $\sigma_2 = \sigma_3 \geqslant \sigma_1$ 代入式（6.13），可得到 $\theta = 60°$，相应于 $\theta = 60°$ 的子午面称为拉伸子午面。该平面也包括相应于 CTE 和 RTE 路径的应力路径。

真三轴应力路径

真三轴仪可提供主应力空间内最一般的应力路径。试验以比例加载开始，其应力状态在破坏包络线内，然后以主应力任意改变值 $\Delta\sigma_1$、$\Delta\sigma_2$ 和 $\Delta\sigma_3$ 继续加载。主应力空间的任意路径常用参数 b 表示：

$$b = \frac{\sigma_2 - \sigma_3}{\sigma_1 - \sigma_3} \tag{6.22}$$

其中，假设 $\sigma_1 \geqslant \sigma_2 \geqslant \sigma_3$。对于三轴压缩路径，参数 b 等于 0；对于三轴拉伸路径，b 等于 1。利用真三轴仪，可在不同于三轴平面的应力路径下研究土的特性，参数 b 在 $0 \leqslant b \leqslant 1$ 范围内变化。用真三轴试验仪，就有可能做出简单剪切路径（SS）。该路径中，$\Delta I_1 = \Delta \sigma_1 + \Delta \sigma_2 + \Delta \sigma_3 = 0$。对于这种条件，Lode 角等于 30°（图 6.22c）。例如，σ_1 可保持常量，而改变剩余应力使得 $\Delta \sigma_2 = -\Delta \sigma_3$，这一点与 TC 或 TE 试验条件稍有不同。

空心圆柱的应力路径

空心圆柱仪也能研究各种应力路径，这种仪器最常用于无黏性土。由于在制作空心圆环状壁土样时必须不损坏黏土试样，因此，黏性土样的准备是一项冗长烦人的工作。空心圆柱试验以应力的轴对称状态开始，通常进行该试验时内径向应力与外径向应力相等。试验中外加应力的三个分量（图 6.23）：轴应力 σ_a，径向应力 σ_r 和扭转剪应力 $\tau_{\theta z}$ 会发生变化，如果不作用扭转剪应力，则可进行一般的三轴试验。

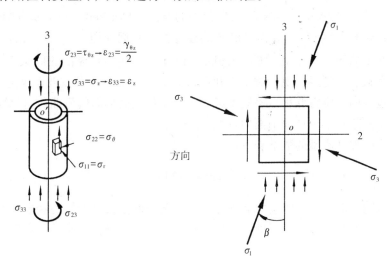

图 6.23　空心圆柱三轴土样的符号与记号约定
（Saada 和 Townsend，1981）

使用空心圆柱试验仪主要的好处在于能够在几乎任何一种应力路径下检验材料特性，这一优点在检验各向异性响应时尤为突出。如果试验从应力的静水压力状态（$\sigma_r = \sigma_\theta = \sigma_z$）或球面状态开始，则通过使用应力增量 $\Delta \sigma_\theta$、$\Delta \sigma_z$ 和 $\Delta \tau_{\theta z}$，可方便地得出大量简单应力路径，然后可得主应力的增量（Saada 和 Townsend，1981）：

$$\Delta \sigma_1 = \frac{\Delta \sigma_z + \Delta \sigma_\theta}{2} + \sqrt{\left(\frac{\Delta \sigma_z - \Delta \sigma_\theta}{2}\right)^2 + \Delta \tau_{\theta z}^2} \qquad (6.23)$$

$$\Delta \sigma_2 = \frac{\Delta \sigma_z + \Delta \sigma_\theta}{2} - \sqrt{\left(\frac{\Delta \sigma_z - \Delta \sigma_\theta}{2}\right)^2 + \Delta \tau_{\theta z}^2} \qquad (6.24)$$

$$\sigma_2 = \sigma_r$$

和

$$\tan 2\beta = \frac{2\Delta \tau_{\theta z}}{\Delta \sigma_z - \Delta \sigma_\theta} \qquad (6.25)$$

其中，β 是最大主应力 σ_1 与土样轴线的交角（图 6.23），在 $\Delta\sigma_\theta = 0$ 条件下，式（6.25）可简化为：

$$\tan 2\beta = \frac{2\Delta\tau_{\theta z}}{\Delta\sigma_z} \tag{6.26}$$

如果 $\Delta\tau_{\theta z}/\Delta\sigma_z$ 是常数，则 β 是常数。

6.3.3 强度模型

显然，土的抗剪强度随着平均有效正应力的增加而增加，因此它不能由主应力空间内的柱面表示，诸如 von Mises 和 Tresca 单参数破坏模型的圆柱和正六边形柱，当根据全应力（而不是有效应力）进行分析时，这些模型只可用于饱和不排水土。另一方面，Lade 和 Duncan 的单参数模型对于一般的三维应力条件下的无黏性土非常有效，它既简单，又包括静水压力的影响以及 $\tau_{\rm oct}$ 对相似角 θ 的依赖关系。

众所周知，Mohr-Coulomb 准则是对各向同性压力敏感的土的破坏模型。Drucker-Prager 准则是对三轴 Mohr-Coulomb 准则合理的概括。Drucker-Prager 面有两个根本缺点：$\tau_{\rm oct}$ 对 $\sigma_{\rm oct}$ 的线性相关性及 $\tau_{\rm oct}$ 对相似角 θ 的独立性。我们知道，$\tau_{\rm oct} - \sigma_{\rm oct}$ 的关系是非线性的，且偏平面中的破坏面是非圆的，Lade 和 Duncan（1975）提出的广义 Lade-Duncan 面克服了这两个缺点。已经发现，对于砂和正常固结土，Lade 双参数破坏模型（1977）足以适用于较大范围内的压力变化，该模型考虑了子午面内破坏面的弯曲。这表明随着侧限压力的增加，摩擦角减小，且偏平面内 θ 与 $\tau_{\rm oct}$ 相关。

上面讨论的强度模型的数学表达如下：

Tresca 准则

Tresca 准则也就是最大剪应力准则，它假设破坏面由最大剪应力控制，数学上，可用下式表示：

$$\frac{1}{2}|\sigma_1 - \sigma_3| = k \tag{6.27}$$

其中，σ_1 和 σ_3 分别是最大主应力和最小主应力；k 是由试验确定的材料参数。另外，利用式（6.18），式（6.27）可表示为：

$$\frac{\sigma_1 - \sigma_3}{2} = \frac{1}{\sqrt{3}}\sqrt{J_2}\left[\cos\theta - \cos\left(\theta + \frac{2}{3}\pi\right)\right] = k \tag{6.28}$$

或简化为：

$$f(J_2, \theta) = \sqrt{J_2}\sin\left(\theta + \frac{1}{3}\pi\right) - k = 0 \tag{6.29}$$

或由 ρ 和 θ 表示为：

$$f(\rho, \theta) = \rho\sin\left(\theta + \frac{1}{3}\pi\right) - \sqrt{2}k = 0 \tag{6.30}$$

von Mises 准则

von Mises 准则与 Tresca 准则的相似之处在于，它在主应力空间中表示为一个圆柱体，因此，它是与平均压力无关的破坏准则。其简单形式为：

$$f(J_2) = J_2 - k^2 = 0 \tag{6.31}$$

或

$$f(\rho) = \rho - \sqrt{2}k = 0 \tag{6.32}$$

或

$$f(\tau_{\text{oct}}) = \tau_{\text{oct}} - \sqrt{2/3}k = 0 \tag{6.33}$$

根据主应力，von Mises 准则可表示为：

$$f(\sigma_i) = (\sigma_1 - \sigma_2)^2 + (\sigma_2 - \sigma_3)^2 + (\sigma_3 - \sigma_1)^2 - 6k^2 = 0 \tag{6.34}$$

von Mises 准则和 Tresca 准则在土的应用中是有限的。它们最常见的用途是计算无排水黏性土地基或边坡的破坏荷载，这时，强度参数 k 是通过代表性土样的不排水试验得到的。因为对于大多数实际加载率而言，无黏性土的渗透性之大足以允许排水发生，故 Tresca 准则和 von Mises 准则在无黏性土（砂）中的应用很少，这样，改变平均应力会相应影响强度。

Lade-Duncan 单参数破坏准则

对于无黏性土而言，Lade-Duncan 准则（Lade 和 Duncan，1975）是个很有用的模型，如图 6.18 所示。该准则考虑了 $I_1 - J_2^{1/2}$ 平面内线性压力相关强度及偏平面内的 θ 相关强度。Lade Duncan 准则的数学表达式如下：

$$f(I_1, I_3) = I_1^3 - k_1 I_3 = 0 \tag{6.35}$$

或

$$f(I_1, J_2, J_3) = J_3 - \frac{1}{3}I_1 J_2 + \left(\frac{1}{27} - \frac{1}{k_1}\right)I_1^3 = 0 \tag{6.36}$$

或

$$f(I_1, J_2, \theta) = \frac{2}{3\sqrt{3}}J_2^{3/2}\cos 3\theta - \frac{1}{3}I_1 J_2 - \left(\frac{1}{27} - \frac{1}{k_1}\right)I_1^3 = 0 \tag{6.37}$$

或

$$f(\xi, \rho, \theta) = \rho^3 \cos 3\theta - \frac{3}{\sqrt{2}}\xi\rho^2 + \frac{54}{\sqrt{2}}\xi^3\left(\frac{1}{27} - \frac{1}{k_1}\right) = 0 \tag{6.38}$$

子午面内 Lade-Duncan 面的交线是直线，这意味着可确定无黏性土（$c=0$）的 k_1 与内摩擦角 φ（Mohr-Coulomb 准则）之间的关系。

Chen 和 Saleeb 给出：

$$k_1 = \frac{[\alpha(1+b) + (2-b)]^3}{b\alpha^2 + (1-b)\alpha} \tag{6.39}$$

其中

$$\alpha = \frac{\sigma_1}{\sigma_3} = \frac{1 + \sin\varphi}{1 - \sin\varphi} \tag{6.40}$$

b 是式（6.22）中给出的应力路径参数。

Mohr-Coulomb 准则

Mohr-Coulomb准则是最常用于表示地质材料的破坏准则,其简单性使其能容易地应用于极限分析方法中（Chen，1975）。Mohr-Coulomb 准则常用于平面问题中，可表示为：

$$|\tau| = c + \sigma_n \tan\varphi \tag{6.41}$$

其中，τ 为剪应力；σ_n 为破坏面上的正应力；c 为黏聚力；φ 为内摩擦角。这些参数在图 6.24 中有所说明。

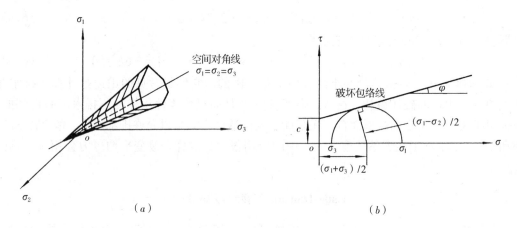

图 6.24 主应力空间的 Mohr-Coulomb 曲线和 Mohr 圆
（a）主应力空间；（b）Mohr 圆

当用于三维分析时，Mohr-Coulomb 准则可表示为：

$$\sigma_1 \frac{(1-\sin\varphi)}{2c\ \cos\varphi} - \sigma_3 \frac{(1+\sin\varphi)}{2c\ \cos\varphi} = 1 \tag{6.42}$$

其中，σ_1 和 σ_3 分别为最大主应力和最小主应力（$\sigma_1 \geqslant \sigma_2 \geqslant \sigma_3$）。式（6.42）表明 Mohr-Coulomb 准则与中间主应力 σ_2 无关。

另一方面，Mohr-Coulomb 准则可表示为应力不变量的形式，即

$$
\begin{aligned}
f(I_1,\ J_2,\ \theta) = {} & -I_1\sin\theta \\
& + \sqrt{J_2}\left[\frac{3\ (1+\sin\varphi)\ \sin\theta + \sqrt{3}\ (3-\sin\varphi)\ \cos\theta}{2}\right] \\
& - 3c\ \cos\varphi = 0
\end{aligned} \tag{6.43}
$$

也可表示为：

$$
\begin{aligned}
f(\xi,\ \rho,\ \theta) = {} & -\sqrt{2}\xi\sin\varphi + \sqrt{3}\rho\sin\left(\theta + \frac{1}{3}\pi\right) \\
& - \rho\cos\left(\theta + \frac{1}{3}\pi\right)\sin\varphi - \sqrt{6}c\ \cos\varphi = 0
\end{aligned} \tag{6.44}
$$

Drucker-Prager 准则

Drucker-Prager 准则也称为广义 von Mises 准则，它是与简单压力相关的破坏准则。Drucker-Prager 准则通过假定抗剪强度与静水压力线性相关而得到，因此，广义 von Mises 准则的形式为：

$$f(I_1,\ J_2) = \sqrt{J_2} - \alpha I_1 - k = 0 \tag{6.45}$$

其中，α 和 k 为正的材料参数。

Drucker-Prager 准则和 Mohr-Coulomb 准则的偏平面的比较见图 6.25，要使两者匹配，有几种选择方案。Chen 和 Saleeb 已通过与三轴压缩、三轴拉伸和平面应变条件相匹配提出了三组材料参数。匹配条件及其相互关系已列于表 6.2（也可见 Chen 和 Mizuno，1990）。

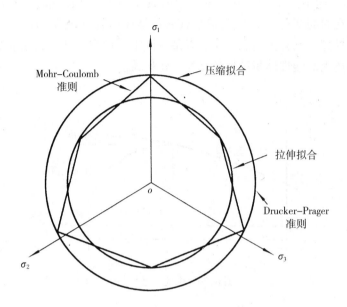

图 6.25　π 平面上屈服准则的形状

Drucker-Prager 和 Mohr-Coulomb 的匹配条件　　　　　　　　　表 6.2

条件	α	k
三轴压缩	$\dfrac{2\sin\varphi}{\sqrt{3}\,(3-\sin\varphi)}$	$\dfrac{6c\,\cos\varphi}{\sqrt{3}\,(3-\sin\varphi)}$
三轴拉伸	$\dfrac{2\sin\varphi}{\sqrt{3}\,(3+\sin\varphi)}$	$\dfrac{6c\,\cos\varphi}{\sqrt{3}\,(3+\sin\varphi)}$
平面应变	$\dfrac{\tan\varphi}{(9+12\tan^2\varphi)^{1/2}}$	$\dfrac{3c}{(9+12\tan^2\varphi)^{1/2}}$

Lade 双参数准则

为了更准确地拟合无黏性土在平均应力较大范围内的试验强度数据，Lade（1977）在 Lade-Duncan 准则（Lade 和 Duncan，1975）中引入了第二个参数，其结果有如下的形式：

$$f\,(I_1,\ I_3) = \left[\frac{I_1^3}{I_3}-27\right]\left[\frac{I_1}{P_a}\right]^{\mathrm{m}} - \eta = 0 \tag{6.46}$$

其中，m 和 η 是材料参数；P_a 是与应力单位一致的单位大气压力。新参数 m 引入了破坏面在子午面中的曲率。破坏面轨迹与初始 Lade-Duncan 单参数准则的轨迹相同，m 的标定值从 0（直的 Lade-Duncan 面）变化到 0.51。6.4.2 节将介绍使用形式为式（6.46）的屈服面提出弹-塑性本构模型的情况。

6.4 帽盖模型

随着剑桥黏性土模型的引用，曾提出了一族通用的模型（如 DiMaggio 和 Sandler，1971；Sandler 等，1976；Sandler 和 Baron，1979；Sandler 和 Rubin，1979），用于分析包括土和岩石材料在内的多种岩土工程问题（Chen 和 Baladi，1985）。图 6.26 给出了一种这样的模型，这些模型一般称为帽盖模型，以某一固定（理想塑性）面来表征，该面规定土的抗剪强度和描述土的塑性体积特性的工作强化帽盖。

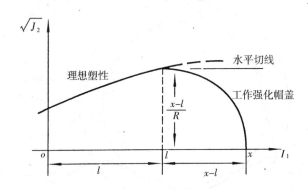

图 6.26　帽盖塑性模型

通常发现，对于锥形屈服面而言，关联流动法则的使用会产生土工试验中不曾发现的过度塑性剪胀。将帽盖模型引入锥形破坏面的想法是由 Drucker 等（1957）首先提出的，该想法指出，帽盖可考虑受压塑性体积应变（或压缩），同时当对锥形极限面加载时，又限制塑性剪胀的大小。如果允许帽盖的位置沿静水压力轴扩展或收缩，并且假定塑性应变增量的方向在与锥形极限面相交处垂直于帽盖，则可对塑性剪胀进行控制。

图 6.27 表示不排水加载时土的两种可能应力路径，这种土的性质是用 Drucker-Prager 帽盖模型模拟的。体积不变的应变路径（$d\varepsilon_{kk} = 0$）从 A 开始，首先产生与静水压力轴垂直的应力路径（假定为各向同性弹性），当应力路径交于 Drucker-Prager 屈服面时，它便沿着这个表面发展，这是由于塑性剪胀引起平均应力增加的缘故。

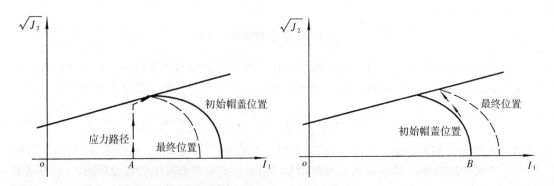

图 6.27　不排水加载土体的两种可能的应力路径

$$d\varepsilon_{kk} = d\varepsilon_{kk}^{e} + d\varepsilon_{kk}^{p} = 0 \tag{6.47}$$
$$d\varepsilon_{kk}^{p} = -d\varepsilon_{kk}^{e}$$

应力路径继续沿着 Drucker-Prager 面发展直到遇到帽盖为止，并且塑性应变增量的方向与静水压力轴垂直，这时，平均应力不变，无侧限塑性流动（破坏）状态开始。除了由于压缩塑性体积应变，应力路径在反方向上移动之外，B 的性质与试样 A 类似。应该注意的是：既然帽盖的位置取决于一直在变化的塑性体积应变的大小，那么在两种情况下，帽盖位置均应从屈服一开始就发生变化。

两种帽盖模型介绍如下：首先是简单的 Drucker-Prager 帽盖模型，其次是 Lade (1977) 提出的无黏性土帽盖模型。

6.4.1 黏性土的 Drucker-Prager 帽盖模型

Drucker-Prager 帽盖模型（图 6.28）可能是众多研究者介绍的帽盖工作强化模型中最简单的一种。该模型由 Drucker-Prager 面和在末端处与静水压力轴对称的椭圆帽盖构成。理想塑性 Drucker-Prager 面的数学表达式为：

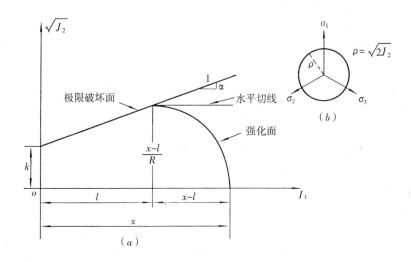

图 6.28　帽盖模型

(a) $I_1 - \sqrt{J_2}$ 平面；(b) 偏平面

$$F_1 = \sqrt{J_2} - \alpha I_1 - k = 0 \tag{6.48}$$

椭圆帽盖的形式为：

$$F_2 = (I_1 - l)^2 + R^2 J_2 - (x - l)^2 = 0 \tag{6.49}$$

其中，R 为椭圆率（横轴与竖轴之比）；x 为取决于塑性体积应变的强化参数；l 为 Drucker-Prager 断面和帽盖断面交点的位置。在几乎所有的帽盖模型中，都假定帽盖在极限剪切面的断面处有一条水平切线，Lade 模型是一个少有的例外。

假设这种模型的混合强化椭圆帽盖沿静水压力轴移动且等向扩展，其位置是形式为 $x(\varepsilon_{kk}^{p})$ 的塑性体积应变的函数。

假定面内的应力–应变特性具有与体积模量和剪切模量可能的历史以及应力水平相关的各向同性弹性形式，如 $K(\sigma_{ij}, x)$ 和 $G(\sigma_{ij}, x)$。

Resende 和 Martin（1985，1987）已提出，在某些加载条件下，在帽盖模型角部或其附近，如果允许帽盖收缩，则会出现不一致性。讨论集中在两种可能性上：（1）如果在模型角上加载时允许帽盖收缩，则会存在不稳定条件，且不能得到惟一解；（2）如果在模型角部附近的理想塑性极限面上加载，则帽盖可能经过加载点收缩，然后出现不稳定性。Sandler 和 Rubin（1979）通过在帽盖上加载时阻止其收缩的方法消除了这些可能性。角部加载被认为是在帽盖上的加载。

加 载 路 径

对于 Drucker-Prager 帽盖模型有许多加载路径方案，图 6.29 用图解法表示了在模型数值应用中必须考虑的四种基本路径，面内的应力路径（图 6.29a）形成弹性应力－应变曲线，当应力路径遇到帽盖时，图 6.29（b）中的加载路径产生弹－塑性响应。根据强化法则，所有发生在帽盖上的荷载（除中性荷载以外）将产生塑性体积压缩且帽盖会扩展，而在 Drucker-Prager 面上加载（图 6.29c），则会产生塑性膨胀和帽盖收缩，图 6.29（d）中的角部加荷也会引起帽盖表面的扩展。

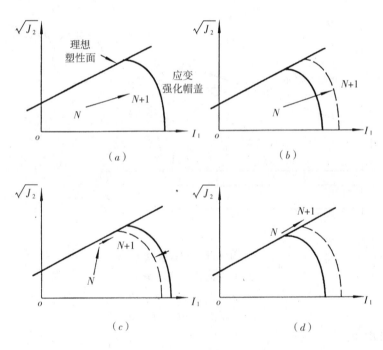

图 6.29　一些加载路径方案

在施加角部荷载过程中，Sandler 和他的同事们提出的帽盖模型一般假定塑性应力增量垂直于帽盖表面，对角部加载时，剪切面（目前讨论的 Drucker-Prager 面）带来的惟一影响是控制帽盖移动方向，该控制要求帽盖剪切面的断面位于帽盖的水平切线上（图 6.28）。这个方案使得塑性流动方向为垂直于图 6.30（a）所示角部的两个断面间的任何一个方向。大多数的帽盖模型假定流动的方向垂直于帽盖表面，从而限制塑性膨胀。角部加荷在应用上需要进行一些特殊的数值处理。由于关联流动法则用于帽盖部分，所以在角

358

部有下面的条件:

$$d\varepsilon_{kk}^p = d\varepsilon_{ij}^p \delta_{ij} = \lambda \frac{\partial F_2}{\partial \sigma_{ij}} \delta_{ij} = 0 \tag{6.50}$$

正如图 6.28 所示,该条件源于角部水平切线的状态,它意味着对产生于角部的应力路径而言,帽盖是不能强化的(如果帽盖位置仅仅是塑性体积应变的函数),因此不能获得更高的偏应力水平。然而,正如图 6.30(b)所示,通过另一条应力路径,可达到更高的偏应力。与这个明显矛盾有关的计算问题可通过由 Sandler 和 Rubin(1970)提出的数值处理方法或包括用于应力增量计算的材料平均刚度(Herrmann 等,1987)的数值法来解决。

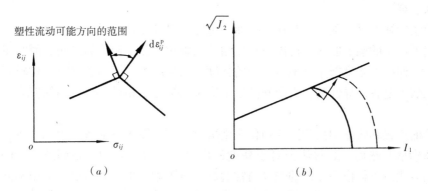

图 6.30 塑性流动可能方向的范围
(a)屈服面角部塑性流动的可能方向;
(b)初始角部状态下帽盖扩展可能的应力路径

$$C_{ijkl} = \frac{1}{2} \left[C_{ijkl}^m + C_{ijkl}^{m+1} \right] \tag{6.51}$$

C_{ijkl}^m 和 C_{ijkl}^{m+1} 的本构关系分别表示该阶段开始和结束时的瞬时值。如果 C_{ijkl}^{m+1} 是在角部以外的帽盖位置 l^m 和试验应力 σ_{ij}^{m+1} 基础上计算出来的,那么就会有塑性体积应变且帽盖向外移动。

模 型 标 定

Drucker-Prager 帽盖模型的标定需要进行以下试验:(1)用各向同性排水或单轴压缩试验来确定帽盖强化特性;(2)在研究的应力范围内进行大量的排水或不排水三轴试验来确定 Drucker-Prager 面的斜率。三轴试验也应包括加载-卸载路径,这样才能确定弹性剪切模量。由于 Drucker-Prager 模型相当简单,它只能在标定模型的应力状态的极限范围内对观测到的土体影响进行模拟。该模型的标定,一般包括为获得一系列合适的模型参数所进行的试凑过程。

优点、缺点和局限性

所有的材料模型都要求简化,这些简化是建立在一些假设的基础上,这些假设要尊重相对重要的各种观测到的材料特性,简化限制了有把握地应用模型的范围。例如,各向同性强化模型或弹性-理想塑性模型通常并不适用于周期荷载条件,周期荷载在加载和反向加载中产生明显的塑性变形。但是,对于单调荷载条件,同样的模型却是计算极限荷载的最佳选择，因此，特定模型的优缺点必须按对其应用的评价来确定。关于这里讲述的 Drucker-Prager 帽盖模型针对在非显著周期荷载问题中的一般应用，McCarron 和 Chen（1987）已作过评价，这些发现总结如下。

该模型主要的优点在于，与其他帽盖工作强化塑性模型相比，它相对简单，对于包括单调荷载的问题，可得到意想不到的准确结果，该模型稳定且符合 Drucker 对于稳定性和惟一解的所有要求。关联流动法则的使用减少了计算机用于边值问题的存储，并且可用特殊的方程求解方法来求解对称刚度矩阵。该模型体现了土特性中最显著的性质，即极限强度、显示塑性剪胀或压实的能力，以及与路径的相关性。该模型既可用于排水加载也可用于不排水加载。

该模型的缺点（局限性）与在偏平面上呈圆形以及加载面可由主应力空间表示的假定有关。偏平面中的圆形曲线可得出三轴压缩及三轴拉伸强度相等的预测。而大多数地质材料在三轴拉伸中的强度低于三轴压缩中的强度。在主应力空间列式意味着材料固有的各向同性，天然土是各向异性的，其准确的表示应包括描述了相对于材料轴的应力大小和方向的曲面。

帽盖的扩张和收缩均由相同的强化法则决定。这一简化假定适用于几乎所有的临界状态的土体模型。然而，通常认为对于高度超固结土（也就是说，超固结率 OCR＞5）而言，由临界状态土体模型预测的强度通常偏高。对于帽盖扩张和压缩可采用不同的强化法则进行改进。对大范围应力路径而言，一般很难选择惟一的模型参数。但是，如果认识并考虑到模型的局限性，那么该模型就会应用得很好。

6.4.2　无黏性土的 Lade 帽盖模型

Lade（1977）引入了弹－塑性工作强化帽盖模型来研究无黏性土，该项工作是对前面 6.3.3 节中讨论的 Lade-Duncan 单参数强度模型的推广。新模型中第一屈服面（以后称为剪切面）在子午面内是曲面，且在偏平面内三重对称，与 Lade-Duncan 单参数模型相同。该模型也可采用球形帽盖来计算塑性体积应变的影响（图 6.31），两曲面都遵循各向同性强化，它共需 14 个参数，这些参数可从标准实验室的三轴试验中得到，其中三个与弹性有关；两个用于帽盖表面；九个用于剪切面。即使模型参数不少，但该模型也可由 Lade（1977，1981）提出的相容方法和系统方法轻而易举地标定出来。

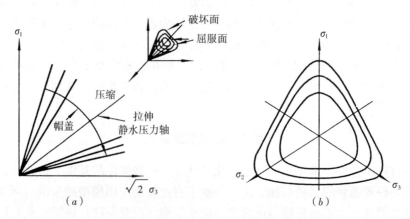

图 6.31　三轴平面和偏平面中的模型构造

该模型方程假定应变增量由三部分组成：

$$d\varepsilon_{ij} = d\varepsilon_{ij}^{e} + d\varepsilon_{ij}^{p_1} + d\varepsilon_{ij}^{p_2} \qquad (6.52)$$

其中，$d\varepsilon_{ij}^{p_1}$ 是与剪切面有关的塑性应变；$d\varepsilon_{ij}^{p_2}$ 是与帽盖有关的塑性应变。这与以前讨论的 Drucker-Prager 帽盖模型稍有不同，Drucher-Prager 帽盖模型中塑性应变只与一个主动加载面有关。由于假定剪切面是理想塑性和非应变强化的，故可简化。

该模型中的弹性特性用各向同性理论描述，因此，需要定义两个弹性模量。目前的模型采用了不变的泊松比 ν 和与压力相关的杨氏模量 E。假设杨氏模量 E 的形式为：

$$E = K p_a \left[\frac{\sigma_3}{p_a} \right]^n \qquad (6.53)$$

其中，K 和 n 是材料参数；p_a 是大气压力，单位与应力一致；σ_3 是最小主应力。在目前的记法中，假定压应力为正。

图 6.31 中表示的锥形剪切面有曲线型的子午线和在偏平面内与每个主应力轴对称的交线。剪切面的数学形式为：

$$F_1 = \left[\frac{I_1^3}{I_3} - 27 \right] \left[\frac{I_1}{p_a} \right]^m - \eta = 0 \qquad (6.54)$$

其中，m 是描述表面子午线曲率的参数；η 是描述表面尺寸的工作强化参数。利用非关联流动法则，剪切面形式为：

$$G_1 = I_1^3 - \left[27 + \eta_2 \left(\frac{p_a}{I_1} \right)^m \right] I_3 \qquad (6.55)$$

其中，η_2 是取决于 η 和最小主应力 σ_3 的一个参数。

工作强化参数 η 表示为：

$$\eta = \eta_1 \left[\zeta e^{1-\zeta} \right]^{1/Q}, \zeta = \int \frac{dW_1}{W_{pk}} \qquad (6.56)$$

其中，η_1 是 η 的最大值；W_1 是与剪切面有关的塑性功；W_{pk}（σ_3）是与峰值偏应力处的剪切面有关的塑性功；Q 是在剪切面强化阶段控制塑性应变大小的参数。对于 $\zeta > 1$，式（6.56）的形式需考虑软化性质。

塑性功增量 dW_1 计算如下：

$$dW_1 = \sigma_{ij} d\varepsilon_{ij}^{p_1}, \quad d\varepsilon_{ij}^{p_1} = \lambda_1 \frac{\partial G_1}{\partial \sigma_{ij}} \qquad (6.57)$$

其中，λ_1 是由一致性条件决定的标量系数。式（6.56）的增量形式为：

$$\frac{\partial \eta}{\partial \zeta} = \eta \left[\frac{1}{Q\zeta} - \frac{1}{Q} \right] \qquad (6.58)$$

参数 Q 取决于最小主应力 σ_3，其形式为：

$$Q = \alpha + \beta \frac{\sigma_3}{p_a} \qquad (6.59)$$

W_{pk} 的值也取决于 σ_3，可表示为：

$$W_{pk} = P p_a \left[\frac{\sigma_3}{p_a} \right]^l \qquad (6.60)$$

其中，P 和 l 是材料参数，用于非关联势能面的 η_2 值为：

$$\eta_2 = S\eta + R\left[\frac{\sigma_3}{p_a}\right]^{1/2} + t \qquad (6.61)$$

其中，S，R 和 t 都是材料参数。

工作强化帽盖表面表示为

$$F_2 = \sigma_{ij}\sigma_{ij} - k = 0 \qquad (6.62)$$

其中，k 是工作强化参数，表示为：

$$k = p_a^2\left[\frac{W_2}{C\,p_a}\right]^{1/p} \qquad (6.63)$$

其中，W_2 是与帽盖表面有关的塑性功；C 和 p 是材料参数。塑性功的增量为：

$$\mathrm{d}W_2 = \sigma_{ij}\mathrm{d}\varepsilon_{ij}^{p_2}, \quad \mathrm{d}\varepsilon_{ij}^{p_2} = \lambda_2\frac{\partial G_2}{\partial\sigma_{ij}} \qquad (6.64)$$

该帽盖面采用了关联流动法则，$F_2 = G_2$。

模 型 标 定

Lade（1977，1981）提出了一个直接标定模型的方法，其做法需要有一个各向同性压缩试验以及对所研究的应力范围进行一系列三轴压缩和拉伸试验。三轴试验也应包括求解弹性模量的加载－卸载循环，数据应按所需的孔隙比取得。标定模型的步骤在图 6.32 中用示意图表示。Lade 设计的这种方法的优点在于大多数参数可独立确定。McCarron 和 Chen（1988）采用相对密实度 D_r 为 47.2% 的 Reid-Bedford 砂土来标定该模型，下面将描述用砂标定该模型的步骤。砂标定的数据是由 Case Western Reserve 大学（1986）提出的，用它作为检验几类无黏性土的材料模型的部分参考。共 12 组试验数据，6 组来自空心圆柱（HC）仪，另 6 组来自三轴立方体试验仪，空心圆柱仪的试验数据对应排水三轴压缩和拉伸，没有扭转应力路径。三轴压缩和拉伸试验可在保持侧限应力不变的同时，分别通过增加或减少轴向应力来实现。

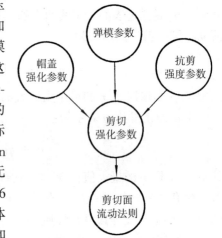

图 6.32　确定参数的步骤

除了所有空心圆柱试验和立方体试验用于求强度参数外，该模型的参数由三轴压缩试验获得。除静水压力加载路径以外，标定模型时假定加载过程中剪切面和帽盖面均为主动面。由三轴试验卸载阶段可得泊松比为 0.21。杨氏模量参数由一条直线决定，该直线经过三轴压缩试验确定的初始加载模量和静水压力加载－卸载试验确定的模量。如图 6.33 所示，有一条与之平行的直线经过在三轴压缩试验的卸载阶段得到的单一模量值，经计算，三轴压缩试验的初始加载模量是破坏时偏应力的 15%，k 的值表示 $\sigma_3/p_a = 1$ 时的 E/p_a 值，n 是图 6.33 中直线斜率的对数（log）值。

强度参数 η_1 是 $p_a/I_1 = 1$ 时（$I_1/I_3 - 27$）的值，m 是图 6.34 中直线斜率的对数（log）值。对于当前的孔隙率而言，m 为 0，这表明，破坏面在子午面中为一条直线。并非图 6.34 中所有的强度数据都能在标定时得到,"H.C. 预测"和"立方体预测"的数据是在模型标定之后得到的。当根据模型破坏准则计算时,图 6.34 中的数据表现出一些离散性,这表现了土样制备的不稳定、破坏准则的缺点以及单个试验中的反常现象,实际的数据常常会有这些不一致的现象。

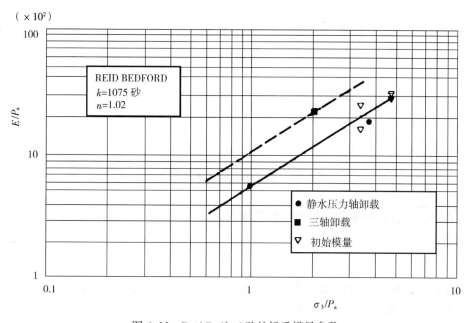

图 6.33　Reid Bedford 砂的杨氏模量参数

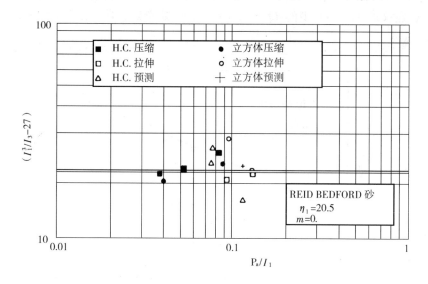

图 6.34　Reid Bedford 砂的强度参数

　　帽盖强化参数由加载－御载循环静水压力试验的结果求得。与帽盖有关的塑性功(式 6.64)是从总功中减去弹性功计算得到的,弹性功则是由试验卸载阶段可恢复应变计算而得,强化参数 C 表示 $k/p_a^2 = 1$ 时的比值 W_2/p_a, p 是图 6.35 中直线的斜率。

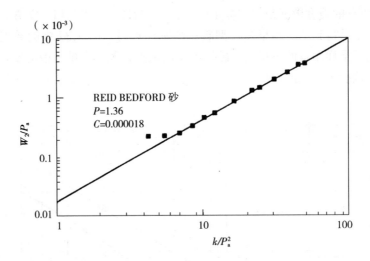

图 6.35　Reid Bedford 砂帽盖强化参数

只要计算出弹性模量和帽盖工作强化模量，就可计算剪切面强化参数。塑性应变分量计算如下：

$$d\varepsilon_{ij}^{p_1} = d\varepsilon_{ij} - d\varepsilon_{ij}^{e} - d\varepsilon_{ij}^{p_2} \tag{6.65}$$

如果提供试验的数值结果，那么整个过程变得更加方便。强化参数（式 6.60）可通过画出单个试验的 W_{pk} 值得到。如图 6.36 所示，参数 P 是 $\sigma_3/p_a = 1$ 时 W_{pk}/P_a 的值，l 是图 6.36 中直线的斜率，式（6.59）中的强化参数 α 和 β 通过计算单个三轴试验的结果决定。Lade 曾建议式（6.56）中的 Q 值在 $\eta = 0.6\eta_1$ 处选定，图 6.37 中直线的截距为 α，斜率为 β。

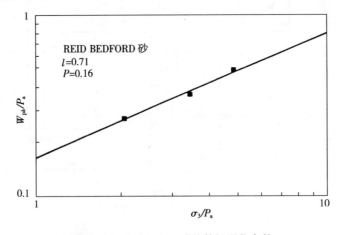

图 6.36　ReidBedford 砂的剪切强化参数

最后标定阶段需要计算模型参数来证明非关联流动法则（式 6.59）。由单个试验的应力路径可计算 η_2 的值，可在图上绘出来，如图 6.38 所示，由三轴压缩试验，η_2 的计算为（Lade，1981）：

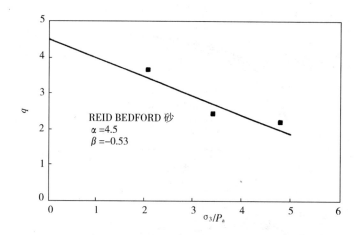

图 6.37　ReidBedford 砂的剪切强化参数

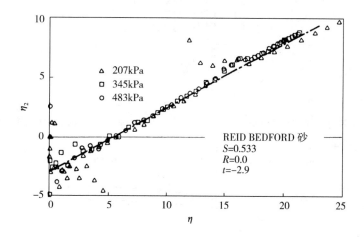

图 6.38　ReidBedford 砂流动法则的参数

$$\eta_2 = \frac{3\ (1+\nu^{\mathrm{p}})\ I_1^2 - 27\sigma_3\ (\sigma_1+\nu^{\mathrm{p}}\sigma_3)}{\left[\dfrac{p_{\mathrm{a}}}{I_1}\right]^{\mathrm{m}}\left[\sigma_3\ (\sigma_1+\nu^{\mathrm{p}}\sigma_3)\ -\dfrac{I_3}{I_1}m\ (1+\nu^{\mathrm{p}})\right]} \tag{6.66}$$

$$\nu^{\mathrm{p}} = -\frac{\mathrm{d}\varepsilon_3^{\mathrm{p_1}}}{\mathrm{d}\varepsilon_1^{\mathrm{p_1}}} \tag{6.67}$$

式（6.61）中参数 t 表示在特定侧限压力 σ_3 时的截距，直线的斜率为 S，R 是侧限压力影响的系数。η_2 的负值对应于压缩塑性体积应变，正值对应于塑性剪胀。

图 6.39 将模型响应与用于标定的实验室三轴压缩试验进行了比较。图 6.39 中的初始加载曲线和加载－卸载路径，表明了弹性模量参数的选择是合理的。图 6.40 和图 6.41 将模型预测和对不用于标定过程中的应力路径的观测响应进行了比较，这些应力路径不曾用于标定过程中。在空心圆柱仪中，试验同时包括轴向应力和扭转应力。式（6.22）中的 b 值在图 6.40 和图 6.41 中的试验数据分别为 0.277 和 0.723。

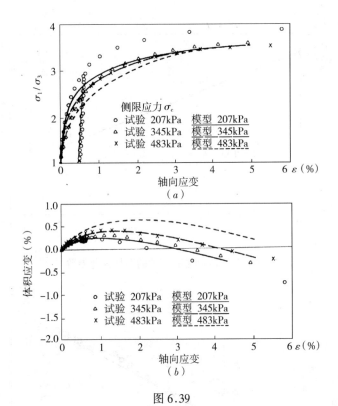

图 6.39

（a）Reid Bedford 砂的空心圆柱压缩试验；（b）Reid Bedford 砂的空心圆柱压缩试验

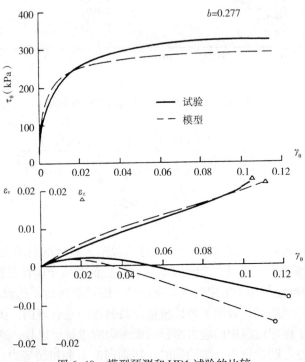

图 6.40 模型预测和 HR1 试验的比较

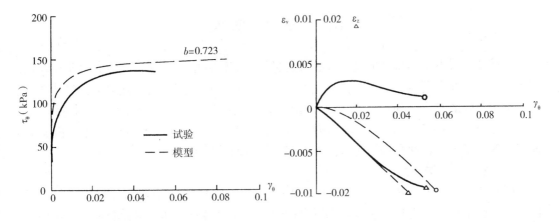

图 6.41　模型预测和 HR2 试验的比较

优点、缺点和局限性

Lade 模型在表示无黏性土的特性方面是个很有竞争力的模型。完全描述该模型的性质需要 14 个参数，所有的这些参数可单独通过一个系统过程从三轴试验的结果求得。既然这些参数很容易求出，那么参数的多少并不是缺点。该模型在偏平面内具有非圆形迹线，它能很好地表示出砂的破坏状态。非关联流动法则的使用，准确地表示出砂的观测塑性体积响应，但是由于必须求解完全非对称方程组，因此它需要较大的计算能力。当考虑大的边值问题时，这一点很重要。由于该模型假设屈服面为各向同性强化，故不推荐它去求包括显著周期荷载在内的问题的解。

6.4.3　结论

由 Sanaler 及其同事提出的帽盖塑性模型，可用于各种不同的地质材料。为了保证复杂边值问题的稳定解，就要满足 Drucker 稳定性假说，这就要求更精确地表示材料响应。计算速度也要求采用屈服面的简单表示。这些模型往往将理想塑性屈服面与偏平面的圆形迹线相结合。它们求解的简单和可靠的稳定性，使之成为当时地质材料中应用最广的一类本构模型。

Lade 模型可更准确地表示无黏性土的观测响应特性。偏平面上非圆形迹线、各向同性强化剪切面以及非关联流动法则的使用，都会改进模型的性能，但是这些附加的特征使模型应用复杂化并要求较大的计算能力来求解边值问题。MolenKamp 及其同事（Griffiths；Smith 和 MolenKamp，1982）已提出一个与 Lade 模型类似的模型，但 Lade 模型和 MolenKamp 模型的使用并不广。

上面讨论的两种模型帽盖表面的强化特征，只取决于塑性体积应变的大小，但其他方案也是可行的。Banerjee 和 Yousif（1986），Anandarajah 和 Dafalias（1986）以及 Kavvadas（1982）已提出了遵循强化法则的模型，该强化法则包括对偏量响应的测量。上面所讨论的 Lade 模型剪切面以及下节将要提出的两种模型，都遵循取决于偏量响应的强化法则。

6.5 迭套模型

在单调荷载下土的特征的充分预测可通过简单塑性基模型得到，但当应力路径在加载有明显反向或在周期荷载作用时会出现困难，该困难来自大多数模型方程中各向同性的假设，对于一般的非比例加载，也很难表示强度和变形为明显各向异性材料的特征。Mroz（1967），Iwan（1967）和 Prevost（1977，1981，1985，1987）已通过使用迭套模型或多面模型解释了各向异性和周期荷载。下面将介绍这两种模型。

6.5.1 J_2 型迭套面

图 6.42（a）表示 Prevost（Prevost，1977）J_2 型迭套屈服面模型，图 6.42（b）对各向异性进行了说明，它是由相对静水压力轴的一个个面内非对称的位置表示的。塑性加载时，Prevost 模型允许每个主动面移动或扩张，屈服面的移动方向 μ_{ij} 由主动荷载面的平移要求控制，这样，加载点便直接指向它在下一个更大面上的对应位置，如图 6.43 所示。虽然这多少有点限制性，但它保证了准确定义该模型在任意荷载下的性质，并且排除了因模型定义不明确而产生数值计算问题的可能性。

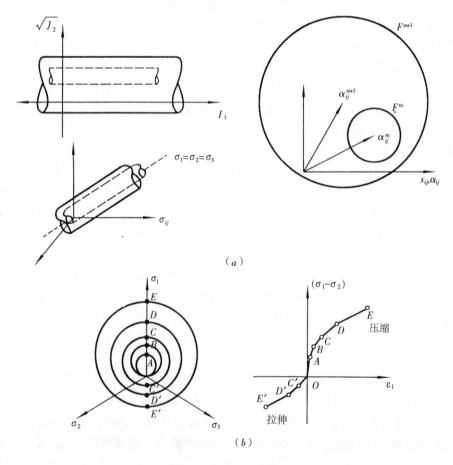

图 6.42 J_2-型迭套面

Prevost 迭套 J_2 模型可由下式表示

$$F^m = \left[\frac{3}{2}\ (s_{ij} - \alpha^m_{ij})\ (s_{ij} - \alpha^m_{ij})\right]^{1/2} - k^m = 0$$

(6.68)

其中，m 为屈服面的数量；α^m_{ij} 为应力空间中屈服面 F^m 中心的坐标；k^m 是强化参数；张量 α^m_{ij} 即有时所说的反应力张量。既然当前的模型是 J_2 型的，那么我们有下面的关系：

$$\alpha^m_{ij}\delta_{ij} = 0 \qquad (6.69)$$

该模型通过采用张量 α^m_{ij} 的初始值及其演化以及强化参数 k^m 综合了各向异性、卸载及再加载的影响。由于 α^m_{ij} 和 k^m 的值可以变化，故模型体现屈服面的混合强化（随动的和各向同性的）。塑

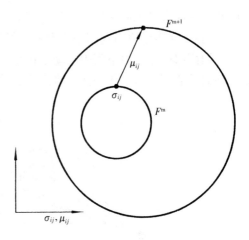

图 6.43 加载面的移动

性模量 H^m 与每个面有关，且每个面都体现关联流动法则。加载过程中的塑性特性可只由外部主动面定义，最外层屈服面可起破坏面的双重作用，也可移动、扩张和收缩。k^m 的大小、α^m_{ij} 的位置以及塑性模量 H^m 作为等效塑性应变 ε_p 的函数都是变化的。

$$k^m = k^m\ (\varepsilon_p);\quad \alpha^m_{ij} = \alpha^m_{ij}\ (\varepsilon_p);\quad H^m = H^m\ (\varepsilon_p) \qquad (6.70)$$

其中

$$\varepsilon_p = \int\left[\frac{2}{3}\,\mathrm{d}e^p_{ij}\mathrm{d}e^p_{ij}\right]^{1/2} \qquad (6.71)$$

$\mathrm{d}e^p_{ij}$ 是塑性偏应变的增量，这里，它与总塑性应变增量 $\mathrm{d}e^p_{ij}$ 等值。

模型标定

Prevost（1977，1982）曾对迭套模型的标定提出了建议，同时也提出了一个直接产生必要的模型参数的简单计算机程序，这些参数均可由饱和黏性土不排水三轴试验的结果确定。

优点、缺点和局限性

对于表示不排水饱和黏性土的各向异性特性而言，Prevost 迭套 J_2－面模型为一个概念上简单的公式，不排水性质的限制是由于假定屈服面在应力空间为柱面而产生的，柱面形状意味着破坏条件与平均有效应力无关。因此，准确标定模型需要对破坏时平均有效应力进行测定，从而能选择相应的模型参数（屈服面的直径等）。Prevost 迭套 J_2 模型常用于不排水饱和黏性土的总应力分析，既然该模型是由应力空间中的圆柱组成，那么，超静水压力的预测或平均有效应力的改变，都不能准确地获得。混合强化允许考虑周期加载及固有各向异性的影响，该模型的方程能获得在复杂加载条件下的稳定响应，可是，大量迭套面的使用，需要计算机存储器的配置能跟踪每个面的位置与大小。

6.5.2 锥形迭套面

最近，Lacy（1986），Prevost（1985a）以及 Lacy 和 Prevost（1987）提出了迭套锥形面形式的模型方程。这种模型方程与上节中提出的 J_2 模型类似。然而，它是用应力空间

中的圆锥体来考虑砂和黏土的压力相关性及有效应力分析。

图 6.44 表示应力空间中模型的一般形式，可在该模型中不再使用帽盖，J_2 模型的每个剪切面都可在应力空间中移动、扩张和收缩。为了在准确地模拟无黏性土材料特性时有足够的灵活性，对于剪切面，将采用非关联流动法则。

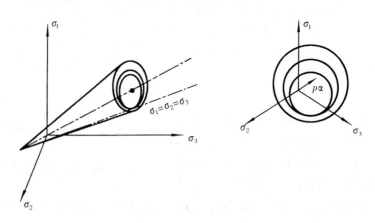

图 6.44 锥形巢状面

在三轴平面上的推导

图 6.45 说明了模型在 p - q 平面中的形状，图中的 p 和 q 分别表示为：

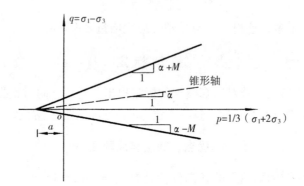

图 6.45 三轴平面中锥形迭套面模型

$$q = \sigma_1 - \sigma_3, \quad p = \frac{1}{3} \left(\sigma_1 + 2\sigma_3 \right) \tag{6.72}$$

破坏准则可表示为：

$$F^{\mathrm{m}} = \left(q - \overline{p}\alpha \right)^2 - M^2 \overline{p}^2 = 0 \tag{6.73}$$

其中，α 表示偏平面中屈服面的随动强化，且有：

$$\overline{p} = p - a \tag{6.74}$$

其中，黏性因子为 a（a 是沿静水压力轴的锥形面顶点的坐标，见图 6.45）以考虑黏性土的情况，对于无黏性土，$a = 0$。迭套模型由一族屈服面组成，其形式由式（6.73）表示，每个屈服面的粘结效应 a 的值相同且 M 值表示依次更小的面，且 $M^{m+1} + \alpha^{m+1} \geqslant M^m + \alpha^m$。这两点限制保证屈服面不会相交，但有可能相切。

在应力空间中的推导

一般该模型的应用要求式（6.73）用应力张量 σ_{ij} 表示。由于需要模拟各向异性而且应力不变量的使用会产生各向同性的列式，故不允许使用应力不变量，因此使用下面的关系式：

$$q^2 = \frac{9}{6} s_{ij}s_{ij}, \quad \xi = \sqrt{3}\,p \tag{6.75}$$

注意到图 6.44 和图 6.45 的几何形状，有：

$$F^m = \frac{9}{6}\left(s_{ij} - \overline{p}\alpha^m_{ij}\right)\left(s_{ij} - \overline{p}\alpha^m_{ij}\right) - M^2\left(\xi - \sqrt{3}a\right)^2 = 0 \tag{6.76}$$

简化为

$$F^m = \frac{3}{2}\left(s_{ij} - \overline{p}\alpha^m_{ij}\right)\left(s_{ij} - \overline{p}\alpha^m_{ij}\right) - M^2\left(p - a\right)^2 = 0 \tag{6.77}$$

非关联流动法则

当前模型的流动法则可分成两项：

$$\mathrm{d}\varepsilon^p_{ij} = \lambda \frac{\partial G^m}{\partial \sigma_{ij}} = \frac{\partial}{\partial \sigma_{ij}}\left[G^m_1 + G^m_2\right] \tag{6.78}$$

G^m_1 项垂直于屈服面的偏平面截面：

$$G^m_1 = \frac{3}{2}\left(s_{ij} - \overline{p}\alpha^m_{ij}\right)\left(s_{ij} - \overline{p}\alpha^m_{ij}\right) \tag{6.79}$$

第二项的形式为：

$$G^m_2 = \left[\frac{(\eta/\overline{\eta})^2 - 1}{(\eta/\overline{\eta})^2 + 1}\right]\delta_{ij} = g^m_2 \delta_{ij} \tag{6.80}$$

其中

$$\eta = \frac{\left(\frac{3}{2}s_{ij}s_{ij}\right)^{1/2}}{\overline{p}} \tag{6.81}$$

$\overline{\eta}$ 是材料参数。当 $\eta < \overline{\eta}$ 时，g^m_2 为负且发生塑性压缩；当 $\eta > \overline{\eta}$ 时，g^m_2 为正且发生塑性剪胀，图 6.46 描述了 g^m_2 随 $\eta/\overline{\eta}$ 变化的情况。

强化法则

根据下列表达式，假定锥形屈服面在偏平面中满足随动强化：

$$\mathrm{d}\alpha_{ij}\overline{p} = \mu_{ij}x \tag{6.82}$$

其中，x 是由一致性条件决定的标定；μ_{ij} 是由下面表达式决定的移动方向。

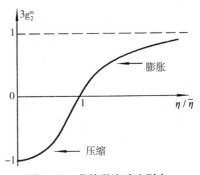

图 6.46 非关联流动法则中 g^m_2 随 $\eta/\overline{\eta}$ 的变化

$$\mu_{ij} = \frac{M^{m+1}}{M^m} \ (s_{ij} - \overline{p}\alpha_{ij}^m) \ - \ (s_{ij} - \overline{p}\alpha_{ij}^{m+1}) \qquad (6.83)$$

其中，M^{m+1}和α_{ij}^{m+1}与下一个外层屈服面有关，假定每个面的塑性模量形式为：

$$H = H' \left[\frac{p}{p_1} \right]^n \qquad (6.84)$$

其中，n 是材料参数；p_1 是参考压力，H' 由下式决定：

$$H' = \frac{H_c - H_e}{2}R + \frac{H_c + H_e}{2} \qquad (6.85)$$

塑性模量 H_c 和 H_e 分别与三轴压缩和三轴拉伸有关，且

$$R = \frac{\overline{J}_3}{M\overline{p}\overline{J}_2}, \ \overline{J}_2 = \overline{s}_{ij}\overline{s}_{ij}, \ J_3 = \det \ (\overline{s}_{ij})$$

$$\overline{s}_{ij} = \ (s_{ij} - \overline{p}\alpha_{ij}^m) \qquad (6.86)$$

模 型 标 定

对于迭套锥形面模型，Lacy 和 Prevost（1987）对其材料参数的决定提供了指导思想，模型标定需对所需的应力范围进行大量的三轴压缩和三轴拉伸试验。

优点、缺点和局限性

由 Prevost 及其同事提出的迭套锥形模型，是对迭套 J_2 模型的推广。其新的性质依赖于平均有效应力和非关联流动法则，并能更准确地表示剪切加载下观测到的体积响应。该模型被认为能广泛用于分析土在周期荷载下的响应。该模型概念简单，它的公式和迭套 J_2 模型一样，保证了在复杂加载路径中有较好的确定响应。

迭套模型的一个缺点在于有限元分析中每个积分点必须存储参数数量。以上所讨论的迭套模型都需要在有限元分析每个积分点处的每个屈服面存储 α_{ij}^m 的 6 个位置量、一个强化参数 k^m 和一个塑性模量 H'。对于边值问题，该存储要求随着面 F^m 的数量增加而迅速增加，F^m 表示材料性质，需要大量记忆参数以及由非关联流动法则产生的附加计算存储（产生非对称本构关系），使得迭套锥形模型成为应用中计算要求更高的模型之一。

6.5.3 结论

Prevost 迭套 J_2 模型的导出已满足主要用于模拟周期加载下不排水饱和土的特性。混合强化面的使用使得可以表示固有的和由应力引发的各向异性性质。本构关系式是对称的，因此适合于许多有限元程序的求解技术及推广。迭套锥形模型是迭套 J_2 模型的推广，其新的特性包括压力相关性和非关联流动法则。该模型可用于黏性土或无黏性土。混合强化法则只允许屈服面的偏平截面有平移。

从实用的观点来看，混合强化迭套面模型属于最符合计算要求的模型之列，而其他模型则更适合简单加载条件。迭套面模型尤其适用诸如显著循环加载的分析。通过具有各向同性强化、随动强化及混合强化性质的简单单面模型可分析主要单调荷载问题或至少在反向荷载下不显著的塑性变形问题。

6.6 界 面 模 型

虽然，土的经典塑性理论的应用已取得了很大的成功，但在一个截然不同区域中的弹

性假定与大多数土体特性的实际观测值相反。低应力水平下塑性性质的准确表征对于分析涉及周期荷载下土的性质是非常重要的。Prevost 提出的模型通过引入一系列混合强化面来体现低于破坏应力水平的 Bauchinger 效应，从而克服了在低应力水平下表现为塑性特性的问题。Dafalias 和 Popov（1975）以及 Kreig（1975）引入了界面方程，从而提供了一些模拟加载面内发生塑性行为的机理。对于经典塑性模型而言，加载面以特殊的方式将弹性区和弹－塑性区分开。对于界面方程，屈服面被称为界面。允许在面内发生塑性变形，它的大小取决于应力状态距界面的距离。迭套面方程与界面方程以不同的方式起着相同的作用。

6.6.1 数学方程

界面模型可看成是 Mroz（1967），Iwan（1967）和 Prevost（1977，1982，1985a）次层面或多面模型的推广。但是，在界面方程中，界面中的弹－塑性响应是连续的。假定边界面内的连续屈服代替迭套面的混合强化特性，从而取消了明确主动面位置与尺寸的必要性，但界面要求对连续塑性模量和与 Prevost 模型中迭套面中心类似的单一反应力进行定义，大多数已有的界面模型用常标量参数表示反应力，因此不会对边值问题的存储需要发生明显影响。

界面模型的本构关系式沿用了经典塑性模型的做法，它需要对弹性特性、边界（加载）面、流动法则及强化法则进行阐明。此外，还有必要定义边界面内塑性变形的方向与大小，还要借助于投影法则和塑性模量。图 6.47 对这些概念进行了解释。

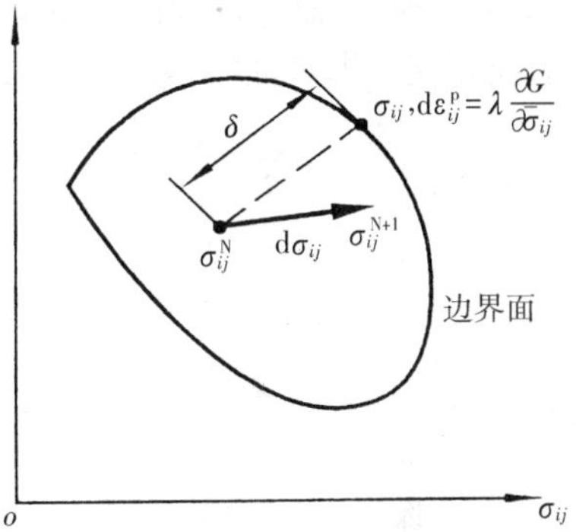

投影法则的目的是为了将界面内的状态应力 σ_{ij} 与边界面上的映像点 $\bar{\sigma}_{ij}$ 联系起来。一旦形成这种联系，那么就假定塑性应变增量的方向与边界面上映像的方向相同。例如，如果使用关联流动法则，则塑性应变增量在映像点处垂直于界面。

图 6.47　界面模型中的投影法则

塑性模量 K_p 控制界面内塑性应变的大小。塑性模量取决于应力状态与其映像的距离 δ，离界面的距离远，其塑性模量也大，主要产生弹性响应，当应力状态接近界面时，塑性模量也接近界面定义的某值，并恢复经典塑性列式。对于界面上的应力状态，列式简化为经典塑性列式。

假定当加载函数 L 为正时，边界面内发生塑性变形，加载函数 L 定义为：

$$L = \frac{1}{K_p} \frac{\partial F}{\partial \bar{\sigma}_{ij}} d\sigma_{ij} \tag{6.87}$$

其中，K_p 是塑性模量；F 是边界面的表达式；$\bar{\sigma}_{ij}$ 是边界面映像处的应力。当 $(\partial F/\partial \bar{\sigma}_{ij})$ $d\sigma_{ij}$ 和 K_p 均为负时，式（6.87）中塑性模量 K_p 保持不变，从而表现出不稳定的性质。

塑性本构关系的一般形式为：

$$C_{ijkl}^p = \frac{C_{ijtu}^e \dfrac{\partial F}{\partial \bar{\sigma}_{rs}} \dfrac{\partial G}{\partial \bar{\sigma}_{tu}} C_{rskl}^e}{K_p + \dfrac{\partial F}{\partial \bar{\sigma}_{mn}} C_{mnpq}^e \dfrac{\partial G}{\partial \bar{\sigma}_{pq}}} \tag{6.88}$$

其中，G 是塑性势能函数；塑性模量 K_p 的形式为：

$$K_p = \overline{K}_p\ (\overline{\sigma}_{ij},\ x)\ +\ H\ (\sigma_{ij}) \tag{6.89}$$

其中，$\overline{K}_p$ 为映像应力对塑性模量的影响；H 取决于当前应力状态的修正项（到边界的距离为 δ）；x 为强化参数。

只要确定了边界面、势能面和塑性模量，塑性本构关系（式 6.88）便与经典塑性模型相同。此外，矩阵形式本构关系的简化也与经典塑性模型相同。

6.6.2 黏性土的界面模型

图 6.48 给出了这里将要讨论的界面模型的形式。由 Dafalias 和 Herrmann（1986）及 Herrmann 等（1987）提出的这种模型，是对 Dafalias 和 Herrmann（1982）最初提出的模型的推广，该模型可归为临界状态方程一类，它由应力空间中的三个面组成。目前将要使用关联流动法则、各向同性强化和混合强化，帽盖表面由椭圆形式描述为：

$$F_1 = \ (\overline{I} - I_0)\ \left[\overline{I} + \frac{R-2}{R}I_0\right] + \ (R-1)^2\left[\frac{\overline{J}}{N^2}\right] = 0 \tag{6.90}$$

其中，I_0 为椭圆与静水压力轴的交点；R 为与椭圆率相关的几何参数。注意：这里使用的参数 R 与 6.4.1 节用于帽盖模型的 R 定义不同，不变量 $\overline{I}$ 和 $\overline{J}$ 分别对应界面上应力状态 $\overline{\sigma}_{ij}$ 的 I_1 和 J_2 值。该椭圆是混合强化面，这点与 6.4.1 节中 Drucker-Prager 帽盖模型的帽盖面相同，即该面沿静水压力轴移动，且关于静水压力轴各向同性地扩张。

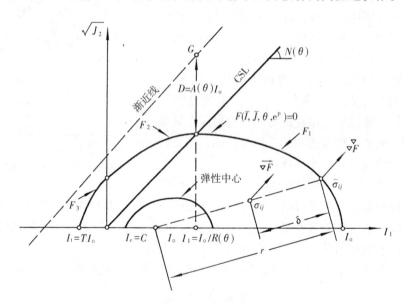

图 6.48　应力不变量空间中界面和径向投影法则的示意图

控制超固结土强度和变形特性的第二个面表示为：

$$F_2 = \left[\overline{I} - \frac{I_0}{R}\right]^2 - \left[\frac{\overline{J}^{1/2}}{N} - \frac{I_0}{R}\right]\left[\frac{\overline{J}^{1/2}}{N} - \frac{I_0}{R}\left[1 + 2\frac{RA}{N}\right]\right] = 0 \tag{6.91}$$

其中，N 是 $J_2^{1/2} - I_1$ 平面内临界状态线的斜率；A 是决定表面形状的材料参数。

张拉面的数学表示为：

$$F_3 = \ (\overline{I} - TI_0)\ \left[\overline{I} - \ (T + 2\zeta)\ I_0\right] + \rho\overline{J} = 0 \tag{6.92}$$

其中,

$$\zeta = -\frac{T\ (Z + TF')}{Z + 2TF'}, \quad \rho = \frac{T^2}{Z\ (Z + 2TF')}$$

$$y = \frac{RA}{N}, \quad F' = \frac{N}{\sqrt{1 + y^2}}, \quad Z = \frac{N}{R}\ (1 + y - \sqrt{1 + y^2}) \tag{6.93}$$

边界面的尺寸由塑性体积应变 ε_{kk}^{p} 的大小决定,$I_0(\varepsilon_{kk}^{p})$ 产生了与 ε_{kk}^{p} 有关的强化。由 $N(\theta)$,$R(\theta)$ 和 $A(\theta)$[或一般用 $Q(\theta)$]引入了与 Lode 角 θ 有关的偏量,根据下面关系得到:

$$Q\ (\theta) = g\ (\theta, k)\ Q_c, \quad k = \frac{Q_e}{Q_c}$$

$$g\ (\theta, k) = \frac{2k}{1 + k + (1 - k)\ \cos 3\theta} \tag{6.94}$$

其中,$Q\ (\theta)$ 表示在不同 Lode 角 θ 处的 Q 值;Q_c 是 Q 在压缩子午线上的值;Q_e 是 Q 在拉伸子午线上的值。

列式中的投影法则决定边界面上的映像 $\overline{\sigma}_{ij}$,它通过对一条经过静水压力轴上预定点和当前状态应力 σ_{ij} 的直线进行投影而获得(图 6.48),其他的方案也是允许的,界面上的映像点是该面与投影线的交点。

影响塑性模量的 $\overline{K}_p$ 计算如下:

$$\overline{K}_p = -\frac{\partial F}{\partial \varepsilon_{ij}^{p}}\frac{\partial F}{\partial \overline{\sigma}_{ij}} \tag{6.95}$$

由于假设强化参数 I_0 只是体积塑性应变 ε_{kk}^{p} 的一个函数,故式(6.95)变为:

$$\overline{K}_p = -\frac{\partial F}{\partial \varepsilon_{kk}^{p}}\delta_{ij}\frac{\partial F}{\partial \overline{\sigma}_{ij}} = -3\frac{\partial F}{\partial I_0}\frac{\partial I_0}{\partial \varepsilon_{kk}^{p}}\frac{\partial F}{\partial \overline{I}} \tag{6.96}$$

对于临界状态方程

$$\frac{\partial I_0}{\partial \varepsilon_{kk}^{p}} = \frac{1}{I_0}\frac{k - \lambda}{1 + e_0} \tag{6.97}$$

其中

$$k = \frac{C_s}{2.303}, \quad \lambda = \frac{C_c}{2.303} \tag{6.98}$$

C_s 和 C_c 分别是土的静水膨胀系数和静水压缩系数;参数 e_0 是对应于 I_0 的孔隙比。

假设修正项的形式为:

$$H = \frac{1 + e_0}{\lambda - k}p_a\Big[z^m h\ (\theta) + (1 - z^m)\ h_0\Big]\Big[9\Big(\frac{\partial F}{\partial \overline{I}}\Big)^2 + \frac{1}{3}\Big(\frac{\partial F}{\partial \overline{J}^{1/2}}\Big)^2\Big] \tag{6.99}$$

其中,m 和 h。是材料参数;由式(6.94)的关系式可知,$h\ (\theta)$ 取决于材料参数 h_0 和 h_e;p_a 是单位大气压力,与 σ_{ij} 的单位一样,且 $z = RJ_2^{1/2}/NI_0$。

本模型表现为非圆形的偏平面迹线,该迹线(式 6.94 和图 6.49)的数学描述由 Argyris 等(1974)提出。Lin 和 Bazant(1986)提出当 $k < 0.78$ 时,表面为非外凸的(非外凸面会导致非惟一解)。当 $k = 1.0$ 时,可得到 Drucker-Prager 或圆形偏平面截面,该截面并不能简化为 Mohr-Coulomb 形式,这将导致在一些加载路径下,其材料强度大于 Mohr-Coulomb 准则给出的材料强度。该模型也采用相同的函数来改变偏平面中的椭圆帽盖和调

整次表面的塑性模量，它还包括一个几何相似弹性中心，其应力－应变关系为弹性，该弹性中心可表示低应力水平下的稳定响应。

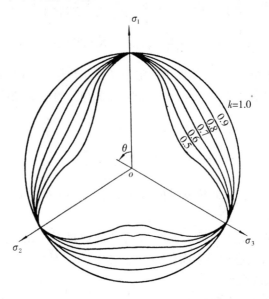

图 6.49　根据 Argyris 等（1974）提出的准则得出的偏截面

模 型 标 定

Kaliakin 等（1987）提出了标定这种模型的方法，同时，给出了模型参数的常用范围，其参数也可由标准固结试验和三轴试验确定。模型标定需对正常固结土样和超固结土样进行三轴试验，该模型的标定及应用举例将在第 7 章中讲述。

优点、缺点和局限性

该模型可用于黏性土，其他材料可在一定程度上由通常与黏性土相关的参数来模拟。基本列式采用临界状态的概念，因此，这对熟悉这些概念的人是可接受的，模型参数也可由标准实验室试验得到。由于其特性取决于平均压力，故它可用于排水或不排水土的响应。关联流动法则可用于所有表面，从而产生对称刚度矩阵，且降低了计算上的要求。

模型标定有点耗费时间，这是由材料参数的本质和数量造成的。假定界面以静水压力轴为轴心，这与天然土的观测结果相反（Yong 和 Mohamed，1984，1988a，b；Leroueil 等，1979），其局限性将带来标定上的困难。描述偏平面内模型迹线的表达式是有限的，而且，当土的内摩擦角大于 22°时，其应用也是有限的。

由于假定边界面的偏迹线以静水压力轴为轴心，在一些有充分根据的情况下才用于周期荷载。和大多数临界状态方程一样，假定本模型的强化和软化特性由相同的数学表达式和现象决定。该假定会导致在表示大范围超固结比响应方面的一些困难。

6.6.3　结论

界面模型的提出克服了选套屈服面的一些数值缺陷，建立列式时需作一些假定：（1）为了确定界面上映像应力，须定义投影法则；（2）需表征一些发生在界面上的塑性变形；

（3）明确界面内的加载和卸载条件。使用界面列式的目的与使用迭套面列式的目的一样，就是要描述周期荷载土的特性。如果分析单调荷载条件，则会有更简单的模型。该界面模型曾在无黏性土中提出过（Bardet，1986）。

6.7 各向异性、周期性能及其他课题

过去的 10 年里，工程界已对如何近似模拟具有明显的各向异性、经历周期荷载或软化特性的材料进行了许多讨论。Pande 和 Zienkiewicz（1982）以及 Bazant（1985）编著的会议文集对该课题提供了丰富的信息。下面对这些课题以及其他课题进行一些说明。

6.7.1 各向异性

地质材料的各向异性，通常是由于材料的沉积作用造成的。例如，土在一层平面内的特性与垂直于该层方向上的特性有明显不同。图 6.50 中给出的是天然 Champlain 黏土（Yong 和 Mohamed，1984，1988a，b）破坏面的偏平面迹线，它并不具备各向同性塑性模型所特有的相对于静水压力轴的三重对称。事实上，该迹线表明了一个非外凸的破坏面。初始各向异性是由于土体颗粒的最佳取向造成的。如果先期加载造成土体颗粒重新排列，则应力引发的各向异性会变得更加明显。在岩石体系中，各向异性是由整个的结构断裂或局部微观平面开裂形成的。

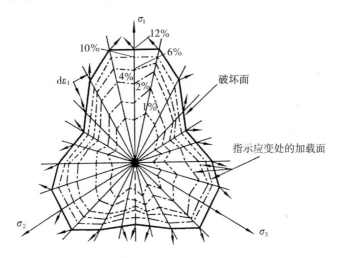

图 6.50　八面体平面中的加载面与破坏面
（Yong 和 Mohamed，1988a）

各向异性关系曲线的性质在塑性力学领域内已用迭套模型或混合强化面模型进行了讨论，这些模型通过使用标准应力张量或反应力张量来说明材料方向性的影响。一些试验（Yong 和 Mohamed，1988b；Ashour，1988）试图直接由 Cauchy 应力张量表征各向异性材料的破坏面。准确表征各向异性材料的性质是有困难的，这有两方面原因：首先，对这些材料进行试验，既花费物力又浪费时间，材料的方向性要求有大量的试验和试样来确定材料的应力－应变曲线，并要求在三维装置中做试验；第二，在数学上实现各向异性塑性模型的适用性是有限的，并且一定要有专门的试验来应用它们，Somasundaram 和 Desai

（1988）用实验说明了对各向异性材料按一个分级模型进行标定。下面对此进行讨论。

6.7.2　周期荷载

土承受周期荷载的特性和分析已受到很大的重视，主要是关于砂沉积物的液化以及对于承受周期风载和（或）周期冰载的海上结构。模拟土在周期荷载条件下的特性时，除了必须注意周期荷载路径下任何 Bauchinger 效应以外，其方法与用于固有各向异性材料的方向类似。如果研究中的土是饱和的且加载持续时间足够长，使得超静水压力消散，那么土在周期荷载下的分析需要明确考虑时间因素。一些有限元程序可进行这种类型的分析。Pande 和 Zienkiewicz（1982）编著的会议文集中给出了一些可使用的数值技术的总结。

土承受周期荷载的曲线特性中最重要的性质之一是其累计变形以及在重复荷载下土的强度。通常认为土的剥蚀（强度和刚度损失）是周期荷载的结果。虽然对于一些土体，这是一定会发生的，但它通常只不过是随着孔隙水压力的增长而改变有效应力的结果。这样，适当的土体本构模型就能解释刚度的变化以及周期试验中观测到的破坏条件。Lade 等（1987，1988）和 Alarcon-Guzman 等（1988）曾指出：砂土在不排水单调荷载和周期荷载下的不稳定性可由有效应力及超静水压力解释。

虽然对于许多问题而言，对周期荷载下土的特性预测能力已经合乎要求了，但仍存在大量的基本问题——用先进的本构方程和有限元模拟技术来获得确定荷载下的解是不实用的或者说是不经济的。海上石油开采结构承受着浪载和冰载，它们在一年内将经历几千或几万次显著周期荷载。目前，还没有办法足够准确地预测那些荷载的大小及循环来验证那些确定性分析。即使进行了这种分析，仍然要进行足够的实验室试验来表征地基材料在这种荷载下的性质。大量的周期荷载分析中的耗费及其结果的不确定性使得它们不具吸引力。这类问题更有可能用工程上的鉴定及简化来解决，而不是更严密的数学分析来解决。

6.7.3　分析建模

Desai 及其同事们（Desai，1980；Desai 和 Siriwardane，1979，1984；Desai 等，1986；Somasundaram 和 Desai，1988）已提出了用于发展一般土的本构模型的分层模型概念。该方法中，以服从关联流动法则的简单各向异性强化模型开始，模型级数逐渐递增，较高等级的模型则是通过引入非关联流动法则、各向异性强化法则和应变强化或软化法则而得到的。该模型只包括一个屈服面，这与前面所讨论的双面帽盖模型或多面模型不同。基本的各向同性模型可表示为：

$$\begin{aligned}
F\left(\sigma_{ij}, a_{\mathrm{m}}\right) &= a_0 + a_1 I_1 + a_2 I_2^{1/2} + a_3 I_3^{1/3} + a_4 I_1^2 + a_5 I_1 I_2^{1/2} \\
&\quad + a_6 I_2 + a_7 I_1 I_3^{1/3} + a_8 I_2^{1/2} I_3^{1/3} + a_9 I_3^{2/3} + a_{10} I_1^3 \\
&\quad + a_{11} I_1^2 I_2^{1/2} + a_{12} I_1^2 I_3^{1/3} + a_{13} I_1 I_2 + a_{14} I_1 I_3^{2/3} \\
&\quad + a_{15} I_2 I_3^{1/3} + a_{16} I_2^{3/2} + a_{17} I_2^{1/2} I_3^{2/3} + a_{18} I_3 \\
&\quad + a_{19} I_1 I_2^{1/2} I_3^{1/3} \cdots\cdots
\end{aligned}$$

（6.100）

其中，a_{m} 是加载（响应）历史随时间变化的标量函数，许多模型可通过保留或去掉式（6.100）中多项式的某几项而得到，势能面的表达式可用类似于式（6.100）的形式表示。

该模型是由建立在表达式（6.100）基础上的单一面组成的，其优点在于：

（1）只有一个面用来确定连续屈服面和极限强度；

（2）消除了帽盖模型交界面在数值处理上的复杂性；

（3）可得到材料参数的简化，这些参数与多面迭套模型的要求有关。

各向异性的引入

为了引入土的特性中的各向异性，Desai 等（1988）提出了式（6.100）中描述的一般模型，可表示为：

$$F = F (I_i, a_m, K_i) \tag{6.101}$$

且势能面的形式为：

$$G = G (\sigma_{ij}, a_m, \alpha_{ij}, X_i) \tag{6.102}$$

其中，K_i 和 X_i 是合适的记忆参数，α_{ij} 是产生各向异性的反应力张量。当考虑势能面 G 时，式（6.100）中的不变量 I_i 由不变量 $\bar{I}_i$ 代替，$\bar{I}_i$ 以准应力 $\bar{\sigma}_{ij}$ 来计算：

$$\bar{\sigma}_{ij} = \sigma_{ij} - \alpha_{ij} \tag{6.103}$$

各向异性的影响（特性）是通过势能面 G 引入的，假设屈服面 F 是各向同性的，即使按初始各向同性强度准则，各向异性的特征与少数观测结果相符，但承受周期荷载的初始"各向同性"土仍会破坏，加载历史也会使它表现出各向异性。

Desai 及其同事们提出的分析模拟方法可足以包含用于以上所讨论的作为特例的许多模型（例如 Drucker-Prager，von Mises 和 Lade 等）中，但此模型的概念至今还未广泛应用。

6.7.4 流动法则

对于岩土工程材料而言，关联流动法则或非关联流动法则常用于塑性模型。服从关联流动法则的材料模型常常要比那些在实验室试验中观测到的材料模型表现出更大的塑性膨胀。非关联流动法则常用于有较大内摩擦角的粒状材料，但是对于黏性土，关联流动法则却是最常用的，它在数值应用及计算能力上的优点，要超过非关联流动法则对黏性土预测能力的改进。6.6 节中讲述的界面模型采用弯曲剪切面，其原因有三点：（1）保证帽盖断面有连续的斜率；（2）保证能合理地表示观测到的破坏条件；（3）减少由关联流动法则所预测的塑性剪胀。

土的非关联流动法则常常采用关联流动法则（Desai 和 Siriwardane，1980）的修正或改进形式。Lade 模型（6.4.2 节）和 Prevost 模型（6.5.2 节）具有相同的概念，都是假定塑性应变的偏分量垂直于破坏面的偏平面迹线，但对体积分量要作修正。Lade 等（1987，1988）曾对地质材料使用非关联流动法则的结果进行了讨论。Sandler 和 Rubin（1987）对非关联流动法则在动力学分析中的应用提出了反对意见，并列举出解不具有惟一性、能量产生和可能的数值困难等方面的一些缺陷。

6.8 总　结

对土的性质影响最大的物理因素是孔隙比、含水量、土的构造及矿物组成。对于现有的问题来说，能否成功地预测土的特性取决于所使用的材料模型是否能概括土的特性中的显著性质。土的特性中最显著的性质是：极限强度（取决于有效平均应力）、表现出塑性膨胀或收缩能力以及与应力路径相关性。

从简单的 Drucker-Prager 帽盖模型到 Prevost 提出的迭套锥形模型，已描述过了大量的塑性模型，必须根据这些模型所要求的用途对其优点和局限性进行评价。一般来说，尽量选择能为其预测目的提供准确解的最简单模型，还可以省去为了标定更复杂的材料模型或者估计那些对现有问题影响不大的材料参数值而需要进行的一些必要的试验。

对于分析包括单调荷载在内的边值问题，包括单调加载或简单计算地基、边坡的破坏荷载等，理想塑性模型或各向同性强化模型通常是最好的选择。当存在复杂的加载条件时，则必须使用更完善的材料模型。对于周期荷载，混合加载模型和（或）迭套模型是可供选择的方案。然而，由于荷载的性质使得这些分析通常在计算上有一定的要求，并且很昂贵。材料模型的选择取决于确定模型参数的试验的类型和状况，Lade 模型就是极好的一例。该模型需要的 14 个材料参数都可由标准三轴试验得到，如果试验结果能数值化，那么这些材料参数的值就可以几乎自动地实现了。只要能提供试验结果，则标定和验证就能在大约一天内完成。其重要性并不一定在于材料参数的多少，而在于其简易性。

本章中描述了大量用于土体材料的试验装置。遗憾的是，像空心圆柱试验仪和立方试验仪这样的装置并不被广泛采用，而且这些试验都是很昂贵的。因此，如果可以只用简单土样压缩测力计和三轴试验材料模型，则该模型就很有实用价值了。

实际上，对于黏性土和无黏性土，目前的趋势是使用特殊材料模型，这使得标定更加简单且在使用实验室试验资料上更直接。这还要求保留尽可能多的简化假定，同时充分表示使用该模型的土工材料的响应。例如，由于简化的求解步骤、参数的标定和较低的计算要求通常超过了采用非关联流动法则提供的改进预测能力，故黏性土材料模型仍常采用关联流动法则。

6.9 参考文献

1 Alarcon-Guzman A, Leonards G A, Chameau J L. Undrained Monotonic and Cyclic Strength of Sands. Journal of Geotechnical Engineering, ASCE, 1988, 114 (10): 1089~1109

2 Anandarajah A, Dafalias Y F. Bounding Surface Plasticity Ⅲ: Application to Anisotropic Cohesive Soils. Journal Engineering Mechanics Division, ASCE, 1986, 112 (12): 1292~1318

3 Argyris J H, et al. Recent Developments in the Finite Element Analysis of PCRV. Nuclear Engineering and Design, 1974 (28): 42~75

4 Ashour H A. A Compressive Strength Criterion for Anisotropic Rock Materials. Canadian Geotechnical Journal, 1988 (25): 233~237

5 Atkinson J H, Bransby P L. The Mechanics of Soils: An Introduction to Critical State Soil Mechanics. London: McGraw-Hill, 1978, 375

6 Banerjee P K, Yousif N B. A Plasticity Model for the Mechanical Behavior of Anisotropically Consolidated Clay. International Journal for Numerical and Analytical Methods in Geomechanics, 1986 (10): 521~541

7 Bardet J P. Bounding Surface Plasticity Model for Sands. Journal of Engineering Mechanics, ASCE, 1986, 112 (11): 1198~1317

8 Bazant Z P. Mechanics of Geomaterials: Rocks, Concretes, Soils. John Wiley Sons, New York, 1985.

9 Bishop A W. Shear Strength Parameters for Undisturbed and Remolded Soil Specimens. Proceedings of the Roscoe Memorial Symposium: Stress-Strian Behavior of Soils, R H G Parry (Editor), Foulis, Henley-on-the-Thames, 1972, 3~58

10 Burland J B. Deformation of Soft Clays. Ph. D. Thesis, Cambridge University, Cambridge, UK, 1967.

11 Case Western Reserve University. Information Package: International Workshop on Constitutive Equations for Granular Non-Cohesive Soils. Civil Engineering Dept, Cleveland, OH, 44106, 1986.

12 Chen W F. Limit Analysis and Soil Plasticity. Elsevier, Amsterdam, 1975, 638

13 Chen W F, Baladi G Y. Soil Plasticity, Theory and Application. Elsevier, Amsterdam, 1985, 231

14 Chen W F, Han D J. Plasticity for Structural Engineers. New York: Springer-Verlag, 1988, 600

15 Chen W F, Mizuno E. Nonlinear Analysis in Soil Mechanics. Elsevier, Amsterda, 1990, 661

16 DiMaggio F L, Sandler I S. Material Model for Granular Soils. Journal of the Engineering Mechanics Division, ASCE, 1971, 97 (EM3): 935~950

17 Dafalias Y F, Popov E P. A Model for Nonlinearly Hardening Materials for Complex Loading. Acta Mechanics, 1975 (21): 173~192

18 Dafalias Y F, Herrmann L R. Bounding Surface Formulation of Soil Plasticity, Chapter 10-Soil Mechanics-Transient and Cyclic Loads. Constitutive Relations and Numerical Treatment, G N Pande and O C Zienkiewicz (Editors), New York: John-Wiley, 1982, 253~282

19 Dafalias Y F, Herrmann L R. Bounding Surface Plasticity Ⅱ: Application to Isotropic Cohesive Soils. Journal Engineering Mechanics Division, ASCE, 1986, 112 (12): 1263~1291

20 Desai C S. A General Basis for Yield, Failure and Potential Functions in Plasticity. International Journal for Numerical and Analytical Methods in Geomechanics, 1980 (4): 361~375

21 Desai C S, Siriwardane H J. A Concept of Correction Functions to Account for Non-Associative Characteristics of Geologic Media. International Journal for Numerical and Analytical Methods in Geomechanics, 1980 (4): 377~387

22 Desai C S, Siriwardane H J. Constitutive Laws for Engineering Materials. Prentice-Hall, Englewood Cliffs, NJ, 1983.

23 Desai C S, Somasundaram S, Frantziskonis G. A Hierarchical Approach for Constitutive Modeling of Geologic Materials. International Journal for Numerical and Analytical Methods in Geomechanics, 1986 (10): 225~257

24 Drucker D C. A More Fundamental Approach To Stress-Strain Relations. Proceedings 1st US National Congress on Applied Mechanics, ASME, 1951, 487~491

25 Drucker D C, Gibson R E, Henkel D J. Soil Mechanics and Work-Hardening Theories of Plasticity. Transactions, ASCE, 1957 (112): 338~346

26 Griffiths D V, Smith I M, Molenkamp F. Computer Implementation of a Double-Hardening Model for Sand. IUTAM Conference on Deformation and Failure of Granular Materials, Balkema, 1982, 213~221

27   Harrmann L R, Kaliakin V, Shen C K, Mish K D, Zhu Z Y. Numerical Implementation of Plasticity Model for Cohesive Soils. Journal Engineering Mechanics Division, ASCE, 1987, 113 (4): 482~499

28   Iwan W D. On a Class of Models for the Yielding Behavior of Composite Systems. Journal of Applied Mechanics, 1967 (34): 612~617

29   Kaliakin V N, Dafalias Y F, Herrmann L R. Time Dependent Bounding Surface Model for Isotropic Cohesive Soils, Notes for a Short Course. Second International Conference on Constitutive Laws for Engineering Materials: Theory and Application. University of Arizona. Tucson, AZ, 1987.

30   Kavvadas M. Nonlinear Consolidation Around Driven Piles in Clay. D Sc Thesis, Massachusetts Institute of Technology, Cambridge, MA, 1982.

31   Ko H Y, Sture S. State-of-the-Art: Data Reduction and Application for Analytical Modeling. Laboratory Shear Strength of Soil, Yong R N. Townsend F C (editors), ASTM, 1981, STP 740, 329~386

32   Krien R D. A Practical Two-Surface Plasticity Theory. Journal of Applied Mechanics, 1975 (42): 641~646

33   Lacy S J. Numerical Procedures for Nonlinear Transient Analysis of Two-Phase Soil Systems. Ph. D. Thesis, Princeton University, 1986.

34   Lacy S J, Prevost J H. Constitutive Model for Geomaterials. Proceedings of the Second International Conference on Constitutive Laws for Engineering Materials, Desai C S, Krempl E, Kiousis P D, Kundu T (Editors), New York: Elsevier, 1987, I : 149~160

35   Lade P V. Elasto-Plastic Stress-Strain Theory for Cohesionless Soil with Curved Yield Surfaces. International Journal of Solids and Structures, 1977 (13): 1019~1035

36   Lade P V. Stress-Strain Theory for Normally Consolidated Clay. Third International Conference on Numerical Methods in Geomechanics, Aachen, 1979, 1325~1337

37   Lade P V. Elasto-Plastic Stress-Strain Model for Sand, Limit Equilibrium, Plasticity and Generalized Stress-Strain in Geotechnical Engineering. Yong R N, Ko (Editors) H Y, New York: ASCE, 1981, 628~648

38   Lade P V. Effects of Voids and Volume Changes on the Behavior of Frictional Materials. International Journal for Numerical and Analytical Methods in Geomechanics, 1988 (12): 351~370

39   Lade P V, Duncan J M. Elastoplastic Stress-Strain Theory for Cohesionless Soil. Journal of Geotechnical Engineering Division, ASCE, 1975, 101 (GT10): 1037~1053

40   Lade P V, Nelson R B. Incrementalization Procedure for Elasto-Plastic Constitutive Model with Multiple, Intersecting Yield Surfaces. International Journal for Numerical and Analytical Methods in Geomechanics, 1984 (8): 311~323

41   Lade P V, Nelson R B, Ito Y M. Nonassociated Flow and Stability of Granular Materials. Journal of Engineering Mechanics, ASCE, 1987, 113 (9): 1302~1318

42   Lade P V, Nelson R B, Ito Y M. Instability of Granular Materials with Nonassociated Flow. Journal of Engineering Mechanics. ASCE, 1988, 114 (12): 2173~2194

43 Lee K L, Seed H B. Drained Strength Characteristics of Sands. Journal of Soil Mechanics and Foundation Division, ASCE, 1967, 93 (SM6): 117~141

44 Leroueil S, Tavenas F, Brucy F, LaRochelle P, Roy M. Behavior of Destructured Natural Clays. Journal of Geotechnical Engineering Division, ASCE, 1979, 105 (GT6): 759~778

45 Lin F B, Bazant Z P. Convexity of Smooth Yield Surface of Frictional Material. Journal of Engineering Mechanics, ASCE, 1986, 112 (11): 1259~1262

46 McCarron W O, Chen W F. A Capped Plasticity Model Applied to Boston Blue Clay. Canadian Geotechnical Journal, 1987 (24): 630~644

47 McCarron W O, Chen W F. An Elastic-Plastic Two-Surface Model for Non-Cohesive Soils, Constitutive Equations for Granular Non-Cohesive Soils. Proceedings of the International Workshop on Constitutive Equations for Granular Material, July 1987, Case Western University, A Saada and G Bianchini (eds), Balkema, 1988, 427~445

48 Mroz Z. On the Description of Anisotropic Hardening. Journal of Mechanics and Physics of Solids, 1967 (15): 163~175

49 Pande G N, Zienkiewicz O C. Soil Mechanics-Transient and Cyclic Loads. New York: John Wiley Sons, 1982.

50 Prevost J H. Mathematical Modeling of Monotonic and Cyclic Undrained Clay Behavior. International Journal for Numerical and Analytical Methods in Geomechanics, 1977 (1): 195~216

51 Prevost J H. Two-Surface Versus Multi-Surface Plasticity Theories: A Critical Assessment. International Journal for Numerical and Analytical Methods in Geomechanics, 1982 (6): 323~338

52 Prevost J H. A Simple Plasticity Theory for Frictional Cohesionless Soils. Soil Dynamics and Earthquake Engineering, 1985a, 4: 9~17

53 Prevost J H. Wave Propagation in Fluid-Saturated Media: An Efficient Finite Element Procedure. Soil Dynamics and Earthquake Engineering, 1985b, 4: 183~202

54 Resende L, Martin J B. Formulation of Drucker-Prager Cap Model. Journal of Engineering Mechanics, ASCE, 1985, 111 (7): 855~881

55 Resende L, Martin J B. Formulation of Drucker-Prager Cap Model (closure). Journal of Engineering Mechanics, ASCE, 1987, 113 (8): 1257~1259

56 Roscoe K H, Schofield M A, Wroth C P. On the Yielding of Soils. Geotechnique, 1958 (8): 22~53

57 Roscoe K H, Burland J B. On the Generalized Behavior of "Wet Clays". Engineering Plasticity, Cambridge University Press, 1968, 535~609

58 Saada A S, Townsend F C. State of the Art: Laboratory Strength Testing of Soils, Laboratory Shear Strength of Soils. STP740, R N Yong, F C Townsend (Editors), American Society for Testing and Materials, Philadelphia, PA, 1981, 7~77

59 Sandler I S, DiMaggio F L, Baladi G Y. Generalized Cap Model for Geological Materials. Journal of the Geotechnical Engineering Division, ASCE, 1976, 102 (GT7): 638~699

60　Sandler I S, Baron M L. Recent Developments in the Constitutive Modeling of Geological Materials. Third International Conference on Numerical Methods in Geomechanics, Aachen, Balkema, 1979, 363~376

61　Sandler I S, Rubin D. The Consequences of Nonassociated Plasticity in Dynamic Problems. Proceedings of the Second International Conference on Constitutive Laws for Engineering Materials, Desai C S, Krempl E, Kiousis P D, Kundu T (Editors), New York: Elsevier, 1987 (Ⅰ): 345~352

62　Schofield M A, Wroth C P. Critical State Soil Mechanics. London: McGraw-Hill, 1968.

63　Somasundaram S, Desai C S. Modeling and Testing for Anisotropic Behavior of Soils. Journal of Engineering Mechanics, ASCE, 1988, 114 (9): 1473~1496

64　Wroth C P, Houlsby G T. A Critical State Model for Predicting Behavior of Clays, Limit Equilibrium, Plasticity and Generalized Stress-Strain in Geotechnical Engineering. Yong R N, Ko (editors) H Y, New York: ASCE, 1981, 592~627

65　Yong R N, Mohamed A M. Experimental Study on Yielding and Failure of an Anisotropic Clay. Mechanics of Materials, 1984 (3): 301~310

66　Yong R N, Mohamed A M. Development of Nonassociated Flow Rule for Anisotropic Clasy. Journal of Engineering Mechanics, ASCE, 1988a, 114 (3): 404~420

67　Yong R N, Mohamed A M. Performance Prediction of Anisotropic Clays under Loading. Journal of Engineering Mechanics, ASCE, 1988b, 114 (3): 421~433

第7章 塑性理论在土体研究中的应用

7.1 引 言

上一章介绍了许多有关土的塑性基本构模型。应该强调的是，特定模型的选择应考虑模型的性能、期望荷载条件下预期的土体响应以及分析的目的。但是，边值问题的准确解不仅需要有代表性的材料模型，而且要了解获得这些解的数值方法。本章不仅要讨论应用土体塑性模型的方法，还要讨论许多通常用于涉及土体塑性的边值问题求解的课题，这些课题包括有限元的选择、孔隙水压力的模拟、应力和状态初始值以及固结分析。本章还给出了一些典型边值问题的解来阐明所讨论的问题。

7.2 塑性模型的推导

第6章介绍了大量常用于表示土体特性的塑性模型。这里，首先回顾一下塑性的基本假定，然后讨论在有限元分析中运用土体塑性模型的数值方法。

7.2.1 塑性流动理论

塑性增量理论或塑性流动理论建立在以下三个基本假定的基础上(Chen 和 Han,1988)[43]：

(1) 初始及后继屈服（加载）面的存在；

(2) 描述后继加载面演化的强化法则；

(3) 确定塑性应变增量方向的流动法则。

此外，假定应变增量由弹性分量 $d\varepsilon_{ij}^e$ 和塑性分量 $d\varepsilon_{ij}^p$ 组成：

$$d\varepsilon_{ij} = d\varepsilon_{ij}^e + d\varepsilon_{ij}^p \tag{7.1}$$

这样，应力增量由广义虎克定律给出：

$$d\sigma_{ij} = C_{ijkl}^e \ (d\varepsilon_{kl} - d\varepsilon_{kl}^p) \tag{7.2}$$

假定塑性应变增量垂直于势能面 g，并且由流动法则定义为：

$$d\varepsilon_{ij}^p = d\lambda \frac{\partial g}{\partial \sigma_{ij}} \tag{7.3}$$

其中，$d\lambda$ 是比例标量。如果破坏面与势能面重合 $(f=g)$，那么流动法则称为关联流动法则，否则是非关联流动法则。

7.2.2 增量应力－应变关系

假定屈服条件的形式为：

$$f = f \ (\sigma_{ij}, \ \varepsilon_{ij}^p, \ x) = 0 \tag{7.4}$$

其中，x 为强化参数，增量弹塑性应力－应变关系以一致性条件导出：

$$\mathrm{d}f = \frac{\partial f}{\partial \sigma_{ij}}\mathrm{d}\sigma_{ij} + \frac{\partial f}{\partial \varepsilon_{ij}^{\mathrm{p}}}\mathrm{d}\varepsilon_{ij}^{\mathrm{p}} - \frac{\partial f}{\partial x}\mathrm{d}x = 0 \tag{7.5}$$

该式要求引起塑性变形的应力增量从当前屈服面上开始，在后继屈服（加载）面处结束。弹塑性的增量应力-应变关系通常可表示为：

$$\mathrm{d}\sigma_{ij} = \left(C_{ijkl}^{\mathrm{e}} + C_{ijkl}^{\mathrm{p}} \right) \mathrm{d}\varepsilon_{kl} \tag{7.6}$$

其中，塑性刚度 C_{ijkl}^{p} 的形式为：

$$C_{ijkl}^{\mathrm{p}} = -\frac{C_{ij\mathrm{tu}}^{\mathrm{e}}\ (\partial f/\partial \sigma_{\mathrm{rs}})\ (\partial g/\partial \sigma_{\mathrm{tu}})\ C_{\mathrm{rs}kl}^{\mathrm{e}}}{K_2 + (\partial f/\partial \sigma_{\mathrm{mn}})\ C_{\mathrm{mnpq}}^{\mathrm{e}}\ (\partial g/\partial \sigma_{\mathrm{pq}})}$$

$$K_2 = -\frac{\partial f}{\partial \varepsilon_{ij}^{\mathrm{p}}}\frac{\partial g}{\partial \sigma_{ij}} - \frac{\partial f}{\partial x}\frac{\partial x}{\partial \varepsilon_{ij}^{\mathrm{p}}}\frac{\partial g}{\partial \sigma_{ij}} \tag{7.7}$$

在有限元方法或其他数值方法中，弹塑性刚度的张量 $C_{ijkl}^{\mathrm{ep}} = C_{ijkl}^{\mathrm{e}} + C_{ijkl}^{\mathrm{p}}$ 必须以矩阵的形式表示。

7.2.3 本构关系的解析表达式

推导矩阵形式的本构方程要求采用应力和应变矢量的记号约定。在下面的讨论中，假定应力矢量与应变矢量的形式为：

$$\{\sigma\}^{\mathrm{T}} = \{\sigma_{11},\ \sigma_{22},\ \sigma_{33},\ \sigma_{12},\ \sigma_{13},\ \sigma_{23}\} \tag{7.8}$$

$$\{\varepsilon\}^{\mathrm{T}} = \{\varepsilon_{11},\ \varepsilon_{22},\ \varepsilon_{33},\ \gamma_{12},\ \gamma_{13},\ \gamma_{23}\} \tag{7.9}$$

式（7.9）中工程应变的换算，保证功的增量关系正确地表示为：

$$\mathrm{d}W = \sigma_{ij}\mathrm{d}\varepsilon_{ij} = \{\sigma\}^{\mathrm{T}}\{\mathrm{d}\varepsilon\} \tag{7.10}$$

其中，$\{\mathrm{d}\varepsilon\}$ 是 $\{\varepsilon\}$ 的增量值。弹塑性本构方程用张量可表示为：

$$\mathrm{d}\sigma_{ij} = \left[C_{ijkl}^{\mathrm{e}} - \frac{1}{H}G_{ij}F_{kl} \right]\mathrm{d}\varepsilon_{kl}$$

$$H = \frac{\partial f}{\partial \sigma_{ij}}C_{ijkl}^{\mathrm{e}}\frac{\partial g}{\partial \sigma_{kl}} - K_2 \tag{7.11}$$

$$G_{ij} = C_{ijkl}^{\mathrm{e}}\frac{\partial g}{\partial \sigma_{kl}}$$

$$F_{ij} = C_{ijkl}^{\mathrm{e}}\frac{\partial f}{\partial \sigma_{kl}}$$

如果流动法则是相关联的，则 G_{ij} 等于 F_{ij}。

各向同性模型的显式本构方程

对于建立在各向同性弹塑性基础上大量简单的弹塑性模型，Chen（1982）提出了本构矩阵中元素的显式表达式。在各向同性的假设下，屈服面和梯度 $\partial f/\partial \sigma_{ij}$ 及 $\partial g/\partial \sigma_{ij}$ 可由应力不变量的函数表示：

$$f = f\ (I_1,\ J_2,\ J_3,\ I_3,\ \varepsilon_{ij}^{\mathrm{p}},\ x) \tag{7.12}$$

和

$$\frac{\partial f}{\partial \sigma_{ij}} = \frac{\partial f}{\partial I_1}\delta_{ij} + \frac{\partial f}{\partial J_2}s_{ij} + \frac{\partial f}{\partial J_3}t_{ij} + \frac{\partial f}{\partial I_3}l_{ij}$$

$$= F_1\delta_{ij} + F_2 s_{ij} + F_3 t_{ij} + F_4 l_{ij} \tag{7.13}$$

386

和

$$\frac{\partial g}{\partial \sigma_{ij}} = G_1 \delta_{ij} + G_2 s_{ij} + G_3 t_{ij} + G_4 l_{ij} \tag{7.14}$$

其中

$$t_{ij} = \frac{\partial J_3}{\partial \sigma_{ij}} = s_{ik} s_{kj} - \frac{2}{3} J_2 \delta_{ij} \tag{7.15}$$

和

$$l_{ij} = \frac{\partial I_3}{\partial \sigma_{ij}} = \frac{\partial \ (\det|\sigma_{ij}|)}{\partial \sigma_{ij}} = \frac{\partial \ (\varepsilon_{\mathrm{stp}} \sigma_{\mathrm{ls}} \sigma_{2\mathrm{t}} \sigma_{3\mathrm{p}})}{\partial \sigma_{ij}} \tag{7.16}$$

$$l_{ij} = \begin{bmatrix} \sigma_{22}\sigma_{33} - \sigma_{23}\sigma_{32} & \sigma_{23}\sigma_{31} - \sigma_{21}\sigma_{33} & \sigma_{21}\sigma_{32} - \sigma_{22}\sigma_{31} \\ \sigma_{13}\sigma_{32} - \sigma_{12}\sigma_{33} & \sigma_{11}\sigma_{33} - \sigma_{13}\sigma_{31} & \sigma_{12}\sigma_{31} - \sigma_{11}\sigma_{32} \\ \sigma_{12}\sigma_{23} - \sigma_{13}\sigma_{22} & \sigma_{13}\sigma_{21} - \sigma_{11}\sigma_{23} & \sigma_{11}\sigma_{22} - \sigma_{12}\sigma_{21} \end{bmatrix}$$

张量 l_{ij} 也可由下面紧凑的形式表示:

$$l_{ij} = \frac{1}{2} \ (P_1^2 - P_2) \ \delta_{ij} - P_1 \sigma_{ij} + \sigma_{ik}\sigma_{kj} \tag{7.17}$$

$$P_1 = \sigma_{ij}\delta_{ij} = I_1, \quad P_2 = \sigma_{ij}\sigma_{ij}$$

假定是各向同性弹性,则有

$$\begin{aligned} F_{ij} &= C_{ijkl}^{\mathrm{e}} \frac{\partial f}{\partial \sigma_{kl}} = \ [\lambda \delta_{ij}\delta_{kl} + \mu \ (\delta_{ik}\delta_{jl} + \delta_{il}\delta_{jk})] \ \frac{\partial f}{\partial \sigma_{kl}} \\ &= F_1 \ (3\lambda + 2\mu) \ \delta_{ij} + 2F_2\mu s_{ij} + 2F_3\mu t_{ij} \\ &\quad + F_4 \Big\{ \frac{1}{2} \ (P_1^2 - P_2) \ (3\lambda + 2\mu) \ \delta_{ij} - P_1 \ (\lambda P_1\delta_{ij} + 2\mu\sigma_{ij}) \\ &\quad + \lambda P_2\delta_{ij} + 2\mu\sigma_{ir}\sigma_{rj} \Big\} \end{aligned} \tag{7.18}$$

其中,λ 和 μ 是 Lame 常量。张量 G_{ij} 有类似的形式 (以 G_1 代替 F_1,等等)。标量 H 的形式为:

$$H = \frac{\partial f}{\partial \sigma_{ij}} G_{ij} + K_2 = K_1 + K_2 \tag{7.19}$$

其中,K_1 是理想塑性产生的;K_2 (式 7.7) 则是应变强化效应产生的。对于形式为下式的本构模型:

$$f = f \ (I_1, \ J_2, \ J_3, \ \varepsilon_{ij}, \ x) \tag{7.20}$$

Chen (1982) 给出了下面关于标量 K_1 的显式表达式:

$$\begin{aligned} K_1 &= 3F_1G_1 \ (3\lambda + 2\mu) \ + 4F_2G_2\mu J_2 + 6F_2G_3\mu J_3 \\ &\quad + 6F_3G_2\mu J_3 + 2F_3G_3\mu \Big(s_{ik}s_{kj}s_{ir}s_{rj} - \frac{4}{3}J_2^2 \Big) \end{aligned} \tag{7.21}$$

对于特殊的强化准则,构成 H (式 7.19) 的 K_2 (式 7.7) 可以计算出来,同时形成了用于塑性刚度的显式矩阵表达式。塑性刚度可表示为

$$C_{ijkl}^{\mathrm{p}} = -\frac{1}{H} G_{ij} F_{kl} \tag{7.22}$$

矩阵形式为

$$[C^p] = -\frac{1}{H} \begin{bmatrix} G_{11}F_{11} & G_{11}F_{22} & G_{11}F_{33} & G_{11}F_{12} & G_{11}F_{13} & G_{11}F_{23} \\ G_{22}F_{11} & G_{22}F_{22} & G_{22}F_{33} & G_{22}F_{12} & G_{22}F_{13} & G_{22}F_{23} \\ G_{33}F_{11} & G_{33}F_{22} & G_{33}F_{33} & G_{33}F_{12} & G_{33}F_{13} & G_{33}F_{23} \\ G_{12}F_{11} & G_{12}F_{22} & G_{12}F_{33} & G_{12}F_{12} & G_{12}F_{13} & G_{12}F_{23} \\ G_{13}F_{11} & G_{13}F_{22} & G_{13}F_{33} & G_{13}F_{12} & G_{13}F_{13} & G_{13}F_{23} \\ G_{23}F_{11} & G_{23}F_{22} & G_{23}F_{33} & G_{23}F_{12} & G_{23}F_{13} & G_{23}F_{23} \end{bmatrix} \tag{7.23}$$

对于关联流动法则，$F_{ij} = G_{ij}$，$[C^p]$ 是对称的。应该注意的是，对于一般的应力状态而言，塑性刚度矩阵 $[C^p]$ 是满秩的，因此材料具有应力引发的各向异性。但是，如果应力路径离开了加载面，则这种各向异性会消失。

各向同性弹性刚度 $[C^e]$ 为：

$$[C^e] = \begin{bmatrix} \lambda + 2\mu & \lambda & \lambda & 0 & 0 & 0 \\ \lambda & \lambda + 2\mu & \lambda & 0 & 0 & 0 \\ \lambda & \lambda & \lambda + 2\mu & 0 & 0 & 0 \\ 0 & 0 & 0 & \mu & 0 & 0 \\ 0 & 0 & 0 & 0 & \mu & 0 \\ 0 & 0 & 0 & 0 & 0 & \mu \end{bmatrix} \tag{7.24}$$

工程应变就是使用了矩阵 $[C^e]$ 和矩阵 $[C^p]$。

Drucker-Prager 帽盖模型：6.4 节中介绍的 Drucker-Prager 帽盖模型是形成塑性刚度 $[C^p]$ 一个合适的例子。图 7.1 中模型的屈服面方程为：

$$f_1 = \sqrt{J_2} - aI_1 - k = 0 \tag{7.25}$$
$$f_2 = (I_1 - l)^2 + R^2 J_2 - (x - l)^2 = 0 \tag{7.26}$$

其中，x 是强化参数。假定帽盖强化法则的形式为：

$$\varepsilon_{kk}^p = W(1 - e^{-Dx}) \tag{7.27}$$

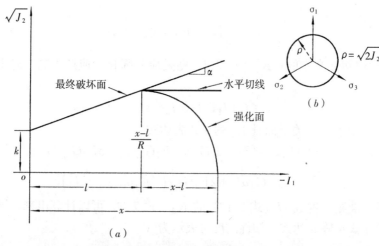

图 7.1　帽盖模型

(a) $I_1 - \sqrt{J_2}$平面；(b) 偏平面

388

其中，W 和 D 是材料参数。研究的 Drucker-Prager 帽盖模型（关联流动法则）的形式为：

对于 Drucker-Prager 面

$$G_1 = F_1 = \frac{\partial f_1}{\partial I_1} = -\alpha, \quad G_2 = F_2 = \frac{\partial f_1}{\partial J_2} = \frac{1}{2\sqrt{J_2}} \tag{7.28}$$

对于帽盖强化面

$$G_1 = F_1 = \frac{\partial f_2}{\partial I_1} = 2 \ (I_1 - l), \quad G_2 = F_2 = \frac{\partial f_2}{\partial J_2} = R^2 \tag{7.29}$$

$$\frac{\partial f_2}{\partial x} = -2 \ (x - l)$$

$$\frac{\partial x}{\partial \varepsilon_{ij}^p} = \frac{\partial x}{\partial \varepsilon_{kk}^p} \frac{\partial \varepsilon_{kk}^p}{\partial \varepsilon_{ij}^p} = \frac{\partial x}{\partial \varepsilon_{kk}^p} \delta_{ij} = \frac{1}{D \ (W - \varepsilon_{kk}^p)} \delta_{ij}$$

本构方程的矩阵列式

对于各向异性弹性或塑性本构定律而言，与上面的各向同性模型一样，很难通过显式推广本构方程来获得各个矩阵项的表达式。使用矩阵列式来得到增量方程式成为方便可行的另一个办法。实际上，对于任何一个塑性模型的实现，无论它是各向同性形式还是各向异性形式，以标准矩阵变换来表示增量应力–应变关系的能力都是具有吸引力的。塑性刚度 C_{ijkl}^p 以矩阵形式表示为：

$$[C^p] = -\frac{1}{H} [C^e] \{g'\} \{f'\}^T [C^e] \tag{7.30}$$

其中

$$H = K_1 + K_2$$

$$K_1 = \{f'\} [C^e] \{g'\}$$

$$K_2 = - \{A\}^T \{g'\} - \frac{\partial f}{\partial x} \{x'\}^T \{g'\}$$

$$\{A\}^T = \frac{\partial f}{\partial \varepsilon^p} = \left\{ \frac{\partial f}{\partial \varepsilon_{11}^p}, \ \frac{\partial f}{\partial \varepsilon_{22}^p}, \ \frac{\partial f}{\partial \varepsilon_{33}^p}, \ \frac{\partial f}{\partial \varepsilon_{12}^p}, \ \frac{\partial f}{\partial \varepsilon_{13}^p}, \ \frac{\partial f}{\partial \varepsilon_{23}^p} \right\}$$

$$\{x'\}^T = \frac{\partial x}{\partial \varepsilon^p} = \left\{ \frac{\partial x}{\partial \varepsilon_{11}^p}, \ \frac{\partial x}{\partial \varepsilon_{22}^p}, \ \frac{\partial x}{\partial \varepsilon_{33}^p}, \ \frac{\partial x}{\partial \varepsilon_{12}^p}, \ \frac{\partial x}{\partial \varepsilon_{13}^p}, \ \frac{\partial x}{\partial \varepsilon_{23}^p} \right\}$$

$$\{f'\}^T = \frac{\partial f}{\partial \sigma} = \left\{ \frac{\partial f}{\partial \sigma_{11}}, \ \frac{\partial f}{\partial \sigma_{22}}, \ \frac{\partial f}{\partial \sigma_{33}}, \ 2\frac{\partial f}{\partial \sigma_{12}}, \ 2\frac{\partial f}{\partial \sigma_{13}}, \ 2\frac{\partial f}{\partial \sigma_{23}} \right\}$$

$$\{g'\}^T = \frac{\partial g}{\partial \sigma} = \left\{ \frac{\partial g}{\partial \sigma_{11}}, \ \frac{\partial g}{\partial \sigma_{22}}, \ \frac{\partial g}{\partial \sigma_{33}}, \ 2\frac{\partial g}{\partial \sigma_{12}}, \ 2\frac{\partial g}{\partial \sigma_{13}}, \ 2\frac{\partial g}{\partial \sigma_{23}} \right\}$$

7.2.4 应力换算

当应力路径从屈服面内移动到屈服面上时，本构响应由弹性变成弹塑性。但是，塑性响应只出现在该移动发生时的小段应力增量部分。正确的推导要求计算应力增量的弹性系数 r（$0 \leqslant r \leqslant 1$）。对于简单屈服面，$r$ 可通过将一条直线与一个面相交的解析法来确定（如 Siriwardane 和 Desai，1983）。但是，对于高阶模型，必须用数值计算方法来找出 r 的值。Zienkiewicz 等人（1969）建议用下面的数值方法来确定弹性系数。

第 1 步：计算 f_a 和 f_b

$$f_a = f\left(\sigma_{ij}^a, \ \varepsilon_{if}^p, \ x^a\right) < 0$$
$$f_b = f\left(\sigma_{ij}^b, \ \varepsilon_{if}^p, \ x^a\right) > 0 \qquad (7.31)$$

其中，σ_{ij}^a为初始应力状态；σ_{ij}^b为假定整个应力增量为弹性而得到的试算应力状态（图 7.2）。假定函数 f 是线性的，则 r 计算如下：

$$r = \frac{-f_a}{f_b - f_a} \qquad (7.32)$$

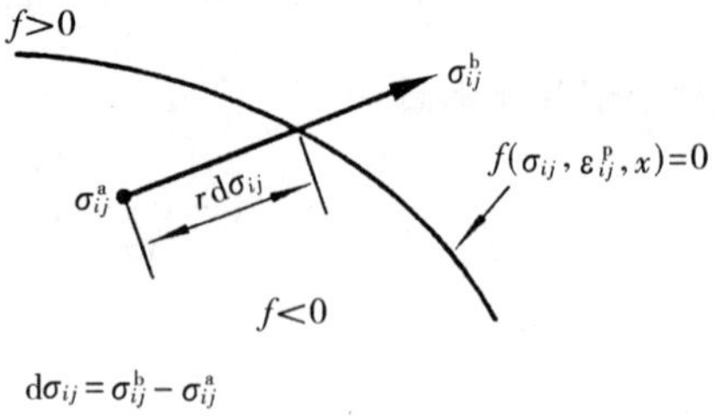

第 2 步：由于 f 的非线性，在第 1 步中得到的 r 很可能不会得到以下屈服面上的应力状态：

$$f = f\left(\sigma_{ij}^a + r\mathrm{d}\sigma_{ij}, \ \varepsilon_{if}^p, \ x^a\right) \neq 0$$
$$\mathrm{d}\sigma_{ij} = \sigma_{ij}^b - \sigma_{ij}^a \qquad (7.33)$$

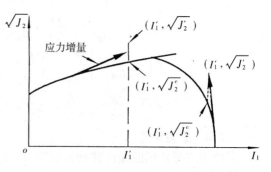

图 7.2　屈服面的应力换算

因此，修正解的范围并重复上面的步骤，直至找到合适的解。

7.2.5　一致性条件

弹塑性本构方程表示的基本步骤是对一致性条件的叙述（式 7.5）。一致性条件要求塑性加载路径必须在当前屈服面上开始而在下一屈服面上结束，并且屈服面大小与方位的改变必须与采用的强化法则一致。在本构方程的数值积分过程中，一定要满足一致性条件，以致不发生"偏移"屈服面的情况，这种偏移可以累积，并且可能在数值分析中产生明显的错误。偏移屈服面是由于下面原因造成的：求解过程中本构方程的线性化，使用有限应变增量不是无穷小，以及边界值问题求解过程中的数值计算误差。Chen（1982），Chen 和 Baladi（1985）以及 Potts 等（1985）都讨论了许多校正这种偏移的方法。下面讨论两种更常用的校正算法。

简单 J_2 换算

在所有校正算法中最简单的一种假定平均压力的计算值是正确的，而偏移是由偏应力造成的。应力状态的校正计算为：

$$\sigma_{ij}^c = I_1' \delta_{ij} + s_{ij}' \frac{\sqrt{J_2^c}}{\sqrt{J_2}} \qquad (7.34)$$

其中，初始值表示在计算应力增量末有误差的应力状态，而 σ_{ij}^c 则是校正的应力状态。当使用工作强化（软化）面时，常假定计算的强化参数是正确的，并且用一致性条件对应力状态进行修正。修正步骤在图 7.3 中作了说明，该图也表明在某些情况下会得到不合理的结果，例如，屈服面以陡斜角横穿静水压力轴时。

图 7.3　用 J_2 应力换算控制偏移

垂直于屈服面的校正

如图 7.4 所示，应用垂直于屈服面的校正应力的方法，假定平行于屈服面的应力增量的长度已准确计算出来，但是误差会引起垂直于该面的偏移。按下式进行校正计算：

$$\sigma_{ij}^{c} = \sigma_{ij}' + a\,\frac{\partial f}{\partial \sigma_{ij}} \qquad (7.35)$$

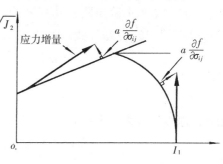

其中，$\partial f/\partial \sigma_{ij}'$ 为在有误差的应力状态 σ_{ij}' 处计算得到的梯度；a 为以下面比例式计算的标量：

$$f\,(\sigma_{ij}',\ \varepsilon_{ij}^{p'},\ x') + \frac{\partial f}{\partial \sigma_{ij}'}a\,\frac{\partial f}{\partial \sigma_{ij}'} = 0$$

$$a = -\frac{f\,(\sigma_{ij}',\ \varepsilon_{ij}^{p'},\ x')}{\dfrac{\partial f}{\partial \sigma_{ij}'}\dfrac{\partial f}{\partial \sigma_{ij}'}} \qquad (7.36)$$

图 7.4　使用垂直于屈服面的
校正来控制偏移

上式假设塑性应变的变化及强化参数可以忽略。

由于 f 通常不是线性的，故要用迭代法求解 a。如果误差大到使得梯度 $\partial f/\partial \sigma_{ij}'$ 不能由梯度 $\partial f/\partial \sigma_{ij}^{c}$ 表示时，则该方法将会遇到数值上的困难。Potts 等（1985）认为在校正步骤中要考虑塑性应变增量与强化值的变化。在这种情况下，需要有更复杂的迭代步骤来满足一致性条件。

7.2.6　双面模型的应用

许多常用的土体弹塑性本构模型都具有由两个相交面构成的屈服准则。应力空间中的这些面相交产生了数学上的奇异性，它必须在应用中解决。6.4.1 节中介绍的 Drucker-Prager 帽盖模型以及 6.4.2 节中的 Lade 模型，以不同的方式处理了这些奇异性。

自早期的经典塑性理论（Drucker，1951；Koiter，1953）发展中就在隐含了奇异屈服面理论含义进行了讨论。奇异屈服面的数值处理则是在最近由 Sandler 和 Rubin（1979），Lade 和 Nelson（1984）以及 Resende 和 Martin（1985，1987）提出的，这些公式推导中的基本假定是，塑性应变增量要用下面形式分解：

$$d\varepsilon_{ij}^{p} = \sum_{n}d\lambda_{n}\frac{\partial g_{n}}{\partial \delta_{ij}} \qquad (7.37)$$

其中，n 为与奇异性有关的屈服面的数目；$d\lambda_{n}$ 为标量比。

$$d\lambda_{n} = \frac{\{f_{n}'\}\,[C^{e}]\,\{d\varepsilon\}}{H_{n}} \qquad (7.37a)$$

Sandler 和他的助手（如 Sandler 和 Rubin，1979）建立的模型常常假定双面模型中的一个面是理想塑性形式，塑性应变增量垂直于第二工作强化面的势能面。Lade 和 Nelson（1979）以及 Resende 和 Martin（1985，1987）提出了另一种处理方法，其模型概述如下。

每个面 f_{k}（$k=1$，n）（n 是屈服面的数量）的一致性条件为：

$$\left[\frac{\partial f_{k}}{\partial \sigma}\right]^{T}\{d\sigma\} + \left[\frac{\partial f_{k}}{\partial \varepsilon^{pk}}\right]^{T}\{d\varepsilon^{pk}\} = 0 \qquad (7.38)$$

其中，$\{d\varepsilon^{pk}\}$ 是屈服面 k 的塑性应变增量。式（7.38）可推广为：

$$\left[\frac{\partial f_{k}}{\partial \sigma}\right]^{T}[C^{e}]\,\left[\,\{d\varepsilon\} - [G']\,\{d\lambda\}\,\right] + \left[\frac{\partial f_{k}}{\partial \varepsilon^{pk}}\right]^{T}\left[d\lambda_{k}\frac{\partial g_{k}}{\partial \sigma}\right] = 0 \qquad (7.39)$$

其中，矩阵 G' 是由列阵 $\{\partial g_{r}/\partial \sigma\}$ 组成的 $6\times n$ 阶阵，$\{\partial \lambda\}$ 是 $d\lambda_{r}$ 的矢量。一系列 n 个这样的表达式可以写出，每一个表达式对应一个屈服面。这些方程可用矩阵形式统一起来，并用于求解未知的 $d\lambda_{k}$，方程组可表示为：

$$[F']^{\mathrm{T}}[C^{\mathrm{e}}][\{d\varepsilon\} - [G']\{d\lambda\}] + [W']\{d\lambda\} = 0 \qquad (7.40)$$

其中，F' 为 $6 \times n$ 阶矩阵，其列阵为 $\partial f_{\mathrm{k}}/\partial \sigma$；$W'$ 为 $n \times n$ 阶对角矩阵，其对角元素为 $\{\partial f_{\mathrm{k}}/\partial \varepsilon^{\mathrm{pk}}\}^{\mathrm{T}} \{\partial g_{\mathrm{k}}/\partial \sigma\}$，解 $d\lambda_{\mathrm{r}}$ 为：

$$\{d\lambda\} = [L]^{-1}[F']^{\mathrm{T}}[C^{\mathrm{e}}]\{d\varepsilon\} \qquad (7.41)$$

其中

$$[L] = [F']^{\mathrm{T}}[C^{\mathrm{e}}][G'] - [W'] \qquad (7.42)$$

则塑性刚度矩阵表示为：

$$[C^{\mathrm{p}}] = -[C^{\mathrm{e}}][G'][L]^{-1}[F']^{\mathrm{T}} - [C^{\mathrm{e}}] \qquad (7.43)$$

7.3　用于非线性分析的有限元程序

用于边值问题求解的有限元类型与选择材料模型一样，有着同样的条件。对特定的有限元类型的选择应首先考虑所需解决问题的准确性和经济性。最简单的有限元并非是最经济的。对于弹塑性边值问题的解而言，基于有限元用数值计算位移的经验表明：二阶单元（抛物型函数）有明显的优点。当出现明显塑性时，低阶单元一般效果不佳。使用高阶单元可能因为所需单元数量少，以致求解问题的数值计算所费的功夫小而更经济。

7.3.1　常用的有限元列式

图 7.5 表示二维分析中 4 种常用的有限元。为了保证节点的连续，应形成相对简单的网格生成体系。因此，以采用低阶单元为佳，而高阶单元则常用于大而复杂的问题，这是因为它提高了数值计算效率。例如，4 节点线性单元要求以一个 4 点高斯积分形成单元刚度矩阵，8 节点抛物线单元的全积分需要 9 个积分点。如果单一高阶单元可代替三阶或更低阶单元且具有相同的或更高的准确度，则可得到计算上（经济的）的优势。如果将简约积分（4 点积分）用于 8 节点单元，则可能只有两个低阶元素需要替换。但是至少应准确选择用于这类问题的单元。Sloan 和 Randolph（1982）以及 Nagtegaal 等（1974）对弹塑性边值问题中的 4 节点线性单元的不良性能进行了讨论。他们得出以下结论：当主要表现为塑性时，与单元自由度数量有关的大量高斯积分点会使得这些单元"闭锁"。低阶形状函数不能适应没有形成最佳变形模式的无约束塑性流动。

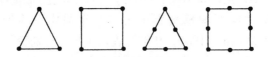

图 7.5　二维分析中常用的有限单元

7.3.2　有限元刚度计算

有限元方法中边值问题的求解，要求有限元刚度矩阵 k 的形式（Zienkiewicz，1977）如下：

$$[k] = \int_{\mathrm{vol}} [B]^{\mathrm{T}}[C][B]\mathrm{d}V \qquad (7.44)$$

其中，$[C]$ 是材料的应力 - 应变关系，$[B]$ 是应变 - 位移矩阵。

$$\{d\varepsilon\} = [B]\{du\} \qquad (7.45)$$

其中，$\{du\}$ 是位移增量。对于实际应用，式（7.44）中的积分常常要用数值计算来实现，例如，用高斯积分法可表示为：

$$[k] = \sum_n [B]^T[C][B]\omega_n \qquad (7.46)$$

其中，n 为高斯积分点的数量；ω_n 为取决于高斯点位置的加权因子；$[B]$ 和 $[C]$ 取决于单元内的位置。对于一般的弹塑性分析，每一点的材料应力－应变关系都不同，这是由于应力引发造成塑性刚度矩阵 $[C^p]$ 呈（式 7.23）各向异性的形式的缘故。

弹塑性材料模型的数值应用，要求在应力－应变曲线积分的主程序与子程序之间进行大量的数据交换。高效的程序要求这种信息交换次数最少。大多数及其模型应用要求与材料模型的子程序进行如下信息的交换：

（1）阶段开始的应力状态；

（2）该阶段的应变增量；

（3）材料模型参数；

（4）历史相关性参数；

（5）材料应力－应变关系 $[C]$。

7.3.3　非线性问题的整体求解技术

对于非线性问题的迭代解，有许多求解方法，最常用的方法之一是 Newton-Raphson 方法和改进的 Newton-Raphson 方法。近年来，也提出了许多"加速"解法来提高迭代效率。Kardestuncer 和 Norrie（1987）编辑的手册，对这些方法及加速技术进行了全面总结。这里不讨论那些加速技术，只提示某些在减少各种非线性问题计算量方面非常有效的技术。这里讨论的迭代解法是关于土力学问题中的单自由度问题，而不是固体力学中的多自由度问题。不过，这些技术的多维推广与应用很简单。

提出的基本问题是为了获得与荷载增量 dP_n 相关的位移增量 dU_n，其中下标 n 为荷载增量的个数。总位移以下面形式表示：

$$U_n = U_{n-1} + dU_n \qquad (7.47)$$

且总荷载为

$$P_n = P_{n-1} + dP_n \qquad (7.48)$$

在迭代过程中，可通过对应于总荷载 P_n 的剩余荷载或不平衡荷载 ΔR_n^i 来判断解的收敛。Siriwardane 和 Desai（1983）对其他许多收敛准则进行了讨论。剩余荷载计算为

$$\Delta R_n^i = P_n - R_n^i \qquad (7.49)$$

其中，R_n^i 是在当前变形状态中由体系所承担的荷载，i 是迭代次数。下面将简单地讨论一下 Newton-Raphson 迭代法和改进的 Newton-Raphson 迭代法。

Newton-Raphson 迭代法

Newton-Raphson 迭代法可能是在固体力学中对非线性问题求解时应用最广的方法。正如图 7.6 所示，该方法涉及加载阶段的每一次迭代中刚度 K 的重新计算。在进行迭代时，将位移增量累加，并算出剩余荷载 ΔR_n^i 且与当前荷载水平进行比较，一旦达到了收敛，则可进入下一步骤。求解步骤为：

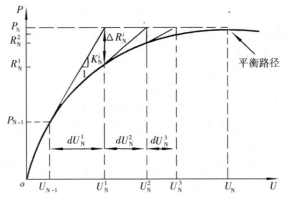

图 7.6　Newton-Raphson 迭代法的图解说明

第 1 步：计算系统中所承担的荷载 R_n^i；

第 2 步：计算剩余荷载

$$\Delta R_n^i = P_n - R_n^i$$

如果得到收敛，则进入下一荷载增量；如果没有收敛，则继续迭代；

第 3 步：计算剩余荷载引起的位移增量

$$dU_n^i = \Delta R_n^i / K_n^i$$

第 4 步：更新迭代过程中计算的累计位移

$$\Delta U_n^i = \sum_i dU_n^i$$

继续进行第 1 步。

　　Newton-Raphson 法的优点在于通常能保证以最少次数的迭代次数收敛。但是，在每一次迭代中形成和简化平衡方程所做的计算工作，会导致计算时间增加，使计算费用更昂贵。在边界条件改变的情况下（如，两物体接触问题），由于平衡方程数量可能改变，会要求采用 Newton-Raphson 方法。

改进的 Newton-Raphson 迭代法

　　如图 7.7 所示，改进的 Newton-Raphson 方法在每一荷载增量步中使用一个不变的刚

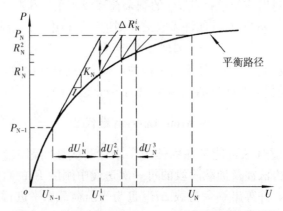

图 7.7　改进的 Newton-Raphson 迭代法的图解说明

度，也就是说，在每次迭代中刚度相同。其优点在于在每一步开始时，只形成和简化平衡方程一次，这会产生更多次的迭代，但实际上却减少了求解计算的时间。如果在加载步中体系的真实刚度没有明显变化，则该方法就非常有效。当然，该方法中也引入了各种改进措施，例如在指定的迭代次数之后重新计算刚度。如果刚度变化很大，则收敛问题与改进的 Newton-Raphson 法相冲突。例如，如果加载步有大的塑性变形，而弹性卸载又发生在加载步之后，则很可能会出现这种问题。在这种情况下，建立在弹塑性响应基础上的初始刚度则太低，以至于不允许后继弹性卸载时发生收敛。

应力－应变响应的集成

弹塑性问题解中的关键要求是，在整体平衡迭代中对材料响应进行相容处理，必须保证整体水平上的迭代不在应力点处产生错误响应，这只有当达到整体解收敛时通过更新强化参数和应力状态才能完成。在中间迭代过程中，更新应力状态和强化参数，把与整体荷载不平衡的应力状态的影响引入到边值问题的解中。这样，由于迭代过程的不规则振荡，会降低解的准确性。更新应力状态和强化参数的正确方法是，一旦达到解的整体收敛，就计算由整个应变增量产生的响应。

7.3.4 基底破坏荷载

下面将用两种不同的有限元形式介绍纯黏性土和 $c-\varphi$ 土的基底荷载－位移关系及破坏荷载，其目的是为了说明高阶单元的优点，用两种不同的网格和单元形式进行分析基底问题。图 7.8 表示 4 节点单元的有限元网格，具有同样尺寸的第二种网格采用 8 节点单元，但它由一个 8 节点单元代替 4 个 4 节点的单元块。4 节点线性单元的有限元模型有 128 个单元，153 个节点和 248 个自由度。8 节点抛物线单元模型有 32 个单元，121 个节点和 184 个自由度。

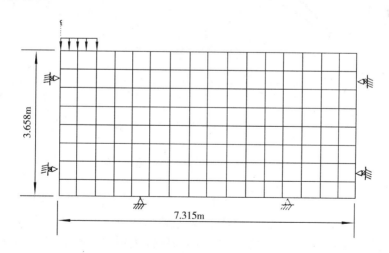

图 7.8　基底破坏分析的有限元模型

问题的描述

下面将考虑三种不同的基础强度，每一种的黏滞系数 $c=69.95\text{kPa}$，假定三个内摩擦角分别为 0°、20°和 30°，这些土体理想化的极限分析解是由 Chen（1975）给出的，对于摩擦角为 0°、20°和 30°的解分别为 351.64kPa、1020.46kPa 和 2075.40kPa，这里忽略了土的自重影响。用 Drucker-Prager 模型来描述基础的强度特性。这里还采用了与 Mohr-Coulomb 准则一致的平面应变条件。对于平面应变条件，利用表 6.2 中列出的关系，有：当 $\varphi = 0°$ 时，$k = 68.95$kPa 和 $a = 0$；当 $\varphi = 20°$ 时，$k = 63.57$kPa 和 $\alpha = 0.112$；当 $\varphi = 30°$ 时，$k = 57.37$kPa 和 $\alpha = 0.160$。

　　图 7.9～7.11 表示 4 种不同模拟条件或假定下分析的结果。采用的方法分别为：对 4 节点单元采用关联流动法则；对 8 节点单元采用全积分（9 个高斯点）；对 8 节点单元采用简约积分（4 个高斯点）；对 8 节点单元采用简约积分和非关联流动法则。在图 7.9 中当假定摩擦角增加时，8 节点单元相对于 4 节点单元的优越性是非常明显的。随着 φ 的增加，4 节点单元提供准确极限荷载的能力减小；8 节点单元则为全积分方程和简约积分方程提供更准确的解。高阶单元在计算和经济上的优点表现得很明显，对于简约积分尤为突出。简约积分单元以最少的计算工作量提供更接近于经典极限分析解。

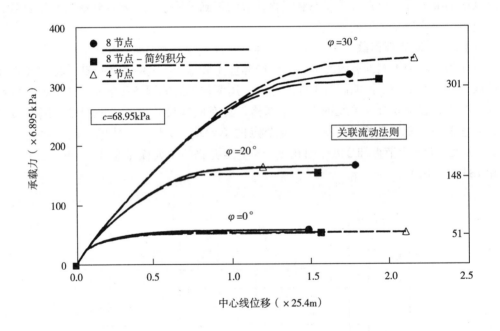

图 7.9　不同有限元网格的基底响应

　　图 7.10 对使用简约积分 8 节点单元的关联流动法则和非关联流动法则的解进行了比较。在目前的分析中，非关联流动法则假定膨胀角为 0°（无塑性体积应变）。由非关联流动法则得到的极限解低于由关联流动法则得到的极限解，该结果与经典极限分析原理（Chen，1975）的解释一致。图 7.10 中的结果表明，随着摩擦角减小，采用非关联流动法则（无塑性体积应变）和关联流动法则得到的极限荷载的差异也减小。图 7.11 利用 8 节点简约积分单元对用于分析的矢量位移曲线进行了比较，显示了关联流动法则和非关联流动法则假定的结果。图形表明，随着内摩擦角 φ 的增加，需要有更多的材料来承担基底荷载。流动法则不仅影响变形的大小，还影响变形的方向。

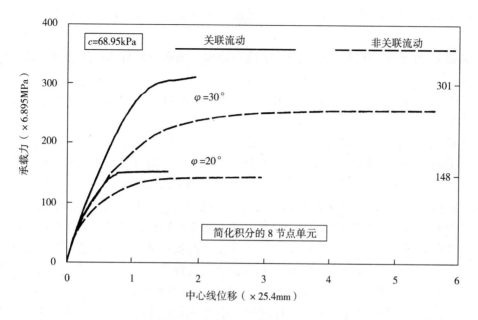

图 7.10　关联流动法则与非关联流动法则的基底响应

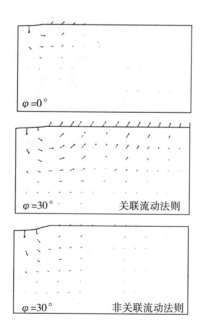

图 7.11　破坏荷载下的基础变形模式

7.3.5　模拟不排水性质的方法

对于各种边值问题，常常要对饱和土或部分饱和土进行分析。与土体骨架刚度相比，填充土体骨架孔隙的水可认为是不可压缩的。如果加载过程中土的渗透性很低以至于阻止排水，则饱和土的不可压缩性变得十分重要。在这种情况下，液体对土的变形产生体积不变的约束。对于土有以下 4 种类型的问题。

类型 1：土体完全饱和，但加载非常缓慢，使得水从土体中排出且无超孔隙水压力形成。

类型 2：土体完全饱和，荷载以一定速率施加，该速率使排水可以忽略，且形成超孔隙水压力。

类型 3：土体完全饱和，荷载以任意速率施加，使得超孔隙水压力的形成和液体排出同时发生。

类型 4：土体不完全饱和，荷载的施加使得液体－自由孔隙发生体积改变。

以上列出的类型都是常见的岩土工程问题。第 1 种类型可表示基底荷载在高渗透性粒状砂土地基中的应用；第 2 种类型可表示基底荷载作用于黏土地基。对通常称为"排水"的第 1 种类型问题的分析可利用任何有效的本构模型，并且不具任何特殊情况。第 2 种类型问题的解表现出新的复杂性，其复杂性在于必须在求解过程中引入无体积应变的动态约束。第 3 种类型仅仅是固结问题，例如建在黏土上的坝体结构。该问题在分析及数值计算处理时必须指出流过土体的流量，本章后面将介绍这种类型的一个例子。最后一种类型可能是最常见的，但在分析和数值计算上最困难。有兴趣的读者可参看 Chen 和 Duncan (1983) 对这个问题的探讨，这里不对该问题作进一步的讨论。下面，将讨论分析第 2 种类型（不排水）的两种方法，同时给出用有限元对固结问题进行分析的方法。

Naylor 不排水分析法

Naylor (1981) 曾提出了分析不排水边界值问题和施加无体积应变的动态应变的简单方法。该方法在土体骨架本构方程中引入了大的体积模量，以模拟相对不可压缩孔隙水的影响。材料总刚度 $[C]$ 为：

$$[C] = [C_s] + [C_w] \tag{7.50}$$

其中，$[C_s]$ 是土体骨架刚度；$[C_k]$ 是与体积模量 K_w 有关的孔隙水的刚度。实际上，没有必要也不可能使用水的实际体积模量。通常采用约 10 倍于土体弹性体积模量是满足要求的。求解过程中，当得到应变增量之后，则可采用土体骨架本构方程计算土体的有效应力。

杂交有限元

最常用的有限元形式是位移基有限元，即它们是建立在对单元中位移场进行假定的基础上。这些位移场在相邻单元间通常是协调的，并且在离散的结节处可确定位移边界条件。边值问题的解可通过虚功原理和使总势能最小来得到，未知的结点位移则可由总平衡方程的解来得到。

另一个方法是由应力场来表示单元应力分量和表面力，并要求这些场满足单元间的应力连续、平衡微分方程以及应力边界条件，通过使总的余能最少，并解方程，可以获得描述应力场的未知参数。这些单元可称为平衡基有限元。虽然，这些单元直接用于解应力场变量的特点使它们具有吸引力，但实际上，由于选择合适的应力函数或应力场时存在困难，故它们很少被使用。位移基有限元和平衡基有限元只有一组场变量：位移或应力。通过将两种表示方法相结合，就形成了一些混合或杂交有限元（Herrmann，1965；Kardestuncer 和 Norrie，1987；Zienkiewicz，1977）。它们在特殊问题的分析中具有一些优点。

混合有限元公式中包含不只一个场变量，杂交有限元通常定义为那些在单元内有一组场变量和沿该单元边界有另一组场变量中的单元。例如，在单元内假定位移函数，而沿单元边界假定应力函数，于是产生了所谓的位移杂交有限元。应力杂交有限元是通过假定在单元内的应力场和沿单元边界的位移函数而得到。同可压缩材料一样，杂交单元不仅对于可压缩材料适用，而且在不可压缩材料的分析中应用很多，例如橡胶、固体火箭燃料和大应变金属。Desai 和 Sargoand（1984）曾采用应力杂交单元来分析可压缩材料的一些问题，但是，与位移基单元相比，这些单元在分析不可压缩材料时具有明显的优点。在数值分析过程中，当体刚度与偏刚度的显著差异使得准确性降低时，则位移基公式就出现困难了。事实上，当泊松比为 0.5 时，各向同性弹性材料的本构方程式变得不确定，且利用位移基的单元不能得到解。当泊松比接近 0.5 时，会出现数值计算上的困难（Naylor，1974）。这种条件下，杂交单元提供了一个更稳定的解，它对于非线性问题只需要更少的迭代，并且产生更准确的应力分布。

虽然杂交单元能够为不可压缩材料提供准确的解，但它们未必能对饱和土中孔隙水的不可压缩性进行模拟，也就是说，土体骨架本身通常并不是不可压缩的，但通过低渗透性限制水在土体孔隙中的流动，从而阻止饱和土体体积的改变。这样，对于分析不排水饱和土，由于不可压缩性未必是由于有效应力响应产生的，故杂交单元不能为 Naylor 方法提供另一种具有吸引力的方法。但是，如果分析是在假定总应力响应下及使用不可压缩弹性基模型进行的，则可用杂交单元来避免与位移基单元相关的问题。对二相液体－土问题更好的处理需要耦合扩散问题的解，其中包括分析得到的超孔隙水压力，下面描述其过程。

耦合扩散分析

对于不排水土体响应，Naylor 分析法是一种近似法，它可相当快地被引入有限元程序。但是，该方法是与时间无关的，如果研究中要考虑液体流动和时间相关的影响，则需要进行更复杂的分析，它要考虑土体有效应力作用、孔隙流体的流量以及土体渗透性。Carter 等（1979）、Zienkiewicz 和 Bettess（1982）以及 Zienkiewicz 等（1982）对耦合扩散问题的控制方程和数值处理进行了讨论，Zienkiewicz 和 Bettess 提出的公式概述如下。

假定忽略惯性影响，则平衡控制方程为：

$$\sigma_{ij,j}^{\mathrm{T}} + \rho g_i = 0 \qquad (7.51)$$

其中，ρ 是整个土－液密度；g_i 是重力加速度；总应力 σ_{ij}^{T} 可由以下关系式表示：

$$\sigma_{ij}^{\mathrm{T}} = \sigma_{ij} + U\delta_{ij} \qquad (7.52)$$

其中，U 是总的孔隙水压力（超孔隙压力加上静水压力）。这与第 6 章的讨论稍有不同，第 6 章中只考虑了超孔隙水压力，如果不考虑温度变化的影响、孔隙液体的压缩性以及固体土颗粒的压缩性，则有效应力 σ_{ij} 的变化表示为：

$$\mathrm{d}\sigma_{ij} = C_{ijkl}\mathrm{d}\varepsilon_{kl} \qquad (7.53)$$

对于饱和体系，流体的体积或质量平衡要求：

$$\dot{\omega}_{i,i} = -\dot{u}_{i,i} = -\dot{\varepsilon}_{ii} \qquad (7.54)$$

其中，ω_i 为液体相对于固体土体骨架的平均相对位移。带点的值表示关于时间的导数。

式（7.54）表明从土体指定体积中排出的液体体积必须与土体体积的变化相等。平均相对位移 ω_i 定义为流动液体量与总的截面面积之比。于是形成实际的孔隙液体位移 ω_i/n，其中 n 为固相孔隙率。孔隙压力梯度与液体速度的关系为：

$$- U_i = k_{ij}^{-1}\omega_j \tag{7.55}$$

其中，k_{ij} 为土体渗透率。

式（7.51）～式（7.55）描述了土体－孔隙液体体系的响应。Carter 等（1979），Zienkiewicz 等（1982，1988）以及 Vermeer 和 Verruijt（1981）对这些方程的数值求解方法进行了讨论。耦合扩散固结分析的结果将在本章的后面给出。

7.4　界面模型的应用

本节将对第 6 章中给出的界面模型的标定和应用进行说明。该模型对两种土体进行了标定，并用于分析堤结构的基础响应和海上石油开采平台基础的侧向荷载。在这些分析中，我们将阐明如何利用有限元方法将实验室数据和现场数据对实际工程问题进行分析。

7.4.1　堤基础分析

研究 Boston 蓝色黏土性质的实验室及现场观测结果提供了对于此黏土界面模型的边界标定及应用进行检验模拟和分析技术的极难得机会。将模型特性与所测实验室数据相比较，同时给出关于 Boston 蓝色黏土的三种堤结构分析的结果，并与观测特性进行了比较，表 7.1 中列出了 Boston 蓝色黏土的几个指标。

Boston 蓝色黏土的指标（Lambe 和 Whitman，1989）　　　　　　表 7.1

原状土：$w_n = 40\% \pm 5\%$，$w_l = 42\% \sim 55\%$，$I_p = 25\% \pm 25\%$
重塑土：$w_n = 28\% \pm 2\%$，$w_l = 33\% \pm 3\%$，$I_p = 15\% \pm 2\%$

实验室试验数据

该模型是借助于现场试验数据（MIT，1969a）、固结试验（Lambe 和 Whitman，1969）、三轴试验数据（Ladd，1964）和不排水平面应变试验数据（Ladd 等，1971）来进行标定的。该模型标定中最重要的是有足够固结数据来计算模型强化参数。这些试验的回弹数据也可用来计算弹性模量。土体的弹性响应是最方便的研究路径。

图 7.12 表示试样的实验室固结试验结果，其试样是从下面将要分析的坝体的地方取出的，用于 Boston 蓝色黏土的这个数据表明 $C_c/(1 + e_0)$ 的平均值近似为 0.18，$C_s/(1 + e_0)$ 的平均值近似为 0.02，其中 e_0 是原位孔隙比。用于模拟的 C_c 和 C_s 值分别是 0.38 和 0.028，C_s 的值稍低于图 7.12 中所考虑数据的期望值（导致了更强的弹性响应）。计算回弹数据的方法并不确定，但 C_s 的值可通过对固结仪全部的回弹路径进行测试得到，而不必由初始斜率得到（Whittle，1987）。对于从正常固结状态明显卸载的不排水固结试验，可能会产生塑性变形。正是由于这个原因，故选择 C_s 的当前值与单一固结仪回弹路径的初始斜率一致。该过程要求对弹性模量提供更好的标定。

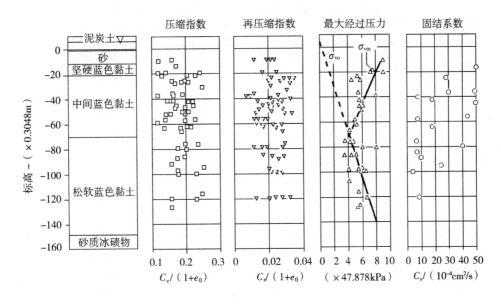

图 7.12 堤现场典型的地基土条件

三轴压缩条件下临界状态线的斜率可通过假定摩擦角 φ 为 26°而得到（Ladd 等，1971），这使得临界状态线的斜率 $N_c = M_c / (3\sqrt{3}) = 0.2$，其中，$M_c$ 由式（6.7）给出。帽盖形状参数 R 是尤为重要的模型参数，这是因为它影响着几乎所有应力路径的模型响应。由于对于大范围的状况而言，单一值很难提供准确的结果，故通常要综合考虑多方面的因素来选择参数 R。目前的分析中 $R = 1.6$，并且假定泊松比 ν 是 0.2。对于单轴压缩，由上面给出的 N_c，C_c，C_s，ν 和 R 的值可得出正常固结状态的 $K_0 = \sigma_3 / \sigma_1 = 0.59$。在有关 Boston 蓝色黏土的文献（例如，Ladd 等，1971）中，正常固结状态下 K_0 的值由 0.5 变化到 0.55。已经发现单轴压缩过程中，K_0 的计算值是模型运行一个好指标。

剩余的模型参数可由试算法来选择。表 7.2 提供了全部的材料参数。该模型参数的标准值由 Kaliakin 和 Herrmann（1987）提供，并且总结于表 7.3 中。

Boston 蓝色黏土的材料参数		表 7.2
$\lambda = 0.165$	$T = 0.10$	
$k = 0.012$	$R_e / R_c = 1.28$	
$N_c = 0.20$	$A_e / A_c = 0.78$	
$N_e / N_c = 0.78$	$C = 0.25$	
$\nu = 0.20$	$S_p = 2.00$	
$P_l = 0.7 \mathrm{Pa}$	$m = 0.02$	
$R_c = 1.60$	$H_e / H_c = 1.28$	
$A_c = 0.015$	$H_2 = 5.0$	
$H_c = 5.0$	$e = 0.9$	

表 7.3

界面模型材料参数的标准值（Kaliakin 和 Herrmann，1987）

弹性和塑性参数	标准值	值　域
λ	0.20	$0.10\sim0.20$
k	0.05	$0.02\sim0.08$
G	20.67MPa	$20.67\sim68.90$MPa
ν	0.25	$0.15\sim0.30$
P_l	$p_a/3$	$p_a/3$
表面参数		
N_c	0.21	$0.15\sim0.27$
N_e	0.17	$0.12\sim0.27$
R_c	2.30	$2.00\sim3.00$
R_e	2.30	$1.70\sim2.70$
A_c	0.10	$0.02\sim0.20$
A_e	0.10	$0.01\sim0.40$
T	0.10	$0.05\sim0.15$
C	0.30	$0.00\sim0.50$
S_p	1.20	$1.00\sim2.00$
下表面强化参数		
a	1.2	$1.1\sim1.3$
w	7.0	$3.0\sim9.0$
m	0.02	0.02
h_c	10	$5\sim50$
h_e	10	$2\sim100$
h_0	$(h_e+h_c)/2$	

模型运作与量测响应的比较

图 7.13~7.16 对模型运作与测定的土体固结性、不排水三轴压缩和不排水平面应变试验响应进行了比较。在这些图中，σ_v 表示竖向有效应力，σ_{v0} 是不排水剪切之前的初始竖向有效应力，σ_h 表示水平有效应力。图 7.13 将该模型响应与原状土样测定的固结响应进行了比较（Lambe 和 Whitman，1969）。正常固结条件下的比较是相当好的，但模型在卸载路径中则比观测结果表现出刚性更大的响应。整个回弹路径拟合得不好，可能是由于发生在土样固结（单轴应变）试验的长期卸载路径中对拉伸路径屈服表达得较差造成的。通过增大 C_s 的值也可以得到卸载路径更好的拟合，这将导致较弱的弹性响应。但是，对于其他试验条件，这一点并不能由观测到的响应证明。

对于 OCR 为 1 和 6 的重塑土样所进行的不排水三轴压缩试验，图 7.14 对测试（Ladd，1964）和计算响应进行了比较。初始的模型刚度在测定值的范围内，但在 OCR 为 6 条件下的强度要高出测定值约 50%。图 7.15 和图 7.16 分别对压缩和拉伸条件下 OCR 为 1、2 和 4 的重塑土样进行平面应变试验时的计算与测试响应（Ladd 等，1971）进行了比较。这些图形包含压缩加载和拉伸加载的数据。压缩试验是在保持总的水平应力为常量而增加总的竖向（轴向）应力下进行的。拉伸试验则是在保持两个总应力分量中的一个为常量而减少另一个分量来进行的。图 7.15 和图 7.16 中表示的应变分量与荷载分量的改变相一致。一般来说对于压缩加载和拉伸加载，计算曲线更适合于前者。这些强度中的不一致会使拉伸条件下的初始应力-应变响应太刚硬。压缩荷载的测试响应从一开始就比计算的响应刚度大。

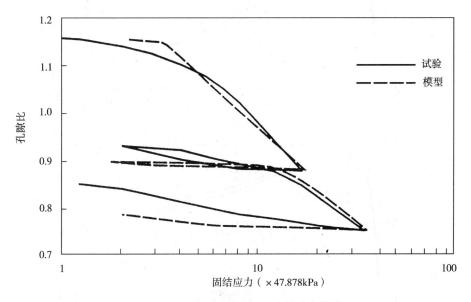

图 7.13　Boston 蓝色黏土的固结响应曲线

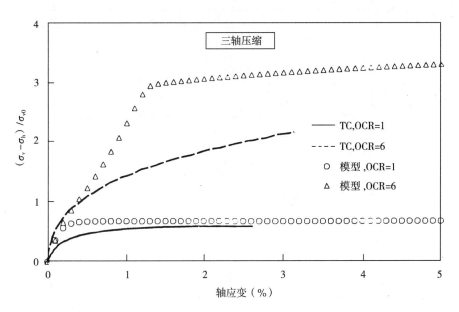

图 7.14　Boston 蓝色黏土在不排水三轴压缩下的曲线
（数据由 Ladd 提供，1964）

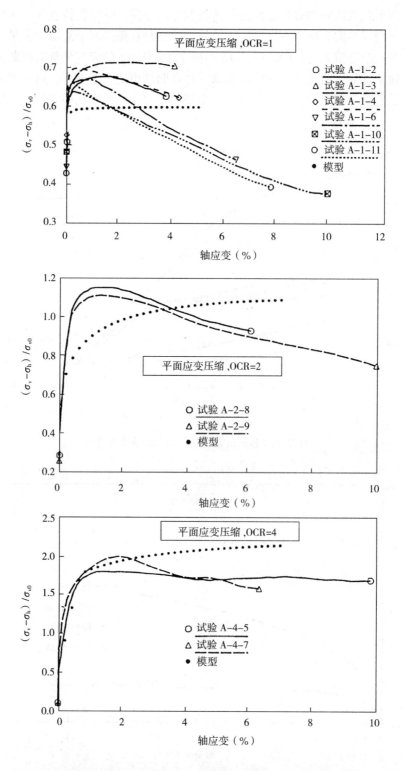

图 7.15 Boston 蓝色黏土在不排水平面应变下的压缩响应曲线
（数据由 Ladd 等提供，1971）

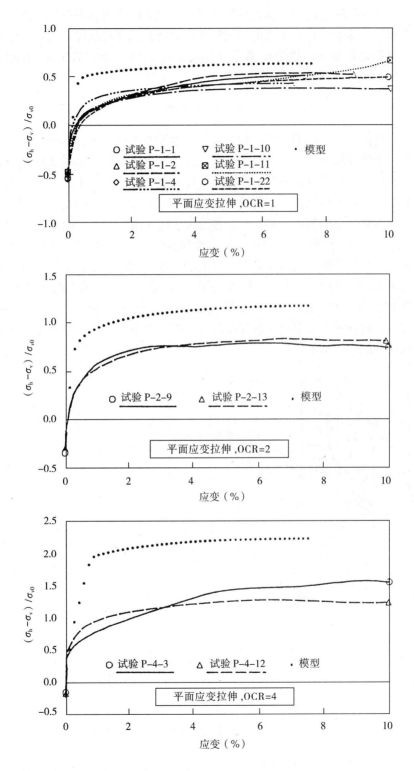

图 7.16　Boston 蓝色黏土在不排水平面应变下的拉伸响应曲线
（数据由 Ladd 等提供，1971）

当从压缩子午线附近的应力状态到拉伸子午线附近的应力状态发生显著卸载时，目前的模型表现很差。这表明，对于当前的材料和应力路径，要得到较好的结果，界面的各向异性强化法则是很重要的。这个模型已由 Kavvadas（1982）和 Whittle（1987）提出，在用于标定 Boston 蓝色黏土时取得了好的结果。

原位地基条件

对于岩土材料显著加载的边值问题的分析，如果要求准确地计算变形，则通常需要对现场原位应力条件及状态（例如，OCR）进行准确的估算。然后必须通过将应力条件和模型记忆参数或强化参数进行初始化，并把这些信息引入分析过程中。实际的例外情况可能是不注重变形，只需要极限荷载。那么，此时可用一些简单的分析。在下面的堤分析中，必须对应力状态和强化参数进行初始化，在这种情况下强化参数是帽盖位置 I_0。

图 7.12、图 7.17 和图 7.18 表示现场试验和实验室试验的数据。图 7.12 的数据是通过对下面讨论的东北试验堤附近土的特性进行试验而得到的。图 7.17 中的不排水强度数据是由堤现场 MIT 试验得到的。图 7.18 表示 Ladd 等（1971）确定的 K_0 值与 OCR 关系曲线。图 7.12、图 7.17 和图 7.18 中的数据足以得出下面堤分析中应力状态和帽盖位置的初始值。在下述的分析中，假定该数据在每一处都是典型的。而每一处冰碛土的真实位置还用于模拟黏土地基的深度。

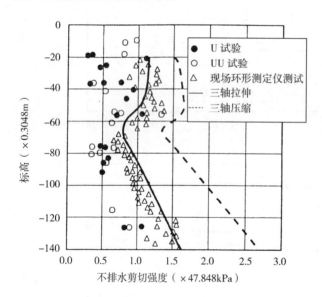

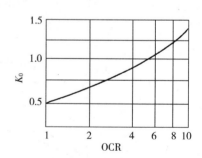

图 7.17　原位土的强度（D'Appolonia 等，1971）　　图 7.18　Boston 蓝色黏土的 $K_0 - OCR$
关系曲线（Ladd 等，1971）

东北试验堤

东北试验堤的地点、地基材料、结构方案以及测试基础响应的概况是由 Lambe（1973）和 MIT（1969a）给出的。东北试验堤是在 1957 年 8 月份开始建造的，历时 8 个星期，开始为 7.620m（标高 +9.144m）的填土是在前 5 个星期填筑的，在最后 3.048m

填土前停工约两个星期。图 7.19 表示该体系的有限元模型和堤尺寸。

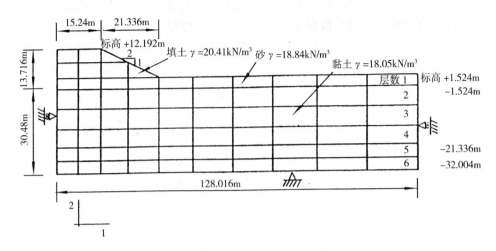

图 7.19　东北试验堤的有限元模型

　　在该分析以及下面给出的两个堤的分析中，堤的砂填土和表面砂层是以 Drucker-Prager 模型来模拟的，这种模型具有关联流动法则并采用与 Mohr-Coulomb 参数为 $\varphi = 40°$ 及 $c = 0$ 符合的平面－应变协调条件（表 6.2），虽然关联流动法则对于这种材料来说并不准确，但堤的强度和刚度对黏土地基的变形不产生显著的影响。事实上，McCarron 和 Chen（1987）曾对这里讨论的三种堤地基进行过分析，他们完全不考虑填土材料并得到了良好的结果。此外，关联流动法则保持了平衡方程的对称性，从而减少了计算工作量。

　　该坝体及下述两个堤的分析是在假定黏土不排水作用下进行的，例如，自由地下水面的顶面通常在 +0.61 到 +1.524m 标高处。Naylor 法（7.3.5 节）可用于模拟不排水条件，黏土地基材料以 5 层进行模拟。分层的目的在于为 OCR 决定的不同 K_0 值提供说明，并计算初始帽盖位置 I_0 的不同方位（图 6.48）。表 7.4 给出了每一层的初始 K_0 值和帽盖位置值。当 OCR 大于 4 时，当前的材料模型所预测的压缩荷载下三轴及平面应变的不排水强度偏高。因此，可以任意调整超固结层（第 2，第 3，和第 4 层）的帽盖位置来反映图 7.17 中由 D'Appolonia 等（1971）计算的不排水三轴压缩强度。最大的调整出现的标高为 −6.096m 的地方，该处 OCR 近似为 5。这种情况下，帽盖位置 I_0 由计算值 957.56kPa 调整到 718.17kPa。于是，这个值可用于每一个超固结土层，超固结材料（标高约为 −21.336m）的不排水强度近似为常量，等于 76.605kPa。

		分析堤的初始条件			表 7.4
	层				
	2	3	4	5	6
OCR	5.4	2.4	1.3	NC	NC
I_0（×47.878kPa）	15.	15.	15.	NC	NC
K_0	1.2	0.80	0.55	0.50	0.50

注：NC 为正常固结

分析的结果在图 7.20 中给出，图中对计算沉降量与沿堤中轴线的三个沉降面（SP）处的测量值进行了比较。沉降是在堤的填充材料的底上测量的。计算值取堤标高 +1.524m 时的值，这可视为对应于测量数据（MIT，1969a）的情况，在两个星期停工前发生沉降的计算值与测量值比较符合。施工延迟两个星期中发生的时间相关响应可能是由于地基的固结或徐变造成的。当前的分析没有考虑这些影响，但是，7.5 节中给出了该堤的固结分析。

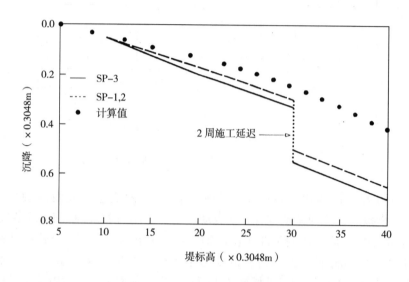

图 7.20 东北试验堤的中心线沉降

MIT 试 验 堤

关于结构特性及测量响应，MIT 试验坝体是这里讨论的三种堤中资料最齐全的。MIT（1969a、b）编写的报告特别完整。Lambe（1973）和 D'Appolonia 等（1971）也对堤的各方面性质进行了评述。图 7.21 给出了堤基础的几何尺寸和有限元描述，堤的初期施工是在 1967 年 12 月开始的，需要进行的工作有挖除表层淤泥和泥炭土，以及填筑 3.048m 厚的砂和碎石工作垫层。当堤标高达到 +10.973m，即天然地面标高以上 9.449m 处时，开始进行工作垫层以上的堤施工。这项工作开始于 1968 年 7 月，并持续到 1968 年 12 月。

沉降及水平位移的计算值与测量值的比较分别在图 7.22 和图 7.23 中给出。堤中轴线下各标高处沉降的计算值与测量值的比较（图 7.22）表明，该分析方法能准确地重现沉降率及沉降大小，图 7.23 和图 7.22 中的测量数据表明，堤施工完成后地基以明显的速率沉降。图 7.23 对堤东部 48.768m 处水平位移的计算值与测量值进行了比较，给出了两组测量数据，一组针对 +10.211m 标高处的堤施工，另一组则针对 +10.973m 处。后一组数据是在施工完成约 3 个月后进行测量的，给出 +10.211m 标高处的数据是便于读者对施工完成后发生的与时间相关的变形大小作一些定性的计算，其计算的数据是针对 +10.973m 最终堤标高处，这些值始终比测量值大，但却相当准确。

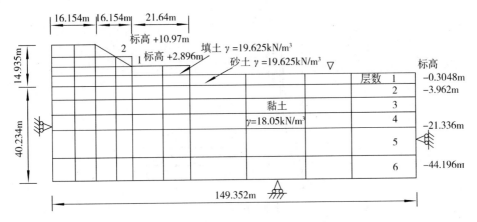

图 7.21　MIT 试验堤的有限元模型

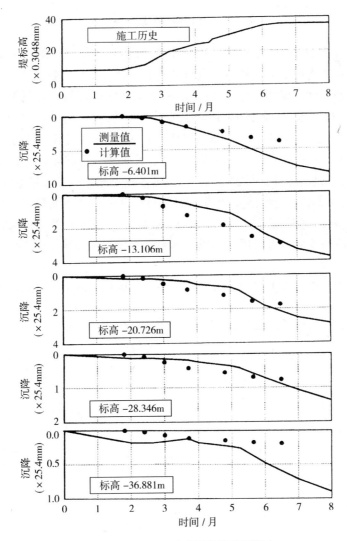

图 7.22　MIT 试验堤的轴线沉降

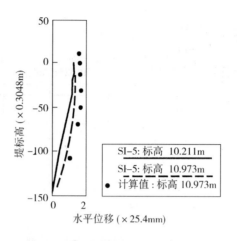

图 7.23　MIT 试验堤的水平地基位移

MIT 专题堤

MIT 专题堤是地基变形预测论文集（MIT，1975）的研究对象。该论文集的目的在于，通过比较实际结构现场试验的预测值与测定值，对目前在软弱地基上堤荷载的设计方法进行验证。超初，试验堤施工是在 1967～1969 年期间进行的。表面平整之后，原始堤填土在 1968 年 4 月到 11 月及 1969 年 4 月到 5 月间进行填筑。作为专题要求的一部分，1974 年施工重新开始，将堤建造直到破坏，堤是在 1974 年 8 月和 9 月的 25 天时间内填筑了 5.7m 土后破坏。一些专业及教育团体对沉降、孔隙压力及破坏处堤的高度进行预测。

图 7.24 给出了仪器位置及原始堤的几何尺寸。地基中埋设了大量沉降板（SP）、孔隙水压力计（P）、测试水平变形的斜率指示器（SI）以及测试表面隆起或沉降的板（H）。图 7.25 给出了地基的有限元网格。图 7.26 和 7.27 对沉降及水平位移的计算值和测量值进行了比较。沉降数据的位置沿堤中轴线，其水平位移距堤轴线偏东 39.624m。计算沉降量在测量数据的范围。当堤建到原始堤标高以上 1.829m 时测量其水平位移，在同一位置给出两种测量结果，但有 3 天时间未进行其他施工。地基上面第三层的计算值明显偏大。

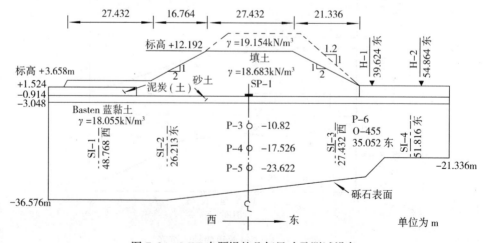

图 7.24　MIT 专题堤的几何尺寸及测试设备

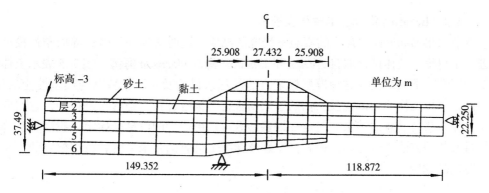

图 7.25　MIT 专题堤的有限元模型

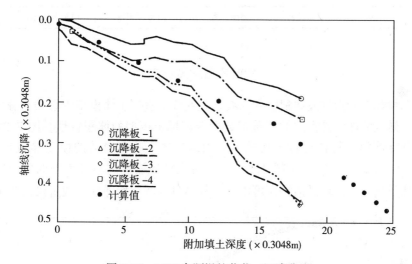

图 7.26　MIT 专题堤的荷载－沉降曲线

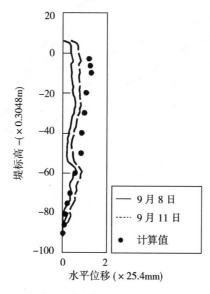

图 7.27　MIT 专题堤地基中的水平位移

7.4.2 Beaufort 海黏土的性质及模拟

本节给出 Beaufort 海黏土的实验室研究的结果，同时对这种土体边界面塑性模型的标定进行了讨论。土体试样取自 Alaska 州 Beaufort 海的 Harrison 海湾。表 7.5 表示土体的一些指标特性。下面给出了这种模型标定方法的深入讨论及实验室数据与模型性能的比较。模型标定仅按土样固结试验及三轴试验数据进行。标定过程不是直接进行的，它需要一些重复工作来获得满意的结果。但是，许多参数可以由极少的信息来确定。我们将对确定最终材料参数的方法进行讨论。最后，对北冰洋海上的石油开采平台，将用标定的模型进行简化的地基分析。

Beaufort 海黏土的指标值　　　　　　　　　　　　　　表 7.5

$w_n = 30\% \pm 4\%$, $I_p = 23\% \pm 5\%$, 黏土部分 $= 20\% \sim 50\%$, $w_L = 49\% \pm 10\%$

实验室数据及标定

土体在加载下的固结或体积应变曲线，是在任何真实土体模型中必须充分体现的基本特性。由土样压缩性试验得到的实验室数据能够标定模型的体积特性。图 7.28 对一些土样的测试及计算模型特性进行了比较。对固结性质影响最显著的模型参数是 λ、κ、υ、N_c、N_e、R_c、A_c、A_e 和 p_l，图 7.29（a）对土样压缩性试验过程中的应力路径与所预测得到的性质进行了比较。泊松比可由土样固结试验的初始弹性卸载阶段估算出来：

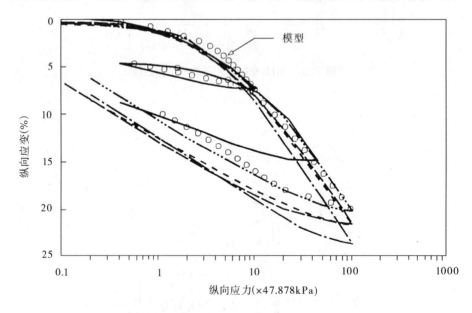

图 7.28　Beaufort 海土体固结试验的压缩曲线

$$\frac{\Delta\sigma_3}{\Delta\sigma_1} = \frac{\nu}{1-\nu} \tag{7.56}$$

对于各向同性材料，图 7.29（a）中的试验数据可得到计算泊松比为 0.3，为了在大体上

412

更好地与数据一致，泊松比取 0.25。对于正常固结土，该模型标定得到的 K_0 值为 0.61，而土样固结试验提供的测量值则为 0.55，它是建立在卸载前最后一级荷载增量基础上的。K_0 随 OCR 的变化可由土样固结试验最终卸载路径中得到。图 7.29（b）绘出了 K_0-OCR 关系曲线。

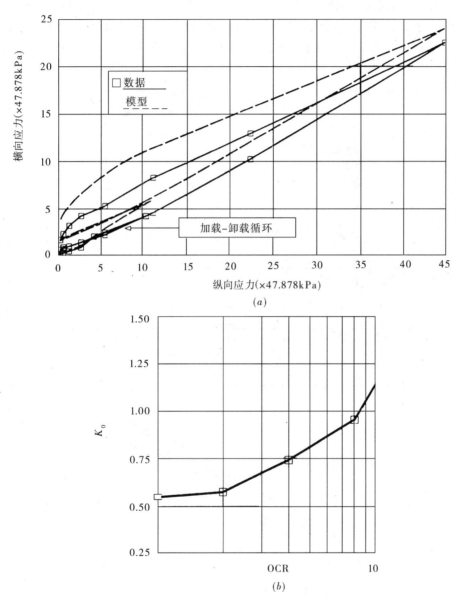

图 7.29　Beaufort 海土体固结试验曲线
（a）纵向与横向的应力；（b）K_0-OCR 关系

从非常高的应力水平开始的卸载过程中，该模型响应首先由弹性性质决定，随着应力路径的接近并与拉伸子午线上的边界面相碰时，转为由弹塑性性质控制。图 7.28 中模型卸载路径的斜率稍不同于试验结果，这是由于参数 A_c 和 A_e 的选择造成的。这些参数按与超固结状态的所有性能符合的要求决定的，而不仅仅是根据单轴土样固结曲线确定。可以通过调整临界状态线的斜率 N_c 及帽盖的形状 R_c 来更好地反映初始固结特性，也可选择这些参数来为更大范围的应力路径提供代表性的响应。

一些三轴试验的数据是可以提供的。图 7.30 对这些试验的应力路径与模型特性做了比较，给出了两种类型的试验：再压缩试验和 SHANSEP（应力历史及标准化土工特性试验，Ladd 和 Foott，1974）试验。再压缩试验是静水固结到其平均压力近似等于现场有效超载应力。SHANSEP 试验将土样初次固结到压力为现场超载应力的许多倍，然后卸载并

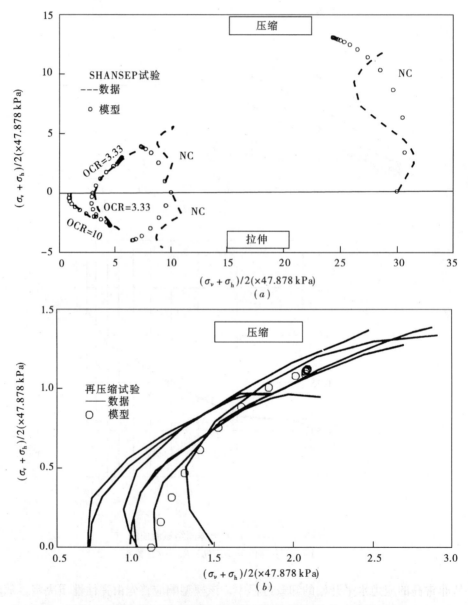

图 7.30　Beaufort 海土体在不排水三轴试验下的有效应力路径
（a）SHANSEP 型试验；（b）再压缩试验

414

以要求的超固结率（OCR）进行试验。SHANSEP 试验的主要目的在于得到共同的参考点（相对确定的 OCR）并减少土样扰动产生的影响，土样的应力 σ_c 近似等于 478.78kPa 和 1.484MPa 处发生初次固结，然后在表 7.6 中列出的 OCR 处进行试验。还列出了用于单个试验模型计算的初始帽盖方位 I_0（图 6.48），另外还进行了三轴压缩试验与三轴拉伸试验。压缩试验是通过增加竖向应力 σ_v 来进行的，拉伸试验则是通过增加三轴压力盒中的水平侧限应力 σ_h 来进行的。

SHANSEP 型试验的初始应力条件　　　　　　　　　　　　　表 7.6

OCR	$\sigma_c(\times47.878\text{kPa})$	$\sigma_v(\times47.878\text{kPa})$	K_c	拉伸或压缩	$I_0(\times47.878\text{kPa})$
1	10.4	10.4	0.82	压缩	27.0
1	31.3	31.3	1.0	压缩	90.0
3.33	10.4	3.1	1.0	压缩	30.0
1	10.4	10.4	1.0	拉伸	30.0
3.33	10.4	3.3	1.0	拉伸	30.0
10	10.4	1.0	1.0	拉伸	30.0

注：K_c 表示固结阶段的 σ_h/σ_v；σ_c 表示水平固结应力

该模型性能与试验结果之间的不同与接近破坏条件时材料要表现出明显的剪胀趋向有关。此外，正常固结 CU（固结不排水）三轴试验应力路径在初始加载下平均有效应力有所增加，该性质对于正常固结黏性土是不常有的。目前，还不清楚这个性质是有代表性的，还是仅仅由于扰动和（或）试验方法造成的。如果它是一个真实的，则它也可能是由于初始各向异性弹性性质造成的。图 7.31 对计算的应力－应变曲线与实测结果进行了比较，在图 7.31（a）中，SHANSEP 型试验结果从一开始就比模型计算曲线刚性更大，但是，图 7.31（b）中的模型响应则比再压缩试验结果刚性略大一些，这可能是再压缩试验是受试样扰动影响的。

压缩子午线 N_c 中临界状态线的斜率被选作接近破坏时正常固结（$p\approx478.78\text{kPa}$）SHANSEP 型压缩试验应力路径的切线。拉伸子午线临界状态线的斜率为 $0.78N_c$，这是该模型的最低值。用拉伸 SHANSEP 型试验进行模型标定，可得 $R_e = 0.78R_c$ 和 $A_e = 1.28A_c$，在评估了 OCR = 3.33 处的 SHANSEP 型试验响应后，将弹性中心设于 $0.35I_0$ 处。图 7.31（a）表明，该模型性质一直到轴应变近似等于 4% 时都是理想的，超过这个水平，土体就有可能因超过模型允许的范围而剪胀，从而使测量的强度与计算的强度之间出现差异。由模型算出的更高强度可通过增加临界状态线的斜率来得到，但在真实材料中，这并不是获得强度更高的机理。

正如前面提到的，该实验室的试验做出了正常固结条件下的应力路径曲线，它与众不同。图 7.30 中给出的 S 形应力路径是由初始各向异性造成的。这可以解释 CU 试验一开始就增加的平均有效应力。破坏附近发生大量剪胀的可能性很少，这是由于低含水量或土的级配造成的。因此，这种材料的帽盖形状参数的计算产生了由不排水加载过程中正常固结试样的特殊特性引起的问题。帽盖形状参数的计算通常在较大程度上受这些试验的应力路径影响。既然目前的模型不能模拟正常固结状态的 S 形应力路径（图 7.30），那么可选择形成单轴压缩固结路径合理性能的代表值，该值可为超固结土提供合理的强度极限，而参数 R_c 和 R_e 通过控制帽盖断面和临界状态线来影响不排水强度。

剩余的模型参数可由试错法决定。将这些参数全部列于表 7.7 中，图 7.30（a）和图 7.31（a）表明，超固结状态的模型参数对于压缩和拉伸加载路径都是满足的。先前以 Boston 蓝色黏土的模型性能的改进可能是由于目前的试样在静水应力状态处或接近静水应力状态超固结产生的。因此，在当前试验中，各向异性强化或对于 Boston 蓝色黏土试样非常重要的 Bauschinger 效应均可忽略不计。

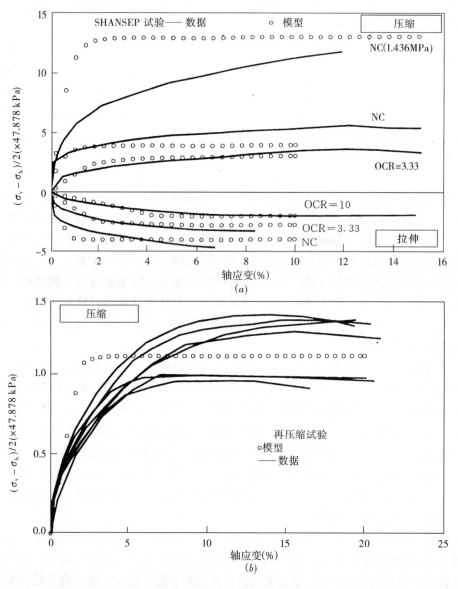

图 7.31　Beaufort 海土体在不排水三轴试验下的应力 - 应变关系曲线

（a）SHANSEP 型试验；（b）再压缩试验

Beaufort 海土的材料参数		表 7.7
$\lambda = 0.09$	$T = 0.10$	
$\kappa = 0.027$	$R_e/R_c = 0.78$	
$N_c = 0.24$	$A_e/A_c = 1.28$	
$N_e N_c = 0.78$	$C = 0.35$	
$\nu = 0.25$	$S_p = 1.10$	
$p_l = 0.7\text{Pa}$	$m = 0.02$	
$R_c = 2.00$	$H_c/H_e = 1.0$	
$A_c = 0.02$	$H_2 = 5.0$	
$H_c = 5.0$	$e = 0.86$	

重力结构基础的分析

沿着阿拉斯加及加拿大西北部海岸的 Beaufort 海里存在着大量的碳氢化合物资源。一些发展方案认为，可将大的开采结构在造船厂制造，然后运到北冰洋，只将其落到海床上就安装好了。冰荷载由建立在结构基础上的抗剪裙来承受，由它将荷载传递到地基土体中。抗剪裙可插入海床上软弱表面的沉积物，并将荷载传递给坚硬地层。这些地基承载力在很大程度上取决于海床上承受的有效结构自重，因此，这些结构常称为重力结构。下面将分析几种条件下假想重力结构地基的水平变形及承载力。假定地基土处在不排水及平面应变条件下，将由有限元分析得到的极限荷载与经典方法得到的极限解进行比较。

表 7.7 中给出的 Beaufort 海黏土的材料参数，将用于描述地基土的性质。图 7.32 表示间距为 15.24m，深为 1.524m 的抗剪裙与地基交界面的有限元模型。对于间距为 12.192m 的抗剪裙，采用的是水平尺寸按比例换算的几何相似模型，只模拟一个抗剪裙的结构。相邻抗剪裙的影响是通过限制图 7.32 中模型的左右边界相同来模拟，这有效地模拟了抗剪裙的重复工作。地基由深 4.572m、密度 7.85kN/m^3 的有效土体来模拟。尽管孔隙水压力分布取决于安装以来的时间和先前的荷载，但仍假定重力结构的基底一开始就与地基密贴，且初始的超孔隙水压力为零。

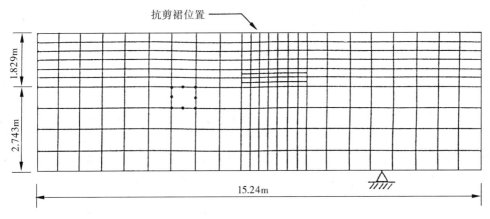

图 7.32 抗剪裙分析的有限元模型

下面给出了三种用于 15.24m 抗剪裙间距的分析和一种用于 12.192m 抗剪裙间距的分析，分析过程考虑了表示有效结构重力的三种不同初始平均承载力。用于结构分析的压力包括 47.878kPa，143.634kPa 和 239.39kPa。地基内的初始水平侧限应力是取 K_0 值（水平应力与竖向应力之比）为 0.55 来定的。在这种情况下，要求 K_0 的合适值是由对应于结构自重的基础响应曲线决定的。与结构自重相比，先于结构位移的地基近表面应力可以忽略。因此，可以预计 K 的值应与固结（单轴应变）试验过程中与结构承载力相当的竖向压力处测得的值相似。于是可得出 K_0 值介于由弹性曲线（如式 7.51）定义的值与用于正常固结条件的值之间取值。因此，对于目前的材料，根据竖向压力，K_0 在 0.33 和 0.55 之间取值。表 7.8 列出了假定的分析条件，并对数值计算得到的极限荷载与利用后面的经典塑性力学解得到的极限荷载进行了比较。表 7.8 中给出的初始帽盖位置 I_0 是由图 7.28 和图 7.29 中给出的模型土样固结试验响应的数值计算结果得到的。

<table>
<tr><td colspan="8" align="center">抗剪裙特性的分析条件</td><td align="right">表 7.8</td></tr>
<tr><td colspan="8" align="center">极　限　荷　载</td><td></td></tr>
<tr><td>裙间距
(×0.3048m)</td><td>q
(×47.878kPa)</td><td>C_u
(×47.878kPa)</td><td>I_0
(×47.878kPa)</td><td>数值的</td><td>P_T
(×4.449kN)</td><td>P_M
(×4.449kN)</td><td>P_L
(×4.449kN)</td></tr>
<tr><td>50</td><td>5</td><td>2.05</td><td>13.4</td><td>79.4</td><td>102.5</td><td>103.3</td><td>82.0</td></tr>
<tr><td>50</td><td>3</td><td>1.50</td><td>11.2</td><td>58.3</td><td>75.0</td><td>68.7</td><td>60.0</td></tr>
<tr><td>50</td><td>1</td><td>1.08</td><td>11.2</td><td>36.5</td><td>54.0</td><td>34.6</td><td>43.2</td></tr>
<tr><td>40</td><td>3</td><td>1.50</td><td>11.2</td><td>52.5</td><td>60.0</td><td>61.8</td><td>60.0</td></tr>
</table>

通过使用经典极限分析技术，确定了三种考虑结构自重、抗剪裙高度和抗剪裙间距影响的不排水破坏模式。图 7.33 对三种破坏模式进行了描述。

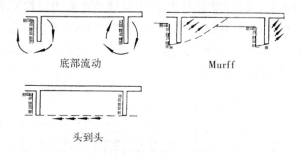

底部流动　　　　　　　　Murff

头到头

图 7.33　假设的抗剪裙的地基破坏机理

第三种破坏模式表明基础是完全活动的，从而在不排水条件下的极限荷载为：

$$P_T = Sc_u \tag{7.57}$$

其中，S 是抗剪裙的间距，c_u 是不排水强度。图 7.33 描述的第二种破坏模式是由 Murff 和 Miller（1977）首先提出的，对这种破坏模式进行上限极限分析的解为：

$$P_M = 2c_u \left[h^2 + \frac{qSh}{c_u} \right]^{1/2} \tag{7.58}$$

其中，h 是抗剪裙的高度。图 7.33 描述的最后一种破坏模式是，假定结构自重足够阻止水平加载过程中平台的上升，并且抗剪裙的间距足够大，不用考虑相互作用的影响。由下限极限分析法得出的极限荷载为：

$$P_L = 8c_u h \tag{7.59}$$

图 7.34 用平面应变压缩荷载下的模型响应，对初始应力状态和帽盖位置的影响进行了说明。这些结果是利用初始静水状态应力结构承载力相等的假定得到的。图 7.34 中用到的 I_0 值与表 7.8 中的相同。初始刚度随着初始应力的值而增加，强度既受初始应力影响又受帽盖位置影响。图 7.35 给出了 $q = 143.634$kPa 条件下间距为 15.24m 的抗剪裙间距的响应，数值计算得到的极限荷载与控制极限分析的条件十分相符。对于不同结构承载力和裙间距，图 7.36 给了计算荷载－位移曲线。

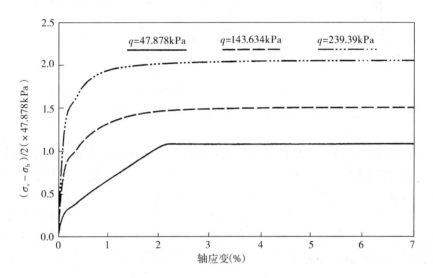

图 7.34 Beaufort 海土体在不排水平面应变压缩下的界面模型曲线

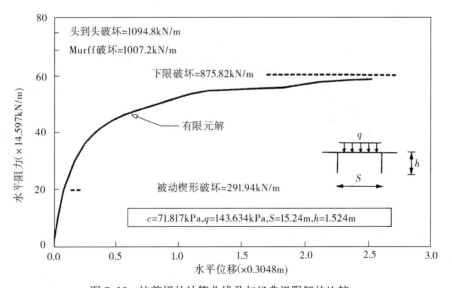

图 7.35 抗剪裙的计算曲线及与经典极限解的比较

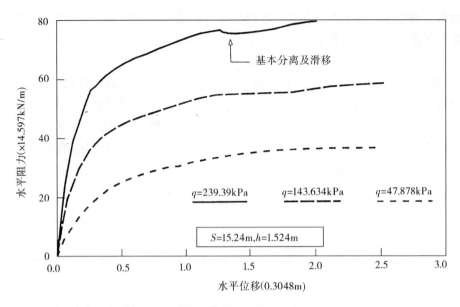

图 7.36 结构承载力对抗剪裙阻力的影响

对于 15.24m 的裙间距，数值分析得到的极限荷载与极限分析法得到的极限荷载间的比较表明，解是合理的。图 7.38 给出了位移的矢量块。图 7.37 解释了对于具有相同初始条件的土体中的不同抗剪裙间距，它们的荷载－位移曲线在达到承载力的 70％前都几乎相同。但是，对于 12.192m 的裙间距，数值分析得到的极限荷载比头到头破坏控制的极限分析荷载低得多。这要归因于目前的分析考虑了大变形的影响，从而考虑了几何尺寸的改变。正如图 7.38 所示，在地基变形过程中，相邻裙之间的土体数量会减少，对于

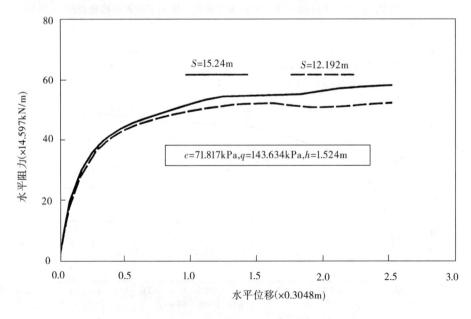

图 7.37 抗剪裙间距对地基性能的影响

12.192m 的裙间距进行分析，在分析结束时，相邻裙间的土体数量由 12.192m 减少到 11.7m。而头到头阻力的相应减小使得 $P_T = 840.787$kN/m，它比由数值分析得到的值大 10%。当然，对于数值解与极限分析解的差异还存在其他解释。

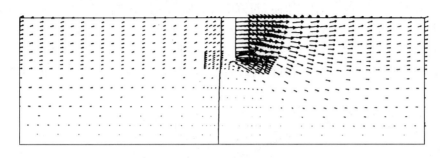

图 7.38　有限元分析的地基变形
（$S = 15.24$m，$h = 1.524$m，$q = 239.39$kPa）

上面给出的分析只考虑了地基的水平滑动阻力，还必须注意地基的竖向承载能力和由偏心水平荷载造成地基上的倾覆力矩的影响。这些是整体地基设计时要考虑的，而水平滑动阻力取决于土体 – 结构界面的局部特征。

7.4.3　东北试验堤的固结响应

7.4.1 节中讨论的东北试验堤已收集了多年的沉降及孔隙压力数据。本节将给出堤固结分析的结果并与测量响应进行比较，分析采用 7.3.5 节中描述的耦合扩散分析法，使用的有限元网格和材料参数与 7.4.1 节描述的与时间不相关的分析相同。为了进行时间相关性分析，必须计算黏土的渗透性并确定有限元网格的排水边界条件。下面将对这些课题进行讨论，并给出分析结果，同时与 Lambe（1973）提出的测量曲线进行比较。

Boston 蓝色黏土渗透性计算所需的大量资料是可以提供的，例如 Lambe 和 Whitman（1969）以及 MIT（1969a）。在目前的分析中，Boston 蓝色黏土地基的渗透性由三个相互分离的区来描述，两个针对超固结材料，一个针对正常固结材料。表 7.9 给出了假定的渗透性和固结系数 c_v（见图 7.12）。

用于 Boston 蓝色黏土分析的渗透率　　　　　　　　　　　　表 7.9

层数（见图 7.19）	标高/（×0.3048m）	固结系数 c_v（cm²）/s×10^{-4}	参数 k/（cm/s×10^{-8}）
2	$-5 \sim -27$	30	1.35
$3 \sim 4$	$-27 \sim -70$	20	0.9
$5 \sim 6$	$-70 \sim -105$	10	2.1

渗透率 k 由下式计算：

$$k = c_v m_v \rho_w \tag{7.60}$$

其中，ρ_w 是水的密度，m_v 是体积改变系数，对于正常固结 Boston 蓝色黏土取 0.0021cm²/kg；对于超固结 Boston 蓝色黏土取 0.0045cm²/kg。

我们认为砂土材料在任何时间都是完全排水的。假定在黏土沉积物顶端和底部的有限元模型具有排水边界条件，现场实测已证明，在具有砾石沉积物的较低交界面处会出现排水。目前的分析中，由于堤结构是在相对较短的时间里建成的，假设没有边界排水，用重力结构来模拟。堤加载完成后，排水边界处的超孔隙水压力消散且允许进入固结阶段。

图 7.39 对施工后 14 年时间内轴线沉降的计算值和测量值进行了比较。图 7.40 对堤施工后 10 年堤轴线以下超孔隙水压力的计算值与测量值进行了比较，同时也给出了施工结束时的初始计算值。图 7.41 给出了边界超孔隙水压力刚消散时和施工完成 14 年后黏土沉积物内计算超孔隙水压力的等值曲线。经过一段时间，计算超孔隙水压力的最大值由 258.541kPa

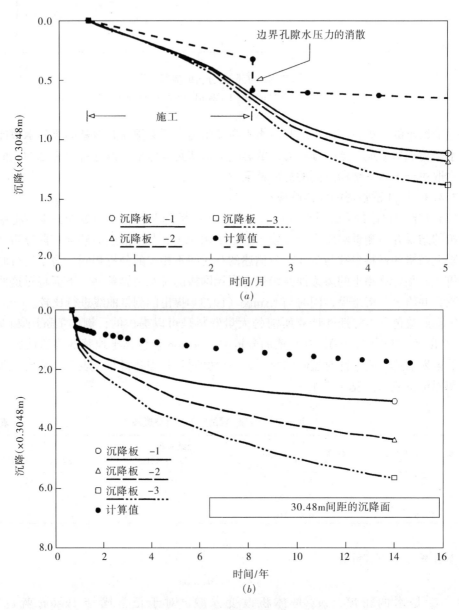

图 7.39 东北试验堤的轴线沉降

(a) 早期曲线；(b) 长期曲线

减少到 57.454kPa。虽然长期沉降的实测值与计算值存在许多不一致，但短期沉降和施工后 10 年的孔隙水压力的比较仍是令人满意的。图 7.41（a）表示正常固结条件下黏土沉积物较低层中存在较高的超孔隙水压力，这一点可由这个标高处正常固结土体较大的塑性体积解释。图 7.40 中超孔隙水压力的测量值与计算值的比较表明，计算值与测量值非常一致。

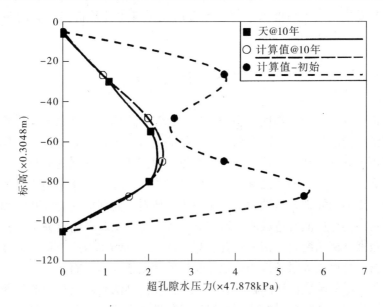

图 7.40 东北试验堤轴线的超孔隙水压力测量值与计算值的比较

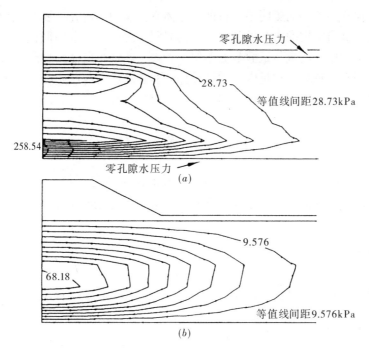

图 7.41 东北试验堤由固结分析得到的计算超孔隙水压力

（a）施工结束处的初始状态；（b）14 年后的状态

实测的轴线沉降值与计算值间的差异归因于地基中某些未知的非均匀性。这种非均匀性还将解释在三个间距为 30.48m 的连续地层中实测的沉降值差别很大。看上去，渗透性的差异不是这种沉降差别的根源，因为对于 SP-1 和 SP-26，沉降与时间曲线的斜率没有明显不同，同时还有，计算的超孔隙压力与测量值吻合。堤固结沉降的计算值与实测值间的主要差异发生在完工后的前 4 年。基础的完全排水分析得出计算的最大沉降量约为 0.823m。

7.5 总 结

本章讨论并说明了土体塑性模型的实现、标定及应用。对排水与不排水土体边界值问题的分析与经典极限分析、极限平衡解及测量响应进行了有益的比较。大量符合要求的土体本构模型可为黏性土和无黏性土的许多常见工程问题提供准确的分析。但是，对于具有显著周期荷载的情况，目前还没有被证实的材料模型。理想土体本构模型的使用，需要比金属和混凝土更多的详细材料试验。这是由于土体对于先期加载的可变性和敏感性以及包括材料形成在内的地质演变造成的。通常需要现场特性试验来确定关于土体沉积初始状态的最基本的数据（例如层数、密度、含水量、OCR 和原位应力），而对于金属和混凝土材料，设计的材料特性或极限条件相对地不受初始使用条件的影响。

对于一些简单的基底破坏问题，有限元选择和流动法则假定对边值问题分析数值结果的影响已作了说明。高阶单元的使用可提高对特性的预测，而且还明显地减少了计算的费用。非关联流动法则的使用影响了所有的变形模式和预测的极限荷载。对于较大的内摩擦角，非关联流动法则的影响更明显，目前，土体本构模型的研究主要关注周期荷载和各向异性强化特性。目前使用的土体模型中主要的局限性之一在于各向同性强化的假定。这个假定主要是为了方便，通常与试验数据不符。看来，本章中所使用的用于模拟 Boston 蓝色黏土的界面模型性能较差，这是由于固结试样的非静水压力荷载路径造成的。对于其他黏土，该模型对几乎在静水加载影响下固结的试样表现较好。

7.6 参考文献

1 Chang C S, Duncan J M. Consolidation Analysis for Partly Saturated Clay by Using an Elastic-Plastic Effective Stress Model. International Journal for Numerical and Analytical Methods in Geomechanics, 1983, 7: 39~55

2 Carter J P, Booker J R, Small J C. The Analysis of Finite Elasto-Plastic Consolidation. International Journal for Numerical and Analytical Methods in Geomechanics, 1979 (3): 107~129

3 Chen W F. Limit Analysis and Soil Plasticity. Amsterdam: Elsevier, 1975, 638

4 Chen W F. Plasticity in Reinforced Concrete. New York: McGraw-Hill, 1982, 474

5 Chen W F, Baladi G Y. Soil Plasticity: Theory and Implementation, Amsterdam: Elsevier, 1985, 231

6 Chen W F, Han D J. Plasticity for Structural Engineers. Springer-Verlag, 1988, 606

7 Chen W F, Liu X L. Limit Analysis in soil Mechanics. Amsterdam: Elsevier, 1990, 477

8   D'Appolonia D, Lambe T, Poulos H. Evaluation of Pore Pressures Peneath an Embankment. Journal of Soil Mechanics and Foundations, ASCE, 1971, 97 (SM6): 881~897

9   Desai C S, Sargand S. Hybrid FE Procedure for Soil-Structure Interaction. Journal of Geotechnical Engineering, ASCE, 1984, 110 (4): 473~486

10 Drucker D C. A More Fundamental Approach to Stress-Strain Relations. Proceedings 1st US National Congress on Applied Mechanics, ASME, 1951, 487~491

11 Herrmann L R. Elasticity Equations for Incompressible and Nearly Incompressible Materials by a Variational Theorem. Journal American Institute of Aeronautics and Aeronautics, 1965, 3 (10): 1896~1900

12 Kaliakin V N, Herrmann L R. Guidelines for Implementing the Elastoplastic Bounding Surface Model. Department of Civil Engineering, University of California, Davis, 1987.

13 Kardestuncer H, Norrie DH (editors). The Finite Element Handbook, McGraw-Hill, 1987, 1424

14 Kavvadas M. Non-linear Consolidation around Driven Piles in Clays. Ph. D. Thesis, Department of Civil Engineering, MIT, Cambridge, MA, 1982, 666

15 Koiter W T. Stress-Strain Relations, Uniqueness and Variational Theorems for Elastic-Plastic Materials with a Singular Yield Surface. Quarterly of Applied Mathematics, 1953 (11): 350~354

16 Ladd C C. Stress-Strain Modulus of Clay in Undrained Shear. Journal of the Soil Mechanics and Foundations Division, ASCE, 1964, 90 (SM5): 103~132

17 Ladd C C, Bovee R, Edgards L and Rixner J. Consolidated-Undrained Plane Strain Shear Test on Boston Blue Clay. Research in Earth Physics, Phase Report No. 15, Army Enginee Waterways Experimental Station, Contract Report No. 3-101

18 Ladd C C, Foott R. New Design Procedure for Stability of Soft Clays. Journal of Geotechnical Engineering Division, ASCE, 1974, 100 (GT7): 753~786

19 Lade P V, Nelson R B. Incrementalization Procedure for Elasto-Plastic Constitutive Model with Multiple, Intersecting Yield Surfaces. International Journal for Numerical and Analytical Methods in Ceomechanics, 1984 (8): 311~323

20 Lambe T W. and Whitman R V. Soil Mechanics. New York: John Wiley Sons, 1969, 553

21 Lambe T W. Predictions in Soil Engineering. Geotechnique, 1973, 23 (2): 149~202

22 McCarron W O, Chen W F. A Capped Plasticity Model Applied to Boston Blue Clay. Canadian Geotechnical Journal, 24 (4): 630~644

23 MIT. Performance of an Embankment on Clay, Interstate-95. Department of Civil Engineering, Report R69-67, MIT, Cambridge, MA, 1969a, 144

24 MIT. Soil Instrumentation for Interstate-95 Embankment. Department of Civil Engineering, Report R69-10, MIT, Cambridge, MA, 1969b.

25 MIT. Proceedings of the Foundation Deformation Prediction Symposium, Vols 1 and 2, Department of Civil Engineering, Report R75-32, MIT, Cambridge, MA, 1975, 479

26 Murff J D, Miller TW. Stability of Offshore Gravity Structure Foundations by the Upper-Bound Method.

Offshore Technology Conference, Paper No. 2896, 1977 (III): 147~154

27 Nagtegaal J C, Parks D M, Rice J R. In Numerically Accurate Finite Element Solutions in the Fully Plastic Range. Computer Methods in Applied Mechanics and Engineering (4): 153~177

28 Naylor D J. Stresses in Nearly Incompressible Materials by Finite Elements With Application B k Calculation of Excess Pore Pressures. International Journal for Numerical Methods in Engineering, 1974 (8): 443~460

29 Naylor D J, Pande G N, Simpson B, Tabb R. Finite Elements in Geotechnical Engineering. Swansea: Pineridge Press, 1981.

30 Potts D M, Gens A. A Critical Assessment of Methods of Correcting for Drift From the Yield Surface in Elasto-Plastic Finite Element Analysis. International Journal for Numerical and Analytical Methods in Geomechanics, 1985 (9): 149~159

31 Resende L, Martin J B. Formulation of Drucker-Prager Cap Model. Journal of Engineering Mechanics, ASCE, 1985, 111 (7): 855~881

32 Resende L, Martin J B. Formulation of Drucker-Prager Cap Model (closure). Journal of Engineering Mechanics, ASCE, 1987, 113 (8): 1257~1259

33 Sandler I S, Rubin D. The Consequences of Nonassociated Plasticity in Dynamic Problems. Proceedings of the Second International Conference on Constitutive Laws for Engineering Materials, C S Desai, E Krempl, P D Kiousis and T Kundu (Editors), New York: Elsevier, 1987 (I): 345~352

34 Siriwardane H J, Desai C S. Computational Procedures for Non-Linear Three-Dimensional Analysis With Some Advanced Constitutive Laws. International Journal for Numerical and Analytical Methods in Geomechanics, 1983 (7): 143~171

35 Sloan S W, Randolph M F. Numerical Predictions of Collapse Loads Using Finite Element Methods. International Journal for Numerical and Analytical Methods in Geomechanics, 1982 (6): 47~76

36 Vermeer P A, Verruijt A. An Accuracy Condition for Consolidation by Finite Element. International Journal for Numerical and Analytical Methods in Geomechanics, 1981 (5): 1~14

37 Whittle A J. A Constitutive Model for Overconsolidated Clays with Application to the Cyclic Loading of Friction Piles. Ph. D Thesis, Department of Civil Engineering, MIT, Cambridge, MA, 1987, 641

38 Zienkiewicz O C. The Finite Element Method. Third Edition, New York: McGraw-Hill, 1977, 802

39 Zienkiewicz O C, Valliappan S, King I P. Elasto-Plastic Solutions of Engineering Problems: Initial Stress Finite Element Approach. International Journal for Numerical Methods in Engineering, 1969 (1): 75~100

40 Zienkiewicz O C, Bettess P. Soils and Other Saturated Media under Transient, Dynamic Conditions: General Formulation and the Validity of Various Simplifying Assumptions, in Soil Mechanics-Transient and Cyclic Loads. Constitutive Relations and Numerical Treatment, GN, Pande and O C Zienkiewicz (editors), New York: Wiley, 1982, 1~16

41 Zienkiewicz O C, Leung K H, Hinton E, Chang C T. Liquefaction and Permanent Deformations under

Dynamic Conditions-Numerical Solution and Constitutive Equation, in Soil Mechanics-Transient and Cyclic Loads. Constitutive Relations and Numerical Treatment, GN, Pande and O C Zienkiewicz (editors), New York: Wiley, 1982, 71~103

42 Zienkiewicz O C, Paul D K, Chan A H C. Unconditionally Stable Staggered Solution Procedure for Soil-Pore Fluid Interaction Problems. International Journal for Numerical Methods in Engineering, 1988 (26): 1039~1055

43 余天庆等编译. 弹性与塑性力学. 北京: 中国建筑工业出版社, 2004